U0336420

数据分析从0到1

邓立文 俞心宇 牛瑶◎编著
Deng Liwen Yu Xinyu Niu Yao

清華大學出版社
北京

内 容 简 介

本书以 Python 作为数据分析的工具，系统地介绍数据分析所需的核心知识，为书中的数据分析任务提供分析说明、代码示例和极为详细的代码注释，对于代码中出现的重要知识点会细心地为读者标注出相关内容及在书中出现的具体位置。

全书分为 3 篇共 11 章：初识篇（第 1 章和第 2 章），主要介绍数据分析和 Python 的相关基础概念，一些数据分析的具体应用场景及 Python 的集成开发环境；基础篇（第 3～9 章），主要介绍 Python 的基础语法，自动化办公的基础操作，数据可视化库 Matplotlib 和 Seaborn，数据分析的核心库 NumPy 和 Pandas，提供了大量翔实、有趣的编程和数据分析示例；进阶篇（第 10 章和第 11 章），主要介绍机器学习的入门基础理论知识和代码实现，监督学习和无监督学习的各种典型算法，涉及机器学习和数据挖掘的常用库 scikit-learn 及神经网络框架 PyTorch 等的使用，还介绍了编程算法中的动态规划，以及数据分析的实战例子。

本书面向数据分析的初学者，可以作为高等院校各专业的“数据分析”课程教材，也可以作为广大数据分析从业者、爱好者、办公人员、科研人员的参考和学习用书。

本书封面贴有清华大学出版社防伪标签，无标签者不得销售。
版权所有，侵权必究。举报：010-62782989，beiqinquan@tup.tsinghua.edu.cn。

图书在版编目（CIP）数据

Python 数据分析从 0 到 1/邓立文，俞心宇，牛瑶编著. —北京：清华大学出版社，2021.11
（清华开发者书库 · Python）
ISBN 978-7-302-58717-0

Ⅰ. ①P… Ⅱ. ①邓… ②俞… ③牛… Ⅲ. ①软件工具—程序设计 Ⅳ. ①TP311.561

中国版本图书馆 CIP 数据核字(2021)第 141322 号

责任编辑： 赵佳霓
封面设计： 刘 键
责任校对： 时翠兰
责任印制： 杨 艳

出版发行： 清华大学出版社
网 址： http://www.tup.com.cn，http://www.wqbook.com
地 址： 北京清华大学学研大厦 A 座 **邮 编：** 100084
社 总 机： 010-62770175 **邮 购：** 010-83470235
投稿与读者服务： 010-62776969，c-service@tup.tsinghua.edu.cn
质量反馈： 010-62772015，zhiliang@tup.tsinghua.edu.cn
课件下载： http://www.tup.com.cn，010-83470236
印 装 者： 大厂回族自治县彩虹印刷有限公司
经 销： 全国新华书店
开 本： 185mm×260mm **印 张：** 32.75 **字 数：** 794 千字
版 次： 2021 年 12 月第 1 版 **印 次：** 2021 年 12 月第1 次印刷
印 数： 1～2000
定 价： 129.00 元

产品编号：090371-01

前言

PREFACE

为什么要写本书

随着信息技术和人工智能产业的蓬勃发展，数据成为时代发展下的珍贵资源。各行各业通过数据分析技术挖掘数据的价值，数据分析技术在如医疗健康、交通出行、商业策略、经济金融、城乡规划、气象变化、科学研究及自动化办公等许多领域大放异彩，取得了巨大的成功，因此无论是工业界还是学术界，对数据分析人才的需求都十分迫切。

本书选择 Python 作为数据分析的利器。Python 作为一门简单易用的编程语言，又因其具有众多功能强大的第三方库而被广泛应用于人工智能领域，许多与人工智能关联的框架都是以 Python 作为主要语言进行开发的。数据分析与人工智能等相关领域密不可分，数据分析中可以应用相应的智能算法辅助决策，人工智能也离不开对数据的分析与处理，因此使用 Python 作为数据分析的工具能很好地适应智能产业时代的发展，并且 Python 与其他学科有很好的交融性、适应性。

由于知识更新迭代的速度日新月异，本书编写的目的不仅仅是希望读者掌握本书介绍的 Python 数据分析知识，更希望读者能够掌握学习数据分析的技巧，重视编程能力提升，让读者在掌握本书知识内容的情况下，无论是继续学习数据分析相关知识，还是想拓展涉及更多更深的 Python 应用领域(如人工智能、机器学习方向)，都能够有扎实的基础。

本书内容与特色

全书共分为 3 篇：初识篇、基础篇和进阶篇。初识篇(第 1 章和第 2 章)，主要介绍数据分析和 Python 的相关基础概念，一些数据分析的具体应用场景及 Python 的集成开发环境；基础篇(第 3～9 章)，主要介绍 Python 的基础语法，自动化办公的基础操作，借助 Matplotlib 和 Seaborn 进行数据可视化，数据分析的核心库 NumPy 和 Pandas，提供了大量翔实、有趣的编程和数据分析示例；进阶篇(第 10 章和第 11 章)，主要介绍机器学习的入门基础理论知识和代码实现，监督学习和无监督学习的各种典型算法，涉及机器学习和数据挖掘的常用库 scikit-learn 及神经网络框架 PyTorch 等的使用，还介绍了编程算法中的动态规划，以及数据分析的实战例子。

由于不同的读者对 Python 代码的接受程度不一样，知识基础也不一样，因此为了让读者尽可能轻松地理解全书内容，没有专业障碍地进行全书内容学习，编者尽量站在读者的角度进行全书的写作。本书以通俗语言为读者进行内容的阐释，对于书中所举的数据分析任务提供分析说明和示例代码，在代码中也有着极为详细的注释，如果书中后面内容的代码使用了前面内容介绍的知识，还会细心地为读者标注相关内容在书中出现的具体位置，以期减轻读者的代码阅读负担，提高读者的学习效率，节省读者的时间。

读者对象

本书面向的读者是数据分析的初学者，可以作为高等院校各专业的“数据分析”课程教材，也可以作为广大数据分析从业者、爱好者、办公人员、科研人员的参考和学习用书。

勘误和支持

由于编者的水平及撰稿时间有限，书中难免会出现一些疏漏或者表意不准确的地方，诚挚恳请读者及专家、学者给予批评和指正。

致谢

特别感谢清华大学出版社的赵佳霓老师，感谢她对本书专业且高效的审阅，以及对书中各种表意方式和文笔的润色建议。感谢参与本书出版的所有出版社的老师，在他们的辛勤努力下，才有了本书的顺利出版。

感谢厦门大学智能多媒体技术实验室和厦门大学数据挖掘与计算智能实验室的所有老师和同学，感谢他们在本书编写过程中给予的支持、指导和帮助，以及对编者的理解和鼓励。

最后，感谢编者的家人和朋友的一路陪伴，编者将始终满怀感恩！

配套资源

为了方便读者学习，本书配套提供了书中的程序代码，并录制了部分重点内容的讲解视频，读者扫描下方二维码即可下载代码及相关数据文件。

本书源代码

撰写一本书是为了将知识和技能进行梳理并分享给大众，为大众提供便利是一件非常有意义的事情。最后，编者希望本书能够为数据分析技术的普及贡献绵薄之力。

编　者

2021 年 9 月于厦门

目　录

CONTENTS

初　识　篇

基 础 篇

进 阶 篇

初 识 篇

本篇首先对 Python 与数据分析的相关概念做了一个综述，将会让读者快速明白数据分析是什么，为什么要做数据分析，怎样做数据分析，数据分析的结论是怎样的，以及本书使用 Python 作为数据分析工具的原因。

接着介绍 7 个数据分析应用的具体场景，让读者了解数据分析能做什么，与哪些行业息息相关，读者能通过这些具体实例感受到数据分析落地应用的广度与深度，进而能够明晰自己学习数据分析的方向和目标，学习过程更有针对性和目的性，让数据分析真正地为学习、工作和科研带来便利。

最后从 Python 的特点入手，让读者对 Python 有一个初步的认识，由于 Python 使用环境的搭建和 Python 集成开发环境的选择是开始学习 Python 的首要步骤，因此本篇也对 Python 环境搭建的两种方式和搭建过程进行了详细介绍。Python 安装完成后读者可以根据自身的喜好和使用习惯选择 Python 的集成开发环境进行 Python 的代码编写、管理和学习等工作。本篇介绍 Jupyter Notebook、Spyder 和 PyCharm 3 种集成开发环境，推荐初学读者使用 Jupyter Notebook 作为学习本书内容的工具。

初识篇包括以下两章。

第 1 章　Python 与数据分析

第 1 章介绍数据分析的概念及本书使用 Python 作为数据分析处理工具的原因，其中还穿插介绍 Python 的发展历程和应用现状，接着介绍 7 个数据分析的应用实例，读者可以快速地对 Python 与数据分析有一个清晰的认识。

第 2 章　初识 Python

第 2 章介绍 Python 语言的特点，Python 环境搭建的两种方式及搭建步骤，详细地介绍 3 种典型且受欢迎的 Python 集成开发环境。

通过本篇的学习，读者可以了解 Python、数据分析与工作生活的紧密联系，完成 Python 开发环境的搭建，学会初步使用 Python 集成开发环境，对 Python 与数据分析形成初步认知。

第 1 章

Python 与数据分析

本章首先介绍数据分析的概念，进而让读者明白数据分析是什么，为什么要做数据分析，怎样做数据分析，数据分析的结论是怎样的，接着解释本书使用 Python 作为数据分析工具的原因，最后以多个现实生活中数据分析应用的具体场景为读者展示数据分析的可靠性、广泛性与实用性。

1.1 数据分析概念

数据分析是为解决一种或多种业务问题，针对在该业务背景下获取的大量数据，利用一种或多种恰当的数学统计、计算、建模等方法，对数据进行有效信息与规律的提取、预测和展示的技术，最终形成推动业务问题解决的有价值方案。数据分析在与其他学科交叉应用的过程中能发挥极大效用，它自身也与众多学科紧密相连，如图 1-1 所示，展示了数据分析相关领域的交叉应用关系。

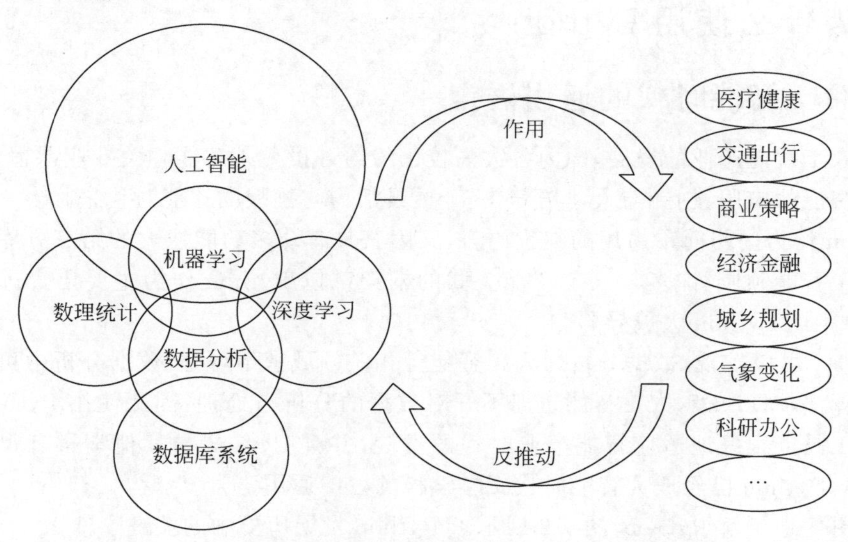

图 1-1　数据分析相关领域的交叉应用关系

随着 5G 技术的广泛应用，数据已经成为当前时代的主题与价值所在，海量的数据全面影响着各行各业的发展，成为众多行业发展的基石与催化剂。当今社会，人们无论是否从事数据分析相关行业，都不可避免地需要与数据接触。2020 年新冠疫情初期，一些科学家与众多相关公司、机构等利用数据分析与深度学习技术从海量的药品数据中筛选可能对病情治疗有效的药物；为了辅助人员流调利用大数据技术得知人们乘坐过的车辆、住过的酒店等行迹信息；人们通过每日疫情数据的公布了解情况；人们开始在家办公，在家得知外界消息等，在这一切的行为中，数据为人们搭建起了一座安心的桥梁。

那么如何做数据分析呢？表1-1列举了数据分析的基本步骤。

表1-1 数据分析的基本步骤

序号	步骤	详细说明
1	数据准备	通过科学实验、问卷调查等各种方式采集和研究与问题相关的数据
2	明确任务需求	明确需要解决的来自科研、学习或工作业务中的问题，为数据分析决策指明方向
3	数据预处理	又称数据清洗，处理原始数据集中存在缺失、重复、异常等问题的数据，对数据降噪和排干扰
4	数据分析	根据需求任务对数据通过描述、统计和建模等方式进行分析，得出结论
5	数据可视化	将结论利用图形方式进行展示，在数据预处理时也常通过图形发现数据规律

数据分析得到的结论通常可分为三大类，如表1-2所示。

表1-2 数据分析的结论

序号	步骤	详细说明
1	描述性结论	对事件的起因、经过进行溯源推理
2	辅助性结论	为制订合理高效解决事件的决策提供辅助性建议
3	预测性结论	对事件未来发展趋势进行预测

1.2 为什么使用Python

1.2.1 智能时代的通用语言

随着人工智能产业的发展，国内各大高校已纷纷开设人工智能相关专业课程，国家大力支持人工智能的应用、创新与人才培养，一个更具活力与挑战的智能时代来临。

Python作为一门简单易用的编程语言，又因其具有众多功能强大的第三方库而被广泛应用于人工智能领域，许多与人工智能关联的框架都以Python作为主要语言进行开发应用，人工智能让Python大放异彩。

由图1-1可以发现，数据分析与人工智能等相关领域密不可分，数据分析中可以应用相应的智能算法辅助决策，人工智能也离不开对数据的分析与处理，因此使用Python作为数据分析的工具能很好地适应智能产业时代的发展，并且Python与其他学科有很好的交融性、适应性，Python已经成为智能时代交融学科的一门通用语言。

为了更好地了解Python，图1-2展示了Python发展历史中的关键事件。

注意：在Python的发展历程中，Python 3.x与Python 2.x版本不兼容，在语法、性能等方面有许多的差异性，尽管目前仍有Python 2.x版本项目，但新手可以放心地学习Python 3.x版本，目前是Python 3.x版本的时代，其代码更加简洁、易学和美观。

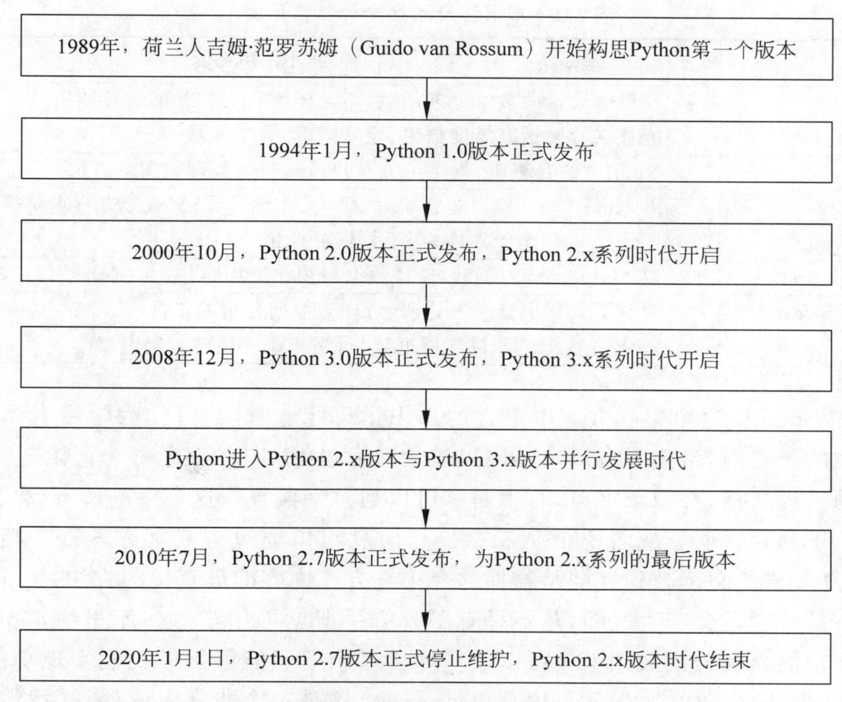

图 1-2 Python 发展历史中的关键事件

1.2.2 强大高效的第三方库

日常生活工作中所需要处理的数据通常是以一维、二维及多维(三维及以上)的形式存储,如在一张 Excel 表格中存储的数据通常是一维(只包括一行或一列数据)或二维(多行多列数据),这不可避免地涉及大量的矩阵运算、存储等操作,若通过 Python 编程直接实现矩阵中的各种运算、存储等操作不仅需要扎实的线性代数基础,还会在编程上耗费大量时间,编程所实现的方法也可能运行效率低下,对于用户非常不友好,但这些问题可以通过 Python 第三方库来解决。

Python 第三方库可以类比为一座图书馆,人们已经在图书馆中放入了大量的图书,可以直接使用这些图书学习大量知识。回到 Python 语言当中理解,图书馆中的书就是人们已经写好的代码文件,这些代码完成了各种复杂的功能,我们只需学会调用这些代码就能实现这些复杂的功能,例如要对一列房价数据从小到大排序,某个第三方库中已经写好了实现排序的代码,那么直接调用这个库里的代码就能实现排序,不需要再自己从头开始编程实现排序功能。

Python 众多全面、强大而又高效的科学计算库已经为用户提供了大量科学计算的方法,读者只需拥有 Python 编程基础并且熟练掌握这些库的常用方法就可以对庞大的矩阵数据进行一系列复杂的操作,能够对数据进行科学计算就已经跨出了数据分析的一大步。

本书涉及的科学计算常用库如表 1-3 所示。

表 1-3 本书涉及的科学计算常用库

序号	库　名	详细说明
1	Math	提供了大量的数学处理函数，不需要进行安装就能直接使用
2	NumPy	能够支持大量高维度数组、矩阵运算、数学函数等
3	Pandas	NumPy 的升级版，提供了大量快速高效地处理数据的方法
4	SciPy	以 NumPy 为基础，包括统计、优化、线性代数、常微分方程求解等模块
5	Matplotlib	Python 的一个绘图库，用于数据可视化
6	Seaborn	以 Matplotlib 为基础，使得数据可视化更加容易
7	scikit-learn	封装了大量机器学习算法，可作为数据分析的工具
8	PyTorch	Python 优先的深度学习框架，可用于快速构建神经网络

当然，Python 中每个第三方库中蕴含的知识量可能非常丰富，作为学习者不太可能精通一个库里的所有内容，读者可以从不同渠道学习库里的知识，但通常一个第三方库会提供一个官方的教程文档，类似于字典，有生僻字可以通过字典查找这个字的读音、含义等，当我们对一些库里的知识遗忘或者不清楚怎么操作时就可以通过查找官方教程文档来帮助我们，并且重复多遍地阅读教程文档是掌握这个第三方库内容的最直接的方法。

可能有部分读者会产生疑问，是不是有了官方手册就不用学这些库里的知识了呢？想要实现一个功能当场查找文档不就可以了？尽管这个手册能够帮助我们实现功能，但正如学习英文，认识 26 个英文字母就不用背单词了吗？这是一个非常大的误区，我们不一定能掌握某个第三方库的全部内容，但常用的方法、方式、技巧是必须熟练掌握的，当然读者可能会遇到需要使用从未接触过的第三方库的情况，若已有学习其他第三方库的经验，并有扎实的 Python 基础，读者很快就能举一反三，自行掌握这些从未遇到过的知识。

一本书无法列举 Python 数据分析所涉及的全部知识，知识更新的速度也很快，因此，笔者更希望读者能通过本书掌握扎实的理论基础和代码编写能力，碰到新知识有能力自行学习掌握。

1.2.3 轻松的代码结合能力

目前流行的编程语言多种多样，并不是所有的人都在使用 Python，尽管 Python 使用简单，但实现相同功能的代码运行效率比不上 C 或 C++这样的底层语言，其他人可能擅长使用的是 C 语言，也可能是 C++语言等，若大家都在完成同一个项目，相互之间掌握的编程语言互不相同，不可避免地导致交流困难，甚至代码整合困难，但 Python 可以通过第三方库像“胶水”一样轻松地与别的编程语言互通整合。

Python 为 C 或 C++等语言提供了非常友好的可扩展机制，在某些条件下扩展使用 C 或 C++等代码有助于提高项目运行效率，从而节省时间，表 1-3 所示的 NumPy 库就是用 C 语言实现的，充分利用 C 语言在机器底层上的运行效率高的特点实现大量的矩阵运算与存储操作。

Python 本身是一门编程语言，但它也可以由别的编程语言实现，目前最流行及本书使用的 Python 是以 C 语言作为底层实现的，称为 CPython，也有用 Java 语言作为底层实现的，称为 JPython，当然还有别的语言也能实现 Python，由此可见各种编程语言之间联系紧密。Python 与其他编程语言的关系如图 1-3 所示。

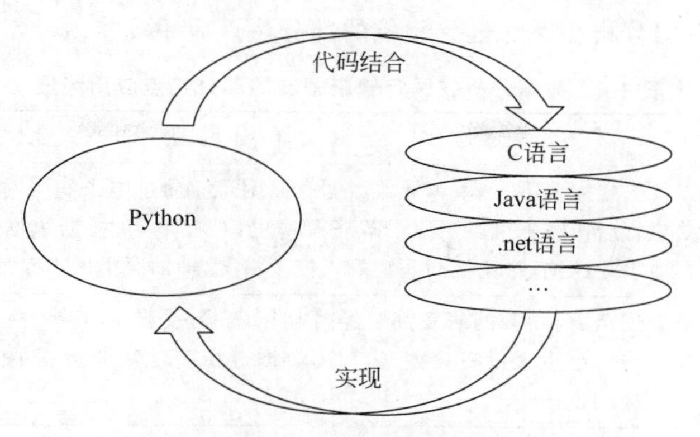

图 1-3 Python 与其他编程语言的关系

1.3 数据分析领域的应用场景

1.3.1 医疗健康

信息智能化时代的发展推动着医疗健康行业的变革，医学研究借助大数据及人工智能技术得到了巨大发展，医疗健康是大数据技术最早应用的领域之一，通过医疗疾病相关的数据分析能够帮助医疗健康从业者迅速而全面地做出医疗决策，在医学科研及临床应用上发挥着不可或缺的作用。如图 1-4 所示，展示了对医疗细胞影像的分割及分类研究应用实例，利用图像数据处理及人工智能技术分割医学细胞图像，进而获取细胞面积、周长、形状等数据，然后通过数据分析、机器学习等方法结合实现对细胞精准分类和细胞病理层次结构的剖析，使科研人员可以对该细胞做更深层的研究。

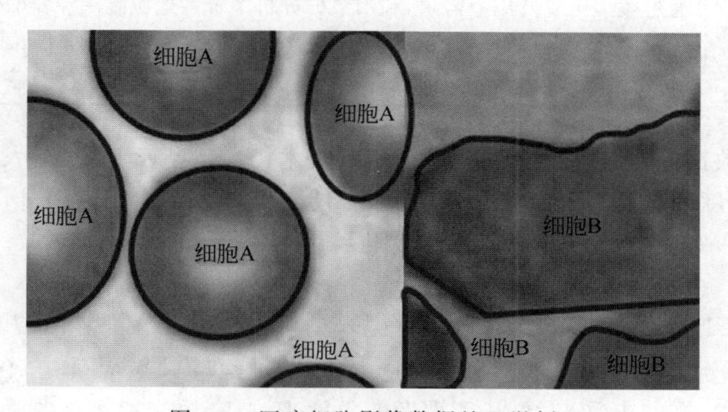

图 1-4 医疗细胞影像数据处理举例

通过移动互联网，人们拥有了足不出户就能享受的医疗健康便利，如在家中便可以享受送药上门、用药指导服务；日常生活中的一些小病症通过病历数据、视频等方式进行线上问诊就可以得到初步诊疗建议；人们足不出户便可以利用手机 App 检查眼部健康。这些便利服务都是以文本、图像及视频等类型的数据为媒介的，数据是实现这些便利服务的基础及价值所在，如何通过数据分析充分挖掘这些庞大医疗数据价值仍是当今社会中值得深研、热议的问题。

表 1-4 列举了数据分析在医疗健康领域的部分热点应用场景。

表 1-4　数据分析在医疗健康领域的部分热点应用场景

序号	应用场景	详细说明
1	电子病历	以往医生需要手写病历,导致数据存储困难。通过电子病历对病人信息采集、存储、共享、分析,医生可以迅速了解病人病史,对症下药,根据数据分析结果信息化筛选合适治疗药物,对比相同病症病人恢复情况,辅助医生做出医疗决策,提高治愈率
2	临床实验	新型疫苗、药物等的研发都要经过临床实验,受试者年龄、性别、体温变化、身体反应等均会产生大量实验数据,利用数据分析验证实验数据的可靠性及有效性是不可或缺的手段
3	生物基因	生物基因组测序、序列比较、结构比较、探测、关联性等,核苷酸序列比对,蛋白质组学、蛋白质结构、蛋白质特征等,都是以数据作为密码隐藏生命的秘密,因此数据分析是常用的解码方法
4	药物筛选	治疗新型疾病时通常需要从已有的海量药物中分析疾病特征,对比药物疗效、治疗方向、组成成分、用药治疗案例等合理筛选出可能存在的特效药品或者辅助新型药品的开发。针对新型疾病筛选出有效的中医药物是我国治疗众多疾病重要且有效的手段
5	医疗影像	医疗影像数据常以图像、视频方式存储,常将数据分析及人工智能技术融合处理,可以进行疾病种类判断、疾病发展趋势跟踪、CT 影像分割、病变位置探测、疾病发展程度解读、诊疗案例筛选等
6	医疗系统	以计算机软件、移动 App、网站等形式存在的线上医疗服务系统,每日会产生大量用户、医生的使用数据,通过数据分析用户和医生的反馈、行为、喜好等可以帮助医疗健康系统改进服务管理方式,提高人们对医疗健康行业的满意程度
7	医疗器械	通过收集医院及用户需求,利用数据分析了解各地医院医疗器械需求量、竞争状况等,合理分配各地医疗器械的生产资源,根据疾病数据的分析,加大投入对可能或已经暴发疾病需求器械的产量,根据用户需求制订合理价格及获得产品创新思路

医疗技术、数据分析与人工智能等多种学科技术仍在不断互助发展,人们的生命健康安全将得到更大程度的保障,医疗健康行业的服务能力和效率会大幅度提升,医生的一些烦琐工作也会被减轻,医疗资源将得到最大化利用。

1.3.2 交通出行

如果将数据分析比喻为“沙里淘金”的技术,则交通运输领域无疑是“含金量”极高的结构化和非结构化数据的丰富来源,从管理者的角度来讲,利用交通运输监管部门的数据中心存储的针对各个省市、路段的实时信息流(如收费数据、高清卡扣数据、交通事件数据、天气数据等),可以生成很多有用的预测,如高峰车流预警、道路运输安全事故预警等,进而发现并解决交通领域的问题,更好地服务我们的出行生活。而从用户的角度来讲,通过移动应用所提供的最短用时路线规划及对堵车路段时段分析等服务,可以有效避免出行时遇到的诸多麻烦,便利我们的生活。

交通流量数据公司 Inrix 的车流分析是数据分析在交通出行领域较为经典的应用案例。通过分析历史和实时道路交通数据,为用户提供准确的路况报告,来帮助司机合理规划行程，避开正在堵车的路段。汽车制造商、移动应用开发者、运输企业等都是道路分析公司的重要客户。现实生活中车流及路径规划案例如图 1-5 所示。

图 1-5　交通出行车流及路径规划案例

数据分析在交通出行领域的部分典型应用场景如表 1-5 所示。

表 1-5　数据分析在交通出行领域的部分典型应用场景

序号	应用场景	详细说明
1	交通疏导	城市普及的监控视频、各级数据中心存储的卡口付费情况、卡扣截面车流量等为交通监管部门提供了海量的人流、车流等数据，结合气象部门的天气分析结论，为合理安排交通警力资源、道路畅通及支援、抢险及道路救灾等提供合理建议
2	追踪识别	交通监控提供大量的图像/视频数据，数据分析结合计算机视觉相关技术，可以完成路况拥堵情况监测、行人与车辆的追踪识别、车牌号识别、事故安全识别等工作，进而不需要再投入大量人力物力专门查看监控视频
3	预测及预警系统	通过数据分析进行交通流预警分析，结合软件开发等相关技术，可以为人们建立诸如车辆预警联动、交通调度管理、路况信息管理、交通诱导管理等系统，使人们能通过系统提前了解交通路况，为出行路径规划等提供有力建议

此外，诸如百度地图、高德地图等知名 App 为 Python 提供了专门的 API，使用方式简单，可以为交通方面大数据分析爱好者、科研人员提供轨迹、路线规划等实用服务，可见 Python 非常适用于科学指导交通出行决策的数据分析应用中。

1.3.3　商业策略

金融产品市场在技术创新改革的冲击下得到了巨大的发展。大量高额的信息技术资本涌进，成了高科技新技术成长的催化剂。

在科技融入生活方方面面的今天，技术创新特别是商业数据分析对于各大公司市场营销决策的重要贡献日益凸显，数据驱动决策，数据驱动产品。

数据分析在商业策略领域的部分应用场景如表 1-6 所示。

表 1-6 数据分析在商业策略领域的部分应用场景

序号	应用场景	详细说明
1	广告精准投放策略	公司可通过分析网络用户在网络的搜索、浏览等行为，为广告主分析出最有可能对其商品感兴趣的用户群，从而进行精准广告投放，既可以增强广告的影响力，为广告主增加效益，又可以提高网站的广告位价值，达到双赢的效果
2	市场策略	企业可通过实时的用户数据分析，提供增强用户黏性的建议，通过相关模型和算法优化企业的市场策略，实时进行的数据分析行为也提高了预测结果的准确性，供企业参考以制订具有针对性的促销策略
3	销售策略	沃尔玛公司通过数据分析消费者行为建立了庞大的数据仓库，其中存储着大量详细的交易记录，业务人员从这些交易记录中提取数据精华，通过数据分析了解消费者的购买行为，挖掘商品关联，影响销售决策，提供更有针对性的销售服务。著名的“啤酒与尿布”经营策略标志数据分析在销售决策领域的成功
4	个性推荐服务策略	个性化推荐服务在生活中的渗透比比皆是。知乎、淘宝、今日头条等绝大多数平台已应用个性化推荐服务，通过分析用户的浏览内容、时间等数据，评估用户喜好，进而推荐用户感兴趣的主题、商品等

表 1-6 序号 1 中广告精准投放策略的应用效果如图 1-6 所示。

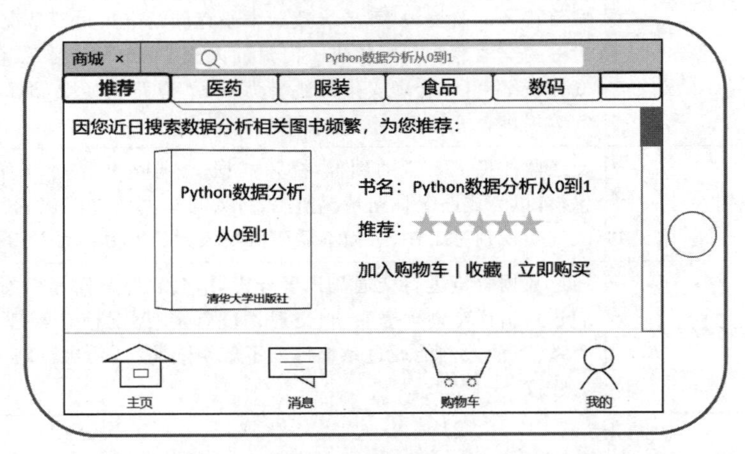

图 1-6 广告精准投放策略应用效果

数据分析在商业策略领域大展身手，许多应用早已渗透到我们生活的息息相关领域中，可见掌握数据分析也可以更深入地了解这个信息世界。

1.3.4 经济金融

毫无疑问，以数据分析为核心的技术创新为金融服务业不断注入新鲜活力——金融科技产品的日新月异不断助力人们在浩渺的上市公司交易和财务数据中快速得到有效数据，进而能够通过分析使决策的产生更具信服力和精准度。

数据分析应用于经济金融股票行情预测及可视化案例如图 1-7 所示。

数据分析在金融领域的部分应用场景如表 1-7 所示。

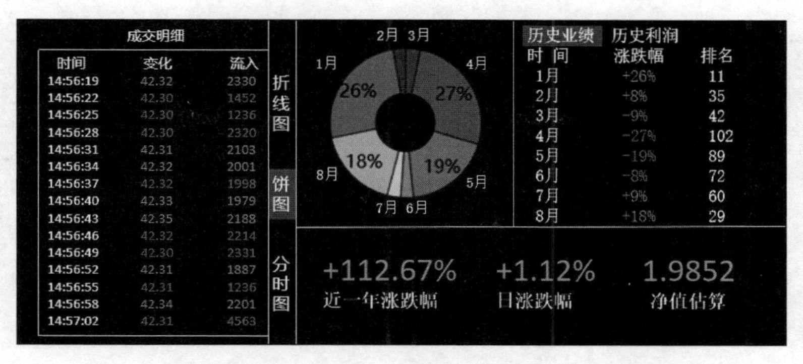

图 1-7 数据分析应用于经济金融股票行情预测及可视化案例

表 1-7 数据分析在金融领域的部分应用场景

序号	应用场景	详细说明
1	传统金融子行业	银行、保险、证券等行业无不随着科技的发展而不断前进：如为应对第三方支付的崛起，银联推出竞品“云闪付”；保险行业龙头——中国人寿保险公司在建的“中国人寿数字化平台”和“中国人寿智能核保模型建设项目”，力求使保险行业运营更流畅、透明，风控更加精准；证券行业中，对产量销量、海外营收、投资分布等的数据分析是各公司和市场决策、调整的依据
2	新兴金融子行业	除传统行业为优化自身而进行的“内部科技化”外，以高新技术为核心优势的各类金融业新兴分支，如金融科技等子行业方兴未艾，人工智能、大数据、互联技术、分布式技术和安全技术等底层关键技术在金融领域的应用日益深化，掌握信息化技术，已成为从业者进入金融和互联网两大热门交叉行业所需的必备技能
3	金融行业监管	站在金融行业监管者的角度，最近几年国家金融行业改革举措频频，如 2018 年资管新规的出台，逐步放松对海外投资的监管，负面清单的改变等，让行业从业者看到了政策部门改革的决心和稳定推进的步伐。而这背后，对于更高效的交易和更细致的风险管理，背后少不了与之搭配的强大的信息中心的建设，而这其中所需的技术资本及信息化人才需求量可想而知

1.3.5 城乡规划

随着时代的发展，开展城乡规划工作时，要考虑的现实因素不断增多，随之而来的是数据体量的快速增长。同时大数据的出现也引起该传统行业的变革，数据获取、处理及存储技术的发展和成熟已成为该行业的良好助力。如图 1-8 所示，可通过数据分析进行城区规划。通过数据分析，能够更加合理地划分各个规划区的功能，从而提高规划效率。

城乡规划领域中数据分析的部分应用场景如表 1-8 所示。

表 1-8 数据分析在城乡规划领域中的部分应用场景

序号	应用场景	详细说明
1	地形地势分析	城乡规划过程中不可避免地要考虑地形地势因素，数据采集设备的发展及行业中不断成熟的 GIS 平台，结合数据分析技术能更加直观方便地对地形进行分析，有助于做出更好的决策与规划

续表

序号	应用场景	详细说明
2	城乡用地	通过分析城市各区域经济发展、物价、房价、土地价格等数据可以为城市住房用地规划、商业用地规划等提供建议；通过分析乡村中土地土壤的肥沃程度、人群居住数量等数据可以为乡村种植用地规划、住房用地规划等提供建议
3	资源倾斜	通过对城乡行业及行业原料、产品数据进行分析，进而得到行业创收数据。据此，规划人员可以确定行业发展重心，甚至确定行业的发展趋势，从而将资源向其倾斜以谋求更好发展
4	公共设施设置	在设置公共设施前，可采用试点形式，收集一定时间公共设施使用数据，通过数据分析确定各区域公共设施使用率、维护成本等信息，从而推断出较为合理的公共设施设置方案，此举能够提高公共设施利用率，物尽其用
5	可视化 GIS 数据	在使用编程语言进行数据分析过程中，能够通过其中自带的绘图库，实现不同使用场景中的不同需求，例如 Python 中用于执行 ArcGIS 中 GIS 函数的站点包 ArcPy 可以将数据可视化，具有多种直观方式以图形的形式展示 GIS 数据

图 1-8　城乡规划数据分析案例举例

在城乡规划领域中，数据分析可以提高工作效率及规划方案中结论的合理性与可靠性。通过数据分析使得城乡规划中资源分配更加合理，利用更加充分。在城乡规划领域中，数据分析与行业联系只会越来越紧密。

1.3.6 气象变化

大数据技术推动了很多行业的发展与变革,其中气象学科受益匪浅。信息爆炸时代的到来,使得本就随着数据理念及统计算法发展而发展的气象领域有了更加丰富的数据来源。日常生活中,数据来源丰富给气象领域带来的影响由天气预报愈来愈精细化、更新频率提高、表现形式多样化等方面可见一斑。除去日常应用,气象科学预测技术与互联网进行信息互联互通后形成的气象系统具有一定的预测、分析、判断能力。通过其自动识别及预警能力可以提高相关部门面对严重自然灾害的反应速度,最小化损失。另外,气象数据也可以广泛应用于农业、旅游及交通等领域。日常生活中天气应用通过数据分析预测雨云走向,进而进行更为精确的气象预报,如图 1-9 所示。

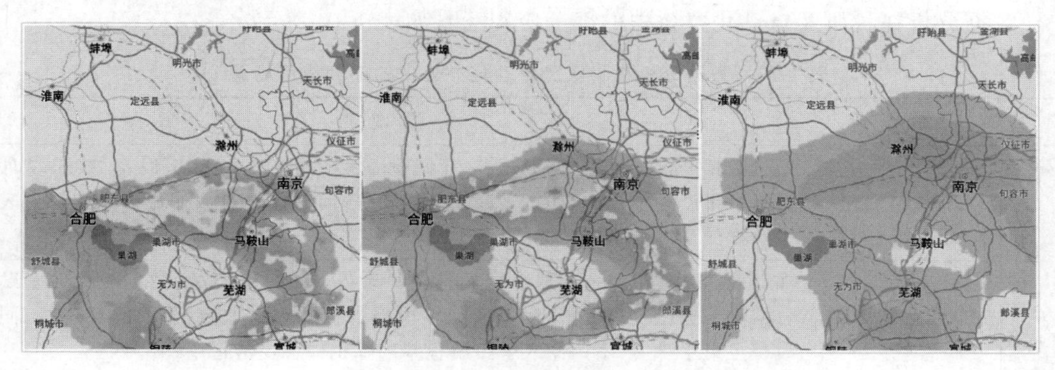

图 1-9 数据分析预测雨云走向举例

原始数据量及气象数据需求量的增加,也提高了对于气象数据分析速度的要求。怎样对大量的气象数据进行筛选清洗,采用什么分析方法、分析工具,都会对数据结论的得出速度及结论准确度产生影响。一言以蔽之,数据分析于气象领域重要且必要。

数据分析在气象领域的部分应用场景如表 1-9 所示。

表 1-9 数据分析在气象领域的部分应用场景

序号	应用场景	详细说明
1	气象预报	传统气象预报基于单一站点,往往导致日常提供气象服务准确率不高。结合周边气象数据,通过数据分析得到气象模型,能进一步对气象变化演算模拟,极大提高预报反应速度及准确率
2	灾情预警	随着数据分析技术的发展,现有技术能够在自然灾害前进行自动预警,对灾情发展进行跟踪推演,提高相关地区的反应速度,快速制订应对措施。如可以对某地降雨量监测、河流水位上升趋势预测等
3	大气分析	通过数据分析技术,将采集到的大气成分进行比对分析,能够解析更多气候现象。进一步结合物联网形成自动采集系统,能够更及时、详尽地掌握气候变化动向,指导不同地区应对不同的自然现象

气象工作的开展始终都贯穿着对于气象数据的获取、处理及分析,随着数据分析技术的发展和成熟,根据数据的决策也逐渐由人亲力亲为转变为算法、人工智能等技术自动产生。

数据处理速度与效率的精进，使得气象数据能够进一步服务各个行业各个领域。

1.3.7 科研及自动化办公

随着学科交叉程度愈加密切，相信部分读者于科研、学习生活中，或多或少对于数据分析的需求日益增加。对于科研工作者而言，对实验数据进行处理、分析是得出实验结果之前的固有步骤。对于学习生活而言，只要有数据产生，就应该存在对数据进行处理、分析的过程，这样才能挖掘数据潜在的价值。

另外，办公软件的出现在一定程度上提高了日常办公效率，但仍然具有一定的局限性，一些重复性较高的操作仍然需要人工执行。通过一些数据分析工具，采用数据分析方法，能够以较低的时间成本将烦琐的操作自动化，从而减少时间与人工成本。

数据分析在科研及自动化办公中的部分应用场景如表 1-10 所示。

表 1-10 数据分析在科研及自动化办公中的部分应用场景

序号	应用场景	详细说明
1	Excel 自动化	通过数据分析工具，譬如 Python 等编程语言中的第三方库，可以对 Excel 文件进行批量读写等操作，如批量修改文件名等，同时还具有数据分析库支持对表中数据的清洗与筛选功能
2	自动化爬虫	在科研、学习生活中，获取数据具有多种途径，但往往获取的数据无法完全贴合需求。通过爬虫工具，使用者能够根据自身要求爬取数据并加以修改。同时爬虫易于学习，不用深入学习编程基础知识即可灵活运用
3	科研工作	在日常科研工作中，对实验中获得的大量数据，常需要先对数据进行统计、筛选等预处理操作，再辅以常用的数据分析算法，如回归、分类等为科研成果提供支持和保障，本书后续的章节也囊括了以上内容知识

数据分析已经成为科研、学习过程中不可或缺的部分，在办公过程中，通过数据分析也能有效提高办公效率，从而节省人力物力。

1.4 本章小结

本章首先介绍数据分析的含义、步骤等来引领读者步入数据分析的大门，读者无须任何基础就能够迅速明白数据分析到底在做什么事情，为什么要做数据分析，如何做数据分析，接着介绍了本书选择 Python 作为数据分析工具的原因，让读者对 Python 应用范围、历史发展、优势等有一个初步印象，最后以医疗健康、交通出行、商业策略、经济金融、城乡规划、气象变化、科研及自动化办公 7 个数据分析应用的实际案例展现数据分析应用之广、功能之强、距离之近，即使读者来自各行各业也可以放心地通过本书积累扎实的理论基础，拥有将数据分析运用于实际场景、自行快速探索新知识的能力，本章是全书的总领章节。

第 2 章

初识 Python

本章将从 Python 语言的特点开始介绍，让读者了解 Python 语言的优缺点，接着将介绍 Python 使用环境的搭建及详细安装步骤，最后将介绍 3 种典型且受欢迎的 Python 集成开发环境。通过本章的学习，读者可以对 Python 形成一个初步的认识并且能够在集成开发环境中开始 Python 代码的编写。

2.1 Python 语言特点

本节通过 Python 语言的优缺点对 Python 的特点进行阐述。

Python 受益于大数据、机器学习和人工智能等学科的推动发展，因其免费开源，版本迭代内容、速度适应时代发展的特点，越来越多地被应用于各类不同领域的大型项目开发，已成为 IT 行业最受欢迎的语言之一，在各大编程语言排行榜单中常居前 3 位，又因其简单易学、功能强大，受到各行各业人员的追捧。

Python 语言的显著优点如表 2-1 所示。

表 2-1 Python 语言的显著优点

序号	优点	详细说明
1	简单易学	Python 的代码优雅简洁，贴近人们说话的方式和习惯，在编写程序代码过程中可以利用简单的代码实现相对复杂的功能，也让代码编写更加高效，即使不是信息专业类的从业人员也能快速入门
2	免费开源	所有的 Python 版本都是自由/开放源代码软件（FLOSS）之一，可以免费使用，可以通过不同渠道获得 Python 各种第三方库的源代码进行阅读、修改、应用开发等，庞大的 Python 开发者社区（各种用户）定期可以为 Python 带来改进
3	解释型	计算机无法识别 Python 这样的高级语言，运行代码时需要先通过某种工具把代码翻译成计算机能识别的语言，翻译方法分为编译与解释两种，如 C 语言代码运行时需要先将所有代码进行编译转换成机器语言后才能运行，但 Python 这种解释型语言在代码运行时无须编译，通过解释器可以对程序逐行解释运行，在运行过程中减少了编译环节，因此用户无须担心编译环节产生的各种问题
4	面向对象	Python 既支持面向对象编程也支持面向过程编程。如 C 语言是一门面向过程的编程语言，程序的运行是根据代码的过程顺序执行的，面向对象编程如 Java 程序则是由数据与完成各种功能的方法组合而成的对象构建起来的

续表

序号	优　点	详细说明
5	可移植性	不同行业的从业者可能使用着装配不同系统的计算机，现行的系统如Windows、Linux、Mac等只要安装了相应的Python解释器就能直接运行Python代码，无须进行任何修改，避免了对系统的依赖
6	丰富的库	详情可参考1.2.2节，Python庞大易用的第三方标准库是Python功能强大的重要原因，可以免去用户完成重复的操作，从而提高工作效率，各种库有各种不同的功能，可以满足不同用户的需求
7	可扩展性	详情可参考1.2.3节，如果用户希望某一部分代码运行更快或由他人用其他编程语言（如C/C++语言）开发完成，Python仍然可以通过第三方库等方式轻松使用它们
8	交互式与脚本式	Python有两种运行方式，交互式与脚本式。交互式运行方式让Python编程过程中与用户有了更多友好的“交流”，通常通过命令行或IDE窗口进行，输入一串代码运行后即显示结果在下一行中，脚本式则是运行编写好的Python文件

尽管Python优点很多，但也无法满足所有的需求，因此Python也是在不断地与时俱进，进行版本更迭，读者也必须从客观上认识Python不可忽视的缺点。

Python语言的缺点如表2-2所示。

表2-2　Python语言的缺点

序号	缺　点	详细说明
1	运行速度不够快	与C/C++语言相比，C/C++代码在机器上的运行效率明显高于Python，若用户对于程序运行速度有较高要求，则可以用C/C++代码改写，但事实上这种运行效率的差异不会给用户带来太大影响，用户也难以直观察觉
2	隐私性不强	Python的开源性导致不能对Python语言加密，比较难以保护源代码
3	Python版本过多	由于Python版本的更迭可能会在语法、性能等方面上产生一定差异，初学者若无基础不知道该学习哪个版本，但不管学习哪个Python版本，掌握与Python一样与时俱进的学习成长能力是最根本的核心方法

Python代码优雅、结构简单清晰，有非常广阔的前景，相信读者在本书后续的章节中能尽享Python之美，对Python有更深的理解与认识。

2.2　Python安装方式

本节介绍安装Python的两种方式，如表2-3所示。

表2-3　安装Python的两种方式

序号	方　式	说　明
1	Anaconda安装	一个开源的Python发行版本，推荐读者利用这种方式安装Python
2	官网安装	Python官方网站提供的Python版本

值得注意的是本书使用的 Python 版本环境为 Python 3.8.x 系列，具体版本为 Python 3.8.3，但无论是使用 Python 3.7.x 系列还是 Python 3.8.x 系列，各版本之间的改变不会影响读者学习和使用 Python，核心的语法和内容都是一样的，读者需要关注的只是 Python 3.x 与 Python 2.x 的区别，因此在学习过程中不必过多纠结使用 Python 3.x 哪个版本，下面的内容将详细说明 Python 两种方式的安装过程。

2.2.1 Anaconda 安装

由于 Python 拥有各种功能强大的第三方库，若想使用这些第三方库不可避免地需要先对这些库进行安装，但在安装这些库的过程中总会碰到各种各样的问题，如下载失败、安装报错等，给用户尤其是初学者造成巨大的困扰。

Anaconda 可以帮助我们轻松安装这些库，除此之外它还可以通过 conda（一种管理工具）安装，conda 具有包管理和环境管理的功能，如 A 代码必须在 Python 3.6.5 环境、a 包 1.1.5 版本下才能运行，B 代码必须在 Python 3.8.3 环境、a 包 1.1.6 版本下才能运行，这种情况下涉及使用不同 Python 和包的版本，此种情况需要将 Python 和包卸载重装来执行不同代码吗？当然不必，Anaconda 包含的 conda 工具可以为用户分门别类地管理这些不同版本的包和环境，Anaconda 的优势如表 2-4 所示。

表 2-4 Anaconda 的优势

序号	说　明
1	支持 Windows、Linux、Mac 系统
2	目前包含 180 多个科学包及依赖项供下载、升级和使用，数量仍在不断增加
3	集成了 conda 工具，可以直接使用 conda 进行各种包和环境版本的管理
4	开源且具有庞大的社区支持，支持 Python 及 R 语言

Anaconda 的这些优势也是本书推荐读者使用这种方式安装 Python 的原因。

其具体安装过程如下：

步骤 1：访问 Anaconda 官方网站：https://www.anaconda.com/distribution/，根据自己使用的系统选择对应的 Anaconda 版本，本书以安装 64 位 Windows 系统下 Python 3.8 版本系列的 Anaconda 为例，单击图 2-1 所示的矩形框中的链接进行下载，进入图 2-2 所示界面。

图 2-1 官方网址上 Python 3.8 系列版本 Anaconda 的下载页面

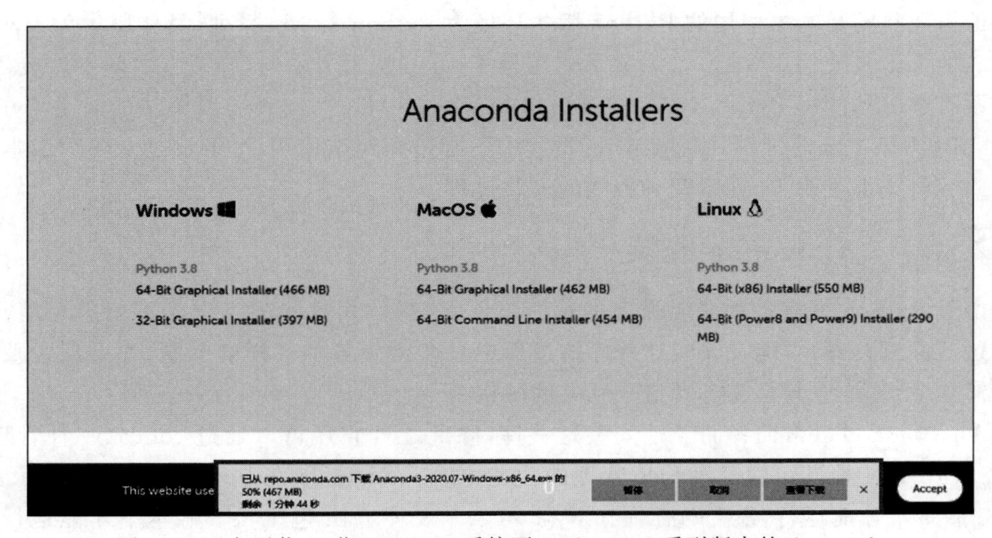

图 2-2 正在下载 64 位 Windows 系统下 Python 3.8 系列版本的 Anaconda

步骤 2：运行下载好后的安装包，进入图 2-3 所示的界面，单击 Next 按钮后，进入图 2-4 所示的界面。

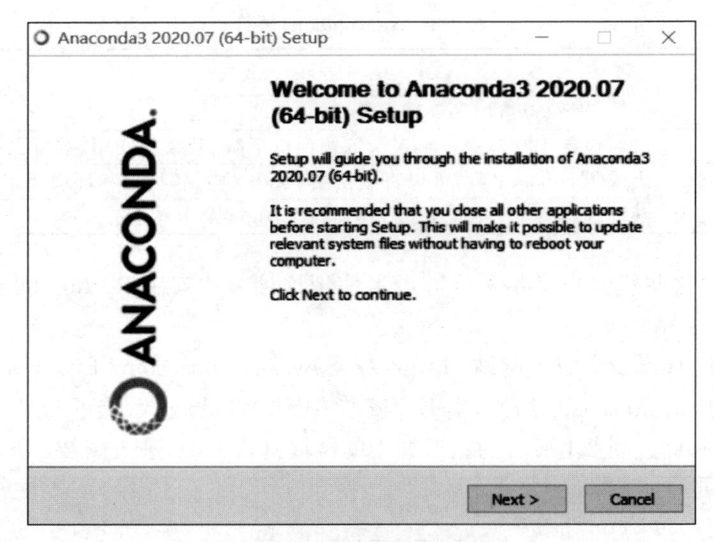

图 2-3 初始安装界面

步骤 3：在图 2-4 所示的界面中，单击 I Agree 按钮进入图 2-5 所示的界面，这个界面可以选择 Anaconda 安装类型是只允许当前系统用户使用(Just Me 选项)还是所有用户使用(All Users)，根据自己的需求选定一个选项后单击 Next 按钮，进入图 2-6 所示的界面。

步骤 4：在图 2-6 所示的界面中，读者可以根据自身需求选择存放 Anaconda 的安装目录，选定后单击 Next 按钮，进入图 2-7 所示的界面。

步骤 5：在图 2-7 所示的界面中，第一个选项将允许计算机中的其他应用程序自动将 Anaconda 作为首选 Python 版本，通常建议在初次安装时不必勾选这个选项，勾选第二个选项即可，选定好后单击 Install 按钮进入图 2-8 所示的界面。

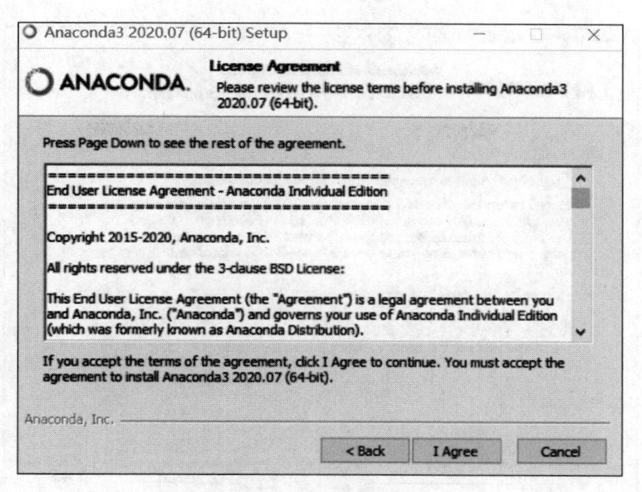

图 2-4 许可协议

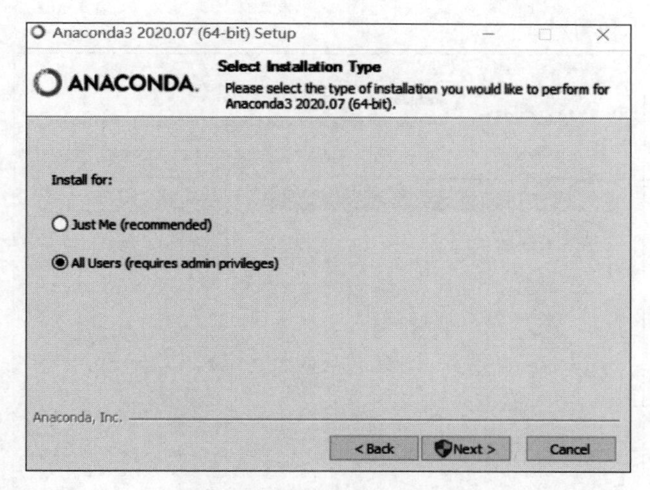

图 2-5 选择 Anaconda 的安装类型

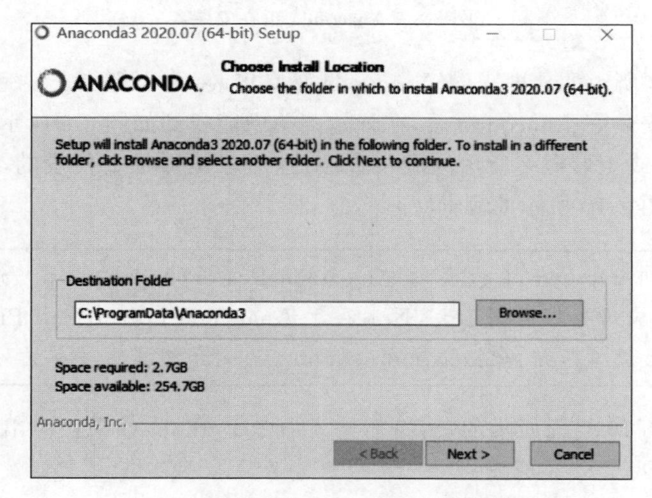

图 2-6 选择存放 Anaconda 的安装目录

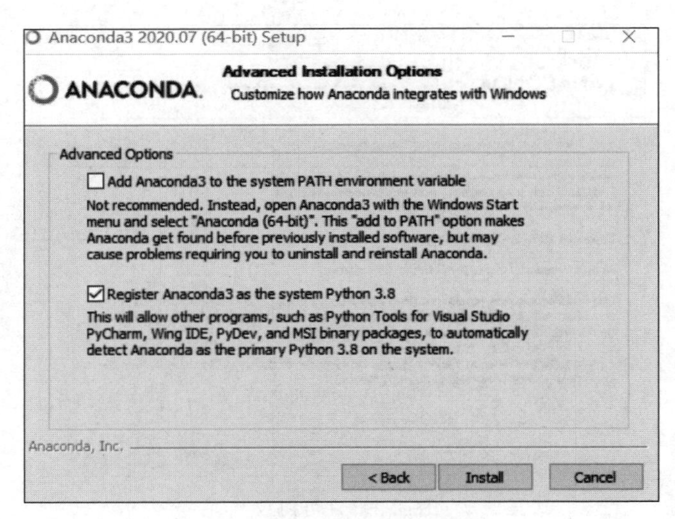

图 2-7　高级安装选择

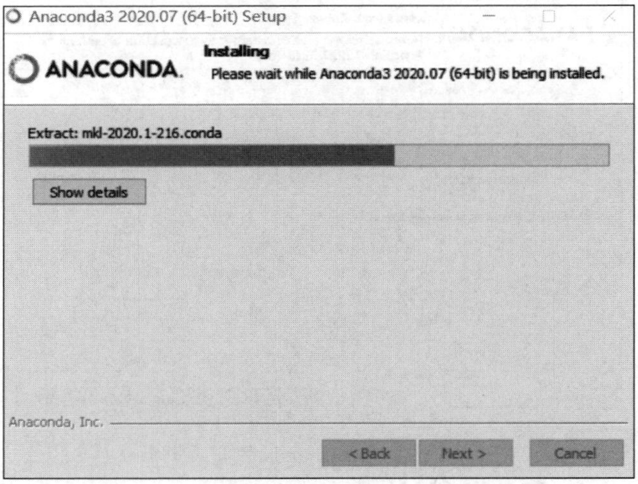

图 2-8　Anaconda 正在安装

步骤 6：图 2-8 所示的界面表明 Anaconda 正在安装，耐心等待安装完成即可。

步骤 7：正确安装好 Anaconda 后，在开始菜单中能找到如图 2-9 所示的应用程序列表，单击图中矩形框 1 或矩形框 2 所示的应用程序，这里以矩形框 2 代表的 Anaconda Prompt 为例，单击后进入图 2-10 所示的界面。

注意：图 2-9 中，矩形框 1 代表的 Anaconda PowerShell Prompt 与矩形框 2 代表的 Anaconda Prompt 应用程序区别不大，区别在于 Anaconda PowerShell Prompt 具有更多的命令功能，本书在后续章节将以 Anaconda Prompt 为例介绍其更多相关的使用方法。

步骤 8：在图 2-10 界面所示的“>”符后输入命令 Python，如果显示出 Python 的详细信息，则表明 Python 已经安装成功。

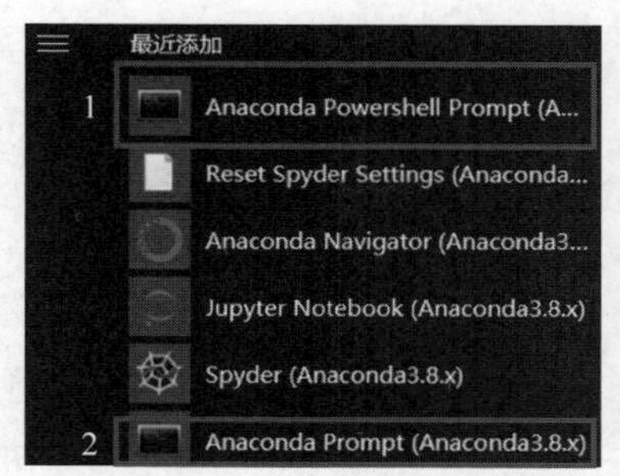

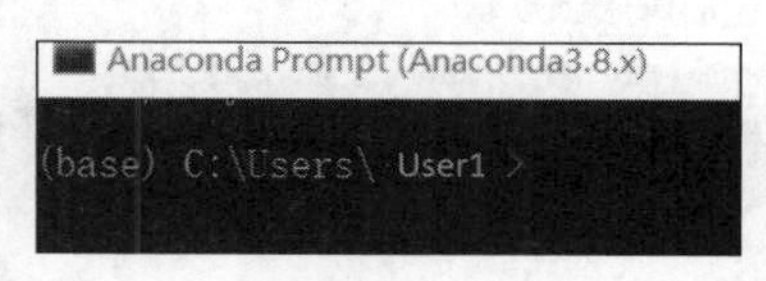

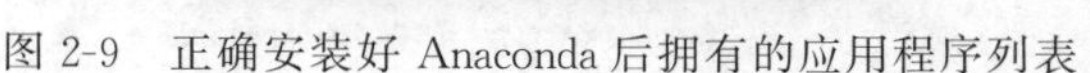

图 2-9 正确安装好 Anaconda 后拥有的应用程序列表　　图 2-10 Anaconda Prompt 应用程序界面

必读：表 2-4 序号 3 中提到 Anaconda 是通过 conda 工具实现各种包和环境的管理，而 conda 的使用途径正是 Anaconda Prompt，Anaconda Prompt 的命令行模式可以为我们轻松安装所需的各种第三方库、提供 Python 交互式编程功能等，本书后续章节所涉及的第三方库均是通过 Anaconda Prompt 安装，在介绍每个第三方库时会在相应位置介绍安装细节并穿插讲解 conda 的一些常用命令功能。

2.2.2 官网安装

由于使用 Anaconda 需要的空间及内存较大，从官网安装 Python 比较简单、迅速、小巧，同样可以正常学习、使用、下载和更新 Python，但当读者学习到数据分析的环节时，需要下载安装大量的第三方库，因此仍然推荐读者使用 Anaconda 安装 Python 环境，本书后续章节将基于 Anaconda 为读者介绍第三方库的安装和使用方法。

从官网安装 Python 具体过程如下：

步骤 1：访问 Python 官方网站：https://www.python.org/downloads/，这里以 Windows 系统中下载 Python 3.8.3 版本为例。读者进入官网后，选择图 2-11 中 Downloads 下拉列表框选项中的 Windows，就能进入图 2-12 所示的 Python 软件下载页面，若自己使用的 Windows 是 64 位，则单击图 2-12 中第一个矩形框进行下载，32 位则单击图 2-12 中第二个矩形框进行下载。

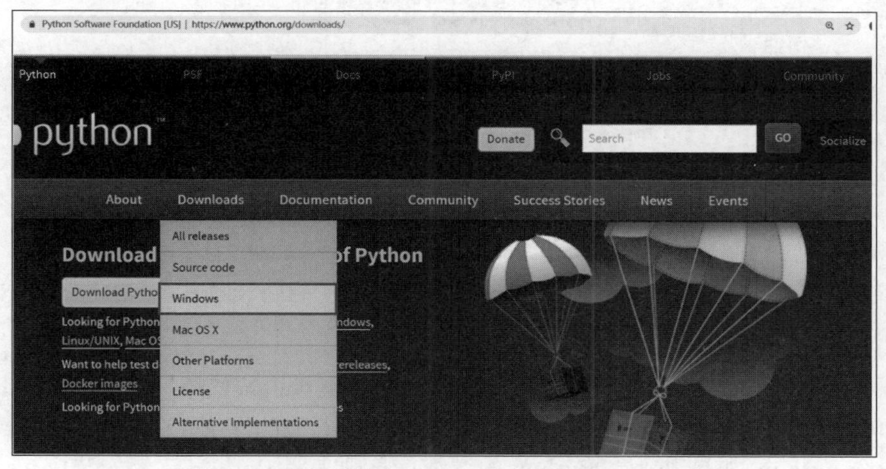

图 2-11 官方网站中 Windows 系统的 Python 下载

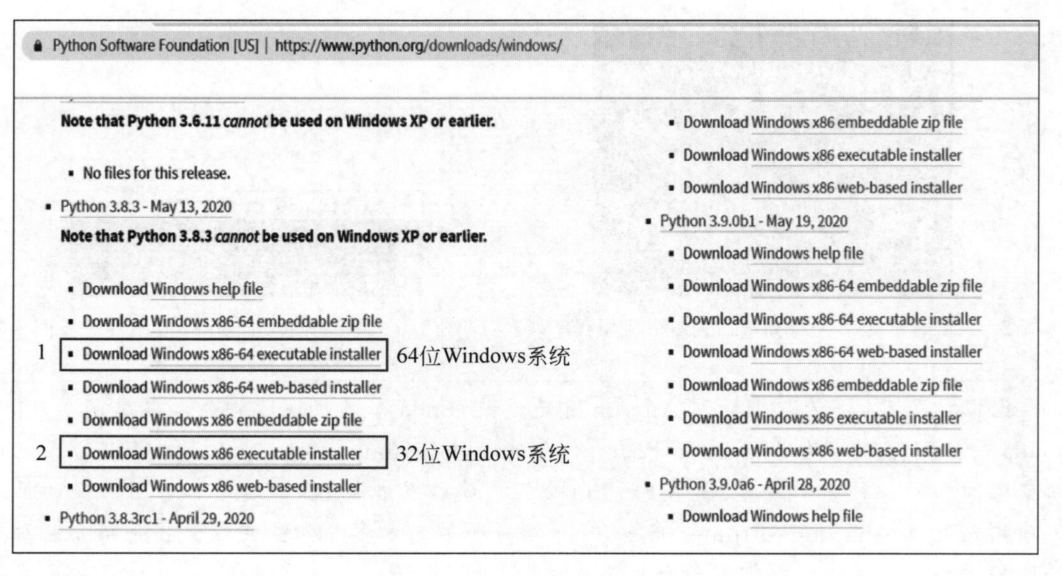

图 2-12 Python 具体版本下载

步骤 2：安装包下载完成后，双击.exe 结尾的文件会出现图 2-13 所示的界面，将图中矩形框 2 的两个选项勾选后，单击矩形框 1 进入下一步，进入图 2-14 所示的界面，再单击 Next 按钮进入图 2-15 所示界面，将图 2-15 中矩形框中的 3 个选项勾选后，单击 Install 按钮，耐心等待安装完成即可。

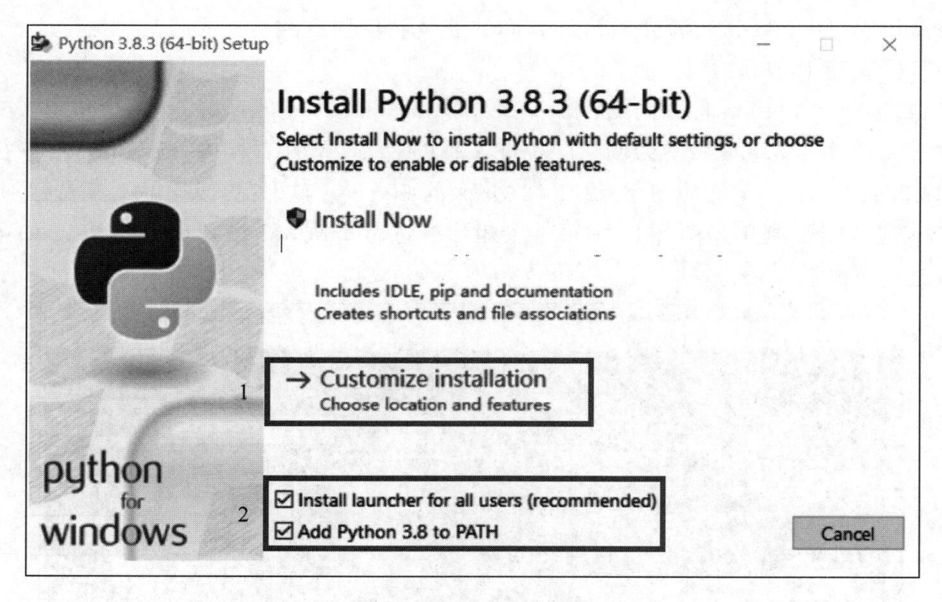

图 2-13 Python 安装的初始界面

步骤 3：检查 Python 是否正确安装。首先同时在键盘中按快捷键 Win+R 出现图 2-16 所示界面，输入命令 cmd，单击“确定”按钮后进入命令行窗口界面，在命令行窗口的“>”符后输入命令 python，如果显示出 Python 的详细信息则表明 Python 已经安装成功。

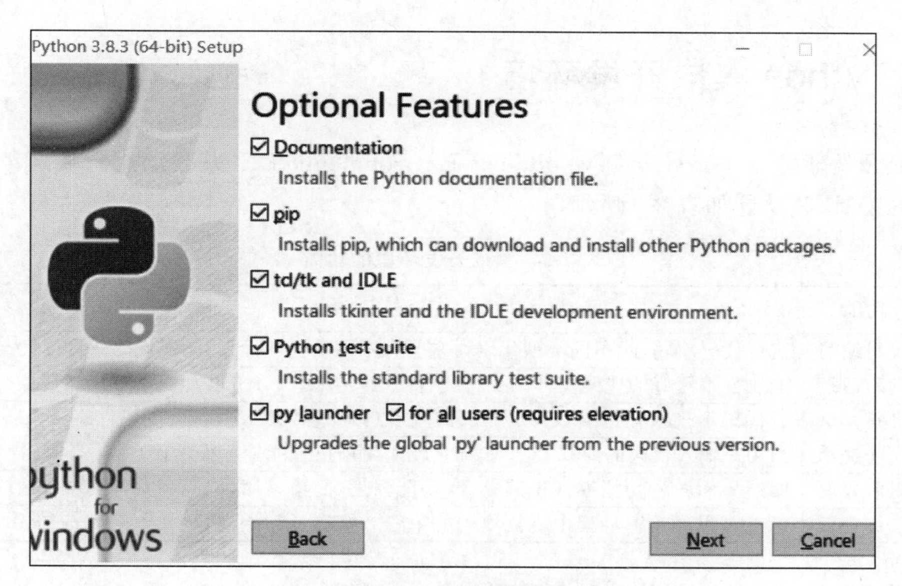

图 2-14　可选功能界面

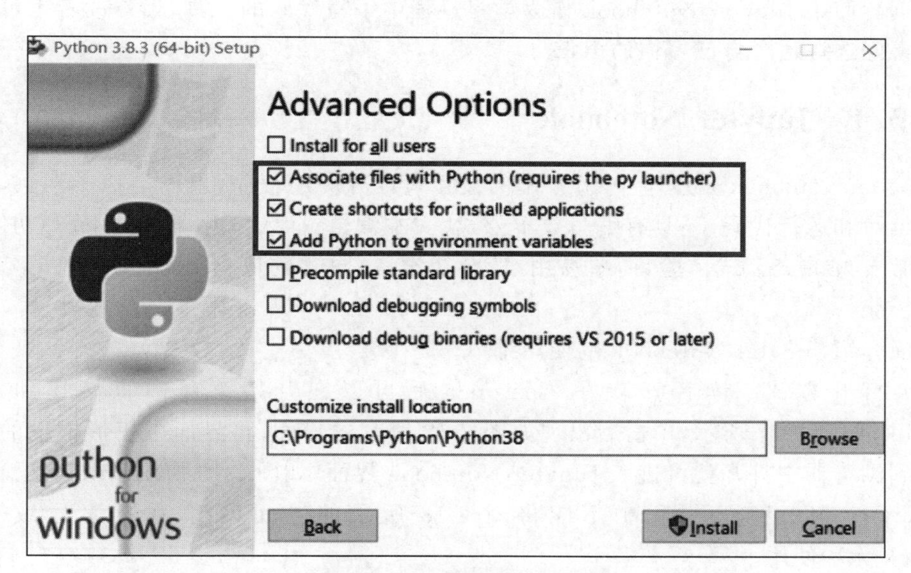

图 2-15　高级可选界面

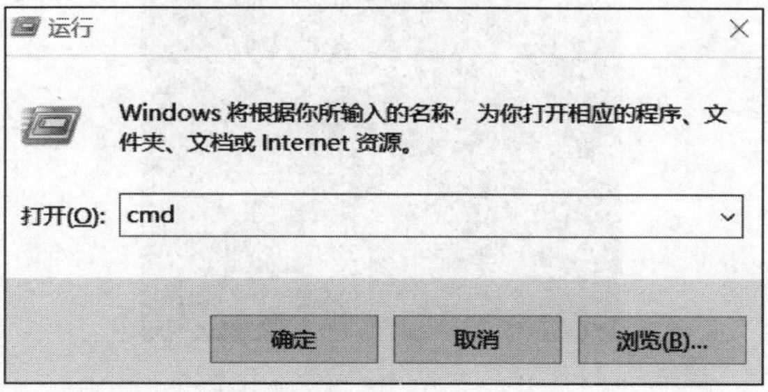

运行

Windows 将根据你所输入的名称，为你打开相应的程序、文件夹、文档或 Internet 资源。

打开(O):　cmd

确定　取消　浏览(B)...

图 2-16　运行菜单界面

2.3 Python 集成开发环境

集成开发环境(Integrated Development Environment,IDE)是帮助用户便捷编写和管理代码的工具,其功能如表 2-5 所示。

表 2-5 集成开发环境的功能

序号	功能	详细说明
1	代码编写	进行代码编写,对不同类型代码通常会有不同颜色的标识,增强代码的可读性与结构性
2	代码运行	能执行编写好的代码文件,通过控制台查看结果,部分 IDE 能自动保存代码中变量的值
3	代码调试	若代码出现未知错误,可以增加程序断点,通过观察每个断点位置程序结果查找错误
4	代码提示	当用户输入代码的前几个字符,IDE 就能为用户智能推荐提示信息,提高代码编写效率
5	图形界面	图形界面各种功能控件排列整齐,功能强大,简单易用,提高用户的可操作性
6	项目管理	可以对程序运行过程中所需使用的第三方资源、图片、视频、文本等统一结构化管理

接下来各节的内容将具体对适合用于 Python 编程的部分 IDE 进行详细介绍,本书推荐初学读者使用 Jupyter Notebook 作为学习过程中编写代码的工具,当然读者也可以根据自己的喜好选择适合自己习惯的 IDE。

2.3.1 Jupyter Notebook

Jupyter Notebook 是基于 Web 技术的交互式计算应用程序,界面类似于网页,不仅能够直接编写和运行代码,还具有编写数学公式、文本编辑、插入图片、代码提示等功能,给予用户非常友好的交互式体验,简单易用,适合初学者,同时也是 Python 进行数据分析的有效工具。

下面介绍 Jupyter Notebook 的使用细节。

(1) 打开方式。读者安装好 Anaconda 后可以在开始菜单中直接找到 Jupyter Notebook,如图 2-17 所示,单击后出现如图 2-18 所示的界面,将界面中矩形框里的网页网址复制到浏览器中打开就可进入 Jupyter Notebook 界面,如图 2-19 所示。值得注意的是在使用 Jupyter Notebook 过程中不能将图 2-18 所示的界面关闭,关闭会导致 Jupyter Notebook 无法使用。

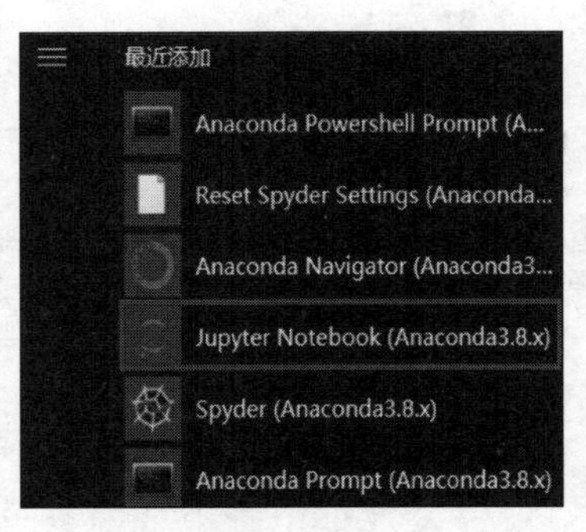

图 2-17 从开始菜单中打开 Jupyter Notebook

图 2-18 Jupyter Notebook 启动界面

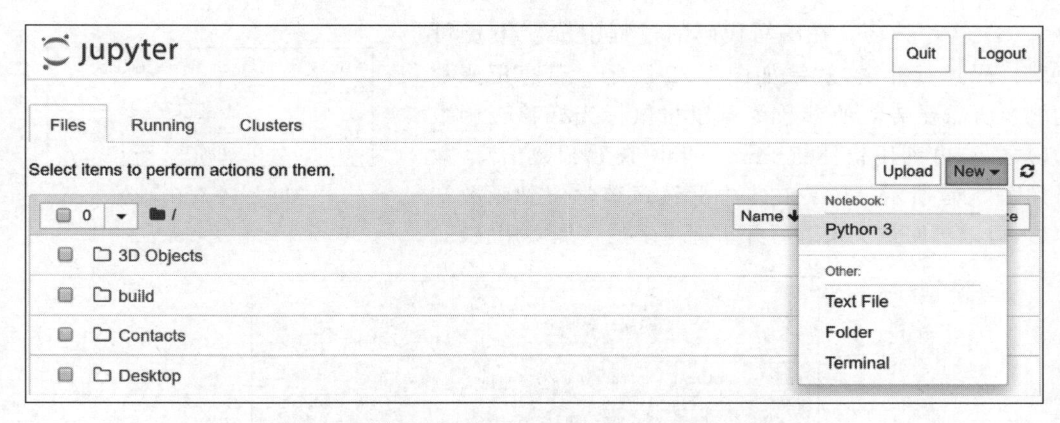

图 2-19 Jupyter Notebook 界面

若读者未从开始菜单中直接找到 Jupyter Notebook，则可以先打开图 2-17 中的 Anaconda Navigator 便可打开 Anaconda 应用程序，单击图 2-20 中的 Jupyter Notebook 下的 Launch 按钮，同样可以显示出图 2-18 所示的界面。

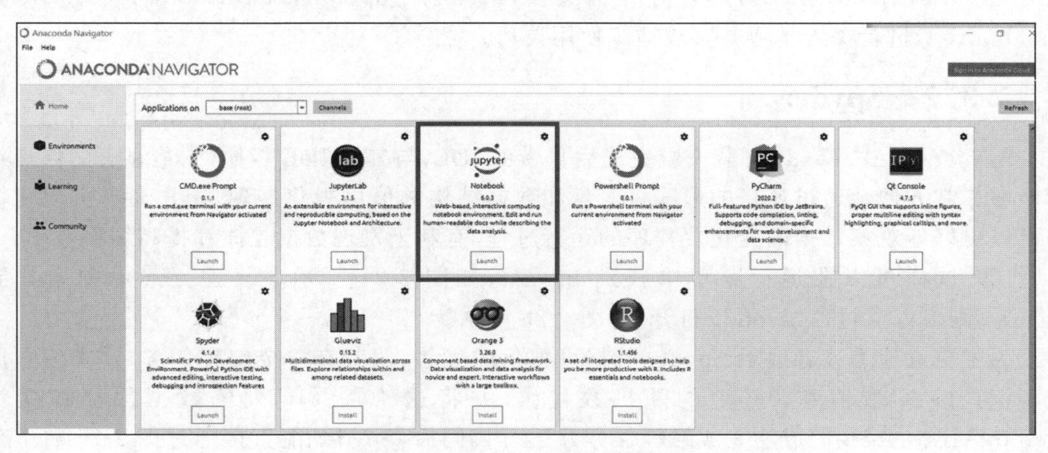

图 2-20 从 Anaconda 中打开 Jupyter Notebook

(2) 代码编写。进入图 2-19 所示的 Jupyter Notebook 界面后,单击右上角的 New 菜单,选择 Python 3 按钮即可创建一个代码编写页面,在图 2-21 中 In[ ]区域输入代码,例如输入 8+8,按快捷键 Shift+Enter 即可运行这块区域内的代码,结果将显示在 Out[ ]区域。

图 2-21 Jupyter Notebook 的代码编写页面

(3) 实用技巧。在编写代码的过程中按 Tab 键可以对代码进行补全,效果如图 2-22 所示。若忘记函数功能及所需要传入的参数等可以将鼠标光标移至函数的()之间,再利用快捷键 Shift+Tab 查看函数信息,效果如图 2-23 所示。读者在本书后续章节学习到函数知识后,可以再回过头来练习并掌握更多的快捷实用技巧。

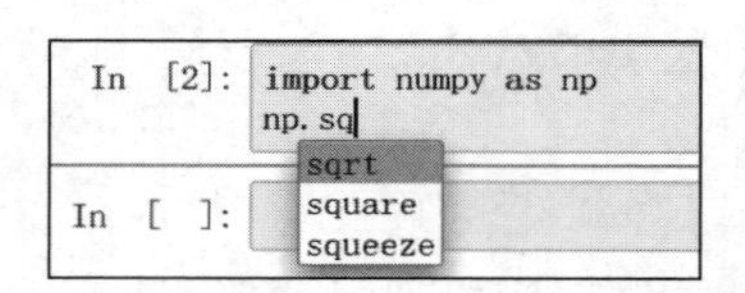

图 2-22 代码补全

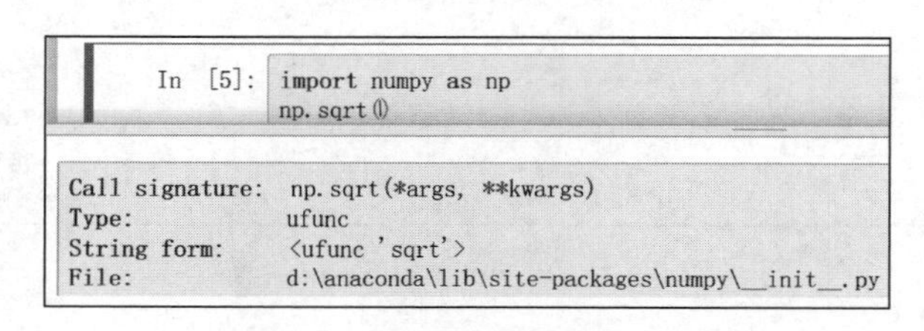

图 2-23 函数参数提示信息

(4) 由于 Jupyter Notebook 的使用细节及技巧过多,本书不做一一赘述,若读者感兴趣且有更多的需求,则可以访问官方介绍文档(https://Jupyter.readthedocs.io/en/latest/install.html)进行深入学习并实战演练使用技巧。

2.3.2 Spyder

Spyder 是 Anaconda 下载安装完成后自带的 IDE,与其他 IDE 相比,它最显著的优点在于能够非常方便地通过窗格的形式将变量和数据结构的值可视化展现,用户通过可视化窗格可以更好地观察数据的变化及程序的运行过程,有利于发现数据规律和提高编程效率。

用户同样可以在运行菜单中找到 Spyder,如图 2-24 所示。若运行菜单中未找到 Spyder,则可以通过 Anaconda 打开,如图 2-25 所示。

为了更好地为读者展示 Spyder 数据可视化的优势,假若有一个编程任务,要求编写产生 10 行 10 列取值在 0~1 的随机数代码,并将这 10 行 10 列的数据保存在变量 NumpyArray 中,我们成功完成编程任务并运行代码后,Spyder 能直接通过图 2-26 右上角所示的可视化窗格查看产生的 10 行 10 列数据,这个功能可以有效帮助用户分析和挖掘数据价值。

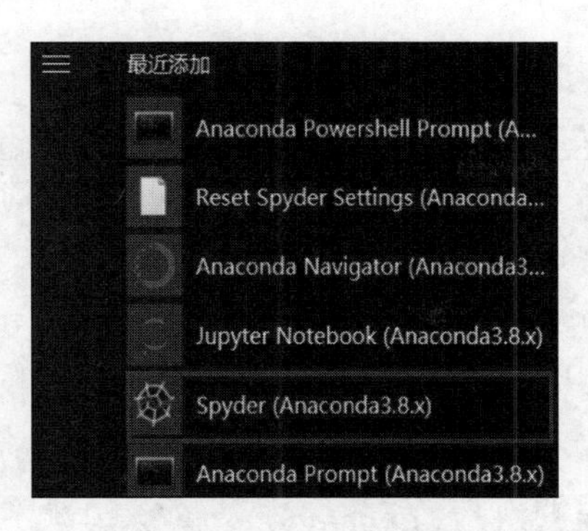

图 2-24　从开始菜单中打开 Spyder

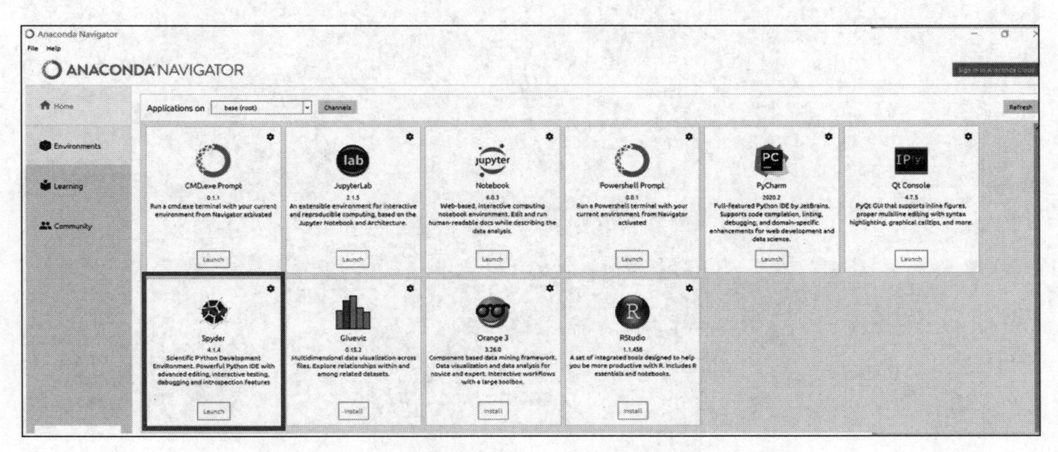

图 2-25　从 Anaconda 中打开 Spyder

图 2-26　Spyder 可视化查看代码变量

2.3.3 PyCharm

PyCharm 由 JetBrains 公司开发，几乎已经成为 Python 开发的首选 IDE，它具有一般 IDE 的基础功能，且非常适用于 Django 开发及工程项目开发，Django 通过少量代码就能够轻松帮助 Python 开发人员完成一个正式网站的大部分内容。

读者可以访问 PyCharm 的官方网站（http://www.jetbrains.com/PyCharm/download/）进行下载和安装，PyCharm 分为专业（收费）和社区（免费）版两种版本，社区版 PyCharm 安装完成并成功运行代码的界面如图 2-27 所示。

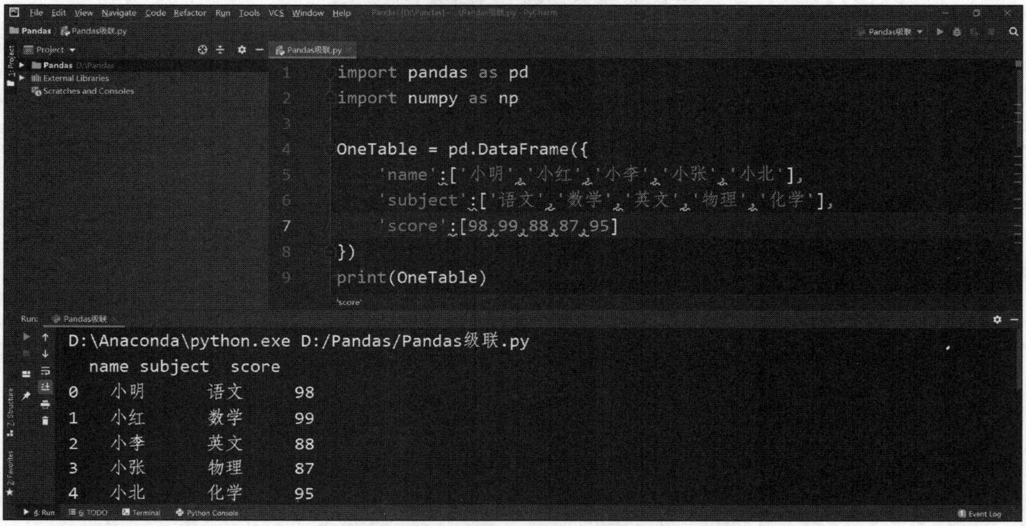

```
import pandas as pd
import numpy as np

OneTable = pd.DataFrame({
    'name':['小明','小红','小李','小张','小北'],
    'subject':['语文','数学','英文','物理','化学'],
    'score':[98,99,88,87,95]
})
print(OneTable)
```

```
D:\Anaconda\python.exe D:/Pandas/Pandas级联.py
  name subject  score
0   小明      语文     98
1   小红      数学     99
2   小李      英文     88
3   小张      物理     87
4   小北      化学     95
```

图 2-27 社区版 PyCharm 安装完成并成功运行代码的界面

2.4 本章小结

本章首先介绍了 Python 语言的特点，通过比较 Python 语言的优缺点让读者明白 Python 的应用优势及部分局限性，接着介绍了两种 Python 安装的方式，本书推荐读者通过 Anaconda 进行 Python 安装，后续涉及的所有第三方库均是通过 Anaconda 中的 conda 工具完成安装的，最后介绍了 3 种 Python 集成开发环境，读者可以根据自身的喜好与习惯选择合适的集成开发环境进行 Python 代码的学习、编写等，本书推荐初学者使用 Jupyter Notebook 作为后续章节中 Python 与数据分析相关知识的学习、练习工具，本章是对 Python 语言的初步认识。

基 础 篇

从本篇开始将正式与读者一起领略使用 Python 进行数据分析的魅力，通过本篇的学习读者将快速掌握 Python 数据分析的常用技巧并学会解决多种不同应用场景下的 Python 数据分析任务。

基础篇包括以下几章。

第 3 章　Python 基础

本章是全书最基础的章节，主要介绍 Python 的各种语法相关的知识。由于不同读者对 Python 代码的接受能力不同，读者的所学专业也不一样，为此笔者尽可能地从读者的角度进行本章内容的编写，用通俗简单的语言进行知识内容的阐释，并提供大量的代码注释，同时采用大量生活中常见的例子帮助读者理解抽象的基础理论，运用类比、举例的方式让读者轻松掌握代码的使用技巧，以便不同基础和专业的读者能快速掌握 Python 的基本语法。

第 4 章　Python 函数与模块

Python 的函数与模块为 Python 数据分析提供了强大的技术支撑，本章首先介绍与函数相关的基本概念，接着介绍函数的调用方式、函数参数的分类及参数值的传递过程，分析变量的作用域范围，举例说明 lambda 函数的使用，再通过多个函数编程示例引领读者一步步掌握函数的使用技巧、编程思路及适用场景，化难为简，最后介绍第三方模块的相关概念、作用及使用方式。

第 5 章　面向对象编程

面向对象是一个相对较难理解的概念，为此本章将尽可能地用生活中常见的例子来对抽象的理论进行类比和剖析，让读者能够举一反三、触类旁通。本章首先介绍面向对象的相关理论概念，接着对比面向过程编程与面向对象编程的异同点，再介绍面向对象编程的语法格式及编程方式，最后介绍类的继承及 Python 中的异常处理机制。

第 6 章　Python 文件操作

数据分析常常需要通过文件将所获取并存放在 Python 程序外部的数据进行操作。本章首先介绍文件字符的编码方式，接着介绍 Python 读取和写入文件数据的基本方式，最后为满足大规模、大批量数据文件的分析任务需求，介绍批量操作文件的方法，同时这部分知识内容还能够帮助读者进行日常的自动化、批量化办公。

第 7 章　数据可视化

数据可视化是数据分析的一个极为重要环节，能够让数据分析结果一目了然，短时间内让用户快速获取大量信息，在后续的章节中也会频繁地使用本章内容的知识点。本章将介绍 Matplotlib 和 Seaborn 两种常用的 Python 数据可视化工具，从简介和安装方法出发，由浅入深地讲解它们的绘图基础知识和绘图技巧，展示图形化数据结果的魅力。

第 8 章　数值计算扩展库

数值计算扩展库 NumPy 是 Python 最常用最基础的数据分析工具。本章首先对 NumPy 库及其安装方式进行介绍，接着通俗易懂地对 NumPy 库创建数组、数组操作、数据统计、线性代数等重要方法内容进行详细介绍，最后介绍 NumPy 库的文件和批量数据操作。

第 9 章　结构化数据分析库

本章首先介绍 Pandas 的 Series 和 DataFrame 对象，接着介绍 Pandas 文件处理的相关方法，以一个批量处理多个 Excel 文件数据的例子展示 Pandas 进行数据分析的强大功能和技巧，再介绍 Pandas 进行数据分组和聚合的方法，展示透视表和交叉表的使用方式，最后介绍使用 Pandas 完成数据预处理和时间序列处理的相关方法及 Pandas 的快速数据可视化方法。

第3章 Python基础

本章将正式为读者介绍 Python 代码相关的基础知识，为了让读者能够快速入门并且熟练地编写 Python 代码，本章将用大量生活中常见的例子帮助读者理解抽象的基础理论，运用类比、举例的方式让读者轻松掌握代码的使用技巧。全书的示例代码及代码注释翔实，能够一步步引领读者实践理论并带领读者深入思考。本章各节内容的知识点联系紧密，环环相扣，为读者梳理出全面且清晰的知识脉络。当然，学习编程的最核心方法是勤加动手练习，因此在 3.8 节将提供高质量的综合示例供读者阅读、巩固、思考和提升。

3.1 变量与赋值

7min

3.1.1 变量

1. 变量的概念

相信读者在学习数学的过程中对“变量”一词并不陌生，如函数式(3-1)中的 x 便是数学中我们熟知的变量，x(变量)可以发生改变，可以指定取值范围，如规定函数式(3-1)中的 x 只能取 1，则变量的取值可以表示为 $x=1$，换个思维理解，$x=1$ 意味着变量 x 可以像容器一样保存 1。计算机语言借鉴了这种思维，计算机语言中的变量正像一个容器，创建一个变量的同时会在计算机内存中开辟出一个相应的存储空间，这个空间不仅能存储数字类型的数据，还能存储字符串等非数字类型的数据。

$$f(x)=x^2+2x+1 \tag{3-1}$$

式中：x 为函数中的自变量。

因此计算机语言中的变量能存储的数据值可以有多种类型，Python 中的数据类型分为数字、字符串、列表、元组、字典和集合，Python 数据类型的具体内容将在 3.4 节详细介绍。

2. 变量的命名规则及 Python 关键字

1) 变量的命名规则

计算机语言可以根据人们的需求创建多个能够存储不同类型数据的变量，为了能够对这些变量加以区分和使用，必须为每个变量按照一定的规则命名，Python 变量的命名规则如表 3-1 所示。

2) Python 关键字

Python 关键字是指已经被 Python 语言本身使用过的字符名称，这些字符名称在 Python 中具有特定的功能，因此不能被重复使用，就像在某个系统中已经注册过的名称，用户不能再重复注册和使用该名称。Python 中的关键字如表 3-2 所示。

表 3-1 Python 变量的命名规则

序号	命名规则
1	变量名由数字、字母、下画线的任意组合构成
2	不能以数字作为变量名的开头，不能包含空格
3	变量名区分大小写，如变量名 Matrix 与变量名 matrix 不代表同一变量
4	不能将变量名命名为 Python 关键字

表 3-2 Python 关键字

and	del	False	not	True
as	else	global	nonlocal	try
assert	elif	if	None	while
break	except	in	or	with
class	finally	is	pass	yield
continue	for	import	raise	
def	from	lambda	return	

3.1.2 赋值

1. 赋值符号

Python 中的变量只有被赋值后，才能成功创建并分配到相应的内存空间，若想要使用变量必须先进行变量的赋值，不需要事先指明变量的数据类型。

Python 利用等号(=)为变量进行赋值，等号(=)左边是根据表 3-1 规则取的变量名称，等号右边是存储在变量中的数据值，等号(=)在 Python 中被称为赋值符号，使用赋值符号的示例代码如下：

```
//Chapter3/3.1.2_test1.py
输入：x = 1                                    #使用赋值符号将数字 1 赋值给变量 x
    #下行代码意为将字符串"Python data analysis from 0 to 1"赋值给变量 myCompanyName
    myCompanyName = "Python data analysis from 0 to 1"
    print(x)                                   #将变量 x 表示的值输出到屏幕
    print(myCompanyName)                       #将变量 myCompanyName 表示的值输出到屏幕

输出：1
    Python data analysis from 0 to 1
```

上述代码中有两个变量，分别为 x 和 myCompanyName。变量 x 存储的是数字类型数据 1，变量 myCompanyName 存储的是字符串类型数据 Python data analysis from 0 to 1，程序运行后通过 print()输出函数将两个变量的值输出到屏幕上，print()输出函数的具体用法可参考 3.2.2 节。

2. 多变量赋值

Python 还支持同时为多个变量赋值及为不同变量赋值不同数据类型的操作，示例代码如下：

```
//Chapter3/3.1.2_test2.py
输入: x = y = z = 1                    #将数字 1 同时赋值给变量 x、y、z
      a,b,c = 2,3,"Python"             #为不同变量赋值不同数据,将 2、3、"Python"分别赋值给 x、y、z
      print(x,y,z)                     #将变量 x、y、z 表示的值输出到屏幕
      print(a,b,c)                     #将变量 a、b、c 表示的值输出到屏幕

输出: 1  1  1
      2  3  Python
```

值得特别注意的是,代码中的"="代表的含义是赋值,而数学中的"="代表的含义是相等,若想在代码中表示相等的含义,应用"=="表示,读者应加以理解和区分。

3. 代码注释

上述两段代码中还出现了"#"符号,其代表的含义是单行注释,"#"后跟的内容由读者自己定义,通常情况下用于写下对代码的解释说明。当需要把代码给别人阅读或使用时,通过注释可以让别人快速理解程序。注释在程序中不会被执行,类似笔记一样存在于程序中,如果需要多行注释,则可以用 3 个单引号(''')或 3 个双引号(""")注释,注释的使用示例代码如下:

```
//Chapter3/3.1.2_test3.py
输入: x = 1                           #这是单行注释,把 1 赋值给变量 x
      myCompanyName = "Python data analysis from 0 to 1"
      '''
      利用 3 个单引号注释,这是第一行注释,变量 x 表示的值是数字类型数据
      这是第二行注释,变量 myCompanyName 表示的值是字符串类型数据
      '''
      print(x)
      print(myCompanyName)
      """
      利用 3 个双引号注释,这是第一行注释,将变量 x 表示的值输出到屏幕
      这是第二行注释,将变量 myCompanyName 表示的值输出到屏幕
      """

输出: 1
      Python data analysis from 0 to 1
```

补充:在 Python 中还有一个标识符的概念,标识符通俗地理解就是名字,变量名、函数名、类名、对象名、模块名等都可以称为一个标识符,同样遵循表 3-1 中的命名规则,其中与变量相关的概念本节已经介绍完毕,函数、类、对象、模块等概念将在本书后续内容中介绍。

3.2 输入与输出

10min

输入与输出是代码编写过程中必不可少的环节。读者可以通过输出查看变量在代码运行中的变化过程,通过输入使得程序变得动态起来,进而能够与计算机程序进行交互,使得代码具有更高的容错性。

由于在本书代码中需要大量使用输出函数将变量的值或代码的运行结果为读者可视化出来，且部分程序需要通过输入函数与用户进行交互，所以本节先为读者介绍 Python 中如何通过函数实现输入与输出功能。通过本节，读者将初次接触到函数的概念，学会如何调用 Python 中已经内置的函数，函数相关的更详细内容可参考第 4 章。

3.2.1 输入

输入是程序与外界交换信息的重要接口，程序中常需要用户通过键盘等方式输入信息，通过交互的方式获取信息也是获取数据的重要方式之一，Python 中通过 input([str]) 函数实现从键盘接收信息的功能。

数学中的函数如 $f(x,y)=2x+2y+1$，x 和 y 称为函数 $f(x,y)$ 的变量或参数，对参数 x 和 y 取确定值后通过映射关系 f 就能求出对应的函数值，Python 中的函数其实有异曲同工之妙，是对参数取值（也可以说是传入参数）后通过某种方式（这种方式可以类比于数学中的映射关系 f）来求出所需要的结果值或实现某些功能。

数学中对函数的使用方式如求 $x=3$、$y=5$ 时的 $f(x,y)$ 的值可以用 $f(3,5)$ 表示，是通过“函数名(参数值 1，参数值 2，...)”的形式使用数学函数的，其中函数名对应 f，x、y 是函数 f 的参数，3、5 是传入函数参数中的参数值。在 Python 中使用函数与数学中使用函数的方式如出一辙，也是通过“函数名(参数值 1，参数值 2，...)”的形式使用。

以输入函数 input([str]) 为例，其中函数名对应 input，函数中定义了参数 str，参数 str 周边的“[]”代表参数 str 为可选参数（可选参数指该参数可以选择传入参数值，也可以选择不传入参数值）。当然，在数学中传入的参数值一般指数字，但 Python 中可以是数字、字符串等各种数据类型中的数据。如果要为 input([str]) 函数中的参数 str 传入参数值，则参数值必须是字符串类型的数据。

下述代码中展示了调用 input([str]) 函数不为参数 str 传值及为参数 str 传入参数值“请输入一个数字：”的使用效果，示例代码如下：

```
//Chapter3/3.2.1_test4.py
输入：a = input()          #不为参数 str 传值，input()函数从键盘上接收一个值并赋值给变量 a
      """
      接下来的代码使用 input()函数从键盘上接收一个字符串参数值传入参数 str，并赋值给变量 b
      最后会在屏幕上将接收的字符串作为提示信息显示
      """
      b = input("请输入一个数字:")

输出：[1          ]                    #执行 a = input()，用户可以通过键盘在这个矩形框输入数据
      #假设在上面的矩形框输入数据 1，按回车键后执行代码 b = input("请输入一个数字:")，
      #显示如下：
      请输入一个数字:[          ]      #与第一个矩形框相比多了提示信息
```

类似 input()函数在 Python 中能够直接按上述方式使用的函数被称为 Python 的内置函数。当然，广义上的输入不仅指从键盘上获取数据，还可以通过文件获取数据。3.2.2 节介绍的输出可以将数据显示至屏幕上，也可以将数据输出至文件中，Python 中与文件相关

的更详细内容可参考第 6 章，此处不作赘述。

3.2.2 输出

输出是一个能将变量内容或程序运行结果输出到屏幕或文件上供人们查看的重要功能，本节将介绍 print()输出函数的用法与效果。

同输入函数一样，print()函数也是 Python 的内置函数，能够直接使用，使用方式也是"函数名(参数值)"，输出函数 print()相对 input()函数来讲复杂一点，print()函数要求传入一个或多个参数，并且能将各传入参数的值输出到屏幕上，示例代码如下：

```
//Chapter3/3.2.2_test5.py
输入: a = 1                     #将数字 1 赋值给变量 a
      b = "Python"              #将字符串"Python"赋值给变量 b
      print(a)                  #将变量 a 作为参数传递,调用 print()函数输出 a 的值
      print(a,b)                #将变量 a、b 作为参数传递,a 与 b 之间用逗号隔开,输出 a、b 的值
      print("这是 a 的值:",a)   #将字符串"这是 a 的值:"和变量 a 作为参数传递以便进行输出

输出: 1
      1 Python
      这是 a 的值:a
```

由上述代码的输出结果可以发现，print()函数每执行一次会自动地换一行，使下一个 print()函数的执行结果显示在下一行，而不会并列地挤在一行，但有时却需要让多个 print()函数执行的结果显示在同一行，此种情况该怎么办呢？取消 print()函数自动空一行只需要在参数中添加上 end＝""，示例代码如下：

```
//Chapter3/3.2.2_test6.py
输入: a = "He"            #将字符串"He"赋值给变量 a
      b = "llo"           #将字符串"llo"赋值给变量 b
      print(a,end = "")   #输出变量 a 代表的值,end = ""表示取消 print()函数的自动换行功能
      print(b)            #输出变量 b 代表的值

输出: Hello
```

事实上，end 代表结束符，默认情况下 end 代表换行符号"\n"(换行符号"\n"将在 3.4.2 节详细介绍)，在未指定 end 的情况下，print()函数会自动以换行符号"\n"作为结束，每执行一次 print()函数会自动换一行。用户当然也可以自主地通过设置参数 end 的值来控制输出到屏幕上的结尾内容，设置 print()函数参数 end 值的示例代码如下：

```
//Chapter3/3.2.2_test7.py
输入: a = "Hello"                  #将字符串"Hello"赋值给变量 a
      print(a,end = "*****")       #让屏幕上字符串"Hello"后结尾内容变为"*****"

输出: Hello*****
```

为了使 print()函数的输出结果更具有层次和结构感，可以在参数中添加 sep＝"分隔

符"作为其他参数值的分隔符,默认情况下参数 sep 的值为空格。在 print()函数参数中设置 sep=" ***** "及不设置 sep 值的示例代码如下:

```
//Chapter3/3.2.2_test8.py
输入: a = 123                                  #将数字 123 赋值给变量 a
      b = "数据分析"                           #将字符串"数据分析"赋值给变量 b
      print(a,b,a,b,sep = " ***** ")           #设置 sep = " ***** "作为 a、b、a、b 间的分隔符
      print(a,b,a,b)                           #不设置 sep 参数时的默认效果

输出: 123 ***** 数据分析 ***** 123 ***** 数据分析
      123 数据分析 123 数据分析
```

当使用 print()函数输出的内容中含有多个变量时,会导致代码显得复杂也不美观,示例代码如下:

```
//Chapter3/3.2.2_test9.py
输入: a = "Python"                             #将字符串"Python"赋值给变量 a
      b = "数据分析"                           #将字符串"数据分析"赋值给变量 b
      c = "零基础"                             #将字符串"零基础"赋值给变量 c
      #下面的 print()函数输出:这是一本关于 Python 及数据分析的书,适合零基础的人群学习
      print("这是一本关于",a,"及",b,"的书,适合",c,"的人群学习")

输出: 这是一本关于 Python 及 数据分析 的书,适合 零基础 的人群学习
```

从上述代码中可以发现,若出现多个变量想按某种格式输出时,如果只利用 print()函数进行输出,则需要传入大量冗余复杂的参数,这无疑增加了用户的工作量。为了解决这个问题,使 print()函数更具有格式感,print()函数常结合 format()函数一起使用,这种输出方法也被称为格式化输出,format()函数的使用语法为"字符串变量/字符串对象.format()",在字符串变量/字符串对象中嵌入一个或多个"{}"符号,每个"{}"符号与 format()参数位置一一对应,示例代码如下:

```
//Chapter3/3.2.2_test10.py
输入: a = "Python"                             #将字符串"Python"赋值给变量 a
      b = "数据分析"                           #将字符串"数据分析"赋值给变量 b
      c = "零基础"                             #将字符串"零基础"赋值给变量 c
      #下面的 print()函数输出:这是一本关于 Python 及数据分析的书,适合零基础的人群学习
      print("这是一本关于{}及{}的书,适合{}的人群学习".format(a,b,c))

输出: 这是一本关于 Python 及数据分析的书,适合零基础的人群学习
```

上述代码中,"这是一本关于{}及{}的书,适合{}的人群学习"这个字符串里的"{}"分别与 format()传入的 3 个参数变量 a、b、c 一一对应,利用"{}"符号进行占位使得代码更加简洁易读。当然,根据用户需求可以改变"{}"对应的参数,可以通过"{位置}"的语法方式指定对应的参数变量,"{0}"对应 format()函数中的第 1 个参数,"{1}"对应 format()函数中的第 2 个参数,以此类推,示例代码如下:

```
//Chapter3/3.2.2_test11.py
输入: a = "Python"                              #将字符串"Python"赋值给变量 a
      b = "数据分析"                            #将字符串"数据分析"赋值给变量 b
      c = "零基础"                              #将字符串"零基础"赋值给变量 c
      #{0}对应参数变量 a,{1}对应参数变量 b,{2}对应参数变量 c
      print("这是一本关于{1}及{0}的书,适合{2}的人群学习".format(a,b,c))

输出: 这是一本关于数据分析及 Python 的书,适合零基础的人群学习
```

用户也可以更自由地通过指定参数名称的方法使用 format()函数，在 format()函数中为各参数指定一个别名，字符串里的"{}"传入为参数指定的别名，示例代码如下：

```
//Chapter3/3.2.2_test12.py
输入: a = "Python"                              #将字符串"Python"赋值给变量 a
      b = "数据分析"                            #将字符串"数据分析"赋值给变量 b
      c = "零基础"                              #将字符串"零基础"赋值给变量 c
      #在 format 函数中,将参数 a 的别名指定为 x,将参数 b 的别名指定为 y,将参数 c 的别名指定
为 z
      print("这是一本关于{x}及{y}的书,适合{z}的人群学习".format(x = a,y = b,z = c))
      #{x}对应参数变量 a,{y}对应参数变量 b,{z}对应参数变量 c

输出:这是一本关于 Python 及数据分析的书,适合零基础的人群学习
```

至于为什么 format 的语法是"字符串变量/字符串对象. format()"这样的形式，读者在学习 3.3 节后会得到答案。

Python 还支持一种 print()函数与 format()函数结合使用的特殊方式，将 f 字符放在要输出的字符串开头位置代替 format()，参数可以直接写入字符串里的"{}"，这种方式由于代码简洁而被频繁使用，示例代码如下：

```
//Chapter3/3.2.2_test13.py
输入: a = "Python"                              #将字符串"Python"赋值给变量 a
      b = "数据分析"                            #将字符串"数据分析"赋值给变量 b
      c = "零基础"                              #将字符串"零基础"赋值给变量 c
      #用 f 字符代替 format()函数且写在字符串开头位置,直接将参数写入字符串里的"{}"
      print(f"这是一本关于{a}及{b}的书,适合{c}的人群学习")
      #上行代码效果等同于 print("这是一本关于{}及{}的书,适合{}的人群学习".format(a,b,c))

输出: 这是一本关于 Python 及数据分析的书,适合零基础的人群学习
```

3.3 Python 对象

3.3.1 Python 对象的概念

本节可以让读者对 3.1 节的变量与赋值的内容有更深入的理解，学习 3.4 节数据类型之前也必须先了解 Python 中的对象概念。

从代码的层面上讲，对象可以理解为将属性（数据、变量）和功能（方法、函数）封装在一起后产生的具有特定接口的内存块，Python 通过对象模型对数据进行存储，所构建的每个数据值都称为一个对象，这是什么意思呢？如构建的数字 1、字符串"Python data analysis from 0 to 1"、列表[1,2,3,4,5]等这些数据值都可以称为一个对象。对象具有地址、类型和值 3 个特征，地址对应对象在内存中的存储位置，类型对应对象的数据类型（如数字类型、字符串类型等），值对应对象存储的数据值（如 1、"Python data analysis from 0 to 1"等）。数字 1 对象如图 3-1 所示。

图 3-1 数字 1 对象举例

3.3.2 变量与对象的关系

在 3.1.1 节变量的概念中曾经介绍过：创建一个变量的同时会在计算机内存中开辟出一个相应的存储空间，数据值被保存在这个存储空间中。在 Python 中这个存储空间就是对象代表的内存块，因此变量中存储的数据值并不是直接保存在变量中，而是保存在对象代表的内存空间中。

如赋值语句 $a=1$，a 是一个变量，1 是一个对象（对象 1 如图 3-1 所示），1 并不是真的保存在变量 a 中，而是保存在对象 1 代表内存空间中，变量 a 更像是对象 1 的另一个名字，可以将变量 a 称为是对象 1 的引用，或称变量 a 指向数据值为 1 的对象。这样通过变量 a 就可以更方便地操作内存块中的数据，变量与对象之间的关系如图 3-2 所示。

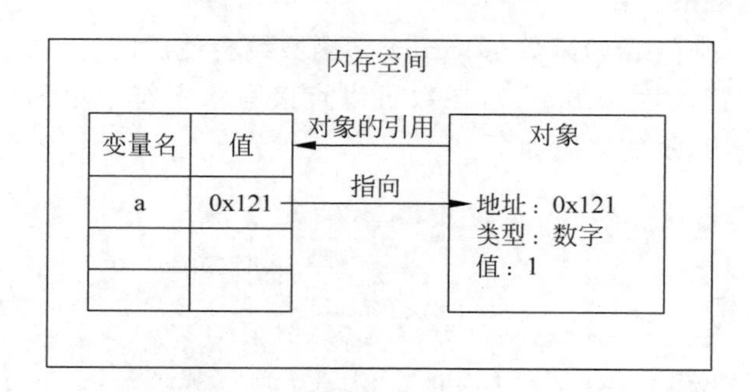

图 3-2 变量与对象之间的关系

注意：实际上，因为数据类型是对象所拥有的特征，变量并没有数据类型这个特征，所以变量的类型指的是变量所引用对象具有的数据类型，如 1 这个对象，对象 1 的数据类型是数字类型，对象 1 的引用是变量 a，则称变量 a 的数据类型是数字。

为了让读者更直观地理解变量与对象之间的关系，我们可以通过 id(x)函数获得对象 x 的地址特征，type(x)函数获得对象 x 的类型特征，print(x)函数输出对象 x 的值特征，示例代码如下：

```
//Chapter3/3.3.2_test14.py
输入：a = 1              #创建变量a和对象1,同时为对象1分配内存空间,变量a是对象1的引用
     print(id(1))       #id(1)指的是对象1的地址特征
     print(id(a))       #id(a)指的是变量a所引用对象1的地址特征
     print(type(1))     #type(1)指的是对象1的类型特征
     print(type(a))     #type(a)指的是变量a所引用对象1的类型特征
     print(a)           #输出a所引用对象的值

输出：140712965153168
     140712965153168
     <class 'int'>
     <class 'int'>
     1
```

上述代码中，id(1)与id(*a*)的结果相同，均为140712965153168，说明变量*a*引用了对象1的地址，两者绑定在一起，type(1)与type(*a*)的结果相同，均为<class 'int'>，说明变量*a*引用了对象1的类型。

打个比方，在每家每户的户口簿信息上，有个人的户籍地址信息（对应对象中的地址特征）、与户主的关系信息（对应对象中的类型特征）、个人姓名（对应对象中的值特征），户籍管理系统（对应对象中的变量）能通过个人的户籍地址信息（对象中的地址特征）查询访问住户个人姓名（对象中的值特征）进而实现对户籍信息的管理。

总之，对象是分配的内存块，变量是对象的引用或者说变量指向对象，通过变量可以操作对象所代表的内存块。

注意：对象包含属性和方法（函数），上述内容只介绍了对象的3个特征（地址、类型、值）和对象与变量之间的关系，但在实际编程中我们会频繁地使用数据类型对象中的属性和方法（函数），以列表类型对象为例，我们可以利用"对象名.属性""对象名.函数"的语法方式调用列表对象中的方法，如a是一个列表类型对象，可以利用a.append(3)调用列表中的append()方法在列表a的末尾添加3这个元素，append()函数的具体内容详见3.4节。

3.4 数据类型

Python将数字、字符串、元组划分为不可变数据类型对象，将列表、字典、集合划分为可变数据类型对象，详细说明如表3-3所示。

表3-3 可变与不可变数据类型对象详细说明

序号	数据类型	划分类别	详细说明
1	数字	不可变数据类型对象	如果该数据类型对象的属性值改变，则地址属性也随之改变，会产生一个新的对象
2	字符串		
3	元组		
4	列表	可变数据类型对象	如果该数据类型对象的属性值改变，则地址属性不发生变化，不会产生一个新的对象
5	字典		
6	集合		

对不可变数据类型对象的属性值进行修改，地址属性发生改变，会产生一个新对象，以修改数字对象为例，示例代码如下：

```
//Chapter3/3.4_test15.py
输入：a = 1           #创建变量 a 和数字对象 1，同时为对象 1 分配内存空间，变量 a 是对象 1 的引用
     print("变量 a 所引用对象的属性值：",a)
     print("变量 a 所引用对象的地址：",id(a))
     a = 2           #修改 a 的属性值
     print("改变 a 的赋值后，变量 a 所引用对象的属性值：",a)
     print("改变 a 的赋值后，变量 a 所引用对象的地址：",id(a))

输出：变量 a 所引用对象的属性值：1
     变量 a 所引用对象的地址：140712949948816
     改变 a 的赋值后，变量 a 所引用对象的属性值:2
     改变 a 的赋值后，变量 a 所引用对象的地址：140712949948848
```

上述代码实验结果表明，不可变类型对象被重新赋值后，地址属性也随之改变，地址属性的改变意味着内存块的位置发生了改变，即执行完 $a=1$ 后，再执行 $a=2$ 不是指将变量 a 的值进行了修改，而是在内容空间中新建了一个数字类型对象 2，让原本指向对象 1 的变量 a，重新指向对象 2。

对可变数据类型对象的属性值进行修改，地址属性不会发生改变，也不会产生一个新对象，以修改列表对象为例，示例代码如下：

```
//Chapter3/3.4_test16.py
输入：a = [1,2,3]                #创建变量 a 和列表对象[1,2,3]，变量 a 是对象[1,2,3]的引用
     print("变量 a 所引用对象的属性值:",a)
     print("变量 a 所引用对象的地址:",id(a))
     a[0] = 100                 #将列表对象[1,2,3]中的第一个元素值修改为 100
     print("改变列表对象值后，变量 a 所引用对象的属性值:",a)
     print("改变列表对象值后，变量 a 所引用对象的地址:",id(a))

输出：变量 a 所引用对象的属性值：[1,2,3]
     变量 a 所引用对象的地址：2238483485128
     改变列表对象值后，变量 a 所引用对象的属性值：[100,2,3]
     改变列表对象值后，变量 a 所引用对象的地址：2238483485128
```

上述代码实验表明，列表类型对象属性值改变，地址属性不发生变化，是对同一内存空间的操作，内存空间位置没有发生改变。

9min

3.4.1 数字

本节内容包括数字数据类型的分类、相互转换和相关的常用数学函数。

1. 数字数据类型的分类

Python 支持 4 种数字（Number）数据类型：整型（int）、浮点型（float）、复数（complex）、布尔型（bool），如表 3-4 所示。

表 3-4　Python 支持的 4 种数字数据类型

序号	数字数据类型	详细说明
1	整型(int)	整型代表的数据称为整数，不带有小数点，如 1、2、3。Python 3 各版本对整型数据的大小没有任何限制，只要内存空间足够大，整型数据理论上可以无穷大
2	浮点型(float)	浮点型代表的数据称为浮点数，带有小数点，如 5.20、13.14、4.08，也可以用科学记数法表示，如 $13.14e^2 = 13.14\times10^2 = 1314$
3	复数(complex)	由实部和虚部组成，在 Python 中可以用 a+bj 或 complex(a,b)表示，其中 a 代表实部，b 代表虚部，且 a、b 为实数
4	布尔型(bool)	分为 True(真)和 False(假)，通常认为 True 对应 1，False 对应 0

接下来演示 4 种数字数据类型的使用方式，示例代码如下：

```
//Chapter3/3.4.1_test17.py
输入：a = 1                                    #整型
     print(a)
     b = 5.20                                 #浮点型
     print(b)
     c1 = 5.20 + 13.14j                       #复数
     c2 = complex(1.999,4.08)
     print(c1,c2)
     d1 = True                                #布尔型
     d2 = False
     print(d1,d2)

输出：1
     5.20
     (5.20 + 13.14j) (1.999 + 4.08j)
     True False
```

2. 数字类型数据之间的相互转换

在实际编程尤其是编写与数据分析相关的程序中经常需要进行数字类型数据之间的相互转换，数字类型数据之间的相互转换方式如表 3-5 所示。

表 3-5　Python 支持的 3 种数字类型数据之间的转换方式

序号	转换形式	转换方式
1	整型(int)转换成浮点型(float)	若 a 是一个整型，则利用 float(a)可以将 a 转换成浮点型
2	浮点型(float)转换成整型(int)	若 a 是一个浮点型，则利用 int(a)可以将 a 转换成整型
3	整型/浮点型转换成复数(complex)	若 a、b 均是实数，则利用 complex(a,b)可以将 a 作为复数实部，b 作为复数虚部

接下来演示数字数据类型相互转换的使用方式，示例代码如下：

```
//Chapter3/3.4.1_test18.py
输入：a = 520                          #a是一个浮点数
     print("整型 a 的初始值:",a)
     a = float(a)                     #利用 float(a)将整型 a 转换成浮点型
     print("整型 a 转换成浮点型后的值: ",a)
```

```
        a = int(a)                # 利用 int(a)再将浮点型 a 转换成整型
        print("浮点型 a 转换成整型后的值: ",a)
        a = complex(a,a + 10)     # 利用 complex(a,a + 10)将 a 作为复数实部,将 a + 10 作为复数虚部
        print("a 作为复数实部,a + 10 作为复数虚部:",a)

输出: 整型 a 的初始值: 520
      整型 a 转换成浮点型后的值: 520.0
      浮点型 a 转换成整型后的值: 520
      a 作为复数实部,a + 10 作为复数虚部: (520 + 530j)
```

用户还可以通过 isinstance(obj,classinfo)函数判断数据类型是否被成功转换,其中 obj 参数传入数据类型对象,classinfo 参数传入具体的数据类型,如判断变量 a 是否是 float 类型则可以用 isinstance(a,float)判断,示例代码如下:

```
//Chapter3/3.4.1_test19.py
输入: a = 520                     # a 是一个浮点数
      print("a 的初始类型: ",type(a))
      a = float(a)                # 利用 float(a)将整型 a 转换成浮点型
      testResult = isinstance(a,float)
      # 若 a 是 float 类型,则 isinstance()返回值为 True,否则返回值为 False
      print("a 已经成功转换为 float 类型吗?",testResult)

输出: a 的初始类型: <class 'int'>
      a 已经成功转换为 float 类型吗? True
```

3. 常用的数学函数

数据分析和处理过程中常常涉及大量数学符号的使用,如根号、绝对值、取整等。Python 为用户提供了使用这些数学符号的方法并封装成函数供用户使用,常用的数学函数如表 3-6 所示。

表 3-6 Python 中常用的数学函数

序号	函数名称	详细说明
1	abs(x)	返回 x 的绝对值,如 abs(−1)返回 1
2	round(x[,n])	返回 x 的四舍五入值,若不传入 n 值则返回整数,如 round(3.1495)返回 3。若传入 n 值,则返回 x 四舍五入并保留 n 位小数后的值,如 round(3.1495,2)返回 3.15
3	pow(x,y)	返回 x 的 y 次幂,如 pow(2,5)返回 32
4	max(x,y,z,...)	返回 x,y,z,...序列的最大值,如 max(52,48,23,90,88)返回 90
5	min(x,y,z,...)	返回 x,y,z,...序列的最小值,如 min(52,48,23,90,88)返回 23

【例 3-1】 利用表 3-6 中的函数分别输出序列 15^8、14^9、16^7、13^{10} 中的最大和最小值。

分析:本题首先可以利用 pow(x,y)函数计算出序列中各数的具体值,再利用 max(x,y,z,...)和 min(x,y,z,...)分别得到序列中的最大值和最小值,最后输出即可。示例代码如下:

```
//Chapter3/3.4.1_test20.py
输入: a = pow(15,8)                   #将 15^8 赋值给变量 a
      b = pow(14,9)                   #将 14^9 赋值给变量 b
      c = pow(16,7)                   #将 16^7 赋值给变量 c
      d = pow(13,10)                  #将 13^10 赋值给变量 d
      maxValue = max(a,b,c,d)         #将 a,b,c,d 序列中的最大值赋值给 maxValue
      minValue = min(a,b,c,d)         #将 a,b,c,d 序列中的最小值赋值给 minValue
      print("最大值是:",maxValue)     #输出最大值
      print("最小值是:",minValue)     #输出最小值

输出: 最大值是: 137858491849
      最小值是: 268435456
```

当然仅依赖表 3-6 所示的数学函数远远不能够满足编程和数据处理的需求,1.2.2 节介绍过 Python 依赖强大高效的第三方库提供众多科学计算功能,因此 Python 中也通过第三方的 math 标准函数库对数学计算功能进行了补充和强化,能够被称为标准库的第三方库都已经默认安装好了,能够直接使用。

第三方 math 标准函数库提供的常用函数如表 3-7 所示。

表 3-7 第三方 math 标准函数库中的常用函数

序号	函数名称	详细说明
1	math.fabs(x)	返回 x 的 float 型绝对值,如 math.fabs(−1)返回 1.0
2	math.exp(x)	返回 e 的 x 次幂,如 math.exp(2)返回 7.38905609893065
3	math.ceil(x)	返回 x 的向上取整值,如 math.ceil(5.1)返回 6
4	math.floor(x)	返回 x 的向下取整值,如 math.floor(5.8)返回 5
5	math.log2(x)	返回以 2 为底、x 为真数的对数值,如 math.log2(8)返回 3.0
6	math.log10(x)	返回以 10 为底、x 为真数的对数值,如 math.log10(100)返回 2.0
7	math.sqrt(x)	返回 x 的平方根,如 math.sqrt(9)返回 3.0
8	math.factorial(x)	返回 x 的阶乘,如 math.factorial(6)返回 720
9	math.gcd(x,y)	返回 x 和 y 之间的最大公约数,如 math.gcd(80,40)返回 40
10	math.trunc(x)	返回 x 的整数部分,如 math.trunc(10.06)返回 10
11	math.modf(x)	返回 x 的小数部分与整数部分组成的元组,如 math.modf(13.14)返回(0.14,13.0)
12	math.log(x[,base])	返回以 base 为底、x 为真数的对数值,如 math.log(2,4)返回 0.5,若不传入 base 则返回以自然常数 e 为底、x 为真数的对数值,如 math.log(2)返回 0.6931471805599453

第三方 math 标准函数库提供的三角函数计算功能,如表 3-8 所示。

表 3-8 第三方 math 标准函数库中的三角函数

序号	函数名称	详细说明
1	math.sin(x)	返回 x 的正弦值,x 单位为弧度,如 math.sin(0)返回 0.0
2	math.cos(x)	返回 x 的余弦值,x 单位为弧度,如 math.cos(0)返回 1.0
3	math.tan(x)	返回 x 的正切值,x 单位为弧度,如 math.tan(0)返回 0.0

续表

序号	函数名称	详细说明
4	math.asin(x)	返回 x 的反正弦值，x 单位为弧度，如 math.asin(0)返回 0.0
5	math.acos(x)	返回 x 的反余弦值，x 单位为弧度，如 math.acos(0)返回 1.5707963267948966
6	math.atan(x)	返回 x 的反正切值，x 单位为弧度，如 math.atan(0)返回 0.0
7	math.degrees(x)	将弧度 x 转换成度数，如 math.degrees(3.14)返回 179.9087476710785，单位为度
8	math.radians(x)	将度数 x 转换成弧度，如 math.radians(180)返回 3.141592653589793，单位为弧度

第三方 math 标准函数库提供的 5 个数学常量，如表 3-9 所示。

表 3-9 第三方 math 标准函数库提供的 5 个数学常量

序号	常量名称	详细说明
1	π	又称为圆周率，用 math.pi 表示
2	e	又称为自然常数，用 math.e 表示
3	τ	是一个代表两倍圆周率的常量，用 math.tau 表示
4	NaN	代表不是数字及无法显示的数字值，用 math.nan 表示
5	∞	浮点正无穷用 math.inf 表示，浮点负无穷用－math.inf 表示

若读者需要使用第三方库，必须先通过“import 库名”的语法将第三方库导入，再通过“库名.函数/属性”的方式使用第三方库中的函数/属性，如需要使用 math 库中的 sin()函数求 sin(0)的值，首先要通过“import math”将 math 库导入，再通过 math.sin(0)的方式求出 sin(0)。当然，第三方库还包含非常多的内容和使用方式，详情可参考 4.2 节。

【例 3-2】 求以 3 为半径圆的面积和周长，结果采用四舍五入法保留 3 位小数，输出圆的面积和周长。

分析：求圆的面积和周长涉及使用 math.pi 常量，所以本题需要先导入 math 标准库，求出面积和周长后利用 round()函数采用四舍五入法保留小数位数。示例代码如下：

```
//Chapter3/3.4.1_test21.py
输入: import math                          #导入 math 库
      area = math.pi * pow(3,2)            #求出圆面积并赋值给变量 area,"*"号代表乘法
      perimeter = 2 * math.pi * 3          #求出圆周长并赋值给变量 perimeter
      area = round(area,3)                 #采用四舍五入法保留 3 位小数
      perimeter = round(perimeter,3)
      print("面积是: ",area)               #输出面积
      print("周长是: ",perimeter)          #输出周长

输出: 面积是: 28.274
      周长是: 18.85
```

12min

3.4.2 字符串

本节内容包括字符串的概念与创建、转义字符、字符串的访问、字符串对象的常用方法

和字符串与数字类型的转换。

1. 字符串的概念与创建

字符串,顾名思义是由一串任意字符组成的序列,通过单引号(')、双引号(")、三单引号(''')或三双引号(""")包含起来,字符串中的任意一个字符可以是字母、数字、符号、空格,如字符串"Python data analysis from 0 to 1"。

字符串创建方式的比较如表 3-10 所示。

表 3-10　字符串创建方式的比较

序号	创建方式	详细说明
1	单引号(')、双引号(")	若字符串长度只占一行则适合用此方式创建字符串,若非要将字符串写成多行,则需要使用连行符"\",连行符"\"不属于字符串内容
2	三单引号(''')、三双引号(""")	若字符串长度占多行则适合用此方式,可以保留文本原本格式,免去使用连行符"\"

利用单引号和双引号创建字符串对象的示例代码如下:

```
//Chapter3/3.4.2_test22.py
输入: strExample1 = 'I love Python.'          #使用单引号创建字符串并赋值给变量 strExample1
      strExample2 = "I love data."            #使用双引号创建字符串并赋值给变量 strExample2
      strExample3 = 'I love\
      Python.'                                #使用连行符"\"连接多行语句,单引号创建字符串
      strExample4 = "I love\
      data."                                  #使用连行符"\"连接多行语句,双引号创建字符串
      print("strExample1: ",strExample1)
      print("strExample2: ",strExample2)
      print("strExample3: ",strExample3)
      print("strExample4: ",strExample4)

输出: strExample1: I love Python.
      strExample2: I love data.
      strExample3: I love Python.
      strExample4: I love data.
```

利用三单引号和三双引号创建字符串对象的示例代码如下:

```
//Chapter3/3.4.2_test23.py
输入: #使用三单引号创建字符串并赋值给变量 strExample1
      strExample1 = '''Hello,I
      love Python.'''
      #使用三双引号创建字符串并赋值给变量 strExample2
      strExample2 = """Hello,I
      love Python,
      too."""
      print("strExample1: ",strExample1)
      print("strExample2: ",strExample2)
```

```
输出：strExample1：Hello,I
      love Python.
      strExample2：Hello,I
      love Python,
      too.
```

2. 转义字符

事实上"\"符号还有非常丰富的含义和功能，不仅仅只有上述介绍的连行功能，"\"更多地还被称为转义符。转义符，顾名思义就是能够将一些符号原本具有的特殊含义，转变成另一种含义的符号。

具有特殊含义的字符如表3-11所示。

表3-11 具有特殊含义的字符

序号	字符	详细说明	序号	字符	详细说明
1	\n	换行	7	\r	回车
2	\a	响铃	8	\b	退一格
3	\f	另起一页	9	\t	水平制表符
4	\v	垂直制表符	10	\\	代表字符"\"
5	\'	转义一个单引号	11	\"	转义一个双引号
6	\在行末尾时	代表续行符	12	\000	空字符

特殊字符"\n""\t"功能的示例代码如下：

```
//Chapter3/3.4.2_test24.py
输入：strExample1 = "Hello,I love\n Python"            #创建带有"\n"的字符串对象,未转义
      strExample2 = "Hello,I love\t Python too"        #创建带有"\t"的字符串对象,未转义
      print(strExample1)
      print(strExample2)

输出：Hello,I love
      Python
      Hello,I love      Python too
```

从上述示例结果可以发现，"\n"在字符串中起到了换行作用，"\t"在字符串中代表了一个水平制表符。若希望"\n""\t"等在字符串中不起到换行和制表符的作用，而是把"\n""\t"等符号依旧当成字符串来处理，则可以利用转义符"\"，使用方法则是在这些特殊字符前加上转义符即可，如"\\n""\\t"，使用转义符的示例代码如下：

```
//Chapter3/3.4.2_test25.py
输入：strExample1 = "Hello,I love\\n Python"           #用"\"转义创建带有"\n"的字符串对象
      strExample2 = "Hello,I love\\t Python too"       #用"\"转义创建带有"\t"的字符串对象
      print("strExample1：",strExample1)
      print("strExample2：",strExample2)
      print("\"带有双引号的字符串\"")                   #\"用于转义双引号,使得双引号能够显示
```

```
输出: Hello,I love\n Python
      Hello,I love\t Python too
      "带有双引号的字符串"
```

若一个字符串中有多个具有特殊含义字符需要转义,则使用多个“\”转义符未免显得太过烦琐,Python 中还可以通过在字符串前加“r”字母的方式完成对字符串中的所有特殊含义字符的转义,例如:

```
//Chapter3/3.4.2_test26.py
输入: strExample1 = "Hel\nlo,I love\n\r Python"     #带有多个特殊含义字符的字符串,未进行转义
      print("strExample1: ",strExample1)
      strExample2 = r"Hel\nlo,I love\n\r Python"    #通过"r"字母进行转义
      print("strExample2: ",strExample2)

输出: strExample1: Hel
      lo,I love
      Python
      strExample2: Hel\nlo,I love\n\r Python
```

3. 字符串的访问

字符串可以通过索引和切片两种方式进行访问并取值,两种方式的比较如表 3-12 所示。

表 3-12 字符串访问两种方式的比较

序号	访问方式	描　述
1	索引	一次只能访问字符串中的一个字符,常结合循环语句遍历访问每个字符
2	切片	一次能访问字符串中的一个或多个字符

注意: Python 对待单个字符也将其作为字符串处理,如"H"同样代表一个字符串。

1) 索引访问

在索引访问方式中,Python 为字符串中的每个字符设置了一个相互对应的索引数字,通过这个索引数字就能找到并访问对应的字符,例如有 10 个人(对应长度为 10 的一个字符串)在银行排队办理业务,10 个人中的任何一个人(对应字符串中的一个字符)都有一个排队号码(字符对应的索引数字),银行各柜台可以根据排队号码让对应的人前来办理业务,这样就成功通过排队号码(索引)找到并访问持有该排队号码的人(索引对应的字符)的操作。

索引访问方式中索引的设置规则,如图 3-3 所示。

字符串: "Hello Python"													
单个字符		H	e	l	l	o		P	y	t	h	o	n
方式1	索引	0	1	2	3	4	5	6	7	8	9	10	11
方式2	索引	-12	-11	-10	-9	-8	-7	-6	-5	-4	-3	-2	-1

图 3-3 索引访问方式中索引的设置规则

在图 3-3 中,索引的设置规则有两种: 方式 1 是设置字符串第一个字符对应的索引值为 0,其后每个字符对应的索引值从左往右依次添加 1,称为正索引; 方式 2 是设置字符串最后

一个字符对应的索引值为－1，其后每个字符对应的索引值从右往左依次减小1，称为负索引。例如字符串"Hello Python"第一个字符"H"对应的索引为0或－12，第二个字符"e"对应的索引为1或－11，第3个字符"l"对应的索引为2或－10，各字符对应的索引以此类推。Python中索引的两种访问方式均是通过“变量名[索引]”的语法格式进行，如str是一个长度为12的字符串对象，若想访问字符串中的第3个字符可以通过str[2]或str[－10]访问，示例代码如下：

```
//Chapter3/3.4.2_test27.py
输入：str = "Hello Python"          #将"Hello Python" 赋值给变量 str
     str1 = str[2]                 #str[2]即代表了"Hello Python" 中第 3 个字符 l
     str2 = str[-10]               #str[-10]也代表了"Hello Python" 中第 3 个字符 l
     print("方式 1 索引访问第 3 个字符：",str1)
     print("方式 2 索引访问第 3 个字符：",str2)

输出：方式 1 索引访问第 3 个字符：l
     方式 2 索引访问第 3 个字符：l
```

2）切片访问

切片访问方式是在索引访问方式的基础上进行的，仍然对字符串设置如图3-3所示的两种索引方法，因此也有两种访问方式。索引访问通过“变量名[索引]”的语法规则访问单个字符，而切片访问通过“变量名[索引a:索引b]”的语法规则访问索引a至索引b的所有字符（包括索引a对应的字符但不包括索引b对应的字符），类似数学中区间的概念：$[a,b)$区间是一个左闭右开的区间，在$[a,b)$区间内，函数$f(x)$能取值$f(a)$但无法取值$f(b)$。

利用切片访问方式取字符串"Hello Python"从左到右的第4个字符"l"至第10个字符"h"的示例代码如下：

```
//Chapter3/3.4.2_test28.py
输入：str = "Hello Python"              #将"Hello Python" 赋值给变量 str
     str1 = str[3:10]                  #第 1 种方式切片访问第 4 个字符至第 10 个字符
     """
     第 4 个字符"l" 对应的索引下标为 3
     第 10 个字符"h"对应的索引下标为 9
     但因为切片访问方式中[a:b]满足左闭右开，能取到 a 但取不到 b 对应的字符
     若要取到 b 对应的字符，则切片访问中应使用[a:b+1]
     所以不能是 str[3:9]，而应该使用 str[3:10]
     """
     str2 = str[-9:-2]                 #第 2 种方式切片访问第 4 个字符至第 10 个字符
     print("方式 1 切片访问：",str1)
     print("方式 2 切片访问：",str2)

输出：方式 1 切片访问：lo Pyth
     方式 2 切片访问：lo Pyth
```

当然，人们更频繁使用索引和切片访问的第一种方式，更符合大众的阅读和编程习惯。切片访问方式中还有一些特殊的语法，切片访问方式的语法总结如表3-13所示。

表 3-13 切片访问的语法总结

序号	语法	语法描述(注:str="Hello Python")	示例	示例返回值
1	变量名[a:b]	从索引 a 对应的字符开始,从左往右以步长 1 选择字符串中的字符,直到索引 b—1 对应的字符被选出	str[1:4]	ell
2	变量名[:a]或 变量名[0:a]	从索引 0 对应的字符开始,从左往右以步长 1 选择字符串中的字符,直到索引 a—1 对应的字符被选出	str[:4] str[0:4]	Hell Hell
3	变量名[::]或 变量名[:]	选择字符串中的所有字符	str[::] str[:]	Hello Python Hello Python
4	变量名[::—1]	反向输出字符串	str[::-1]	nohtyP olleH
5	变量名[::a]	以步长为 a 选择字符串中的字符	str[::2]	HloPto
6	变量名[a::]或 变量名[a:]	从索引 a 对应的字符开始,从左往右以步长 1 选择字符串中的字符,直到字符串末尾结束	str[2::] str[2:]	llo Python llo Python
7	变量名[a::b]	从索引 a 对应的字符开始,从左往右以步长 b 选择字符串中的字符,直到字符串末尾结束	str [2:: 2]	loPto

4. 字符串对象的常用方法

在 3.2.2 节曾经介绍过数据类型数据都是对象,对象具有属性和方法(函数),对象中的方法能够帮助用户完成各种各样的复杂功能,可通过"对象名.函数"的语法方式调用这些方法,如 str 是一个字符串对象,字符串对象中有 capitalize()函数,则通过 str.capitalize()调用这种方法。Python 内置在字符串对象中的常用的方法如表 3-14 所示。

表 3-14 字符串对象中的常用方法

序号	函数名称	详细说明 (默认假设:str="Hello Python")	示例
1	str.isdigit()	判断字符串是否由纯数字组成,如果是则返回值为 True,否则返回值为 False	str.isdigit() 返回:False str="123" str.isdigit() 返回:True
2	str.isalpha()	判断字符串是否由纯字母组成,如果是则返回值为 True,否则返回值为 False	str.isalpha() 返回:False str="abc" str.isalpha() 返回:True
3	str.isalnum()	判断字符串是否由字母或数字组成,如果是纯字母或纯数字或既有字母又有数字则返回值为 True,否则返回值为 False	str.isalnum() 返回:False str="abc" str.isalnum() 返回:True str="123" str.isalnum() 返回:True str="abc123" str.isalnum() 返回:True

续表

序号	函数名称	详细说明 （默认假设：str="Hello Python"）	示例
4	str.find(a)	判断字符串str中是否含有字符串a,若有则返回a第一个字符的索引值,若无返回－1	str.find("P") 返回6
5	str.capitalize()	将字符串中的第一个字母转换成大写	str.capitalize() 返回：Hello Python
6	str.upper()	将字符串中的所有字母转换成大写	str.upper() 返回：HELLO PYTHON
7	str.isupper()	判断字符串str里的字符是否都是大写	str.isupper() 返回：False
8	str.lower()	将字符串中的所有字母转换成小写	str.lower() 返回：hello python
9	str.islower()	判断字符串str里的字符是否都是小写	str.islower() 返回：False
10	str.swapcase()	将字符串中的大、小写字母相互转换	str.swapcase() 返回：hELLO pYTHON
11	str.format()	接收无限个参数,利用"{}"与format中的参数一一对应匹配与占位	str="he {}".format(str) print(str) 输出：he Hello Python
12	str.replace(a,b[,c])	将str中的子字符串a替换成字符串b,若指定了c参数则表示替换不超过c次,若不指定则表示全部替换	str.replace("o","+") 返回：Hell+Pyth+n str.replace("o","+",1) 返回：Hell+Python
13	str.join(a)	以字符串str作为连接符号将序列a中的各元素连接起来	str="-" str.join(["I","love"]) 返回：I-love
14	str.split(a[,n])	以字符串a作为分隔符,将字符串拆分成若干子字符串,返回一个拆分后的列表	str.split("o") 返回：['Hell', 'Pyth', 'n']
15	str.strip([a])	若不传入参数a,则表示删除字符串str开头和结尾中的空白字符(也包括'\n','\r'等),若传入参数a则表示删除字符串str以a字符序列开头和结尾的字符	str="Hello Python" str.strip() 返回：Hello Python str="Hello olleH" str.strip("H") 返回：ello olle
16	str.count(a[,start[,end]])	返回子字符串a出现的次数,若指定start初始位置和end结束位置包含的索引范围,则表示在该范围内统计	str.count("l") 返回：2 str.count("l",1,3) 返回：1
17	str.index(a[,start[,end]])	返回子字符串a第一次出现的位置索引,若指定start初始位置和end结束位置包含的索引范围,则表示在该范围内寻找	str.index("H") 返回：0

续表

序号	函数名称	详细说明 （默认假设：str="Hello Python"）	示例
18	str. startswith(a[,start[,end]])	若字符串 str 以字符串 a 开头则返回值为 True，否则返回 False，若指定 start 初始位置和 end 结束位置包含的索引范围，则表示在该范围内检查	str. startswith("Hel") 返回：True str. startswith("Hel",3,6) 返回：False
19	str. endswith(a[,start[,end]])	若字符串 str 以字符串 a 结尾则返回值为 True，否则返回 False，若指定 start 初始位置和 end 结束位置包含的索引范围，则表示在该范围内检查	str. endswith("on") 返回：True str. endswith("on",3,6) 返回：False

注意：以上函数涉及的"[]"里的内容代表可有可无的参数，如 str. strip([a]) 中的"[a]"代表参数 a 可有可无。

5. 字符串与数字类型的转换

字符串与数字类型对象是最基本最常见的数据类型，两种数据类型之间的相互转换处理是数据分析的一项重要手段。字符串与数字类型转换的函数方法如表 3-15 所示。

表 3-15　字符串与数字类型转换的函数方法

序号	函数名称	详细说明
1	int(x[,base])	将字符串 x 转换成整型，若传入 base 参数则会将字符串 x 转换成 base 进制的数
2	float(x[,base])	将字符串 x 转换成浮点型，若传入 base 参数则会将字符串 x 转换成 base 进制的数
3	str(x)	将数字 x 转换成字符串类型
4	oct(x)	将整数 x 转换成它对应的八进制字符串
5	hex(x)	将整数 x 转换成它对应的十六进制字符串
6	oct(x)	将整数 x 转换成它对应的八进制字符串
7	bin(x)	将整数 x 转换成它对应的二进制字符串，常与字符串对象中的 replace() 函数搭配使用，使用方法为 bin(x). replace("ob"," ")，如 bin(60) 返回字符串 0b111100，需要通过"ob111100". replace("ob"," ")将字符串中的"ob"替换掉后得到的"111100"才是二进制字符串

值得注意的是，3.2.1 节介绍的 input() 输入函数从键盘上接收的数据都是以字符串形式传入的，用户通过键盘输入的数字数据仍然被转换为字符串数据接收，若想处理通过 input() 函数输入的数字数据则需要先进行字符串数据的转换。

【例 3-3】 用户通过键盘输入长方形的长和宽，并输出该长方形的周长和面积。

分析：通过键盘输入的数字实际上是以字符串类型数据形式传入计算机中，因此需要先将输入的数据转换成数字类型后才能进行数字间的运算，本例假设用户通过键盘输入的数据只为数字形式。

```
//Chapter3/3.4.2_test29.py
输入：length = input("请输入长方形的长：")          #将键盘接收的长度数据赋值给变量 length
      width = input("请输入长方形的宽：")           #将键盘接收的宽度数据赋值给变量 width
      length = float(length)                      #将字符串 length 转换成浮点型 length
      width = float(width)                        #将字符串 width 转换成浮点型 width
      perimeter = 2 * length + 2 * width          #求周长
      area = length * width                       #求面积
      print("周长是：",perimeter)
      print("面积是：",area)

输出：请输入长方形的长：32.5
      请输入长方形的宽：10.3
      #假设用户输入的长度为32.5,宽度为10.3,按回车键后结果如下
      周长是：85.6
      面积是：334.75
```

【例 3-4】 请分别输出用户通过键盘输入浮点数字的整数部分、小数部分、整数部分与小数部分相乘的结果。

分析：由于数据是通过键盘输入的，所以需要先将输入的数据转换成数字类型后才能对整数部分和小数部分进行拆分，读者可能又联想到 3.4.1 节介绍的 math 库中的 math.modf(x)函数，该函数能够返回数字 x 的小数部分与整数部分，但在真实的计算机环境中运行后得到的小数部分结果不精确，如 math.modf(3.4)的返回值为(0.3999999999999999, 3.0)，小数部分本来是 0.4 却返回了 0.3999999999999999，在数据分析中会导致极大的误差。那该怎么解决这个问题呢？为此，若想精确得到数字的小数与整数部分，则可以先将数字类型的数据转换成字符串类型的数据，通过字符串对象中的 split()方法以'.'为间隔将整数部分与小数部分分开，这是数据分析中分隔数字整数与小数部分的常用操作。注：本例假设用户通过键盘输入的数据只为数字形式。

```
//Chapter3/3.4.2_test30.py
输入：strNumber = input("请输入一个浮点数字：")        #将键盘接收的数据赋值给变量 strNumber
      number = strNumber.split(".")               #调用 split()方法,将字符串数字以"."为拆分
      """
      number 是一个列表：["整数部分","小数部分"]
      number[0]与 number[1]分别代表整数部分与小数部分,与字符串索引取值的意思相同
      """
      integerNumber = number[0]                   #获取 split()方法分隔开的整数部分
      decimalNumber = number[1]                   #获取 split()方法分隔开的小数部分
      integerNumber = int(integerNumber)          #将字符串整数部分转换成整型
      decimalNumber = int(decimalNumber)          #将字符串小数部分转换成整型
      multiplyResult = integerNumber * decimalNumber   #整数部分×小数部分
      print("整数部分的值是：",integerNumber)
      print("小数部分的值是：",decimalNumber)
      print("整数与小数部分的乘积值是：",multiplyResult)

输出：请输入一个浮点数字：3.1415926
```

```
#假设用户输入的浮点数字是 3.1415926
整数部分的值是: 3
小数部分的值是: 1415926
整数与小数部分的乘积值是: 4247778
```

Python 中还提供了一些处理字符串的内置函数,如表 3-16 所示。

表 3-16　处理字符串的内置函数

序号	函数名称	详 细 说 明
1	len(str)	返回字符串 str 的长度,如 len("abc")返回 3,通过求出的字符串长度就可以方便字符串的取值,如切片取出字符串 str="abcdefgh"中从第 2 个字符"b"到倒数第 2 个字符"g"间的所有字符,可以用 str[1:len(str)-1]返回"bcdefg"
2	max(str)	返回字符串 str 中的最大字符,如 str="abcd",max(str)返回"d"
3	min(str)	返回字符串 str 中的最小字符,如 str="abcd",min(str)返回"a"

若需要对字符串中的每个字符分别进行操作,则通常需要结合 3.7 节介绍的循环语句和 len()函数一起使用。

【例 3-5】 请输出由字符串"abcdefghijklmn"中第 2、4、6、8、10 个字符组成的新字符串。

分析:可以通过循环遍历字符串的方式取出偶数位字符并将它们拼接成新的字符串。

```
//Chapter3/3.4.2_test31.py
输入: str = "abcdefghijklmn"                    #创建字符串"abcdefghijklmn"
      strNew = ""                               #创建空字符串用来拼接产生新字符串
      for i in range(len(str)):                 #遍历字符串的索引
          if (i+1) % 2 == 0 and (i+1)<= 10:    #若遍历至第偶数个且到未遍历至第 10 个字符
              strNew = strNew + str[i]          #则拼接产生满足条件的字符
      print("原始字符串为",str)
      print("新字符串为",strNew)

输出: 原始字符串为 abcdefghijklmn
      新字符串为 bdfhj
```

上述代码读者可以学习完 3.5~3.7 节内容后再进行理解。

3.4.3 列表

12min

本节内容包括列表的概念、列表的创建、列表元素的访问、列表的基本操作、列表对象的常用方法和 Python 内置的处理列表的常用方法。

1. 列表的概念

读者平时的办公、学习和科研过程中,可能会频繁接触和使用 Excel 表格,而 Excel 表格的一行或一列其实就可以理解为一个列表,这些列表是数据项的排列,具有一定存储顺序,能存储各种各样的数据类型。与之相似,Python 中列表的功能同样是整合并存储各种各样类型的数据,用户可以对列表中的数据进行访问、修改等操作,Python 中支持的 6 种数据类型都能够被列表存储,具有很高的灵活性。

2. 列表的创建

创建列表有 3 种方式：一是使用中括号定义；二是利用 list()函数创建；三是利用列表推导式创建。

(1) 使用中括号定义列表是将逗号分隔的不同的数据项使用中括号括起来，如[1,2,3]，示例代码如下：

```
//Chapter3/3.4.3_test32.py
输入：nullList = []                                    #定义一个不含任何元素的列表
      firstList = [1,2,3,4,5]                          #定义元素都为整型数字的列表 firstList
      #定义存储多种数据类型的列表 mixList
      mixList = ["Python",8,["star","circle",123]]
      print(nullList)                                  #输出 nullList
      print(firstList)                                 #输出 firstList
      print(mixList)                                   #输出 mixList

输出：[]
      [1, 2, 3, 4, 5]
      ['Python', 8, ['star', 'circle', 123]]
```

上述代码中的 mixList 列表存储的元素有字符串类型的"Python"、数字类型的 8 和列表类型的["star","circle",123]，如果列表中含有一个列表或多个列表，则称为列表的嵌套。

(2) 利用 Python 的内置函数 list()进行创建，示例代码如下：

```
//Chapter3/3.4.3_test33.py
输入：firstList = list([1,2,3,4,5])                    #list()内的序列用[]、()或{}均可
      mixList1 = list(("Python",8,["star","circle",123]))
      mixList2 = list({"Python",8})
      print(firstList)
      print(mixList1)
      print(mixList2)

输出：[1, 2, 3, 4, 5]
      ['Python', 8, ['star', 'circle', 123]]
      [8, 'Python']
```

Python 内置的 list()函数功能其实是将其他数据类型的对象转换成了列表对象，如 list()中传入(1,2,3)或{1,2,3}，(1,2,3)是一个元组对象，{1,2,3}是一个集合对象，list()函数创建列表实际上是将元组或集合对象转换成了列表对象。

(3) 利用列表推导式创建列表。

列表推导式创建列表需要使用 for 循环语句，for 循环语句的具体内容及使用方法可参考 3.7.2 节，示例代码如下：

```
//Chapter3/3.4.3_test34.py
输入：firstList = [i ** 2 for i in range(10)]          #循环产生 0~10 的平方数(不包含 10)
      print(firstList)

输出：[0, 1, 4, 9, 16, 25, 36, 49, 64, 81]
```

3. 列表元素的访问

列表的访问可以分为索引和切片两种访问方式，与字符串的访问方式没有区别，索引和切片的访问规则可参考 3.4.2 节，此处不作赘述。

1）索引访问

可以通过正索引和负索引两种访问方式访问列表中索引对应的元素，示例代码如下：

```
//Chapter3/3.4.3_test35.py
输入：firstList = [1,2,3,4,5]
      mixList = ["Python",8,["star","circle",123]]
      print(firstList[0])                    #正索引输出 firstList 列表第一个元素
      print(firstList[-2])                   #负索引输出 firstList 列表倒数第二个元素
      print(mixList[2][0])
      """mixList[2]对应列表 mixList 的第 3 个元素：["star","circle",123]
      由于 mixList[2]也是一个列表，因此同样可以用索引访问 mixList[2]中的内容
      mixList[2][0]指的是访问列表 mixList[2]的第 1 个元素"""

输出：1
      4
      star
```

2）切片访问

通过切片访问列表，一次能访问列表的多个值，示例代码如下：

```
//Chapter3/3.4.3_test36.py
输入：firstList = [1,2,3,4,5]
      print(firstList[0:2])                  #选择列表第 1 个和第 2 个元素
      print(firstList[:2])                   #效果等同 firstList[0:2]
      print(firstList[:])                    #效果等同 firstList[::]，选择所有元素
      print(firstList[1:5:2])                #以步长为 2 选择元素

输出：[1, 2]
      [1, 2]
      [1, 2, 3, 4, 5]
      [2, 4]
```

4. 列表的基本操作

用户可以通过增加、删除、修改列表里元素完成列表对象元素的更新。

(1) 可以通过"+"符号或者列表对象里的函数(如 append()与 insert()函数)增加列表元素，append()函数将会把新元素添加到列表末尾，而 insert()函数可以指定新元素添加的位置，示例代码如下：

```
//Chapter3/3.4.3_test37.py
输入：firstList = [1,3,5,7,9]                #创建一个列表
      print("原列表：\n",firstList)           #"\n"表示换行输出
      secondList = firstList + ["helloPython"]   #"+"增加元素，新元素仍要写在"[]"里
      print("通过+增加元素后得到的新列表：\n",secondList)
      firstList.append("appendItem")         #调用 append()函数在末尾增加新元素
```

```
        print("原列表基础上,通过 append()增加新元素: \n",firstList)
        firstList.insert(3,"insertItem")          #调用 insert()函数在索引 3 位置增加新元素
        print("在 append()添加新元素后的基础上,通过 insert()增加新元素: \n",firstList)

输出: 原列表:
        [1, 3, 5, 7, 9]
        通过 + 增加元素后得到的新列表:
        [1, 3, 5, 7, 9, 'helloPython']
        原列表基础上,通过 append()增加新元素:
        [1, 3, 5, 7, 9, 'appendItem']
        在 append()添加新元素后的基础上,通过 insert()增加新元素:
        [1, 3, 5, 'insertItem', 7, 9, 'appendItem']
```

(2) 删除列表某个元素的最基本方式为"del 列表名[索引/切片]",通过"del 列表名"还可以删除整个列表,示例代码如下:

```
//Chapter3/3.4.3_test38.py
输入: firstList = [1,3,5,7,9,11,13,15]
        print("原列表: \n",firstList)
        del firstList[1]                          #删除索引 1 对应的元素
        print("删除索引 1 对应的元素: \n",firstList)
        del firstList[0:4]                        #删除索引 1、2、3 对应的元素
        print("切片删除索引 1、2、3 对应的元素\n",firstList)

输出: 原列表:
        [1, 3, 5, 7, 9, 11, 13, 15]
        删除索引 1 对应的元素:
        [1, 5, 7, 9, 11, 13, 15]
        切片删除索引 1、2、3 对应的元素
        [11, 13, 15]
```

通过"del 列表名"的语法格式可以删除整个列表,此种方式是从内存空间中彻底移除这个列表对象,再通过 print()函数查看这个列表对象则会提示列表不存在的错误信息,示例代码如下:

```
//Chapter3/3.4.3_test39.py
输入: firstList = {1,3,5,7,9}
        del firstList                             #删除整个列表
        print(firstList)                          #再查看这个列表则会提示错误信息

输出: Traceback (most recent call last):
          File "D:/Python/test.py", line 3, in <module>
            print(firstList)
        NameError: name 'firstList' is not defined
```

用户可以将空列表赋值给一个列表切片,以达到删除该列表切片对应元素的目的,示例代码如下:

```
//Chapter3/3.4.3_test40.py
输入: firstList = [1,3,5,7,9]
      print("原列表: \n",firstList)
      firstList[:3] = []                          #删除列表切片对应的元素
      print("删除列表[:3]对应元素后的列表: \n",firstList)

输出: 原列表:
      [1, 3, 5, 7, 9]
      删除列表[:3]对应元素后的列表:
      [7, 9]
```

(3) 可以通过索引或切片赋值的方式修改列表中的元素,示例代码如下:

```
//Chapter3/3.4.3_test41.py
输入: firstList = [1,3,5,7,9]
      print("原列表: \n",firstList)
      firstList[1] = "helloPython"                        #通过索引赋值修改
      print("索引赋值修改后的列表: \n",firstList)
      firstList[3:] = [99,100]                            #切片直接赋值
      print("切片赋值再修改后的列表: \n",firstList)

输出: 原列表:
      [1, 3, 5, 7, 9]
      索引赋值修改后的列表:
      [1, 'helloPython', 5, 7, 9]
      切片赋值再修改后的列表:
      [1, 'helloPython', 5, 99, 100]
```

5. 列表对象中的常用方法

列表对象中的常用方法如表 3-17 所示。

表 3-17 列表对象中的常用方法总结

序号	函数名称	详细说明 (默认假设: anyList=[1,2,3,4,5])	示例
1	anyList.append(a)	在列表最后添加一个元素 a,只能一次添加一个元素,并且只能在列表最后	anyList.append(9) 返回: [1,2,3,4,5,9]
2	anyList.extend(aList)	是对列表的扩展和增长,将列表 aList 添加至列表 anyList 的末尾	anyList.extend([4,5]) 返回: [1, 2, 3, 4, 5, 4, 5]
3	anyList.insert(a,b)	在索引 a 对应的列表位置上添加元素 b	anyList.insert(4,0) 返回: [1, 2, 3, 4, 0, 5]
4	anyList.remove(a)	移除列表 anyList 里面的某一元素 a	anyList.remove(1) 返回: [2, 3, 4, 5]
5	anyList.pop()	将列表 anyList 的最后一个元素返回后删除	k=anyList.pop() print(anyList,k) 输出: [1,2,3,4] 5
6	anyList.count(a)	输出元素 a 在列表 anyList 里面出现的次数	anyList.count(2) 返回: 1

续表

序号	函数名称	详细说明 (默认假设：anyList=[1,2,3,4,5])	示例
7	anyList.index(a)	输出元素 a 在列表 anyList 里面第一次出现的位置的索引号	anyList.index(2) 返回：1
8	anyList.index(a,m,n)	输出元素 a 在列表 anyList 索引号 m~n 出现位置的索引号	anyList.index(3,1,5) 返回：2
9	anyList.reverse()	将列表 anyList 进行前后翻转	anyList.reverse() 返回：[5, 4, 3, 2, 1]
10	anyList.sort([reverse])	若不传入参数 reverse，则表示将列表 anyList 里面的数据进行从小到大排列，若传入 reverse = True，则表示将列表 anyList 里面的数据进行从大到小排列	anyList.sort() 返回：[1,2,3,4,5] anyList.sort(reverse=True) 返回：[5, 4, 3, 2, 1]
11	anyList.copy()	复制列表 anyList	newList=anyList.copy() print(newList) 返回：[1,2,3,4,5]

6. Python 内置的处理列表常用方法

Python 内置的处理列表常用方法如表 3-18 所示。

表 3-18 Python 内置的处理列表常用方法

序号	函数名称	详细说明 (默认假设：anyList=[1,2,3,4,5])	示例
1	len(anyList)	求列表中元素总数	print(len(anyList)) 输出：5
2	max(anyList)	求列表元素最大值	print(max(anyList)) 输出：5
3	min(anyList)	求列表元素最小值	print(min(anyList)) 输出：1

5min

3.4.4 元组

本节内容包括元组与列表的区别、元组的创建、序列的封包和解包、元组的基本操作和 Python 内置的处理元组的常用方法。

1. 元组与列表的区别

元组的本质是不可修改的列表，元组与列表的区别如表 3-19 所示。

表 3-19 元组与列表的区别

序号	区别	详细说明
1	符号表示	列表用“[]”表示，元组用“()”表示
2	对象类型	列表属于可变对象类型，元组属于不可变对象类型，元组中的元素不能被修改，不支持通过 del 语句删除元组中的元素，没有 append()、insert()、extend() 等能够更新元组元素的函数
3	安全性	元组中的元素不能被修改，所以元组更加安全可靠，能用元组的情况下不推荐使用列表

2. 元组的创建

与列表一样,元组的创建也有 3 种方式：一是使用圆括号定义；二是利用 tuple()函数创建；三是利用生成器推导式创建。

(1) 利用圆括号直接创建元组,元组中的元素用逗号隔开。示例代码如下：

```
//Chapter3/3.4.4_test42.py
输入: tup1 = ()                                #定义一个空元组
      tup2 = ("x","y","z")
      print(tup2)

输出: ()
      ('x', 'y', 'z')
```

值得注意的是,因为元组定义中的圆括号与数字运算中的圆括号表示方法相同,当元组中只有一个数字元素并利用“()”创建元组时,如(7),Python 认为(7)是数字类型而不是元组类型,因此定义一个只有单个数字元素的元组时,我们通常在数字后加上逗号,以避免歧义,如(7,)。下述示例代码可以说明这一点：

```
//Chapter3/3.4.4_test43.py
输入: number = (7)                     #只有一个元素时,这是定义了一个数字,而不是元组
      print(type(number))              #type()函数用来查看数据类型
      tup = (7,)                       #只有一个元素时,创建元组需要在数字后加上逗号
      print(type(tup))

输出: <class 'int'>
      <class 'tuple'>
```

输出显示,单个数字组成的元组会被误认为是数字类型,而在单个数字后面加上逗号就能够消除歧义。

(2) 利用 Python 内置的 tuple()函数进行元组创建的示例代码如下：

```
//Chapter3/3.4.4_test44.py
输入: tup2 = tuple((1,2,[5,6,"cat"]))        #tuple()内的序列用[]、()或{}均可
      print(tup2)

输出: (1, 2, [5, 6, 'cat'])
```

与 Python 内置的 list()函数功能相似,Python 内置的 tuple()函数功能是将其他数据类型的对象转换成了元组对象,如 tuple()中传入[1,2,3]或{1,2,3},[1,2,3]是一个列表对象,{1,2,3}是一个集合对象,tuple()函数创建元组实际是将列表或集合对象转换成了元组对象。

(3) 生成器推导式也可创建元组。与列表推导式创建列表不同,利用“()”创建出的推导式对象不是元组,而是一个生成器序列,示例代码如下：

```
//Chapter3/3.4.4_test45.py
输入：array = (x + 1 for x in range(10))          #循环产生数字1～10生成器序列，注意不是元组
      print(array)

输出：<generator object <genexpr> at 0x000001FA6E3D75C8>
```

生成器的概念比元组更广，读者可将生成器暂且理解为一个数字序列，若要得到元组元素还需要通过tuple()函数对生成器序列进行转换，示例代码如下：

```
//Chapter3/3.4.4_test46.py
输入：array = (x + 1 for x in range(10))      #循环产生数字1～10生成器序列，注意不是元组
      print("生成器序列：",array)
      tup = tuple(array)                      #利用tuple()函数将array生成器序列转换成元组
      print("元组：",tup)

输出：生成器序列：<generator object <genexpr> at 0x000001E4A117B4C8>
      元组：(1, 2, 3, 4, 5, 6, 7, 8, 9, 10)
```

3. 序列的封包和解包

序列是指一种包含多项数据的数据结构，序列包含的多个数据项(也叫成员)按顺序排列，可通过索引访问成员。Python中常见的序列类型有字符串、列表和元组。这些序列都支持序列封包和序列解包功能。

序列封包：当程序把多个值赋给一个变量时，Python会自动将多个值封装成元组，这种功能叫作序列封包。

序列解包：程序允许将序列(字符串、元组、列表等)直接赋值给多个变量，此时序列的各元素会被依次赋值给每个变量，这种功能叫作序列解包。

序列封包和解包的示例代码如下：

```
//Chapter3/3.4.4_test47.py
输入：ex = 1,"dog",2
      #上行代码将3个不同类型的值赋值给变量ex,这3个变量会被封包成元组赋值给ex
      print("序列封包结果：",ex)
      print("封包后的数据类型：",type(ex))
      x,y,z = ex                    #将刚得到的元组解包赋值给x、y、z 3个不同的变量
      print("序列解包结果：",x,y,z)

输出：序列封包结果：(1, 'dog', 2)
      封包后的数据类型：<class 'tuple'>
      序列解包结果：1 dog 2
```

序列解包时，也可只解出部分，未解出的部分使用列表变量保存。使用这种方式解包时，可以在赋值号左边变量之前添加“*”，添加“*”后的变量就代表其为一个列表，保存未解包的元素。

序列封包和解包示例代码如下：

```
//Chapter3/3.4.4_test48.py
输入: fir,sec, * rest = range(10)                    #range(10)函数生成数字 0、1、2、...、8、9
      print("第 1 个元素: ",fir)                     #fir 承接第 1 个元素
      print("第 2 个元素: ",sec)                     #sec 承接第 2 个元素
      print("部分未解包元素: ",rest)                  #剩下的元素都归入 rest 中,rest 变为列表
      print("rest 变量的数据类型: ",type(rest))       #查看数据类型

输出: 第 1 个元素: 0
      第 2 个元素: 1
      部分未解包元素: [2, 3, 4, 5, 6, 7, 8, 9]
      rest 变量的数据类型: <class 'list'>
```

4. 元组的基本操作

除了元组不支持对元素的更新操作外,元组与列表的使用没有什么不同,因此元组的访问方式可参考 3.4.3 节列表的基本操作,此处不作赘述。

5. Python 内置的处理元组常用方法

Python 内置的处理元组常用方法如表 3-20 所示。

表 3-20 Python 内置的处理元组常用方法

序号	函数名称	详细说明 (默认假设：tuple=(1,2,3,4,5))	示　例
1	len(a)	计算元组 a 中元素个数	len(tuple) 返回：5
2	max(a)	返回元组中元素的最大值	max(tuple) 返回：5
3	min(a)	返回元组中元素的最小值	min(tuple) 返回：1
4	tuple(list)	类型转化,将列表型数据转化为元组类型	list=[1,2,3] tuple(list) 返回：(1,2,3)

3.4.5 字典

9min

本节内容包括字典的概念、字典的创建、字典的访问、字典元素的基本操作、字典对象的常用函数和 Python 内置的处理字典的常用方法。

1. 字典的概念

读者在初学拼音、字词、成语的时候一定频繁使用过字典工具书,若想查找一个字的含义通过其拼音或者字的偏旁部首就能找到该字所在的页码,找到后就能学习该字的丰富含义。在查字典工具书的过程中,拼音或者字的偏旁部首就像记录了对应文字的地址信息(页码),通过这个地址信息就能找到对应的文字。Python 中的字典(dictionary)概念其实也没有什么不同,仍然是通过一个地址信息找到对应的内容,只不过在 Python 字典中,把地址信息称为键,把地址信息对应的内容称为值,因此 Python 中的字典是由键和值组成的无序对象集合,通过字典里的键就能够访问字典里的值。

字典用一对{}表示,{}之间存放元素,每个元素之间用逗号隔开,元素由键(key)和值

(value)组成,元素的语法格式为"键:值",键必须是本章3.4节开头提到过的不可变数据类型对象(数字、字符串、元组),不能是可变数据类型对象(列表、字典、集合)。值得注意的是,同一个字典中的键一定是唯一的,但是值可以重复。

2. 字典的创建

此处介绍5种创建字典的方式,分为直接创建、dict()函数创建、dict()函数与列表联合创建、dict()与zip()函数联合创建、字典推导式创建。

(1) 直接创建字典方式的语法为"{键:值,键:值...}",示例代码如下:

```
//Chapter3/3.4.5_test49.py
输入: firstDict = {}                                    #{}代表创建了一个空字典
      secondDict = {"0":"Hello","1":"Python"}           #以{键:值,键:值...}方式创建字典
      thirdDict = {"0":"Hello","1":"Hello"}             #键必须唯一,值可以相同或不相同
      fourDict = {"Hello":"0",1314:"1",(1,2):5}         #键可以是数字、字符串、元组
      print(firstDict)                                  #查看字典是否成功创建
      print(secondDict)
      print(thirdDict)
      print(fourDict)

输出: {}
      {'0': 'Hello', '1': 'Python'}
      {'0': 'Hello', '1': 'Hello'}
      {'Hello': '0', 1314: '1', (1, 2): 5}
```

(2) 使用dict()函数创建字典方式需要传入特殊的参数,如dict(a=1,b=2)代表创建一个以字符串a、b为键,数字1、2为对应值的字典,示例代码如下:

```
//Chapter3/3.4.5_test50.py
输入: firstDict = dict(Hello = 0,Python = 1)            #使用dict()函数创建字典
      #"Hello"与"Python"为键,0与1为对应的值
      print(firstDict)

输出: {'Hello': 0, 'Python': 1}
```

(3) 当函数dict()与列表联合创建字典时,首先应该创建一个元素为二元组形式的列表,如[("Hello",0),("Python",1)],再将该列表作为参数传入dict()函数中,示例代码如下:

```
//Chapter3/3.4.5_test51.py
输入: dictList = [("Hello",0),("Python",1)]             #创建一个元素为二元组形式的列表
      firstDict = dict(dictList)                        #将列表作为参数传入firstDict
      print(firstDict)

输出: {'Hello': 0, 'Python': 1}
```

(4) 当函数dict()与zip()函数联合创建字典时,首先为zip()函数传入两个参数,一个参数代表键,另一个参数代表值,再将zip()函数作为参数传入dict()函数中,示例代码

如下：

```
//Chapter3/3.4.5_test52.py
输入：dictKey = ("Hello","Python",520)              #定义要传入 zip()函数的键参数
     dictValue = [0,1,"Python"]                    #定义要传入 zip()函数的值参数
     firstDict = dict(zip(dictKey,dictValue))      #将 zip()函数传入 dict()函数中
     print(firstDict)

输出：{'Hello': 0, 'Python': 1, 520: 'Python'}
```

上述代码中的 dictKey 也可以是字符串，示例代码如下：

```
//Chapter3/3.4.5_test53.py
输入：dictKey = "xyz"                               #定义要传入 zip()函数的键参数
     dictValue = [0,1,2]                           #定义要传入 zip()函数的值参数
     firstDict = dict(zip(dictKey,dictValue))      #将 zip()函数传入 dict()函数中
     print(firstDict)

输出：{'x': 0, 'y': 1, 'z': 2}
```

（5）字典推导式创建字典需要使用 for 循环，for 循环的具体内容及使用方法可参考 3.7.2 节，示例代码如下：

```
//Chapter3/3.4.5_test54.py
输入：firstDict = {i:i ** 2 for i in [1,2,3,4,5]}          #通过 for 循环创建字典推导式
     print(firstDict)

输出：{1: 1, 2: 4, 3: 9, 4: 16, 5: 25}
```

3. 字典的访问

字典通过键找到对应的值进行访问，使用的语法格式为“字典名[键]”，也可以使用字典对象里的 get()函数，把键作为参数传入 get()函数，get()函数就能返回该键对应的值，示例代码如下：

```
//Chapter3/3.4.5_test55.py
输入：firstDict = {"a":"Hello","b":"Python"}               #以{键：值，键：值...}方式创建字典
     print("键 a 对应的值是：",firstDict["a"])              #通过 firstDict[0]访问"Hello"
     print("键 b 对应的值是：",firstDict["b"])              #通过 firstDict[1]访问"Python"
     print("键 a 对应的值是：",firstDict.get("a"))          #通过 get()函数访问"Hello"
     print("键 b 对应的值是：",firstDict.get("b"))          #通过 get()函数访问"Python"

输出：键 a 对应的值是：Hello
     键 b 对应的值是：Python
     键 a 对应的值是：Hello
     键 b 对应的值是：Python
```

字典对象里还有可以返回字典所有内容的 items()函数，返回字典里所有键的 keys()函数，返回字典里所有值的 values()函数，示例代码如下：

```
//Chapter3/3.4.5_test56.py
输入：firstDict = {0:"Hello",1:"Python"}              #以{键：值,键：值...}方式创建字典
     print("items()函数使用：",firstDict.items())
     print("keys()函数使用：",firstDict.keys())
     print("values()函数使用：",firstDict.values())

输出：items()函数使用：dict_items([(0, 'Hello'), (1, 'Python')])
     keys()函数使用：dict_keys([0, 1])
     values()函数使用：dict_values(['Hello', 'Python'])
```

若需要遍历字典里的每个元素，则需要使用本章3.7节介绍的循环语句，示例代码如下：

```
//Chapter3/3.4.5_test57.py
输入：firstDict = {0:"Hello",1:"Python"}              #以{键：值,键：值...}方式创建字典
     for key,value in firstDict.items():            #for循环遍历字典中的每个值
         print("key: ",key,",",end = " ")           #输出键,且设置不换行
         print("value: ",value)                     #输出键对应的值

输出：key: 0 , value: Hello
     key: 1 , value: Python
```

4. 字典元素的基本操作

用户可以通过增加、删除、修改字典里的元素完成字典对象元素的更新。

(1) 增加字典元素的语法格式为"字典名[键]=值"，示例代码如下：

```
//Chapter3/3.4.5_test58.py
输入：firstDict = {0:"Hello",1:"Python"}              #以{键：值,键：值...}方式创建字典
     print("原来的字典：",firstDict)
     firstDict[2] = "I love"                         #通过"字典名[键] = 值"添加元素
     print("添加元素后的字典：",firstDict)

输出：原来的字典：{0: 'Hello', 1: 'Python'}
     添加元素后的字典：{0: 'Hello', 1: 'Python', 2: 'I love'}
```

(2) 删除字典里某个元素的最基本方式为"del 字典名[键]"，通过"del 字典名"可以删除整个字典，示例代码如下：

```
//Chapter3/3.4.5_test59.py
输入：firstDict = {0:"Hello",1:"Python"}              #以{键：值,键：值...}方式创建字典
     print("原来的字典：",firstDict)
     del firstDict[0]                                #删除键0对应的元素
     print("删除键0对应的元素后：",firstDict)

输出：原来的字典：{0: 'Hello', 1: 'Python'}
     删除键0对应的元素后：{1: 'Python'}
```

通过"del 字典名"可以删除整个字典，此方式是从内存空间中彻底移除这个字典对象，

再通过 print()函数查看这个字典对象则会提示字典不存在的错误信息,示例代码如下:

```
//Chapter3/3.4.5_test60.py
输入: firstDict = {0:"Hello",1:"Python"}             #以{键: 值,键: 值...}方式创建字典
      del firstDict                                  #删除整个字典
      print(firstDict)                               #再次查看这个字典则会提示错误信息

输出: Traceback (most recent call last):
        File "D:/Python/test.py", line 3, in <module>
          print(firstDict)
      NameError: name 'firstDict' is not defined
```

借助字典对象中的 pop(key)函数可以删除字典中 key 键对应的元素,并返回该键对应的值,示例代码如下:

```
//Chapter3/3.4.5_test61.py
输入: firstDict = {0:"Hello",1:"Python"}             #以{键: 值,键: 值...}方式创建字典
      print("原来的字典: ",firstDict)
      value = firstDict.pop(0)                       #删除键 0 对应的元素并返回 0 对应的值
      print("删除键 0 对应的元素后: ",firstDict)
      print("键 0 对应的值: ",value)

输出: 原来的字典: {0: 'Hello', 1: 'Python'}
      删除键 0 对应的元素后: {1: 'Python'}
      键 0 对应的值: Hello
```

用户还可以通过字典对象里的 clear()函数清空字典里的所有元素,清空所有元素是指让字典为空,但内容空间中仍然保留着这个字典对象,示例代码如下:

```
//Chapter3/3.4.5_test62.py
输入: firstDict = {0:"Hello",1:"Python"}             #以{键: 值,键: 值...}方式创建字典
      firstDict.clear()                              #清空字典里的所有元素
      print(firstDict)                               #再次查看字典信息

输出: {}
```

(3) 修改字典里某个元素的语法格式与增加字典元素的语法格式一样,均为"字典名[键]=值",若要修改字典里某个元素对应的值,则语法中的键应传入字典中原本存在的键,示例代码如下:

```
//Chapter3/3.4.5_test63.py
输入: firstDict = {0:"Hello",1:"Python"}             #以{键: 值,键: 值...}方式创建字典
      print("原来的字典: ",firstDict)
      firstDict[0] = "I love"                        #将键 0 对应的值修改为"I love"
      print("修改后的字典: ",firstDict)

输出: 原来的字典: {0: 'Hello', 1: 'Python'}
      修改后的字典: {0: 'I love', 1: 'Python'}
```

5. 字典对象的常用函数

字典对象的常用函数总结如表 3-21 所示。

表 3-21 字典对象中的常用函数总结

序号	函数名称	详细说明 (默认假设：firstDict={0:"Hello",1:"Python"},firstDict 是字典对象)
1	firstDict. clear()	清空字典里的所有元素,如 firstDict. clear()返回{}
2	firstDict. items()	获取整个字典内容,如 firstDict. items()返回 dict_items([(0, 'Hello'),(1, 'Python')])
3	firstDict. keys()	获取字典的所有键,如 firstDict. keys()返回 dict_keys([0, 1])
4	firstDict. values()	获取字典的所有值,如 firstDict. values()返回 dict_values(['Hello','Python'])
5	firstDict. get(key, default=None)	获取指定键对应的值,如指定键为 0,则 firstDict. get(0)返回 Hello,若指定的键不存在对应值,则返回参数 default 设置的值
6	firstDict. copy()	返回一个字典的浅复制,浅复制的意思是仅复制字典对象的父对象,而不复制字典对象的子对象,相关基础内容可参考本书第 5 章,如 firstDict. copy()返回{0: 'Hello', 1: 'Python'}
7	firstDict. update (secondDict)	以 secondDict 字典的键和值为基准,更新 firstDict 字典,若有相同的键,则仅更新 firstDict 字典里该键对应的值,若无相同的键,则为 firstDict 字典增加新的键与值,如 secondDict={0:"I love",2:"Python"}返回{0: 'I love', 1: 'Python', 4: 'Python'}
8	firstDict. pop(key)	删除字典中键 key 对应的元素并删除 key 所对应的值,如 firstDict. pop(0)返回 Hello
9	firstDict. popitem()	删除字典中位于最末尾位置的元素并以二元组形式返回该元素的键和值,如 firstDict. popitem()返回(1, 'Python')
10	firstDict. fromkeys(a, b)	以 a 序列中的各元素作为键,b 元素整体作为值创建一个新字典,如 firstDict. fromkeys((1,2,3),(4,5,6))返回{1: (4, 5, 6), 2: (4, 5, 6), 3: (4, 5, 6)}

6. Python 内置的处理字典的常用方法

Python 内置的处理字典的常用方法总结如表 3-22 所示。

表 3-22 Python 内置的处理字典常用方法

序号	函数名称	详细说明 (默认假设：firstDict={0:"Hello",1:"Python"})
1	len(firstDict)	计算字典元素的个数,如 len(firstDict)返回 2
2	str(firstDict)	将字典转化成适合查看的字符串类型,如 strDict=str(firstDict),返回{0: 'Hello', 1: 'Python'},再查看 strDict 的类型,type(strDict)返回 <class 'str'>,表明{0: 'Hello', 1: 'Python'}转化成了字符串类型,而不再是字典类型

7min

3.4.6 集合

本节内容包括集合的概念、集合的创建、集合的特性、集合的基本操作、重复数据的剔除和集合对象的常用内置函数。

1. 集合的概念

在数学学习过程中,相信读者一定接触过"集合"这一概念。数学概念中的集合具有无序性、互异性及确定性这 3 种特性。Python 数据类型中的集合(Set)继承了集合在数学概念中的 3 种特性。简而言之,集合是一个无序的不重复元素序列,通过其特性,能够很高效地删除序列元素中的重复值,同时还可以进行交集、并集等操作。

2. 集合的创建

集合有两种创建方式:一是利用花括号定义;二是利用 set()函数创建。创建集合的示例代码如下:

```
//Chapter3/3.4.6_test64.py
输入: A = {1,3,5,7}                                    #使用花括号"{}"创建集合
      B = set(['Python','data','analysis'])            #使用 set()函数创建集合
      emptySet = set()                                 #使用 set()函数创建空集合
      print("使用花括号创建的集合 A: ",A)
      print("使用 set()函数创建的集合 B: ",B)
      print("空集合: ",emptySet)

输出: 使用花括号创建的集合 A: {1, 3, 5, 7}
      使用 set()函数创建的集合 B: {'Python', 'data', 'analysis'}
      空集合: set()
```

空集合是合理存在的,创建空集合的方法如上述代码中的 emptySet 所示,但要注意的是,空集合不能通过 emptySet={ }的方式创建,该种方法创建的 emptySet 实际为一个空字典,这是一个在实际应用中易混淆的点。

3. 集合的特性

本节开头介绍过 Python 中的集合与数学中的集合一样,具有无序性、互异性及确定性 3 种特性,简单体现集合特性的示例代码如下:

```
//Chapter3/3.4.6_test65.py
输入: A = set(['Python','data','analysis','from',0,'to',1])
      B = {1,2,2,3,4,4,5}                              #初始化集合,2 与 4 为重复元素
      print("集合 A: ",A)
      print("集合 B: ",B)

输出: 集合 A: {'Python', 0, 1, 'analysis', 'data', 'to', 'from'}
      集合 B: {1, 2, 3, 4, 5}
```

上述代码中,集合 A 输出后的元素顺序与创建时的顺序不一致,这便是由于集合的无序性导致的。另外,集合 B 输出后的元素不具有重复元素 2 和 4,这是由于集合的互异性导致的。

4. 集合的基本操作

Python 中的集合能够进行添加、删除、修改和查询操作,还能够进行交、并和差操作。

(1) 对集合中的元素进行添加可以使用集合对象的 add()和 update()函数,示例代码如下:

```
//Chapter3/3.4.6_test66.py
输入：A = {"月份", "收益", "姓名"}                          #创建原始集合
      print("原始集合：",A)
      A.add("成绩")                                          #使用 add()函数增加 1 个元素
      print("增加 1 个元素后的集合：",A)
      A.update([0,1])                                        #使用 update()函数再增加 2 个元素
      print("再增加 2 个元素后的集合：",A)

输出：原始集合：{'月份', '收益', '姓名'}
      增加 1 个元素后的集合：{'月份', '收益', '姓名', '成绩'}
      增加 2 个元素后的集合：{0, 1, '姓名', '月份', '收益', '成绩'}
```

(2) 对集合中的元素进行删除可以使用集合对象的 remove()、discard()、pop()和 clear()函数，示例代码如下：

```
//Chapter3/3.4.6_test67.py
输入：A = {'Python','data','analysis','from',0,'to',1}    #创建原始集合
      print("原始集合：",A)
      A.remove('data')                                       #删除指定元素
      print("删除指定的\"data\"元素后：",A)
      A.discard('to')                                        #删除指定元素
      print("删除指定的\"to\"元素后：",A)
      A.pop()                                                #随机删除元素
      print("随机删除元素后：",A)
      A.clear()                                              #清空集合所有元素
      print("清空所有元素后：",A)

输出：原始集合：{0, 1, 'to', 'from', 'analysis', 'data', 'Python'}
      删除指定的"data"元素后：{0, 1, 'to', 'from', 'analysis', 'Python'}
      删除指定的"to"元素后：{0, 1, 'from', 'analysis', 'Python'}
      随机删除元素后：{1, 'from', 'analysis', 'Python'}
      清空所有元素后：set()
```

上述代码中集合对象的 remove()与 discard()函数的功能均为删除集合中指定元素，但若使用 remove()函数删除集合中不存在的元素，则会产生错误，但通过 discard()函数删除集合中不存在的元素时，不会产生错误。

(3) 对集合中的元素进行修改可以先进行元素删除操作，再进行元素添加操作，示例代码如下：

```
//Chapter3/3.4.6_test68.py
输入：A = {"月份", "收益", "姓名"}                          #创建原始集合
      A.remove("收益")                                       #先删除指定元素
      A.add("新收益")                                        #再添加元素
      print("原始集合:",A)
      print("修改元素后的集合:",A)

输出：原始集合：{'月份', '收益', '姓名'}
      修改元素后的集合：{'月份', '新收益', '姓名'}
```

(4) 集合不支持索引和切片进行元素查询操作,因此不妨使用 list()函数将集合转换为列表后再进行元素查询,示例代码如下:

```
//Chapter3/3.4.6_test69.py
输入: A = {"月份", "收益", "姓名"}                    # 创建原始集合
      A = list(A)                                      # 转换成列表
      print("索引取值: ",A[0])                         # 索引取值
      print("切片取值: ",A[0:2])                       # 切片取值

输出: 索引取值: 收益
      切片取值: ['收益', '姓名']
```

(5) 集合的并操作需要使用集合对象的 union()函数或"|"符号,示例代码如下:

```
//Chapter3/3.4.6_test70.py
输入: A = {1,2,3,4,5}
      B = {4,5,6,7,8}
      print("原始集合 A: ",A)
      print("原始集合 B: ",B)
      print("使用\"|\"符号取并集: ",A|B)              # 利用"|"符号取并集
      print("使用 union()函数取并集: ",A.union(B))    # 利用 union()函数取并集

输出: 原始集合 A: {1, 2, 3, 4, 5}
      原始集合 B: {4, 5, 6, 7, 8}
      使用"|"符号取并集: {1, 2, 3, 4, 5, 6, 7, 8}
      使用 union()函数取并集: {1, 2, 3, 4, 5, 6, 7, 8}
```

(6) 集合的交操作需要使用集合对象的 intersection()函数或"&"符号,示例代码如下:

```
//Chapter3/3.4.6_test71.py
输入: A = {1,2,3,4,5}
      B = {4,5,6,7,8}
      print("原始集合 A: ",A)
      print("原始集合 B: ",B)
      print("使用\"&\"符号取交集: ",A&B)              # 利用"&"符号取交集
      print("使用 intersection()函数取交集: ",A.intersection(B))
                                                       # 利用 intersection()函数取交集

输出: 原始集合 A: {1, 2, 3, 4, 5}
      原始集合 B: {4, 5, 6, 7, 8}
      使用"&"符号取交集: {4, 5}
      使用 intersection()函数取交集: {4, 5}
```

(7) 集合的差操作需要使用集合对象的 difference()函数或"-"符号,示例代码如下:

```
//Chapter3/3.4.6_test72.py
输入: A = {1,2,3,4,5}
      B = {4,5,6,7,8}
      print("原始集合 A: ",A)
```

```
        print("原始集合 B: ",B)
        print("使用\"-\"符号取差集: ",A-B)                          #利用"-"符号取差集
        print("使用 difference()函数取差集: ",A.difference(B))    #利用 difference()函数取差集

输出: 原始集合 A: {1, 2, 3, 4, 5}
      原始集合 B: {4, 5, 6, 7, 8}
      使用"-"符号取差集: {1, 2, 3}
      使用 difference()函数取差集: {1, 2, 3}
```

5. 重复数据的剔除

根据集合的特性,我们只需一行代码就可以完成对序列(如列表、元组等)中重复元素的剔除,示例代码如下:

```
//Chapter3/3.4.6_test73.py
输入: A = ['Python','data','analysis','Python','data']
      print("原始列表 A: ",A)
      A = list(set(A))                                  #剔除重复数据
      print("剔除重复数据后的列表 A: ",A)

输出: 原始列表 A: ['Python', 'data', 'analysis', 'Python', 'data']
      剔除重复数据后的列表 A: ['Python', 'data', 'analysis']
```

6. 集合中的常用内置函数

除了上述介绍的一些集合对象中的函数,假设集合对象名为 set,集合对象 set 中的一些其他常用内置函数如表 3-23 所示。

表 3-23 集合对象 set 中的常用内置函数

序号	函数名称	详细说明
1	set.symmetric_difference()	求两个集合中的对称差集合,返回值为一个集合
2	set.symmetric_difference_update()	求集合的对称差集合,直接将结果保存在 set 中,与利用 update()函数求并集原理类似
3	set.difference_update()	求差集,并将结果保存在 set 中,与利用 update()函数求并集原理类似
4	set.intersection_update()	求交集,并将结果保存在 set 中,与利用 update()函数求并集原理类似
5	set.issubset()	判断 set 集合是否为括号中集合的子集,返回布尔值
6	set.issuperset()	判断括号中集合是否为 set 子集,返回布尔值
7	set.isdisjoint()	判断两个集合是否包含相同元素,返回布尔值
8	set.copy()	将括号中的集合元素复制至 set 中

3.5 运算符与表达式

表达式是一段由数据和运算符组成的代码计算式,是用来表达一种或多种数据类型间运算结果的式子,表达式的形式可以非常简单,如 5+6,也可以非常复杂,例如(6 > 5) and

(4 > 3)、(6 > 5) and ((4 > 3) or (not (5 > 3)))。

Python 支持的运算符类型如表 3-24 所示。

表 3-24 Python 支持的运算符类型

序号	运算符类型	序号	运算符类型
1	算术运算符	5	比较运算符
2	逻辑运算符	6	位运算符
3	赋值运算符	7	成员运算符
4	身份运算符		

本节接下来的内容将介绍表 3-24 中的 7 种运算符的内容及 7 种运算符之间的优先级关系。

3.5.1 算术运算符

Python 支持的算术运算符如表 3-25 所示。

表 3-25 Python 支持的算术运算符

序号	算术运算符名称	详细说明
1	+(加法)	两个对象相加,可以用于数字数据类型间的数值加法运算(如 1+1=2)和字符串(如'a'+'b'='ab')、列表(如[1,2]+[3,4]=[1,2,3,4])、元组(如(1,2)+(3,4)=(1,2,3,4))数据类型间的拼接操作
2	-(减法)	两个对象相减,用于数字数据类型间的数值减法运算(如 2-1=1)
3	*(乘法)	两个对象相乘,用于数字数据类型间的数值乘法运算(如 2*2=4)和字符串(如 str='ab',str*3='ababab',注意字符串只能乘以数字,表示重复拼接自身)数据类型间的重复拼接操作
4	/(除法)	两个对象相除,用于数字数据类型间的数值除法运算(如 5/2.0=2.5)
5	//(向下取整)	两个数字数据类型对象相除后,向下取最接近于商的一个整数(如 5//2.0=2.0)
6	**(幂)	用于数字数据类型间的数值乘方运算(如 2**3=8),x**y 与 pow(x,y)效果等同
7	%(取余数)	两个数字数据类型对象相除后,保留余数(如 5%2=1)

使用算术运算符的示例代码如下:

```
//Chapter3/3.5.1_test74.py
输入:#以下定义数字类型对象:
     intNumber = 200                          #把 200 赋值给变量 intNumber
     floatNumber = 100.0                      #把 100.0 赋值给变量 floatNumber
     #以下定义字符串类型对象:
     str1 = "Hello"                           #把"Hello"赋值给变量 str1
     str2 = "Python"                          #把"Python"赋值给变量 str2
     #以下定义列表类型对象:
     list1 = [5,4,3,2,1]                      #把[5,4,3,2,1]赋值给 list1
     list2 = [10,9,8,7,6]                     #把[10,9,8,7,6]赋值给 list2
```

```
#以下定义元组类型对象:
tuple1 = (5,4,3,2,1)                    #把(5,4,3,2,1) 赋值给 tuple1
tuple2 = (10,9,8,7,6)                   #把(10,9,8,7,6) 赋值给 tuple2
#1. + 运算
result1 = str1 + str2                   #字符串之间的加法运算
result2 = list1 + list2                 #列表之间的加法运算
result3 = tuple1 + tuple2               #元组之间的加法运算
print("1. + 运算: ")
print(f"{str1} + {str2} = {result1}")   #由于输出含有多个变量,因此选择格式化输出
print(f"{list1} + {list2} = {result2}")
print(f"{tuple1} + {tuple2} = {result3}")
#2. - 运算
print("2. - 运算: ",end = "")
result4 = intNumber - floatNumber
print(f"{intNumber} - {floatNumber} = {result4}")
#3. * 运算
print("3. *  运算: ")
result5 = intNumber * floatNumber       #数字类型对象之间的 * 运算
result6 = str1 * 3                      #字符串类型对象之间的 * 运算
print(f"{intNumber} * {floatNumber} = {result5}")
print(f"{str1} * 3 = {result6}")
#4./运算
print("4./运算: ",end = "")
result7 = intNumber/floatNumber         #数字类型对象之间的/运算
print(f"{intNumber}/{floatNumber} = {result7}")
#5.//运算
print("5.//运算: ",end = "")
result8 = intNumber//floatNumber        #数字类型对象之间的//运算
print(f"{intNumber}//{floatNumber} = {result8}")
#6. ** 运算
print("6. ** 运算: ",end = "")
result9 = 2 ** 5
print(f"2 ** 5 = {result9}")
#7. % 运算
print("7. % 运算: ",end = "")
result10 = intNumber % floatNumber      #整型与浮点型取余
print(f"{intNumber} % {floatNumber} = {result10}")

输出: 1. + 运算:
Hello + Python = HelloPython
[5, 4, 3, 2, 1] + [10, 9, 8, 7, 6] = [5, 4, 3, 2, 1, 10, 9, 8, 7, 6]
(5, 4, 3, 2, 1) + (10, 9, 8, 7, 6) = (5, 4, 3, 2, 1, 10, 9, 8, 7, 6)
2. - 运算: 200 - 100.0 = 100.0
3. * 运算:
200 * 100.0 = 20000.0
Hello * 3 = HelloHelloHello
4./运算: 200/100.0 = 2.0
5.//运算: 200//100.0 = 2.0
6. ** 运算: 2 ** 5 = 32
7. % 运算: 200 % 100.0 = 0.0
```

由上述代码实验结果可以发现，凡是整型与浮点型做运算时结果都默认为浮点型，Python 能够自动地为用户提供最为精确的结果。

3.5.2 比较运算符

Python 支持的比较运算符如表 3-26 所示。

表 3-26 Python 支持的比较运算符

序号	比较运算符名称	详细说明
1	==	比较两个对象是否相等，相等则返回值为 True，不相等则返回值为 False。如 a=10，b=20，由于 a==b，则 a==b 返回值为 False
2	!=	比较两个对象是否不相等，不相等则返回值为 True，相等则返回值为 False。如 a=10，b=20，由于 a!=b，则 a!=b 返回值为 True
3	>	比较两个对象大小，若前一个对象大于后一个对象则返回值为 True，否则返回值为 False。如 a=10，b=20，由于 a > b，则 a > b 返回值为 False
4	>=	比较两个对象大小，若前一个对象大于或等于后一个对象则返回值为 True，否则返回值为 False。如 a=10，b=20，由于 a>=b，则 a>=b 返回值为 False
5	<	比较两个对象大小，若前一个对象小于后一个对象则返回值为 True，否则返回值为 False。如 a=10，b=20，由于 a < b，则 a < b 返回值为 True
6	<=	比较两个对象大小，若前一个对象小于或等于后一个对象则返回值为 True，否则返回值为 False。如 a=10，b=20，由于 a<=b，则 a<=b 返回值为 True

3.5.3 逻辑运算符

Python 支持的逻辑运算符如表 3-27 所示。

表 3-27 Python 支持的逻辑运算符

序号	逻辑运算符名称	详细说明
1	and	与运算，a and b，若 a 为 False，则返回值为 False，如果 a 为 True，则返回 b 的值
2	or	或运算，a or b，若 a 为 True，则返回值为 True，如果 a 为 False，则返回 b 的值
3	not	非运算，not a，若 a 为 True 则返回值为 False，a 为 False 返回值为 True

逻辑运算符不仅仅可以运用于布尔型数据间，还有非常广的运用范围。通常情况下，Python 默认 0、''''、()、[]、{}、None 都是 False，剩余的所有数字、字符等都认为是 True，这些符号都能够参与逻辑运算。

若参与逻辑运算的 a 与 b 都是布尔型数据，则 a 与 b 之间的逻辑运算示例代码如下：

```
//Chapter3/3.5.3_test75.py
输入: a = True                              #a 与 b 均定义为布尔型数据,a 为 True,b 为 False
      b = False
      x = 0                                 #x = 0 被默认为是 False
      y = "字符串"                          #y = "字符串"被默认为是 True
      print("a 的值是: ",a,",b 的值是: ",b)
      print("a and b: ",a and b)            #查看 a 和 b 间与运算结果
      print("a or b: ",a or b)              #查看 a 和 b 间或运算结果
```

```
    print("not a: ",not a)                  #查看 a 非运算结果
    print("x 的值是: ",x,",y 的值是: ",y)
    print("x and y: ",x and y)              #查看 x 和 y 间与运算结果
    print("x or y: ",x or y)                #查看 x 和 y 间或运算结果
    print("not x: ",not x)                  #查看 x 非运算结果

输出: a 的值是: True,b 的值是: False
    a and b: False
    a or b: True
    not a: False
    x 的值是: 0 ,y 的值是: 字符串
    x and y: 0
    x or y: 字符串
    not x: True
```

3.5.4 位运算符

位运算符是把数字类型的数据都看成8位的二进制数据进行运算，Python支持的赋值运算符如表3-28所示。

表 3-28 Python 支持的位运算符

序号	位运算符名称	详 细 说 明
1	&	按位进行与运算，若参与运算两个数的二进制形式下的对应位均为1，则该位&运算结果为1，否则为0。如a=13，b=14，a&b返回值为12，计算过程如下：13对应的二进制数为00001101，14对应的二进制数为00001110，按位与运算得到00001100，二进制00001100对应的十进制数为12。注：读者可通过bin(x)函数查看x的二进制表示
2	|	按位进行或运算，若参与运算两个数的二进制形式下的对应位均为0，则该位&运算结果为0，否则为1。如a=13，b=14，a|b返回值为15，计算过程如下：13对应的二进制数为00001101，14对应的二进制数为00001110，按位或运算得到00001111，二进制1111对应的十进制数为15
3	~	按位进行取反运算，将参与运算数的二进制形式下的对应位均取反。如a=13，~a返回值为−14，计算过程如下：13对应的二进制数为00001101，按位取反后得到11110010，结果中的第1位1代表负号，说明取反后得到的值是负数，负数转换成二进制应遵循“先减1再除第1位取反”的规则，即将11110010减去1位得到11110001，再将11110001除第1位取反后得到10001110，第1位1代表负号，只需将0001110转换成十进制，结果为14，所以最终结果为−14
4	^	按位进行异或运算，若参与运算两个数的二进制形式下的对应位不相同，则该位&运算结果为1，否则为0。如a=13，b=14，a^b返回值为12，计算过程如下：13对应的二进制数为00001101，14对应的二进制数为00001110，按位相异与得到00000011，二进制00000011对应的十进制数为3
5	<<	按位进行左移位，a << x表示数a的二进制所有位向左移动x位，高位丢弃，低位补0。如a=13，a << 2返回值为52，计算过程如下：13对应的二进制数为00001101，向左移动两位为00110100，转换成十进制为52

续表

序号	位运算符名称	详细说明
6	>>	按位进行右移位,a >> x 表示数 a 的二进制所有位向右移动 x 位,低位丢弃,高位补 0。如 a=13,a >> 2 返回值为 3,计算过程如下:13 对应的二进制数为 00001101,向右移动两位为 00000011,转换成十进制为 3

3.5.5 赋值运算符

3.1.2 节介绍过了为变量进行赋值的赋值符号(=),赋值运算符是对赋值符号功能的补充,Python 支持的赋值运算符如表 3-29 所示。

表 3-29 Python 支持的赋值运算符

序号	赋值运算符名称	详细说明
1	=	基本赋值运算符,如 a=10 代表将 10 赋值给变量 a
2	+=	加法赋值运算符,如 a+=10 等效于 a=a+10
3	-=	减法赋值运算符,如 a-=10 等效于 a=a-10
4	*=	乘法赋值运算符,如 a*=10 等效于 a=a*10
5	/=	除法赋值运算符,如 a/=10 等效于 a=a/10
6	//=	向下取整赋值运算符,如 a//=10 等效于 a=a//10
7	%=	取余赋值运算符,如 a%=10 等效于 a=a%10
8	**=	幂赋值运算符,如 a**=10 等效于 a=a**10

3.5.6 成员运算符

Python 支持的成员运算符如表 3-30 所示。

表 3-30 Python 支持的成员运算符

序号	成员运算符名称	详细说明
1	in	x in y 表示若 x 在序列 y 中则返回值为 True,否则返回值为 False,常用于判断某个元素是否在字符串、列表或元组中
2	not in	x not in y 表示若 x 不在序列 y 中则返回值为 True,否则返回值为 False,常用于判断某个元素是否在字符串、列表或元组中

接下来演示成员运算符的使用,示例代码如下:

```
//Chapter3/3.5.6_test76.py
输入: xNumber = 10                                    #将 10 赋值给变量 xNumber
      xString = "Python"                              #将字符串"Python"赋值给变量 xString
      xStringChild = "Py"                             #将字符串"Py"赋值给变量 xStringChild
      yList = [2,4,6,8,10,"Python"]                   #将列表[2,4,6,8,10]赋值给 yList
      yTuple = (2,4,6,8,10,"Python")                  #将(2,4,6,8,10)元组赋值给 yTuple
      print("xStringChild in xString: ",xStringChild in xString)
      print("xNumber in yList: ",xNumber in yList)
      print("xString not in yTuple: ",xString not in yTuple)
      print("xString not in yList: ",xString not in yList)
```

```
输出：xStringChild in xString: True
      xNumber in yList: True
      xString not in yTuple: False
      xString not in yList: False
```

3.5.7 身份运算符

在 3.3.1 节介绍过数据类型对象有 3 个属性（地址、类型和值），而身份运算符用来比较数据类型对象地址属性的差异，Python 支持的身份运算符如表 3-31 所示。

表 3-31 Python 支持的身份运算符

序号	身份运算符名称	详细说明
1	is	x is y 表示若 x 变量引用的对象地址与 y 变量引用的对象地址相同则返回值为 True，否则返回值为 False，类似于 id(x)与 id(y)相同则返回值为 True，否则返回值为 False，注意 id(x)表示变量 x 引用的对象地址
2	is not	x is not y 表示若 x 变量引用的对象地址与 y 变量引用的对象地址不相同则返回值为 True，否则返回值为 False，类似于 id(x)与 id(y)不相同则返回值为 True，否则返回值为 False

接下来演示身份运算符的使用，示例代码如下：

```
//Chapter3/3.5.7_test77.py
输入：x = 50                                    #将 50 赋值给变量 x
      y = 50                                    #将 50 赋值给变量 y
      z = 60                                    #将 60 赋值给变量 z
      print("x is y: ",x is y)
      print("x is z: ",x is z)
      print("x is not y: ",x is not y)
      print("x is not z: ",x is not z)

输出：x is y: True
      x is z: False
      x is not y: False
      x is not z: True
```

运算符之间的优先级如表 3-32 所示。

表 3-32 Python 运算符之间的优先级

优先级	运算符名称（从左向右优先级依次降低）	详细说明
14(最高)	( )	小括号，优先级最高，有括号先进行括号里的运算
13	**	算术运算符里的幂，也叫乘方运算
12	～	位运算符里的按位取反
11	*、/、%、//	算术运算符里的乘法、除法、取余、向下取整
10	+、-	算术运算符里的加、减法

续表

优先级	运算符名称 （从左向右优先级依次降低）	详细说明
9	>>、<<	位运算符里的右移、左移运算符
8	&	位运算符里的与操作
7	^、|	位运算符里的异或、或操作
6	<=、<、>、>=	比较运算符里的小于或等于、小于、大于、大于或等于
5	==、!=	比较运算符里的等于、不等于
4	=、%=、/=、//=、-=、+=、*=、**=	赋值运算符
3	is、is not	身份运算符
2	in、not in	成员运算符
1(最低)	not、or、and	逻辑运算符，优先级最低

3.6 选择结构

4min

所有程序的组成都只有3种结构：顺序结构、选择结构和循环结构。顺序结构是指程序执行代码时是从头到尾一行一行执行的；选择结构是指程序执行代码过程中会碰到一些条件判断，程序根据条件判断的结果决定程序执行的路线；循环结构是指程序不断地重复执行某一部分代码，直到满足某种条件为止。

为了能够对程序结构及代码块功能加以区分，增加代码的可读性，所有的程序结构都遵循缩进规则将顺序相连的多行代码之间缩进相同个空格数，从而把这些代码划分为同一代码块。顺序结构代码缩进的规范如图3-4所示。

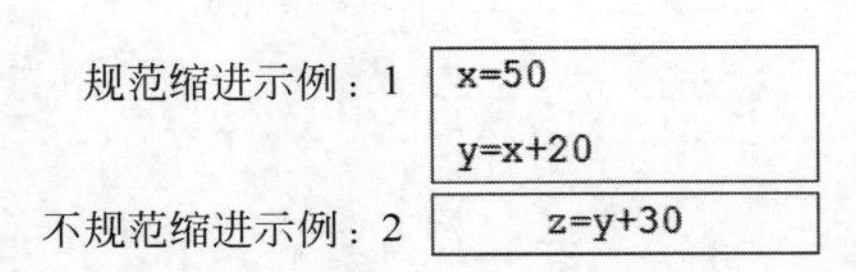

图3-4 顺序结构代码缩进的规范

图3-4中的矩形框1和矩形框2中的代码本应该属于顺序结构中顺序相连的同一代码块，但因为矩形框2中的代码没有遵循缩进规则，从而与矩形框1中的代码缩进空格数不同，所以会导致程序无法识别矩形框2中的代码。由于无法判断矩形框2中的代码属于哪个代码块，所以会报错。顺序结构通常不需要缩进，顶格编写代码即可，但选择结构和循环结构代码块里的代码内容至少需要统一缩进1个空格才不会导致程序报错。

习惯上人们把缩进同一代码块中的代码空格数设置为Tab键代表的空格数（常规情况下代表4个空格）。本书的选择结构和循环结构缩进风格示例如图3-5所示。

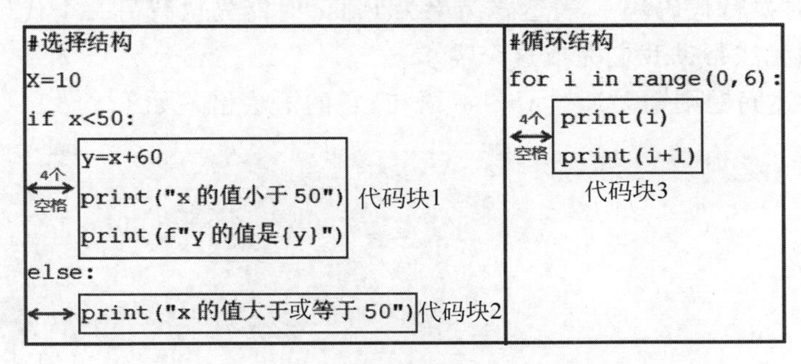

图3-5 本书的选择结构和循环结构缩进风格示例

接下来将为读者介绍选择结构的相关内容，包括 if 语句、if-else 语句、if-elif-else 语句。

3.6.1 if 语句

if 语句后跟一个条件判断表达式，根据条件判断的结果（True 或 False）来决定程序的运行走向（是否执行代码），if 语句也是选择结构中的最基本语句，它的语法格式如下：

```
if 条件表达式:
    代码块 1
代码块 2
```

在 if 语句的语法格式中，if 与条件表达式之间用一个空格隔开，条件表达式末尾跟一个英文形式的冒号，其条件表达式的结果要么是 True，要么是 False，代码块遵循缩进规则。读者可以把 if 理解为"如果"的意思，则整个 if 语句的执行过程可以理解为如果条件表达式返回值为 True，则执行代码块 1，执行完后跳出 if 语句的结构，执行代码块 2，如果返回值为 False 则不执行代码块 1，而直接执行代码块 2。

【例 3-6】 用户从键盘上输入一个值，如果该值小于 1 则输出"满足 x<1"，否则什么都不执行。注：本例假设用户通过键盘输入的数据只为数字形式。

分析：用户从键盘上输入的数字形式值为字符串类型，应先转换成数字类型，再通过 if 语句判断该值是否小于 1，如果小于 1 则输出题意要求的"满足 x<1"信息。

```
//Chapter3/3.6.1_test78.py
输入: x = input()                      #输入数据并将该数据赋值给变量 x
      x = float(x)                     #将数字字符串 x 转化为浮点型
      if x < 1:                        #判断 x<1 返回值为 True 还是 False
          print("满足 x < 1")          #若 x<1 返回值为 True,则执行这行代码,执行完后退出程序

输出: 0
      #假设用户输入 0,按回车键后结果如下
      满足 x<1
```

3.6.2 if-else 语句

从 if 语句的语法格式中可以发现，当条件表达式的结果为 False 时，无法执行任何特殊的代码功能块，直接会跳转执行代码块 2，这就导致 if 语句具有较大的局限性，若希望表达式结果为 True 时执行代码块 1，表达式结果为 False 时能先执行另一个代码块，再跳转执行代码块 2，if 语句无法帮助我们完成这个需求。

若要解决上述问题则需要通过 if-else 语句，它的语法格式如下：

```
if 条件表达式:
    代码块 1
else:
    代码块 2
代码块 3
```

与 if 语句的语法格式相比，if-else 语句的语法格式中增加了 else 语句，else 语句末尾跟一个英文形式的冒号，所有代码块遵循缩进规则。读者可以将 else 理解为“否则”的意思，整个 if-else 语句的执行过程可以理解为如果条件表达式返回值为 True，则执行代码块 1，执行完后跳出 if-else 结构，执行代码块 3，否则（条件表达式返回值为 False）执行代码块 2，执行完后同样跳出 if-else 结构，执行代码块 3。

值得注意的是，无论 if-else 语句的条件表达式结果如何，代码块 1 与代码块 2 只会执行一个，不可能同时执行。

【例 3-7】 用户从键盘上输入一个值，如果该值小于 1 则输出“满足 x<1”，否则输出“不满足 x<1”。注：本例假设用户通过键盘输入的数据只为数字形式。

分析：用户从键盘上输入的数字形式值为字符串类型，应先转换成数字类型，再通过 if-else 语句判断该值是否小于 1，如果该值小于 1 则输出“满足 x<1”信息，如果该值大于 1 则输出“不满足 x<1”。示例代码如下：

```
//Chapter3/3.6.2_test79.py
输入：x = input()
      x = float(x)
      if x < 1:                  #判断 x<1 返回值为 True 还是 False
          print("满足 x<1")      #若 x<1 返回值为 True，则执行这行代码，执行完后退出程序
      else:
          print("不满足 x<1")    #若 x<1 返回值为 False，则执行这行代码，执行完后退出程序

输出：0
      #假设用户第一次运行代码后，输入 0，按回车键后结果如下
      满足 x<1
      2
      #假设用户第二次运行代码后，输入 2，按回车键后结果如下
      不满足 x<1
```

例 3-6 与例 3-7 的程序代码执行流程对比如图 3-6 所示。

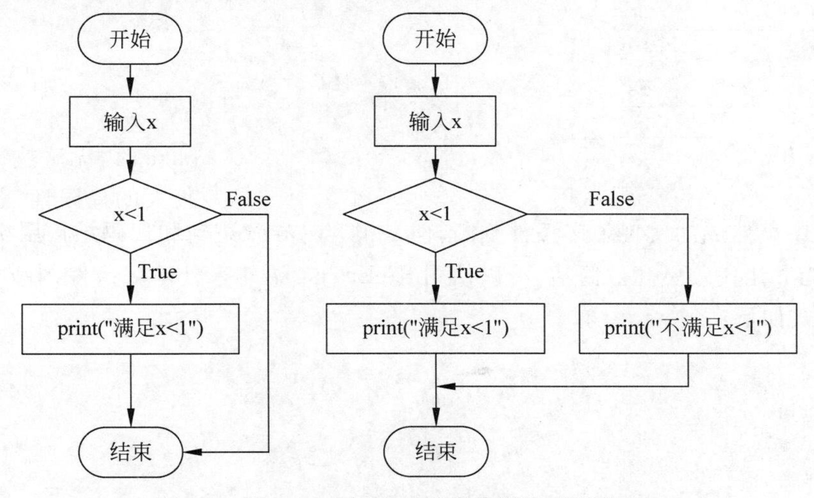

图 3-6 例 3-6 与例 3-7 的程序代码执行流程对比

3.6.3 if-elif-else 语句

当需要进行多个条件判断时，只依靠 if-else 语句其实也能实现，但会导致程序复杂且代码冗余。若要用 if-else 语句实现多个条件判断，需要嵌套多个 if-else 语句，如例 3-8。

【例 3-8】 用户从键盘上输入一个值，如果该值小于 1 则输出"满足 x<1"，如果该值大于 3 且小于 5 则输出"满足 3<x<5"，否则输出"不满足条件"。注：本例假设用户通过键盘输入的数据只为数字形式。

分析：用户从键盘上输入的数字形式值为字符串类型，应先转换成数字类型，再通过 if-else 语句判断该值是否小于 1，如果该值小于 1 则输出"满足 x<1"信息，否则继续用 if-else 语句判断该值是否大于 3 且小于 5，若满足则输出"满足 3<x<5"，若不满足则输出"不满足条件"。示例代码如下：

```
//Chapter3/3.6.3_test80.py
输入：x = input()
      x = float(x)
      if x < 1:                        #判断 x<1 返回值为 True 还是 False
          print("满足 x<1")            #若 x<1 返回值为 True，则执行这行代码，执行完后退出程序
      else:
          if x < 5 and x > 3:          #若 x<1 返回值为 False，则进入新的 if - else 语句
          #若 x<5 and x>3 返回值为 True，则执行下面这行代码，执行完后退出程序
              print("满足 3<x<5")
          else:
          #若 x<5 and x>3 返回值为 False，则执行下面这行代码，执行完后退出程序
              print("不满足条件")

输出：[0]
      #假设用户第一次运行代码后，输入 0，按回车键后结果如下
      满足 x<1
      #假设用户第二次运行代码后，输入 4，按回车键后结果如下
      [4]
      满足 3<x<5
      #假设用户第三次运行代码后，输入 6，按回车键后结果如下
      [6]
      不满足条件
```

上述程序虽然成功实现了多条件判断，但是很容易导致逻辑和代码结构层次不清，可读性差，为了能够让代码更高效简洁，可以使用 if-elif-else 语句来处理多条件判断事件，if-elif-else 语法格式如下：

```
if 条件表达式 1:
    代码块 1
elif 条件表达式 2:
    代码块 2
...
```

```
elif 条件表达式 n-1:
    代码块 n-1
else:
    代码块 n
代码块 n+1
```

与 if-else 语句的语法格式相比,if-elif-else 语句的语法格式中增加了 elif 语句,elif 语句的条数没有限制,elif 语句末尾跟一个英文形式的冒号,所有的代码块同样遵循缩进规则。

事实上,elif 语句与 if 语句功能相同,当 if 语句后跟的表达式返回值为 False 时,会自动进入下一个 elif 后跟的表达式中进行新的条件判断,若仍是 False 则继续进入下一个 elif 后跟的条件判断中,直到某一个 elif 后跟的条件判断结果为 True,则执行完该 elif 里的代码块后跳出 if-elif-else 结构,若所有 if 及 elif 后跟的条件表达式的返回值均为 False 则执行 else 里的代码块,执行完后跳出 if-elif-else 结构。

利用 if-elif-else 语句可将例 3-8 的实现代码修改为

```
//Chapter3/3.6.3_test81.py
输入: x = input()
      x = float(x)
      if x < 1:                     # 判断 x < 1 返回值为 True 还是 False
          print("满足 x < 1")       # 若 x < 1 返回值为 True,则执行这行代码,执行完后退出程序
      elif x < 5 and x > 3:         # 若 x < 1 返回值为 False,则进入 x < 5 and x > 3 的判断
      # 若 x < 5 and x > 3 返回值为 True,则执行下面这行代码,执行完后退出程序
          print("满足 3 < x < 5")
      else:
      # 若 if 和 elif 的判断条件均返回值为 false,则执行下面这行代码,执行完后退出程序
          print("不满足条件")

输出: 0.9
      # 假设用户第一次运行代码后,输入 0.9,按回车键后结果如下
      满足 x < 1
      3.5
      # 假设用户第二次运行代码后,输入 3.5,按回车键后结果如下
      满足 3 < x < 5
      7
      # 假设用户第三次运行代码后,输入 7,按回车键后结果如下
      不满足条件
```

3.7 循环结构

7min

到本节内容为止,读者已经接触到了非常丰富的 Python 代码知识,接下来不妨一起尝试解决这样一个编程任务:计算 1+2+3+4+5+6+7+8+9+10 的结果。相信读者很快就能编写出了如下代码:

```
//Chapter3/3.7_test82.py
输入: sum = 1 + 2 + 3 + 4 + 5 + 6 + 7 + 8 + 9 + 10          #将1 + 2 + 3 + 4 + 5 + 6 + 7 + 8 + 9 + 10 的
                                                            #计算结果赋值给 sum
      print(f"1 + 2 + 3 + 4 + 5 + 6 + 7 + 8 + 9 + 10 = {sum}")

输出: 1 + 2 + 3 + 4 + 5 + 6 + 7 + 8 + 9 + 10 = 55
```

读者可继续思考,若将任务修改成1+2+3+...+99+100又该怎么编程实现这个任务呢?还像上述代码一样手动地输入1+2+3+...+99+100吗?如果真要这样实现就太耗时耗力了,事实上,这个从1一直累加到100的任务只是在重复循环地做数字间的加法操作,若有一种语法能够让计算机自动地、在要求范围内循环执行加法操作,就能快速实现这个编程任务。

本节就将介绍Python如何通过循环结构,实现让某个操作重复执行的办法。

3.7.1 while 循环

1. while 循环的概念

while 循环的语法格式如下:

```
while 循环条件判断表达式:
    代码块 1
代码块 2
```

在 while 循环的语法格式中,while 与循环条件判断表达式之间用一个空格隔开,循环条件判断表达式末尾跟一个英文形式的冒号,只要循环条件判断表达式的返回值为 True,则重复执行代码块 1,当返回值变为 False 后,则跳出循环,执行 while 循环结构外的代码块 2。

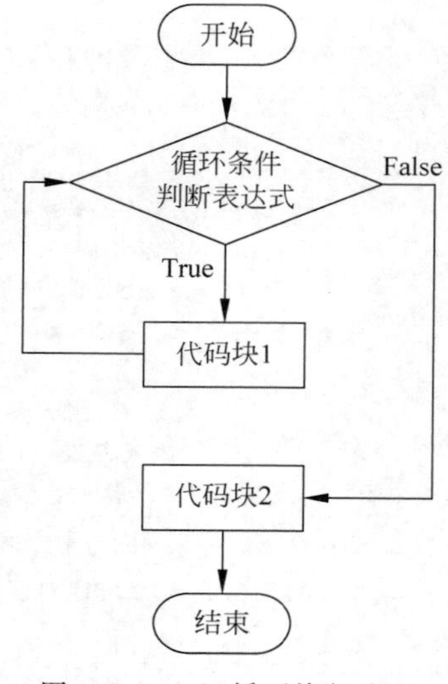

图 3-7 while 循环执行流程

while 循环的执行流程如图 3-7 所示。

2. while 循环的应用示例

利用 while 循环实现1+2+3+...+99+100的示例代码如下:

```
//Chapter3/3.7.1_test83.py
输入: sum = 0                              #定义一个累加器,保存每一次循环后累加的值
      i = 1                                #用 i 来记录循环次数,i 由 1 变化到 100
      while i <= 100:
          sum = sum + i                    #进行累加
          i = i + 1                        #让 i 遍历 1、2、3、...、99、100
      print(f"1 + 2 + 3 + ... + 99 + 100 = {sum}")

输出: 1 + 2 + 3 + ... + 99 + 100 = 5050
```

上述代码的 while 循环具体执行过程如表 3-33 所示。

表 3-33 while 循环实现 1+2+3+...+99+100 的具体执行过程

循环轮次	具体执行过程
第 1 次	初始 sum=0,i=1,满足 i≤100,执行 sum=0+1=1,i=1+1=2
第 2 次	此时 sum=1,i=2,满足 i≤100,执行 sum=1+2=3,i=2+1=3
第 3 次	此时 sum=3,i=3,满足 i≤100,执行 sum=3+3=6,i=3+1=4
⋮	⋮
第 99 次	此时 sum=4851,i=99,满足 i≤100,执行 sum=4851+99=4950,i=99+1=100
第 100 次	此时 sum=4950,i=100,满足 i≤100,执行 sum=4950+100=5050,i=100+1=101
第 101 次	此时 sum=5050,i=101,不满足 i≤100,因此本次循环不执行,将跳出 while 循环,最终 1+2+3+...+99+100 结果为 5050

值得注意的是,利用 while 循环实现 1+2+3+...+99+100 示例代码中运用了一个常用技巧:控制循环次数。在编写循环语句时,首先应该明确的就是完成任务所需进行的循环次数或循环结束条件,如循环语句在实现 1+2+3+...+99+100 过程中,可以明确地判断出循环总共要进行 100 次,让一个程序循环运行 100 次的技巧如下:

```
i = 1                #用 i 来记录循环次数,将 i 的初始值定义为 1,表示第 1 次循环
while i <= 100:
    代码块
    i = i + 1        #每进入一次循环,i 加 1,直到 i > 100 时跳出循环,此时共进行了 100 次循环
```

若需要循环 n(n>0)次,则只需把上述代码中的 100 改为 n,若无法直接明确循环次数,则必须先明确循环结束条件(循环次数属于一种循环结束条件)。

【例 3-9】 请输入一个整数 n,并求出整数 n 各位上数字的积。注:本例假设用户通过键盘输入的数据只为整型数字形式。

分析:本例无法直接明确循环要进行的次数,因此要先明确循环结束的条件。对一个整数 n 而言,例如 521,各位上的数字积为 1×2×5=10,解题思路为从个位数开始取,从右往左直到所有数都取出为止。解题步骤如下:

(1) 若要取出 521 的个位数字 1,则通过 521%10=1 可以取出。

(2) 若要取出 521 的十位数字 2,则可先将 521 转变成 52 后,再通过 52%10=2 取出 52 的个位数字,52 是通过 521 丢弃个位数字,即 521//10=52 转变而来。

(3) 若要取出 521 的百位数字 5,则可将新得到的 52 再转变成 5,通过 5%10=5 取出 5 的个位数字,5 是通过 52 丢弃个位数字,即 52//10=5 转变而来。

(4) 此时所有位数上的数字已经成功取出,数字 521 也转变成了 5,又因为循环里仍在执行 5//10=0(5 丢弃个位数字)的操作,因此可以将这个操作结果作为循环结束的条件:当最后一次向下取整的结果(最后一次丢弃个位数字后的结果)小于或等于 0 时,循环结束,换句话说,当最后一次向下取整的结果大于 0 时,循环需要不断地执行。

```
//Chapter3/3.7.1_test84.py
输入: n = input("请输入一个整数: ")
     n = int(n)                  #将字符串 n 转化为整型 n
     m = n                       #保存输入的整数值
     mul = 1                     #定义一个累乘器,保存各位的乘积
```

```
    while n > 0:                    #当n最后一次丢弃个位数字的结果大于0时循环不断执行
        number = n % 10             #取出n的个位数字
        mul = mul * number          #计算当次累乘的结果
        n = n//10                   #每一次循环,n丢弃一个个位数字
    print(f"整数{m}各位的乘积结果为{mul}")

输入: 请输入一个整数: 521
    #假设用户输入521后,按回车键,程序运行结果如下
    整数521各位的乘积结果为10
```

当然,还有一种更简单解决例题3-9的思路,由于从键盘上输入的数字是字符串类型,可以直接通过字符串的索引取值方式取出各位的字符串数值,只需循环遍历字符串里的每个字符,也就是说字符串有多长,则遍历几次。如s="521",循环只需遍历3次,s[0]代表字符串"5",s[1]代表字符串"2",s[2]代表字符串"1",最后将代表各位的字符串转换为数字类型便可以进行乘积操作,解题示例代码如下:

```
//Chapter3/3.7.1_test85.py
输入: n = input("请输入一个整数: ")
    i = 0                           #用i记录循环次数,因为索引下标从0开始,所以将i初始值
                                    #定义为0,表示第1次循环
    mul = 1                         #定义一个累乘器,保存各位的乘积
    while i <= len(n) - 1:          #len(n)表示字符串长度,len(n) - 1表示字符串最大的索引值
        mul = mul * int(n[i])       #i将从0取到len(n) - 1,n[i]代表索引为i对应的字符
        i = i + 1                   #控制循环进行
    print(f"整数{n}各位的乘积结果为{mul}")

输出: 请输入一个整数: 998
    #假设用户输入998后,按回车键程序运行结果如下
    整数998各位的乘积结果为648
```

3.7.2 for循环

1. for循环的概念

for循环相对while循环来讲更好理解,但使用方法更加多样且灵活,for循环的语法格式如下:

```
for 变量 in 序列:
    代码块1
代码块2
```

在for循环的语法格式中,变量可以是一个或多个,序列可以是字符串、列表、元组、字典和集合,序列末尾跟一个英文形式的冒号,for可以理解为"遍历"的意思,则整个for循环的执行过程可以理解为按照序列中元素的排列顺序,依次遍历序列中的所有元素,每次遍历都把序列中对应的元素赋值给变量进行存储,并执行代码块1,直到序列中的所有元素都遍历了一遍之后才跳出循环,并执行代码块2。

for 循环的执行流程如图 3-8 所示。

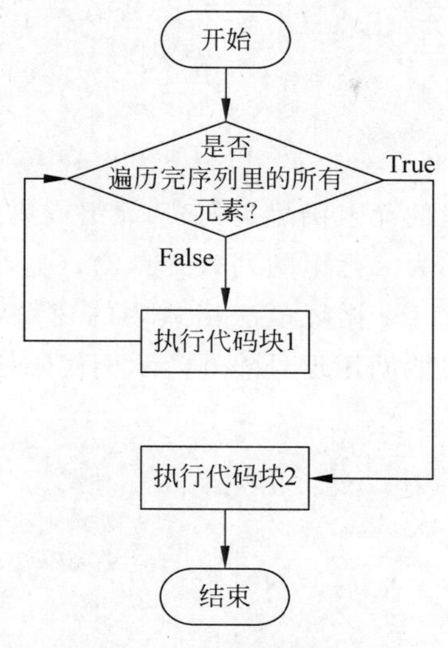

图 3-8　for 循环执行流程

2. for 循环遍历序列的应用示例

3.4 节简单介绍过一些利用 for 循环遍历数据元素序列的例子，此处对这些用法示例进行总结。

(1) for 循环遍历字符串序列的示例代码如下：

```
//Chapter3/3.7.2_test86.py
输入：# 下述代码实现：for 循环遍历字符串并逐个取出字符串中的字符
      str = "abcde"                  # 定义一个字符串序列
      m = 1                          # 定义一个计数器，初始值为 1，记录循环次数
      for i in str:                  # 遍历字符串 str，每次遍历将 str 里对应的单个字符赋值给 i
          print(f"第{m}次循环：i = {i}")      # 循环第 1 次 i 为"a"，循环第 2 次 i 为"b"…
          m = m + 1                  # 计数器加 1，表示进入下次循环

输出：第 1 次循环：i = a
      第 2 次循环：i = b
      第 3 次循环：i = c
      第 4 次循环：i = d
      第 5 次循环：i = e
```

(2) for 循环遍历列表、元组、集合序列的方式没有任何区别，以遍历列表为例，示例代码如下：

```
//Chapter3/3.7.2_test87.py
输入：# 下列代码实现：for 循环遍历列表并逐个取出列表中的元素
      mixList = [520,"abc",(1,2)]    # 定义一个列表序列
      m = 1                          # 定义一个计数器，初始值为 1，记录循环次数
      for i in mixList:              # 遍历列表 mixList，每次将 mixList 里对应的元素赋值给 i
          print(f"第{m}次循环：i = {i}")    # 循环第 1 次 i 为 520，第 2 次 i 为"abc"，以此类推
```

```
        m = m + 1                                    #计数器加 1,表示进入下次

输出：第 1 次循环：i = 520
      第 2 次循环：i = abc
      第 3 次循环：i = (1, 2)
```

若列表、元组或集合序列里的元素仍然是列表、元组或集合，且所有列表、元组或集合里元素的长度相同，如所有元素均为二元组的列表[(1,2),(3,4),(5,6)]，则可以通过一种多变量 for 循环方式进行遍历：将 for 循环语法格式中的变量定义为 2 个（若是 n 元组的列表，则将变量定义为 n 个），变量之间用逗号隔开。示例代码如下：

```
//Chapter3/3.7.2_test88.py
输入：#多变量的 for 循环方式遍历[(1,2),(3,4),(5,6)]
    tupleList = [(1,2),(3,4),(5,6)]             #定义二元组列表序列
    m = 1                                       #定义一个计数器,初始值为 1,记录循环次数
    for i,j in tupleList:                       #遍历列表,注意此处定义了两个变量：i、j
        print(f"第{m}次循环：i = {i},j = {j}")
        m = m + 1                               #计数器加 1,表示进入下次循环

输出：第 1 次循环：i = 1,j = 2
      第 2 次循环：i = 3,j = 4
      第 3 次循环：i = 5,j = 6
```

上述代码的执行过程如表 3-34 所示。

表 3-34 for 循环遍历二元组列表[(1,2),(3,4),(5,6)]执行过程

循环轮次	具体执行过程
第 1 次	取出列表中的第 1 个元素(1,2),i 对应 1,j 对应 2
第 2 次	取出列表中的第 2 个元素(3,4),i 对应 3,j 对应 4
第 3 次	取出列表中的第 3 个元素(5,6),i 对应 5,j 对应 6

多变量 for 循环方式遍历的代码效果等同如下代码：

```
//Chapter3/3.7.2_test89.py
输入：#for 循环遍历[(1,2),(3,4),(5,6)]
    tupleList = [(1,2),(3,4),(5,6)]             #定义二元组列表序列
    m = 1                                       #定义一个计数器,初始值为 1,记录循环次数
    for i in tupleList:                         #遍历列表
        #i 每次循环保存一个二元组,如第 1 次 i 为(1,2),则 i[0]代表 1,i[1]代表 2
        print(f"第{m}次循环：元组第 1 个元素为{i[0]},第 2 个元素为{i[1]}")
        m = m + 1                               #计数器加 1,表示进入下次循环

输出：第 1 次循环：元组第 1 个元素为 1,第 2 个元素为 2
      第 2 次循环：元组第 1 个元素为 3,第 2 个元素为 4
      第 3 次循环：元组第 1 个元素为 5,第 2 个元素为 6
```

(3) for 循环遍历字典序列需要借助字典对象中的 items()函数，items()函数能够将字

典对象中所有的键和该键对应的值合并成二元组(键,值),并返回一个以这些二元组为元素的列表,则 for 循环遍历字典序列的方法与第(2)点中介绍的多变量 for 循环遍历方式一样,示例代码如下:

```
//Chapter3/3.7.2_test90.py
输入: #for 循环遍历字典序列
      dict = {1:"a",2:"b",3:"c"}                  #定义一个字典序列
      m = 1                                        #定义一个计数器,初始值为 1,记录循环次数
      for i,j in dict.items():                     #遍历列表字典 dict
          print(f"第{m}次循环: i = {i},j = {j}")
          m = m + 1                                #计数器加 1,表示进入下次循环

输出: 第 1 次循环: i = 1,j = a
      第 2 次循环: i = 2,j = b
      第 3 次循环: i = 3,j = c
```

3. for 循环与 range()函数

for 循环的本质是对序列的遍历,序列里元素有多少个,则循环执行多少次,若想用 for 循环实现循环 100 次的功能,就要先生成含有 100 个元素的序列,这个含有 100 个元素的序列又该怎么生成呢?

为了解决上述问题,for 循环常与 Python 内置的 range(start,end,scan)函数结合使用,rang(start,end,scan)的作用是产生从 start 到 end 的(包括 start 但不包括 end)以 scan 为步长的整数序列,默认情况下,start 的值为 0,scan 的值为 1,因此可以用 range(start,end,scan)函数的结果来替代 for 循环语法格式中的序列。

(1) 若只为 range()函数传入 1 个参数,如 range(3),则代表产生数字序列 0、1、2,传入的 3 与参数 end 相对应,range()函数的默认参数 start 的值为 0,参数 scan 值为 1。for 循环结合传入 1 个参数的 range()函数,代码及运行效果如下:

```
//Chapter3/3.7.2_test91.py
输入: for i in range(3):                          #让 i 遍历数字序列 0、1、2
          print(f"第{i + 1}次循环: i = {i}")

输出: 第 1 次循环: i = 0
      第 2 次循环: i = 1
      第 3 次循环: i = 2
```

注意:在 for 循环中结合使用 range(n)的方式是实现循环 n 次的最常用方法。

利用 for 循环结合 range()函数实现 1+2+3+...+99+100 的示例代码如下:

```
//Chapter3/3.7.2_test92.py
输入: sum = 0                                     #定义累加器,保存求和结果
      for i in range(100):                         #i 遍历数字序列 0、1、2、...、98、99
          sum = sum + (i + 1)
      print(f"1 + 2 + 3 + ... + 99 + 100 = {sum}")

输出: 1 + 2 + 3 + ... + 99 + 100 = 5050
```

(2) 若为 range()函数传入 2 个参数，如 range(3,6)，代表产生数字序列 3、4、5，传入的 3 与参数 start 相对应，6 与参数 end 相对应，默认 scan 的值为 1，由此可以发现 range(3)与 range(0,3)效果相同。for 循环结合传入 2 个参数的 range()函数，代码及运行效果如下：

```
//Chapter3/3.7.2_test93.py
输入: for i in range(3,6):                                    #让 i 遍历数字序列 3、4、5
          print(f"第{i-2}次循环: i={i}")

输出: 第 1 次循环: i=3
      第 2 次循环: i=4
      第 3 次循环: i=5
```

(3) 若为 range()函数传入 3 个参数，如 range(2,8,2)，代表产生数字序列 2、4、6，传入的 3 个参数 2、8、2 分别对应 start、end、scan，由此也可以发现 range(3)、range(0,3)、range(0,3,1)效果相同。for 循环结合传入 3 个参数的 range()函数，代码及运行效果如下：

```
//Chapter3/3.7.2_test94.py
输入: for i in range(2,8,2):                       #让 i 遍历数字序列 2、4、6
          print(f"第{i//2}次循环: i={i}")

输出: 第 1 次循环: i=2
      第 2 次循环: i=4
      第 3 次循环: i=6
```

(4) range()函数产生的结果虽然是一串数字序列，但它是一种特殊的数据类型，若想将 range()函数应用到其他场景中，则应先将 range()函数的结果转换成我们熟悉的数据类型，如列表、元组和集合，转换方式如下：

```
//Chapter3/3.7.2_test95.py
输入: print("range(8)类型: ",type(range(8)))
      rangeList=list(range(8))                  #通过 list()函数将 range()返回值转换成列表
      print("range(8)转换成列表: ",rangeList)
      rangeTuple=tuple(range(8))                #通过 tuple()函数将 range()返回值转换成元组
      print("range(8)转换成元组: ",rangeTuple)
      rangeSet=set(range(8))                    #通过 set()函数将 range()返回值转换成集合
      print("range(8)转换成集合: ",rangeSet)

输出: range(8)类型: <class 'range'>
      range(8)转换成列表: [0, 1, 2, 3, 4, 5, 6, 7]
      range(8)转换成元组: (0, 1, 2, 3, 4, 5, 6, 7)
      range(8)转换成集合: {0, 1, 2, 3, 4, 5, 6, 7}
```

4. for 循环的其他常用方式

for 循环还常与其他函数结合使用，此处介绍 for 循环与 enumerate()函数、zip()函数结合使用。

(1) enumerate(seq[,start])函数可以将序列 seq 的索引及该索引对应的值组合起来，序列 seq 通常是字符串、列表、元组、集合，start 代表索引的起始位置，默认为 0，for 循环结合 enumerate()函数示例代码如下：

```
//Chapter3/3.7.2_test96.py
输入：enList = ["Hello","I love","Python"]                    #定义一个列表
      #因为序列 seq 返回的是索引及该索引对应值的组合，所以一般用多变量的 for 循环方式
      print("创建的列表为",enList)
      for i,j in enumerate(enList):                            #结合使用 enumerate()函数
          print(f"索引{i}的对应值：{j}")

输出：创建的列表为 ['Hello', 'I love', 'Python']
      索引 0 的对应值：Hello
      索引 1 的对应值：I love
      索引 2 的对应值：Python
```

(2) zip(seq1,seq2,...)函数可以将两个或两个以上序列的元素对应组合成元组，for 循环 zip()函数示例代码如下：

```
//Chapter3/3.7.2_test97.py
输入：list1 = ["Hello","I love","Python"]
      list2 = ["你好","我爱","编程语言 Python"]
      print("list1：",list1)
      print("list2：",list2)
      m = 1
      for i in zip(list1,list2):                               #结合使用 zip()函数
          print(f"第{m}次循环：{i}")
          m = m + 1

输出：list1：['Hello', 'I love', 'Python']
      list2：['你好', '我爱', '编程语言 Python']
      第 1 次循环：('Hello', '你好')
      第 2 次循环：('I love', '我爱')
      第 3 次循环：('Python', '编程语言 Python')
```

3.7.3 循环嵌套

循环嵌套其实就将一个循环嵌入另一个循环中，用户可以根据自身的需求进行多次嵌套，但循环嵌套使用得越多，程序所需要耗费的时间也越长。通常不建议读者在编程中使用过多的多层循环嵌套，但在日常编程中，双层的 for 循环嵌套使用频次最高，读者可以掌握这样一个编程技巧：遍历二维数据通常需要使用双层 for 循环，在双层 for 循环中，有几行则外层 for 循环需循环几次，有几列则内层 for 循环需循环几次。

【例 3-10】 请输出如下所示的数字图形：

1 1 1 1 1
1 1 1 1 1
1 1 1 1 1

分析：这是一个二维的矩阵数字，显然只依赖 1 个 for 循环完成不了这个任务，可以使

用双层 for 循环实现，应用上述介绍的编程技巧：共 3 行则外层 for 循环需循环 3 次，共 5 列则内层 for 循环需循环 5 次，可用 for 循环结合 range()函数来控制循环次数。示例代码如下：

```
//Chapter3/3.7.3_test98.py
输入：for i in range(3):                                  #外层 for 循环需循环 3 次
          for j in range(5):                              #内层 for 循环需循环 5 次
              print(1,end = " ")                          #输出以空 1 格结尾
          #每输出 5 个 1 需要换 1 行，下行代码 end = ""删除 print()函数自带的换行，用"\n"表示换 1 行
          print("\n",end = "")

输出：1 1 1 1 1
      1 1 1 1 1
      1 1 1 1 1
```

【例 3-11】 请输出如下所示的数字图形：

1
1 2
1 2 3
1 2 3 4
1 2 3 4 5

分析：本例是例 3-10 的升级版，同样是一个二维的矩阵数字，与例 3-10 不同之处在于本例第 1 行的数字图形只有 1 列，且每一行之后的列数都在变化，尽管难度比上一例题加大不小，但仍然可以应用上述介绍的编程技巧：共 5 行则外层 for 循环需循环 5 次，由于每行对应的列数在发生规律性变化，不妨用变量来表示列数，假设共 m 列，则内层 for 循环需循环 m 次(m 从 1 变化到 5，每次变化增加 1 个单位)。示例代码如下：

```
//Chapter3/3.7.3_test99.py
输入：m = 1                                               #定义列数变量，并将初始值设置为 1
      for i in range(5):                                  #外层 for 循环需循环 5 次
          for j in range(m):                              #内层 for 循环需循环 m 次
              print(j + 1,end = " ")                      #让输出以空格结尾，且输出值为 j + 1
          m = m + 1                                       #列数变量每次增加 1 个单位
          #每输出 1 行需要换 1 次行，end = ""删除 print()函数自带的换行，用"\n"表示换 1 行
          print("\n",end = "")

输出：1
      1 2
      1 2 3
      1 2 3 4
      1 2 3 4 5
```

通过这样的编程技巧可以帮助我们快速完成任务，且观察上述程序可知，列数变量 m 由 1 变化到 5，每次变化时增加 1 个单位，而行变量 i 由 0 变化到 4，每次变化时增加 1 个单位，因此在程序中不妨可以不创建变量 m，直接将内层循环中的 range(m)改为 range(i+1)，同

样可以完成编程任务，且程序占用空间更小，运行效率更高，读者可以自行尝试。

当然根据任务的不同需求，循环嵌套可能不止双层，只是更多层的循环嵌套程序运行效率低下，且出现的频率较少，具体问题应具体分析。

3.7.4 循环控制语句

在编程中经常会碰到虽然没有达到循环退出的条件，但是已经通过循环得到人们想要的答案，此时面临人为强制终止循环的情况，要解决这个问题就需要对循环进行控制。Python 提供了 break、continue、else、pass 共 4 种语句来对循环进行控制，这 4 种语句均可以用在 while 循环与 for 循环当中。

1. break 语句

break 语句代表强制跳出整个循环，与 break 语句属于同一代码块且位于 break 语句后的代码将不被执行。

break 语句在 while 循环中的使用示例代码如下：

```
//Chapter3/3.7.4_test100.py
输入: count = 1                    #count 用来记录循环次数
      while True:                  #让循环条件判断表达式永远为 True,则不断执行循环体里的代码
          count = count + 1        #循环次数加 1
          if count == 5:           #如果到了第 5 次循环
              break                #强制跳出循环,若没有 break 语句,循环将变成死循环
              print(f"这行代码与 break 语句在同一代码块且位于 break 语句后,不被执行")
      print(f"成功在第{count}次循环通过 break 强制跳出")

输出: 成功在第 5 次循环通过 break 强制跳出
```

break 语句在 for 循环中的使用示例代码如下：

```
//Chapter3/3.7.4_test101.py
输入: for i in ["p","y","t","h","o","n"]:
          if i == "h":             #如果 i 的值为 h
              break                #跳出循环
      print(f"通过 break 强制跳出循环,此时 i 值为{i}")

输出: 通过 break 强制跳出循环,此时 i 值为 h
```

2. continue 语句

continue 语句代表不再执行当次循环，直接进入下一次循环，如刚进行到第 5 次循环，但在本次循环中碰到 continue 语句，则本次循环里的代码不再执行，直接进入第 6 次循环。

continue 语句在循环中的使用示例代码如下：

```
//Chapter3/3.7.4_test102.py
输入: count = 1                              #定义一个变量用于记录循环的轮次,初始值为 1
      for i in ["p","y","t","h","o","n"]:
          if i == "h":                       #如果 i 是"h"
              print(f"不执行第{count}次循环,因为碰到了 continue 语句")
```

```
                count = count + 1
                continue              #不再执行本次循环,直接进入下一次循环
            print(f"执行了第{count}次循环")
            count = count + 1

输出:执行了第 1 次循环
      执行了第 2 次循环
      执行了第 3 次循环
      不执行第 4 次循环,因为碰到了 continue 语句
      执行了第 5 次循环
      执行了第 6 次循环
```

3. else 语句

else 语句常常与 break 语句一起与循环语句搭配使用。

else 语句搭配 while 循环语句的语法格式如下:

```
while 循环条件判断表达式:
    代码块 1
else:
    代码块 2
代码块 3
```

在 for 循环中的语法格式如下:

```
for 变量 in 序列:
    代码块 1
else:
    代码块 2
代码块 3
```

无论是在 while 循环还是在 for 循环中,如果循环体里没有 break 语句,循环正常结束后会继续执行 else 里的代码块,若有 break 语句,则循环强制结束后不会执行 else 里的代码块。

展示 for 循环中有 else 与无 else 语句区别的示例代码如下:

```
//Chapter3/3.7.4_test103.py
输入:#1.无 else 语句的 for 循环
      print("1.无 else 语句的 for 循环:",end = "")
      for i in range(1):
          print("for 循环体正常执行")
      #2.有 else 的 for 循环
      print("2.有 else 的 for 循环:",end = "")
      for i in range(1):
          print("for 循环体正常执行",end = ",")
      else:
          print("else 子句正常执行")
      #3.else 与 break 搭配使用
      print("3.else 与 break 搭配使用:",end = "")
      for i in range(10):
```

```
        if i % 5 == 0:
            print("碰到 break,else 子句不执行")
            break                         #else 通常搭配 break 使用,不然没有太大意义
    else:
        print("else 子句正常执行")

输出：1. 无 else 语句的 for 循环：for 循环体正常执行
      2. 有 else 的 for 循环：for 循环体正常执行,else 子句正常执行
      3. else 与 break 搭配使用：碰到 break,else 子句不执行
```

4. pass 语句

pass 语句代表空语句,什么都不做。

pass 语句在循环中的使用示例代码如下：

```
//Chapter3/3.7.4_test104.py
输入：#下述代码用于判断[0,10)间的奇数
      for i in range(10):
          if (i + 1) % 2 == 0:               #如果 i + 1 是偶数,或者说如果 i + 1 能被 2 整除
              pass                           #什么都不做
          else:
              print(f"{i + 1}是奇数",end = " ")

输出：1 是奇数 3 是奇数 5 是奇数 7 是奇数 9 是奇数
```

3.8　综合示例

【例 3-12】　请输出 2000—2500 年所有含数字 8 的闰年年份,要求每行输出 5 个符合条件的年份,年份与年份间用逗号隔开,且每行末尾的年份不跟逗号,最后统计输出这些年份的总个数。

分析：若要判断一个数字 a 中是否含有数字 b,可以先将数字 a 转换成字符串类型,借助 3.4.2 节字符串对象里的 find()函数判断是否含有数字 b,如果没有则 find()函数返回 −1。

闰年是指能够被 400 整除(如 2400 年)或者能够被 4 整除但不能被 100 整除(如 2004 年)的年份。

由于题目中对输出格式要求严格,如果边寻找满足题意的闰年年份边遵循输出格式,会为编程带来极大困难,不妨先用一个列表将满足题意的闰年年份保存起来,则列表长度就是满足题意的闰年个数,然后想办法将列表中的数据按要求输出。示例代码如下：

```
//Chapter3/3.8_test105.py
输入：year = []                              #定义一个空列表,保存满足题意的年份
      for i in range(2000,2501):             #对 2000—2500 年的年份进行判断
      #如果能被 400 整除或者能够被 4 整除但不能被 100 整除,则是闰年
          if (i % 400 == 0) or (i % 4 == 0 and i % 100!= 0):
              if str(i).find("8")!= -1:      #如果年份里含有数字 8
```

```
            #字符串对象的 find()函数若未找到值则返回 -1,若读者对 find()函数有遗忘,则
            #可参考 3.4.2 节
                year.append(i)                                #将满足题意的年份加入列表中
        else:
            pass                                              #不是闰年则什么都不做
    #下述代码为按题意要求输出数据
    for i in range(len(year)):                                #len(year)代表列表 year 的长度
    #每 5 个数据空 1 行,且末尾数据不跟逗号
        if (i + 1) % 5!= 0:                                   #如果不是末尾数据,则以逗号结尾
            print(year[i],end = ",")
        else:                                                 #如果是末尾数据,则以换行结尾
            print(year[i])
    print("满足题意的闰年总个数为",len(year))

输出: 2008,2028,2048,2068,2080
      2084,2088,2108,2128,2148
      2168,2180,2184,2188,2208
      2228,2248,2268,2280,2284
      2288,2308,2328,2348,2368
      2380,2384,2388,2408,2428
      2448,2468,2480,2484,2488
      满足题意的闰年总个数为 35
```

值得注意的是,先定义一个空列表,再通过 append()函数添加列表元素是编程中经常使用的技巧。

【例 3-13】 请判断输入的一个数是否是素数,如果不是素数,则输出相应的提示信息。

分析:通过键盘接收的数据都是字符串类型,但由于用户可能没有按要求输入数据,如用户不小心输入了"a123",这样的数据不是由纯数字组成的,无法被转换成数字,因此本题首先要判断通过键盘接收的数据能否转换成数字,若能转换成数字,则能进一步判断是否是素数,若不能转换成数字,则要为用户提供相应的出错信息。

判断字符串能否转换成数字类型可以借助 3.4.2 节字符串对象里的 isdigit()函数,如果能转换成数字类型,则 isdigit()函数会返回值为 True,不能则返回值为 False,且 isdigit()函数对如"-1""5.34"这样的字符串返回值仍然是 False,而素数本身就是大于 1 的正整数,isdigit()函数还可以帮助我们直接排除负数和小数的情况。

判断数字是否是素数可以根据素数的定义,素数是指除了 1 和它自身以外不再含有其他因数的数,如 2、3、5、7 等,因此判断素数只需循环地测试素数是否含有除了 1 和它自身以外的因数即可。

```
//Chapter3/3.8_test106.py
输入: strNumber = input("请输入一个数: ")                    #接收一个数据
      if strNumber.isdigit() == False or int(strNumber)<= 1:
          print("请你正确地输入一个大于 1 的正整数,如 17")     #为用户提供相应的出错信息
      else:                                                 #如果能被转换成数字
          for i in range(2,int(strNumber)):                 #循环判断 strNumber 是否含有因数 i
              if int(strNumber) % i == 0:                   #如果有因数 i,则不是素数
```

```
                print(f"{strNumber}不是素数")
                break                # 已经判断出是素数,结束循环
        else:               # break 与 else 语句搭配,若没碰到 break,则正常执行 else 里代码
            print(f"{strNumber}是素数")

输出: 请输入一个数: a123
    # 假设用户第 1 次运行程序没有正确输入数字,而输入了"a123",则程序输出的结果如下
    请你正确地输入一个大于 1 的正整数,如 17
    请输入一个数: -9
    # 假设用户第 2 次运行程序输入了负数 -9,则程序输出的结果如下
    请你正确地输入一个大于 1 的正整数,如 17
    请输入一个数: 7.8
    # 假设用户第 3 次运行程序输入了小数 7.8,则程序输出的结果如下
    请你正确地输入一个大于 1 的正整数,如 17
    请输入一个数: 20
    # 假设用户第 4 次运行程序输入了 20,则程序输出的结果如下
    20 不是素数
    请输入一个数: 19
    # 假设用户第 5 次运行程序输入了 19,则程序输出的结果如下
    19 是素数
```

【例 3-14】 由于负责整理今年数学期末考试成绩的同学的疏忽,导致成绩信息里混入了一些错误信息,你能帮助他把成绩信息和错误信息分别提取出来吗?如果能,则求出这些成绩的平均值并统计出有多少个在平均分以上的同学。成绩的序列信息:98、77、小月、88、六年级、小文、小苑、97.5、94、82、77、99、85.5、84、93、92、100、100、77、五年级、98。(由于目前没有介绍到文件的操作,所以题目所给的成绩序列信息较少,不能直接从文件中获取充足的数据,本题的目的在于巩固与练习)

分析:首先可以通过列表来保存题目所给的成绩序列信息,依次遍历这个列表,然后通过判断这些数据的数据类型可以将数字与字符串分别提取出来,分别放入一个新列表中,判断数据的类型可以使用 3.4.1 节介绍的 isinstance(obj,classinfo)函数,如果 classinfo 是 obj 对象的数据类型,则返回值为 True,否则返回值为 False。示例代码如下:

```
//Chapter3/3.8_test107.py
输入: scoreList = [98,77,88,"六年级","小文","小苑",97.5,94,82,77,99,85.5,84,93,92,100,
            100,77,"五年级",98]
    # scoreList 为存储数据的原始列表
    scoreNewList = []               # 用来存储数字类型数据
    errorNewList = []               # 用来存储错误信息
    for i in scoreList:             # 如果是 int 或 float 类型的数据,则保存在 scoreNewList 列表中
        if isinstance(i,int) or isinstance(i,float):
            scoreNewList.append(i)
        else:
            errorNewList.append(i)        # 如果不是,则保存在 errorNewList 列表中
    sum = 0                               # 定义一个累加器,平均值可以由总和/个数得来
```

```
    for i in scoreNewList:                    #求列表中所有的数字之和
        sum = sum + i
    average = sum/len(scoreNewList)           #求出平均值
    count = 0                                 #定义一个计数器,统计高于平均值的人数
    for i in scoreNewList:                    #求列表中所有数字之和
        if i > average:
            count = count + 1
    print("成绩信息：",scoreNewList)          #"\n"代表换行
    print("错误信息：",errorNewList)
    print("成绩平均值：",average)
    print("高于平均值的人数：",count)

输出：成绩信息：[98, 77, 88, 97.5, 94, 82, 77, 99, 85.5, 84, 93, 92, 100, 100, 77, 98]
    错误信息：['六年级', '小文', '小苑', '五年级']
    成绩平均值：90.125
    高于平均值的人数：9
```

【例 3-15】 请输出九九乘法表。

分析：本题仍然可以用 3.7.3 节的编程技巧，共 9 行则外层 for 循环需循环 9 次，由于每行对应的列数在发生规律性变化，用变量来表示列数，假设共 m 列，则内层 for 循环需循环 m 次（m 从 1 变化到 9，每次变化增加 1 个单位）。示例代码如下：

```
//Chapter3/3.8_test108.py
输入：m = 1                                    #由于循环的列数会发生变化，用变量m记录列数
    for i in range(9):
        for j in range(m):
            print(f"{j + 1} * {i + 1} = {(j + 1) * (i + 1)}",end = " ")
        print("\n",end = "")                   #每一行输出后要空行
        m = m + 1                              #列数加 1

输出：1 * 1 = 1
    1 * 2 = 2 2 * 2 = 4
    1 * 3 = 3 2 * 3 = 6 3 * 3 = 9
    1 * 4 = 4 2 * 4 = 8 3 * 4 = 12 4 * 4 = 16
    1 * 5 = 5 2 * 5 = 10 3 * 5 = 15 4 * 5 = 20 5 * 5 = 25
    1 * 6 = 6 2 * 6 = 12 3 * 6 = 18 4 * 6 = 24 5 * 6 = 30 6 * 6 = 36
    1 * 7 = 7 2 * 7 = 14 3 * 7 = 21 4 * 7 = 28 5 * 7 = 35 6 * 7 = 42 7 * 7 = 49
    1 * 8 = 8 2 * 8 = 16 3 * 8 = 24 4 * 8 = 32 5 * 8 = 40 6 * 8 = 48 7 * 8 = 56 8 * 8 = 64
    1 * 9 = 9 2 * 9 = 18 3 * 9 = 27 4 * 9 = 36 5 * 9 = 45 6 * 9 = 54 7 * 9 = 63 8 * 9 = 72 9 * 9 = 81
```

3.9 本章小结

本章首先介绍了与变量相关的内容，让读者了解变量的赋值及数据存储方式，再介绍了如何从键盘上接收数据及将各种数据输出到屏幕上的方式，又引出了非常重要的 Python 对象相关概念，接着介绍了 Python 支持的 6 种数据类型和 7 种运算符，最后介绍了 Python 中 3 种程序结构的使用方式，本章是学习后续章节内容的基础。

第 4 章

Python 函数与模块

在本章之前，我们其实已经接触并使用了大量 Python 的内置函数、一些第三方库函数及模块，已经对函数与模块的相关知识有了初步印象，本章将带领读者更深入地理解函数与模块。本章主要是介绍自定义的函数、模块及使用方式，首先从函数的概念出发，介绍函数的标准化定义、存在的意义、声明函数的语法格式等，接着介绍函数的调用方式、函数参数的分类及参数值的传递过程，分析变量的作用域范围，举例说明 lambda 函数的使用，再通过 4 个典型的函数编程示例让读者对函数部分的内容进行巩固、训练、思考和提升，由于递归函数是本章的重难点，所以仍然以 3 个典型的递归编程示例为引导带领读者一步步掌握难度较大的递归函数使用技巧、编程思路及适用场景，化难为简，最后介绍第三方模块的相关概念、作用及使用方式。

4.1 函数

2min

4.1.1 函数的概念

3.2 节简单介绍过 Python 中函数的概念，并且与数学中的函数进行了对比，也介绍了 Python 函数的使用方法，但并没有给 Python 函数一个明确的定义，因此在此处我们给 Python 函数一个更加标准化的定义：Python 函数是被组织好的、可以重复利用的、能实现某种特定功能的代码块。

为了让读者能更好地理解 Python 函数的定义，先看下面利用循环求字符串对象的长度的示例代码：

```
//Chapter4/4.1.1_test1.py
输入: sum = 0                              #定义一个长度累加器,初始值为 0
      str = "python_from_0_to_1"
      for i in str:
          sum = sum + 1                    #遍历字符串,每遍历一个字符累加器加 1
      print(sum)

输出: 18
```

这是一段求字符串长度的代码，获取字符串长度在编程中是一个很常用的功能，一个程序中可能会重复用到多次，假如在编写程序过程中有 100 处需要用到字符串长度，难道我们要编写100次这么长的代码求字符串长度吗？如果真要这样，就太费时费力了，还会造成重复代码的冗余。

Python函数的出现有效地避免了这种情况，Python函数能够将常用的、实现某种功能的代码段封装成一个独立的模块，当需要这种功能时，只需以函数名字作为接口，就能引用整个代码段，从而避免了大量重复的工作。就像制造一辆车一样，我们无须每次都从轮子这种部件开始造起，而是可以直接利用已生产好的轮子及其他部件就能快速组装成一辆车，这样就避免了"每次从头开始造轮子"。

在Python中其实已经有帮我们编写好了的len(seq)函数，在第3章内容中也经常使用len(seq)函数，只需把字符串、元组、列表等序列作为参数值传入seq，就能求出它们的长度，示例代码如下：

```
//Chapter4/4.1.1_test2.py
输入：str = "python_from_0_to_1"
     length = len(str)        #通过"函数名(参数)"方式调用len(seq)函数求字符串str的长度
     print(length)

输出：18
```

调用了Python内置的len(seq)函数后，使求字符串长度的代码变得更加简洁明了，如果代码中多处需要求字符串长度，则每处只需调用len(seq)函数，不必再写那么多冗余复杂又重复的代码，因此，Python函数的本质功能就是减少代码的重复使用、提高程序的结构化程度、可读性和逻辑条理性。

4min

4.1.2 函数的声明

我们可以通过def关键字声明一个Python函数，其语法格式如下：

```
def 函数名([参数列表]):
    函数体
    return [返回值]
```

上述语法格式的各部分含义如下：

函数名：需要满足Python命名规则，由用户自行定义，但因函数的名字指代整个代码块内容，用户最好选择能直观反映出函数功能的名字。

参数列表：参数不是必须被定义的，需要时可以定义一个或多个参数，多个参数之间用逗号隔开，函数被调用时，需要传入同参数列表里参数个数同样多的参数值，参数值与参数之间按顺序一一对应，在后文内容中会更详细地讲述与参数相关的知识点。

函数体：实现函数功能的代码块，代码块遵循缩进规则。函数体就像一个加工工厂，函数未被调用时，它先把代码块存储起来，当函数被调用时，就会对代码块进行处理加工，加工完毕就能产生代码运行结果。值得注意的是，函数体代码执行完毕后，执行过程产生的所有结果不被保存，如果需要保存执行过程产生的某些结果，就需要通过return语句。

return语句：return可以理解为返回的意思，其功能就是将函数体代码的一个或多个执行结果返回到函数体外，使得函数体的执行结果能够保存下来并且能够在函数体外部访问，多个执行结果间用逗号隔开。无论函数中有多少个 return 语句，只要函数体在正常执行过程中，碰到第 1 个 return 语句后函数体就会执行到此，并将当前 return 语句后跟的返回值返回。return 语句其实也不是必须存在于函数中的，当有执行结果需要被保存时才使用。return 语句后跟多少个执行结果，在函数体外部就要使用多少个变量来接收这些执行结果，且变量与执行结果之间按顺序一一对应，示例代码如下：

```
//Chapter4/4.1.2_test3.py
输入：def f():                       #定义一个名为 f 的函数
          #下面是函数体内容
          x = 100
          y = 2 * x
          z = y ** 2
          return x,y,z               #通过 return 语句返回 x、y、z 的值
      x,y,z = f()                    #因为函数 f 的 return 语句后跟 3 个执行结果，用 3 个变量来分别接收
      print(f"x = {x}\ny = 2 * x = {y}\nz = y^2 = {z}")

输出：x = 100
      y = 2 * x = 200
      z = y^2 = 40000
```

如果在函数体外没有相应数量的变量接收返回结果，则 Python 会自动地将所有执行结果打包成 1 个元组并返回(return 语句后跟 2 个及以上执行结果时)，这样只需 1 个变量在函数体外部接收这个元组，示例代码如下：

```
//Chapter4/4.1.2_test4.py
输入：def f():                       #定义一个名为 f 的函数
          x = 100
          y = 2 * x
          z = y ** 2
          return x,y,z               #通过 return 语句返回 x、y、z 的值
      value = f()                    #函数 f 的 return 语句后跟 3 个执行结果，用 1 个变量 value 来接收
      print(f"函数 f 的返回结果类型为{type(value)}")
      print(f"函数 f 的返回结果为{value}")

输出：函数 f 的返回结果类型为<class 'tuple'>
      函数 f 的返回结果为(100, 200, 40000)
```

如果 return 语句后没有跟任何表达式，但 return 语句仍然存在，则返回一个 None 值，示例代码如下：

```
//Chapter4/4.1.2_test5.py
输入：def f():                       #定义一个名为 f 的函数
          x = 100
          y = 2 * x
          z = y ** 2
          return                     #return 语句存在但后面没有跟任何表达式
      value = f()                    #函数 f 的 return 语句后跟了 3 个执行结果，但用 1 个变量来接收
```

```
        print(f"函数 f 的返回结果类型为{type(value)}")
        print(f"函数 f 的返回结果为{value}")

输出：函数 f 的返回结果类型为<class 'NoneType'>
      函数 f 的返回结果为 None
```

我们也可以声明一个空函数，空函数不能实现任何功能，只代表占位，函数名称符合Python命名规则即可。当我们在编写某个函数时，若没有足够的时间或条件完成函数体的代码，则可以先将这个函数定义为空函数，当时间充足或条件允许时再回过头实现函数体代码。空函数的定义只需将函数体写成pass语句，示例代码如下：

```
//Chapter4/4.1.2_test6.py
输入：def null():                  #空函数声明
          pass                     #函数体写成 pass
```

11min

4.1.3 函数的参数

1. 形参与实参

(1) 形参：全称是形式参数，如果没有特殊指明，则我们通常所讲的函数参数指的是函数形参，两者含义相同。在声明函数的语法格式中，参数列表中的每个参数可称为一个形参，形参清楚地传达了这样的信息：若想调用某个函数，必须传入个数与该函数参数列表中形参个数相同多个参数值，Python会自动将传入的参数值按形参顺序一一赋值给形参。如$f(x,y)$函数的形参为x、y，形参个数为2，则调用$f(x,y)$函数需传入2个参数值，假如传入的2个参数值是10、100，参数值传入后，Python会将参数值依次赋值给形参，即将参数值10赋值给x，将参数值100赋值给y，函数被调用执行后，函数体就把x当成10，把y当成100进行运算处理，示例代码如下：

```
//Chapter4/4.1.3_test7.py
输入：def f(x,y):                  #定义一个名为 f 的函数,x、y 是函数 f 的形参
          z = x + y                #在函数体里做 x + y 运算
          return x,y,z
      x,y,z = f(10,100)            #调用函数 f,10 作为参数值传入 x,100 作为参数值传入 y
      print(f"x = {x},y = {y},z = {z}")

输出：x = 10,y = 100,z = 110
```

如果在函数调用的过程中传入了个数与形参个数不一致的参数值，则程序会报错，示例代码如下：

```
//Chapter4/4.1.3_test8.py
输入：def f(x,y):                        #x、y 是函数 f 的形参
          z = x + y
          return x,y,z
      x,y,z = f(10)                      #调用函数 f,有 2 个形参,却只传入 1 个参数值
      print(f"x = {x},y = {y},z = {z}")
```

```
输出：Traceback (most recent call last):
        File "D:/Python/test.py", line 4, in <module>
          x,y,z = f(10)          #调用函数 f,有 2 个形参,却只传入 1 个参数值
      TypeError: f() missing 1 required positional argument: 'y'
```

至此，我们已经掌握如何声明一个 Python 函数的最基本知识了，不妨将 4.1.1 节介绍过的利用循环求字符串长度的代码声明为一个 Python 函数，示例代码如下：

```
//Chapter4/4.1.3_test9.py
输入：def length(seq):                      #length 为函数名,seq 是形参,或者说是函数参数
          sum = 0                           #函数体内容
          for i in seq:
              sum = sum + 1
          return sum                        #通过 return 语句返回函数体执行的结果 sum
      seq = "python_from_0_to_1"
      print(f"{seq}的长度为{length(seq)}")

输出：python_from_0_to_1 的长度为 18
```

在上述代码中，我们自定义声明了一个 length(seq)函数，length 为函数名，seq 是形参，如果将一个序列（如字符串、列表、元组等）作为参数值传入 seq，则意味着将该序列赋值给了形参 seq。我们自定义声明的 length(seq)函数与 Python 内置的 len(seq)函数功能是一样的，使用方法也一样。如果需要求字符串"python_from_0_to_1"的长度，则可以通过 Python 内置的 len()函数求出，如 len("python_from_0_to_1")，也可以通过我们自定义声明的 length(seq)函数求出，如 length("python_from_0_to_1")。

（2）实参：全称是实际参数，通俗地说，实参就是指函数调用时传入形参的参数值，只是给参数值换了个说法而已，读者不必太过纠结。

假设有一个数学函数式 $f(x,y)=3x+5y+9$，Python 函数中的形参类似于该数学函数式中的 x 和 y，当为数学函数式中的变量代入具体数字时，如 x 代入 1，y 代入 2，Python 函数中的实参类似于这里为 x 和 y 代入的 1 和 2。

2. 参数类型

Python 中提供了很多不同类型不同用法的参数，以便满足使用者的不同需求。其中包括必备参数、默认参数、可变参数、关键字参数。

（1）必备参数（位置参数）：函数声明时在参数列表中定义了多少个形参，在函数调用时就要按顺序传入多少个实参，且实参顺序与形参顺序一一对应，如果实参个数与形参个数不匹配则会报错。必备参数的使用，读者可以参考上面介绍形参内容时所介绍的代码示例，此处不作赘述。

（2）默认参数（缺省参数）：设置了一个默认值的形参被称为默认参数，函数在调用过程中可以不必再为默认参数传值，因为该参数已经有了默认值，示例代码如下：

```
//Chapter4/4.1.3_test10.py
输入：def f(x,y = 100):                     #为参数 y 设置默认值 100,y 是默认参数
          z = x + y
```

```
        return x,y,z
    #调用函数 f,10 作为参数值传入 x,y 已经有默认值 100 了,可以不用为 y 传值
    x,y,z = f(10)
    print(f"x = {x},y = {y},z = {z}")

输出: x = 10,y = 100,z = 110
```

当然,默认参数的值也可以被重新修改,可以直接为默认参数传入一个新的值,重新赋值后默认参数的值变为新传入的值,示例代码如下:

```
//Chapter4/4.1.3_test11.py
输入: def f(x,y = 100):                    #为参数 y 设置默认值 100,y 是默认参数
        z = x + y
        return x,y,z
    #调用函数 f,10 作为参数值传入 x,500 作为新参数值传入默认参数 y
    x,y,z = f(10,500)
    print(f"x = {x},y = {y},z = {z}")

输出: x = 10,y = 500,z = 510
```

值得注意的是,默认参数不是随意设置的,默认参数的设置有两个必须的要求:一是默认参数只能被设置为不可变对象数据类型(数字、字符串、元组);二是若参数列表中有必备参数,则默认参数只能跟在必备参数位置之后,否则会报错,示例代码如下:

```
//Chapter4/4.1.3_test12.py
输入: def f(x = 10,y):                     #为参数 x 设置默认值 100,x 是默认参数,y 是必备参数
        z = x + y
        return x,y,z
    #调用函数 f
    x,y,z = f(10)
    print(f"x = {x},y = {y},z = {z}")

输出: File "D:/myPython/test.py", line 1
           def f(x = 10,y):            #为参数 x 设置默认值 100,x 是默认参数,y 是必备参数
                   ^
    SyntaxError: non - default argument follows default argument
```

上述代码中,x 为默认参数,y 是必备参数,当 x 的顺序在 y 之前时,程序运行会报错,默认参数必须跟在必备参数之后。

如果参数列表中没有必备参数,则默认参数可直接定义,示例代码如下:

```
//Chapter4/4.1.3_test13.py
输入: def f(x = 10):                      #为参数 x 设置默认值 100,x 是默认参数
        y = x + 100
        return x,y
    #调用函数 f,参数 x 是默认参数,可以不必再传值
    x,y = f()
    print(f"x = {x},y = {y}")

输出: x = 10,y = 110
```

(3) 关键字参数：由于必备参数必须按规定的顺序将参数值一一对应传入，假如必备参数有十几个，甚至有二十几个，在函数调用时为必备参数传值是一件非常令人头疼的事情，如果在函数调用的过程中漏传了一个参数值，则用户在查找漏传的这个参数时要耗费大量的精力，而且一连串的函数参数值会导致程序的可读性非常差，用户可能无法记清各参数的顺序位置和各自代表的含义。

关键字参数的使用则能妥善解决上述问题。关键字参数是指在函数调用的过程中，使用关键字来指明要传入的参数值，例如函数 $f(x,y)$ 的参数列表中有形参 x、y，如果要为 x、y 分别传入参数值 10、100，原本的函数调用方法是"函数名(参数值 1，参数值 2，...)"，即使用 $f(10,100)$ 对函数 f 进行调用，如果要使用关键字参数，则函数的调用方法为"函数名(关键字 1=参数值 1，关键字 2=参数值 2，...)"，即使用 $f(x=10,y=100)$ 对函数 f 进行调用。示例代码如下：

```
//Chapter4/4.1.3_test14.py
输入：def f(x,y):                              #定义函数 f,x、y 为函数 f 的形参
          z = x + y
          return x,y,z
      #通过关键字参数调用函数 f
      x,y,z = f(x = 10,y = 100)
      print(f"x = {x},y = {y},z = {z}")

输出：x = 10,y = 100,z = 110
```

使用关键字参数调用函数使参数值传入的顺序不再重要，示例代码如下：

```
//Chapter4/4.1.3_test15.py
输入：def f(x,y):                              #定义函数 f,x、y 为函数 f 的形参
          z = x + y
          return x,y,z
      #通过关键字参数调用函数 f,改变参数值的传入顺序,让参数值先传入 y 再传入 x
      x,y,z = f(y = 100,x = 10)
      print(f"x = {x},y = {y},z = {z}")

输出：x = 10,y = 100,z = 110
```

值得注意的是，关键字参数里的关键字必须和函数形参名称一致。

(4) 可变长度参数：前面所讲的参数类型有一个共同点，即参数个数在函数声明后就已经被完全确定下来了，无法改变，这会导致函数的使用丧失一定的灵活性。若要提高参数使用的灵活性，就要使用可变长度参数。可变长度参数是指在函数调用时，能够根据需求，自定义地控制要传入参数的个数。

可变长度参数的定义方式很简单，只需在函数的参数名称前加入 1 个或 2 个"*"号，带 1 个"*"号与带 2 个"*"号的可变长度参数含义存在一定的区别。

假设声明了函数 $f(*x)$，参数 x 前带有 1 个"*"号，表示参数 x 为可变长度参数，函数在调用时可以为可变长度参数 x 直接传入一个或多个参数值，这一个或多个参数值传入后会被 Python 组合成一个元组再赋值给 x，这样就成功实现了为函数传入无法确定个数的

参数值功能,示例代码如下:

```
//Chapter4/4.1.3_test16.py
输入: def f( * x):                          #定义函数 f,x 为带 1 个"*"号的可变长度参数
          print(f"参数 x 的类型{type(x)}")   #查看参数 x 的类型
          print(x)                           #打印参数 x 的值
      f(1,2,3,4,5,6)                   #x 是可变长度参数,函数调用时可以传入多个参数值

输出: 参数 x 的类型<class 'tuple'>
      (1, 2, 3, 4, 5, 6)
```

假设声明了函数 $f(**x)$,参数 x 前带有 2 个"*"号,表示参数 x 为可变长度参数,与带 1 个"*"号的可变长度参数不同的是:带 2 个"*"号的可变长度参数在函数调用时需要结合关键字参数一起使用。也就是说带 2 个"*"号的可变长度参数,在函数调用时可以传入一个或多个参数值,但需要结合使用"函数名(关键字 1=参数值 1,关键字 2=参数值 2,...)"的方式进行,此处的关键字名称可以由用户自己定义,符合 Python 命名规则即可。一个或多个参数值成功传入后,Python 会以这些参数的关键字名称作为键、参数值作为值组合成一个字典,再把这个字典赋值给参数 x。示例代码如下:

```
//Chapter4/4.1.3_test17.py
输入: def f( ** x):                          #定义函数 f,x 为带 2 个"*"号的可变长度参数
          print(f"参数 x 的类型{type(x)}")   #查看参数 x 的类型
          print(x)                           #打印参数 x 的值
      f(one = 1,two = 2,three = 3,four = 4)  #可变长度参数结合关键字参数一起使用

输出: 参数 x 的类型<class 'dict'>
      {'one': 1, 'two': 2, 'three': 3, 'four': 4}
```

假设函数的参数列表中既有 $*x$ 又有 $*xx$ 参数,如函数 $f(*x, **x)$,则 $*x$ 必须定义在 $**x$ 参数之前,否则会报错。

3. 参数的顺序

上述介绍的 4 种参数类型出现在 Python 函数的参数列表中,必备参数必须定义在其他参数类型之前,一般遵循的先后顺序为必备参数、默认参数、可变参数。示例代码如下:

```
//Chapter4/4.1.3_test18.py
输入: #a 为必备参数、b 为默认参数、c 为带 1 个"*"号的参数、d 为带 2 个"*"的参数
      def test3(a,b = 1, * c, ** d):
          print(f"a = {a},b = {b},c = {c},d = {d}")
      test3(10,20,123,"cat",name = "Tom",phone = 110)          #函数的调用

输出: a = 10,b = 20,c = (123, 'cat'),d = {'name': 'Tom', 'phone': 110}
```

4min

4.1.4 函数的调用及参数值的传递过程

1. 函数的调用

函数经过声明后,就可以进行函数的调用。前面内容其实已经涉及大量函数调用的例

子，读者可能已经很熟悉函数调用的方式，可以通过“函数名(参数值 1，参数值 2，...)”的方式来调用函数。由于 Python 的命名规则区分大小写，所有的函数名都能保证是独一无二的，因此用“函数名(参数值 1，参数值 2，...)”的方式调用函数不会产生任何歧义。函数调用的示例代码如下：

```
//Chapter4/4.1.4_test19.py
输入：def f(x):                                    #定义一个函数 f(x)
          print(f"打印出 x 的值是{x}")
      f(20)                                       #调用函数 f(x)

输出：打印出 x 的值是 20
```

2. 参数传递

在函数调用的过程中发生了参数的传递，即在函数调用时将实际参数传递给函数参数列表中的形参，我们可以将这个过程简单地类比为“套公式”。

我们先来复习一下前面介绍过的一些内容：

(1) 变量与对象的关系。在 3.3.2 节提到过，在 Python 中，对象具有类型，但不能说变量具有类型，举个例子：a=[1,2,3]。代码 a=[1,2,3]将列表[1,2,3]赋值给变量 a，此时对象[1,2,3]是列表类型，但我们不能说变量 a 是列表类型。变量 a 只是对列表对象的引用。

(2) 数据类型对象。在 3.4 节开头提到过，数字、字符串和元组是不可变数据类型对象，列表、字典和集合是可变数据类型对象。

不可变数据类型对象说明：例如执行赋值 a=5 后，再赋值 a=10，变量 a 指向的内存空间地址发生了改变，这里实际上是新生成了一个 int 类型的对象 10，让原本指向对象 5 的变量 a，重新指向了对象 10。

可变数据类型对象：例如执行赋值 la=[1,2,3,4]后，再赋值 la[2]=5，这里是将列表对象[1,2,3,4]的第 3 个元素值进行修改，列表对象[1,2,3,4]本身在内存空间中的地址没有发生改变，只是其内部的一部分值被修改了，变量 la 仍然指向该列表。

复习好了如上知识，我们来看不可变数据类型对象和可变数据类型对象的参数值的传递过程：

不可变数据类型对象：将数字、字符串、元组对象作为参数值(实参)传递给函数参数列表中的参数(形参)时，无论在函数体里对形参的值做出了多大的改变，都不会影响函数体外部实参(数字、字符串、元组对象)本身。相当于将参数值(实参)复制了一份之后再将复制的值传递给形参，形参只保存了实参的“复制品”，函数体对形参值的改变是对实参“复制品”值的改变，外部实参(数字、字符串、元组对象)的地址没有发生变化，因此在函数中对形参值做出的任何改变都不会影响到函数外的实参，示例代码如下：

```
//Chapter4/4.1.4_test20.py
输入：def add(a):
          print(f"形参 a 的初始值为{a}")
          a = a + 10                                  #对形参 a 的值进行修改
          print(f"将形参 a 的值加 10,形参的值是{a}")    #查看形参 a 的值
```

```
    x = 3                         #定义一个数字类型对象 3,并将 3 赋值给变量 x
    print(f"实参 x 的初始值为{x}")
    add(x)                        #相当于将对象 3 复制了一份,再将复制的对象 3 传递给形参 a
    print(f"实参 x 传入函数中后,实参 x 的值为{x}")

输出: 实参 x 的初始值为 3
    形参 a 的初始值为 3
    将形参 a 的值加 10,形参的值是 13
    实参 x 传入函数中后,实参 x 的值为 3
```

在上述代码中,函数 add(a)的参数列表中有形参 a,定义一个不可变数据类型对象 3,并将该对象赋值给实参 x。调用函数 add(a)时,将实参 x 的值复制一份后,再赋值给了形参 a,函数体中对形参 a 进行了加 10 操作,但在函数外部查看实参 x 的值就可以发现,实参 x 的值一直都没有发生变化,可见形参的改变无法影响不可变数据类型对象的实参。

可变类型:将列表、字典、集合对象作为参数值(实参)传递给函数参数列表中的参数(形参)时,是真正地将整个对象传递给形参,函数体内部对形参修改后,函数体外部的实参变量(列表、字典、集合对象)也会跟着改变。示例代码如下:

```
//Chapter4/4.1.4_test21.py
输入: def changelist(anylist):
        print(f"形参的列表初始值为{anylist}")
        anylist[1] = 100              #将形参列表变量 anylist 的第 2 个元素值修改为 100
        print(f"将第 2 个元素后的形参的列表值修改为{anylist}")
    mylist = [1,2,3]
    print(f"函数外实参列表 mylist 对象初始值为{mylist}")
    changelist(mylist)
    print(f"实参 mylist 传入函数中后,实参列表 mylist 的值为{mylist}")

输出: 函数外实参列表 mylist 对象初始值为[1, 2, 3]
    形参的列表初始值为[1, 2, 3]
    将第 2 个元素后的形参的列表值修改为[1, 100, 3]
    实参 mylist 传入函数中后,实参列表 mylist 的值为[1, 100, 3]
```

上述代码结果表明,对于列表等可变数据类型对象,函数体内对形参内容的改变会导致函数体外实参内容的相应改变。换言之,可变数据类型对象实参与形参同步变化。

4.1.5 变量的作用域

4min

1. 变量作用域概念

变量作用域就是变量的可访问范围,也可称为变量命名空间。在第一次给变量赋值时,变量在代码中存在的位置不同,可访问的范围也不同,即不同位置初始化的变量具有不同的作用域。

变量的作用域按照变量在代码中被定义的位置可以分为 4 种:函数内部的局部(Local)作用域、嵌套函数的外层函数内部的嵌套(Enclosing)作用域、模块全局的全局(Global)作用域和内建(Built-in)作用域。4 种变量的作用域如图 4-1 所示。

当一个变量被定义好后,程序运行时要使用变量,首先要在代码中能够查找到该变量的位置，程序查找变量遵循一定的查找顺序规则：局部作用域、嵌套作用域、全局作用域、内建作用域。即程序在查找某个变量时，先从局部作用域内查找，如果查找不到，再到嵌套作用域内查找，以此类推，直到成功查找到该变量。

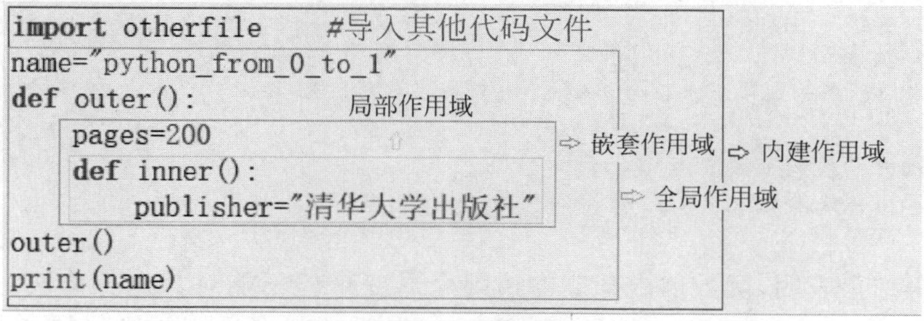

```
import otherfile      #导入其他代码文件
name="python_from_0_to_1"
def outer():
    pages=200
    def inner():
        publisher="清华大学出版社"
outer()
print(name)
```

局部作用域　嵌套作用域　全局作用域　内建作用域

图 4-1　变量作用域图示

4 种作用域里定义的变量之间，互相访问的权限不同。就像有 4 堵墙，墙 A、B、C、D，不同墙之间可能有通道也可能没有通道，假如 A 与 B 之间有通道，则 A 能够访问 B 中的数据，假如 A 与 C、D 之间没有通道，则 A 不能访问 C、D 中的数据。

不同作用域里的变量互相访问权限如下：内层作用域里的变量可以访问外层作用域中的变量数据（只是能够访问，一般情况下不能修改，除非外层作用域中的变量是全局变量），而外层作用域则无法访问内层作用域。

在 Python 中，模块、类、函数的声明会产生新的作用域，但条件、循环、异常捕捉语句不会产生新的作用域。

2. 全局变量和局部变量

根据变量在代码中被定义的位置及变量所处的作用域不同，可以将变量分为全局变量和局部变量。

局部变量：在函数内定义的变量称为局部变量，只在函数内部有效，函数外部无法访问。

全局变量：在函数外部，模块内部定义的变量称为全局变量。

局部变量和全局变量定义的位置示例，如图 4-2 所示。

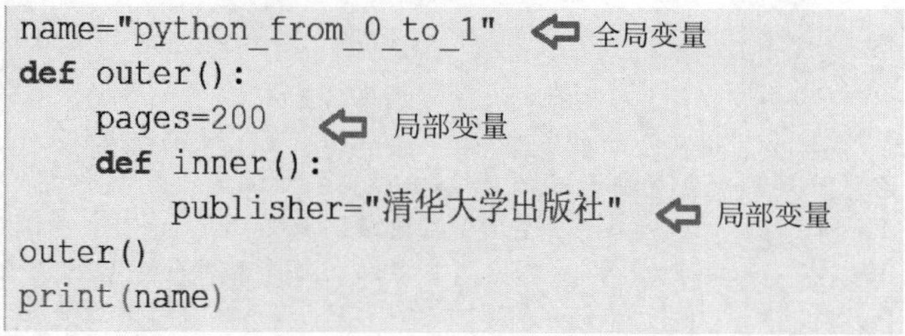

```
name="python_from_0_to_1"   ⇦ 全局变量
def outer():
    pages=200   ⇦ 局部变量
    def inner():
        publisher="清华大学出版社"   ⇦ 局部变量
outer()
print(name)
```

图 4-2　局部变量和全局变量位置示例

3. global 和 nonlocal 关键字

1）global 关键字

全局变量能够在函数外部和内部被访问，当全局变量在函数内部被访问时，如果函数内部对全局变量进行了修改，则全局变量仍然保持不变，即其值不会被修改，例如：

```
//Chapter4/4.1.5_test22.py
输入: name = "python_from_0_to_1"                          #定义一个全局变量 name
      print(f"全局变量的初始值为{name}")
      def changeName():
          name = "I love Python"                          #在函数体内部访问并修改全局变量
      changeName()                                        #调用函数
      print(f"在函数体里修改全局变量后,全局变量的值为{name}")    #查看全局变量的值

输出: 全局变量的初始值为 python_from_0_to_1
      在函数体里修改全局变量后,全局变量的值为 python_from_0_to_1
```

上述代码结果表明,函数体内部能够访问全局变量但不能对其进行修改。如果想在函数内部修改全局变量的值,就要在函数内部重新用 global 关键字声明一次全局变量,重新声明后的全局变量能够被该函数内部访问及修改,示例代码如下:

```
//Chapter4/4.1.5_test23.py
输入: name = "python_from_0_to_1"           #定义一个全局变量 name
      print(f"全局变量的初始值为{name}")
      def changename():
          global name                      #在函数内部利用 global 关键字重新声明全局变量
          name = "I love Python"
      changename()
      print(f"在函数体里通过 global 重新声明并修改全局变量后,全局变量的值为{name}")

输出: 全局变量的初始值为 python_from_0_to_1
      在函数体里通过 global 重新声明并修改全局变量后,全局变量的值为 I love Python
```

由上述代码结果可见,在函数中给全局变量加上 global 关键字就可以修改全局变量的值了。

2) nonlocal 关键字

声明好了一个函数后,在该函数体里又声明一个新的函数叫作函数的嵌套,在嵌套函数中内层函数可以访问外层函数的变量,但是无法改变外层函数的值。示例代码如下:

```
//Chapter4/4.1.5_test24.py
输入: def outer():                            #外层函数定义
          name = "python_from_0_to_1"         #外层函数里定义的变量
          print(f"外层函数变量的初始值为{name}")
          def inner():                        #内层函数定义
              name = "I love Python"          #内层函数里对外层函数的变量进行访问和修改
          inner()                             #调用内层函数,查看外层函数变量是否被成功修改
          print(f"内层函数修改外层函数变量后,外层函数变量值为{name}")
      outer()                                 #调用外层函数

输出: 外层函数变量的初始值为 python_from_0_to_1
      内层函数修改外层函数变量后,外层函数变量值为 python_from_0_to_1
```

在上述代码中,在内层函数里不可以对外层函数变量进行修改,即使使用 global 关键

字也不可以(读者可以自行尝试)。如果需要在内层函数修改外层函数的变量,则需要使用 nonlocal 关键字,示例代码如下:

```
//Chapter4/4.1.5_test25.py
输入: def outer():
          name = "python_from_0_to_1"          #外层函数变量
          print(f"外层函数变量的初始值为{name}")
          def inner():
              nonlocal name                     #利用 nonlocal 关键字将外层函数变量进行重新声明
              name = "I love Python"            #在内层函数中对外层函数变量重新修改
          inner()                               #调用内层函数
          print(f"内层函数修改外层函数变量后,外层函数变量值为{name}")
      outer()                                   #调用外层函数

输出: 外层函数变量的初始值为 python_from_0_to_1
      内层函数修改外层函数变量后,外层函数变量值为 I love Python
```

4.1.6 lambda 函数

3min

1. lambda 函数概念及语法格式

lambda 函数,又可称为表达式函数、匿名函数,是一种没有名字的函数,由于没有函数名称,使 lambda 函数相较于之前通过 def 声明函数的写法更为简洁,常用来定义一些函数体内容较简单的函数。

lambda 函数的基本语法格式如下:

```
变量 = lambda [参数 1,参数 2,...]:单个表达式
```

lambda 函数的语法格式与传统的函数声明语法格式比较,如表 4-1 所示。

表 4-1 lambda 函数的语法格式与传统的函数声明语法格式比较

序号	区别	详细说明	
1	声明的关键字	lambda 函数	通过关键字 lambda 声明
		传统的函数	通过关键字 def 声明
2	函数名称	lambda 函数	没有函数名称,不需要定义函数名称
		传统的函数	函数名称要符合 Python 命名规则且具有一定的意义
3	参数列表	lambda 函数	与传统的函数规则一样
		传统的函数	包括[参数 1,参数 2,...]
4	函数体	lambda 函数	以单个表达式存在,不能很复杂,不能使用 1 个及以上的表达式,不能包含循环语句、return 语句,但是可以包含 if-else 语句
		传统的函数	可以由用户自己定义具有各种功能的代码块
5	返回值	lambda 函数	自动具有 return 语句功能,会将表达式结果返回
		传统的函数	可以通过 return 语句将值返回,也可以选择不将值返回

2. lambda 函数的调用及使用示例

学习完 lambda 函数的语法格式及 lambda 函数与传统函数的区别,接下来我们尝试使用 lambda 函数来完成求两个数之和的功能,示例代码如下:

```
//Chapter4/4.1.6_test26.py
输入: sum = lambda x,y:x + y                  #lambda是关键字,x、y是参数,x + y是表达式
     print(sum(2,3))                         #调用lambda函数,求2+3之和

输出: 5
```

根据lambda函数的基本语法格式可知,上述代码中的x、y是lambda函数的参数,表达式为x+y,lambda函数会自动将表达式结果返回,因此可以用1个变量sum来接收lambda函数的返回值。如果需要对lambda函数进行调用,则可以通过“变量名(参数值1,参数值2...)”的方式进行调用,这里的变量名指的是接收lambda函数返回值的所定义的变量名称,如上述代码中的sum(2,3)。

上述代码的功能等效于:

```
//Chapter4/4.1.6_test27.py
输入: def sum(x,y):
         return x + y
     print(sum(2,3))                          #调用sum函数,求2+3之和

输出: 5
```

lambda函数的使用方法总结如表4-2所示。

表4-2 lambda函数的使用方法总结

序号	函数定义	函数调用	详细说明
1	value=lambda x, y: x+y	value(2,5) 返回7	参数是x、y,返回x+y的值
2	value=lambda:10+6	value() 返回16	没有参数,返回10+6的值
3	value=lambda *args: args	value(1,2,3) 返回(1,2,3)	参数个数不限,为不定长参数,将所有参数组合成一个元组后返回,即args代表一个元组对象
4	value=lambda **kwargs: kwargs	value(a=1,b=2) 返回 {'a': 1, 'b': 2}	参数个数不限,为不定长参数,但需要结合关键字参数一起使用,将关键字作为键、参数值作为值组合成一个字典后返回,即kwargs代表一个字典对象
5	value=lambda x,y:x if x>y else y	value(1,2) 返回2	参数为x、y,如果x大于y则返回x,否则返回y

4.1.7 函数编程示例

本节介绍4个从易到难的函数基础编程示例,以对上述介绍的内容进行总结、训练、巩固及提升。

【例4-1】 请求出半径为2、4、6、……、28、30的15个圆的面积的平均值,结果采用四舍五入法保留2位小数。

分析：本题可以先定义一个求圆面积的函数，再循环调用这个函数即可。示例代码如下：

```
//Chapter4/4.1.7_test28.py
输入：import math                          #由于要使用圆周率，所以导入 math 标准库
      def area(r):                         #定义求圆的面积的函数
          return math.pi * r * r           #返回圆的面积
      sum = 0                              #定义一个累加器，求圆的面积之和
      count = 0                            #定义一个累加器，求圆的面积的个数
      for r in range(2,32,2):              #遍历 15 个圆半径
          sum = sum + area(r)
          count = count + 1
      result = round(sum/count,2)          #计算圆的面积的平均值并用 round()函数采用四舍五入
                                           #法保留 2 位小数
      print(f"{count}个圆的面积的平均值为{result}")

输出：15 个圆的面积的平均值为 1038.82
```

【例 4-2】 从键盘上接收 1 个字符串，并统计这个字符串里的大、小写字母分别有多少个。

分析：从键盘接收数据需要使用 input()函数，可以用字符串对象里的 isupper()、islower()函数分别判断字符串里字符的大、小写。示例代码如下：

```
//Chapter4/4.1.7_test29.py
输入：def countNumber(str):                #定义一个函数，返回字符串 str 的大、小写字母的个数
          countUpper = 0                   #定义一个累加器，统计大写字母的个数
          countLower = 0                   #定义一个累加器，统计小写字母的个数
          for i in str:
              if i.isupper():              #如果是大写字母
                  countUpper = countUpper + 1
              elif i.islower():            #如果是小写字母
                  countLower = countLower + 1
              else:
                  pass
          return countUpper,countLower     #返回大、小写字母的个数
      str = input("请输入一个字符串：")
      countUpper,countLower = countNumber(str)      #调用函数
      print(f"字符串{str}里的大写字母有{countUpper}个,小写字母有{countLower}个")

输出：请输入一个字符串：Python_From_Zero_to_One
      字符串 Python_From_Zero_to_One 里的大写字母有 4 个,小写字母有 15 个
```

【例 4-3】 假设存在一个函数 $f(x)$，$f(x)$表示一个十进制正整数的各数位数字立方之差，如：$f(121)=1^3-2^3-1^3=-8$、$f(322)=3^3-2^3-2^3=11$。请求出序列 $f(100)$、$f(101)$、$f(102)$、……、$f(499)$、$f(500)$和序列 $f(600)$、$f(601)$、$f(602)$、……、$f(799)$、$f(800)$中大于 0 的个数。

分析：本题思路简单清晰，首先要定义一个函数 $f(x)$，实现函数 $f(x)$后，由于题中要

求求两个序列中大于 0 的个数，且这两个序列都有一定的规律，不妨再定义一个函数 countfx(a,b)用实现求序列中大于 0 的个数的功能，参数 a 代表序列开头值，参数 b 代表序列结尾值。示例代码如下：

```
//Chapter4/4.1.7_test30.py
输入：def f(x):                          #定义一个函数 f(x),求解十进制正整数各数位数字之差
          x = str(x)                     #由于传入的 x 为数字类型,先转换成字符串
          sum = int(x[0]) ** 3           #定义一个累加器,初始值为数字最高位的立方
          for i in x[1:]:                #遍历字符串,从字符串第 2 个元素开始
              sum = sum - int(i) ** 3    #累加器加上除最高位外的各位数字立方的相反数
          return sum                     #返回累加结果
      def countfx(a,b):                  #定义一个函数 countfx(a,b),用来统计序列中大于 0 的个数
          count = 0                      #定义一个累加器,初始值为 0
          for i in range(a,b + 1):
              if f(i)> 0:                #如果序列中的某个元素大于 0
                  count = count + 1      #累加器加 1
              else:
                  pass
          return count                   #返回累加结果
      result1 = countfx(100,500)         #调用 countfx(a,b)函数求解
      result2 = countfx(600,800)
      print(f"f(100)与 f(500)之间大于 0 的个数有{result1}个")
      print(f"f(600)与 f(800)之间大于 0 的个数有{result2}个")

输出：f(100)与 f(500)之间大于 0 的个数有 31 个
      f(600)与 f(800)之间大于 0 的个数有 84 个
```

【例 4-4】 Python 提供了一个无论在数据分析还是在日常编程中使用频次非常高的内置函数 filter(function,iterable)，它能够将序列 iterable 里不符合 function 条件的元素过滤掉，返回符合条件的新序列。函数 filter(function,iterable)的第 1 个参数 function 是一个完成条件判断的函数，第 2 个参数 iterable 是一个序列，利用 filter(function,iterable)函数将列表中不能被 3 整除的元素过滤掉的示例代码如下：

```
//Chapter4/4.1.7_test31.py
输入：def right(x):                              #如果 x 能被 3 整除,则返回 x
          if x % 3 == 0:
              return x
      result = filter(right,[1,2,3,5,7,9,8,12,15,14,17,21])
      print(list(result))

输出：[3, 9, 12, 15, 21]
```

现在希望你能够自己定义并实现一个具有 filter(function,iterable)函数功能的函数，要求自定义实现的新 filter(function,iterable)函数返回值为列表即可，你会怎么实现呢？注：本题在帮助读者理解 filter(function,iterable)函数的内部工作机制，在巩固函数知识的基础上，扩展补充将函数作为参数的例子。

分析：本题首先要理解 filter(function,iterable)函数的工作机制，为什么该函数能够将

序列 iterable 中不符合条件的值过滤掉？原来是函数 function 对序列 iterable 中的每个元素进行判断，如果符合条件就将该元素返回，如果不符合条件就不返回元素值，最后将返回的元素值组合成一个新序列，按题目要求是将新序列组合成一个列表。示例代码如下：

```
//Chapter4/4.1.7_test32.py
输入: def newFilter(function,iterable):          #定义新的 filter()函数,参数 function 为函数类型
          result = []                              #定义一个空列表,用来保存筛选出的元素
          for i in range(len(iterable)):           #遍历序列 iterable
              value = function(iterable[i])        #让序列进入函数 function()中以便进行判断
              if value!= None:                     #如果 function()函数的返回值不为空
                  result.append(value)             #将 function()函数的返回值加入列表
          return result                            #返回结果列表
      def right(x):                                #定义待传入的 function()函数
          if x % 3 == 0:
              return x
      result = newFilter(right,[1,2,3,5,7,9,8,12,15,14,17,21])
      print(result)                                #查看 newFilter()函数的执行结果

输出: [3, 9, 12, 15, 21]
```

4.1.8 递归函数

递归函数是本章内容的难点，也是函数编程中的一个重要技巧。

1. 递归函数的概念

什么是递归函数呢？在数学中其实也有相似概念，读者可能做过这样的数学题目：假设一个数学函数表达式为 $f(x)=2x+1$，请求出 $f(1)$、$f(f(1))$、$f(f(f(1)))$的值。求 $f(1)$、$f(f(1))$、$f(f(f(1)))$值是一个不断地调用 $f(x)$表达式的过程，每一次运算都依赖前一次的运算结果，$f(f(f(1)))$依赖 $f(f(1))$的运算结果，$f(f(1))$依赖 $f(1)$的运算结果，因此求出 $f(1)$的运算结果后才能进而求出 $f(f(1))$和 $f(f(f(1)))$的结果。像这样在函数中不断地调用自身进行运算就构成了一种递归。

与数学中的递归概念类似，编程语言中的递归函数是指：直接或间接地调用自身的函数。递归函数每调用一次自身就进入新的一层函数体，不断地循环，因此为了避免递归函数永远地陷入循环中，必须为递归函数设置一条边界条件，当递归循环遇到这个边界时能够一层一层逐步退出并返回。就像求 $f(f(f(1)))$的值一样，类似设置了一条边界条件，使得最里层的 $f(1)$运算完后，能够逐步退出一层计算上一层的 $f(f(1))$，计算完成后再退出一层计算 $f(f(f(1)))$。

递归函数的执行过程可以总结为通过直接或间接调用自身，不断地进入新的一层，直到满足边界条件便停止调用自身，开始执行最里层函数体代码，执行完后，将最里层函数体代码的执行结果一层一层地逐步返回，每返回一层，则将上一次的代码执行结果代入函数体重新运算（每一层的运算都依赖上一层的代码执行结果），直到退回至最开始的一层，将最终递归结果返回，因此，递归函数的执行是一个从最里层执行到最外层的过程，和平时我们的运算习惯是反过来的。

求解 $f(f(f(1)))$ 的递归过程如图 4-3 所示。

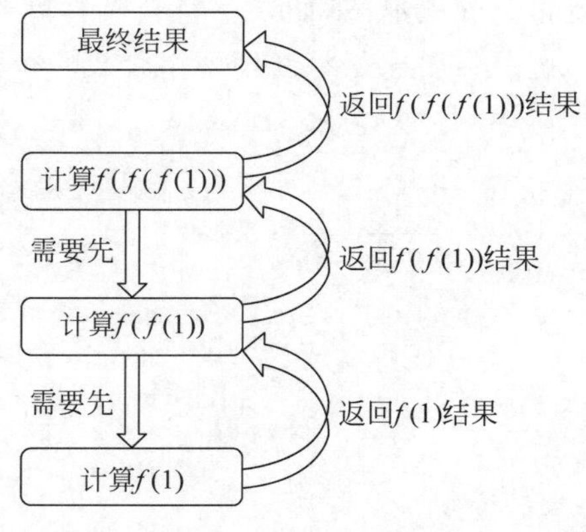

图 4-3 求解 $f(f(f(1)))$ 的递归过程

2. 递归函数的编程方式

递归函数编写必须找到两个必要条件：一是边界条件，确定边界条件才能让递归循环结束，找到边界条件后，将最里层代码执行结果返回；二是递推条件，递推条件是指后一项与前一项的递推关系，通过递推条件，递归函数才能进入或退出新的一层，找到递推条件后将递推条件返回。边界条件与递推条件相斥。

下面以实现 $f(x)=2x+1$，求 $f(1)$、$f(f(1))$、$f(f(f(1)))$ 为例，介绍递归函数的具体编程方式。

注意：本例的递归实现过程比较抽象，但相信读者只要能够将本例理解清楚，对递归函数也就基本掌握了，读者一定要耐心阅读并理解，理解后按照本例思路动手编程实践。

递归编程首要步骤就是找到递归函数的两个必要条件。

首先来看边界条件，边界条件是递归函数递归到最里层时才会遇到，因此边界条件要在递归的最里层寻找，$f(f(f(1)))$ 的最里层是 $f(1)$，也就是说当 $x=1$ 时就能计算出 $f(1)=3$，计算完 $f(1)=3$ 后就能将 $f(1)=3$ 这个结果一层一层返回，终止递归。由此可以确定 $x=1$ 就是边界条件，或者说 $f(x)$ 中的 x 没有被 $f(x)$ 替换时达到边界条件。

再来看递推条件，递推条件是找出后项与前项的关系，本例的递归条件比较抽象，读者要仔细思考。

假设前项是 $f(x)$，$f(x)$ 的后项是 $f(f(x))$，则 $f(f(x))$ 是由 $f(x)$ 中的 x 被 $f(x)$ 迭代 1 次而来，$f(f(x))$ 的后项是 $f(f(f(x)))$，$f(f(f(x)))$ 则是由 $f(x)$ 中的 x 被 $f(x)$ 迭代 2 次而来，所以后项比前项替换次数多 1 次就是递推条件。

上述递推条件太过抽象，为了更好地描述本例递推条件，假设一个新函数 $g(n)$，n 代表 $f(x)$ 中 x 被 $f(x)$ 迭代的次数，则本例的递推条件转化为描述 $g(n)$ 的递推条件，即描述后项 $g(n)$ 与前项 $g(n-1)$ 的关系。

我们一步步来找 $g(n)$ 与 $g(n-1)$ 的关系：

(1) $g(1)$ 代表 $f(x)$ 中的 x 被 $f(x)$ 迭代 0 次(边界条件)，即 $g(1)$ 代表 $f(x)$；$g(2)$ 代表 $f(x)$ 中的 x 被 $f(x)$ 迭代 1 次，即 $g(2)$ 代表 $f(f(x))$；$g(3)$ 代表 $f(x)$ 中的 x 被 $f(x)$

迭代2次，即 $g(3)$代表 $f(f(f(x)))$，以此类推。

(2) 因为 $f(f(x))=2f(x)+1$，$g(2)$代表 $f(f(x))$，$g(1)$代表 $f(x)$，所以 $g(2)=2g(1)+1$，$f(f(f(x)))=2f(f(x))+1$，$g(3)$代表 $f(f(f(x)))$，$g(2)$代表 $f(f(x))$，所以 $g(3)=2g(2)+1$，以此类推。至此，终于找到了递归的结束条件为 $g(n)=2g(n-1)+1, n>1$。

综上所述，本例的边界条件描述为在 $g(n)$函数中，当 $n=1$ 时，返回 $f(1)$的值，递归终止。递推条件描述为 $g(n)=2g(n-1)+1$。

在实际编程中，通过 if-else 语句区分边界条件与递推条件，通过 return 语句将最里层运算结果和递推条件返回。编程实现 $f(x)=2x+1$，求 $f(f(f(1)))$的示例代码如下：

```
//Chapter4/4.1.8_test33.py
输入：def g(n):                          #定义函数g(n)
          if n == 1:                     #n = 1 表示边界条件，代表第 0 次迭代，g(1)代表 f(1)
              return 2 * 1 + 1           #如果达到边界条件 n = 1 则通过 return 语句返回 f(1) =
                                         #2 * 1 + 1 的值
          else:                          #如果不满足 n = 1 边界条件，则满足递推条件
              return 2 * g(n - 1) + 1    #通过 return 语句返回递推条件 2g(n - 1) + 1
      result1 = g(1)                     #调用函数 g(n)，g(1)求的就是 f(1)
      result2 = g(2)                     #调用函数 g(n)，g(2)求的就是 f(f(1))
      result3 = g(3)                     #调用函数 g(n)，g(3)求的就是 f(f(f(1)))
      print(f"f(1)的值为{result1}")
      print(f"f(f(1))的值为{result2}")
      print(f"f(f(f(1)))的值为{result3}")

输出：f(1)的值为 3
      f(f(1))的值为 7
      f(f(f(1)))的值为 15
```

上述代码可以求的是 $f(\ldots f(f(1)))$的迭代 n 次的结果，只需将 n 传入 $g(n)$函数。读者继续思考，如果要求 $f(\ldots f(f(100)))$又该怎么办呢？实际上，无论是求 $f(\ldots f(f(1)))$还是求 $f(\ldots f(f(100)))$编程方式是一样的，可以发现 $f(\ldots f(f(1)))$和 $f(\ldots f(f(100)))$的递推条件相同，只是边界条件不同。边界条件的不同之处在于：$g(n)$函数在 $f(\ldots f(f(1)))$中，$g(1)$代表 $f(1)$，$g(n)$函数在 $f(\ldots f(f(100)))$中，$g(1)$代表 $f(100)$。求 $f(\ldots f(f(100)))$示例代码如下：

```
//Chapter4/4.1.8_test34.py
输入：def g(n):                          #定义函数g(n)
          if n == 1:                     #n = 1 表示边界条件，代表第 0 次迭代，g(1)代表 f(100)
              return 2 * 100 + 1         #通过 return 语句返回 f(100) = 2 * 100 + 1 的值
          else:                          #如果不满足 n = 1 边界条件，则满足递推条件
              return 2 * g(n - 1) + 1    #通过 return 语句返回递推条件 2g(n - 1) + 1
      result1 = g(1)                     #调用函数 g(n)，g(1)求的就是 f(100)
      result2 = g(2)                     #调用函数 g(n)，g(2)求的就是 f(f(100))
      result3 = g(3)                     #调用函数 g(n)，g(3)求的就是 f(f(f(100)))
      print(f"f(100)的值为{result1}")
      print(f"f(f(100)的值为{result2}")
      print(f"f(f(f(100)))的值为{result3}")
```

```
输出：f(100)的值为 201
      f(f(100)的值为 403
      f(f(f(100)))的值为 807
```

由上述代码可以发现，递归函数帮助我们将一个非常复杂的迭代问题用简单的几行代码就实现了，因此递归函数是将复杂问题化解为简单问题的重要编程方式，但由于递归是多次循环迭代的过程，会耗费比较多的程序空间和运行时间，在上述代码中，如果在程序中运行 $g(10000000)$，由于数据和运算量过大，则会导致程序崩溃和报错，因此递归不应该被直接用于求解数据过大和迭代次数过多的问题中。

下面用 3 道例题帮助读者加深对递归函数的理解。

【例 4-5】 利用递归函数求 $1+2+3+\cdots+99+100$ 的和，并输出结果。

分析：利用递归函数解题，先找到边界条件和递推条件。不妨假设 $s(x)=1+2+3+\cdots+(x-1)+x$，边界条件可以描述为当 $x=1$ 时，$s(1)=1$，递归终止。递推条件则是寻找后项 $s(x)$ 与前项 $s(x-1)$ 的关系，因为 $s(x-1)=1+2+3+\cdots+(x-2)+(x-1)$，所以 $s(x)=s(x-1)+x$，则递推条件可以描述为当 $x>1$ 时，$s(x)=s(x-1)+x$。读者注意本例不考虑 x 为 0 或负数的情况。示例代码如下：

```
//Chapter4/4.1.8_test35.py
输入：def s(x):                              # 定义一个函数 s(x)
          if x == 1:                          # 当 x 为 1 时，满足边界条件，递归终止
              return 1                        # 返回 s(1) = 1
          else:                               # 否则满足递推条件(满足 x > 1 时)
              return s(x - 1) + x             # 返回递推关系式，s(x) = s(x - 1) + x
      sum = s(100)                            # s(100)即代表求解 1 + 2 + 3 + ... + 99 + 100 的和
      print(f"1 + 2 + 3 + ... + 99 + 100 = {sum}")

输出：1 + 2 + 3 + ... + 99 + 100 = 5050
```

【例 4-6】 利用递归函数求出斐波那契数列的第 20 项。注：斐波那契数列的规律是从第 3 个数开始，每个数的值为其前两个数之和，第 1 和第 2 个数的值都是 1，即斐波那契数列为 1、1、2、3、5、8、13、21……

分析：先找到本例的边界条件和递推条件。不妨假设斐波那契数列的通项为 $F(n)$，边界条件可以描述为当 $n=1$ 或 2 时，$F(n)=1$，递归终止。递推条件题目已经给出，即从第 3 个数开始，每个数的值为其前两个数之和，因此递推条件可以描述为当 $n>2$ 时，$F(n)=F(n-1)+F(n-2)$。示例代码如下：

```
//Chapter4/4.1.8_test36.py
输入：def F(n):                              # 定义一个函数 F(n)
          if n == 1 or n == 2:                # 当 n = 1 或 2 时，满足边界条件，递归终止
              return 1                        # 返回 F(1) = 1
          else:                               # 否则满足递推条件
              return F(n - 1) + F(n - 2)      # 返回递推关系式，F(n) = F(n - 1) + F(n - 2)
      result = F(20)                          # F(20)即代表求解斐波那契数列的第 20 项
      print(f"斐波那契数列的第 20 项为{result}")

输出：斐波那契数列的第 20 项为 6765
```

【例 4-7】 利用递归函数判断输入的字符串是否是回文字符串。注：若一个字符串的正序和倒序相同，则称其为回文字符串，单个字符也属于回文字符串，例如字符串"a"、字符串"cbaabc"是回文字符串，字符串"ab"、字符串"baac"不是回文字符串。

分析：首先还是寻找本例的边界条件和递推条件。边界条件可以描述为当字符串长度为小于 2 时，属于回文字符串，返回值为 True 后递归终止；当字符串的首字母与结尾字母不相同时，返回值为 False 后递归终止。递推条件是找到第 n 个回文字符串与第 $n-1$ 个回文字符串间的关系，假设第 n 个回文字符串为"abc.... cba"，则第 $n-1$ 个回文字符串为"bc... cb"，所以递推条件可以描述为第 n 个回文字符串去除首尾两个字母就可以得到第 $n-1$ 个回文字符串。示例代码如下：

```
//Chapter4/4.1.8_test37.py
输入：def back(str):                          #定义一个函数 back(str)，参数 str 是字符串类型
        if len(str)<2:                       #当字符串长度小于 2 时，满足边界条件，递归终止
            return True                      #返回值为 True
        elif str[0]!= str[len(str) - 1]:     #当字符串的首字母与结尾字母不相同时
            return False                     #返回值为 False
        else:                                #否则满足递推条件
            return back(str[1:len(str) - 1])         #递推条件为去掉 str 的首尾字母
    while True:
        str = input("请输入需要进行判断的字符串，输入 0 退出程序：")
        if str == "0":             #如果用户输入"0"，则通过 break 退出循环，否则循环一直进行
            break
        if back(str) == True:      #如果 back(str)返回值为 True，则表明是回文字符串
            print(f"你输入的{str}是回文字符串")
        else:                      #如果 back(str)返回值为 False，则表明不是回文字符串
            print(f"输入的{str}不是回文字符串")

输出：请输入需要进行判断的字符串，输入 0 退出程序：level
    输入的 level 是回文字符串
    请输入需要进行判断的字符串，输入 0 退出程序：aaaabbbb
    输入的 aaaabbbb 不是回文字符串
    请输入需要进行判断的字符串，输入 0 退出程序：a1221a
    输入的 a1221a 是回文字符串
    请输入需要进行判断的字符串，输入 0 退出程序：ab
    输入的 ab 不是回文字符串
    请输入需要进行判断的字符串，输入 0 退出程序：0
```

4.2 第三方模块

3min

4.2.1 概念与作用

函数是完成某个特定功能的代码块，多个函数构成的程序可以使各部分的功能更加易于维护，方便重复调用，但随着程序功能的增加，单个文件中的代码量及函数个数越来越多，

若继续在同一文件中编写，仍然会导致代码文件难以维护。Python 模块则能够解决这个问题，我们可以根据函数的作用，将函数分别放到不同的文件中，一个 Python 文件（以.py 结尾的文件）即称为一个模块，模块中包含了编写好的一些函数及特定变量属性。

打个简单的比方，函数就像家庭中常用的各种物品，如医生家庭常备的医疗药品、医疗服装、温度计，这些物品都具有特定的功能，而模块就像一个医疗物品收纳箱，它可以将医疗药品、医疗服装、温度计都存放起来，当需要使用哪个物品时，直接从医疗物品收纳箱中取出使用即可。在 Python 程序中只需通过导入模块的语法将模块导入，就可以使用模块中的各种函数及特定变量属性了。

事实上，引入模块的意义，其实与引入函数的意义没有太大区别。函数是对一段代码的封装，模块则是对函数及特定变量属性的封装。引入模块大大提高了代码的可维护性，使程序更加简洁、美观，同时减少重复的代码编程工作。

前面几章更多地提到了 Python 第三方库的概念，3.4.1 节还介绍过第三方 math 标准函数库的相关内容，我们知道第三方库也是对函数、变量属性的封装，那么库与模块又有什么区别呢？实际上，读者不必过多纠结于第三方库和第三方模块的概念区别，Python 中对第三方库其实没有非常明确的定义，第三方库是其他编程语言中的概念，人们习惯性将第三方库的说法引用至 Python 中，读者将库理解为一个或多个模块组成的结构即可，读者不必过多地纠结这两个概念，库的使用遵循模块的语法格式。

函数、第三方模块、第三方库的区别总结如表 4-3 所示。

表 4-3 函数、第三方模块、第三方库的区别总结

序号	名　称	详细说明
1	函数	将一段具有特定功能的代码封装起来
2	第三方模块	是一个以.py 结尾的 Python 文件，包含多个功能函数及特定变量属性
3	第三方库	由一个或多个模块组成的结构，在 Python 中没有明确的定义，使用方式与模块完全相同

5min

4.2.2 第三方模块的导入与使用

导入第三方模块的语法格式有两种，包括 import 方式、from ... import 方式。

(1) import 语句的语法格式如下：

```
import 模块名 1[,模块名 2,模块名 3...]
```

import 可以理解为导入的意思，后跟一个或多个模块的名称，模块与模块之间用逗号隔开，代表着将一个或多个模块导入 Python 程序中。

模块导入后可以通过“模块名.函数/属性”的方式调用函数或属性。例如导入 Python 内置的 random 模块，并调用 random 模块中的 random()函数，产生 0～1 间小数的示例代码如下：

```
//Chapter4/4.2.2_test38.py
输入: import random                                   #导入 random 模块
      number = random.random()                        #通过"模块名.函数"的方式调用函数
```

```
        print("产生随机 0～1 的小数：",round(number,3))  #round()函数用于采用四舍五入法
                                                         #保留 3 位小数

输出：产生随机 0～1 的小数：0.412
```

假如模块的名称太长或不方便使用，用户可以为模块取一个别名，语法格式如下：

```
import 模块名 as 别名
```

模块导入后调用函数或属性的方式变为“别名.函数/属性”，例如：

```
//Chapter4/4.2.2_test39.py
输入：import random as r                    #导入 random 模块，并为 random 模块取一个别名 r
      number = r.random()                   #通过"别名.函数"的方式调用函数
      print("产生随机 0～1 的小数：",round(number,3))     #采用四舍五入法保留 3 位小数

输出：产生随机 0～1 的小数：0.501
```

当然，第三方模块的功能具有一定的偏向性，随着程序需求的增加，往往需要编写一定量的自定义模块才能满足用户自身需求。由于模块本身就是一个 Python 文件，因此编写一个自定义模块就是在编写一个 Python 文件。

假设当前正在编辑的 Python 文件为 test.py，test.py 位于当前路径目录名为 4.2.2_test40 的文件夹下，在 4.2.2_test40 的文件夹下再定义一个新模块（Python 文件）new.py，new.py 文件内容如下：

```
//Chapter4/4.2.2_test40/new.py
输入：def newPrint():
          print("Python 数据分析从 0 到 1")
```

当 test.py 与 new.py 处于同一目录下可以直接相互导入，在 test.py 中导入 new.py 的示例代码如下：

```
//Chapter4/4.2.2_test40/test.py
输入：import new                            #在 test.py 文件里导入自定义的 new 模块
      new.newPrint()                        #调用 new 模块中的 newPrint()函数

输出：Python 数据分析从 0 到 1
```

当 new.py 位于 test.py 的下级目录时，导入 new.py 模块需要通过“目录名.new”，如果 new.py 位于 test.py 的多个下级目录中，例如 new.py 处于 test.py 的 3 个下级目录中时，则可通过“目录名 1.目录名 2.目录名 3.new”导入 new.py 模块。假设此时 test.py 位于名为 4.2.2_test41 的文件夹中，new.py 位于 4.2.2_test41 文件夹的下级目录 newDir 中，则从 test.py 导入 new.py 的示例代码如下：

```
//Chapter4/4.2.2_test41/test.py
输入: import newDir.new                    #导入 new.py 需要通过"目录名.new"
      newDir.new.newPrint()                #调用 new 模块中的 newPrint()函数

输出: Python 数据分析从 0 到 1
```

值得注意的是,如果代码中定义了多个 import 语句,且导入的都是同一模块,则这些 import 语句只会执行 1 次。

(2) from ... import 语句的语法格式如下:

```
from 模块名 import 函数名 1/属性 1[,函数名 2/属性 2,函数名 3/属性 3...]
```

上述语法可以理解为从一个模块中导入一个或多个函数/属性,导入之后该函数或属性则可以直接使用,示例代码如下:

```
//Chapter4/4.2.2_test42.py
输入: from random import random                          #从 random 模块导入 random()函数
      number = random()                                  #程序中可以直接调用 random()函数
      print("产生随机 0~1 的小数: ",round(number,3))     #采用四舍五入法保留 3 位小数

输出: 产生随机 0~1 的小数: 0.935
```

还可以一次性导入模块中的所有函数,导入之后这个模块中的所有函数/属性都可以直接使用,语法格式为

```
from 模块名 import *
```

示例代码如下:

```
//Chapter4/4.2.2_test43.py
输入: from random import *                               #导入 random 模块中的所有函数/属性
      number = random()                                  #程序中可以直接使用模块中的函数/属性
      print("产生随机 0~1 的小数: ",round(number,3))     #采用四舍五入法保留 3 位小数

输出: 产生随机 0~1 的小数: 0.129
```

值得注意的是,使用上述方式一次性导入所有模块会导致程序运行速度变慢,程序要加载非常多其实并没有使用到的函数或属性内容,浪费程序的运行效率和存储空间,因此这种方式使用频率很低。

4.3 本章小结

本章的内容分为两个部分,第一部分介绍了自定义的 Python 函数及使用方式,将数学中的函数概念与 Python 函数的概念进行类比,使读者不会对 Python 函数感到陌生并且能够快速掌握 Python 函数的相关概念,接着详细介绍了 Python 函数的存在意义、声明函数

的语法格式、函数的调用方式、函数参数的分类及参数值的传递过程，对变量的作用域范围进行了剖析，举例说明了 lambda 函数的使用，再通过 4 个典型的函数编程示例让读者对函数部分的内容进行巩固、训练、思考和提升，最后使用了 3 个的编程示例展示递归函数解决任务的编程思路及使用技巧，化难为简，以通俗的方式让递归函数这个难点内容也能被读者轻松掌握；第二部分介绍了自定义的第三方模块及使用方式，首先介绍了第三方模块的相关概念，并对一些读者可能容易混淆的概念进行了对比说明，接着介绍了模块的作用及意义，最后介绍了模块的定义语法格式及使用方式。

第5章 面向对象编程

4min

面向对象是一个相对较抽象的概念，初学者在刚接触时可能会比较难以适应和接受，为此本章尽可能地用生活中常见的例子来对抽象的理论进行类比和剖析，让读者能快速接受这些概念，并学会用面向对象的思想进行编程。本章首先对面向对象的相关理论概念进行介绍和整理，接着对比面向过程编程与面向对象编程的异同点，再介绍面向对象编程的语法格式及编程方式，通过两道面向对象的综合示例编程题展示面向对象编程的思维方式及编程技巧，最后介绍类的继承及 Python 中的异常处理机制。

5.1 面向对象

在 3.3 节介绍过 Python 对象的相关概念，读者明白了 Python 支持的所有数据类型（数字、字符串、列表等）都是对象，数据类型对象中有属性（数据、变量）和方法（函数），在前面的章节中也通过各种各样的编程实例，展示过数据类型对象属性、函数的相关使用方法和技巧。既然 Python 所有的数据类型都是对象，这些数据类型对象都是 Python 已经定义好的，那么用户可以自定义属于自己的对象吗？当然可以，本章主要介绍如何自定义对象及如何使用面向对象的思维进行编程。

5.1.1 类和对象的概念

根据前面章节的知识，我们已经能够创建各种数据类型的对象，例如能够创建多个字符串对象："abc""xyz""lmn"等，观察这些字符串对象，可以发现这些字符串对象都具有相同的属性和方法，如果把具有相同属性和方法的字符串对象划分成同一个类别，则这个类别就可以称为字符串类。也就是说，字符串对象"abc""xyz""lmn"等都属于字符串类。

由上述可知，类是具有相同属性和方法的对象集合，例如字符串类是字符串对象"abc""xyz""lmn"等的集合，类将对象的共有特征抽象出来并封装。3.3 节从代码的层面上介绍过 Python 对象的概念：对象是将属性（数据、变量）和功能（方法、函数）封装在一起后产生的具有特定接口的内存块。从面向对象思维的层面上讲，对象是类的实例，即字符串对象"abc""xyz""lmn"等也称为字符串类的实例，创建一个对象的过程称为类的实例化，例如创建字符串对象"abc"的过程可以称为字符串类的实例化。

打个简单的比方，人共同具有的特征有鼻子、眼睛、嘴巴等，可以把鼻子、眼睛、嘴巴等看作人的属性，人都可以通过鼻子呼吸、通过眼睛观察事物、通过嘴巴吃饭等，可以把呼吸、观察事物、吃饭等人共同具有的行为看作人的方法，将人的属性（鼻子、眼睛、嘴巴等）和人的方法（呼吸、观察事物、吃饭等）封装在一起就组成了人类。人类的实例就是指每个具体的人，如小明、小李、小芳等，小明、小李、小芳就是人类实例化产生的对象，人类对象具有人类的所有属性和方法。

将上述介绍的相关重要概念整理后如表 5-1 所示。

表 5-1　面向对象相关重要概念整理

序号	概　　念	详 细 说 明
1	类	具有相同属性和方法的对象集合
2	对象	类的实例，具有类的所有属性和方法
3	类的实例化	创建一个对象（类的实例）
4	封装	将属性和方法组合到一起
5	类的属性	类的成员变量
6	类的方法	类的成员函数

5.1.2　面向过程编程与面向对象编程比较

面向过程编程首先思考的是完成任务所需要的步骤顺序，然后一步一步实现这些步骤（步骤可以用函数实现），再一步一步按顺序调用这些实现步骤的函数及其他一些完成任务所需要的代码。面向对象编程首先思考的是如何将任务中具有相同特征的物体抽象成类进行封装，通过类的实例化产生对象，通过对象的属性和方法帮助完成任务编程。面向过程编程和面向对象编程的区别在于设计思想和思考问题解决方案的方式不同，在 Python 中两种编程方式通常被结合使用。面向过程编程和面向对象编程比较如表 5-2 所示。

表 5-2　面向过程编程和面向对象编程比较

<table>
<tr><th>序号</th><th>概　　念</th><th colspan="2">详 细 说 明</th></tr>
<tr><td rowspan="2">1</td><td rowspan="2">编程思想</td><td>面向过程编程</td><td>强调程序的执行流程</td></tr>
<tr><td>面向对象编程</td><td>构造类和对象完成编程任务</td></tr>
<tr><td rowspan="2">2</td><td rowspan="2">优点</td><td>面向过程编程</td><td>程序开销小，运行效率高，程序结构清晰，可读性强</td></tr>
<tr><td>面向对象编程</td><td>易维护、易扩展，编程思想更贴近人们的现实生活，大大降低编程重复的工作量，使得程序更加灵活</td></tr>
<tr><td rowspan="2">3</td><td rowspan="2">缺点</td><td>面向过程编程</td><td>不易维护、不易扩展，编程的工作量大，不够灵活</td></tr>
<tr><td>面向对象编程</td><td>由于要构造类和类实例，程序开销更大，占用内存空间大，程序的运行性能更低一些，但随着硬件技术的发展，一定程度上弥补了占用程序空间大的不足</td></tr>
</table>

5.2　类、对象的创建和使用

5.2.1　类的定义及实例化

1. 类的语法及对象的创建

类是具有相同属性和方法的对象集合，类的实例化结果产生对象，因此要想创建自定义的对象进行编程使用，必须先进行类的定义。在 Python 中通过 class 语句来定义一个类，语法格式如下：

```
class 类名:
    类体
```

在类的语法格式中，类名后要跟一个冒号，类体中可以定义抽象出的类属性和类方法。以定义一个动物园类为例，假设动物园都有大象、猴子、长颈鹿这 3 种动物，动物园具有售卖门票、带领游客游园观赏的功能。要定义这样一个动物园类，就要抽象出动物园的共同特征（属性和方法），由于动物园都有大象、猴子、长颈鹿这 3 种动物，因此可以把这 3 种动物抽象成类的属性，又由于动物园具有售卖门票、带领游客游园观赏的功能，因此可以把这 2 种功能抽象成类的方法，且动物园能够售卖门票，说明门票也是动物园的共同属性，也应该将门票抽象成类的属性。定义动物园类的示例代码如下：

```
//Chapter5/5.2.1_test1.py
输入: class Zoo:                              #定义动物园类,类名为 Zoo,类名首字母一般大写
          elephant = "大象"                    #定义类属性: 大象
          monkey = "猴子"                      #定义类属性: 猴子
          giraffe = "长颈鹿"                   #定义类属性: 长颈鹿
          tickets = 500                       #定义类属性: 门票,初始化为 500 张
          def __init__(self):                 #初始化函数,该函数含义及使用将在后面的内容中介绍
              pass
          def sellTicket(self):               #定义类方法: 售卖门票,参数 self 的含义将在后面
                                              #的内容中介绍
              Zoo.tickets = Zoo.tickets - 1           #调用类的属性变量"类名.变量名"
              return Zoo.tickets                      #返回门票数量
          def watch(self):                            #定义类方法: 带领游客游园观赏
              print("正在带游客游园观赏")
      print(Zoo)

输出: <class '__main__.Zoo'>
```

无论是要在类的外部还是类的内部中使用定义的类属性变量，如上述代码中的 elephant、tickets 等，都需要通过“类名. 变量名”的方式才能进行调用，调用方式如 Zoo. elephant、Zoo. tickets。因为上述代码中的__init__(self)函数及所有函数中的参数 self 具有比较丰富的含义，所以将在后面的内容中进行更详细的介绍，读者在此处先当其都不存在，但也需先记住：若想在对象中能够调用类中的函数，则该函数的第 1 个参数应定义为 self（当然也可以是别的名称，但是习惯上人们将这个参数的名称称为 self），否则会报错。

动物园类定义好后，可以通过“类名()”的语法格式进行类的实例化（创建一个对象），示例代码如下：

```
//Chapter5/5.2.1_test2.py
输入: class Zoo:                #定义动物园类,类名为 Zoo
          elephant = "大象"
          monkey = "猴子"
          giraffe = "长颈鹿"
```

```
        tickets = 500
        def __init__(self):
            pass
        def sellTicket(self):
            Zoo.tickets = Zoo.tickets - 1
            return Zoo.tickets
        def watch(self):
            print("正在带游客游园观赏")
    zoo = Zoo()        #通过"类名()"进行动物园类的实例化,zoo 就是动物园类的一个对象
```

实例化好后,跟数据类型对象的函数/属性使用方法一样,通过“对象名.函数/属性”的语法格式就能够使用定义好的类属性和类方法,示例代码如下:

```
//Chapter5/5.2.1_test3.py
输入: class Zoo:                          #定义动物园类,类名为 Zoo,类名首字母一般大写
        elephant = "大象"                 #定义类属性: 大象
        monkey = "猴子"                   #定义类属性: 猴子
        giraffe = "长颈鹿"                #定义类属性: 长颈鹿
        tickets = 500                     #定义类属性: 门票,初始化为 500 张
        def __init__(self):               #初始化函数,该函数含义及使用将在后面的内容中介绍
            pass
        def sellTicket(self):             #定义类方法: 售卖门票,参数 self 的含义将在后面的内容中介绍
            Zoo.tickets = Zoo.tickets - 1              #调用类的属性变量"类名.变量名"
            return Zoo.tickets            #返回门票数量
        def watch(self):                  #定义类方法: 带领游客游园观赏
            print("正在带游客游园观赏")
    zoo = Zoo()                           #进行动物园类的实例化,zoo 就是动物园类的一个对象
    tickets = zoo.tickets                 #通过"对象名.属性"的语法格式调用门票属性
    print(f"动物园开始时的门票有{tickets}张")
    tickets = zoo.sellTicket()            #通过"对象名.函数"的语法格式调用售卖门票功能
    print(f"售卖出 1 张门票后还剩下{tickets}张")
    species = [zoo.elephant,zoo.monkey,zoo.giraffe]    #动物园中的动物种类
    print(f"动物园中的动物各类有",species)

输出: 动物园开始时的门票有 500 张
    售卖出 1 张门票后还剩下 499 张
    动物园中的动物各类有 ['大象', '猴子', '长颈鹿']
```

注意:对同一个问题任务,不同的编程者可能抽象出的属性和方法存在一定的差异,读者不用太过纠结,能够完成任务即可。

2. 参数 self 在函数中的作用

上述代码 Zoo 类中的所有函数,第 1 个参数位置都定义了 self 这个参数,参数 self 在定义类的方法时是必须作为第 1 个参数而存在的,self 代表的是类的实例,而不是类,在调用类的方法时不必为它传入任何值,如上述代码 zoo 对象调用 Zoo 类中的 sellTicket(self)售卖门票方法,就没有为参数 self 传入对应的值。

既然不必为它传入任何值,又为什么要定义这样一个参数呢?前面介绍函数的时候介

绍过，如果定义了参数且参数没有默认值，则在调用时不传入该参数是会报错的，那为什么这里不用为参数 self 传入任何值呢？到底该怎样来理解参数 self 呢？

先看如下示例代码：

```
//Chapter5/5.2.1_test4.py
输入：class Zoo:                              #定义动物园类
          tickets = 500                       #定义类属性：门票，初始化为 500 张
          def sellTicket(self):               #在 sellTicket(self)函数第 1 个位置定义参数 self
              print(f"卖出门票 1 张")
      zoo = Zoo()                             #实例化一个 zoo 对象
      zoo.sellTicket()                        #调用售卖门票功能

输出：卖出门票 1 张
```

上述代码中定义了一个 Zoo 类的 zoo 对象，zoo 对象可以直接调用 Zoo 类中定义了参数 self 的 sellTicket(self)方法，那么如果 sellTicket(self)方法中没有定义参数 self，则上述代码的执行结果还会一样吗？将 sellTicket(self)函数中的 self 删掉，重新定义成 sellTicket()后，代码修改后运行结果如下：

```
//Chapter5/5.2.1_test5.py
输入：class Zoo:
          tickets = 500
          def sellTicket():                #删掉了参数 self
              print(f"卖出门票 1 张")
      zoo = Zoo()
      zoo.sellTicket()                     #删掉参数 self 后通过 zoo.sellTicket()调用售卖门票功能

输出：Traceback (most recent call last):
          File "D:/myPython/test.py", line 6, in <module>
              zoo.sellTicket()
      TypeError: sellTicket() takes 0 positional arguments but 1 was given
```

由上述代码可知，当把 sellTicket(self)函数中的参数 self 删掉后，再通过 zoo 对象调用 Zoo 类中的 sellTicket()方法时，运行结果报错了，也就是说删掉参数 self 后，zoo 对象无法调用和识别 Zoo 类中未定义参数 self 的方法，为什么呢？

实际上，定义好 Zoo 类后，通过 Zoo 类创建 zoo 对象，如果 Zoo 类中的 sellTicket(self)函数定义了参数 self，则 zoo 对象调用 sellTicket(self)函数的执行过程 zoo.sellTicket()被转换成 Zoo.sellTicket(zoo)来执行，也就是将 zoo 对象作为参数值传入了 sellTicket(self)函数中，zoo 对象与参数 self 相互对应。

前面我们讲过，self 代表的是类实例，而不是类，不用我们手动为 self 传入值，就是因为 Python 自动地将 zoo 对象作为参数值传入类函数中的参数 self，因此这里的 self 代表的是像 zoo 这样的类实例对象。假如在类函数的参数中没有定义 self，因为 Python 执行 zoo.sellTicket()需要被转换成 Zoo.sellTicket(zoo)来执行，如果 sellTicket()函数中没有定义参数 self 则无法接收 zoo 对象作为参数值的传入，进而会导致参数不匹配的错误。所以读者需记住，在类中定义函数，一定要将 self 作为函数的第 1 个参数进行定义，否则在类实例

对象中无法调用该函数。

我们也可以来看一下 zoo.sellTicket()与 Zoo.sellTicket(zoo)的执行结果，示例代码如下：

```
//Chapter5/5.2.1_test6.py
输入：class Zoo:
          tickets = 500
          def sellTicket(self):                         #带参数 self
              print(f"卖出门票 1 张")
      zoo = Zoo()                                       #实例化对象 zoo
      print("下面是 zoo.sellTicket()的执行结果：")
      zoo.sellTicket()
      print("下面是 Zoo.sellTicket(zoo)的执行结果：")
      Zoo.sellTicket(zoo)

输出：下面是 zoo.sellTicket()的执行结果：
      卖出门票 1 张
      下面是 Zoo.sellTicket(zoo)的执行结果：
      卖出门票 1 张
```

上述代码结果表明，zoo.sellTicket()与 Zoo.sellTicket(zoo)的执行效果等同。

再深入看一下类实例对象调用类中带参数 self 的函数执行过程，定义好 Zoo 类后，通过 Zoo 类创建了 3 个 zoo 对象：zoo_1、zoo_2、zoo_3，Zoo 类中定义有带参数 self 的 sellTicket(self)函数，则 zoo_1.sellTicket()的执行过程被转换为 Zoo.sellTicket(zoo_1)来执行，zoo_2.sellTicket()的执行过程被转换为 Zoo.sellTicket(zoo_2)来执行，zoo_3.sellTicket()的执行过程被转换为 Zoo.sellTicket(zoo_3)来执行。

上述过程表明，每创建好一个新对象，当新对象要调用类中的函数时，Python 会自动地将该对象作为参数传入函数的 self 中，以转换成"类名.函数名(对象名)"的方式执行，这样的机制也使多个对象之间相互独立，更加灵活，不会相互产生影响。

注意：必须明确的是，self 这个名称不是固定不变的，只要这个参数对应的位置是第 1 位，实际上可以由用户定义各种符合 Python 命名规则的名字，但人们约定俗成地将这个参数名称称为 self，代表类实例。

---

3. self 的实例变量及__init__()函数

在上述的内容中，我们知道了参数 self 代表的是类实例化产生的对象，既然参数 self 代表对象，而对象又有变量(属性)和方法，也就说明 self 同样具有变量和方法。实际上，我们已经认识过了 self 中的方法，在类的内部，凡是带有参数 self 的函数都属于 self 的方法，可以通过"self.函数"直接调用，在类的外部，带有参数 self 的函数能被类的实例对象所调用，但如果类内部的函数不带有参数 self 则该函数不属于 self 的方法，在类的外部不能被类的实例对象所调用。self 实例在类内部和外部调用带参数 self 的方法使用示例代码如下：

```
//Chapter5/5.2.1_test7.py
输入: class Zoo:
          def __init__(self):
              pass
          def sellTicket1(self):          #定义一个带参数 self 的函数
              print(f"门票一次性卖出 50 张")
          def sellTicket2(self):
              print(f"卖出门票 1 张")
              self.sellTicket1()          #在类内部通过"self.函数"访问带参数 self 的函数
      zoo = Zoo()
      zoo.sellTicket2()                   #在类外部通过"对象名.函数"访问带参数 self 的函数

输出: 卖出门票 1 张
      门票一次性卖出 50 张
```

由于 self 代表实例对象，因此 self 里的变量属于实例对象，而不属于类，与类没有什么联系。举个例子，假如定义好了动物园类，则读者可以把 self 对象想象成某个具体的动物园，例如可以把 self 对象想象成厦门某个动物园，那么 self 对象的所有变量都跟厦门的这个动物园相关，而不会影响动物园类里的变量，对象里的变量和类里的变量是相互独立的。

1）创建并使用 self 的实例变量

可以用"self.变量名"的方式在类中创建 self 的实例变量，self 的实例变量只能在类中带参数 self 的函数里创建，且该函数必须被调用 1 次后 self 的实例变量才能够被正常使用，否则程序会报错。self 后跟的变量名由用户自己定义，只要符合 Python 命名规则即可，在类内部要使用创建好的 self 的实例变量仍然可以通过"self.变量名"来调用。在类的外部，在类实例化产生的对象中，只需使用"对象名.变量名"就可以成功调用 self 的实例变量，且 self 的实例变量在类外部只能通过对象访问。

类实例对象访问 self 的实例变量的示例代码如下：

```
//Chapter5/5.2.1_test8.py
输入: class Zoo:
          def sellTicket(self):     #带有参数 self 的 sellTicket(self)函数
              self.tickets = 500    #通过"self.变量名"定义一个 self 的实例变量 tickets
              #在类中使用 self 的实例变量 tickets,仍然要通过"self.变量名"来使用
              print(f"卖出门票 1 张,剩下: {self.tickets - 1}")
      zoo = Zoo()                   #创建一个 zoo 对象
      zoo.sellTicket()              #执行 sellTicket()函数后 self 的实例变量 tickets 才算成功创建
      #在类外部通过"对象名.变量名"访问实例变量 tickets
      print("原始门票数(self 实例变量 tickets 值)为",zoo.tickets)

输出: 卖出门票 1 张,剩下: 499
      原始门票数(self 实例变量 tickets 值)为 500
```

如果在类的外部不先执行 sellTicket(self)函数，则可以直接在对象中通过"对象名.变量名"的方式调用 self 的实例变量，示例代码如下：

```
//Chapter5/5.2.1_test9.py
输入：class Zoo:
          def sellTicket(self):
              self.tickets = 500           #在 sellTicket(self)函数中定义 self 的实例变量
              print(f"卖出门票 1 张,{self.tickets - 1}")
      zoo = Zoo()                          #创建一个 zoo 对象
      #先不执行 sellTicket(self)函数,而直接在类外部访问实例变量 tickets
      print("self 实例变量 tickets 值为",zoo.tickets)

输出：Traceback (most recent call last):
          File "D:/myPython/test.py", line 7, in <module>
              print("self 实例变量 tickets 值为",zoo.tickets)
      AttributeError: 'Zoo' object has no attribute 'tickets'
```

上述代码结果表明，self 的实例变量 tickets 虽然被定义在带参数 self 的 sellTicket(self)函数中，但该函数必须被手动执行 1 次后才能使 self 的实例变量 tickets 成功创建，否则会报错。

创建一个变量还需要手动执行 1 次函数，这样的机制实在太过麻烦，会给编程带来巨大的困扰。为了解决这一问题，Python 在类中还提供了一个默认存在的__init__(self)函数。

2）__init__(self)函数概念及使用

__init__(self)函数被称为初始化函数，在 Python 类中被默认存在，这个函数在对象被创建时会自动地调用。如果能够让 self 的实例变量在这个函数里定义，则在对象创建的同时，__init__(self)函数被自动调用，self 的实例变量也就同时自动地创建好了，不需要用户再手动地执行 1 次函数，这样就实现了一个 self 的实例变量初始化功能。

虽然读者在进行类定义的时候不写__init__(self)函数程序也不会报错，但 Python 每创建 1 个对象，还是会自动地默认有__init__(self)函数并执行，读者在进行类定义的时候应该养成写__init__(self)函数的好习惯。__init__(self)函数初始化 self 的实例变量的使用方法如下：

```
//Chapter5/5.2.1_test10.py
输入：class Zoo:
          #定义一个初始化函数,将 self 的实例变量 tickets 值初值化为 500
          def __init__(self):
              self.tickets = 500               #self 的实例变量 tickets 在这里定义
      zoo = Zoo()                              #创建一个 zoo 对象
      #在类外部通过"对象名.变量名"访问实例变量 tickets
      print("self 实例变量 tickets 值为",zoo.tickets)

输出：self 实例变量 tickets 值为 500
```

在上述代码中，通过 Zoo 类实例化 zoo 对象的同时，__init__(self)也被调用，进而使 self 的实例变量 tickets 被成功创建，通过 zoo.tickets 可以直接访问，程序能够正常运行。

3）利用__init__(self)函数动态初始化 self 的实例变量

假设定义好了一个动物园类，用动物园类实例化对象，例如实例化北京某个动物园对象、实例化厦门某个动物园对象，这两个动物园对象的门票（变量 tickets）初始时的数量是不同的，如果北京的这个动物园有 600 张门票，则应该将门票 tickets 初始化为 600，厦门的这个动物园有 500 张门票，则应该将门票 tickets 初始化为 500。由于不同对象要求的初始化值不同，这时候按照上述介绍的初始化方法就难以满足这个任务需求了，这时该怎么办呢？

解决办法其实很简单，假如我们能够在__init__(self)中添加更多的参数，通过这些参数在类外部动态地传入初始化要求的值就可以了，如我们可以将初始化函数定义成__init__(self,number)，将初始值动态地通过参数 number 传入，再用 number 的值初始化 self 的实例变量就可以了，如可以为参数 number 传入初始值 600，再通过 self.tickets=number 的方式初始化 self 的实例变量 tickets，当然 number 也可以传入初始值 500，这样一来就实现了为不同对象初始化不同的变量值了。

由于__init__(self,number)函数在创建对象时会被自动调用，我们从来没有显式地调用过__init__(self,number)函数，那么这个参数值 number 又该怎样传入__init__(self,number)函数呢？

前面提到的创建对象的语法格式为"类名()"，实际上"类名()"的"()"中还可以定义参数，则创建对象的语法格式实际为"类名(参数 1[,参数 2...])"，"类名(参数 1[,参数 2...])"中的所有参数与__init__(self,参数 1[,参数 2...])函数除参数 self 外的所有参数一一对应，因此将 number 对应的参数值传入"类名(参数 1[,参数 2...])"的参数中就相当于将 number 对应的参数值传入了__init__(self,参数 1[,参数 2...])函数的参数中。创建对象过程中的参数值传递流程如图 5-1 所示。

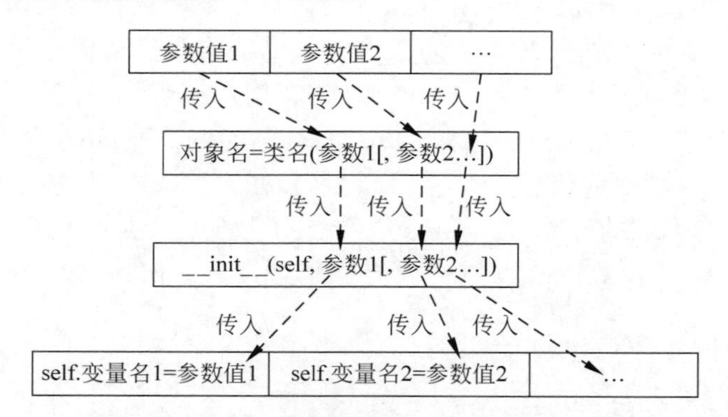

图 5-1 初始化 self 实例变量的参数值传递过程

因此可以在 zoo=zoo(number)创建 zoo 对象的同时，将 number 作为参数值传入，进而传递到__init__(self,number)函数中的参数 number 位置，最后通过 self.tickets=number 实现对 self 实例变量 tickets 的初始化赋值。通过动物园类实例化北京某动物园对象及厦门某动物园对象的示例代码如下：

```
//Chapter5/5.2.1_test11.py
输入: class Zoo:
          def __init__(self,number):      #定义一个初始化函数
              self.tickets = number       #通过参数 number 初值化 self 的实例变量 tickets
      #创建对象的语法格式为"类名(self 外的所有参数)"
```

```
        BeijingZoo = Zoo(500)          #创建一个北京某动物园对象,500 对应参数 number
        XiamenZoo = Zoo(100)           #创建一个厦门某动物园对象,100 对应参数 number
        print("北京某动物园门票有",BeijingZoo.tickets)
        print("厦门某动物园门票有",XiamenZoo.tickets)

输出：北京某动物园门票有 500
      厦门某动物园门票有 100
```

4. self 的实例变量与类变量的区别

类变量是在类中直接定义的变量，可以直接由类调用，也可以由实例对象调用。self 的实例变量是通过"self.变量名"在带 self 的类函数中创建的，只能由实例对象调用，示例代码如下：

```
//Chapter5/5.2.1_test12.py
输入：class Zoo:
        tickets1 = 100                          #类中直接定义的变量
        def __init__(self):
            self.tickets2 = 500                 #self 的实例变量
      zoo = Zoo()                               #实例化对象 zoo
```

在上述代码中，tickets1 是类中直接定义的变量，tickets2 是 self 的实例变量。

假设存在 Zoo 类、Zoo 类的实例化对象 zoo、类变量 tickets1 初始值为 0、self 的实例变量 tickets2 初始值为 0，则类变量 tickets1 与 self 的实例变量 tickets2 的区别和共同点如表 5-3 所示。

表 5-3　类变量 tickets1 与 self 的实例变量 tickets2 的区别和共同点

序号	区别和共同点	详细说明	
1	在类体里的使用方式不同	类变量 tickets1	通过"类名.变量名"的方式使用，如 Zoo.tickets1
		self 的实例变量 tickets2	通过"self.变量名"的方式使用，如 self.tickets2，且只能定义在类中带 self 参数的函数里，该函数必须被执行一次才算正式创建了 self 的实例变量
2	在对象中的访问方式相同	类变量 tickets1	都是通过"对象名.变量名"的方式访问，如 zoo.tickets1、zoo.tickets2，但通过"对象名.变量名"的方式是无法修改类变量 tickets1 的，如执行语句 zoo.tickets1＝zoo.tickets1＋1，类变量 tickets1 的值通过语句 Zoo.tickets1 的返回结果仍然是初始值 0，类变量值的改变只能通过"类名.变量名"
		self 的实例变量 tickets2	
3	在类的外部使用方式不同	类变量 tickets1	可以在类的外部通过"类名.变量名"的方式直接使用，如 Zoo.tickets1
		self 的实例变量 tickets2	无法在类的外部直接使用，必须先通过类实例化一个对象，再通过对象才能在外部使用，如 zoo.tickets2

5. self 的实例变量与类变量的使用场景

我们已经知道怎样使用 self 的实例变量和类变量，也知道了它们之间的区别和共同点，接下来读者可能最想知道的就是什么情况下该使用 self 的实例变量呢？什么情况下该使用类变量呢？

假如我们使用动物园类实例化了北京某个动物园、深圳某个动物园和厦门某个动物园，这 3 个动物园都能够直接访问动物园类中定义的类变量，先看如下代码：

```
//Chapter5/5.2.1_test13.py
输入：class Zoo:
        count = 0                          #类变量 count,初始值为 0
        def __init__(self):                #初始化
            pass
        def updateAdd(self,number):
            Zoo.count = number             #通过"类名.变量名"将类变量 count 的值修改为 number
        def getCount(self):
            return Zoo.count               #返回类变量 count 的值
    print(f"类变量 count 的初始值为{Zoo.count}")
    BeijingZoo = Zoo()                     #实例化北京某动物园对象
    ShenzhenZoo = Zoo()                    #实例化深圳某动物园对象
    XiamenZoo = Zoo()                      #实例化厦门某动物园对象
    BeijingZoo.updateAdd(100)              #BeijingZoo 对象将类变量 count 的值修改为 100
    print(f"BeijingZoo 对象修改类变量 count 的值为{count}")
    count = ShenzhenZoo.getCount()         #ShenzhenZoo 对象访问类变量 count 的值
    print(f"ShenzhenZoo 对象访问类变量 count 获得的值为{count}")
    count = XiamenZoo.getCount()           #XiamenZoo 对象访问类变量 count 的值
    print(f"XiamenZoo 对象访问类变量 count 获得的值为{count}")

输出：类变量 count 的初始值为 0
    BeijingZoo 对象修改类变量 count 的值为 100
    ShenzhenZoo 对象访问类变量 count 获得的值为 100
    XiamenZoo 对象访问类变量 count 获得的值为 100
```

在上述代码中，有 BeijingZoo、ShenzhenZoo、XiamenZoo 3 个对象，类变量 count 的初始值为 0，BeijingZoo 对象通过“类名.变量名”的方式将类变量 count 的值修改为 100，ShenzhenZoo、XiamenZoo 对象再次访问类变量 count 获得的值是 BeijingZoo 对象修改后的值 100，也就是说通过“类名.变量名”的方式改变类变量 count 的值，类变量 count 的值被永久性地修改，其他对象获取的类变量值随之改变，可以说多个对象共享了类变量 count 的值。

我们来看如果将上述代码中的 count 修改成 self 的实例变量，结果会发生什么，示例代码如下：

```
//Chapter5/5.2.1_test14.py
输入：class Zoo:
        def __init__(self):                #将 self 的实例变量 count 值初始化为 0
            self.count = 0
        def updateAdd(self,number):
            self.count = number            #通过"self.变量名"将 count 的值修改为 number
        def getCount(self):
            return self.count              #返回 self 的实例变量 count 的值
    print(f"self 的实例变量 count 的初始值为 0")
    BeijingZoo = Zoo()                     #实例化北京某动物园对象
```

```
        ShenzhenZoo = Zoo()                    # 实例化深圳某动物园对象
        XiamenZoo = Zoo()                      # 实例化厦门某动物园对象
        BeijingZoo.updateAdd(100)              # BeijingZoo 对象将 self 的实例变量的值修改为 100
        print("BeijingZoo 对象将 self 的实例变量 count 的值修改为{count}")
        count = ShenzhenZoo.getCount()         # ShenzhenZoo 对象访问 self 的实例变量 count 的值
        print(f"ShenzhenZoo 对象访问 self 的实例变量 count 获得的值为{count}")
        count = XiamenZoo.getCount()           # XiamenZoo 对象访问 self 的实例变量 count 的值
        print(f"XiamenZoo 对象访问 self 的实例变量 count 获得的值为{count}")

输出: self 的实例变量 count 的初始值为 0
        BeijingZoo 对象将 self 的实例变量 count 的值修改为 100
        ShenzhenZoo 对象访问 self 的实例变量 count 获得的值为 0
        XiamenZoo 对象访问 self 的实例变量 count 获得的值为 0
```

在上述代码中，self 的实例变量 count 初始值为 0，BeijingZoo 对象通过"self. 变量名"的方式将 self 的实例变量 count 值修改为 100，ShenzhenZoo、XiamenZoo 对象再次访问 self 的实例变量 count 获得的值仍然是 count 的初始值 0，而不是 BeijingZoo 对象修改后的值 100，也就是说通过"self. 变量名"的方式改变 self 的实例变量 count 的值，只影响当前实例对象，而不会对其他实例对象产生影响，self 的实例变量不存在共享关系。

综上所述，当多个对象需要共享使用一些值时，这些值应该被定义为类变量，不需要共享则定义 self 的实例变量。

5.2.2 类变量和类方法的权限

表 5-3 中提到类变量在类内部和类外部都可以通过"类名. 变量名"的方式进行访问，但这样的访问方式很不安全，如果类变量存储的是用户的密码，而密码能够在程序里直接通过"类名. 变量名"访问非常容易造成密码泄露。为提高类变量的私密性及限制类变量的权限，类变量又可以根据私密程度划分为公有变量、保护变量和私有变量，当然，类方法也可以划分为公有方法、保护方法和私有方法，前面介绍的所有类中的变量、方法都是公有变量、方法。

在 Python 的类中，开头用两个下画线定义一个私有变量，如__tickets＝500，__tickets 就是一个私有的类变量，此类变量不能在类外部直接访问(类外部不能用"类名. 变量名"访问，也不能用"对象名. 变量名"访问)，在类内部可以通过"self. __变量名"访问。

访问私有变量的示例代码如下：

```
//Chapter5/5.2.2_test15.py
输入: class Zoo:
          __tickets = 100                           # 类中直接定义的私有变量
          def __init__(self):
              pass
          def sellTicket(self):
              self.__tickets = self.__tickets - 1   # 通过 self 访问私有变量
              print(f"卖出门票 1 张,还剩下{self.__tickets}张")
      zoo = Zoo()                                   # 实例化对象 zoo
      zoo.sellTicket()

输出: 卖出门票 1 张,还剩下 99 张
```

如果在类外部访问私有变量，则程序会报错，示例代码如下：

```
//Chapter5/5.2.2_test16.py
输入：class Zoo:
        __tickets = 100                  #类中直接定义的私有变量
        def __init__(self):
            pass
    print(Zoo.__tickets)                 #在类外部通过"类名.变量名"直接访问私有变量

输出：Traceback (most recent call last):
        File "D:/myPython/test.py", line 5, in <module>
            print(Zoo.__tickets)     #在类外部直接访问私有变量
    AttributeError: type object 'Zoo' has no attribute '__tickets'
```

Python类中的私有方法名称同样通过两个下画线开头，如__sellTicket(self)，在类内部可以通过“self.__函数”访问，不能在类外部被实例化的对象访问（类外部不能用“对象名.函数”访问）。

访问私有方法的示例代码如下：

```
//Chapter5/5.2.2_test17.py
输入：class Zoo:
        def __init__(self):
            pass
        def sellTicket(self):
            print(f"卖出门票1张")
            self.__sellTicket2()             #在类中通过"self.__函数"访问私有方法
        def __sellTicket2(self):             #定义一个私有方法
            print(f"门票一次性卖出50张")
    zoo = Zoo()
    zoo.sellTicket()

输出：卖出门票1张
    门票一次性卖出50张
```

在类外部通过对象直接访问私有方法程序会报错，示例代码如下：

```
//Chapter5/5.2.2_test18.py
输入：class Zoo:
        def __init__(self):
            pass
        def __sellTicket(self):
            pass
    zoo = Zoo()                          #实例化对象zoo
    zoo.__sellTicket()                   #在类外部，通过对象调用类中的私有方法

输出：Traceback (most recent call last):
        File "D:/myPython/test.py", line 7, in <module>
            zoo.__sellTicket()     #在类外部，通过对象调用类中的私有方法
    AttributeError: 'Zoo' object has no attribute '__sellTicket'
```

Python 用一个下画线作为开头定义类中的保护变量和保护方法，如_tickets 代表保护变量、_sellTicket(self)代表保护方法，保护变量和保护方法可以像公有变量和公有方法一样在类的内部和外部正常访问，但作为模块内容导入另一个 Python 文件中时不能被访问调用。

5.2.3 综合示例

【例 5-1】 请编写一个矩形类，包含求出矩形周长和面积的方法，并求出长为 10，宽为 5 的矩形的周长和面积。

分析：矩形共有的特征是具有长和宽，可以将长和宽抽象出来作为矩形类的属性，因为不同矩形的长、宽并不一样，可以采用 self 的实例变量来定义矩形的长和宽。示例代码如下：

```
//Chapter5/5.2.3_test19.py
输入：class Rectangle:
          def __init__(self,length,width):        #初始化矩形的长和宽
              self.length = length
              self.width = width
          def perimeter(self):                    #定义周长方法
              return 2 * self.length + 2 * self.width
          def area(self):                         #定义面积方法
              return self.length * self.width
      rectangle = Rectangle(10,5)                 #实例化 rectangle 对象，传入矩形长 10、宽 5
      perimeter = rectangle.perimeter()           #调用求出矩形周长的方法
      area = rectangle.area()                     #调用求出矩形面积的方法
      print(f"长为 10、宽为 5 的矩形的周长为{perimeter}")
      print(f"长为 10、宽为 5 的矩形的面积为{area}")

输出：长为 10、宽为 5 的矩形的周长为 30
      长为 10、宽为 5 的矩形的面积为 50
```

【例 5-2】 请用面向对象的编程方式回答下面的问题：

假设现在有位于北京名为"动物园 1 号"、位于深圳名为"动物园 2 号"、位于厦门名为"动物园 3 号"的 3 个动物园。

动物园 1 号里有大熊猫、乌龟、犀牛和山羊共 4 种动物，门票 35 元一张，每个月开放 25 天，开放第 1 天的人流量为 100 人，此后每天的人流量都比前一天多 20%；动物园 2 号里有大雁、猴子和羚羊共 3 种动物，门票 38 元一张，每个月开放 23 天，开放第 1 天的人流量为 120 人，此后每天的人流量都比前一天多 23%；动物园 3 号里有白鹤、天鹅和白狐共 3 种动物，门票 32 元一张，每个月开放 28 天，开放第 1 天的人流量为 80 人，此后每天的人流量都比前一天多 20%。

3 个动物园要把每天门票收入的 20%捐赠给公益组织以便保护更多的野生动物，65%要用来维持动物园运营的成本，剩下的 15%将作为员工的收入，请问 3 个动物园每个月的捐赠、运营成本、员工收入分别是多少钱？注：最终的所有结果采用四舍五入法保留两位小数。

分析：3个动物园的名称、拥有的动物种类、门票价格、人流量的初始值、每天人流量变化的百分比和开放日天数是3个动物园的共同特征，可以抽象为动物园类的属性，计算人流量、卖票获得收入、公益捐赠、计算运营成本、计算员工收入则可以抽象为动物园类的方法。示例代码如下：

```
//Chapter5/5.2.3_test20.py
输入：class Zoo:
        def __init__(self,name,species,tickets,count,percent,days):
            self.name = name                        #定义动物园名称
            self.species = species                  #定义动物园动物的种类,为列表类型
            self.tickets = tickets                  #定义动物园的票价
            self.count = count                      #定义动物园人流量的初始值
            self.percent = percent                  #定义动物园每天人流量变化的百分比
            self.days = days                        #定义动物园开放日的天数
        def countPeople(self):                      #定义计算人流量方法
            sum = self.count                        #定义一个累加器,初始值为 self.count
            temp = self.count                       #用 temp 来记录人流量的变化
            for i in range(self.days - 1):
                temp = temp * (1 + self.percent)
                sum = sum + temp
            return sum
        def getTickets(self):                       #定义计算卖票收入的方法
            sum = self.countPeople()                #获取人流总量
            return self.tickets * sum               #返回票价 * 人流量总量
        def donate(self):                           #定义公益捐赠的方法
            return self.getTickets() * 0.2          #返回票价收入的 20%
        def cost(self):                             #定义计算运营成本的方法
            return self.getTickets() * 0.65         #返回票价收入的 65%
        def salary(self):                           #定义计算员工收入的方法
            return self.getTickets() * 0.15         #返回票价收入的 15%
    BeijingSpecies = ["大熊猫","乌龟","犀牛","山羊"]
    BeijingZoo = Zoo("动物园1号",BeijingSpecies,35,100,0.2,25)          #动物园1号
    print(f"下面是动物园1号:\n动物种类有{BeijingSpecies}")
    donate = round(BeijingZoo.donate(),2)           #四舍五入保留两位小数
    cost = round(BeijingZoo.cost(),2)
    salary = round(BeijingZoo.salary(),2)
    print(f"每个月捐赠:{donate},运营成本:{cost},员工收入:{salary}")
    ShenzhenSpecies = ["大雁","猴子","羚羊"]
    ShenzhenZoo = Zoo("动物园2号",ShenzhenSpecies,38,120,0.23,23)      #动物园2号
    print(f"下面是动物园2号:\n动物种类有{ShenzhenSpecies}")
    donate = round(ShenzhenZoo.donate(),2)
    cost = round(ShenzhenZoo.cost(),2)
    salary = round(ShenzhenZoo.salary(),2)
    print(f"每个月捐赠:{donate},运营成本:{cost},员工收入:{salary}")
    XiamenSpecies = ["白鹤","天鹅","白狐"]
    XiamenZoo = Zoo("动物园3号",XiamenSpecies,32,80,0.2,28)             #动物园3号
    print(f"下面是动物园3号:\n动物种类有{XiamenSpecies}")
    donate = round(XiamenZoo.donate(),2)
```

```
        cost = round(XiamenZoo.cost(),2)
        salary = round(XiamenZoo.salary(),2)
        print(f"每个月捐赠:{donate},运营成本:{cost},员工收入:{salary}")

输出: 下面是动物园 1 号:
      动物种类有['大熊猫', '乌龟', '犀牛', '山羊']
      每个月捐赠:330386.76,运营成本:1073756.96,员工收入:247790.07
      下面是动物园 2 号:
      动物种类有['大雁', '猴子', '羚羊']
      每个月捐赠:459571.95,运营成本:1493608.85,员工收入:344678.96
      下面是动物园 3 号:
      动物种类有['白鹤', '天鹅', '白狐']
      每个月捐赠:419442.34,运营成本:1363187.59,员工收入:314581.75
```

5.3 类的继承

5.3.1 继承的概念

面向对象编程因为有类的存在而灵活多变,当一些类的属性和方法存在交集时,为了避免重复定义这些属性和方法,可以通过类的继承机制来提高代码的复用性,从而减轻编程人员的负担。

类的继承描述的是两个类之间的关系,正如现实生活中的很多概念都具有包含与被包含的关系,例如猫包含于动物类。猫本身也可以作为一个类别存在,即猫类,由于猫类与动物类之间的包含与被包含关系,我们可以称猫类为动物类的子类,动物类为猫类的父类。

猫类(子类)具有动物类(父类)的绝大多数特点和功能。假设我们在 Python 代码中定义了动物类,如果还要定义猫类,猫类不仅要定义动物类中的绝大多数属性和方法,还要再定义一些独有的属性和方法,这样定义就显得代码非常冗余,做了大量的重复工作。为此,我们在定义猫类时可以通过继承的方法,让猫类继承动物类已经定义好的属性和方法,这样定义猫时就只需再定义猫类独有的属性和方法就可以了。

当两个类之间具有大量的重复属性和方法或具有一定的包含与被包含关系时,我们只需要在范围更广的那个类中定义重复的属性和方法(称这个类为父类、基类或超类),让另一个范围更小的类继承这些属性和方法即可(称这个类为子类或派生类),通过继承机制子类就拥有了父类的绝大多数属性和方法,从而避免了重复定义。

5.3.2 继承的语法和使用

1. 类的继承语法:

类的继承语法格式如下:

```
class 子类名(父类名 1,父类名 2...)
```

上述语法格式代表着该类将作为子类同时继承括号内声明的所有父类,该类将具有所有父类的绝大多数属性和方法,继承的使用示例代码如下:

```
//Chapter5/5.3.2_test21.py
输入: class Animal:                              # 定义父类: 动物类
          age = 3                                # 定义父类属性: age
          def __init__(self):
              print("调用父类初始化函数:动物类")
          def eating(self):
              print('调用父类 Animal 的吃饭方法: 动物都会吃饭')
          def setage(self, age):
              print('将属性 age 设置为:',age)
              Animal.age = age
          def getage(self):
              print("获取属性 age:", Animal.age)
      class Cat(Animal):                         # 定义子类: 猫类,猫类继承动物类
          def __init__(self):
              print("调用子类初始化函数: 猫类")
          def catching_mouse(self):
              print('调用子类的独有方法: 抓老鼠')
      cat = Cat()                                # 实例化子类,获得猫类对象 cat
      cat.catching_mouse()                       # 调用子类对象 cat 的方法
      cat.eating()                               # 通过子类对象 cat 调用父类的吃饭方法
      cat.setage(10)                             # 通过子类对象 cat 调用父类的设置属性值方法
      cat.getage()                               # 通过子类对象 cat 调用父类的获取属性值方法

输出: 调用子类初始化函数: 猫类
      调用子类的独有方法: 抓老鼠
      调用父类 Animal 的吃饭方法: 动物都会吃饭
      将属性 age 设置为: 10
      获取属性 age: 10
```

在上述代码中,子类猫 Cat 继承了父类动物 Animal 的属性 age,以及 3 种方法(eating()、setage()和 getage())。继承之后子类对象就可以直接调用父类的属性及方法了。子类猫 Cat 实例化产生对象 cat,对象 cat 先调用了本类猫的独有方法: catching_mouse(),又调用了父类动物 Animal 的 3 种方法: eating()、setage()和 getage()。值得注意的是,通过子类对象调用父类方法时,Python 总是先从子类中开始查找该方法,如果不能在子类中找到对应的方法,则到父类中逐个查找。子类和父类中都有初始化函数,当子类实例化一个对象时,Python 先在子类中寻找初始化函数,由于可以在子类中找到初始化函数,因此子类实例化一个对象时输出子类的构造函数,而不会调用父类的初始化函数,这种父类和子类具有相同名称、函数体却内容不同的情况,被称为方法重写,方法重写将在后面的内容中介绍。

当然,上述代码只展示了子类继承一个父类的情形,子类继承多个父类的示例代码如下:

```
//Chapter5/5.3.2_test22.py
输入: class Animal:                              # 定义父类: 动物类
          age = 3                                # 定义父类属性: age
          def __init__(self):
              print("调用父类(动物类)初始化函数")
```

```
        def eating(self):
            print('调用父类(动物类)的吃饭方法：动物都会吃饭')
    class CuteThings:                       #定义一个父类：CuteThings
        def __init__(self):
            print("调用父类初始化函数:可爱的东西")
        def they_are_cute(self):
            print('调用父类(CuteThings)的方法：这种东西都很可爱')
    class Cat(Animal,CuteThings):           #定义子类猫：Cat,继承父类 Animal 和 CuteThings
        def __init__(self):
            print ("调用子类(猫类)初始化方法")
        def catching_mouse(self):
            print ("调用子类(猫类)方法：抓老鼠")
    cat = Cat()                             #实例化子类
    cat.catching_mouse()                    #调用子类本身的方法
    cat.eating()                            #调用父类 Animal 方法
    cat.they_are_cute()                     #调用父类 cutethings 方法

输出：调用子类(猫类)初始化方法
    调用子类(猫类)方法：抓老鼠
    调用父类(动物类)的吃饭方法：动物都会吃饭
    调用父类(CuteThings)的方法：这种东西都很可爱
```

在上面例子中子类 Cat 继承了两个父类(类 CuteThings 和类 Animal)，子类 Cat 可以调用这两个父类的所有属性和方法。

2. 子类对父类方法的重写

很多时候父类中定义的方法无法满足子类的需求，如虽然动物都具有吃饭的功能方法，但是有些动物食草，而有些动物食肉，因此食草、食肉动物子类的吃饭方法应与父类动物类中的吃饭方法不同，在定义这样的子类时要对父类方法重新编写。子类中对父类中的方法进行重新编写的过程就叫作方法的重写，示例代码如下：

```
//Chapter5/5.3.2_test23.py
输入：class Animal:                         #定义父类：动物类
        age = 3
        def __init__(self):
            print("调用父类(动物类)构造函数")
        def eating(self):
            print("调用父类(动物类)方法：动物都会吃饭")
    class Herbivore(Animal):                #定义子类：食草动物类,继承父类动物类
        def __init__(self):
            print ("调用子类(Herbivore)初始化方法")
        def eating(self):                   #重写父类中的 eating()方法,方法名称与父类方法一致
            print ("重写父类 eating()方法：食草动物吃草")
    herbivore = Herbivore()                 #实例化子类
    herbivore.eating()                      #调用子类中对父类重写的方法

输出：调用子类(Herbivore)初始化方法
    重写父类 eating()方法：食草动物吃草
```

在上述例子中，父类动物类 Animal 中的方法 eating()输出“调用父类方法：动物都会吃饭”，显然这并不满足子类食草动物类 Herbivore 特殊化的食草要求，因此我们可以利用重写机制，即在子类中重新定义与父类方法同名的方法。在食草动物类 Herbivore 重写 eating()方法后，实例化一个子类对象 herbivore，子类对象 herbivore 在调用方法 eating()时，会先在子类中查找该方法，进行方法重写后子类中有了新的 eating()方法，因此无须继续在父类中寻找 eating 方法，直接调用子类中新的 eating()方法，屏蔽掉了父类同名方法。

3. 子类继承父类的__init__()初始化函数

子类继承父类的初始化__init__()函数的情况比较特殊，分为 3 种情况：

(1) 子类不重写父类的__init__()初始化函数，实例化子类时，会自动调用父类定义的__init__()初始化函数，示例代码如下：

```
//Chapter5/5.3.2_test24.py
输入：class Animal:                          #定义父类：动物类
          def __init__(self,name):           #父类初始化函数
              self.name = name               #初始化动物名称
              print("调用父类初始化函数，为动物取名为",self.name)
      class Cat(Animal):                     #定义子类猫，继承动物类，子类中并没有重写构造函数
          def getName(self):
              return self.name               #返回父类中初始化的动物名称
      cat = Cat("mimi")                      #实例化子类
      print("猫咪的名字是：",cat.getName())

输出：调用父类初始化函数，为动物取名为 mimi
      猫咪的名字是：mimi
```

在上述代码中，子类 Cat 并没有重写父类 Animal 中的构造函数，因此子类 Cat 在实例化对象 cat 时，调用的初始化函数是父类的初始化函数。

(2) 如果子类重写了父类的__init__()初始化函数，在实例化子类时，就不会调用父类已经定义的 __init__()初始化函数，示例代码如下：

```
//Chapter5/5.3.2_test25.py
输入：class Animal:                          #定义父类：动物类
          def __init__(self,name):           #父类初始化函数
              self.name = name
              print("调用父类初始化函数，为动物取名为",self.name)
      class Cat(Animal):                     #定义子类猫，子类重写构造函数
          def __init__(self,name):           #子类初始化函数
              self.name = name
              print("调用子类初始化函数，为动物取名为",self.name)
          def getName(self):
              return self.name
      cat = Cat("mimi")                      #实例化子类时调用子类中的构造函数
      print("猫咪的名字是：",cat.getName())

输出：调用子类初始化函数，为动物取名为 mimi
      猫咪的名字是：mimi
```

(3) 子类重写父类__init__()初始化函数时，若既要继承父类中的初始化函数，又要添加一些独特的代码内容，则可以使用super()函数，super()函数的功能是调用父类方法。假设父类 Animal 中有一个 eating()函数，在子类中可以通过 super(). eating()的方式调用父类 Animal 中的 eating()方法，因此我们也可以在子类的__init__()初始化函数中通过 super()函数先调用父类中的初始化函数，再编写子类初始化时独有的代码内容，通过 super()函数调用父类初始化方法的语法格式如下：

```
super(子类名称,self).__init__(参数1,参数2,....)
```

示例代码如下：

```
//Chapter5/5.3.2_test26.py
输入：class Animal:                                  #定义父类：动物类
          def __init__(self,name):                    #父类初始化函数
              self.name = name
              print("调用父类初始化函数,为动物取名为",self.name)
      class Cat(Animal):                              #定义子类：猫类
          def __init__(self,name):                    #子类构造函数
              super(Cat,self).__init__(name)          #通过 super()函数调用父类的初始化函数
              self.name = name
              print("调用子类初始化函数,为动物取名为",self.name)
          def getName(self):
              return self.name
      cat = Cat("mimi")                               #实例化子类时调用子类中的构造函数
      print("猫咪的名字是：",cat.getName())           #调用子类的 getName()函数

输出：调用父类初始化函数,为动物取名为 mimi
      调用子类初始化函数,为动物取名为 mimi
      猫咪的名字是：mimi
```

因为在子类的初始化函数中使用 super()函数强制调用了父类的初始化函数，因此子类在实例化子类对象的过程中，在调用子类初始化函数的同时，也会调用父类的初始化函数，然后继续执行子类初始化函数的剩余部分。

5.4　Python 中的异常处理机制

5.4.1　异常的概念

在编写代码的过程中可能会遇到各种各样的错误，一旦程序报错就会给我们带来巨大的困扰，初学者很难搞清楚代码为什么不能成功运行。

代码不能成功运行可能来源于以下两个方面：

一是初学者较为频繁碰到的解析错误，或称为语法错误。语法错误往往由遗漏分号、冒号或者程序中掺杂了中文符号导致。在发生该类错误时，解析器往往能够明显定位程序发生语法错误的位置，使该类问题较容易解决。

二是程序逻辑错误，即使 Python 程序语法正确，但由于运行过程中程序过于复杂或逻

辑不清，导致一些意料之外的错误，这类错误也称为异常，这是本节将要详细介绍的内容。由于程序出现异常的原因往往与编程人员的思维逻辑有很大相关性，因此异常纠正较为费时费力，不像解析错误一样容易解决，但大多数编程语言都为解决异常提供了处理机制，即异常处理机制。

异常处理机制能够将可能出现异常的代码段和正常功能代码段进行很好分割，从而使代码整体结构更加简洁明了，可读性更强，并且利用异常处理机制能够精准定位异常代码出现的位置及产生异常的原因，对于非致命性异常能够将其延迟抛给对应的程序层面处理。

5.4.2 异常处理语句

在 4.1.2 节函数声明的语法格式中，读者接触过了函数中的 return 语句，return 语句可以将程序结果返回到程序外部，从另一个角度思考，return 语句是不是也能将程序执行后可能产生的异常值返回呢？当然可以，return 语句返回异常值就是一种异常处理机制。若函数运行时程序发生了异常，人们往往会通过 return 语句返回一个约定的常数值（如常数－1）用来表示函数运行过程中产生的某种错误，示例代码如下：

```
//Chapter5/5.4.2_test27.py
输入：def func(x):                              #定义 func()函数
          if x > 0:                           #假设 x > 0 时程序正常执行
              print("程序正常执行")
          else:                               #否则
              return -1                       #返回 -1,表示程序没有正常执行
      a = func(-20)
      if a == -1:                             #如果 func(-20)则返回 -1
          print("func()函数运行出错")

输出：函数 func 运行出错
```

上述代码在调用 func()函数的过程中出现错误，通过 return 语句返回了约定的异常值－1（－1 代表产生了某种错误），否则返回函数正常的执行结果，但随着程序代码复杂性的增强，编程人员若每次编写函数都要通过这样的方式返回约定的异常值，会给程序编程带来巨大的工作量，使用也不方便，因此有了异常处理语句。

1. try/except 语句

为了更好地对异常进行处理，Python 提供 try/except 语句专门解决程序异常问题，try/except 语句的语法格式有 3 种，最简单的一种语法格式如下：

```
try:
    代码块 1
except:
    代码块 2(代码块 1 检测出异常后才执行的代码块)
```

在上述语法格式中，首先会执行 try 与 except 语句之间的代码块 1，如果代码块 1 的执行结果无异常发生则会忽略 except 语句里的代码块 2，若发生异常则代码块 1 中发生异常的该行代码之后所有的剩余语句将被忽略，except 语句里的代码块 2 将被执行，示例代码如下：

```
//Chapter5/5.4.2_test28.py
输入：try:
        file = open("Python.txt")          #打开当前目录下的一个文件,假设该文件不存在
    except:
        print("发生了异常,该文件不在当前目录下")

输出：发生了异常,该文件不在当前目录下
```

在上述代码中，首先会正常执行 open()函数，若 open()函数没能通过传入的文件目录路径找到文件，则程序会报错(发生异常)导致程序终止，通过 try/except 语句将 open()函数包围后，当 open()函数发生异常时不会导致程序终止，而是会转而执行 except 里的代码块内容。若上述代码不用 try/except 语句包围，则示例结果如下：

```
//Chapter5/5.4.2_test29.py
输入：file = open("Python.txt")        #打开当前目录下名为"Python.txt"的文件,假设该文件不存在

输出：Traceback (most recent call last):
          File "D:/myPython/test.py", line 1, in <module>
              file = open("Python 数据分析从 0 到 1.txt")
    FileNotFoundError: [Errno 2] No such file or directory: 'Python.txt'
```

上述代码执行结果报错，执行结果报错会导致整个程序停止运行，编程人员显然并不希望因为一个小异常导致整个程序停止运行，因此 try/except 语句对异常的捕捉显得非常关键。

通过上述 try/except 语句的语法格式只能帮助我们捕捉到程序异常，而无法告诉我们为什么会发生这个异常，异常的种类是什么，为此我们可以在 except 语句后添加异常的种类，只需将异常名称放在一个括号中成为一个元组(如果只有一个异常名称则无须加括号，直接写即可)，语法格式如下：

```
try:
    代码块 1
except (异常名 1,异常名 2,异常名 3,...): #如果只有 1 个异常名,则语法格式为 except 异常名
    代码块 2(代码块 1 检测出异常后才执行的代码块)
```

如果程序发生的异常类型与 except 语句后的异常类型成功匹配，则可以直接打印出异常类型，示例代码如下：

```
//Chapter5/5.4.2_test30.py
输入：try:
        file = open("Python.txt")        #打开当前目录下的一个文件,假设该文件不存在
    except FileNotFoundError:
        print(format(FileNotFoundError))

输出：<class 'FileNotFoundError'>
```

在上述代码中，open()函数发生异常对应匹配的异常类型为 FileNotFoundError，与

except 语句后跟的异常类型名称成功匹配，因此异常 FileNotFoundError 成功被捕捉，但如果异常类型没有成功匹配，则程序仍然会报错但会停止运行，示例代码如下：

```
//Chapter5/5.4.2_test31.py
输入：try:
        file = open("Python.txt")          #假设"Python.txt"文件实际不存在
    except InterruptedError:
        print(format(InterruptedError))

输出：Traceback (most recent call last):
        File "D:/myPython/test.py", line 2, in <module>
                file = open("Python.txt")
    FileNotFoundError: [Errno 2] No such file or directory: 'Python.txt'
```

另外一个 try 语句后可以连接多个 except 语句，可以分别处理不同的异常，这些 except 语句一次只能执行一个，不会同时被执行，同时最后一个 except 语句后一般不带有异常名称，可以用来解决上述代码未找到对应匹配异常导致程序停止运行的问题，也往往通过最后一个 except 语句来打印出难以预计的异常类型信息，且最后一个 except 语句里的代码块内容结尾还可以跟一个 raise 语句，raise 语句表示将异常再次抛出，让编程人员能够知道发生了哪个种类的异常，但会导致程序停止运行，语法格式如下：

```
try:
    代码块 1
except 异常 1:
    代码块 2                              #发生了异常 1 才会执行
except 异常 2:
    代码块 3                              #发生了异常 2 才会执行
...
except:
        代码块 n
    raise                                 #raise 语句不是必须写的
```

示例代码如下：

```
//Chapter5/5.4.2_test32.py
输入：try:
        file = open("Python.txt")      #假设"Python.txt"文件不存在
    except InterruptedError:
        print(format(InterruptedError))
    except:                            #即使上述异常不匹配也不会导致程序报错
        print("发生了难以预计的异常")

输出：发生了难以预计的异常
```

2. try/except...else 语句

在 try/except 语句末尾还可以添加 else 语句，如果程序无异常发生，则会正常执行 else 语句里的代码，否则不执行，语法格式如下：

```
try:
    代码块 1
except 异常 1:
    代码块 2
...
else:
    代码块 n                                    # 程序无异常才会执行
```

示例代码如下：

```
//Chapter5/5.4.2_test33.py
输入: try:
          print("try 语句里的代码无异常")
      except InterruptedError:
          print(format(InterruptedError))
      else:
          print("else 语句里的代码正常执行")

输出: try 语句里的代码无异常
      else 语句里的代码正常执行
```

3. try/except...else/finally 语句

在编程过程中总希望不论程序是否存在异常，有一部分代码仍然能正常执行，由此看来try/except...else 语句也具有一定的局限性，为此我们可以将 finally 语句放在整个 try/except 语句最后，表示无论 try 语句里的代码是否产生异常，finally 语句里的代码都会被执行，语法格式如下：

```
try:
    代码块 1
except 异常 1:
    代码块 2
...
else:
    代码块 n-1                          # 程序无异常才会执行
finally:
    代码块 n                            # 无论程序是否存在异常都会执行
```

示例代码如下：

```
//Chapter5/5.4.2_test34.py
输入: try:
          print("try 语句里的代码无异常")
      except InterruptedError:
          print(format(InterruptedError))
      else:
          print("执行 else 语句里的代码")
      finally:
          print("finally 语句里的代码,无论是否有异常都会执行")
```

```
输出：try语句里的代码无异常
      执行else语句里的代码
      finally语句里的代码，无论是否有异常都会执行
```

Python 中的异常处理语句总结如表 5-4 所示。

表 5-4 Python 异常处理语句总结

序号	语句名称	详细说明
1	try	try 语句里的代码正常执行，如果某一行代码产生了异常，则语句里的代码会停止执行
2	except	try 语句里的代码产生了异常才执行，如果没有异常则不执行
3	else	try 语句里的代码没有异常才执行，如果产生了异常则不执行
4	finally	无论 try 语句里的代码是否执行，finally 里的代码都会被执行
5	raise	raise 语句表示主动将异常抛出

4. Python 中的异常类型

Python 中的异常类型是以类的形式存在的，上述代码中出现过的异常类型 InterruptedError 和 FileNotFoundError 都是以类的形式存在的，这些异常类型被称为异常类。所有的异常类都继承自父类 BaseException。Python 中具有很多异常父类，异常父类在表 5-5 中以父类序号的形式表示，例如表 5-5 序号 6 表示的类 StopIteration，其父类序号为 5，意为类 StopIteration 继承于表 5-5 序号 5 表示的类 Exception，即类 Exception 是类 StopIteration 的父类。

Python 异常类如表 5-5 所示。

表 5-5 Python 异常类

序号	类名	详细说明	父类序号
1	BaseException	所有异常的基本类	无
2	SystemExit	解释器请求退出程序	1
3	KeyboardInterrupt	用户通过键盘输入中断程序执行	1
4	GeneratorExit	生成器发生异常导致退出	1
5	Exception	常见常规错误的基本类	1
6	StopIteration	迭代器中无值导致停止	5
7	StopAsyncIteration	由一个特定对象的方法来停止迭代	5
8	ArithmeticError	常见数值计算错误异常基类	5
9	FloatingPointError	浮点计算错误	8
10	ZeroDivisionError	零作为除数	8
11	OverflowError	运算过程数值超过最大限制	8
12	AssertionError	断言语句出错	5
13	BufferError	缓冲区相关操作出错	5
14	EOFError	到达 EOF 标记	5
15	AttributeError	属性错误，可能对象无所使用属性	5
16	ImportError	导入模块或库错误	5
17	ModuleNotFoundError	无法找到对应模块	16
18	LookupError	映射使用的键或索引无效	5

续表

序号	类 名	详细说明	父类序号
19	IndexError	序列中无该索引	18
20	KeyError	映射中无该键	18
21	MemoryError	内存错误	5
22	NameError	使用了未声明或初始化的对象	5
23	UnboundLocalError	使用了未声明的本地变量	22
24	OSError	操作系统错误	5
25	ChildProcessError	子进程操作失败	24
26	BlockingIOError	阻塞对象操作失败	24
27	ConnectionError	与连接相关的异常基类	24
28	ConnectionResetError	连接被重置	27
29	ConnectionRefusedError	连接被拒绝	27
30	ConnectionAbortedError	连接被中断	27
31	BrokenPipeError	套接字写入错误	27
32	FileNotFoundError	对不存在的文件或目录做出操作	24
33	FileExistsError	重复创建已经存在的文件或目录	24
34	InterruptedError	系统调用过程被中断	24
35	TimeoutError	程序超时	24
36	PermissionError	不具备进行操作的权限	24
37	ProcessLookupError	对不存在的进程进行操作	24
38	NotADirectoryError	对非目录进行目录操作	24
39	IsADirectoryError	对目录进行了文件操作	24
40	RunTimeError	不属于其余类别的错误	5
41	RecursionError	解释器检测超过最大递归深度	40
42	SyntaxError	语法错误的基类	5
43	IndentationError	缩进存在错误	42
44	TabError	Tab 和空格混用导致异常	43
45	SystemError	解析器内部异常	5
46	TypeError	操作对应的对象类型不正确	5
47	ValueError	操作对象类型的值不正确	5
48	UnicodeError	Unicode 编码或解码错误	47
49	UnicodeDecodeError	Unicode 解码错误	48
50	UnicodeEncodeError	Unicode 编码错误	48
51	UnicodeTranslateError	Unicode 转码错误	48
52	Warning	所有警告的基类	5
53	BytesWarning	有关 Bytes 的警告的基类	52
54	UnicodeWarning	与 Unicode 相关的警告的基类	52
55	ImportWarning	模块导入可能出错的警告的基类	52
56	ResourceWarning	与资源相关的警告的基类	52
57	FutureWarning	已弃用功能的警告的基类	52
58	UserWarning	用户代码生成警告的基类	52
59	SyntaxWarning	可疑语法警告的基类	52
60	DeprecationWarning	已经弃用功能的警告基类	52

5.4.3 assert 断言

在程序调试过程中，最为常用的方法是通过 print()函数输出程序结果来判断程序是否正常运行，假如程序出现异常，通过这种方式无法让编程人员清楚异常产生的原因，只能依靠猜测，为此我们可以通过 assert 断言语句来代替。assert 断言语句后跟一个表达式，如果表达式结果为 True 则表示程序正常运行，如果结果为 False 则会抛出异常，语法格式如下：

```
assert 表达式
```

示例代码如下：

```
//Chapter5/5.4.3_test35.py
输入：assert 1 == 0                              #结果为 False 时会抛出异常，并指出异常类型

输出：Traceback (most recent call last):
        File "D:/myPython/test.py", line 1, in <module>
                assert 1 == 0
      AssertionError
```

上述代码 assert 断言后跟的表达式的返回值为 False，执行结果抛出 AssertionError 异常。

用户还可以为 assert 断言语句后添加参数，参数会作为异常提示信息一起与异常类信息输出，语法格式如下：

```
assert 表达式，参数
```

示例代码如下：

```
//Chapter5/5.4.3_test36.py
输入：assert 1 == 0,"1 == 0 抛出了异常"          #"1 == 0 抛出了异常"为异常提示信息

输出：Traceback (most recent call last):
        File "D:/myPython/test.py", line 1, in <module>
                assert 1 == 0,"1 == 0 抛出了异常"
      AssertionError: 1 == 0 抛出了异常
```

5.4.4 自定义异常

在编程过程中，由于不同问题的需求不同，仅依靠 Python 提供的异常类无法满足需求，因此往往需要自行定义才能使程序功能更为完善。在上述介绍中，我们知道异常其实就是类，因此我们也可以通过创建类的方式来自定义异常。自定义异常必须继承 Python 提供的异常父类(表 5-5 所介绍的父类)，进而成为新的异常子类，示例代码如下：

```
//Chapter5/5.4.4_test37.py
输入：class myError(BaseException):                #继承类 BaseException
          def __init__(self,info):
              self.info = info
      try:
          raise myError("自定义异常")               #raise 语句表示主动抛出异常
          #参数"自定义异常"与类 myError 的__init__()函数中的参数 info 匹配
      except myError as e:                         #as 表示取一个别名,即为 myError 取别名 e
          print("发生的异常类型为",e.info)

输出：发生的异常类型为：自定义异常
```

通过自定义异常，读者能够在编程过程中灵活使用异常机制来处理程序存在的问题，效率能够显著提升。

5.5 本章小结

本章相对初学者来讲比较难以适应及接受，因此本章更多地偏向用类比的方法为读者介绍抽象的理论概论，并提供大量的示例代码供读者思考和练习。本章首先从面向对象的相关理论出发，介绍了类和对象概念，并对类和对象引出的一些其他相关概念进行了整理，接着对面向过程编程与面向对象编程的异同点进行了比较，然后介绍了类和对象语法格式及编程方式，并通过两道面向对象的综合示例编程题向读者展示利用面向对象进行编程解题时的思维方式及编程技巧，最后介绍了类的继承及 Python 中的异常处理机制。

第6章

Python 文件操作

文件是存储数据的主要媒介之一，数据分析所需要使用的数据常常以不同格式存储在不同类型的文件中，因此文件操作是获取数据的关键步骤。

本章从文件字符的编码方式开始介绍，让读者对计算机文件能够存储数据的原因有一定的认识，接着介绍 Python 读取和写入文件数据的基本方式。由于读者日常工作、科研和学习过程中可能频繁地接触办公软件，数据分析也离不开与办公软件的结合使用，为此 6.5 节专门介绍针对 Excel 文件的处理库。然而，部分信息的内容数据量庞大，可能需要成百上千个文件才能分门别类地存储这些数据，数据分析所需要的数据，也可能要从成百上千个文件中分别提取一部分，如何批量地管理和操作这些文件成了难题，为此 6.6 节将介绍批量操作文件的方法，以及两个贴近生活的自动化、批量办公的实例。

6.1 文件字符的编码方式

文件能够存储海量的各种类型数据，但这些数据又是怎样被计算机识别的呢？计算机为什么能够识别各种中文、英文等不同国家和地区的符号呢？为什么 Python 读入程序有时候会导致乱码呢？这些问题的答案都可以从本节内容中找到。

1. ASCII 编码

计算机本身无法识别中文、英文等各类符号，所有的数据都是以二进制的形式存储和运算，只能识别 0 和 1，因此为了能够让计算机拥有识别各类文本数据的能力，人们制定了许多约定规则，约定使用一串确定的二进制数字表示特定的符号，这个过程被称为对字符的编码，这些约定规则被称为编码规则。由于不同地区、不同的人都能够约定出自定义的规则，所以必须由专业权威的机构对这些编码规则制定统一的标准规范，以保证大家能够使用相同的编码规则进行相互通信，而 ASCII 编码正是计算机最早使用的一套编码规范。

ASCII 编码（American Standard Code for Information Interchange，美国信息交换标准代码）由美国国家标准学会制定，采用 7 或 8 位的二进制数编码字符，二进制数字的每一位都能表示 0 或 1 两种状态，7 位二进制数共有 $2^7=128$ 种状态，8 位二进制数共有 $2^8=256$ 种状态，每个 7 位或 8 位二进制数都代表一个特定字符，如 ASCII 编码中规定用二进制数 0010 0101 代表百分号（%），但由于不同国家和地区所使用的语言、字符存在差异，ASCII 编码只能够满足英语国家和地区的处理需求，无法满足世界各地字符编码的需要，例如中国汉字需要编码的字符就有 10 万左右，因此，为了使编码规范的适用范围能扩展到更多使用非英语的国家,出现了 Unicode 编码。

2. Unicode 编码

Unicode 编码是在 ASCII 编码的基础上扩展而来的,能够编码表示众多国家和地区的字符,已经在全球有非常强大的影响力和广阔应用。一般说来,Unicode 采用 2 字节(1 字节代表 8 位二进制数)进行编码,2 字节编码的方式使能编码的字符扩展到了 2^{16} 个,如果有需要当然也可以采用更多字节对字符进行编码。

Unicode 编码是一种标准,基于这种标准衍生出了 UTF-8、UTF-16、UTF-32 共 3 种 UTF(Unicode Transfer Format,UTF)实现方式,3 种实现方式又各具优点和特色,能够满足更多情境下的需要,3 种实现方式的对比如表 6-1 所示。

表 6-1　UTF-8、UTF-16、UTF-32 的对比

序号	名　称	详细说明
1	UTF-8	一种可变长度的编码方式,使用 1～4 字节进行编码,支持 Unicode 标准中的所有字符,兼容 ASCII 编码,且能以最小的内存空间存储字符的编码,是 Python 3. x 版本的默认编码方式
2	UTF-16	使用 2～4 字节进行编码,不兼容 ASCII 编码
3	UTF-32	采用 4 字节对每个字符编码,会浪费较大的内存空间

3. GB 2312、GBK 与 GB 18030

GB 2312(信息交换用汉字编码字符集)是中国国家标准总局在 1980 年发布的一套汉字字符编码标准,共收录了 6763 个汉字和 682 个非汉字图形的编码信息,适用于汉字之间的信息交换,能够被大部分的软件和系统支持。1995 年,在 GB 2312 基础上还扩展推出了 GBK(汉字编码扩展规范),共收录了 21003 个汉字,向下兼容 GB 2312 的编码。2000 年,完全兼容 GB 2312 和基本能够兼容 GBK 的 GB 18030(信息技术中文编码字符集)发布,共收录了 70244 个汉字。2005 年,新的 GB 18030 发布,扩展支持如西藏、朝鲜、维吾尔文等少数民族字符的编码,是我国软件和计算机系统必须严格遵循的一套标准。

至此,相信读者对本节开头的 3 个问题心中已经有了答案:通过二进制编码的方式使计算机能够识别文件中各种类型的字符数据,又通过制定统一的规范编码标准使计算机能够对各国各地区的字符分类识别并使用,Python 读入程序导致的乱码最大的可能性是因为程序读入数据所使用的编码方式与文件中数据所使用的编码方式不兼容。

目前,我国各类文件、软件和计算机系统更流行使用的是 UTF-8、GB 2312、GBK 与 GB 18030 编码。

6.2　Python 文件的操作步骤

文件是程序获取数据的最重要渠道之一,文件不仅能够对数据分门别类地存储,还能提高数据的读写效率、安全性和可靠性。

Python 文件的操作步骤如表 6-2 所示。

表 6-2　Python 文件的操作步骤

序号	步骤	详细说明
1	打开文件	用户指明文件所在的路径位置，使文件处于打开状态
2	读取文件	按照一定的格式规则读取文件中存储的数据
3	写入文件	按照一定的格式规则将程序中处理好的数据写入指定文件并保存
4	关闭文件	使文件处于关闭状态

6.3 文件的打开与关闭

1. 文件的打开

文件操作的第 1 步就是打开文件，Python 把文件看作对象类型，提供了一个内置的 open()函数以便打开指定路径下的文件对象，open()函数的原型如下：

```
file = open(file[,mode = "r",buffering = -1,encoding = None])
```

对 open()函数参数的详细介绍如表 6-3 所示。

表 6-3　open()函数的详细介绍

序号	参数	详细说明
1	file	字符串类型数据，用来指明文件所在的路径位置，若文件 a.txt 与当前的 Python 文件处于同一个目录中，则直接传入文件名 a.txt 即可，若文件 a.txt 与当前的 Python 文件不处于同一目录中，则可以传入带盘符的路径位置，如可传入参数 D:\a.txt。注意：盘符中可能存在需要转义的符号，可以直接使用 r 实现转义，如 r "D:\a.txt"
2	mode	文件的打开模式，默认值为 r，表示以只读的模式打开文件
3	buffering	设置缓冲区，buffering 设置为 0 时表示不设置缓冲区，设置为 1 时表示设置缓冲区，设置为大于 1 时表示设置缓冲区的大小为 buffering，设置为 -1 时表示设置缓冲区大小为系统默认值
4	encoding	文件的编码方式，默认为 None，常用的方式为 UTF-8 方式

表 6-3 序号 2 中的 mode 可设置的文件打开模式如表 6-4 所示。

表 6-4　文件打开模式

序号	参数	详细说明
1	b	以二进制模式打开文件
2	r	文件打开模式的默认值，以只读模式打开文件，文件指针的初始位置在文件开头，必须是已经存在的文件，如果文件不存在则会报错
3	rb	b 代表二进制模式，r 代表只读模式，rb 代表以二进制和只读模式打开文件
4	r+	打开可用于读取和写入的文件，文件指针的初始位置在文件开头，如果文件不存在则会报错
5	rb+	以二进制模式打开可用于读取和写入的文件，文件指针的初始位置在文件开头，如果文件不存在则会报错

续表

序号	参数	详细说明
6	w	打开只能用于写入的文件，如果文件不存在则会先创建一个新文件再写入数据，如果该文件存在则会先删除文件里原有的内容后再重新写入数据
7	wb	以二进制模式打开只能用于写入的文件，如果文件不存在则会先创建一个新文件再写入数据，如果该文件存在则会先删除文件里原有的内容后再重新写入数据
8	w+	打开可用于写入和读取的文件，如果文件不存在则会先创建一个新文件再写入数据，如果该文件存在则会先删除文件里原有的内容后再重新写入数据
9	wb+	以二进制模式打开可用于写入和读取的文件，如果文件不存在则会先创建一个新文件再写入数据，如果该文件存在则会先删除文件里原有的内容后再重新写入数据
10	a	以追加模式打开文件，如果文件不存在则会先创建一个新文件再写入数据，如果该文件存在则将新的数据追加到文件末尾，不能读取数据
11	ab	以二进制和追加模式打开文件，如果文件不存在则会先创建一个新文件再写入数据，如果该文件存在则将新的数据追加到文件末尾，不能读取数据
12	a+	以追加模式打开可用于读写的文件，如果文件不存在则会先创建一个新文件再写入数据，如果该文件存在则将新的数据追加到文件末尾
13	ab+	以二进制和追加模式打开可用于读写的文件，如果文件不存在则会先创建一个新文件再写入数据，如果该文件存在则将新的数据追加到文件末尾

当open()函数执行完后会返回一个file文件对象，通过file文件对象能够读取文件的属性信息并能够对file指向的文件进行读取、写入、关闭等操作。以只能写入的模式打开与当前目录Python文件处于同一目录下的studentInfo.txt文件的示例代码如下：

```
//Chapter6/6.3_test1.py
输入：file = open("studentInfo.txt",mode = "w",encoding = "utf - 8")
     print(file)

输出：<_io.TextIOWrapper name = 'studentInfo.txt' mode = 'w' encoding = 'utf - 8'>
```

文件打开后返回的file文件对象常用属性如表6-5所示。

表6-5 file文件对象常用属性

序号	属性名	详细说明
1	file.name	文件的名称
2	file.mode	文件的打开模式
3	file.closed	文件已经关闭则返回值为True，还未关闭则返回值为False

文件对象常用属性的使用示例代码如下：

```
//Chapter6/6.3_test2.py
输入：file = open("studentInfo.txt",mode = "w",encoding = "utf - 8")
     fileName = file.name
```

```
        fileMode = file.mode
        fileClosed = file.closed
        print("文件的名称：",fileName)
        print("文件的打开模式：",fileMode)
        print("文件是否关闭：",fileClosed)

输出：文件的名称：studentInfo.txt
      文件的打开模式：w
      文件是否关闭：False
```

2．文件的关闭

使用上述方法打开文件，并对一个文件进行读取、写入等操作结束后，读者必须使用file对象里的close()方法将文件关闭，因为当用户将数据写入文件时可能会有一部分数据还被遗留在文件的缓冲区域而未成功写入文件中，close()方法被执行后不仅能够关闭文件，还能够刷新缓冲区，将遗留的数据写入文件中，示例代码如下：

```
//Chapter6/6.3_test3.py
输入：file = open("studentInfo.txt",mode = "w",encoding = "utf - 8")
      print("文件是否关闭：",file.closed)
      file.close()
      print("文件是否关闭：",file.closed)

输出：文件是否关闭：False
      文件是否关闭：True
```

事实上，用户在使用open()打开文件后时常可能会忘记调用close()方法关闭文件，且使用open()函数打开文件容易发生各种各样的错误，如使用只读模式r打开文件，但文件却不存在，此时程序会报错，一旦程序报错则程序终止，还会导致文件没有被正常关闭，也不能执行close()方法。为了解决用户忘记调用close()方法、报错导致程序终止无法执行close()方法的情况，Python提供了另一种语法格式使用open()函数，语法格式如下：

```
with open(file[,mode = "r",buffering = -1,encoding = None]) as 文件对象名:
    代码块
```

利用上述语法格式使用open()函数，默认文件操作完后会自动调用close()方法，使程序即使在打开文件或操作文件的过程中出现了异常，也会自动将处于打开状态下的文件正常关闭。

6.4 文件的读取与写入

1．文件的读取

文件通过open()函数打开后，需要通过file文件对象里的读取文件的方法，才能让数据流入程序，读取文件的方法如表6-6所示。

表 6-6　file 文件对象中读取文件的方法

序号	方 法 名	详 细 说 明
1	file. read([size])	以字节为单位从指定的文件中读取 size 个单位长度内容，若不传入参数 size 则读取整个文件内容，返回字符串类型数据
2	file. readline([size])	读取一行文件内容，内容末尾包括"\n"字符，若传入参数 size 则读取一行中部分字符，末尾同样包括"\n"字符，返回字符串类型数据
3	file. readlines([size])	一次读取文件内容中的所有行，并且把每一行作为列表中的一个元素，最终返回这个列表，若传入参数 size 则表示一次读取部分行内容

假设用户 D 盘中存在 studentInfo. txt 文件，文件内容如下：

科目：语文，数学，英语，综合
小明：120，130，115，279
小李：124，135，140，254
小张：112，121，130，260

（1）使用 read()函数读取文件内容的示例代码如下：

```
//Chapter6/6.4_test/6.4_test4.py
输入：# 打开文件 D 盘下 studentInfo.txt
      with open("D:\studentInfo.txt",encoding = "utf - 8") as f:
          content = f.read()                         # 调用 read()函数读取全部内容
          print(content)

输出：科目：语文，数学，英语，综 合
      小明：120, 130, 115, 279
      小李：124, 135, 140, 254
      小张：112, 121, 130, 260
```

（2）使用 readline()函数读取文件内容的示例代码如下：

```
//Chapter6/6.4_test/6.4_test5.py
输入：# 由于 readline()每次只读取一行内容，因此要通过循环才能读取所有内容
      with open("D:\studentInfo.txt",encoding = "utf - 8") as f:
          line = f.readline()   # 调用 readline()函数先读取第一行内容
          count = 1             # 定义一个记录行号的计数器
          while line:           # 读取到最后一行 line 为空，line 为空可以直接作为跳出循环的条件
              print(f"第{count}行内容：{line}",end = "")
              line = f.readline()         # 读取下一行内容
              count = count + 1           # 计数器加 1

输出：第 1 行内容：科目：语文，数学，英语，综 合
      第 2 行内容：小明：120, 130, 115, 279
      第 3 行内容：小李：124, 135, 140, 254
      第 4 行内容：小张：112, 121, 130, 260
```

(3) 使用 readlines()函数读取文件内容的示例代码如下:

```
//Chapter6/6.4_test/6.4_test6.py
输入: #readlines()读取全部内容,返回一个列表,可以直接用 for 循环遍历
      with open("D:\studentInfo.txt",encoding = "utf - 8") as f:
          lines = f.readlines()              #调用 readline()函数先读取第一行内容
          print(type(lines))                 #查看 lines 指向的对象类型
          for line in lines:
              print(line,end = "")

输出: <class 'list'>
      科目: 语文,数学,英语,综 合
      小明: 120, 130, 115, 279
      小李: 124, 135, 140, 254
      小张: 112, 121, 130, 260
```

2. 文件的写入

读取文件内容后,如果进行了修改,则要将新内容重新写入文件的首要条件是要以写入的模式打文件,如将 open()函数里的参数 mode 设置为"w+",再调用文件对象里的 write()或 writelines()方法即可。写入文件的方法如表 6-7 所示。

表 6-7 文件对象中写入文件的方法

序号	方法名(假设文件对象名为 file)	详 细 说 明
1	file.write([str])	向指定文件写入 str 字符串
2	file.writelines([str])	向指定文件写入以 str 字符串为元素的序列,如以字符串为元素的列表序列

(1) 使用 write()函数写入文件的示例代码如下:

```
//Chapter6/6.4_test/6.4_test7.py
输入: #以追加模式打开 D 盘下 studentInfo.txt
      with open("D:\studentInfo.txt",mode = "a",encoding = "utf - 8") as f:
          f.write("\n 追加模式 write()函数写入这句话\n")        #写入文件
```

查看新内容是否成功写入的示例代码如下:

```
//Chapter6/6.4_test/6.4_test8.py
输入: #以只读模式打开 D 盘下 studentInfo.txt
      with open("D:\studentInfo.txt",mode = "r",encoding = "utf - 8") as f:
          content = f.read()                         #读取文件内容
          print(content)

输出: 科目: 语文,数学,英语,综 合
      小明: 120, 130, 115, 279
      小李: 124, 135, 140, 254
      小张: 112, 121, 130, 260
      追加模式 write()函数写入这句话
```

(2) 使用 writelines()函数写入文件的示例代码如下：

```
//Chapter6/6.4_test/6.4_test9.py
输入：#以追加模式打开 D 盘下 studentInfo.txt
      str = ["追加模式 writelines()函数写入：","第 1 句话;","第 2 句话;","第 3 句话.\n"]
      with open("D:\studentInfo.txt",mode = "a",encoding = "utf - 8") as f:
          f.writelines(str)
```

查看新内容是否成功写入的示例代码如下：

```
//Chapter6/6.4_test/6.4_test10.py
输入：#以只读模式打开 D 盘下 studentInfo.txt
      with open("D:\studentInfo.txt",mode = "r",encoding = "utf - 8") as f:
          content = f.read()                       #读取文件内容
          print(content)

输出：科目：语文,数学,英语,综 合
      小明：120, 130, 115, 279
      小李：124, 135, 140, 254
      小张：112, 121, 130, 260
      追加模式 write()函数写入这句话
      追加模式 writelines()函数写入：第 1 句话;第 2 句话;第 3 句话.
```

3. 文件对象的其他常用方法

文件对象的其他常用方法总结如表 6-8 所示。

表 6-8　文件对象的其他常用方法总结

序号	方法名 （假设文件对象名为 file）	详细说明
1	file.flush()	刷新文件的缓冲区，将缓冲区中的数据主动地写入文件
2	file.seek(a[,b])	将文件指针移动到指定位置，参数 a 代表移动的字节数，参数 b 代表初始时要移动的位置，默认值为 0
3	file.tell()	返回当前文件指针所在位置
4	file.issatty()	检查是否有一个终端设备与文件相连接，有则返回值为 True，无则返回值为 False
5	file.fileno()	返回适用于底层操作系统 I/O 操作的一个整型文件描述符
6	file.truncate([size])	将文件截断并返回被截断内容的字节长度，若传入参数 size，则表示从文件开头开始截断 size 字节长度，删除剩余内容；若不传入参数 size，就从文件开头开始到文件指针的当前位置进行截断，删除剩余内容

6.5 Excel 文件操作库简介

Excel 已经成为工作和科研学习中不可或缺的数据存储和处理工具，通过前面介绍的文件操作方法可以读取 Excel 类型文件数据，但都是将 Excel 中的数据以字符串形式进行处理，非常不方便且数据处理效率低下。为了提高对 Excel 文件的处理效率，Python 还支持专门针对 Excel 文件读取和写入的第三方库：xlrd 与 xlwt 库。注意：第 9 章将介绍的

Pandas 可以更方便地支持 Excel 文件的操作，本节介绍的 xlrd 与 xlwt 库的使用方式更考验读者的编程基础。

1. Excel 文件读取库

读取 Excel 文件可以用 Python 支持的第三方 xlrd 库，假如 D 盘目录下存在一个名为 studentInfo. xlsx 的 Excel 文件，文件的 Sheet1 子表内容如图 6-1 所示。

	A	B	C	D	E
1		语文	数学	英语	综合
2	小明	120	130	115	279
3	小李	124	135	140	254
4	小张	112	121	130	260

图 6-1　studentInfo. xlsx 的 Sheet1 子表内容

使用 xlrd 库读取 Excel 文件的操作步骤如表 6-9 所示。

表 6-9　使用 xlrd 库读取 Excel 文件的操作步骤

<table>
<tr><th>序号</th><th>步　骤</th><th colspan="2">详细说明</th></tr>
<tr><td>1</td><td>打开 Excel 文件</td><td colspan="2">使用 xlrd 库中的 open_workbook()函数打开一个 Excel 文件，返回一个 Excel 文件对象，假设这个 Excel 文件对象名为 data</td></tr>
<tr><td>2</td><td>选择要读取的表单</td><td colspan="2">一个 Excel 文件中可能包含多个 Sheet 子表，因此打开 Excel 文件后要指定读取哪个 Sheet 子表，默认情况下读入的是第 1 个 Sheet 子表，可以使用 Excel 文件对象 data 中的 sheets()[index]或 sheet_by_name(name)函数指定要读入的子表，sheets()函数按索引 index 顺序选择表单(索引从 0 开始)，sheet_by_name()函数按名称 name 选择表单，两个函数均会返回一个子表对象，假设这个子表对象名为 sheet</td></tr>
<tr><td rowspan="5">3</td><td rowspan="5">获取表单中的数据</td><td>获取行数</td><td>获取行数用 sheet. nrows</td></tr>
<tr><td>获取列数</td><td>获取列数用 sheet. ncols</td></tr>
<tr><td>获取某个单元格值</td><td>sheet. cell(row, col)，row 和 col 均为索引</td></tr>
<tr><td>获取索引 index 对应的一行数据</td><td>sheet. row_values(index)，返回列表</td></tr>
<tr><td>获取索引 index 对应的一列数据</td><td>sheet. col_values(index)，返回列表</td></tr>
</table>

【例 6-1】 利用 xlrd 库读取图 6-1 所示的 D 盘下 studentInfo. xlsx 文件内容，以字典形式输出小明、小李、小张分别对应的总成绩。

分析：可以先新建立 1 个空列表用来存储表单中的数据，以按行读取表单数据为例，读取的第 1 行数据为表头信息，此后每一行读取的第一个元素均为学生姓名信息，由于表头信息和学生姓名不能参与到总成绩计算中，因此要注意将这两部分信息舍弃，本题的主要目的是对各科成绩求和。示例代码如下：

```
//Chapter6/6.5_test11/6.5_test11.py
输入: import xlrd                                    # 导入 xlrd 库
      data = xlrd.open_workbook("D:\studentInfo.xlsx")       # 打开 Excel 文件
      sheet = data.sheets()[0]                       # 获取第 1 张子表对象
      infList = []                                   # 保存 Excel 中的所有数据,方便后续处理
      for i in range(sheet.nrows):                   # 循环获取每一行数据
          row_value = sheet.row_values(i)            # 获取索引 i 对应的行值
          infList.append(row_value)                  # 将 Excel 中读取的行值保存
```

```
    sum = 0                                  #保存一个学生的总成绩
    sumList = [ ]                            #保存所有学生的总成绩
    for i in infList[1:]:                    #每个 i 都是一个列表,infList[0]为表头信息,不需要获取
        for j in range(1,len(i)):            #列表 i 中,索引 0 对应姓名,不需要获取
            sum = sum + float(i[j])          #统计总成绩,如 float(i[1])代表语文成绩
        sumList.append({i[0]:sum})           #将学生总成绩信息以字典形式保存
        sum = 0                              #每统计完一个学生成绩,需要重新归零
    for i in sumList:
        print(i)

输出:{'小明': 644.0}
     {'小李': 653.0}
     {'小张': 623.0}
```

2. Excel 文件写入库

将数据写入 Excel 文件可以用 Python 支持的第三方 xlwt 库,使用 xlwt 库将数据写入 Excel 文件的操作步骤如表 6-10 所示。

表 6-10 使用 xlwt 库将数据写入 Excel 文件的操作步骤

序号	步 骤	详细说明
1	创建 Excel 文件	使用 xlwt 库中的 Workbook(encoding)函数创建一个空 Excel 文件,返回一个 Excel 文件对象,假设这个 Excel 文件对象名为 dataWrite
2	创建 Excel 子表单	使用 Excel 文件对象 dataWrite 中的 add_sheet(name)函数创建一个名为 name 的 Excel 子表单对象,假设这个子表单对象名为 writeSheet
3	向表单中写入数据	使用子表单对象 writeSheet 中的 write(row,col,data)函数向 row 行 col 列对应的索引单元格写入数据 data
4	保存表单内容	使用 Excel 文件对象 dataWrite 中的 save(path)函数将 Excel 文件保存在 path 路径位置

【例 6-2】 将图 6-1 所示的 D 盘下的 studentInf. xlsx 文件内容及例 6-1 求出的总成绩信息(包括学生姓名及总成绩)写入 D 盘下的新的 studentSum. xlsx 文件中,使 studentSum. xlsx 的信息如图 6-2 所示。

	A	B	C	D	E	F
1		语文	数学	英语	综合	总成绩
2	小明	120	130	115	279	644
3	小李	124	135	140	254	653
4	小张	112	121	130	260	623

图 6-2 新的 studentInfo. xlsx 的 Sheet1 子表内容

分析:将 D 盘下的 studentInf. xlsx 数据写入新文件 studentSum. xlsx 中,可以一边读取 studentInf. xlsx 文件信息一边将数据通过 write()函数写入新的 studentSum. xlsx 文件中,再把例 6-1 求出的总成绩信息写入新文件的 F 列即可。由于例 6-1 获得的总成绩数据类型为字典,需要先将数据整理成要写入的形式,可以定义 1 个初始列表 score 保存要写入 F 列的数据,利用字典对象中的 values()函数获取字典中的值(也就是总成绩),经数据类型转换后作为元素添加到列表 score 中,最后将列表 score 中的数据依次写入 F 列。示例代码

如下：

```
//Chapter6/6.5_test12/6.5_test12.py
输入: import xlrd                                          #导入 xlrd 库
      import xlwt                                          #导入 xlwt 库
      #步骤 1: 取出第 F 列要写的信息并保存在 score 列表中,infList 为例 6-1 求出的成绩信息
      infList = [{'小明': 644.0},{'小李': 653.0},{'小张': 623.0}]
      score = ["总成绩"]                                     #保存待写入的总成绩信息
      for i in infList:                                    #每个 i 是一个字典类型数据
          #i.values()返回字典的值,用 list()将返回的值转换成 list 类型
          score.append(list(i.values())[0])
      print("待写入的总成绩信息: ",score)
      #步骤 2: 通过 xlrd 读取 studentInfo.xlsx 信息
      data = xlrd.open_workbook("D:\studentInfo.xlsx")    #打开 Excel 文件
      sheet = data.sheets()[0]                             #获取第 1 张子表对象
      #步骤 3: 通过 xlwt 创建要写入的 Excel 文件对象
      dataWrite = xlwt.Workbook(encoding = "utf-8")       #创建一个空 Excel 对象
      writeSheet = dataWrite.add_sheet("Sheet1")          #创建一个子表对象
      #步骤 4: 获取 studentInfo.xlsx 表中数据并写入新表对象中
      for row in range(len(score)):
          row_value = sheet.row_values(row)                #循环获取每一行数据
          for i in range(len(row_value)):
              writeSheet.write(row,i,row_value[i])         #将数据逐个写入新表对象
      #步骤 5: 写入第 F 列的总成绩信息,F 列索引下标对应 5
      for i in range(len(score)):
          writeSheet.write(i,5,score[i])                   #写入总成绩信息
      #步骤 6: 将数据保存在新的 studentSum.xlsx 文件中
      dataWrite.save("D:\studentSum.xlsx")                 #将数据保存在 studentSum.xlsx 中
      print("写入完成!")

输出: 待写入的总成绩信息: ['总成绩', 644.0, 653.0, 623.0]
      写入完成!
```

查看新的 studentSum.xlsx 内容的示例代码如下：

```
//Chapter6/6.5_test13/6.5_test13.py
输入: import xlrd                                          #导入 xlrd 库
      #查看 studentSum.xlsx 信息
      data = xlrd.open_workbook("D:\studentSum.xlsx")     #打开 Excel 文件
      sheet = data.sheets()[0]
      print("新表 studentSum.xlsx 信息为")
      for i in range(sheet.nrows):                         #循环获取每一行数据
          row_value = sheet.row_values(i)                  #获取索引 i 对应的行值
          print(row_value)

输出: 新表 studentSum.xlsx 信息为
      ['', '语文', '数字', '英语', '综合', '总成绩']
      ['小明', 120.0, 130.0, 115.0, 279.0, 644.0]
      ['小李', 124.0, 135.0, 140.0, 254.0, 653.0]
      ['小张', 112.0, 121.0, 130.0, 260.0, 623.0]
```

思考：如果有两张 Excel 表，一张 Excel 表 A 中有学生学号、姓名和各科成绩，此表有成千上万行信息，另一张 Excel 表 B 中只有学生学号但却具有一定的顺序关系（并非从小到大或从大到小），希望能够按表 B 中学生学号具有的顺序关系重新将表 A 中的数据信息排列，并将排列好后的数据输出到另一张表 C 中，这时该怎么办呢？思路：可以先读入表 A 与表 B 信息，按 B 表中的学号顺序与表 A 中学生学号相匹配，再将表 A 中匹配到的信息依次写入表 C 中。

6.6 Python 文件的批量自动化操作

14min

Python 文件的批量操作主要依赖 os 库，os 库中包括了大量处理文件和目录的方法，可以帮助我们实现批量删除文件、批量重命名文件、批量新建文件等操作，os 库中的常用方法如表 6-11 所示。

表 6-11 os 库中的常用方法

序号	方法名	详细说明
1	os. getcwd()	获取当前 Python 文件的工作路径，若当前 Python 文件位于 D 盘下的 myPython 文件夹中，os. getcwd()返回"D:\myPython"
2	os. chdir(path)	改变当前工作路径到指定的 path 路径，若当前 Python 文件位于 D 盘下的 myPython 文件夹中，执行 os. chdir("D:\newPython")，则 os. getcwd()会返回"D:\newPython"
3	os. listdir([dirname])	列举出 dirname 目录下的所有文件和目录名，若不传入参数 dirname，则列举出当前 Python 文件所处目录里的所有文件和目录名
4	os. mkdir(path)	在指定路径下创建一个新目录
5	os. remove(file)	删除文件 file，但不能删除目录
6	os. rmdir(path)	删除一个空目录，若目录不为空则会报错
7	os. removedirs(path)	递归删除整个目录
8	os. rename(old,new)	将文件的旧名称修改为新名称，可用于目录和文件
9	os. path. isdir(path)	判断路径是否指向一个目录
10	os. path. isfile(path)	判断路径是否指向一个文件
11	os. path. join(path,name)	连接路径目录名与文件/目录名，如 os. path. join("D:\myPython","a. py")返回"D:\myPython\a. py"
12	os. path. abspath(file)	返回文件 file 所在的绝对路径，若当前 Python 文件 a. py 位于 D 盘下的 myPython 文件夹中，os. path. abspath("a. py")返回"D:\myPython\a. py"
13	os. path. basename(path)	返回 path 路径中包含的文件名，如 os. path. basename("D:\myPython\a. py")返回"a. py"
14	os. path. dirname(path)	返回 path 路径中包含的路径名，如 os. path. basename("D:\myPython\a. py")返回"D:\myPython"
15	os. path. split(path)	返回 path 中的路径目录和文件名，如 os. path. split("D:\myPython\a. py")返回('D:\myPython','a. py')
16	os. path. exists(path)	检查路径 path 指向的目录或文件是否存在

【例 6-3】 新学期快开始了，辅导员需要为每位学生创建一个学生专属的文件夹来存储学生的资料，文件夹的命名规则为“学号_姓名_年级”，如“220891_张三_大三”，但上千个学生就要创建上千个文件夹，创建文件夹的工作无疑给辅导员带来了巨大的困难，你能帮帮辅导员吗？学生的信息存储在 D 盘下名为 student. xlsx 的 Excel 表中，表中有 3 列数据，第 1 列为学生的学号，第 2 列为学生的姓名，第 3 列为学生的年级。注：由于书中篇幅有限，因此本例假设辅导员为 10 个学生创建对应的专属文件夹，事实上，不管为多少个学生创建专属文件夹，其编程方式和思路与本例都是一样的。

假设辅导员想要将学生的专属文件都存储在 D 盘下的 studentInformation 文件夹下，D 盘下的 student. xlsx 里的内容如图 6-3 所示。

	A	B	C
1	4081041	小颖	大三
2	4081042	小嫣	大三
3	4081043	小凯	大二
4	4081044	小文	大四
5	4081045	小戳	大一
6	4081046	小莎	大一
7	4081047	小苑	大四
8	4081048	小月	大三
9	4081049	小蔺	大二
10	4081050	小菲	大二

图 6-3 student. xlsx 里的内容

分析：第 1 步，需要从 student. xlsx 中读取数据，并将数据拼接成“学号_姓名_年级”的形式，值得注意的是，student. xlsx 中的学号数据通过 xlrd 库读取后为 float 类型数据，例如读取数据后学号显示为 4081041. 0 而不是 4081041，因此需要先通过 int() 函数将 float 类型数据转换成整型，去掉小数点后才能进行字符串拼接。第 2 步，在指定的 path 路径下通过 os. mkdir() 函数新建文件夹，但利用该函数新建文件夹时，如果 path 路径下已经存在相同名称的文件夹，则会导致程序报错，因此需要先通过 os. path. exists() 函数判断文件夹是否已经存在，如果不存在则调用 os. mkdir() 函数，如果存在则无须调用 os. mkdir() 函数，这样能够保证程序多次运行也不会报错。示例代码如下：

```
//Chapter6/6.6_test14/6.6_test14.py
输入: import xlrd                                    #导入 xlrd 库
      import os                                      #导入 os 库
      #步骤 1: 从 student.xlsx 读取数据并整理成"学号_姓名_年级"形式
      def dataInf(path):                             #函数 dataInf 用于整理数据,最终返回一个列表
          data = xlrd.open_workbook(path)            #此处 path 在后面传入"D:\student.xlsx"
          sheet = data.sheets()[0]
          result = []                                #定义一个空列表保存整理后的数据
          strResult = ""                             #定义一个空字符串用来拼接和整理数据
          for i in range(sheet.nrows):               #循环获取每一行数据
              row_value = sheet.row_values(i)        #索引 i 对应的行值,row_value 是列表
              for j in range(len(row_value)):
                  row_value[0] = str(int(row_value[0]))
                  """由于 row_value[0]保存学号,Excel 中学号为 float 类型,如 4081041.0,所以
                  可以先将学号转换成整型,再转换成字符串类型参与拼接"""
                  if j == (len(row_value) - 1): #如果是最后一次循环,拼接数据不需要"_"
                      strResult = strResult + row_value[j]       #拼接数据
                  else:
                      strResult = strResult + row_value[j] + "_"
              result.append(strResult)               #添加到 result 列表中
              strResult = ""                         #每拼接一次要变回空字符串形式
          return result                              #返回 result 列表
      #步骤 2: 在 path 路径下新建文件夹,result 是函数 dataInf()的返回结果
```

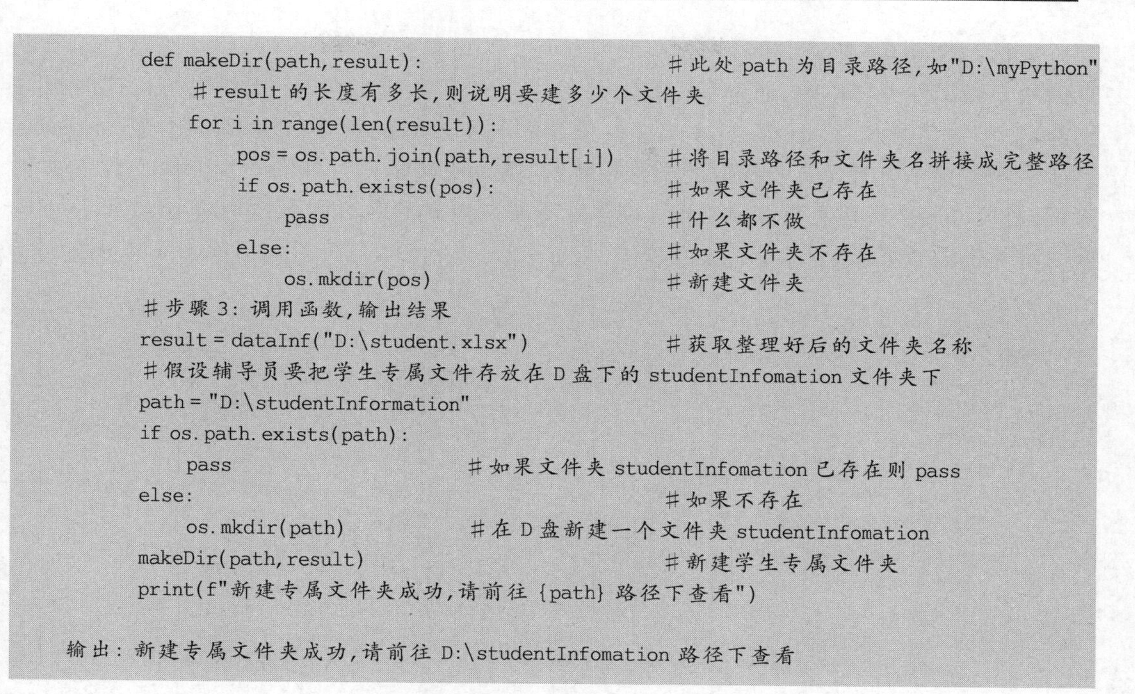

```
def makeDir(path,result):                            #此处 path 为目录路径,如"D:\myPython"
    #result 的长度有多长,则说明要建多少个文件夹
    for i in range(len(result)):
        pos = os.path.join(path,result[i])           #将目录路径和文件夹名拼接成完整路径
        if os.path.exists(pos):                      #如果文件夹已存在
            pass                                     #什么都不做
        else:                                        #如果文件夹不存在
            os.mkdir(pos)                            #新建文件夹
#步骤 3: 调用函数,输出结果
result = dataInf("D:\student.xlsx")                  #获取整理好后的文件夹名称
#假设辅导员要把学生专属文件存放在 D 盘下的 studentInfomation 文件夹下
path = "D:\studentInformation"
if os.path.exists(path):
    pass                         #如果文件夹 studentInfomation 已存在则 pass
else:                                                #如果不存在
    os.mkdir(path)               #在 D 盘新建一个文件夹 studentInfomation
makeDir(path,result)                                 #新建学生专属文件夹
print(f"新建专属文件夹成功,请前往 {path} 路径下查看")

输出: 新建专属文件夹成功,请前往 D:\studentInfomation 路径下查看
```

进入相应的路径目录下查看文件是否成功创建,结果如图 6-4 所示。

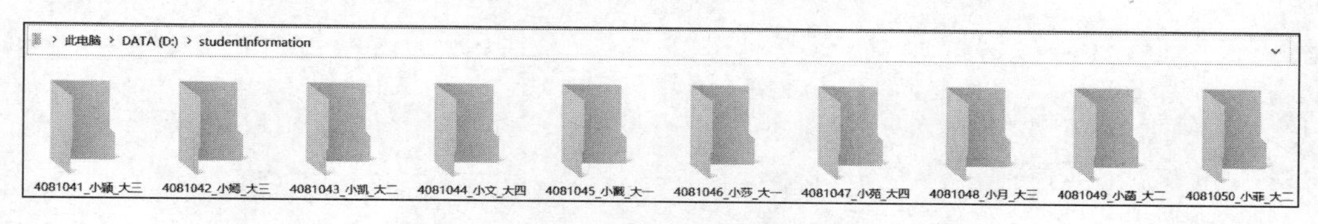

图 6-4 批量新建文件夹结果

【例 6-4】 批量新建好文件夹后,辅导员需要将已经来到学校注册的学生信息分门别类地导入学生专属文件夹中,但由于操作失误,不小心删除了两个学生的专属文件夹,里面保存有学生的注册信息,值得庆幸的是只要能找出被删除的是哪两个学生的专属文件夹,就能重新为学生录入信息,但是这上千个文件夹辅导员很难找出被删除的文件夹究竟是哪两个,你能帮助他找到被误删除的两个文件夹吗?注:由于书中篇幅有限,本例仍假设只有 10 个学生专属文件夹,10 个专属文件夹存储在 D 盘下 studentInformation 文件夹中,如图 6-4 所示,学生的信息存储在 D 盘下名为 student.xlsx 的 Excel 表中,如图 6-3 所示,假设误删两个文件夹后的学生专属文件夹目录如图 6-5 所示。

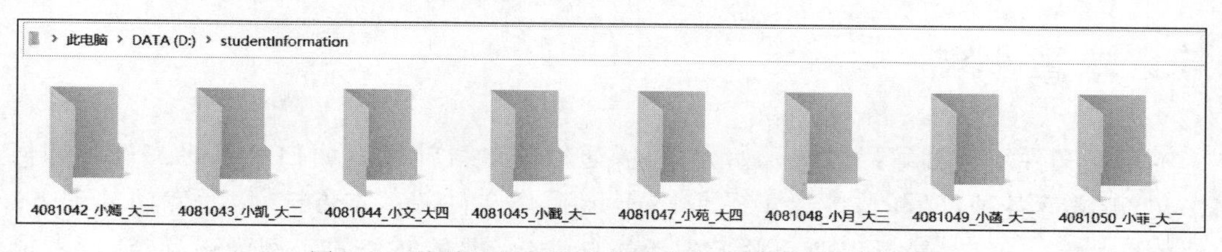

图 6-5 误删两个文件夹后的学生专属文件夹目录

分析：本例题的思路其实很简单，因为专属文件夹名称由“学号_姓名_年级”组成，所以可以从专属文件夹名称中，通过字符串对象的 split()函数提取学号（当然也可以同时提取出姓名、年级信息），让 student.xlsx 文件中学号与所提取的学号依次相匹配，若 student.xlsx 中的某一个学号没有与提取的学号相匹配，则说明该学号对应的学生专属文件夹被删除，匹配可以用成员运算符 in 或 not in，学生专属文件夹的名称则可以通过 os.listdir()获取。示例代码如下：

```
//Chapter6/6.6_test15/6.6_test15.py
输入：import xlrd                                          #导入 xlrd 库
      import os                                            #导入 os 库
      #步骤 1：读取学号和学生姓名数据，并分别保存到列表 studentNo 和 studentName 中
      data = xlrd.open_workbook("D:\student.xlsx")         #打开 Excel 文件
      sheet = data.sheets()[0]                             #打开子表
      studentNo = sheet.col_values(0)                      #获取索引 0 对应的第 1 列值，即学号
      studentName = sheet.col_values(1)                    #获取索引 1 对应的第 2 列值，即姓名
      studentGrade = sheet.col_values(2)                   #获取索引 2 对应的第 3 列值，即年级
      for i in range(len(studentNo)):
          #列表中保存的是浮点型数，因此要先转换成 int 类型以便去除小数点，再转化成字符串类型
          studentNo[i] = str(int(studentNo[i]))
      #步骤 2：获取被误删后的所有学生专属文件夹名称，并保存到列表 fileName 中
      fileName = []
      for i in os.listdir("D:\studentInformation"):
          fileName.append(i)                               #将文件夹名称保存到列表中
      #fileName 里的元素形如'4081041_小颖_大三'、'4081042_小嫣_大三'
      #步骤 3：将学生专属文件夹名称中的学号提取出来
      no = []                                              #保存学号
      for i in fileName:                                   #提取学号
          #split("_")函数返回一个列表，i.split("_")[0]代表学号
          no.append(i.split("_")[0])
      #no 里的元素形如'4081041', '4081042'
      #步骤 4：对列表 studentNo 与列表 no 里的元素进行匹配
      for i in range(len(studentNo)):                      #遍历 student.xlsx 中的学号列表
          if studentNo[i] not in no:                       #如果该学号不在所提取的学号列表中
              No = studentNo[i]
              Name = studentName[i]
              Grade = studentGrade[i]
              print(f"学号为{No}，姓名为{Name}的{Grade}学生，专属文件夹被误删")

输出：学号为 4081041，姓名为小颖的大三学生，专属文件夹被误删
      学号为 4081046，姓名为小莎的大一学生，专属文件夹被误删
```

6.7 本章小结

本章从文件字符的编码方式开始介绍，以通俗的语言让读者明白计算机文件是如何存储中文、英文等各种符号的，接着介绍了 Python 操作文件的基本方式，以及专门处理 Excel 文件数据的第三方库，最后以两个贴近生活的自动化、批量办公的实例为引导，让读者能够掌握编写批量操作文件的 Python 脚本的技巧。

第7章 数据可视化

数据可视化是数据分析中一个极为重要的环节，能够让数据分析的结果一目了然，短时间内让用户快速获取大量信息，在后续的章节中也会频繁地使用本章的知识点。本章将介绍 Matplotlib 和 Seaborn 两种常用的 Python 数据可视化工具，从简介和安装方法出发，由浅入深地讲解它们的绘图基础知识和绘图技巧，展示出数据结果图形化的魅力。

7.1 Matplotlib

2min

7.1.1 Matplotlib 简介及安装

1. Matplotlib 简介

Matplotlib 是 Python 中使用最多的一个二维绘图库，首次发表于 2007 年，是基于 NumPy 库（NumPy 库将在第 8 章详细介绍，本节会略微涉及一点关于 NumPy 库的内容，NumPy 库的安装方式可参考 8.1 节，读者可以先学习第 8 章的内容，学习第 8 章内容的过程中当碰到需要绘图的数据分析任务时，再倒过来学习本节内容）发展而来的绘图工具包，有着一整套类似于 MATLAB 绘图命令的应用程序编程接口，能够方便地快速生成各种各样的图形，如折线图、散点图、饼图、直方图等。

Matplotlib 具有友好的可交互用户界面，可以直接利用鼠标对 Matplotlib 绘制的图形进行单击交互操作。Matplotlib 同时还具有强大的跨平台性能，支持 Linux、Windows 等操作系统，能够一次编译到处运行。Matplotlib 中使用频率最高的是其中的 pyplot 模块，它提供非常全面的绘图函数，一般只需调用 pyplot 模块中的相关函数就能够快速实现绘图显示、设置图表信息等各种绘图需求，本节大部分内容都会围绕 pyplot 模块进行介绍。

2. Matplotlib 安装

一般情况下通过 Anaconda 方式安装 Python 后，会默认同时安装 Matplotlib 库，因此读者可以直接使用 Matplotlib 库，无须进行任何安装步骤。人们在使用 import 语句导入 Matplotlib 库中的 pyplot 模块时习惯性将该模块取别名为 plt，示例代码如下：

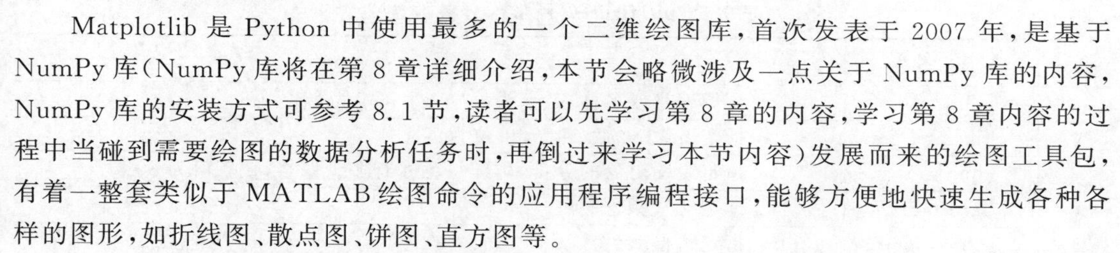

```
import matplotlib.pyplot as plt                #导入 Matplotlib 库中的 pyplot 模块，并将 pyplot
                                               #模块取别名为 plt
```

倘若上述导入 Matplotlib 库的 pyplot 模块语句运行失败，则说明 Matplotlib 库未成功安装，可以打开 2.2.1 节介绍的 Anaconda Prompt 应用程序，在 Anaconda Prompt 应用程

序的命令行窗口输入如下命令

```
pip install matplotlib 或 conda install matplotlib
```

上述命令输入完毕后,按回车键即可自动开始 Matplotlib 库的安装。

10min

7.1.2 Matplotlib 绘图基础

本节内容包括创建画布与子图、绘图结果显示与保存、添加文本。

1. 创建画布与子图

1) 创建画布

(1) plt. figure()函数介绍。

在使用 Matplotlib 绘制具体的图形之前,可以使用 plt. figure()函数先建立一个画布(在许多情况下此步骤并非必须),画布建立好后,绘制的图表、文字等各种信息都将排布在此画布上。plt. figure()的部分参数函数原型如下:

```
import matplotlib.pyplot as plt      #注意,plt 指的是 Matplotlib 库中 pyplot 模型的别名
plt.figure(num,figsize,dpi,facecolor,edgecolor,frameon = True)
```

plt. figure()函数原型的部分参数含义如表 7-1 所示。

表 7-1 plt. figure()函数部分参数含义

序号	参数名称	参数内容
1	num	图像编号或名称,数字为编号 ,字符串为名称
2	figsize	指定 figure 的宽和高,单位为英寸
3	dpi	指定绘图对象的分辨率,即每英寸有多少像素,缺省值为 80
4	facecolor	指定背景颜色
5	edgecolor	指定边框颜色
6	frameon	是否显示边框,默认值为 True

(2) 画布属性设置函数介绍。

Matplotlib 库的 pyplot 模块提供多种函数对画布属性进行设置,画布属性的设置函数如表 7-2 所示。

表 7-2 画布属性设置函数

序号	函数名称	函数功能
1	plt. title()	为当前画布添加标题,其中有名称、位置、字体大小、粗细、透明度、背景颜色、水平和竖直对齐方式等参数
2	plt. xlabel()	为当前画布加入 x 轴,同样可以指定位置、字体、颜色等参数(后面会对这些文字内容的参数进行统一详述)
3	plt. ylabel()	为当前画布加入 y 轴,可以指定位置、字体、颜色等参数
4	plt. xlim()	指定当前画布 x 轴的取值范围,参数是一个数值区间
5	plt. ylim()	指定当前画布 y 轴的取值范围,参数是一个数值区间
6	plt. xtick()	指定 x 轴刻度的数目及取值

续表

序号	函数名称	函数功能
7	plt. ytick()	指定 y 轴刻度的数目及取值
8	plt. grid()	plt. grid(b=True)表示为画布添加网格,plt. grid(b=True,axis='x')表示显示画布横轴竖直方向网格,plt. grid(b=True,axis='y')表示显示画布纵轴水平方向网格
9	plt. legend()	指定当前图形的图例,可以指定图例的大小、位置和标签等参数

表 7-2 序号 9 中的 plt. lengend()函数参数较多,用法灵活,此处作详细讲解,其余函数在后面的示例中将会展示应用效果。plt. legend()部分参数函数原型如下:

```
plt.legend(loc = 'lower right', fontsize = 12, frameon = True, fancybox = True, framealpha = 0.2,
borderpad = 0.3, ncol = 1, markerfirst = True, markerscale = 1, numpoints = 1, handlelength = 3.5)
```

plt. legend()函数原型的部分参数含义如表 7-3 所示。

表 7-3 plt. legend()函数部分参数含义

序号	参数名称	参数内容
1	loc	指定图例位置,可以设置为{"best","upper right","upper left","lower left","lower right","right","center left","center right","center right","lower center","upper center","center"}
2	fontsize	用设置字体大小
3	frameon	决定是否显示图例边框
4	fancybox	是否将图例框的边角设为圆形
5	edgecolor	指定边框颜色
6	framealpha	控制图例框的透明度
7	borderpad	图例框内边距
8	ncol	图例列的数量,默认为 1
9	markerfirst	True 表示图例标签在句柄右侧,False 反之
10	numpoints	表示图例中的句柄上的标记点的个数,一般设为 1
11	handlelength	图例句柄的长度

(3) 创建画布的示例代码。

使用 plt. figure()函数创建一个含有 $y=\sin(x)$与 $y=x^2$ 函数的画布示例代码如下:

```
//Chapter7/7.1.2_test1.py
输入: import numpy as np                          #导入 NumPy 库并取别名为 np
      import matplotlib.pyplot as plt
      plt.figure(figsize = (9,7),dpi = 90,facecolor = 'b',edgecolor = 'y',frameon = False)
      #上行代码将画布大小设置为 9 * 7(英寸),清晰度为 90,背景色为蓝色,边框颜色为黄色
      data = np.arange(0,5,0.01)                  #利用 NumPy 中的 arange()快速生成数据
      #data 数据内容为[0,0.01,0.02,0.03,...,4.99]
      plt.title('a simple example')               #设置画布标题
      plt.xlabel('X')                             #设置横坐标标签
      plt.ylabel('Y')                             #设置纵坐标标签
```

```
plt.xlim(0,5)                          #限制横坐标范围为0～5
plt.ylim(-2,2)                         #限制纵坐标范围为-2～2
plt.xticks([0,1,2,3,4,5])              #指定横坐标刻度
plt.yticks([-2.0,-1.5,-1.0,-0.5,0,0.5,1.0,1.5,2.0])      #指定纵坐标刻度
plt.plot(data,np.sin(data))            #利用plot()函数绘制折线图,在7.1.4节会详细介绍
plt.plot(data,data ** 2)               #绘制折线图,以data为横轴,以data ** 2为纵轴
plt.legend(['y = sinx','y = x ** 2'])  #设置图例
plt.show()                             #前面的函数设置好后,用show()函数展示内容
```

上述代码绘制出的画布如图7-1所示。

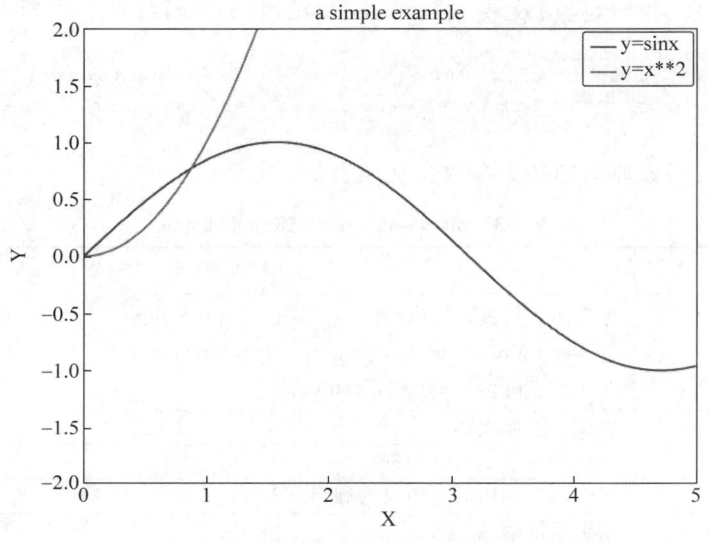

图7-1 Matplotlib绘制的画布示例

2）创建子图

创建子图是指在同一个画布中绘制排列多个不同的图像，相当于将一个画布切割成多个部分，每个部分显示不同的图像内容。

有两种创建子图的方式：

（1）先利用plt.figure()函数创建画布并保存返回的画布对象fig，再通过画布对象fig中的add_subplot()函数添加子图。

画布对象fig中的add_subplot()函数接收3个参数，3个参数分别表示子图总行数、子图总列数、子图的编号（从左上到右下从1开始递增），创建子图的示例代码如下：

```
//Chapter7/7.1.2_test2.py
输入: import matplotlib.pyplot as plt
      fig = plt.figure()                  #创建画布fig
      #接下来创建2×2个子图,画布每行2个子图,每列2个子图
      ax1 = fig.add_subplot(2,2,1)        #创建第1个子图(左上角)
      ax2 = fig.add_subplot(2,2,2)        #创建第2个子图(右上角)
      ax3 = fig.add_subplot(2,2,3)        #创建第3个子图(左下角)
      ax4 = fig.add_subplot(2,2,4)        #创建第4个子图(右下角)
```

```
ax1.plot([2,2.5,3.6,4.1,2.4])              #在第1个子图中绘制折线图,在7.1.4节将介绍
ax2.scatter(x=[2,2.5,3.],y=[4.1,2.4,5])    #在第2个子图中绘制散点图,在7.1.4节
                                           #将介绍
ax3.plot([2.1,2,3.4,6.1,2.4])              #在第3个子图中绘制折线图
ax4.scatter(x=[4,5.5,1.],y=[7.1,8.4,5])    #在第4个子图中绘制散点图
plt.show()                                 #显示
```

上述代码绘制出的4个子图如图7-2所示。

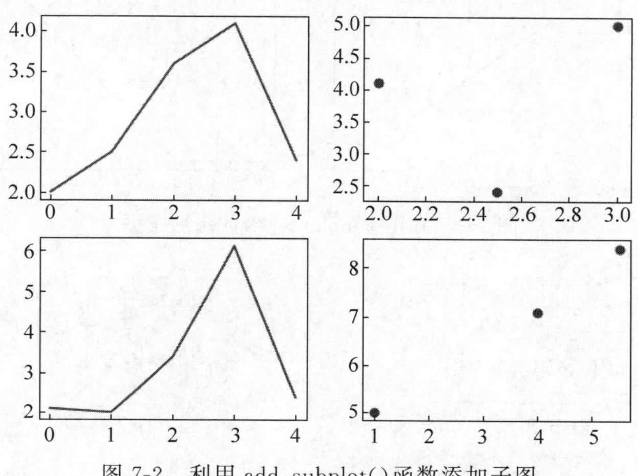

图7-2 利用add_subplot()函数添加子图

(2) 同样先利用plt.figure()函数创建画布并保存返回的画布对象fig,再结合使用画布对象fig中subplots()函数创建子图。

画布对象fig中的函数subplots()接收2个参数,2个参数分别表示子图总行数和总列数;还有1个返回值ax,ax形状为二维,以创建4个子图为例,ax[0][0]、ax[0][1]、ax[1][0]、ax[1][1]分别表示第1、2、3、4个子图。利用这种方式创建子图的示例代码如下:

```
//Chapter7/7.1.2_test3.py
输入: import matplotlib.pyplot as plt
      #接下来创建2×2个子图,画布每行2个子图,每列2个子图
      fig = plt.figure()                        #获取画布对象
      ax = fig.subplots(2,2)                    #ax用于控制子图
      ax[0][0].plot([1,3,5], [7,1,2])           #绘制第1个子图
      ax[0][1].plot([1,2,3], [3,4,5])           #绘制第2个子图
      ax[1][0].plot([3,4,5], [5,4,3])           #绘制第3个子图
      ax[1][1].plot([3,4,6], [7,7,8])           #绘制第4个子图
      plt.show()                                #显示
```

上述代码绘制出的4个子图如图7-3所示。

为了快速绘制多个子图,可以结合循环语句,示例代码如下:

```
//Chapter7/7.1.2_test4.py
输入: import random                             #导入随机数模块
      import math                               #导入数学函数库
```

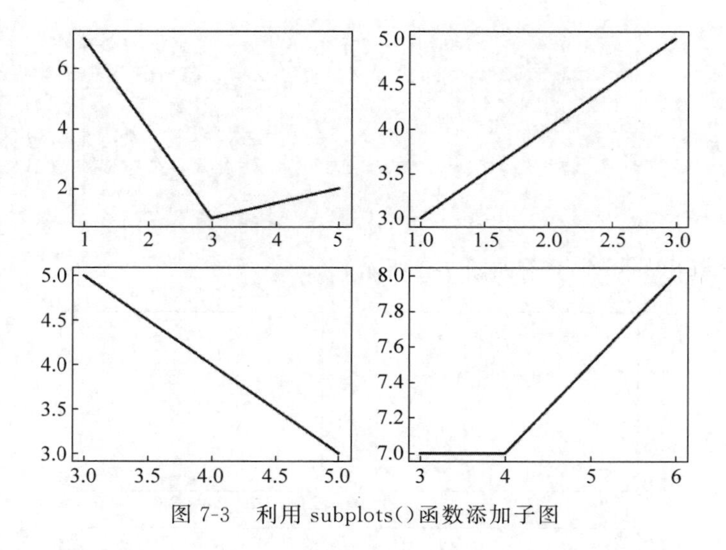

图 7-3 利用 subplots()函数添加子图

```
import matplotlib.pyplot as plt
fig = plt.figure()
ax = fig.subplots(2,2)                          #4 个子图,2 行 2 列
for i in range(2):                              #遍历行
    for j in range(2):                          #遍历列
        x = [i + random.randint(0,5) for i in range(10)]         #产生横坐标数据
        #数据为随机假设,仅为查看后续绘图效果,没有其他特别含义
        y = [math.sin(i) for i in range(10)]                     #产生纵坐标数据
        ax[i][j].scatter(x,y,c = 'r',s = 50,marker = 'o')        #绘制散点图
        #ax[i][j]表示第 i+1 行第 j+1 列的子图
plt.show()                                                       #显示
```

上述代码绘制出的 4 个子图如图 7-4 所示。

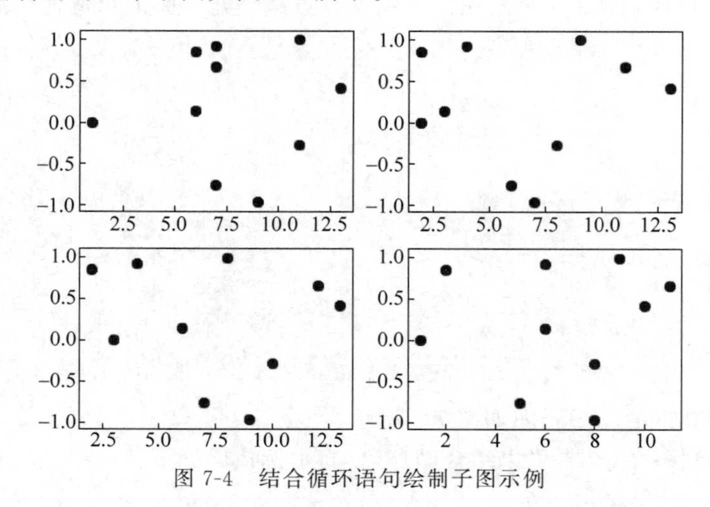

图 7-4 结合循环语句绘制子图示例

2. 绘图结果的显示与保存

绘图结果的显示通常用 plt.show()函数,在前面的代码中也有涉及。绘图结束后读者

可以借助截图工具对图形截图，也可能通过 plt.savefig()函数保存绘图结果。plt.savefig()函数原型的部分参数如下：

```
plt.savefig(fname,dpi,format,bbox_inches)
```

plt.savefig()函数原型的部分参数含义如表 7-4 所示。

表 7-4　plt.savefig()函数部分参数含义

序号	参数名称	参数内容
1	fname	文件路径字符串，即图片保存的位置
2	dpi	每英寸的分辨率
3	format	保存的文件格式，如"png"、"pdf"、"ps"等
4	bbox_inches	要保存的图片范围

保存绘图结果的示例代码如下：

```
//Chapter7/7.1.2_test5/7.1.2_test5.py
输入: import matplotlib.pyplot as plt
      plt.figure()
      plt.plot([1,2,3],[4,5,6])                    #绘制散点图
      plt.savefig(fname = "D:\\test.jpg")      #将绘制的散点图保存在 D 盘,并命名为 test.jpg
      print("保存成功,请前往 D 盘查看已保存的绘图结果!")

输出: 保存成功,请前往 D 盘查看已保存的绘图结果!
```

上述代码运行后，进入对应位置即可查看保存的文件，保存的文件如图 7-5 所示。

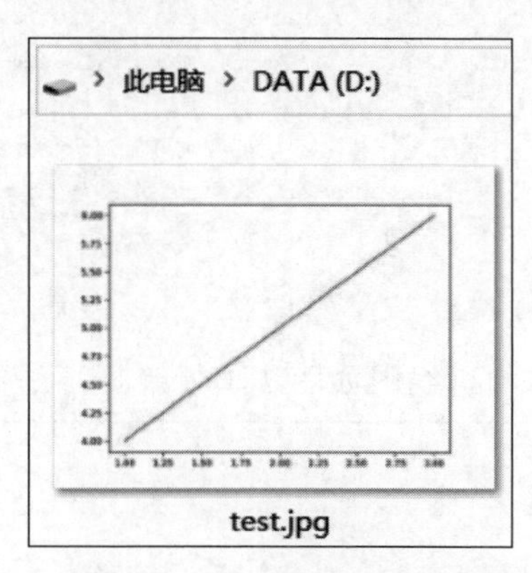

图 7-5　保存在 D 盘下的 test.jpg 绘图结果

3. 添加文本

绘图时经常可能需要在图形中加入文本注释以提高图形信息的直观性，可以让他人更好地理解图示含义。添加文本注释主要通过 plt.text()函数或 plt.annotate()函数实现。

1）plt.text()函数添加文本

plt.text()函数原型的部分参数如下：

```
plt.text(x,y,s,fontsize,rotation,frameon,ha,va,fontdict,bbox)
```

plt.text()函数原型的部分参数含义如表 7-5 所示。

表 7-5 plt.text()函数原型的部分参数含义

序号	参数名称	参数内容
1	x	文本所在位置的横坐标
2	y	文本所在位置的纵坐标
3	s	文本内容
4	fontsize	字体大小
5	rotation	文字旋转角度
6	frameon	是否显示边框,默认值为 True
7	ha	设置水平位置对齐,可设置为{'center', 'right', 'left'}
8	va	设置竖直位置对齐,可设置为{'center', 'top', 'bottom', 'baseline', 'center_baseline'}
9	fontdict	用于定义参数 s 的 dict,详细用法可参考示例代码
10	bbox	设置文本框属性,详细用法可参考示例代码

使用 plt.text()函数添加文本的示例代码如下:

```
//Chapter7/7.1.2_test6.py
输入: import matplotlib.pyplot as plt
      plt.figure(figsize = (5,4),dpi = 120)                         #创建画布
      plt.plot([1,2,5],[7,8,9])                                     #绘制折线图
      plt.text(x = 2.2,y = 8,s = 'usage of text',ha = 'center',
      fontdict = dict(fontsize = 12,color = 'r',family = 'monospace',weight = 'bold'),
      #其中 family 指字体,可选'serif'、'sans - serif'、'cursive'、'fantasy'、'monospace'
      #weight 指字体磅值,可选'light'、'normal'、'medium'、'semibold'、'bold'、'heavy'、'black'
      bbox = {'facecolor':'#74C476','edgecolor':'b','alpha': 0.5, 'pad': 8}
      #其中 facecolor 指文本框填充色,#'#74C476'为 RGB 颜色代码,颜色代码需要读者自行网上查找
      #edgecolor 指文本框外框色,alpha 指文本框透明程度,pad 指文本与文本框周围的距离
      )
      plt.show()
```

上述代码绘制的带有文本的折线图如图 7-6 所示。

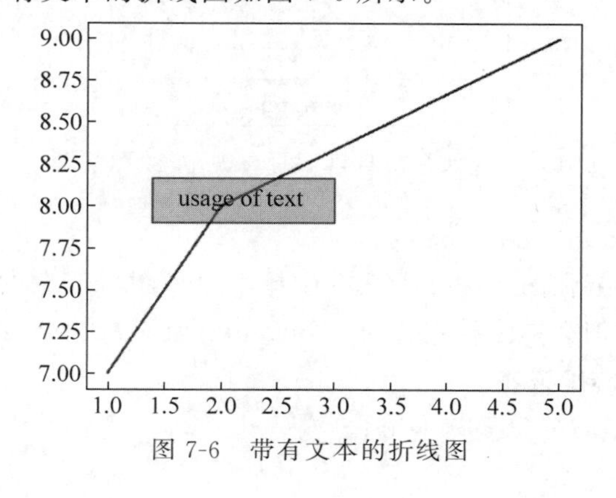

图 7-6 带有文本的折线图

2）plt.annotate()函数添加文本

plt.annotate()函数能够在添加文本的同时绘制箭头作为图形的指示，plt.annotate()函数原型的部分参数如下：

```
plt.annotate(s,xy,xytext,arrowprops)
```

plt.annotate()函数原型的部分参数含义如表 7-6 所示。

表 7-6 plt.annotate()函数原型部分参数含义

序号	参数名称	参数内容
1	s	文本内容
2	xy	箭头指向位置
3	xytext	文本放置位置
4	arrowprops	箭头属性设置，详细用法可参考示例代码

使用 plt.text()函数添加文本的示例代码如下：

```
//Chapter7/7.1.2_test7.py
输入: import matplotlib.pyplot as plt
      plt.figure(figsize = (5,4),dpi = 120)                                    #创建画布
      plt.plot([1,2,5],[7,8,9])                                                #绘制折线图
      plt.annotate(s = 'usage of annotate',xy = (2, 8),xytext = (1.0, 8.75),
      arrowprops = dict(facecolor = 'red',alpha = 0.6,width = 7,headwidth = 40,hatch = '-- '),
      #width 表示箭身宽度,headwidth 表示箭头宽度,hatch 表示箭头填充形状
      )
      plt.show()
```

上述代码绘制出带有文本和箭头的折线图如图 7-7 所示。

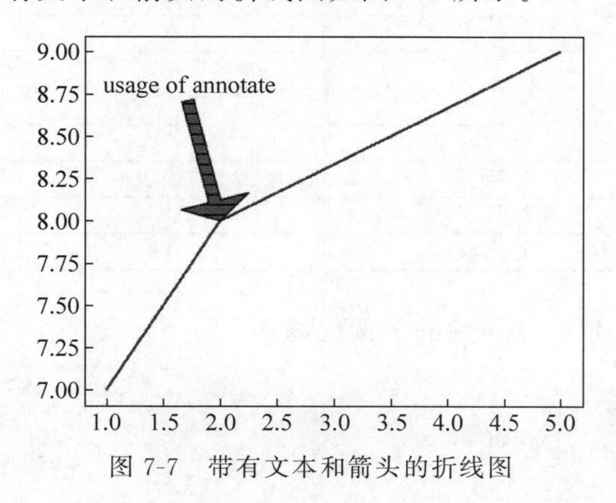

图 7-7 带有文本和箭头的折线图

7.1.3 默认属性值的修改与绘图填充

本节内容将介绍通过 rc 参数修改图形默认属性值和绘图填充区域面积的方式。

1. rc 参数修改图形默认属性值

1）rc 参数的基本使用方式

Matplotlib 中的 pyplot 模块使用 rc 参数来修改图形的各种默认属性，例如绘制一条折线时，默认折线显示的宽度为 1，但是通过 rc 参数可以将折线的默认宽度随意修改，假设修改为 3，则后续在绘制第 2 条折线时，第 2 条折线默认的显示宽度为 3，但是如果重新打开 2.3 节介绍的 Python 集成开发环境，如 Jupyter Notebook 等环境进行绘图时，默认参数仍然会变回系统的初始默认值，没有被修改。

可以使用“plt. rcParams[rc 参数名]＝修改值”的语法格式设置 rc 参数，以修改图形的各种属性。语法格式中常见的 rc 参数名及其功能说明如表 7-7 所示。

表 7-7　常见的 rc 参数名及其功能说明

序号	rc 参数名	功 能 说 明
1	lines. linewidth	线条宽度取值范围为 0～10，默认为 1.5
2	lines. linestyle	线条样式有"－"、"－－"、"－."、":"等，分别指实线、长虚线、点线和短虚线。默认为第一种
3	lines. marker	线条上点的形状，可取值种类繁多，具体参考表 7-8
4	lines. markersize	点的大小，取 0～10 的数值，默认为 1

根据表 7-7，若将折线宽度默认值设置为 3，则可通过代码“plt. rcParams[''lines. linewidth'']＝3”实现。另外，表 7-7 序号 3 中的 rc 参数 lines. marker 可设置值的种类非常多，常见的取值如表 7-8 所示。

表 7-8　rc 参数 lines. marker 的常见取值

lines. marker 取值	含　义	lines. marker 取值	含　义
"o"	圆形	"p"	五边形
"D"	菱形	"s"	正方形
"h"	六边形 1	"d"	小菱形
"H"	六边形 2	"x"	X
"-"	水平线	"＊"	星号
"8"	八边形	"|"	竖线
"."	点	">"	朝右的三角形
","	像素	"<"	朝左的三角形
"＋"	加号	"∨"	朝下的三角形
"None"	无形状	"∧"	朝上的三角形

使用 rc 参数修改图形默认属性的示例代码如下：

```
//Chapter7/7.1.3_test8.py
输入：import matplotlib.pyplot as plt
      #1.生成数据
      x = [i for i in range(20)]                 #生成 x 轴数据，仅供绘图使用，无实际含义
      y = x                                      #生成 y 轴数据
      #2.未设置 rc 参数修改默认属性时的绘图效果
      plt.figure(1)                              #创建第 1 个画布
      plt.plot(x,y)                              #绘制折线图
      plt.title("First")
```

```
#3.使用 rc 参数将线条宽度修改为 4
plt.figure(2)                                    #创建第 2 个画布
plt.rcParams["lines.linewidth"] = 4              #通过 rc 参数将默认线宽修改为 4
plt.title("Second")
plt.plot(x,y)                                    #绘制折线图
#4.使用 rc 参数将线条样式修改为点线
plt.figure(3)                                    #创建第 3 个画布
plt.rcParams["lines.linestyle"] = '-.'           #通过 rc 参数将线条样式修改为点线
plt.title("Third")
plt.plot(x,y,color = 'b')                        #绘制折线图
plt.show()                                       #显示
```

上述代码绘制出的 3 种图形样式如图 7-8 所示。

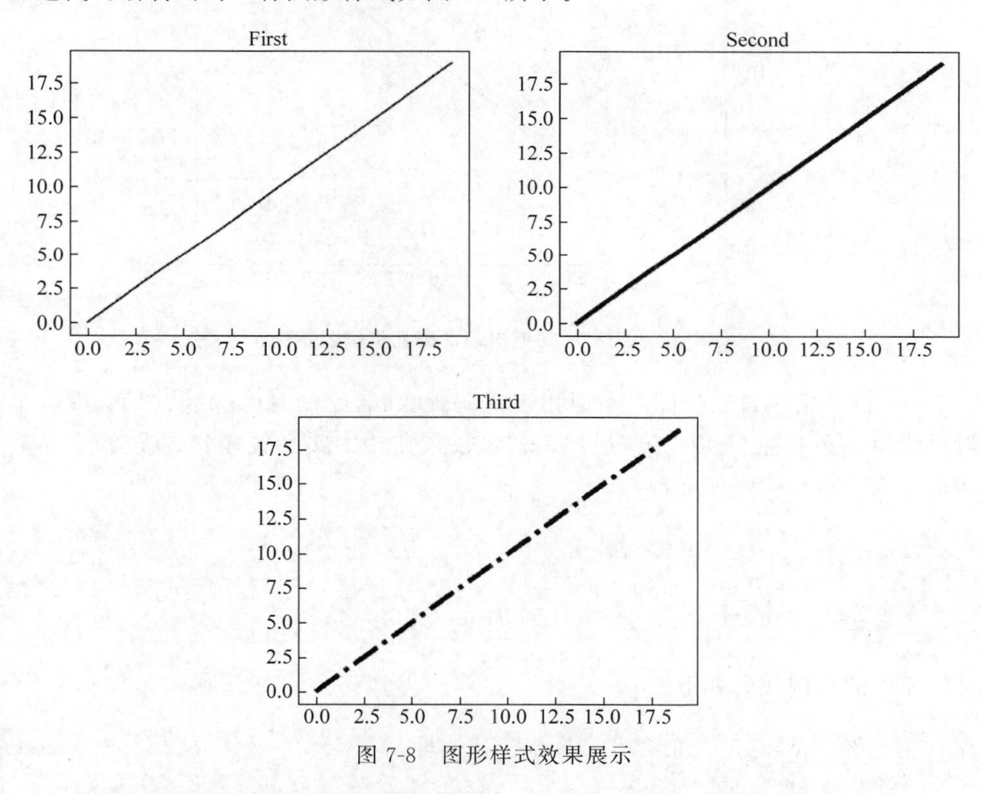

图 7-8 图形样式效果展示

2）rc 参数设置中文字符样式显示

Matplotlib 的 pyplot 模型提供的字体默认不支持中文字符的显示，直接在绘图代码中使用中文字符会出现乱码现象，示例代码如下：

```
//Chapter7/7.1.3_test9.py
输入：import matplotlib.pyplot as plt
      #1.生成数据
      x = [i for i in range(20)]                 #生成 x 轴数据,仅供绘图使用
      y = x                                      #生成 y 轴数据
```

```
#2.强行设置中文
plt.plot(x,y)
plt.title("折线图显示示例")
plt.xlabel("x 轴")
plt.ylabel("y 轴")
plt.show()
```

上述代码绘制出带有中文但出现乱码的折线图如图 7-9 所示。

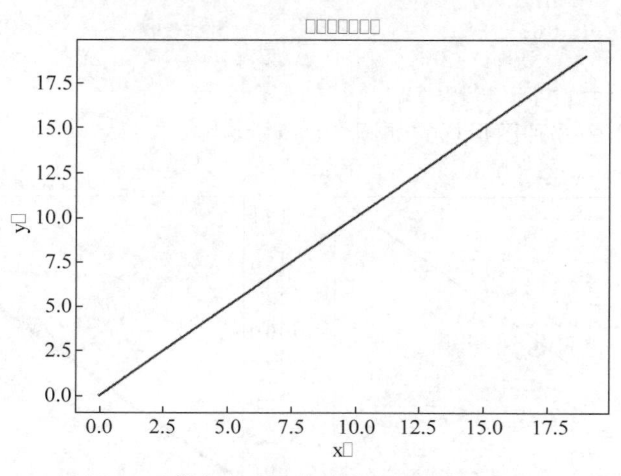

图 7-9 带有中文但出现乱码的折线图示例

图 7-9 中的中文字符在绘图显示时出现乱码现象,若绘图时的标题、图例、横纵坐标标签等需要使用中文字符,则可以通过设置 rc 参数来支持中文字符样式。设置 rc 参数支持中文字符样式的示例代码如下:

```
输入: import matplotlib.pyplot as plt
      plt.rcParams['font.family'] = ['SimHei']
      plt.rcParams['axes.unicode_minus'] = False
```

具体使用的示例代码如下:

```
//Chapter7/7.1.3_test10.py
输入: import numpy as np                              #导入 NumPy 库并取别名为 np
      import matplotlib.pyplot as plt
      #1.创建数据
      x = np.arange(1,4,0.5)                          #生成横轴数据
      #np.arange()函数用于生成间隔为 0.5,范围为 1～4 的一系列数据,形如 0、0.5、...、3.5
      y = np.arange(1,4,0.01)                         #生成纵轴数据
      #np.arange()函数用于生成间隔为 0.01,范围为 1～4 的一系列数据,形如 0、0.01、...、3.99
      #2.绘图
      plt.rcParams['font.family'] = ['SimHei']        #显示中文
      plt.rcParams['axes.unicode_minus'] = False
      #若要显示中文,则需要加上上述两行代码
      #下面绘制子图的方法与 7.1.2 节介绍的方法略有不同
```

```
fig,axes = plt.subplots(2,1)                          #构造2行1列的子图阵列
plt.subplot(2,1,1)                                    #绘制第1个子图
plt.plot(x,np.log(x),'yo',y,np.log(y),'r')            #绘制折线图
#'yo'表示图形中的点用黄色圆形标注,'r'表示将线设置为红色
plt.title('对数函数实线图')                            #设置子图1标题,子图1标题用到了中文
plt.subplot(2,1,2)                                    #绘制第2个子图
plt.plot(y,np.log(y),'r:')                            #绘制折线图
plt.subplots_adjust(hspace = 0.5)                     #调节上下两子图间距的函数,将两图的上
                                                      #下间距调整为0.5
plt.title('对数函数短虚线图')                          #设置子图2标题,子图2标题用到了中文
plt.show()                                            #显示
```

上述代码通过rc参数设置中文字体显示的图形效果如图7-10所示。

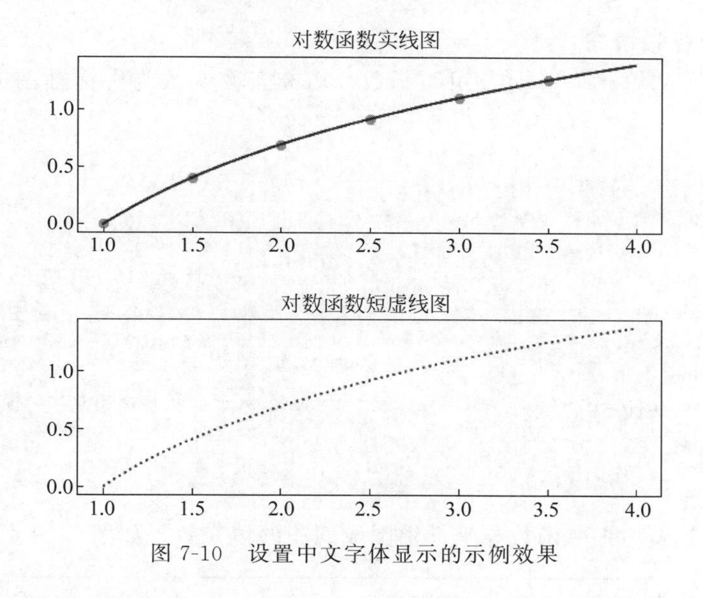

图7-10 设置中文字体显示的示例效果

值得补充的一个知识点是，在上述代码中使用了Matplotlib的pyplot模块中的subplots_adjust()函数进行子图间距调节，该函数原型如下：

```
subplots_adjust(left = None, right = None, bottom = None, top = None, wspace = None, hspace =
None)
```

subplots_adjust()函数的参数left、right、bottom和top指子图所在区域的边界，一般是一个小于1的数值，表示子图的四周边界从整个画布的几分之几处开始。子图四周边界的分布示意如图7-11所示。

subplots_adjust()函数的参数wspace表示子图之间的横向间距与子图平均宽度的比值，可以用公式wspace$=\mathrm{d}w/w$表示；参数hspace表示子图之间的纵向间距与子图平均高度的比值，可以用公式hspace$=\mathrm{d}h/h$表示。多个子图的间距分布示意如图7-12所示。

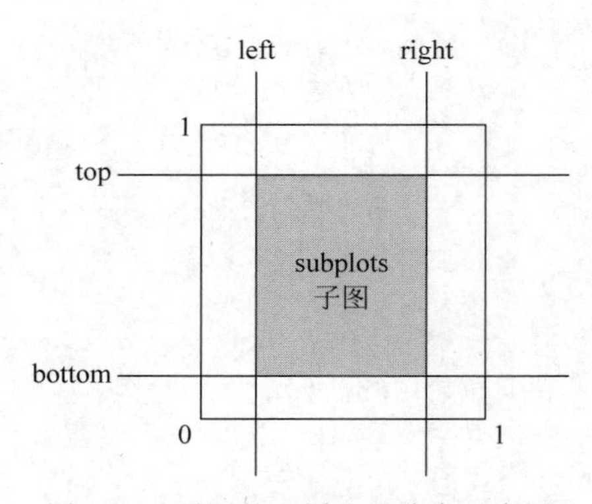

图 7-11 子图的四周边界分布示意图

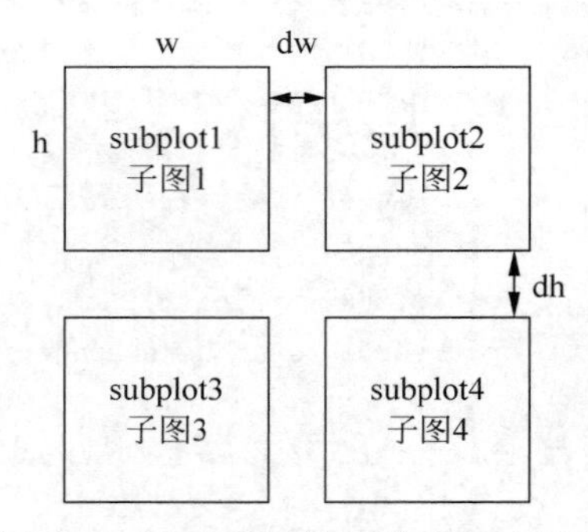

图 7-12 多个子图的间距分布示意图

2. 绘图填充

1）曲线与坐标轴填充

曲线与坐标轴的填充采用 plt.fill()函数。填充正弦函数与坐标轴围成区域面积的示例代码如下：

```
//Chapter7/7.1.3_test11.py
输入：#本例借用第 8 章将介绍的 NumPy 库实现
      import matplotlib.pyplot as plt
      import numpy as np                      #导入 NumPy 库,取别名为 np
      x = np.linspace(0,5 * np.pi, 1000)      #生成横轴数据,np.linspace()函数可参考 8.2 节
      #np.linspace()函数生成 1000 个等间隔且范围为 0～5 * np.pi 的数据,np.pi 为圆周率
      y = np.sin(x)                           #生成纵轴数据
      plt.fill(x,y,color = "g",alpha = 0.3)   #填充,alpha 表示透明度,范围为 0～1,值越大
                                              #则越不透明
      plt.show()                              #显示
```

上述代码绘制出的正弦函数与坐标轴围成面积的填充效果如图 7-13 所示。

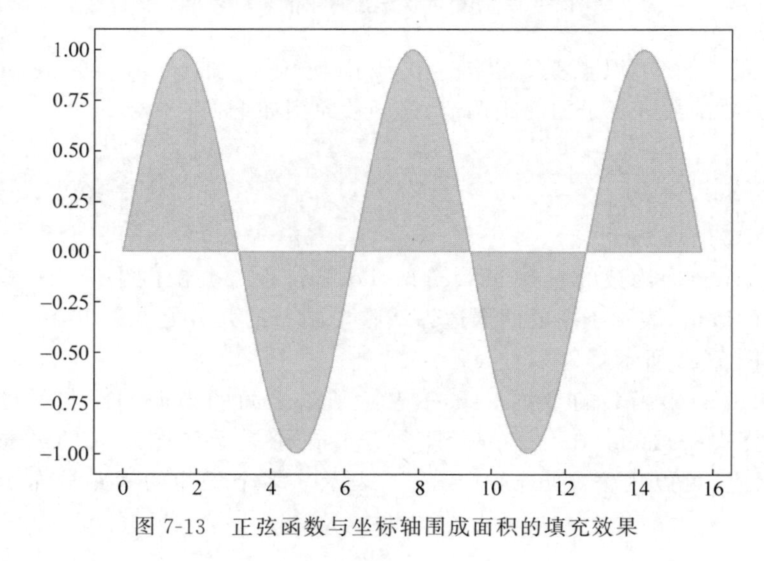

图 7-13 正弦函数与坐标轴围成面积的填充效果

2）曲线与曲线之间区域的填充

曲线与曲线之间区域的填充采用 plt.fill_between()函数。填充正弦曲线和余弦曲线之间区域的示例代码如下：

```
//Chapter7/7.1.3_test12.py
输入：#本例借用第 8 章将介绍的 NumPy 库实现
      import matplotlib.pyplot as plt
      import numpy as np                          #导入 NumPy 库，取别名为 np
      x = np.linspace(0,5 * np.pi, 1000)          #生成横轴数据，调用 NumPy 库的 linspace()函数
      #np.linspace()函数生成 1000 个等间隔且范围为 0～5 * np.pi 的数据，np.pi 为圆周率
      y1 = np.sin(x)                              #生成正弦曲线的纵轴数据 y1
      y2 = np.cos(x)                              #生成余弦曲线的纵轴数据 y2
      plt.plot(x,y1,color = 'b')                  #绘制正弦曲线，颜色为蓝色
      plt.plot(x,y2,color = 'r')                  #绘制余弦曲线，颜色为红色
      plt.legend(["y = sin(x)","y = cos(x)"],loc = "best")       #绘制图例
      plt.fill_between(x,y1,y2,color = "g",alpha = 0.3)          #填充两条曲线间的区域
      plt.show()                                                 #显示
```

上述代码绘制出的正弦曲线和余弦曲线之间区域的填充效果如图 7-14 所示。

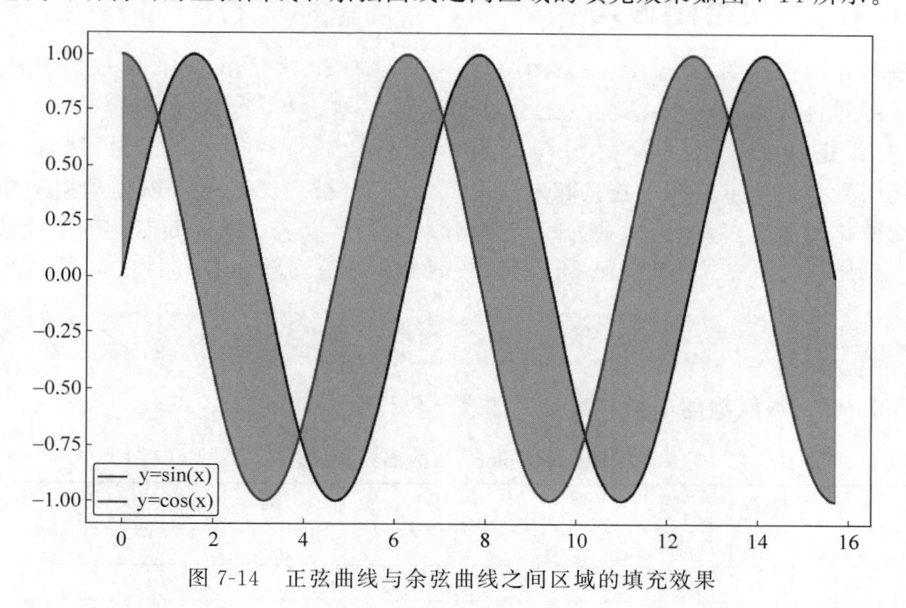

图 7-14　正弦曲线与余弦曲线之间区域的填充效果

3）矩形区域的填充

plt.fill_between()函数还可以填充矩形中间的区域，示例代码如下：

```
//Chapter7/7.1.3_test13.py
输入：import matplotlib.pyplot as plt
      x = [i for i in range(30)]
      plt.fill_between(x[10:20],1,6,facecolor = 'red',alpha = 0.3)
      #第 1 个参数传入的是 x[10:20]，表示取 x 列表的部分点作为横坐标
      #第 2、3 个参数是指定纵坐标的范围
      #facecolor 将颜色设置为红色，透明度 alpha 为 0.3
      plt.show()
```

上述代码绘制出的矩形区域填充效果如图 7-15 所示。

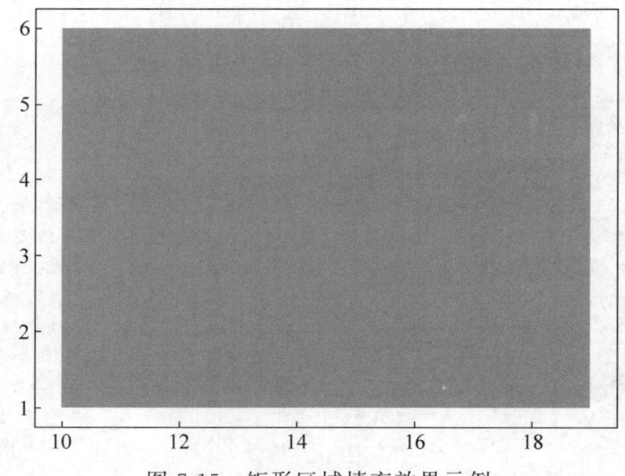

图 7-15 矩形区域填充效果示例

9min

7.1.4 常用绘图形式

本节将介绍折线图、散点图、条形图(包括竖直条形图、水平条形图、堆积条形图、分组条形图)、饼图和直方图。

1. 折线图

折线图是将数据点按顺序连接起来而形成的图形,折线图展示了纵轴数据随横轴数据的变化而变化的情况,例如当横轴为时间数据时,纵轴可以表示随时间变化的连续数据。绘制折线图采用 plt. plot()函数,plt. plot()函数原型的部分参数如下:

```
plt.plot(x,y,color,linestyle,marker,alpha)
```

plt. plot()函数原型的部分参数含义如表 7-9 所示。

表 7-9 plt. plot()函数部分参数含义

序号	参数名称	参数内容
1	x	横轴数据
2	y	纵轴数据
3	color	设置线条颜色,既可以填入英文单词,也可以使用表示颜色的单词缩写,如{'b'、'g'、'r'、'c'、'm'、'y'、'k'、'w'},分别表示蓝色、绿色、红色、青色、品红、黄色、黑色、白色
4	linestyle	设置线条类型。可以设置为{''—''、''——''、''—.''、'':''},分别表示实线、破折线、点画线、虚线
5	marker	设置绘制点的类型,如可以设置为{''o''、''v''、''<''、''>''},详情可参考表 7-8
6	alpha	设置透明度,为 0~1 的数值,越接近 0 表示线越透明

绘制折线图的示例代码如下:

```
//Chapter7/7.1.4_test14.py
输入: import numpy as np
      import matplotlib.pyplot as plt
      x = [i for i in range(0,20)]                  #创建横轴数据
      y = [i * i for i in range(0,20)]              #创建纵轴数据
      plt.figure(1)                                 #创建第1张画布
      plt.plot(x,y,color = 'r')                     #绘制折线图
      plt.title("First Figure")                     #设置第1张画布的标题
      plt.xlabel("x")
      plt.ylabel("y")
      plt.figure(2)                                 #创建第2张画布
      plt.plot(x,y,color = 'b',marker = 'o')        #绘制折线图
      plt.title("Second Figure")                    #设置第2张画布的标题
      plt.xlabel("x")
      plt.ylabel("y")
      plt.show()                                    #显示
```

上述代码绘制出的两张折线图如图 7-16 所示。

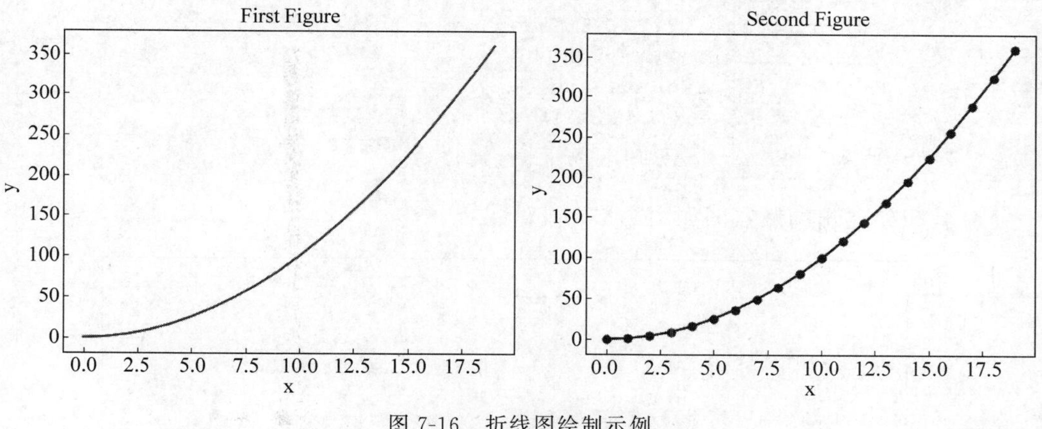

图 7-16 折线图绘制示例

2. 散点图

散点图是以一个特征为横坐标，以另一个特征为纵坐标，用离散点的标记形式来表示不同类别的一种特殊图形。绘制散点图采用 plt.scatter()函数，plt.scatter()函数原型的部分参数如下：

```
plt.scatter(x,y,s = None,c = None,marker = None,alpha = None)
```

plt.scatter()函数原型的部分参数含义如表 7-10 所示。

表 7-10 plt.scatter()函数部分参数含义

序号	参数名称	参数内容
1	x	横轴数据
2	y	纵轴数据

续表

序号	参数名称	参数内容
3	s	接收数值或者序列，指定点的大小。如果是数值，则所有点大小相等，如果是序列，则对每个点按顺序分别指定大小
4	marker	指定点的类型，如可以设置为{''o''、''v''、''<''、''>''}，详情可参考表 7-8
5	alpha	指定点的透明度

绘制散点图的示例代码如下：

```
//Chapter7/7.1.4_test15.py
输入: import numpy as np                                    #导入 NumPy 库并取别名为 np
      import matplotlib.pyplot as plt
      plt.figure()                                          #创建画布
      plt.rcParams['font.family'] = ['SimHei']
      plt.rcParams['axes.unicode_minus'] = False
      #若要显示中文则需要加上上述两行代码
      for color in ['red','green','blue']:                  #绘制 3 种不同颜色的散点图
          x = np.random.randint(2,100,30)
          #np.random.randint(2,100,30)表示随机生成 30 个取值范围为 2～100 的整数
          y = np.random.randint(2,100,30)
          plt.scatter(x,y,c = color,alpha = 0.8)
      plt.legend(["红色","绿色","蓝色"])                    #设置图例
      plt.show()                                            #显示
```

上述代码绘制出的散点图如图 7-17 所示。

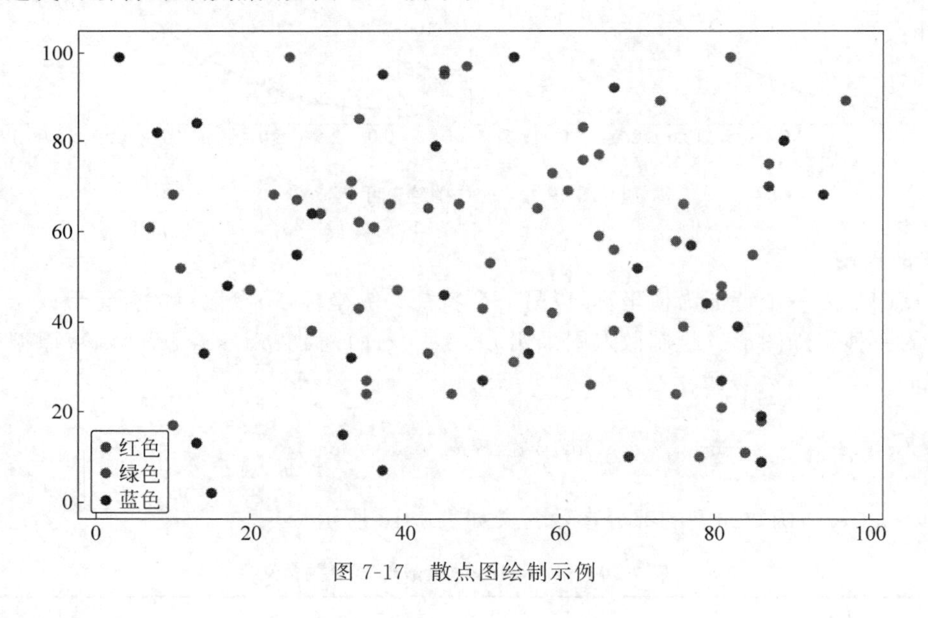

图 7-17 散点图绘制示例

3. 条形图

条形图是用多个宽度相等的条形表示的一种统计图形，利用条形图可以清楚地比较出数据的高低分布情况。条形图可分为竖直条形图、水平条形图、堆积条形图和分组条形图。

1）竖直条形图

竖直条形图用横轴表示数据类别，用纵轴表示该类别的数据量。绘制竖直条形图采用 plt.bar()函数，plt.bar()函数原型的部分参数如下：

```
plt.bar(x,height,width = 0.8,color,bottom,align)
```

plt.bar()函数原型的部分参数含义如表 7-11 所示。

表 7-11　plt.bar()函数部分参数含义

序号	参数名称	参数内容
1	x	横轴数据
2	height	接收一个序列，表示横轴所代表的数据的数量
3	width	接收一个 0～1 的浮点数值，指定条形图的宽度，默认为 0.8
4	color	接收一个字符串或者序列，如果接收的是字符串，则所有横轴对应的条形都是该字符串的颜色，如果接收的是序列，则依次赋予横轴对应条形序列中的颜色
5	bottom	距离条形底部的高度，默认为 0
6	align	横轴坐标与坐标对应的位置，默认值"center"，表示位于中心，还可设置为"edge"，表示位于边缘

绘制竖直条形图的示例代码如下：

```
//Chapter7/7.1.4_test16.py
输入：import matplotlib.pyplot as plt
      plt.bar(x = [1,2,3,4],height = [4,2,3,1],width = 0.8,color = 'g')       #绘制竖直条形图
      plt.show()
```

上述代码绘制出的竖直条形图如图 7-18 所示。

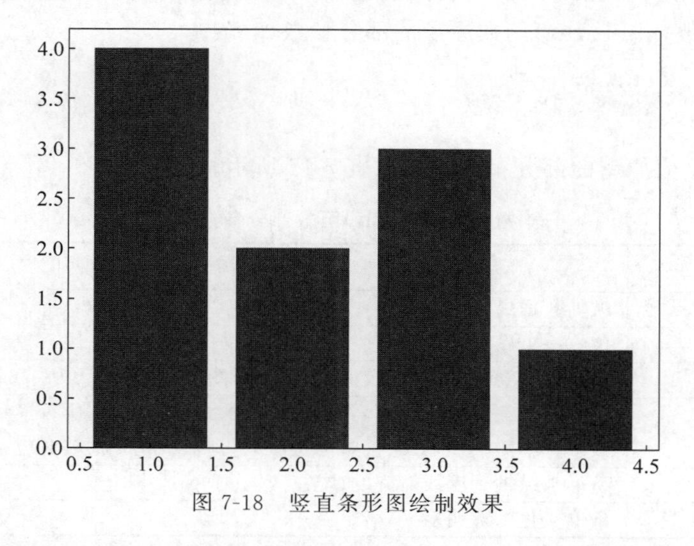

图 7-18　竖直条形图绘制效果

若想在竖直条形图上同时显示对应的高度数据，则可以结合 for 循环和 7.1.2 节介绍过的 plt.text()函数实现，示例代码如下：

```
//Chapter7/7.1.4_test17.py
输入： import matplotlib.pyplot as plt
       x = ["first","second","third","four"]
       height = [4,3,2,1]
       plt.bar(x = x,height = height,width = 0.8,color = 'g')           #绘制竖直条形图
       for x,y in zip(range(len(height)),height):
           plt.text(x,y,y,ha = "center",va = "bottom",fontsize = 10)   #在竖直条图形上显示数据
       plt.show()
```

上述代码绘制出的带高度数据的竖直条形图如图 7-19 所示。

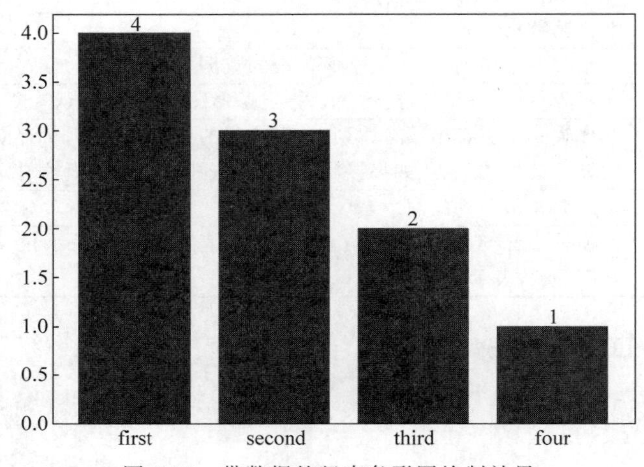

图 7-19　带数据的竖直条形图绘制效果

2）水平条形图

水平条形图用纵轴表示数据类别，用横轴表示该类别的数据量。绘制水平直条形图采用 plt.barh()函数，plt.barh()函数原型的部分参数如下：

```
plt.barh(y,width,height = 0.8,color,align = ''center'',alpha)
```

plt.barh()函数原型的部分参数含义如表 7-12 所示。

表 7-12　plt.barh()函数部分参数含义

序号	参数名称	参数内容
1	y	纵轴数据
2	width	接收一个序列，表示纵轴所代表的数据的数量
3	height	接收一个 0～1 的浮点数值，指定条形图的宽度，默认为 0.8
4	color	接收一个字符串或者序列，如果接收的是字符串，则所有横轴对应的条形都是该字符串的颜色，如果接收的是序列，则依次赋予横轴对应条形序列中的颜色
5	align	条形与纵轴刻度线对齐的位置
6	alpha	条形颜色的透明度

绘制水平条形图的示例代码如下：

```
//Chapter7/7.1.4_test18.py
输入: import matplotlib.pyplot as plt
      y = ["first","second","third","four"]
      width = [4,3,2,1]
      plt.barh(y = y,width = width,height = 0.8,color = 'g')          #绘制水平条形图
      plt.show()
```

上述代码绘制出的水平条形图如图 7-20 所示。

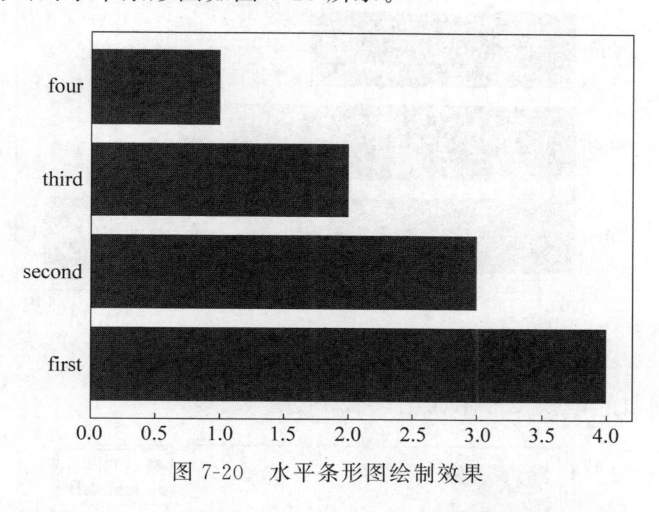

图 7-20　水平条形图绘制效果

若想在水平条形图上同时显示对应的高度数据，则可以结合 for 循环和 7.1.2 节介绍过的 plt.text()函数实现，示例代码如下：

```
//Chapter7/7.1.4_test19.py
输入: import matplotlib.pyplot as plt
      y = ["first","second","third","four"]
      width = [4,3,2,1]
      plt.barh(y = y,width = width,height = 0.8,color = 'g')          #绘制水平条形图
      for y,x in enumerate(width):
          #在水平条形图上添加数据,若读者有遗忘,则可参考 7.1.4 节
          plt.text(x,y,"%s" % x)
      plt.show()
```

上述代码绘制出的带数据的水平条形图如图 7-21 所示。

3）堆积条形图

堆积条形图能够显示单个条形里部分与整体之间的关系，使得数据差异的反映更加直观。绘制堆积条形图主要通过设置 plt.bar()函数中的参数 bottom 实现，示例代码如下：

```
//Chapter7/7.1.4_test20.py
输入: import matplotlib.pyplot as plt
      x = ["first","second","third","four"]
      plt.bar(x = x,height = [4,3,2,1])                #底层条形图
      plt.bar(x = x,height = [8,7,6,5],bottom = [4,3,2,1])
```

```
#上行代码将一个条形图堆积到底层条形图上面,所以堆积后的条形图高度分别为12、10、8、6
plt.legend(["sampleA","sampleB"])
plt.show()
```

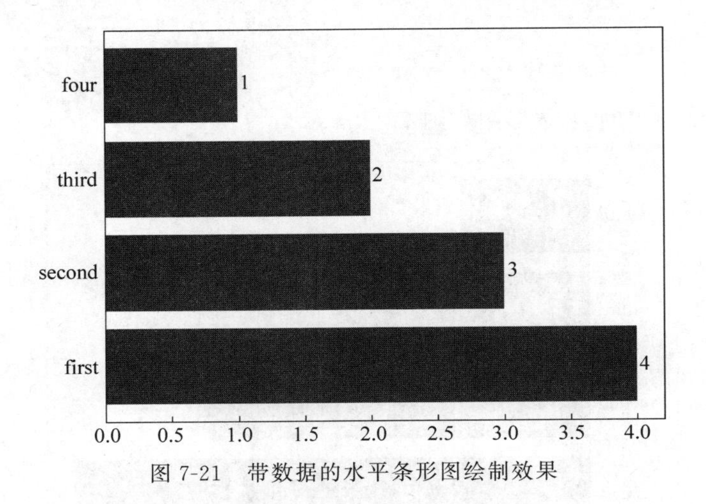

图 7-21　带数据的水平条形图绘制效果

上述代码绘制出的堆积条形图如图 7-22 所示。

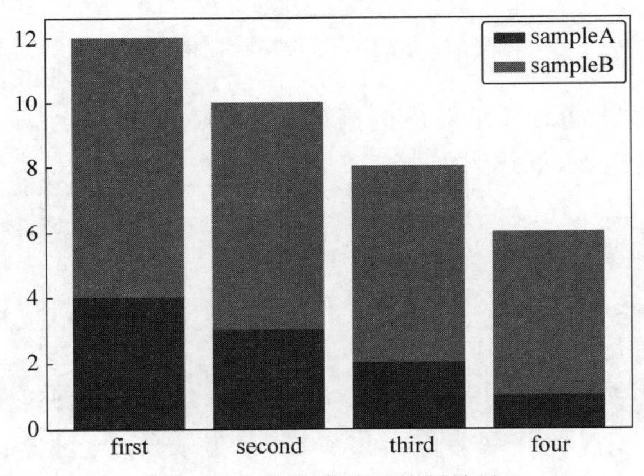

图 7-22　堆积条形图绘制效果

4）分组条形图

当多个条形图有相同的横轴类别时,不妨可以将这些条形图绘制在一张图上,使多个条形图能够进行直观对比,这就是分组条形图。分组条形图的绘制比较麻烦一些,需要条形的宽度值以便手动计算条形的中心坐标,然后自然叠加形成水平展开的分组直方图。

绘制分组条形图的示例代码如下:

```
//Chapter7/7.1.4_test21.py
输入: import numpy as np                    #导入 NumPy 库并取别名为 np
      import matplotlib.pyplot as plt
      x = np.arange(1,7)                    #np.arange(1,7)生成的数据为 1、2、3、4、5、6
      y1 = np.random.random(6) + 2          #随机生成 6 个[2,3)区间的数据
```

```
y2 = np.random.random(6) + 2
plt.bar(x = x,height = y1,width = 0.4,align = "edge")
plt.bar(x = x - 0.4,height = y2,width  = 0.4,label  = 'sampleB',align = "edge")
plt.legend(["sampleA","sampleB"])
plt.show()
```

上述代码绘制出的分组条形图如图 7-23 所示。

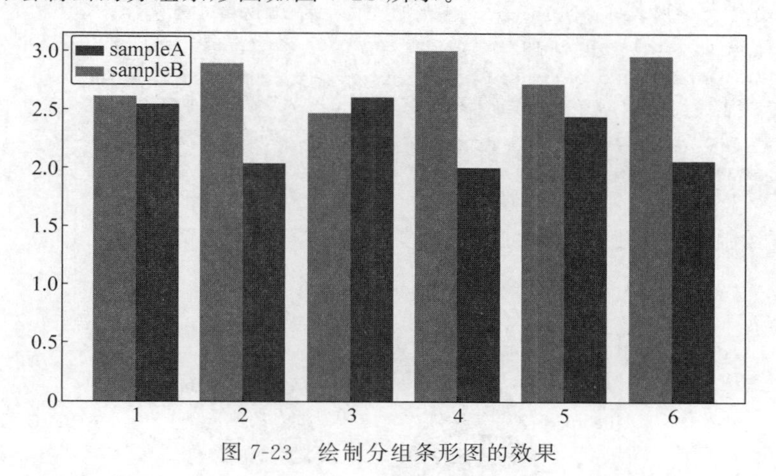

图 7-23 绘制分组条形图的效果

4. 饼图

饼图能够直观展示数据中各项的大小占数据总和的比例,能反映出部分与整体之间的关系。绘制饼图采用 plt.pie()函数,plt.pie()函数原型的部分参数如下:

```
plt.pie(x,explode = None,labels = None,colors = None,autopct = None,pctdistance = 0.6,shadow =
False,startangle = None,radius = None)
```

plt.pie()函数原型的部分参数含义如表 7-13 所示。

表 7-13 plt.pie()函数部分参数含义

序号	参数名称	参数内容
1	x	接收序列,表示饼图的绘制数据
2	explode	接收序列,指定某个部分距离饼图圆心多少个半径
3	labels	接收序列,指定每个部分的名称
4	colors	接收一个表示颜色的字符串或者字符串序列
5	autopct	接收序列,指定以百分比的方式显示
6	pctdistance	接收浮点数,每个部分所占百分比的标记(如 30%)位置距离饼图圆心多少个半径
7	shadow	指定饼图是否添加阴影
8	startangle	指定起始角度
9	radius	接收浮点数,表示饼图的半径,默认为 1

绘制饼图的示例代码如下:

```
//Chapter7/7.1.4_test22.py
输入: import matplotlib.pyplot as plt
      labels = ['January','February','March','April','May','June']    #定义饼图各部分的标签
      x = [1500,2000,1250,1360,1480,1550]                             #定义饼图各部分的数据量
      #x 可以是数值型,画图时会根据数值大小自动计算比例
      explode = (0.05,0.1,0.15,0.2,0.25,0.3)          #定义饼图各部分与圆心的距离
      color = ['honeydew','limegreen','palegreen','greenyellow','chartreuse','lawngreen']
      #color 为饼图各部分颜色,为了美观,这里选用了比较相近的色系
      plt.pie(x, labels = labels, explode = explode, startangle = 60, autopct = '%1.1f%%',
            colors = color)                           #绘制饼图
      #开始角度是逆时针旋转 60 度,百分比显示方式为'%1.1f%%'
      plt.title('Income Pie')                         #设置标题
      plt.show()                                      #显示
```

上述代码绘制出的饼图如图 7-24 所示。

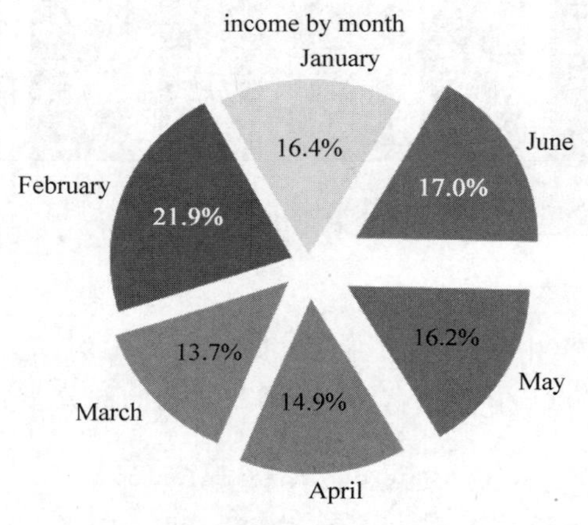

图 7-24 饼图绘制的示例效果

5. 直方图

直方图又称质量分布图,由一系列高度不等的纵向条纹或线段表示数据分布的情况。一般用横轴表示数据类型,用纵轴表示分布情况。绘制直方图采用 plt.hist()函数,plt.hist()函数原型的部分参数如下:

```
plt.hist(x,bins = None,range = None, density = None,histtype = 'bar', align = 'mid', log = False,
color,edgecolor, label = None, stacked = False,orientation = 'vertical',rwidth,alpha)
```

plt.hist()函数原型的部分参数含义如表 7-14 所示。

表 7-14 plt.hist()函数部分参数含义

序号	参数名称	参数内容
1	x	横轴数据
2	bins	控制直方图横轴的区间个数
3	range	横轴显示的区间范围,例如[-10,10],range 在没有给出 bins 时生效

续表

序号	参数名称	参数内容
4	density	接收一个布尔值,默认值为 False,False 显示的是频数统计结果,为 True 则显示频率统计结果,这里需要注意,频率统计结果=区间样本数目/(样本总数 * 区间宽度),这样设置的目的是为了令直方图条形的面积表示该区间含有的样本数
5	histtype	取值可选{'bar', 'barstacked', 'step', 'stepfilled'},默认为 bar,设置为 barstacked 会将重叠的不同数据堆叠起来,设置为 step 会将直方图显示为梯状图,设置为 stepfilled 则会对梯状图内部进行填充,效果与 bar 类似,不同的是会省略相邻区间连接部分的线条
6	align	取值可选{'left','mid','right'},指定条形的底部起点位置为左侧、右侧或者中间
7	log	接收一个布尔值,默认值为 False,决定 y 轴坐标是否选择指数刻度
8	color	直方图填充的颜色
9	edgecolor	直方图边缘的颜色
10	label	直方图的标签
11	stacked	接收一个布尔值,默认值为 False,决定是否为堆积直方图
12	orientation	取值可选{horizontal,vertical},决定直方图是水平还是竖直方向,默认为竖直
13	rwidth	直方图条形的相对宽度
14	alpha	颜色填充的透明度

1）竖直直方图绘制

绘制竖直直方图的示例代码如下：

```
//Chapter7/7.1.4_test23.py
输入: import matplotlib.pyplot as plt
      import numpy as np                   #导入第 8 章将介绍的 NumPy 库并取别名为 np
      x = np.random.randint(0,100,100)     #生成 1～100 的 100 个数据
      bins = np.arange(0,101,10)           #设置连续的边界值,即直方图的分布区间[0,10],[10,20]...
      plt.subplot(121)                     #绘制第 1 张子图,子图的绘制可参考 7.1.2 节
      plt.hist(x,bins,color = 'lightpink',alpha = 0.8)     #alpha 设置透明度,0 为完全透明
      plt.xlim(0,100)                      #设置 x 轴分布范围
      plt.xlabel("scores")
      plt.ylabel("count")
      plt.subplot(122)                     #绘制第 2 张子图
      plt.hist(x,bins,color = 'lightpink',edgecolor = "blue",alpha = 0.8)
      #参数 edgecolor = "blue"在图中加上蓝色边线
      plt.xlabel('scores')
      plt.ylabel('count')
      plt.xlim(0,100)                      #设置 x 轴分布范围
      plt.show()
```

上述代码绘制出的竖直直方图效果如图 7-25 所示。

2）水平直方图绘制

通过设置 plt.hist()的参数 orientation 可以绘制水平直方图,示例代码如下：

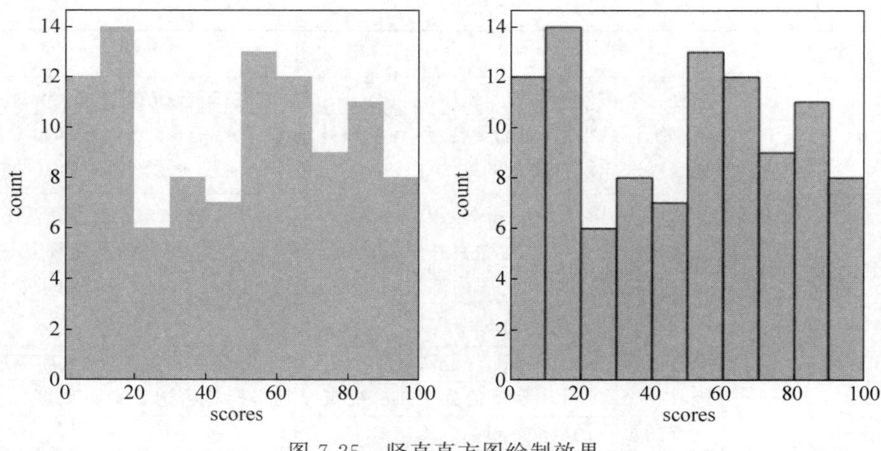

图 7-25 竖直直方图绘制效果

```
//Chapter7/7.1.4_test24.py
输入: import matplotlib.pyplot as plt
      import numpy as np                    #导入 NumPy 库并取别名为 np
      x = np.random.normal(size = 1000)     #设置连续的边界值,即直方图的分布区间[0,10],
                                            #[10,20]...
      plt.hist(x, density = True, color = 'slateblue', edgecolor = "lightpink", orientation =
            "horizontal",rwidth = 10)
      #density = True 将横轴转换成百分制,orientation = "horizontal"生成水平直方图,rwidth
      #设置条形宽度
      plt.show()
```

上述代码绘制出的水平直方图效果如图 7-26 所示。

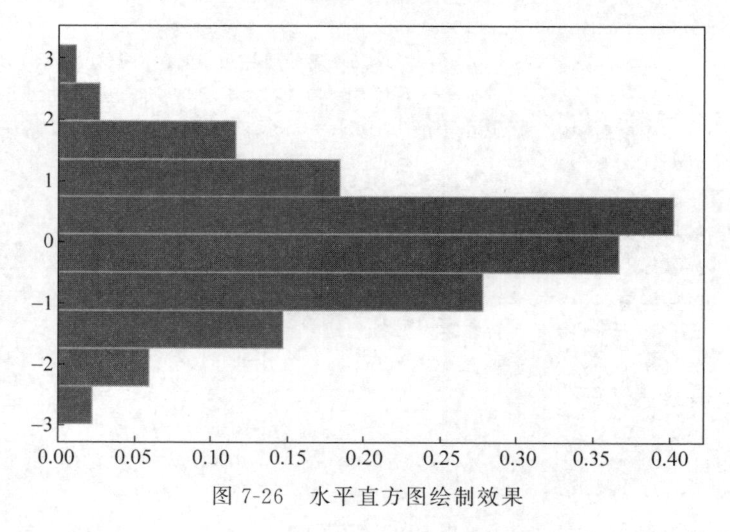
图 7-26 水平直方图绘制效果

3）分组直方图绘制

分组直方图的示例代码如下：

```
//Chapter7/7.1.4_test25.py
输入: import numpy as np                          #导入 NumPy 包并取别名为 np
      import matplotlib.pyplot as plt
      #本代码也可以用来体会 plt.hist()函数的参数 histtype 采用不同取值时的效果区别
      x1 = np.random.normal(0,0.8,1000)          #产生 1000 个随机数,没有其他特别含义
      x2 = np.random.normal( - 2,1,1000)
      x3 = np.random.normal(3,2,1000)
      data = [x1,x2,x3]                          #data 列包含 3 种数据
      fig, ax = plt.subplots(4)                  #准备绘制 4 张子图
      ax[0].hist(data,alpha = 0.3,density = True,bins = 40)
      ax[1].hist(data,histtype = 'step',alpha = 0.3,density = True,bins = 40)
      ax[2].hist(data,histtype = 'stepfilled',alpha = 0.3,density = True,bins = 40)
      ax[3].hist(data,histtype = 'barstacked',alpha = 0.3,density = True,bins = 40)
      plt.subplots_adjust(hspace = 0.5)          #设置子图间距
      plt.show()
```

上述代码绘制出的分组直方图效果如图 7-27 所示。

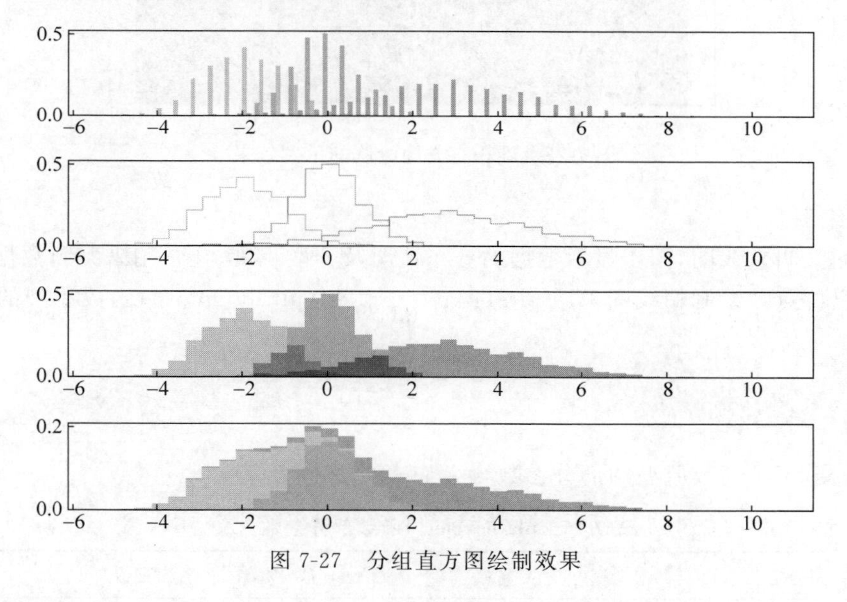

图 7-27 分组直方图绘制效果

4) 堆积直方图

与本节前面内容介绍的堆积条形图类似,堆积直方图也能够显示单个条形里部分与整体之间的关系,绘制堆积直方图主要通过设置 plt.hist()函数中的参数 stacked 实现,绘制堆积直方图的示例代码如下:

```
//Chapter7/7.1.4_test26.py
输入: import matplotlib.pyplot as plt
      import numpy as np                          #导入 NumPy 并取别名为 np
      x1 = np.random.randint(0,100,100)          #产生 100 个范围为 0～100 的整数
      x2 = np.random.randint(0,100,100)
      x = [x1,x2]                                #x 包含两种数据
      colors = ["slateblue","lightpink"]         #定义直方图颜色
```

```
labels = ["A","B"]                                    #定义图例
bins = range(0,101,10)
plt.hist(x,bins = bins,color = colors,histtype = "bar",rwidth = 10,stacked = True,label =
        labels,edgecolor = 'k')
plt.legend(loc = "upper right")
plt.show()
```

上述代码绘制出的堆积直方图效果如图 7-28 所示。

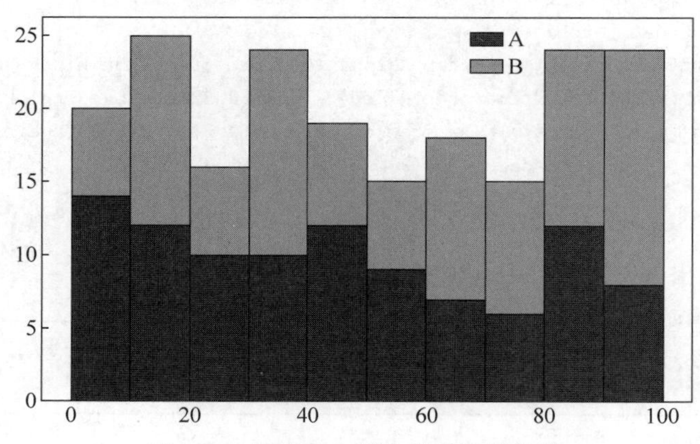

图 7-28　堆积直方图绘制的示例效果

6. 箱线图

箱线图又叫盒线图,用于显示数据的分布情况及分散程度,还常用来判断数据中是否存在异常的离群点。绘制箱线图采用 plt.boxplot()函数,plt.boxplot()函数原型的部分参数如下:

```
plt.boxplot(x,notch,sym,vert,positions,widths,labels,showmeans,boxprops)
```

plt.boxplot()函数原型的部分参数含义如表 7-15 所示。

表 7-15　plt.boxplot()函数部分参数含义

序号	参数名称	参数内容
1	x	接收 array,绘制箱线图的数据
2	notch	接收布尔型数值,指定是否以凹口的形式展现箱线图
3	sym	指定异常点的形状
4	vert	接收布尔型数值,是否将箱线图垂直摆放
5	positions	指定箱线图的位置
6	widths	接收 array,指定每个箱体的宽度
7	labels	接收 array,指定每个箱线图的标签
8	showmeans	接收布尔型数值,指定是否显示均值
9	boxprops	接收字典型数值,指定箱线图的颜色

绘制箱线图的示例代码如下:

```
//Chapter7/7.1.4_test27.py
输入：from matplotlib import pyplot as plt
     plt.rcParams['font.family'] = ['SimHei']      #这两句用于设置中文字符
     plt.rcParams['axes.unicode_minus'] = False
     #若要显示中文，则需要加上上述两行代码
     dataA = [5,6,2,4,8,9,10,2,4,5,3,5,15]   #构建数据集 dataA,其中设置了一个异常点 15
     dataB = [1,2,7,9,5,7,6,8,2,3,4,10,2,4,0]
     plt.boxplot((dataA,dataB),labels = ["A","B"],showmeans = True,sym = '*',boxprops =
     dict(color = "pink"))
     #将数据标签设置为 A 和 B,显示均值点,异常点的形状设为'*',箱线颜色设为'pink'
     plt.title("箱线图绘制示例")
     plt.show()
```

上述代码绘制出的箱线图示例效果如图 7-29 所示。

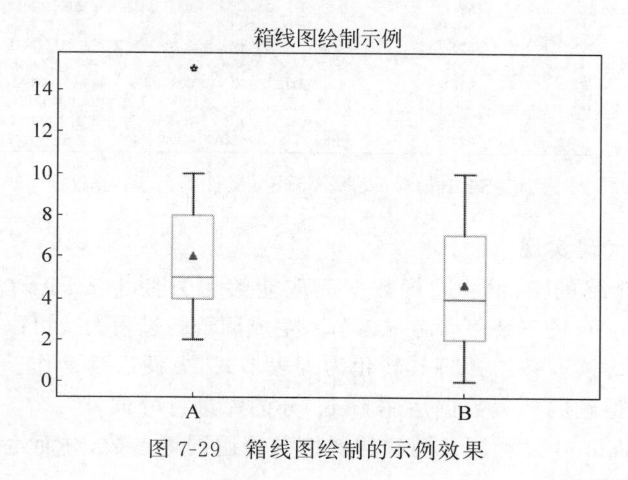

图 7-29 箱线图绘制的示例效果

7.1.5 词云

本节内容将介绍词云的概念及相应库的安装、介绍如何生成词云的数据集和代码实现。

1. 词云的概念及相应库的安装

“词云”这个概念由美国西北大学新闻学副教授、新媒体专业主任里奇·戈登(Rich Gordon)提出。“词云”是对网络文本中出现频率较高的“关键词”予以视觉上的突出，形成“关键词云层”或“关键词渲染”，从而过滤掉大量的文本信息，使浏览者只需一眼扫过词云就可以领略文本的主旨。

绘制词云需要用到 WordCloud 库、Jieba 库和 OpenCV 库。WordCloud 库用来生成词云，Jieba 库用来对一句话或一段话分词，OpenCV 库用来读入词云的目标形状对应的图片。打开 2.2.1 节介绍的 Anaconda Prompt 应用程序，在 Anaconda Prompt 应用程序的命令行窗口输入如下命令安装 3 个库：

```
pip install wordcloud
pip install jieba
pip install opencv-python
```

2. 生成词云的数据集介绍

用来生成词云的素材多种多样，可以是一本小说、从招聘网站上爬取的网络需求信息等。本节以作者团队通过爬虫从链家二手房交易网（https://xm.lianjia.com/）爬取并整理出的厦门二手房价数据集为例生成词云，该数据集的更详细介绍读者可以参考 11.1 节。

假设该数据集存放在 D 盘下名为 wordCloud 文件夹下的 SimingHousePrice.xlsx 文件中，该数据集与后续内容中的代码文件可以一起通过本书前言部分提供的二维码下载。

该 Excel 文件的前 15 条数据如图 7-30 所示。

<table>
<tr><td>1</td><td>location</td><td>price</td><td>information</td></tr>
<tr><td>2</td><td>屿后里小区二区 - 松柏</td><td>348万</td><td>2室1厅 | 58.11平米 | 西南 | 简装 | 中楼层(共7层) | 1994年建 | 板楼</td></tr>
<tr><td>3</td><td>浦南花园 - 火车站</td><td>490万</td><td>3室2厅 | 104.37平米 | 南 北 | 精装 | 中楼层(共33层) | 2010年建 | 板塔结合</td></tr>
<tr><td>4</td><td>土地局宿舍 - 禾祥西路</td><td>328万</td><td>2室1厅 | 63.42平米 | 南 北 | 精装 | 高楼层(共6层) | 暂无数据</td></tr>
<tr><td>5</td><td>仙阁里花园 - SM</td><td>290万</td><td>2室1厅 | 66.5平米 | 东 西 | 简装 | 中楼层(共7层) | 1996年建 | 板楼</td></tr>
<tr><td>6</td><td>阳光花园 - 松柏</td><td>390万</td><td>2室1厅 | 73.87平米 | 南 | 简装 | 中楼层(共7层) | 1998年建 | 板楼</td></tr>
<tr><td>7</td><td>嘉盛豪园 - 瑞景</td><td>685万</td><td>3室2厅 | 152.08平米 | 南 北 | 精装 | 中楼层(共11层) | 2006年建 | 板楼</td></tr>
<tr><td>8</td><td>富山美迪斯 - 富山</td><td>255万</td><td>1室1厅 | 45.61平米 | 西 | 精装 | 高楼层(共18层) | 2004年建 | 板楼</td></tr>
<tr><td>9</td><td>百源双玺 - 火车站</td><td>395万</td><td>2室1厅 | 65.66平米 | 南 | 简装 | 中楼层(共30层) | 2006年建 | 塔楼</td></tr>
<tr><td>10</td><td>龙山山庄 - 莲前</td><td>365万</td><td>2室2厅 | 80.35平米 | 南 | 简装 | 中楼层(共8层) | 1994年建 | 板楼</td></tr>
<tr><td>11</td><td>医药站宿舍 - 富山</td><td>530万</td><td>4室2厅 | 108平米 | 东南 北 | 精装 | 中楼层(共7层) | 1993年建 | 板楼</td></tr>
<tr><td>12</td><td>映碧里 - 莲花一村</td><td>398万</td><td>2室2厅 | 66.82平米 | 东南 | 精装 | 高楼层(共6层) | 1986年建 | 板楼</td></tr>
<tr><td>13</td><td>前埔北区二里 - 前埔</td><td>447万</td><td>3室1厅 | 102.41平米 | 东南 | 简装 | 高楼层(共18层) | 塔楼</td></tr>
<tr><td>14</td><td>湖滨南路 - 斗西路</td><td>368万</td><td>2室2厅 | 61.98平米 | 南 | 简装 | 中楼层(共7层) | 平房</td></tr>
<tr><td>15</td><td>东方巴黎 - 火车站</td><td>788万</td><td>3室2厅 | 122.14平米 | 南 北 | 简装 | 高楼层(共16层) | 板楼</td></tr>
<tr><td>16</td><td>槟榔东里双号区 - 槟榔</td><td>328万</td><td>2室1厅 | 51.98平米 | 南 北 | 精装 | 低楼层(共6层) | 1988年建 | 板楼</td></tr>
</table>

图 7-30 SimingHousePrice.xlsx 文件的前 15 条数据

3. 生成词云的代码实现

借助第 9 章将介绍的 Pandas 进行数据读取能够更方便生成词云（但此处不涉及太多 Pandas 相关内容，Pandas 的安装可参考 9.1 节），生成词云的过程大致可以分为 3 步：

（1）使用 Pandas 读取数据并将其转化为列表形式，方便后续操作。

（2）对通过（1）得到的列表数据运用 Jieba 分词库进行分词。

（3）使用 WordCloud 设置词云图片的属性及停用词等参数，进而生成词云图像。

1）Jieba 分词库简介

Jieba 分词功能强大，Jieba 分词支持 3 种分词模式：一是精确模式，将句子最精确地切开，适合文本分析；二是全模式，把句子中所有的可以成词的词语扫描出来，速度非常快，但是不能解决歧义；三是搜索引擎模式，在精确模式的基础上，对长词再次切分，但本例中仅用到它最简单的分词功能，若读者从事自然语言处理相关工作，则可能会更频繁地使用该库。

Jieba 分词库的 3 个分词模式的使用示例代码如下：

```
//Chapter7/7.1.5_test28.py
输入: import jieba
      seg1 = jieba.cut("小明毕业于北京大学,然后在哈佛大学深造",cut_all = True)
      print("全模式: ","/".join(seg1))
      seg2 = jieba.cut("小明毕业于北京大学,然后在哈佛大学深造",cut_all = False)
      print("精准模式: ","/".join(seg2))
      seg = jieba.cut_for_search("小明毕业于北京大学,然后在哈佛大学深造")
      print("搜索引擎模式: ","/".join(seg))

输出: 全模式: 小/明/毕业/于/北京/北京大学/大学/,/然后/在/哈佛/哈佛大学/大学/深造
      精准模式: 小明/毕业/于/北京大学/,/然后/在/哈佛大学/深造
      搜索引擎模式: 小明/毕业/于/北京/大学/北京大学/,/然后/在/哈佛/大学/哈佛大学/深造
```

2）生成词云的代码实现

在生成词云时，由于我们不希望某些关键词因为可以拆分而导致其在词云中出现的频率增加，因此在使用Jieba分词时应选择精准模式。生成词云的示例代码如下：

```
//Chapter7/7.1.5_test29/7.1.5_test29.py
输入：import jieba
      import numpy as np
      import matplotlib.pyplot as plt
      import pandas as pd
      from wordcloud import WordCloud,STOPWORDS   #导入WordCloud中生成词云的函数和停用词表
      import cv2                                  #导入OpenCV库
      plt.rcParams['font.family'] = ['SimHei']
      plt.rcParams['axes.unicode_minus'] = False
      #若要在图形中显示中文，则需要加上上面两行代码
      def get_word():                             #该函数用来从文件中读取词语素材
          df = pd.read_excel(r"D:\wordCloud\SimingHousePrice.xlsx")  #读取厦门房价的文件
          wordlist = df['information'].tolist()
          #上行代码取information这一列的数据作为生成词云的素材，并且将其转化为列表
          return wordlist
      def get_cloud(mylist):                      #该函数用来生成词云
          wordlist = [''.join(jieba.cut(sentence))for sentence in mylist]
          newtext = ''.join(wordlist)  #将素材列表中的每一个元素利用Jieba工具包分词后连接起来
          pic_path = r"D:\wordCloud\mask.jpg"
          mask = cv2.imread(pic_path)      #这里利用OpenCV包来读入图片并赋值给变量mask
          wordcloud = WordCloud(background_color = "white",mask = mask,
          font_path = r"D:\wordCloud\SimHei.ttf",stopwords = STOPWORDS).generate(newtext)
      """WordCloud()函数用于生成词云，background_color指背景颜色，mask是生成的词云所对应的
      图形，font_path指中文字体的路径，因为Python并不支持中文，如果要生成中文的词云，就必须
      先自行下载好中文字体，如SimHei.ttf(SimHei.ttf字体文件读者可以自行在网上下载，也可以
      在本例提供的代码文件夹中找到)，然后将font_path参数设置为字体文件的存储路径"""
          plt.imshow(wordcloud)
          plt.show()
      get_cloud(get_word())
```

上述代码绘制生成的有特定形状的词云如图7-31所示。

但依赖上述代码生成的如图7-31所示的词云清晰度不高。为了提高清晰度，可以改变wordcloud库WordCloud()词云生成函数的控制清晰度参数scale，scale设置得越大，则生成词云图片越清晰，但会导致代码运行时间较长。

修改参数scale的方式只能保证程序运行后显示出的词云更加高清，如果还要保存高清的图片，则有两种输出图片的方法：

(1) 指定精度输出：plt.savefig("D:\wordCloud\pic.png",dpi=600)将词云图片保留到相应路径中，dpi为图像的清晰度，dpi越大清晰度越高。

(2) 完整图片输出：wordcloud.to_file("D:\wordCloud\pic.png")，该方法清晰度较高。

下面是修改清晰度后生成不带形状词云的代码，示例代码如下：

图 7-31　有特定形状的词云

```
//Chapter7/7.1.5_test30/7.1.5_test30.py
输入: import jieba
      import numpy as np
      import matplotlib.pyplot as plt
      import pandas as pd
      from wordcloud import WordCloud,STOPWORDS     #导入 WordCloud 中生成词云的函数和停用词表
      import cv2                                    #导入 OpenCV 库
      plt.rcParams['font.family'] = ['SimHei']
      #若要在图形中显示中文,则需要加上上面两行代码
      plt.rcParams['axes.unicode_minus'] = False
      def get_word():                               #该函数用来从文件中读取词语素材
          df = pd.read_excel(r"D:\wordCloud\SimingHousePrice.xlsx")  #读取厦门房价的文件
          wordlist = df['information'].tolist()  #取 information 列数据来生成词云
          return wordlist
      def get_cloud(mylist):                        #该函数用来生成词云
          wordlist = [''.join(jieba.cut(sentence))for sentence in mylist]
          newtext = ''.join(wordlist)
          wordcloud = WordCloud(scale = 32,background_color = "white",\
          font_path = r"D:\wordCloud\SimHei.ttf",stopwords = STOPWORDS).generate(newtext)
          #WordCloud()函数中的"\"仅表示连行符,没有其他特殊含义
          plt.imshow(wordcloud)
          plt.show()
          wordcloud.to_file("D:\wordCloud\pic.png")
      get_cloud(get_word())
```

上述代码绘制出的不带特殊形状的高清晰词云如图 7-32 所示。

图 7-32　不带特殊形状的高清晰词云

7.2　Seaborn

2min

7.1 节对 Matplotlib 作了详细的介绍，让读者对数据可视化有了一定的基础和了解，本节将对另一个功能封装更完全、操作更简便易用的数据可视化库 Seaborn 进行介绍（由于 Seaborn 库与 Pandas 有一定的联系，需要有一定的 Pandas 基础，读者也可以先学习第 9 章 Pandas 的内容后再倒过来学习本节内容，Pandas 库的安装方式参考 9.1 节）。

Seaborn 是利用 Python 语言编写的基于 Matplotlib 实现的图形可视化库，集成了许多 Matplotlib 的基础模块，并且对这些基础模块进行了更高级的接口封装，使用户只需使用更少量的代码就能完成复杂的数据可视化任务，用户也不必再过多编写代码实现图像绘制的细节，而是可以集中精力对数据进行处理。打个比方，Seaborn 就相当于连锁餐厅里的特惠套餐，商家已经将产品组合好供客人选择，特惠套餐省去了用户自行挑选产品的过程，同时感官上也搭配较为合理，而 Matplotlib 则像单个餐品，需要用户自行搭配，但也具有个性化较高、较为灵活的优点。另一方面，Seaborn 与 Pandas（在第 9 章会对 Pandas 进行详细介绍）库中的数据结构也紧密集成，为数据处理提供了便利。

读者在绘图时选用 Seaborn 或者 Matplotlib 都是可以的，取决于读者的使用习惯。在熟练运用两者之后，读者还可以根据自身需要将两者结合使用。

通过 Anaconda 方式安装 Python 后，若没有同时默认安装 Seaborn 库，则读者可以打开 2.2.1 节介绍的 Anaconda Prompt 应用程序，在 Anaconda Prompt 应用程序的命令行窗口输入如下命令：

```
pip install seaborn 或 conda install seaborn
```

上述命令输入完毕后，按回车键即可自动开始 Seaborn 库的安装。在使用 Seaborn 库时，为方便起见，常常习惯性为其取别名为 sns，导入 Seaborn 库的示例代码如下：

```
import seaborn as sns
```

6min

7.2.1 折线图

1. Seaborn 的在线示例数据集

Seaborn 库中提供了非常多的在线示例数据集，只需简单的几行代码就能对它们进行下载和调用，使我们在学习和练习 Seaborn 绘图时不需要再通过自己编写代码来生成数据。

1）本章使用的在线示例数据集

Seaborn 提供的在线示例数据集可以通过代码语句直接在线调用，但在线调用可能经常会由于网络问题而导致下载失败，以致代码运行出错，因此推荐读者将需要使用的数据集下载到自己本地计算机。

本章用到的在线示例数据集如表 7-16 所示。

表 7-16 本章使用的数据集介绍

序号	数据集名称	详细信息
1	flights	航班乘客数量数据，主要由年、月及对应时间的乘客数量组成
2	tips	顾客小费记录数据，主要记录了顾客的消费账单、小费、性别、是否抽烟、周几用餐、用餐时间和用餐人数
3	penguins	企鹅数据集，主要包含企鹅的物种、生活岛屿及身体特征等信息
4	fmri	核磁共振数据，数据量较大且具有时间性

下面以导入 flight 数据集为例，示例代码如下：

```
//Chapter7/7.2.1_test31.py
输入: import seaborn as sns
      flightsInfo = sns.load_dataset("flights")              #读取数据集
      print("数据类型为",type(flightsInfo))                   #查看数据集保存的类型
      print("前 3 条数据: \n",flightsInfo.head(n = 3))        #查看数据集前 3 条数据

输出: 数据类型为 <class 'pandas.core.frame.DataFrame'>
      前 3 条数据:
         year    month      passengers
      0  1949    January    112
      1  1949    February   118
      2  1949    March      132
```

在上述代码中，通过 load_dataset()函数获取了 flights 数据集，通过 type()函数发现数据集以 9.4 节将介绍的 Pandas 库中的 DataFrame 数据格式存储，最后调用 head()函数查看前 3 行数据，观察到 flights 数据集包含 3 列，每列的名称分别为年份、月份及对应的乘客数量。flights 数据集的组成较为简单，适合用来初步学习 Seaborn。

但上述代码往往容易因为网络问题导致数据集下载失败，假如数据集已经下载至本地计算机，导入本地 flights 数据集的示例代码如下：

```
//Chapter7/7.2.1_test32/7.2.1_test32.py
输入: import seaborn as sns
      flightsInfo = sns.load_dataset(name = "flights",data_home = "D:\SeabornData",cache = True)
      #假设"flights"数据集存储在本地计算机 D 盘下的 SeabornData 文件夹中
      print("数据类型为",type(flightsInfo))              #查看数据集保存的类型
      print("前 3 条数据: \n",flightsInfo.head(n = 3))   #查看数据集内容

输出: 数据类型为 <class 'pandas.core.frame.DataFrame'>
      前 3 条数据:
            year    month       passengers
      0     1949    January     112
      1     1949    February    118
      2     1949    March       132
```

2）查看在线示例数据集名称

查看 Seaborn 所有在线示例数据集名称的示例代码如下：

```
//Chapter7/7.2.1_test33.py
输入: import seaborn as sns
      dataSetName = sns.get_dataset_names()            #查看可用的数据集列表
      print(dataSetName)

输出: ['anagrams', 'anscombe', 'attention', 'brain_networks', 'car_crashes', 'diamonds', 'dots',
      'exercise', 'flights', 'fmri', 'gammas', 'geyser', 'iris', 'mpg', 'penguins', 'planets', 'tips',
      'titanic']
```

2. 基于示例数据集绘制折线图

1）单条折线图绘制

折线图绘制需要使用 Seaborn 库中的 lineplot()函数，示例代码如下：

```
//Chapter7/7.2.1_test34.py
输入: import seaborn as sns
      import matplotlib.pyplot as plt
      flightsInfo = sns.load_dataset("flights")       #读取名为"flights"的在线示例数据集
      sns.lineplot(data = flightsInfo,x = "year",y = "passengers")  #参数 x 表示横轴,参数 y
                                                                    #表示纵轴
      plt.show()                                      #显示
      #有时 Seaborn 绘制的图形不会在环境中自动显示,因此可以导入 Matplotlib,以便使用其中
      #的 show()函数
```

上述代码绘制出的折线图如图 7-33 所示。

值得注意的是，图 7-33 绘制的折线图反映的是该类数据的平均值，并且显示了 95%的置信区间。例如横坐标 1950 对应的纵坐标乘客数量有多个数据，因此 Seaborn 会自动计算出 1950 对应的纵坐标乘客数量的平均值，如图 7-33 中的深色实线所示，对应的置信区间即为浅色块所显示部分。另外，置信区间是指由样本统计量所构造的总体参数的估计区间，展现的是这个参数的真实值有一定概率落在测量结果的周围的程度。由此也可以体会出 Seaborn 与 Matplotlib 的区别之处，即 Seaborn 的高度封装，Seaborn 只需简单的代码就能

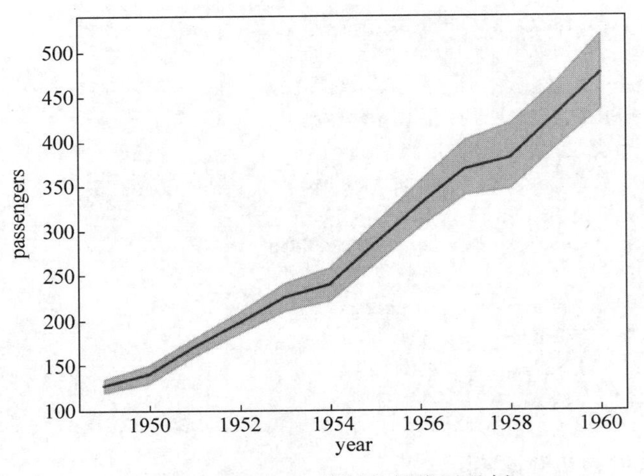

图 7-33 Seaborn 绘制的折线图示例

绘制效果较好的图形。

假如要通过分析以往年份的某月乘客数据来预测未来年份该月的乘客数量变化，则可能就需要绘制不同年份的某月乘客数量变化折线图。利用 Seaborn 实现对不同年份单月数据的可视化，可以借助 query()查询函数或 piovt()透视表函数。

使用 query()查询函数绘制不同年份十月份乘客数量变化折线图的示例代码如下：

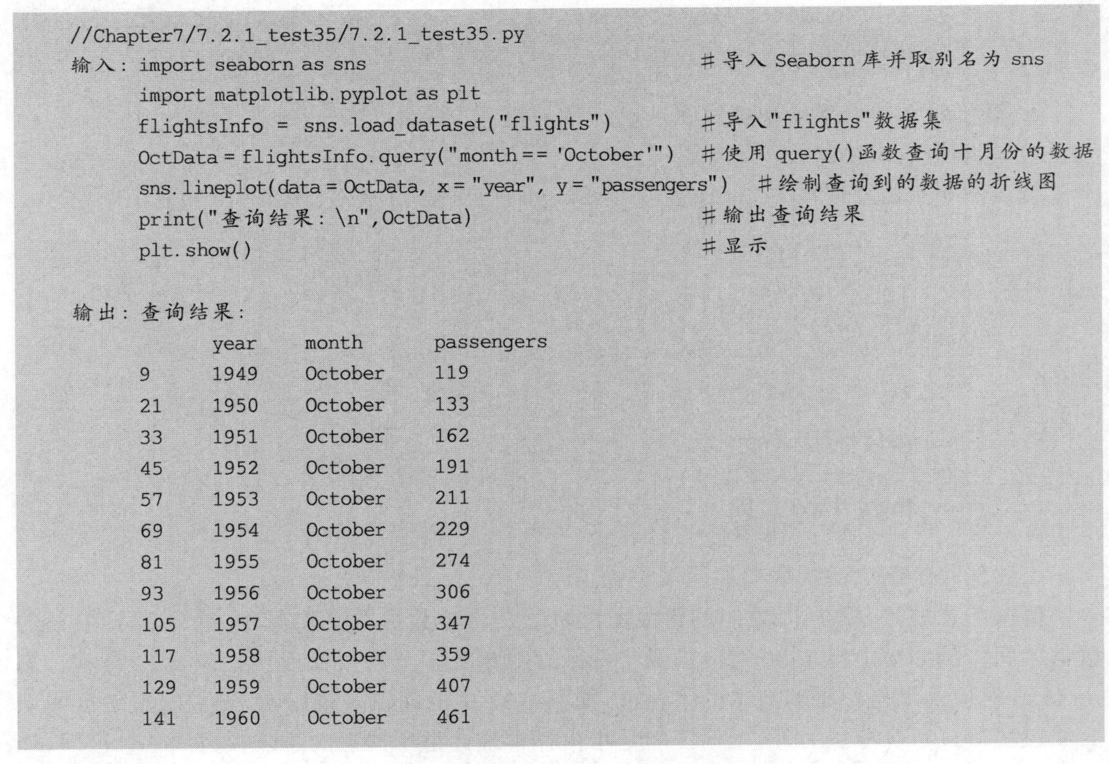

```
//Chapter7/7.2.1_test35/7.2.1_test35.py
输入：import seaborn as sns                                    # 导入 Seaborn 库并取别名为 sns
      import matplotlib.pyplot as plt
      flightsInfo = sns.load_dataset("flights")                # 导入"flights"数据集
      OctData = flightsInfo.query("month == 'October'")        # 使用 query()函数查询十月份的数据
      sns.lineplot(data = OctData, x = "year", y = "passengers")  # 绘制查询到的数据的折线图
      print("查询结果：\n",OctData)                              # 输出查询结果
      plt.show()                                               # 显示

输出：查询结果：
           year    month      passengers
      9    1949    October    119
      21   1950    October    133
      33   1951    October    162
      45   1952    October    191
      57   1953    October    211
      69   1954    October    229
      81   1955    October    274
      93   1956    October    306
      105  1957    October    347
      117  1958    October    359
      129  1959    October    407
      141  1960    October    461
```

上述代码绘制出的不同年份十月份乘客数量变化折线图如图 7-34 所示。

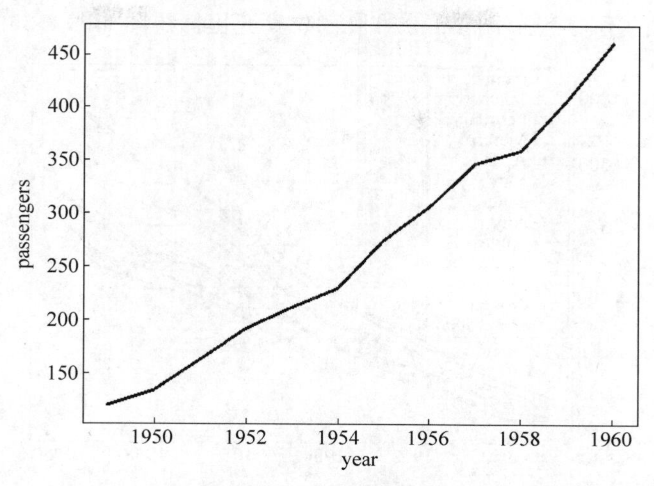

图 7-34 不同年份十月份乘客数量变化折线图

使用 pivot()透视表函数绘制不同年份十月份乘客数量变化折线图的示例代码如下：

```
//Chapter7/7.2.1_test36.py
输入： import seaborn as sns
       import matplotlib.pyplot as plt
       flightsInfo = sns.load_dataset("flights")
       convertData = flightsInfo.pivot(index = "year",columns = "month",values = "passengers")
       #index 表示横轴,columns 表示纵轴,values 表示要显示的数据
       sns.lineplot(data = convertData["October"])          #绘制折线图
       print("透视表结果：\n",convertData.head(n = 5))      #显示前 5 行数据
       plt.show()

输出：透视表结果：
       month  Jan  Feb  Mar  Apr  May  Jun  Jul  Aug  Sep  Oct  Nov  Dec
       year
       1949   112  118  132  129  121  135  148  148  136  119  104  118
       1950   115  126  141  135  125  149  170  170  158  133  114  140
       1951   145  150  178  163  172  178  199  199  184  162  146  166
       1952   171  180  193  181  183  218  230  242  209  191  172  194
       1953   196  196  236  235  229  243  264  272  237  211  180  201
```

上述代码绘制出的不同年份十月份乘客数量变化折线图与图 7-34 相同。

2）多条折线图绘制

对于 flight 示例数据集，若想绘制出不同年份不同月份的乘客数量变化折线图，则使用 Seaborn 也能很简单地实现这个需求，示例代码如下：

```
//Chapter7/7.2.1_test37.py
输入： import seaborn as sns
       import matplotlib.pyplot as plt
       flightsInfo = sns.load_dataset("flights")
       sns.lineplot(data = flightsInfo, x = "year", y = "passengers", hue = "month")
                                                    #参数 hue 为不同折线分类依据
       plt.show()
```

上述代码绘制的不同年份不同月份的乘客数量变化折线图如图 7-35 所示。

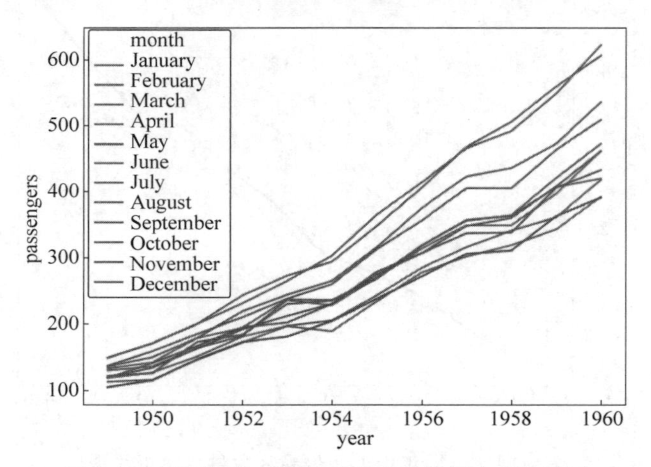

图 7-35 不同年份不同月份的乘客数量变化折线图

参数 hue 为 lineplot()函数的可选参数，使用时将需要分类的数据变量名称赋值给它，这样就能以不同颜色的折线展示对数据的分组效果。另外，lineplot()函数的可选参数还有 size、style 等，将会在 7.2.6 节进行详细介绍。

7.2.2 散点图

1. 数据集介绍

本节将以 Seaborn 库的 tips 在线示例数据集进行散点图的绘制方法介绍。tips 数据集为顾客的小费记录数据，主要记录了顾客的消费账单、小费、性别、是否抽烟、周几用餐、用餐时间和用餐人数。读取和显示 tips 数据集的示例代码如下：

```
//Chapter7/7.2.2_test38/7.2.2_test38.py
输入：import seaborn as sns
      tipsInfo = sns.load_dataset("tips")          #读取"tips"在线示例数据集
      #若"tips"数据集存储在本地计算机 D 盘下的 SeabornData 文件夹中，则上行代码应修改为
      #tipsInfo = sns.load_dataset(name = "tips",data_home = "D:\SeabornData",cache = True)
      print(tipsInfo.head(n = 5))                  #显示前 5 行数据

输出：    total_bill   tip    sex      smoker   day    time     size
      0     16.99     1.01   Female     No     Sun    Dinner   2
      1     10.34     1.66   Male       No     Sun    Dinner   3
      2     21.01     3.50   Male       No     Sun    Dinner   3
      3     23.68     3.31   Male       No     Sun    Dinner   2
      4     24.59     3.61   Female     No     Sun    Dinner   4
```

2. 基于示例数据集绘制散点图

Seaborn 库提供 scatterplot()函数用于绘制散点图，示例代码如下：

```
//Chapter7/7.2.2_test39/7.2.2_test39.py
输入：import seaborn as sns
      import matplotlib.pyplot as plt
```

```
tipsInfo = sns.load_dataset("tips")                              #读取"tips"数据集
sns.scatterplot(data=tipsInfo, x="total_bill", y="tip")          #绘制散点图
#x表示横轴数据,y表示纵轴数据
plt.show()
```

上述代码绘制出的散点图如图 7-36 所示。

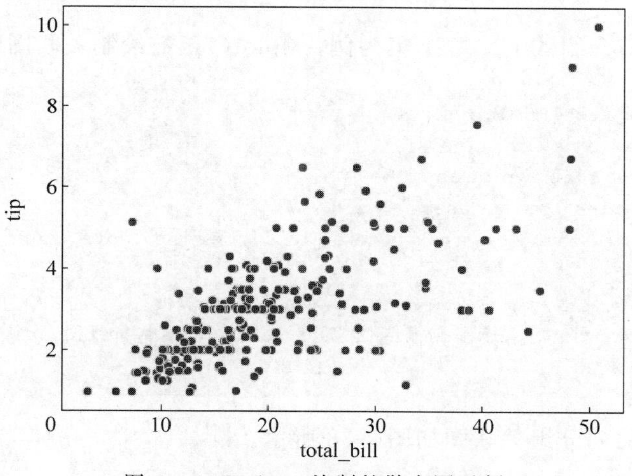

图 7-36 Seaborn 绘制的散点图示例

通过为 scatterplot()函数的参数 hue 传入值可以在一个画布上显示分组散点图,绘制分组散点图的示例代码如下:

```
//Chapter7/7.2.2_test40/7.2.2_test40.py
输入: import seaborn as sns
      import matplotlib.pyplot as plt
      tipsInfo = sns.load_dataset("tips")                                   #导入数据集
      sns.scatterplot(data=tipsInfo, x="total_bill", y="tip",hue="sex")     #绘制散点图
      #性别"sex"包括"Male"和"Female",以性别"sex"作为分组依据,绘制显示分组散点图
      plt.show()
```

上述代码绘制出的分组散点图如图 7-37 所示。

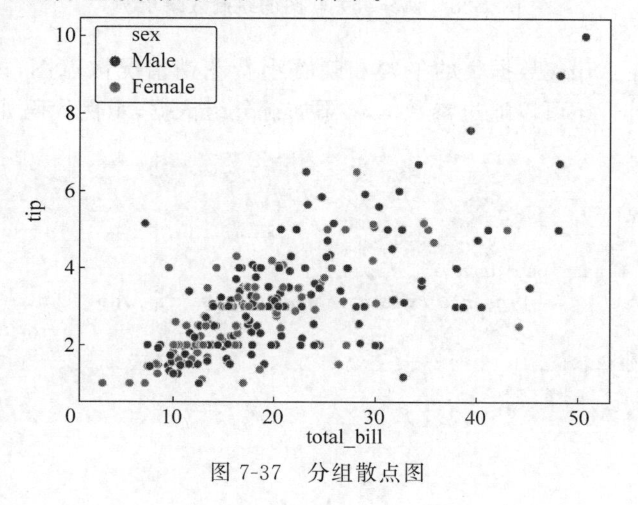

图 7-37 分组散点图

7.2.3 关联图

前面两节内容分别介绍了利用 Seaborn 库绘制折线图和散点图的方法，但若要进行多个折线图或散点图数据的对比，此时若一行一行地通过代码指令绘制多个图形会显得有些烦琐，因此本节将介绍使用 relplot()函数绘制关联图的方法进行多个折线或散点图的对比。

本节以 7.2.1 节介绍的 tips 数据集为例，relplot()函数绘制关联图的示例代码如下：

```
//Chapter7/7.2.2_test41/7.2.3_test41.py
输入: import seaborn as sns
      import matplotlib.pyplot as plt
      tipsInfo = sns.load_dataset("tips")                                  #导入数据集
      sns.relplot(data = tipsInfo, x = "total_bill", y = "tip", col = "time", kind = "scatter")
                                                                           #绘制关联图
      #x 表示横轴数据,y 表示纵轴数据,col 表示列分组依据
      #kind 为 scatter 时表示绘制散点图,为 line 时表示绘制折线图,默认为 scatter
      plt.show()
```

上述代码绘制的列分组关联图如图 7-38 所示。

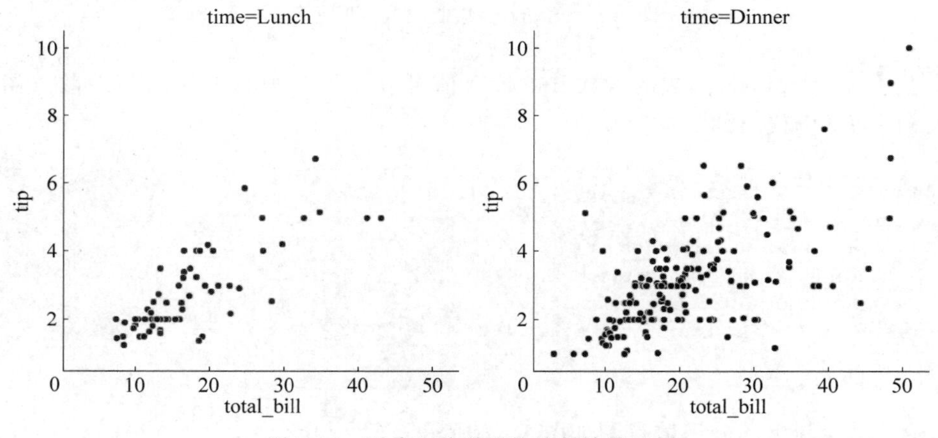

图 7-38 列分组关联图的绘制效果示例

图 7-38 绘制出了 tips 数据集的午餐和晚餐小费花销情况散点图，relplot()函数的 col 参数表示列分组依据，还可以通过参数 row 添加行分组依据，示例代码如下：

```
//Chapter7/7.2.3_test42/7.2.3_test42.py
输入: import seaborn as sns
      import matplotlib.pyplot as plt
      tipsInfo = sns.load_dataset("tips")                                  #导入数据集
      sns.relplot(data = tipsInfo, x = "total_bill", y = "tip", col = "time", row = "sex")
                                                                           #绘制关联图
      #将列分组依据 col 设置为 time,并将行分组依据 row 设置为 sex
      plt.show()
```

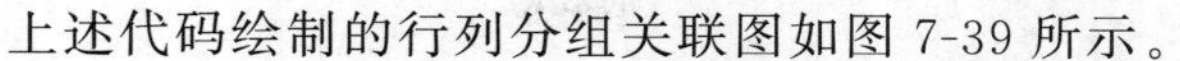
上述代码绘制的行列分组关联图如图 7-39 所示。

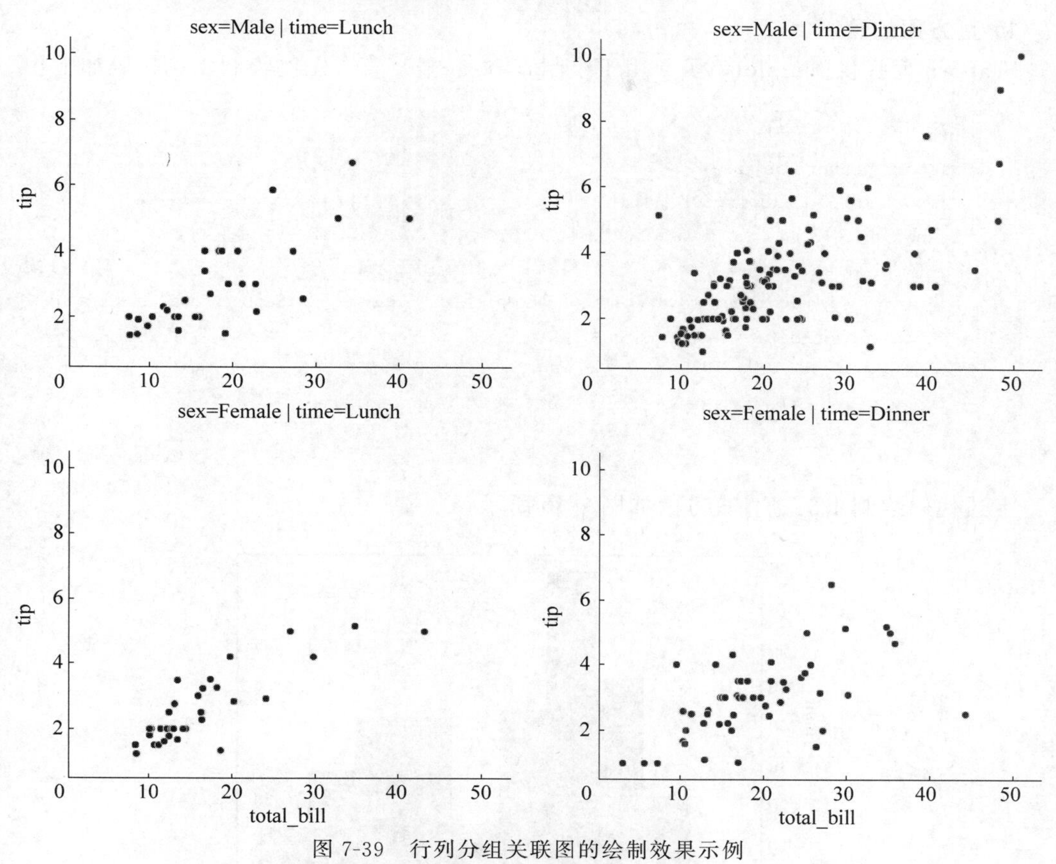

图 7-39　行列分组关联图的绘制效果示例

图 7-39 将 tips 数据集根据用餐时间(列分组依据 time)及乘客性别(行分组依据 sex)划分为 4 个散点图,可以方便地对不同特征进行两两比对分析。

7.2.4　直方图

1. 数据集介绍

本节将以 Seaborn 库的 penguins 在线示例数据集进行直方图的绘制方法介绍。penguins 为企鹅信息相关的数据集,主要内容包含企鹅的物种、生活岛屿及身体特征等。读取和显示 penguins 数据集的示例代码如下:

```
//Chapter7/7.2.4_test43/7.2.4_test43.py
输入: import seaborn as sns
      penguinsInfo = sns.load_dataset("penguins")      #读取"penguins"在线示例数据集
      #若"penguins"数据集存储在本地计算机D盘下的SeabornData文件夹中,则上行代码应修改为
      #penguins = sns.load_dataset(name = "penguins",data_home = "D:\SeabornData",cache = True)
      print(penguins.head(n = 3))                            #显示前3行数据

输出:   species    island  bill_length_mm  bill_depth_mm  flipper_length_mm  body_mass_g   sex
      0  Adelie  Torgersen        39.1          18.7              181.0          3750.0    MALE
      1  Adelie  Torgersen        39.5          17.4              186.0          3800.0    FEMAL
      2  Adelie  Torgersen        40.3          18.0              195.0          3250.0    FEMALE
```

2. 基于示例数据集绘制直方图

1）直方图的绘制

Seaborn 库提供 histplot()函数用于绘制直方图，竖直直方图的绘制示例代码如下：

```
//Chapter7/7.2.4_test44/7.2.4_test44.py
输入: import seaborn as sns
      import matplotlib.pyplot as plt
      penguins = sns.load_dataset("penguins")                  #读取数据集
      #若"penguins"数据集存储在本地计算机D盘下的SeabornData文件夹中，则上行代码应修改为
      #penguins = sns.load_dataset(name = "penguins",data_home = "D:\SeabornData",cache = True)
      sns.histplot(data = penguins, x = "flipper_length_mm")    #绘制竖直直方图
      #histplot()的参数x设置的是竖直直方图，水平直方图则需对参数y设置，水平直方图如下行代码
      #sns.histplot(data = penguins, y = "flipper_length_mm")
      plt.show()
```

上述代码绘制出的竖直直方图如图 7-40 所示。

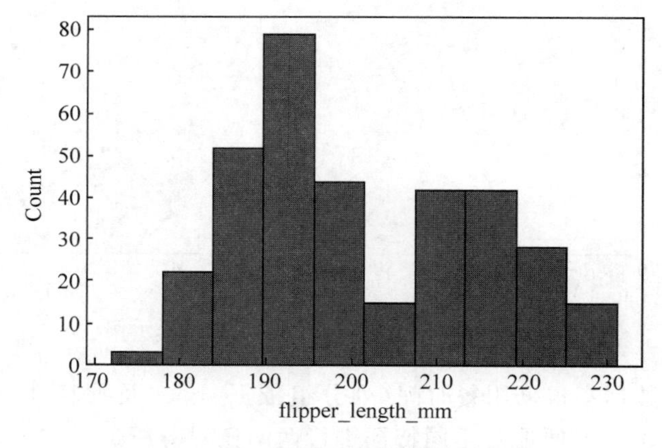

图 7-40 竖直直方图绘制示例

2）调整直方图的宽度

通过 histplot()的参数 binwidth 调整直方图的宽度，示例代码如下：

```
//Chapter7/7.2.4_test45/7.2.4_test45.py
输入: import seaborn as sns
      import matplotlib.pyplot as plt
      penguins = sns.load_dataset("penguins")                  #导入数据集
      sns.histplot(data = penguins, x = "flipper_length_mm",binwidth = 1)
                                                 #调整直方图条形宽度并调整数据精度
      plt.show()
```

上述代码对直方图条形宽度的调整效果如图 7-41 所示。

3）调整直方图的条形数量

通过 histplot()的参数 bins 调整直方图的条形数量，示例代码如下：

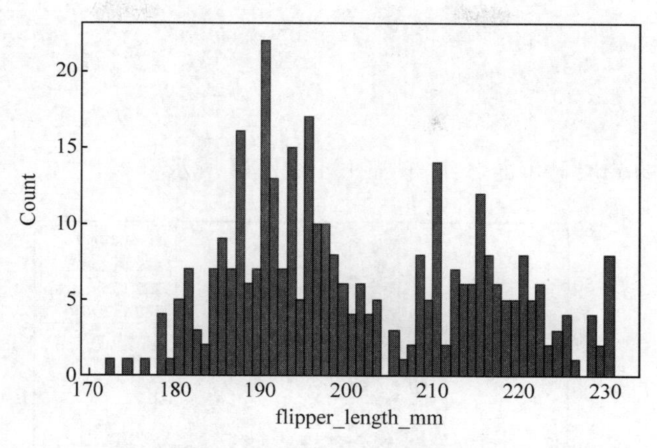

图 7-41 调整直方宽度数据图

```
//Chapter7/7.2.4_test46/7.2.4_test46.py
输入: import seaborn as sns
      import matplotlib.pyplot as plt
      penguins = sns.load_dataset("penguins")        #导入数据集
      sns.histplot(data = penguins, x = "flipper_length_mm",bins = 20)  #调整直方图条形数
                                                                        #量并调整精度
      plt.show()
```

上述代码对直方图条形数量的调整如图 7-42 所示。

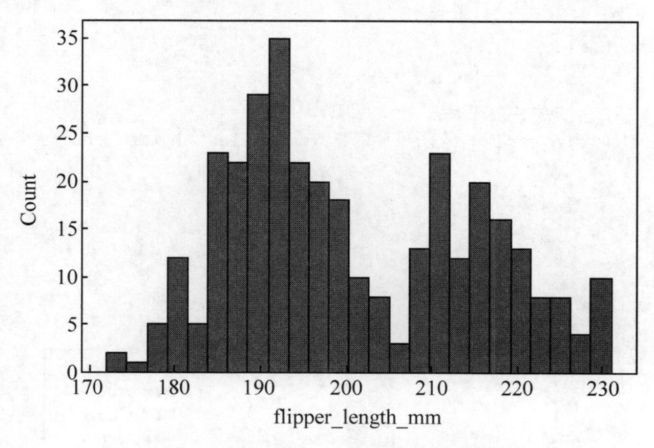

图 7-42 调整直方数量数据图

4）分组直方图

通过设置 histplot()的参数 hue 可以在同一画布中绘制分组直方图，默认情况下分组直方图以分层的形式显示，示例代码如下：

```
//Chapter7/7.2.4_test47/7.2.4_test47.py
输入: import seaborn as sns
      import matplotlib.pyplot as plt
      penguins = sns.load_dataset("penguins")
```

```
sns.histplot(data = penguins, x = "flipper_length_mm", hue = "species")
                                                #默认以分层方式显示直方图
plt.show()
```

上述代码绘制的分层显示的分组直方图如图 7-43 所示。

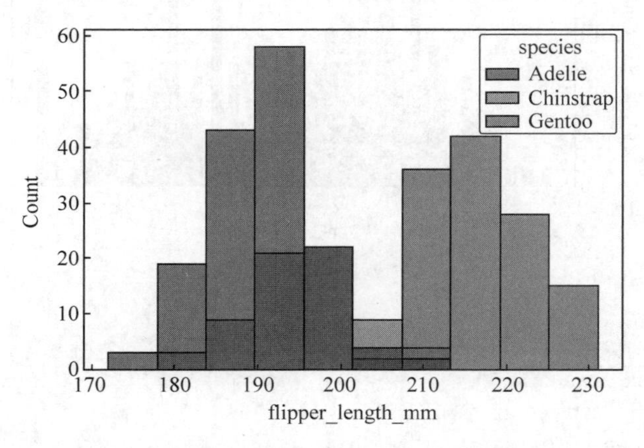

图 7-43 分层显示的分组直方图

通过将 histplot()的参数 multiple 设置为 stack 可以将分层显示的分组直方图以堆叠的效果显示，示例代码如下：

```
//Chapter7/7.2.4_test48/7.2.4_test48.py
输入: import seaborn as sns
      import matplotlib.pyplot as plt
      penguins = sns.load_dataset("penguins")
      sns.histplot(data = penguins, x = "flipper_length_mm", hue = "species", multiple =
      "stack")
      #采用堆叠方式绘制多个直方图
      plt.show()
```

上述代码绘制的堆叠显示的分组直方图如图 7-44 所示。

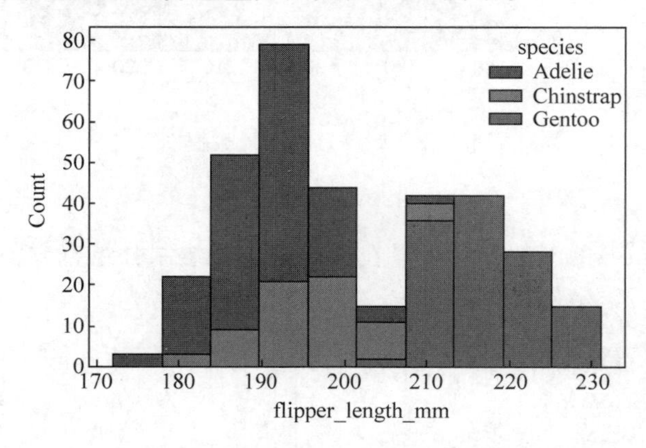

图 7-44 堆叠显示的分组直方图

直方图还有很多进阶绘制方法，本节内容不进行一一列举，感兴趣的读者可以上网阅读Seaborn 的官方文档。

7.2.5　其他常用绘图形式

本节内容将介绍条形图、箱线图、小提琴图、线性与非线性关系拟合。

1. 条形图

Seaborn 库的 barplot()函数可以绘制条形图，基于 7.2.2 节介绍的 tips 数据集绘制条形图的示例代码如下：

```
//Chapter7/7.2.5_test49/7.2.5_test49.py
输入： import seaborn as sns
       import matplotlib.pyplot as plt
       tipsInfo = sns.load_dataset("tips")                    #导入数据集
       #若"tips"数据集存储在本地计算机 D 盘下的 SeabornData 文件夹中，则上行代码应修改为
       #tipsInfo = sns.load_dataset(name = "tips",data_home = "D:\SeabornData",cache = True)
       sns.barplot(x = "day",y = "total_bill",data = tipsInfo)      #绘制条形图
       plt.show()
```

上述代码生成的条形图如图 7-45 所示。

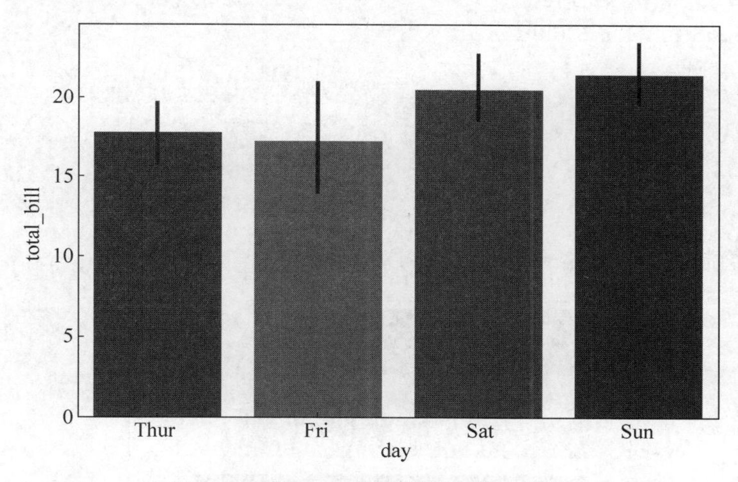

图 7-45　Seaborn 条形图绘制效果示例

条形图也可以通过 hue 参数进行数据的分类，绘制分组条形图，示例代码如下：

```
//Chapter7/7.2.5_test50/7.2.5_test50.py
输入： import seaborn as sns
       import matplotlib.pyplot as plt
       tipsInfo = sns.load_dataset("tips")                              #导入数据集
       #若"tips"数据集存储在本地计算机 D 盘下的 SeabornData 文件夹中，则上行代码应修改为
       #tipsInfo = sns.load_dataset(name = "tips",data_home = "D:\SeabornData",cache = True)
       sns.barplot(data = tipsInfo,x = "day",y = "total_bill",hue = "sex")  #绘制分组条形图
       #以"sex"作为分组条件,"sex"里的值包括 Male 和 Female
       plt.show()
```

上述代码绘制出的分组条形图如图 7-46 所示。

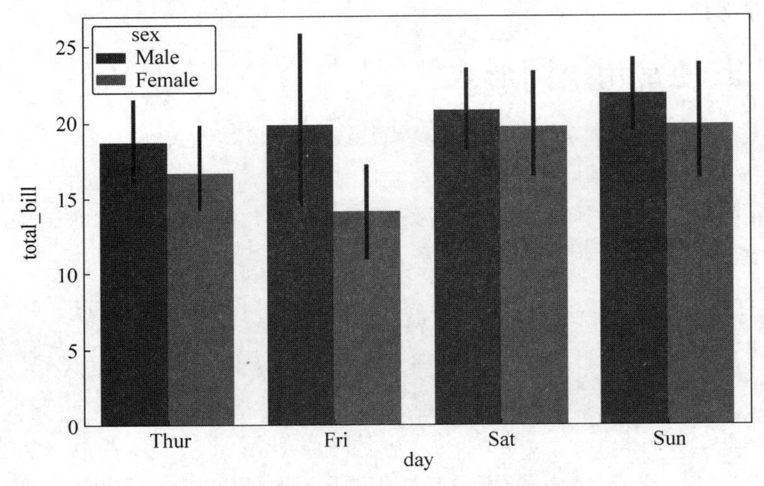

图 7-46 分组条形图绘制效果示例

若想绘制水平条形图，则只需将 x 和 y 变量交换位置即可，示例代码如下：

```
//Chapter7/7.2.5_test51.py
输入: import matplotlib.pyplot as plt
      import seaborn as sns
      x = ["A","B","C","D"]                                    #假设的纵轴数据
      y = [7, 8, 9,10]                                         #假设的横轴数据
      sns.barplot(x = y,y = x)
      plt.show()
```

上述代码绘制出的水平条形图如图 7-47 所示。

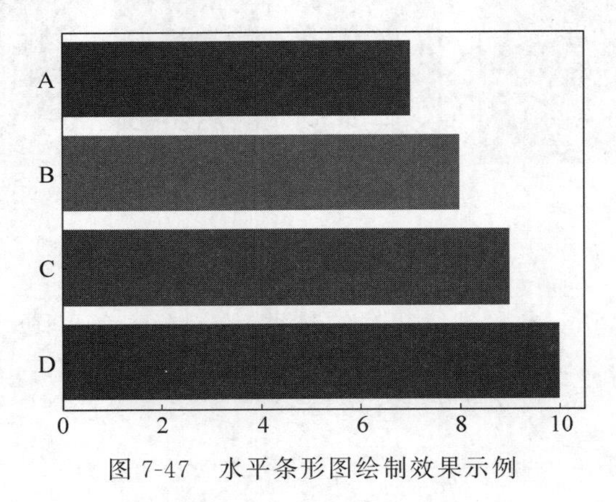

图 7-47 水平条形图绘制效果示例

2. 箱线图

有些数据体量很大，可以采用箱线图的形式进行可视化，箱线图能够较准确直观地显示出数据的离散分布情况。Seaborn 库的 boxenplot()函数可以绘制箱线图，基于 7.2.2 节介绍的 tips 数据集绘制箱线图的示例代码如下：

```
//Chapter7/7.2.5_test52/7.2.5_test52.py
输入：import matplotlib.pyplot as plt
      tipsInfo = sns.load_dataset("tips")                    #导入数据集
      #若"tips"数据集存储在本地计算机D盘下的SeabornData文件夹中,则上行代码应修改为
      #tipsInfo = sns.load_dataset(name = "tips",data_home = "D:\SeabornData",cache = True)
      sns.boxenplot(x = tipsInfo["total_bill"])              #绘制箱线图
      #tipsInfo["total_bill"]表示取出total_bill对应列的数据
      plt.show()
```

上述代码绘制出的箱线图如图 7-48 所示。

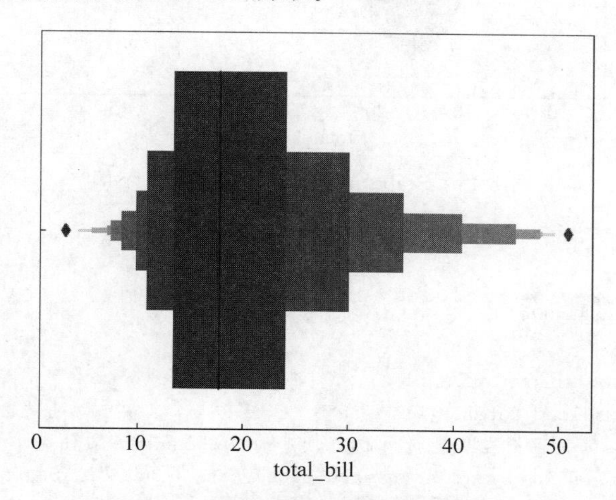

图 7-48　Seaborn 绘制箱线图效果示例

3. 小提琴图

小提琴图可以表示数据点的位置聚集程度，因其形似小提琴而得名，其外围的曲线宽度代表数据点分布的密度。Seaborn 库的 violinplot()函数可以绘制箱线图，基于 7.2.2 节介绍的 tips 数据集绘制箱线图的示例代码如下：

```
//Chapter7/7.2.5_test53/7.2.5_test53.py
输入：import seaborn as sns
      import matplotlib.pyplot as plt
      tipsInfo = sns.load_dataset("tips")                    #导入数据集
      #若"tips"数据集存储在本地计算机D盘下的SeabornData文件夹中,则上行代码应修改为
      #tipsInfo = sns.load_dataset(name = "tips",data_home = "D:\SeabornData",cache = True)
      sns.violinplot(x = tipsInfo["total_bill"])             #绘制小提琴图
      #tipsInfo["total_bill"]表示取出total_bill对应列的数据
      plt.show()
```

上述代码绘制出的小提琴图如图 7-49 所示。

4. 线性与非线性关系拟合

1) 线性关系拟合

线性关系是指两个变量之间存在一次方的函数关系，Seaborn 内置了 lmplot()函数对具有线性关系的数据进行拟合，基于 7.2.2 节介绍的 tips 数据集进行线性关系拟合的示例

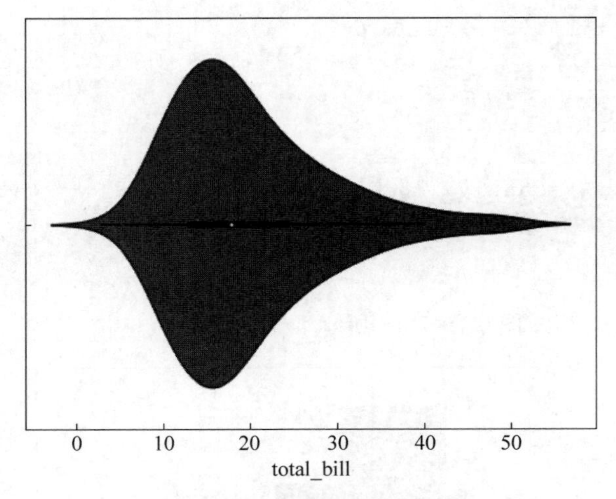

图 7-49　Seaborn 绘制小提琴图效果示例

代码如下：

```
//Chapter7/7.2.5_test54/7.2.5_test54.py
输入： import seaborn as sns
       import matplotlib.pyplot as plt
       tipsInfo = sns.load_dataset("tips")                              # 导入数据集
       # 若"tips"数据集存储在本地计算机 D 盘下的 SeabornData 文件夹中，则上行代码应修改为
       # tipsInfo = sns.load_dataset(name = "tips",data_home = "D:\SeabornData",cache = True)
       sns.lmplot(x = "total_bill", y = "tip", data = tipsInfo)
       # sns.regplot(x = "total_bill", y = "tip", data = tipsInfo)也能进行线性关系拟合，读者不妨试试
       plt.show()
```

上述代码对线性关系拟合的示例效果如图 7-50 所示。

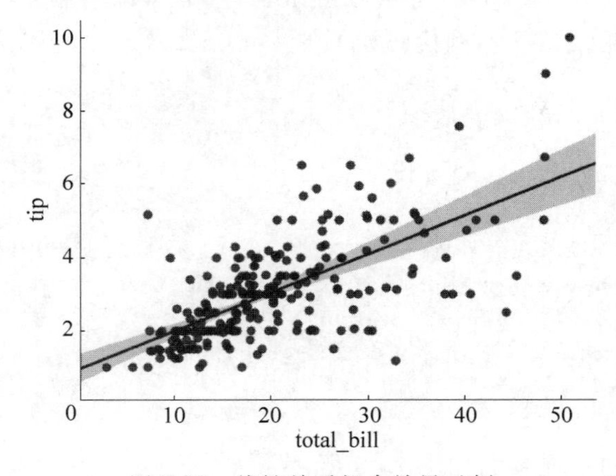

图 7-50　线性关系拟合效果示例

2）非线性关系拟合

由于图 7-50 所示的数据线性关系并不强，所以拟合效果并不好，数据之间往往不具有简单的线性关系，若强行使用线性模型进行拟合，则可能得不到有效的模型，示例代码如下：

```
//Chapter7/7.2.5_test55.py
输入: import seaborn as sns
      import matplotlib.pyplot as plt
      import pandas as pd                                   #导入 Pandas 库并取别名为 pd
      dictData = {"x":[1,2,3,4,5,6,7,8],"y":[21, 20, 17, 12, 5, -4, -15, -28]}
      df = pd.DataFrame(data = dictData)                    #创建一个 DataFrame 对象
      #创建 DataFrame 对象的方式可参考 9.4.1 节
      sns.lmplot(x = "x", y = "y",data = df)                #线性关系拟合
      plt.show()
```

上述代码对线性关系拟合的示例效果如图 7-51 所示。

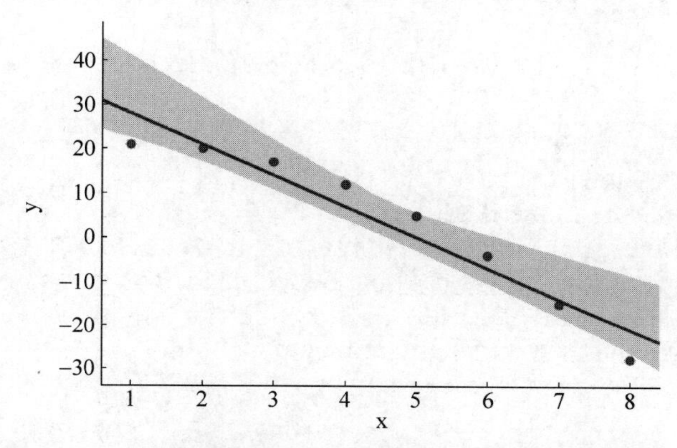

图 7-51　对具有非线性关系的数据点进行线性拟合的效果

图 7-51 显示的离散数据点明显具有非线性特征，用线性关系进行拟合效果很差，但只需为 lmplot()函数添加一个简单的参数 order，便能利用多项式模型来拟合具有非线性关系的数据，示例代码如下：

```
//Chapter7/7.2.5_test56.py
输入: import seaborn as sns
      import matplotlib.pyplot as plt
      import pandas as pd
      #利用字典存储数据，键为列索引，值为 Python 列表
      dictData = {"x":[1,2,3,4,5,6,7,8],"y":[21, 20, 17, 12, 5, -4, -15, -28]}
      df = pd.DataFrame(data = dictData)                          #创建一个 DataFrame 对象
      #创建 DataFrame 对象的方式可参考 9.4.1 节
      sns.lmplot(x = "x", y = "y",data = df,order = 2)            #非线性关系拟合
      #order 为 2 表示进行二阶多项式模型拟合
      plt.show()
```

上述代码对非线性关系拟合的示例效果如图 7-52 所示。

3）对带有异常点数据的线性关系拟合

在数据分析的过程中，未经过清洗的数据往往具有一些异常点，这些异常点若直接参与到数据的拟合中，将会导致拟合产生的模型效果偏离正常范围。对带有异常点数据的线性关系拟合示例代码如下：

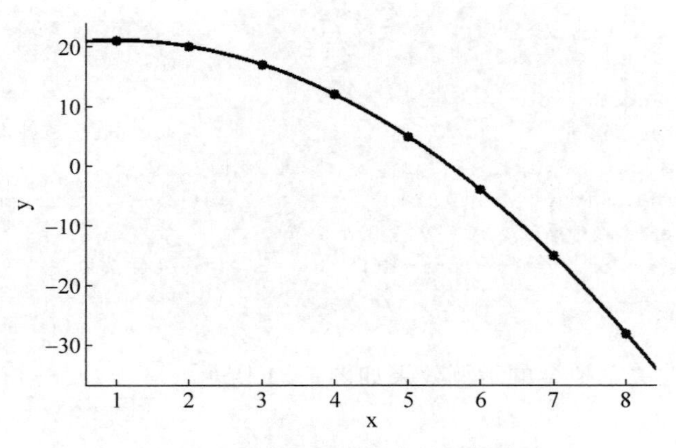

图 7-52 非线性关系拟合的示例效果

```
//Chapter7/7.2.5_test57.py
输入: import seaborn as sns
      import matplotlib.pyplot as plt
      import pandas as pd                                 #导入 Pandas 库并取别名为 pd
      dictData = {"x":[1,2,3,4,5,6,7,8],"y":[5, 7, 9, 11, 20, 15, 17, 19]}
      df = pd.DataFrame(data = dictData)                  #创建一个 DataFrame 对象
      #创建 DataFrame 对象的方式可参考 9.4.1 节
      sns.lmplot(x = "x", y = "y",data = df)             #线性关系拟合
      plt.show()
```

上述代码对带有异常点数据的线性关系拟合效果如图 7-53 所示。

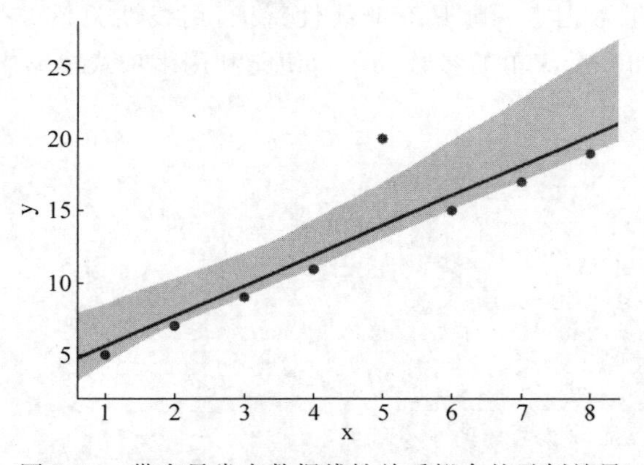

图 7-53 带有异常点数据线性关系拟合的示例效果

图 7-53 所示的数据点有一个数据点明显异于其余数据点，这个数据点导致 lmplot()函数的拟合效果非常差，手动删除该异常点再重新进行拟合将得到更为健壮的拟合效果，也可以通过将 lmplot()函数的参数 robust 设置为 True 及将参数 ci 设置为 None 让程序在线性关系拟合时自动排除异常点，示例代码如下：

```
//Chapter7/7.2.5_test58.py
输入: import seaborn as sns
```

```
import matplotlib.pyplot as plt
import pandas as pd                                              #导入 Pandas 库并取别名为 pd
dictData = {"x":[1,2,3,4,5,6,7,8],"y":[5, 7, 9, 11, 20, 15, 17, 19]}
df = pd.DataFrame(data = dictData)                               #创建一个 DataFrame 对象
#创建 DataFrame 对象的方式可参考 9.4.1 节
sns.lmplot(x = "x", y = "y",data = df,robust = True,ci = None)       #线性关系拟合
#若将 robust 设置为 True,则让线性关系拟合自动排除异常点.若将 ci 设置为 None,则表示
#取消置信区间
plt.show()
```

上述代码运行结果如图 7-54 所示。

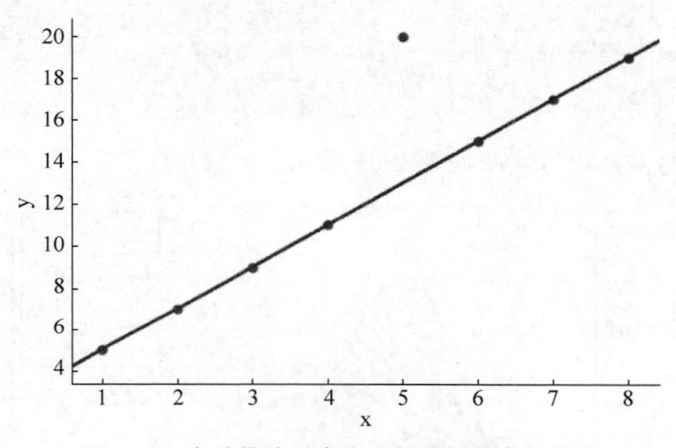

图 7-54　自动排除异常点进行线性拟合的效果

7.2.6　绘图风格与数据分组

4min

Seaborn 里的绘图函数提供了丰富的参数,这些参数能够对图形的显示风格进行操作,也能够对增强图表的展示效果起到促进作用。

1. 数据集介绍

本节主要以 Seaborn 库的 fmri 在线示例数据集进行绘图风格与数据分组方法的介绍。fmri 为核磁信息的数据集,包括 5 列,每列名称分别为 subject、timepoint、event、region 和 signal。读取和显示 fmri 数据集的示例代码如下:

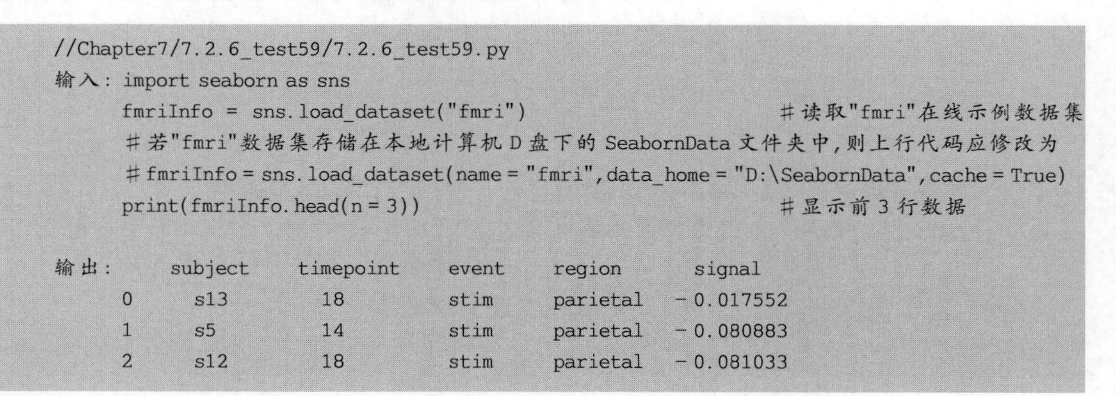

```
//Chapter7/7.2.6_test59/7.2.6_test59.py
输入: import seaborn as sns
      fmriInfo = sns.load_dataset("fmri")                        #读取"fmri"在线示例数据集
      #若"fmri"数据集存储在本地计算机 D 盘下的 SeabornData 文件夹中,则上行代码应修改为
      #fmriInfo = sns.load_dataset(name = "fmri",data_home = "D:\SeabornData",cache = True)
      print(fmriInfo.head(n = 3))                                #显示前 3 行数据

输出:       subject    timepoint    event    region      signal
      0     s13        18           stim     parietal    - 0.017552
      1     s5         14           stim     parietal    - 0.080883
      2     s12        18           stim     parietal    - 0.081033
```

2. 参数 hue 和参数 style

前面内容中已经多次提到过使用 Seaborn 的绘图函数中的参数 hue 能够在一张画布上显示分组图形效果。另外,还可以通过 style 参数对分组变量进一步设置,能够让图表展示更多分组数据,示例代码如下:

```
//Chapter7/7.2.6_test60/7.2.6_test60.py
输入: import seaborn as sns
      import matplotlib.pyplot as plt
      fmriInfo = sns.load_dataset("fmri")                    #读取"fmri"在线示例数据集
      #若"fmri"数据集存储在本地计算机 D 盘下的 SeabornData 文件夹中,则上行代码应修改为
      #fmriInfo = sns.load_dataset(name = "fmri",data_home = "D:\SeabornData",cache = True)
      #通过 hue、style 参数设置分组
      sns.lineplot(data = fmriInfo,x = "timepoint",y = "signal",hue = "region",style = "event")
      plt.show()
```

上述代码绘制的多分组折线图如图 7-55 所示。

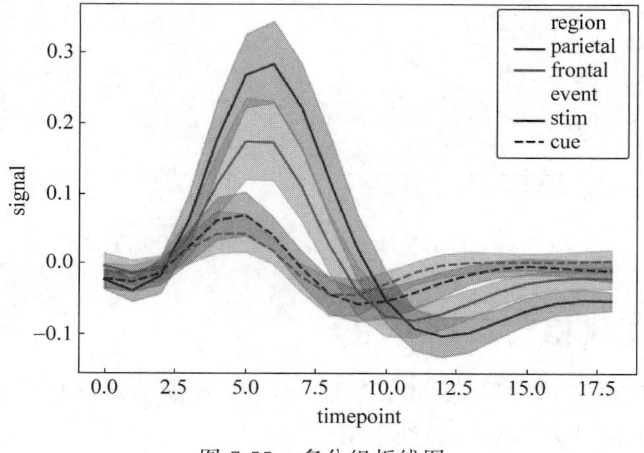

图 7-55 多分组折线图

3. 参数 ci 和参数 err_style

Seaborn 绘图函数中的参数 ci 为 None 时能够取消置信区间的图形显示,err_style 为 bars 时可以将图形中的置信区间显示由半透明误差带更改为离散误差线,将图形中的置信区间显示由半透明误差带更改为离散误差线的示例代码如下:

```
//Chapter7/7.2.6_test61/7.2.6_test61.py
输入: import seaborn as sns
      import matplotlib.pyplot as plt
      fmriInfo = sns.load_dataset("fmri")                    #读取"fmri"在线示例数据集
      #若"fmri"数据集存储在本地计算机 D 盘下的 SeabornData 文件夹中,则上行代码应修改为
      #fmriInfo = sns.load_dataset(name = "fmri",data_home = "D:\SeabornData",cache = True)
      #通过 err_style 参数设置置信区间表现形式
      sns.lineplot(data = fmriInfo,x = "timepoint",y = "signal",err_style = "bars")
      plt.show()
```

上述代码生成的数据图如图 7-56 所示。

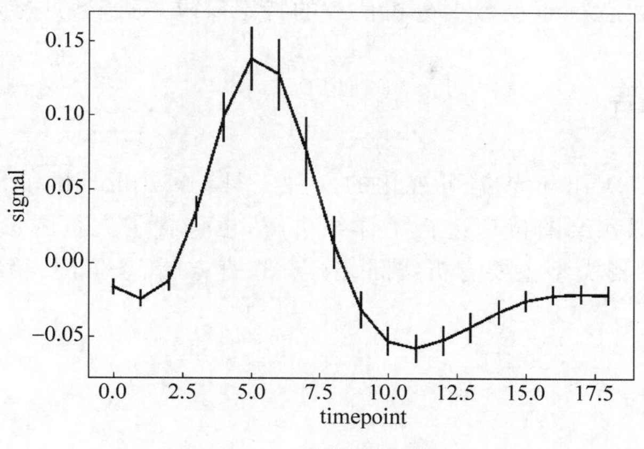

图 7-56 设置置信区间

4. 参数 size

在散点图中可以通过点的大小来分组反映出数据内容，将需要通过点的大小进行分类的数据特征赋值给 size 即可。基于 7.2.2 节介绍的 tips 数据集绘制以点大小为分类依据的分组散点图示例代码如下：

```
//Chapter7/7.2.6_test62/7.2.6_test62.py
输入：import seaborn as sns
      import matplotlib.pyplot as plt
      tips = sns.load_dataset("tips")                          #导入数据集
      #若"tips"数据集存储在本地计算机 D 盘下的 SeabornData 文件夹中，则上行代码应修改为
      #tipsInfo = sns.load_dataset(name = "tips",data_home = "D:\SeabornData",cache = True)
      sns.scatterplot(data = tipsInfo,x = "total_bill",y = "tip",hue = "size",size = "size",
sizes = (5, 100))
      #通过参数 hue 将分组依据设置为 size,将散点图中点的大小范围设置为 5~100
      plt.show()
```

上述代码绘制生成的以点大小为分组依据的散点图如图 7-57 所示。

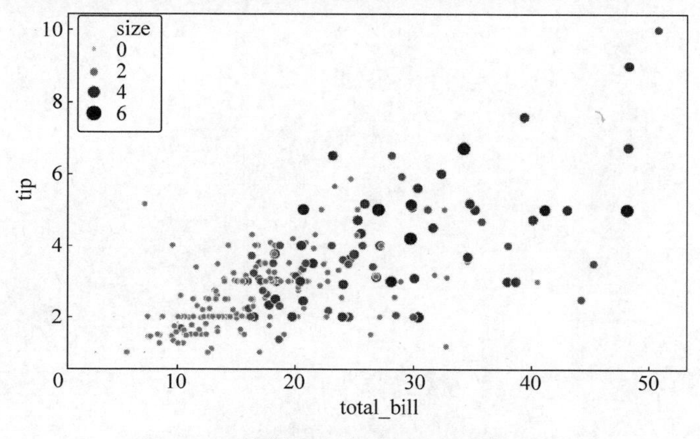

图 7-57 依据点大小进行分组的散点图

Seaborn 的绘图函数中还有非常丰富的参数，读者对绘图函数有了基本的掌握后，可以自行查找完整的函数定义，根据数据分析任务的特定需求，对函数的参数进行设置。

7.3 本章小结

本章主要介绍了 Python 数据可视化的两种工具：Matplotlib 和 Seaborn，并对这两种工具的绘图基础知识和绘图技巧进行了详细讲解，也包含了大量图形可视化效果的展示。本章介绍的可视化图形类型主要有折线图、散点图、直方图、条形图、箱线图等。

第8章 数值计算扩展库

从本章开始将正式进入 Python 数据分析基础库的学习，这些数据分析基础库是进行数据分析强大且高效的工具，本章介绍的数值计算扩展库 NumPy 是最常用、最基础的数据分析工具。本章将从 NumPy 库的简介和安装开始介绍，让读者对 NumPy 库的概念和功能具有初步的印象，接着通俗易懂地对 NumPy 库创建数组、数组操作、数据统计、线性代数等重要方法内容进行详细介绍，内容涵盖全面，结构清晰，示例代码多样，并且为读者标识出重点内容和知识细节，方便读者高效地掌握。最后介绍 NumPy 库的文件和批量数据操作。

8.1 NumPy 简介及安装

1. NumPy 简介

NumPy(Numerical Python)库是 Python 开源的用于科学计算与数值分析的第三方扩展库，是进行数据分析最常用的基础库之一。NumPy 库支持超大维度的数组数据构建及存储，并能以较少的内存空间开支进行快速高效的数组数据运算，包含大量常用的数学函数、线性代数、随机数生成等功能。NumPy 库的部分功能总结如表 8-1 所示。

表 8-1 NumPy 库的部分功能总结

序号	详细说明
1	支持节省数据存储内存空间的多维数组对象 ndarray，数组对象 ndarray 具有数据统一操作能力、复杂广播能力(指不同维度数组间的运算)、复杂矢量运算能力、数据统计能力等
2	具有线性代数、随机数操作和数学函数计算等功能
3	可以直接与 Matplotlib 结合使用
4	NumPy 是用于集成 Fortran 代码和 C/C++代码的有效工具
5	NumPy 可以用于读/写磁盘数据、操作内存映射文件

读者可能对数组的概念比较陌生，通过前面的内容介绍我们知道单个数据可以用单个变量来存储，一维数据可以用列表、元组等存储，但随着数据量的增多、数据维度的扩展，仅依靠 Python 原生语言中的列表、元组等数据类型对象处理和存储大量大维度的数据会显得异常麻烦，例如用列表存储和处理一个二维数据，存储二维数据需要在列表中嵌套列表，取出和处理列表中的二维数据涉及大量的循环操作，程序的循环操作会导致程序运行效率低下、代码冗余复杂，但如果通过数组就能高效、批量地存储和处理大量高维度的数据。

数组是由若干具有相同类型数据元素通过无序组织成的一种存储结构，例如对一个二维数据,我们可以直接使用 NumPy 支持的数组对象 ndarray 进行存储,还可以使用 ndarray 对象中的一些方法对这个二维数据进行整体操作,这样就避免了列表的嵌套、数据难以访问和数据操作困难等问题,因此 NumPy 提供的数组对象 ndarray 对数据的存储、运行效率大大高于 Python 原生语言支持的列表、元组等数据类型对象,同时也大大减轻了编程人员的工作强度,从而提高了工作效率。值得注意的是,数组存储数据也有一定的局限性,由于数组存储的是相同类型的数据,若想对数据进行整体统一的操作,则数据的类型需要相同,如此一来会导致数组的灵活性、通用性远低于 Python 原生语言中的列表、元组等数据类型对象,因此数组更适用于科学计算和数值分析,不适用于其他用途。

2. NumPy 安装

一般情况下通过 Anaconda 方式安装 Python 后,会默认同时安装 NumPy 库,因此读者可以直接使用 NumPy 库,无须进行任何安装步骤。NumPy 作为第三方库在使用前需要先通过 import 语句进行导入,人们在使用 import 语句导入 NumPy 库时习惯性为 NumPy 库取别名为 np,示例代码如下:

```
输入: import numpy as np                #导入 NumPy 库并为 NumPy 库取别名为 np
```

倘若上述导入 NumPy 库的语句运行失败,则说明 NumPy 库未成功安装,可以使用 2.2.1 节介绍的 Anaconda Prompt 应用程序进行 NumPy 库的安装,只需要在 Anaconda Prompt 应用程序的命令行窗口输入如下命令

```
pip install numpy 或 conda install numpy
```

上述命令输入完毕,按回车键即可自动开始 NumPy 库的安装。

8.2 数组的创建

本节将为读者介绍 11 种 NumPy 常用的数组创建方式,如表 8-2 所示。

表 8-2 NumPy 常用的数组创建方式

序号	函 数 名	功 能 简 述
1	numpy. array()	创建一个序列型数组对象
2	numpy. zeros()	创建一个元素全为 0 的数组对象
3	numpy. ones()	创建一个元素全为 1 的数组对象
4	numpy. arange()	创建等间隔的一维数组
5	numpy. linspace()	创建均匀分布的一维数组
6	numpy. full()	创建由固定值填充的数组
7	numpy. ones_like()	创建与已知数组维度相同的、元素全为 1 的数组
8	numpy. zeros_like()	创建与已知数组维度相同的、元素全为 0 的数组
9	numpy. full_like()	创建与已知数组维度相同的、元素全为某固定值的数组
10	numpy. eye()	创建对角线元素为 1、其余元素全为 0 的数组
11	numpy. identity()	创建主对角线元素为 1、其余元素全为 0 的数组

接下来演示表 8-2 所示的各函数。

(1) 使用 NumPy 库中的 array()函数创建序列型数组对象。

NumPy 中的 array()函数原型如下:

```
array(object,dtype = None)
```

array(object,dtype=None)函数用于创建一个 dtype 类型的数组对象,其中参数 object 需要传入给定的数据序列(如列表、元组),参数 dtype 为需要传入数组元素的数据类型,默认值为 None。

使用 NumPy 中的 array(object,dtype=None)函数创建一维数组对象 ndarray 的示例代码如下:

```
//Chapter8/8.2_test1.py
输入: import numpy as np
      data = np.array([1,2,3,4])                    #调用 NumPy 中的 array()函数
      print(data)

输出: [1 2 3 4]
```

创建二维数组对象 ndarray 的示例代码如下:

```
//Chapter8/8.2_test2.py
输入: import numpy as np
      data = np.array([[1,2,3,4],[5,6,7,8]])     #创建 2×4 二维数组,传入嵌套列表或元组
      print(data)

输出: [[1 2 3 4]
      [5 6 7 8]]
```

若想创建更高维的数组对象,则只需传入嵌套更多层的列表或元组序列。

(2) 使用 NumPy 库中的 zeros()函数创建数据元素全为 0 的数组对象。

NumPy 中的 zeros()函数原型如下:

```
zeros(shape,dtype = float)
```

zeros(shape,dtype=float)函数用于创建一个 shape 维度且数据元素全为 0 的数组对象,其中参数 shape 指的是数据形状(数据的行数和列数),通常以列表或元组的形式传入,参数 dtype 为需要传入数组元素的数据类型,默认值为 None。

使用 NumPy 中的 zeros(shape,dtype=None)函数创建 5×5 数组对象 ndarray 的示例代码如下:

```
//Chapter8/8.2_test3.py
输入: import numpy as np
      data = np.zeros(shape = (5,5))              #调用 NumPy 中的 zeros()函数
      print(data)
```

```
输出：[[0. 0. 0. 0. 0.]
      [0. 0. 0. 0. 0.]
      [0. 0. 0. 0. 0.]
      [0. 0. 0. 0. 0.]
      [0. 0. 0. 0. 0.]]
```

(3) 使用 NumPy 库中的 ones()函数创建数据元素全为 1 的数组对象。

NumPy 中的 ones()函数原型如下：

```
ones(shape,dtype = None)
```

ones(shape,dtype=None)函数用于创建一个 shape 维度且数据元素全为 1 的数组对象,其中参数 shape 指的是数据形状(数据的行数和列数),通常以列表或元组的形式传入,参数 dtype 为需要传入数组元素的数据类型,默认值为 None。

使用 NumPy 中的 ones(shape,dtype=None)函数创建 5×5 数组对象 ndarray 的示例代码如下：

```
//Chapter8/8.2_test4.py
输入：import numpy as np
      data = np.ones(shape = (5,5))              #调用 NumPy 中的 ones()函数
      print(data)

输出：[[1. 1. 1. 1. 1.]
      [1. 1. 1. 1. 1.]
      [1. 1. 1. 1. 1.]
      [1. 1. 1. 1. 1.]
      [1. 1. 1. 1. 1.]]
```

(4) 使用 NumPy 库中的 arange()函数创建等间隔的一维数组。

NumPy 中的 arange()函数原型如下：

```
arange([start = 0,]stop[,step = 1],dtype = None)
```

arange([start=0,]stop[,step=1],dtype=None)函数用于创建一个数组元素值在 start 到 stop 间(数组元素值不能取值 stop)且各数组元素间隔为 step 的数组对象。其中参数 start 可传入也可不传入参数值,其为数组元素初始值,默认为 0;参数 stop 为数组元素末尾值,但不能取值 stop;参数 step 可传入也可不传入参数值,其为数组元素间的间隔(或称步长),默认值为 1;参数 dtype 为需要传入数组元素的数据类型,默认值为 None。

使用 NumPy 中的 arange([start=0,]stop[,step=1],dtype=None)函数创建一维数组对象 ndarray 的示例代码如下：

```
//Chapter8/8.2_test5.py
输入：import numpy as np
      data1 = np.arange(5)          #只传入 1 个参数值时,该参数值对应参数 stop
      print("元素值在[0,5)且间隔为 1 的数组：",data1)
```

```
    data2 = np.arange(2,5)          #传入 2 个参数值时,参数值分别对应参数 start、stop
    print("元素值在[2,5)且间隔为 1 的数组: ",data2)
    data3 = np.arange(1,5,2)        #传入 3 个参数值时,参数值分别对应参数 start、stop、step
    print("元素值在[1,5)且间隔为 2 的数组: ",data3)

输出: 元素值在[0,5)且间隔为 1 的数组: [0 1 2 3 4]
    元素值在[2,5)且间隔为 1 的数组: [2 3 4]
    元素值在[1,5)且间隔为 2 的数组: [1 3]
```

（5）使用 NumPy 库中的 linspace()函数创建均匀分布的一维数组。

NumPy 中的 linspace()函数原型如下：

```
linspace(start, stop, num = 50, endpoint = True, retstep = False, dtype = None)
```

linspace(start,stop,num=50,endpoint=True,retstep=False,dtype=None)函数用于创建一个数组元素值均匀分布的一维数组对象。其中参数 start 为数组元素初始值；参数 stop 为数组元素末尾值，若将 endpoint 设置为 True 则能取值 stop，若将 endpoint 设置为 False 则不能取值 stop，参数 endpoint 的默认值为 True；参数 num 为生成的元素个数，默认值为 50；若将参数 retstep 设置为 True 则函数返回一个元组，元组第一个元素为生成的 ndarray 数组，第二个元素为数组中相邻元素的间隔值；参数 dtype 为需要传入数组元素的数据类型，默认值为 None。

使用 NumPy 中的 linspace(start, stop, num = 50, endpoint = True, retstep = False, dtype=None)函数创建一维数组对象 ndarray 的示例代码如下：

```
//Chapter8/8.2_test6.py
输入: import numpy as np
    data1 = np.linspace(1,20,5)          #传入 3 个参数值分别对应参数 start、stop、num
    print("创建具有 5 个元素,元素均匀在[1,20]区间取值的数组: ",data1)
    data2 = np.linspace(1,20,5,endpoint = False)
    print("创建具有 5 个元素,元素均匀在[1,20)区间取值的数组: ",data2)
    data3 = np.linspace(1,20,5,retstep = True)
    print("设置 retstep = True,返回一个元组: ",data3)
    data4 = np.linspace(1,20,5,dtype = int)
    print("创建具有 5 个元素,元素均匀在[1,20]区间取值的整型数组: ",data4)

输出: 创建具有 5 个元素,元素均匀在[1,20]区间取值的数组: [1. 5.75 10.5 15.25 20.]
    创建具有 5 个元素,元素均匀在[1,20)区间取值的数组: [1. 4.8 8.6 12.4 16.2]
    设置 retstep = True,返回一个元组: (array([1.,5.75,10.5,15.25,20.]),4.75)
    创建具有 5 个元素,元素均匀在[1,20]区间取值的整型数组: [1 5 10 15 20]
```

通过 NumPy 快速创建数据后，还可以结合 7.1 节介绍的 Matplotlib 轻松地绘制各种图像。使用 linspace()函数结合 Matplotlib 绘制一个一元二次方程的示例代码如下：

```
//Chapter8/8.2_test7.py
输入: import numpy as np
    import matplotlib.pyplot as plt
```

```
x = np.linspace( - 20,20)                        # 创建一个 NumPy 数组
y = pow(x,2) + 2.0                               # 绘制一个一元二次方程
plt.title("Quadratic equation with one variable")
plt.xlabel("x")
plt.ylabel("y")
plt.plot(x,y)
plt.show()
```

上述代码绘制出的一元二次方程图像如图 8-1 所示。

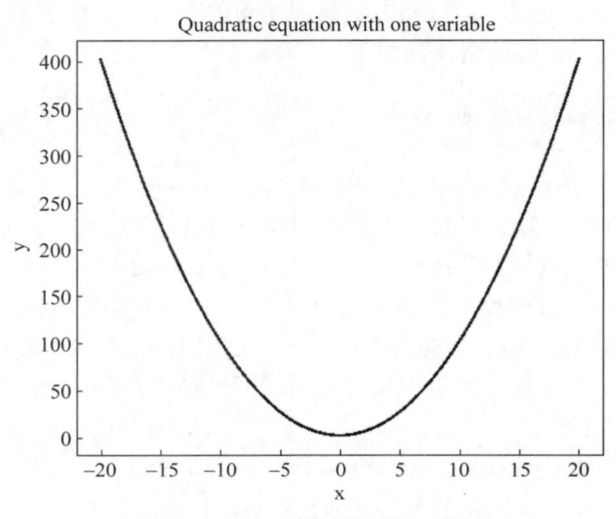

图 8-1　一元二次方程图像绘制示例

（6）使用 NumPy 库中的 full()函数创建由固定值填充的数组。

NumPy 中的 full()函数原型如下：

```
full(shape, value, dtype = None, order = "C")
```

full(shape,value,dtype=None,order="C")函数用于创建一个 shape 维度且数据元素值全为 value 的数组对象。其中参数 shape 指的是数据形状(数据的行数和列数)，通常以列表或元组的形式传入；参数 value 指的是数组元素的填充值；参数 dtype 为需要传入数组元素的数据类型，默认值为 None；参数 order 表示数组在内存中的存放次序，"C"代表以行为主，"F"代表以列为主，默认值为"C"。

使用 NumPy 中的 full(shape,value,dtype=None,order="C")函数创建数组对象 ndarray 的示例代码如下：

```
//Chapter8/8.2_test8.py
输入: import numpy as np
      data = np.full((3,4),2)                    # 创建 3 行 4 列以 2 为填充值的数组
      print("创建 3 行 4 列以 2 为填充值的数组: \n",data)
```

```
输出：创建3行4列以2为填充值的数组：
      [[2 2 2 2]
      [2 2 2 2]
      [2 2 2 2]]
```

(7) 使用NumPy库中的ones_like()、zeros_like()和full_like()函数创建与已知数组维度相同的新数组。

假设已经有一个创建好的数组对象ndarray，该数组的维度是2×5，通过NumPy中的ones_like(ndarray)、zeros_like(ndarray)和full_like(ndarray,value)函数可以快速创建一个与该数组维度相同的新数组对象，示例代码如下：

```
//Chapter8/8.2_test9.py
输入：import numpy as np
      data = np.array([(1,2,3,4,5),(6,7,8,9,10)])  #创建一个2×5的数组对象
      print("已创建的数组对象为\n",data)
      dataNew1 = np.ones_like(data)          #创建和数组data维度相同且元素全为1的新数组
      dataNew2 = np.zeros_like(data)         #创建和数组data维度相同且元素全为0的新数组
      dataNew3 = np.full_like(data,2)        #创建和数组data维度相同且元素全为2的新数组
      print("新创建的全为1的数组对象为\n",dataNew1)
      print("新创建的全为0的数组对象为\n",dataNew2)
      print("新创建的全为2的数组对象为\n",dataNew3)

输出：已创建的数组对象为
      [[ 1 2 3 4 5]
      [ 6 7 8 9 10]]
      新创建的全为1的数组对象为
      [[1 1 1 1 1]
      [1 1 1 1 1]]
      新创建的全为0的数组对象为
      [[0 0 0 0 0]
      [0 0 0 0 0]]
      新创建的全为2的数组对象为
      [[2 2 2 2 2]
      [2 2 2 2 2]]
```

(8) 使用NumPy库中的eye()函数创建对角线元素为1，其余元素全为0的数组。

NumPy中的eye()函数原型如下：

```
eye(row,col = row,k = 0)
```

eye(row,col=None,k=0)函数的功能是创建一个row行col列对角线元素为1，其余元素全为0的二维数组对象。其中参数row代表数组的行数；参数col代表数组的列数，默认值为row；参数k控制对角线的位置，当k=0时主对角线元素全为1，当k>0时主对角线往右上移动k个位置，当k<0时主对角线往左下移动-k个位置。

使用NumPy中的eye(row,col=None,k=0)函数创建数组对象ndarray的示例代码如下：

```
//Chapter8/8.2_test10.py
输入: import numpy as np
      data1 = np.eye(3)                    #创建一个3×3对角线全为1的数组对象
      print("3×3对角线全为1的数组对象:\n",data1)
      data2 = np.eye(3,4)                  #创建一个3×4对角线全为1的数组对象
      print("3×4对角线全为1的数组对象:\n",data2)
      data3 = np.eye(3,k = 1)              #对角线往右上方向移动1位的3×3数组对象
      print("对角线往右上方向移动1位的3×3数组对象:\n",data3)

输出: 3×3对角线全为1的数组对象:
      [[1. 0. 0.]
      [0. 1. 0.]
      [0. 0. 1.]]
      3×4对角线全为1的数组对象:
      [[1. 0. 0. 0.]
      [0. 1. 0. 0.]
      [0. 0. 1. 0.]]
      对角线往右上方向移动1位的3×3数组对象:
      [[0. 1. 0.]
      [0. 0. 1.]
      [0. 0. 0.]]
```

(9) 使用 NumPy 库中的 identity()函数创建主对角线为 1,其余元素全为 0 的数组。

NumPy 中的 identity()函数原型如下:

```
identity(n,dtype = None)
```

identity(n,dtype=None)函数用于创建一个主对角线元素全为 1,其余元素全为 0 的 n×n 维数组。其中参数 n 代表数组的行和列数;参数 dtype 需要传入数组元素的数据类型,默认值为 None。

使用 NumPy 中的 identity(n,dtype=None)函数创建数组对象 ndarray 的示例代码如下:

```
//Chapter8/8.2_test11.py
输入: import numpy as np
      data = np.identity(3)                #创建一个3×3对角线全为1的数组对象
      print("3×3对角线全为1的数组对象:\n",data)

输出: 3×3对角线全为1的数组对象:
      [[1. 0. 0.]
      [0. 1. 0.]
      [0. 0. 1.]]
```

8.3 数组对象 ndarray 的常用属性

数组对象 ndarray 的常用属性如表 8-3 所示。

表 8-3 数组对象 ndarray 的常用属性

序号	属 性 名	详 细 说 明
1	ndarray. dtype	返回数组对象中存储的数据类型
2	ndarray. shape	以二元组的形式返回数组对象的形状，元组第一个元素(ndarray. shape[0])代表数组的行数，第二个元素(ndarray. shape[1])代表数组的列数
3	ndarray. ndim	返回数组对象的维度
4	ndarray. size	返回数组对象中的元素个数
5	ndarray. T	返回转置后的数组对象，即数组的行元素变成列元素，列元素变成行元素

注意：在本章任何一个表格中看到“numpy. 方法名/属性名”则表示该方法或属性是 NumPy 库中的方法或属性，如 numpy. array()；“ndarray. 方法名/属性名”则表示该方法或属性是数组对象中的方法或属性，如 ndarray. dtype，读者需注意区分。

访问数组对象 ndarray 常用属性的示例代码如下：

```
//Chapter8/8.3_test12.py
输入：import numpy as np
      data = np.zeros((3,4))                    #创建一个 3×4 元素全为 1 的数组对象 data
      print("数组对象：\n",data)
      print("数组元素的类型为",data.dtype)
      print("数组的形状为",data.shape)
      print("数组的行数为",data.shape[0])
      print("数组的列数为",data.shape[1])
      print("数组元素的维度为",data.ndim)
      print("数组元素的个数为",data.size)
      print("数组元素的类型为",data.dtype)
      print("转置后的数组对象元素为\n",data.T)  #转置后数组维度变成 4×3

输出：数组对象：
      [[0. 0. 0. 0.]
      [0. 0. 0. 0.]
      [0. 0. 0. 0.]]
      数组元素的类型为 float64
      数组的形状为 (3, 4)
      数组的行数为 3
      数组的列数为 4
      数组元素的维度为 2
      数组元素的个数为 12
      数组元素的类型为 float64
      转置后的数组对象元素为
      [[0. 0. 0.]
      [0. 0. 0.]
      [0. 0. 0.]
      [0. 0. 0.]]
```

8.4 数组对象的数据取值

本节介绍 6 种 NumPy 数组对象的数据取值方式，如表 8-4 所示。

表 8-4 NumPy 数组对象的数据取值方式概述

序号	取值方式	详细说明
1	索引取值	语法格式为“numpy 数组对象名[索引]”，只能取出索引对应的单个数组值
2	索引列表取值	语法格式为“numpy 数组对象名[索引列表]”，能取出索引列表元素对应的多个数组值
3	切片取值	语法格式为“numpy 数组对象名[a:b:c]”，能一次性取出一个或多个数组值，读者若对切片取值内容有遗忘，可前往参考 3.4.2 节表 3-13 介绍的切片访问的语法总结
4	布尔取值	语法格式为“numpy 数组对象名[布尔表达式]”，用于数据筛选，返回满足条件的 True 或 False 矩阵
5	搭配取值	本表序号 1 的索引取值能与本表序号 2 的索引列表取值、本表序号 3 的切片取值直接结合使用，能够更灵活精确地取出用户想要的数据，常用于多维数组
6	迭代取值	可以通过 NumPy 库中的 nditer()函数对数组中的元素进行迭代，结合循环语句可以逐一取出数组值。迭代函数原型为 numpy. nditer(ndarray, order='C')，功能为迭代访问 NumPy 数组的值。参数 order 默认值为 C，表示按行的顺序依次访问数组值，当参数 order 的值为 F 时，表示按列的顺序依次访问数组值

8.4.1 索引取值

NumPy 一维数组的索引取值与 Python 语言中字符串、列表和元组的索引取值（或称访问）的使用上没有什么区别，通过“numpy 数组对象名[索引]”的语法格式进行取值，示例代码如下：

```
//Chapter8/8.4.1_test13.py
输入: import numpy as np
      data = np.arange(10)
      print("创建一维数组对象 data: \n",data)
      print("数组的第 1 个元素 data[0]: ",data[0])
      print("数组的第 3 个元素 data[2]: ",data[2])
      print("数组的最后 1 个元素 data[ - 1]: ",data[ - 1])

输出: 创建一维数组对象 data:
      [0 1 2 3 4 5 6 7 8 9]
      数组的第 1 个元素 data[0]: 0
      数组的第 3 个元素 data[2]: 2
      数组的最后 1 个元素 data[ - 1]: 9
```

NumPy 二维数组的索引取值相对一维数组的索引取值存在一定的差别，仍然通过“numpy 数组对象名[索引]”的语法格式对二维数组的索引取值，取值结果为二维数组的一行数据，示例代码如下：

```
//Chapter8/8.4.1_test14.py
输入：import numpy as np
      data = np.array([[1,2,3],[4,5,6],[7,8,9]])
      print("数组对象 data: \n",data)
      print("数组的第 1 行元素 data[0]: ",data[0])
      print("数组的第 2 行元素 data[1]: ",data[1])
      print("数组的第 3 行元素 data[2]: ",data[2])

输出：数组对象 data:
      [[1 2 3]
      [4 5 6]
      [7 8 9]]
      数组的第 1 行元素 data[0]: [1 2 3]
      数组的第 2 行元素 data[1]: [4 5 6]
      数组的第 3 行元素 data[2]: [7 8 9]
```

若想取出二维数组 data 的单个元素，如第 1 行的第 3 个元素，则可以用 data[0]先取出 data 的第 1 行，由于 data[0]取出的是 1 行数据，因此可以再通过 data[0][2]取出 data[0]的第 3 个元素，语法格式为“numpy 数组对象名[行索引][列索引]”，示例代码如下：

```
//Chapter8/8.4.1_test15.py
输入：import numpy as np
      data = np.array([[1,2,3],[4,5,6],[7,8,9]])
      print("数组对象 data: \n",data)
      print("数组的第 1 行第 3 个元素 data[0][2]: ",data[0][2])

输出：数组对象 data:
      [[1 2 3]
      [4 5 6]
      [7 8 9]]
      数组的第 1 行第 3 个元素 data[0][2]: 3
```

8.4.2　索引列表取值

前面介绍的索引取值一次只能取出数组的单个元素值，若想一次性取出多个元素值，则可以把这些元素值对应的索引组合成一个索引列表，通过索引列表一次性访问更多的元素，语法格式为“numpy 数组对象名[索引列表]”，示例代码如下：

```
//Chapter8/8.4.2_test16.py
输入：import numpy as np
      data = np.arange(10)        #创建一个元素值在区间[0,10)的数组对象 data
      print("创建一维数组对象 data: \n",data)
      print("取出数组的第 1、第 3、第 4 个元素 data[[0,2,3]]: \n",data[[0,2,3]])
```

```
输出：创建一维数组对象 data:
     [0 1 2 3 4 5 6 7 8 9]
     取出数组的第 1、第 3、第 4 个元素 data[[0,2,3]]:
     [0 2 3]
```

8.4.3 切片取值

一维数组的切片取值方式与 Python 语言中字符串、列表和元组的切片取值方式同样没有什么区别，切片取值的规则繁多，读者若有遗忘可以参考 3.4.2 节表 3-13 进行复习，示例代码如下：

```
//Chapter8/8.4.3_test17.py
输入：import numpy as np
     data = np.arange(10)              #创建一个元素值在区间[0,10)的数组对象 data
     print("创建一维数组对象 data: \n",data)
     print("取出数组的第 2 个到第 5 个元素 data[1:5]: \n",data[1:5])
     print("以间隔为 2 取出数组的第 2 个到第 5 个元素 data[1:5:2]: \n",data[1:5:2])
     print("取出数组的第 2 个到最后 1 个元素: \n",data[1:])

输出：创建一维数组对象 data:
     [0 1 2 3 4 5 6 7 8 9]
     取出数组的第 2 个到第 5 个元素 data[1:5]:
     [1 2 3 4]
     以间隔为 2 取出数组的第 2 个到第 5 个元素 data[1:5:2]:
     [1 3]
     取出数组的第 2 个到最后 1 个元素:
     [1 2 3 4 5 6 7 8 9]
```

二维或者二维以上的数组切片取值与一维数组的切片取值在语法上没有任何区别，只是一维数组切片取值只需要在一个维度上切片，但多维数组切片取值则需要在各个维度上分别进行切片，例如二维数组的切片取值需要对两个维度分别进行切片，两个维度分别对应二维数组的行数和列数，则首先要对行数进行切片，再对列数进行切片，语法格式上要求各维度的切片之间用逗号隔开，示例代码如下：

```
//Chapter8/8.4.3_test18.py
输入：import numpy as np
     data = np.array([[1,2,3],[4,5,6],[7,8,9]])        #创建一个 3×3 的数组对象 data
     print("创建一个 3×3 的数组对象 data: \n",data)
     #不同维度间的切片用逗号隔开,如 data[0:2,1:3],0:2 是对行切片,1:3 是对列切片
     print("取出数组第 1 行到第 2 行,第 2 列到第 3 列间的元素: \n",data[0:2,1:3])
     #常用技巧,利用一个":"符号代表选中所有行或所有列
     print("取出数组所有行,第 2 列到第 3 列间的元素: \n",data[:,1:3])
     print("取出数组第 1 行到第 2 行,所有列间的元素: \n",data[0:2, :])

输出：创建一个 3×3 的数组对象 data:
     [[1 2 3]
     [4 5 6]
     [7 8 9]]
```

```
取出数组第 1 行到第 2 行,第 2 列到第 3 列间的元素:
[[2 3]
[5 6]]
取出数组所有行,第 2 列到第 3 列间的元素:
[[2 3]
[5 6]
[8 9]]
取出数组第 1 行到第 2 行,所有列间的元素:
[[1 2 3]
[4 5 6]]
```

8.4.4 布尔取值

布尔取值就是通过布尔运算结果筛选出符合条件的数组值,在数据分析中使用频率非常高。NumPy 数组进行布尔运算后,满足布尔条件的数组元素值会被转换成 True,不满足布尔条件的数组元素值则会被转换成 False,返回一个 True 或 False 的矩阵,布尔取值就是将数组的布尔运算结果矩阵作为数组索引进行取值,True 对应的数组元素会被保留,False 对应的数组元素会被舍弃,语法格式为"numpy 数组对象名[布尔表达式]",示例代码如下:

```
//Chapter8/8.4.4_test19.py
输入: import numpy as np
      data = np.array([[1,2,3],[4,5,6],[7,8,9]])        # 创建一个 3×3 的数组对象 data
      print("创建一个 3×3 的数组对象 data: \n",data)
      dataBool = data > 4                               # 对数组进行布尔运算
      print("对数组对象进行布尔运算后的结果: \n",dataBool)
      newData = data[data > 4]                          # 对数组进行布尔取值
      print("大于 4 的数组元素值将被保留,进行筛选后的数组: \n",newData)

输出: 创建一个 3×3 的数组对象 data:
      [[1 2 3]
      [4 5 6]
      [7 8 9]]
      对数组对象进行布尔运算后的结果:
      [[False False False]
      [False True True]
      [ True True True]]
      大于 4 的数组元素值将被保留,进行筛选后的数组:
      [5 6 7 8 9]
```

数据分析中常碰到这样的情景:请统计出数组中大于(小于或等于)某个值的元素个数。读者的第一反应可能是通过循环实现这个功能,通过循环遍历数组中的每个值并依次进行布尔运算即可,布尔运算结果为 True 则让累加器加 1。假设实现统计数组中大于 4 的元素个数,示例代码如下:

```
//Chapter8/8.4.4_test20.py
输入: import numpy as np
      data = np.array([[1,2,3],[4,5,6],[7,8,9]])
```

```
        print("创建一个 3×3 的数组对象 data: \n",data)
        row = data.shape[0]                     #获取数组的行数
        col = data.shape[1]                     #获取数组的列数
        """由于数组是二维的,前面介绍过一个编程技巧(读者若有遗忘可参考 3.7.3 节):遍历二维
        数据通常需要使用双层 for 循环,在双层 for 循环中,有几行则外层 for 循环需循环几次,有
        几列则内层 for 循环需循环几次,因此,遍历二维数组可以使用双层 for 循环."""
        sum = 0
        for i in range(row):                    #有 row 行则循环 row 次
            for j in range(col):                #有 col 列则循环 col 次
                if data[i][j]> 4:
                    sum = sum + 1               #累加器加 1
        print(f"大于 4 的数组元素值共有{sum}个")

输出: 创建一个 3×3 的数组对象 data:
        [[1 2 3]
        [4 5 6]
        [7 8 9]]
        大于 4 的数组元素值共有 5 个
```

利用循环遍历的方式对满足条件的数组元素个数进行统计显得非常烦琐,假如数据有几万条甚至几十万条,循环遍历这么大规模的数据,程序效率是非常低的。那该怎么办呢?前面我们提到 NumPy 数组进行布尔运算后会返回一个 True 或 False 的矩阵,这个矩阵里有多少个 True 也就意味着有多少个满足条件的数组值,我们只需统计 True 的个数就行了,那又该怎么统计 True 的个数呢? 人们习惯性的做法是通过 NumPy 数组对象的 astype()强制类型转换函数,将布尔类型的 True 转换成整数 1,将 False 转换成整数 0,则整数 1 的个数代表满足条件数组值的个数,再通过 NumPy 数组对象的 sum()函数进行求和统计即可。利用上述方法实现统计数组中大于 4 的元素个数的示例代码如下:

```
//Chapter8/8.4.4_test21.py
输入: import numpy as np
        data = np.array([[1,2,3],[4,5,6],[7,8,9]])
        print("创建一个 3×3 的数组对象 data: \n",data)
        dataBool = data > 4                     #将数组元素转换成 True 或 False
        print("数组对象转换成了 True 或 False: \n",dataBool)
        dataInt = dataBool.astype("int")        #将 True、False 分别转换成 1、0
        print("数组对象被转换成了 0 或 1: \n",dataInt)
        sum = dataInt.sum()                     #统计整数 1 的个数
        print(f"大于 4 的数组元素值共有{sum}个")

输出: 创建一个 3×3 的数组对象 data:
        [[1 2 3]
        [4 5 6]
        [7 8 9]]
        数组对象转换成了 True 或 False:
        [[False False False]
        [False True True]
```

```
[ True True True]]
数组对象被转换成了 0 或 1:
[[0 0 0]
[0 1 1]
[1 1 1]]
大于 4 的数组元素值共有 5 个
```

上述代码是统计满足一定条件数组元素个数的常用技巧，读者需重点掌握。

8.4.5　搭配取值

在二维或二维以上数组的取值中，上述介绍的索引取值常与其他取值方式相互搭配使用。

两种索引分别和索引列表、两种索引分别和切片结合使用的示例代码如下：

```
//Chapter8/8.4.5_test22.py
输入：import numpy as np
      data = np.array([[1,2,3],[4,5,6],[7,8,9]])
      print("创建一个 3×3 的数组对象 data: \n",data)
      dataNew1 = data[1][[0,2]]            #第 1 种索引和索引列表结合使用方式
      dataNew2 = data[1,[0,2]]             #第 2 种索引和索引列表结合使用方式
      dataNew3 = data[1][0:2]              #第 1 种索引和切片结合使用方式
      dataNew4 = data[1,0:2]               #第 2 种索引和切片结合使用方式
      print("data[1][[0,2]]取出第 2 行的第 1 个和第 3 个元素: \n",dataNew1)
      print("data[1,[0,2]]取出第 2 行的第 1 个和第 3 个元素: \n",dataNew2)
      print("data[1][0:2]取出第 2 行的第 1 个和第 2 个元素: \n",dataNew3)
      print("data[1,0:2]取出第 2 行的第 1 个和第 2 个元素: \n",dataNew4)

输出：创建一个 3×3 的数组对象 data:
      [[1 2 3]
      [4 5 6]
      [7 8 9]]
      data[1][[0,2]]取出第 2 行的第 1 个和第 3 个元素: [4 6]
      data[1,[0,2]]取出第 2 行的第 1 个和第 3 个元素: [4 6]
      data[1][0:2]取出第 2 行的第 1 个和第 2 个元素: [4 5]
      data[1,0:2]取出第 2 行的第 1 个和第 2 个元素: [4 5]
```

8.4.6　迭代取值

迭代取值需要利用 numpy.nditer(ndarray, order="C")函数结合循环语句一起使用，示例代码如下：

```
//Chapter8/8.4.6_test23.py
输入：import numpy as np
      data = np.array([[1,2,3],[1,5,2],[3,7,9]])
      print("创建一个 3×3 的数组: \n",data)
      print("按行顺序取值: ",end = "")
      for i in np.nditer(data):            #迭代逐一访问/取值数组中的元素
          print(i,end = ' ')               #i 即为数组元素值
```

```
    print("\n按列顺序取值: ",end = "")
    for i in np.nditer(data,order = 'F'):
            print(i,end = ' ')

输出: 创建一个 3×3 的数组:
    [[1 2 3]
    [1 5 2]
    [3 7 9]]
    按行顺序取值: 1 2 3 1 5 2 3 7 9
    按列顺序取值: 1 1 3 2 5 7 3 2 9
```

8.5 数组对象元素的更新

NumPy 数组对象元素的更新操作包括添加、删除、修改,涉及的常用方法如表 8-5 所示。

表 8-5　NumPy 数组对象元素的常用更新方法

操作	序号	方 法 名	详 细 说 明
添加	1	numpy.append(ndarray, value,axis=None)	往数组对象 ndarray 的末尾添加与数组 ndarray 维度相同的 value 值。参数 axis 可取值为 None、1、0,默认值为 None,若参数 axis 为 None,则会把数组按行展开成一维,并将新的 value 值加在一维数组末尾并返回;若参数 axis 为 1,则 value 值加在数组 ndarray 的右侧,此时 value 与数组 ndarray 的行数要相同;若参数 axis 为 0,则 value 值加在数组 ndarray 的下侧,此时 value 与数组 ndarray 的列数要相同
	2	numpy.insert(ndarray, index,value,axis=None)	往数组对象 ndarray 的索引 index 对应元素位置添加 value 值。若参数 axis 为 None,则会把数组按行展开成一维,并将新的 value 值加在一维数组索引 index 对应的位置;若参数 axis 为 1,则 value 值加在数组 ndarray 索引 index 对应的右侧位置;若参数 axis 为 0,则 value 值加在数组 ndarray 索引 index 对应的下侧位置
删除	3	numpy.delete(ndarray, index,axis=None)	把数组对象 ndarray 的索引 index 对应的元素值删除,若参数 axis 为 None,则会把数组按行展开成一维,并将一维数组索引 index 对应的位置元素删除;若参数 axis 为 1,则数组 ndarray 索引 index 对应的列被删除;若参数 axis 为 0,则数组 ndarray 索引 index 对应的行被删除
	4	numpy.unique(ndarray, return_index, return_inverse,return_counts)	把数组对象 ndarray 的重复元素删除,ndarray 会被展开成一维后再返回。如果参数 return_index 为 True,则会以列表形式返回新列表元素在旧列表中的位置(索引),并与展开后的一维数组组合成元组返回;如果参数 return_inverse 为 True,则会以列表形式返回旧列表元素在新列表中的位置(索引),并与展开后的一维数组组合成元组返回;如果参数 return_counts 为 True,则会返回去重数组中的元素在原数组中的出现次数,并与展开后的一维数组组合成元组返回

续表

操作	序号	方法名	详细说明
修改	5	通过赋值语句修改数组值：data[索引]=值 注：假设 data 是一个 NumPy 数组对象	直接通过赋值操作即修改 NumPy 数组值。例如 data=np.array([1,2,3]),data[1]=5,则 print(data)的值为[1,5,3]

(1) numpy.append(ndarray,value,axis=None)的使用示例代码如下：

```
//Chapter8/8.5_test24.py
输入: import numpy as np
      data = np.array([[1,2,3],[4,5,6],[7,8,9]])
      print("创建一个 3×3 的数组: \n",data)
      newData1 = np.append(data,[10,11,12])
      print ("axis = None 时展开成一维并添加元素[10,11,12]: \n",newData1)
      newData2 = np.append(data,[[10],[11],[12]],axis = 1)
      print ("axis = 1 时在数组右侧添加元素: \n",newData2)
      newData3 = np.append(data,[[10,11,12]],axis = 0)
      print ("axis = 0 时在数组下侧添加元素: \n",newData3)

输出: 创建一个 3×3 的数组:
      [[1 2 3]
      [4 5 6]
      [7 8 9]]
      axis = None 时展开成一维并添加元素[10,11,12]:
      [ 1 2 3 4 5 6 7 8 9 10 11 12]
      axis = 1 时在数组右侧添加元素:
      [[ 1 2 3 10]
      [ 4 5 6 11]
      [ 7 8 9 12]]
      axis = 0 时在数组下侧添加元素:
      [[ 1 2 3]
      [ 4 5 6]
      [ 7 8 9]
      [10 11 12]]
```

(2) numpy.insert(ndarray,index,value,axis=None)的使用示例代码如下：

```
//Chapter8/8.5_test25.py
输入: import numpy as np
      data = np.array([[1,2,3],[4,5,6],[7,8,9]])
      print("创建一个 3×3 的数组: \n",data)
      newData1 = np.insert(data,3,[10,11,12])
      print ("axis = None 时展开成一维并添加元素: \n",newData1)
      newData2 = np.insert(data,3,10,axis = 1)
      print ("axis = 1 时在数组指定的右侧位置添加元素: \n",newData2)
      newData3 = np.insert(data,2,[10,11,12],axis = 0)
      print ("axis = 0 时在数组指定的下侧位置添加元素: \n",newData3)
```

```
输出: 创建一个 3×3 的数组:
      [[1 2 3]
      [4 5 6]
      [7 8 9]]
      axis = None 时展开成一维并添加元素:
      [ 1 2 3 10 11 12 4 5 6 7 8 9]
      axis = 1 时在数组指定的右侧位置添加元素:
      [[ 1 2 3 10]
      [ 4 5 6 10]
      [ 7 8 9 10]]
      axis = 0 时在数组指定的下侧位置添加元素:
      [[ 1 2 3]
      [ 4 5 6]
      [10 11 12]
      [ 7 8 9]]
```

(3) numpy.delete(ndarray,index,axis=None)的使用示例代码如下:

```
//Chapter8/8.5_test26.py
输入: import numpy as np
      data = np.array([[1,2,3],[4,5,6],[7,8,9]])
      print("创建一个 3×3 的数组: \n",data)
      newData1 = np.delete(data,3,axis = None)
      print ("axis = None 时展开成一维后再删除第 4 个元素: \n",newData1)
      newData2 = np.delete(data,2,axis = 1)
      print ("axis = 1 时删除第 3 列: \n",newData2)
      newData3 = np.delete(data,2,axis = 0)
      print ("axis = 0 时删除第 3 行: \n",newData3)

输出: 创建一个 3×3 的数组:
      [[1 2 3]
      [4 5 6]
      [7 8 9]]
      axis = None 时展开成一维后再删除第 4 个元素:
      [1 2 3 5 6 7 8 9]
      axis = 1 时删除第 3 列:
      [[1 2]
      [4 5]
      [7 8]]
      axis = 0 时删除第 3 行:
      [[1 2 3]
      [4 5 6]]
```

(4) numpy.unique(ndarray,index,inverse,counts)的使用示例代码如下:

```
//Chapter8/8.5_test27.py
输入: import numpy as np
      data = np.array([[1,2,3],[1,5,2],[3,7,9]])
      print("创建一个 3×3 的数组: \n",data)
```

```
        newData1 = np.unique(data,return_index = True)
        print("return_index = True 时: ",newData1)
        newData2 = np.unique(data,return_inverse = True)
        print("return_inverse = True 时: ",newData2)
        newData3 = np.unique(data,return_counts = True)
        print("return_counts = True 时: ",newData3)

输出: 创建一个 3×3 的数组:
        [[1 2 3]
        [1 5 2]
        [3 7 9]]
        return_index = True 时: (array([1, 2, 3, 5, 7, 9]), array([0, 1, 2, 4, 7, 8], dtype = int64))
        return_inverse = True 时: (array([1, 2, 3, 5, 7, 9]), array([0, 1, 2, 0, 3, 1, 2, 4, 5], dtype = int64))
        return_counts = True 时: (array([1, 2, 3, 5, 7, 9]), array([2, 2, 2, 1, 1, 1], dtype = int64))
```

8.6 数组对象的合并与拆分

1. 数组对象的合并

数组对象合并的常用方法如表 8-6 所示。

表 8-6 数组对象合并的常用方法

序号	方法名称	详细说明
1	numpy. hstack(tup)	沿水平方向将可迭代序列对象组合起来,参数 tup 通常传入元组对象
2	numpy. vstack(tup)	沿竖直方向将可迭代序列对象组合起来,参数 tup 通常传入元组对象
3	numpy. concatenate (tup,axis=0)	沿着某一特定的方向将可迭代序列对象组合起来,参数 tup 通常传入元组对象,参数 axis 的默认值为 0,参数 axis 为 0 时代表将数组沿竖直方向组合,参数 axis 为 1 时代表将数组沿水平方向组合
4	zip(seq1,seq2,...)	Python 内置的函数,本书第 3 章介绍过,该函数可以将两个或两个以上序列的元素对应组合成元组

(1) numpy. hstack(tup)和 numpy. vstack(tup)的使用示例代码如下:

```
//Chapter8/8.6_test28.py
输入: import numpy as np
        data1 = np.array([[1,2,3],[4,5,6],[7,8,9]])
        print("创建一个 3×3 的数组: \n",data1)
        data2 = np.array([[10,11,12],[13,14,15],[16,17,18]])
        hstackData = np.hstack((data1,data2))                #hstack()函数
        print("通过 hstack 将 data1 与 data2 合并: \n",hstackData)
        vstackData = np.vstack((data1,data2))                #vstack()函数
        print("通过 vstack 将 data1 与 data2 合并: \n",vstackData)

输出: 创建一个 3×3 的数组:
        [[1 2 3]
        [4 5 6]
        [7 8 9]]
```

```
通过 hstack 将 data1 与 data2 合并:
[[ 1 2 3 10 11 12]
[ 4 5 6 13 14 15]
[ 7 8 9 16 17 18]]
通过 vstack 将 data1 与 data2 合并:
[[ 1 2 3]
[ 4 5 6]
[ 7 8 9]
[10 11 12]
[13 14 15]
[16 17 18]]
```

(2) numpy.concatenate(tup,axis=0)的使用示例代码如下：

```
//Chapter8/8.6_test29.py
输入: import numpy as np
      data1 = np.array([[1,2,3],[4,5,6],[7,8,9]])
      print("创建一个 3×3 的数组: \n",data1)
      data2 = np.array([[10,11,12],[13,14,15],[16,17,18]])
      newData1 = np.concatenate((data1,data2),axis = 0)
      print("axis = 0 时将数组合并在竖直位置: \n",newData1)
      newData2 = np.concatenate((data1,data2),axis = 1)
      print("axis = 1 时将数组合并在水平位置: \n",newData2)

输出: 创建一个 3×3 的数组:
      [[1 2 3]
      [4 5 6]
      [7 8 9]]
      axis = 0 时将数组合并在竖直位置:
      [[ 1 2 3]
      [ 4 5 6]
      [ 7 8 9]
      [10 11 12]
      [13 14 15]
      [16 17 18]]
      axis = 1 时将数组合并在水平位置:
      [[ 1 2 3 10 11 12]
      [ 4 5 6 13 14 15]
      [ 7 8 9 16 17 18]]
```

(3) zip(seq1,seq2,...)的使用示例代码如下：

```
//Chapter8/8.6_test30.py
输入: import numpy as np
      data1 = np.array([1,2,3])
      print("data1: ",data1)
      data2 = np.array([4,5,6])
      print("data2: ",data2)
      data = zip(data1,data2)                    #调用 zip()函数进行组合
```

```
    print("使用 zip()将 data1 和 data2 组合：",list(data))

输出：data1：[1 2 3]
     data2：[4 5 6]
     使用 zip()将 data1 和 data2 组合：[(1, 4), (2, 5), (3, 6)]
```

2. 数组对象的拆分方法

数组对象的常用拆分方法如表 8-7 所示。

表 8-7　数组对象的常用拆分方法

序号	方法名称	详细说明
1	numpy. hsplit(ary,indices_or_sections)	把数组 ary 按水平方向进行拆分，如果参数 indices_or_sections 为整数，则表示数组进行均匀拆分的个数。假设数组 ary 为一维，如 ary=[a,b]，3 作为参数值传入参数 indices_or_sections，则 numpy. hsplit(ary,3)代表将数组 ary 拆分成[0:a]、[a,b]、[b:]共 3 个数组
2	numpy. vsplit(ary,indices_or_sections)	把数组 ary 按竖直方向进行拆分，参数 indices_or_sections 的含义同上

numpy. hsplit(ary,indices_or_sections)和 numpy. vsplit(ary,indices_or_sections)的使用示例代码如下：

```
//Chapter8/8.6_test31.py
输入：import numpy as np
     data = np.arange(10).reshape(2, -1)                    #创建 2 行 5 列的数组对象
     print("data 为\n",data)
     print("numpy.hsplit(data,5)水平拆分结果：\n",np.hsplit(data,5))
     print("numpy.vsplit(data,2)竖直拆分结果：\n",np.vsplit(data,2))

输出：data 为
     [[0 1 2 3 4]
     [5 6 7 8 9]]
     numpy.hsplit(data,5)水平拆分结果：
     [array([[0],[5]]), array([[1],[6]]), array([[2],[7]]),
     array([[3],[8]]), array([[4],[9]])]
     numpy.vsplit(data,2)竖直拆分结果：
     [array([[0, 1, 2, 3, 4]]), array([[5, 6, 7, 8, 9]])]
```

8.7　数组对象的基本运算与广播机制

1. 数组对象的基本运算

数组对象的基本运算方法如表 8-8 所示。

表 8-8 数组对象基本运算

序号	方法	详细说明
1	+或 numpy.add(a,b)	将两个相同维度的数组元素相加
2	-或 numpy.subtract(a,b)	将两个相同维度的数组元素相减
3	*或 numpy.multiply(a,b)	将两个相同维度的数组元素相乘
4	/或 numpy.divide(a,b)	将两个相同维度的数组元素相除,参数 a 为被除数,参数 b 为除数,注意除数里的元素不能为 0

加法运算使用的示例代码如下：

```
//Chapter8/8.7_test32.py
输入: import numpy as np
      data1 = np.arange(10).reshape(2, - 1)
      data2 = np.arange(10,20).reshape(2, - 1)
      print("data1: \n",data1)
      print("data2: \n",data2)
      print("data1 + data2: \n",data1 + data2)
      print("np.add(data1,data2): \n",np.add(data1,data2))

输出: data1:
      [[0 1 2 3 4]
      [5 6 7 8 9]]
      data2:
      [[10 11 12 13 14]
      [15 16 17 18 19]]
      data1 + data2:
      [[10 12 14 16 18]
      [20 22 24 26 28]]
      np.add(data1,data2):
      [[10 12 14 16 18]
      [20 22 24 26 28]]
```

如果参与运算的对象中,一个对象是 NumPy 数组,另一个对象是标量数字,则这个标量数字会和 NumPy 数组里的每个元素进行运算,示例代码如下：

```
//Chapter8/8.7_test33.py
输入: import numpy as np
      data = np.array([1,2,3,4])
      data = data + 5
      print("data:",data)
      print("data = data + 5:",data)
      data = data - 5
      print("data = data - 5:",data)
      data = data * 5
      print("data = data * 5:",data)
      data = data/5
      print("data = data/5:",data)
```

```
输出：data：[6 7 8 9]
      data = data + 5：[6 7 8 9]
      data = data - 5：[1 2 3 4]
      data = data * 5：[ 5 10 15 20]
      data = data/5：[1. 2. 3. 4.]
```

2. 数组对象的广播机制

上述代码所进行的都是相同维度的数组运算，若进行数组维度不相同的运算时就会触发广播机制，广播机制是 NumPy 专门负责处理不同维度间数组运算的机制。利用广播机制进行不同维度的数组运算时，维度较小的数组会自动将维度扩充（广播）成较大数组的维度，扩充完成后再进行相同维度的数组运算，示例代码如下：

```
//Chapter8/8.7_test34.py
输入：import numpy as np
      data1 = np.arange(10).reshape(2, - 1)
      data2 = np.arange(5)
      print("data1：\n",data1)
      print("data1 的维度为",data1.ndim)
      print("data2：",data2)
      print("data2 的维度为",data2.ndim)
      print("data1 + data2 会触发广播机制：\n",data1 + data2)

输出：data1：
      [[0 1 2 3 4]
      [5 6 7 8 9]]
      data1 的维度为 2
      data2：[0 1 2 3 4]
      data2 的维度为 1
      data1 + data2 会触发广播机制：
      [[ 0 2 4 6 8]
      [ 5 7 9 11 13]]
```

8.8 数组对象支持的数据类型

可以通过 NumPy 数组对象 ndarray 中的 dtype 属性查看和设置该数组数据的类型，NumPy 数组支持的数据类型如表 8-9 所示。

表 8-9　NumPy 数组支持的数据类型

序号	数据类型	详细说明
1	int	默认的整数类型
2	int8	带符号的 8 位整数类型（范围为－128～127）
3	int16	带符号的 16 位整数类型（范围为－32768～32767）
4	int32	带符号的 32 位整数类型（范围为－21483648～2147483647）
5	int64	带符号的 64 位整数类型（范围为－9223372036854775808～9223372036854775807）

续表

序号	数据类型	详细说明
6	uint8	无符号的8位整数类型(范围为0～255)
7	uint16	无符号的16位整数类型(范围为0～65535)
8	uint32	无符号的32位整数类型(范围为0～4294967295)
9	uint64	无符号的64位整数类型(范围为0～18446744073709551615)
10	float	与float64等价,是float64浮点类型的简称
11	float16	半精度浮点数,带有1个符号位、5个指数位、10个小数位
12	float32	单精度浮点数,带有1个符号位、8个指数位、23个小数位
13	float64	双精度浮点数,带有1个符号位、11个指数位、52个小数位
14	complex	与complex128等价,是complex128复数类型的简称
15	complex64	复数类型,通过两个32位的浮点数进行表示(实数部分和虚数部分)
16	complex128	复数类型,通过两个64位的浮点数进行表示(实数部分和虚数部分)
17	bool	布尔数据类型,True或False

使用dtype属性查看和设置数组数据类型的示例代码如下:

```
//Chapter8/8.8_test35.py
输入: import numpy as np
      data1 = np.array([[1,2,3],[4,5,6],[7,8,9]])
      print("创建一个3×3的数组对象data1: \n",data1)
      print("数组对象data1的属性为",data1.dtype)        #使用dtype属性查看数组数据类型
      #设置数组数据类型需要在创建数组时进行设置,如下所示
      data2 = np.array([[10,11,12],[13,14,15],[16,17,18]],dtype = "float")
      print("创建一个3×3的数组对象data2: \n",data2)
      print("数组对象data2的属性为",data2.dtype)        #使用dtype属性查看数组数据类型

输出: 创建一个3×3的数组对象data1:
      [[1 2 3]
      [4 5 6]
      [7 8 9]]
      数组对象data1的属性为 int32
      创建一个3×3的数组对象data2:
      [[10. 11. 12.]
      [13. 14. 15.]
      [16. 17. 18.]]
      数组对象data2的属性为 float64
```

若数组已经创建好了,却发现数组元素的数据类型不符合要求,想要将数组元素转换成别的数据类型,则可以使用8.4.4节提到的astype()强制类型转换函数进行数据类型的转换,只需将数据类型的字符串形式作为参数值传入astype()函数中。

将原本为整型的数组元素数据强制转换成布尔类型的示例代码如下:

```
//Chapter8/8.8_test36.py
输入: import numpy as np
      data = np.eye(3)                         #创建一个对角线为1的3×3数组对象
```

```
    print("数组 data 里的数据元素为\n",data)
    print("数据类型为",data.dtype)
    data = data.astype("bool") # 强制转换
    print("数组 data 里的数据元素为\n",data)
    print("数据类型为",data.dtype)

输出：数组 data 里的数据元素为
    [[1. 0. 0.]
    [0. 1. 0.]
    [0. 0. 1.]]
    数据类型为 float64
    数组 data 里的数据元素为
    [[ True False False]
    [False True False]
    [False False True]]
    数据类型为 bool
```

8.9 数组对象的维度转换

数据分析中会频繁遇到数组的维度转换(或称数组的形状变换)，NumPy 常用的数组维度转换方式如表 8-10 所示。

表 8-10 NumPy 常用的数组维度转换方式

序号	转换方式	详细说明
1	ndarray. reshape(shape)	修改数组对象 ndarray 的维度，但数组本身的内容保持不变，返回一个新数组
2	ndarray. resize(shape)	修改数组对象 ndarray 的维度，无返回值，直接对原数组进行修改
3	ndarray. flatten(order="C")	把数组对象 ndarray 展开成一维，返回数组的复制，参数 order 的默认值为 C，C 代表按行的顺序优先展开，F 代表按列的顺序优先展开
4	ndarray. ravel(order="C")	把数组对象 ndarray 展开成一维，返回数组的视图，参数 order 的默认值为 C，C 代表按行的顺序优先展开，F 代表按列的顺序优先展开
5	ndrray. T	将数组对象 ndarray 进行转置，即行变列，列变行

(1) ndarray. reshape(shape)和 ndarray. resize(shape)两种方法都能够实现对数组维度的修改，但 ndarray. reshape(shape)会返回一个新数组对象，而 ndarray. resize(shape)则直接对原数组的维度进行修改。NumPy 中的 numpy. arange()、numpy. linspace()只能创建一维数组，若想通过这两种方法创建多维数组则要结合 ndarray. reshape(shape, order)或 ndarray. resize(shape)一起使用，示例代码如下：

```
//Chapter8/8.9_test37.py
输入：import numpy as np
    data = np.arange(10)
    print("创建一个一维的数组对象 data: ",data)
    print("数组对象 data 的维度为",data.ndim)          # 数组对象 data 的维度
    newData = data.reshape((2,5))                    # 使用 reshape 把数组转换成 2 行 5 列
```

```
        print("reshape 后的新数组对象 newData: \n",newData)      # 数组对象 newData
        print("新数组对象 newData 的维度为",newData.ndim)       # 新数组对象 newData 的维度
        newData.resize((5,2))              # 使用 resize 把新数组转换成 5 行 2 列
        print("resize 后的新数组对象 newData: \n",newData)      # 数组对象 newData

输出：创建一个一维的数组对象 data: [0 1 2 3 4 5 6 7 8 9]
        数组对象 data 的维度为 1
        reshape 后的新数组对象 newData:
        [[0 1 2 3 4]
        [5 6 7 8 9]]
        新数组对象 newData 的维度为 2
        resize 后的新数组对象 newData:
        [[0 1]
        [2 3]
        [4 5]
        [6 7]
        [8 9]]
```

利用上述方法对一个数组修改维度必须精确计算出各维度数组元素的个数，为了减少这样的计算麻烦，我们可以使用－1 来代替某一个维度的值。例如将一个具有 15 个元素的一维数组转换成二维 3 行 5 列的数组，我们只需知道要转换成的二维数组中，任意一个维度的数组元素个数，通过 ndarray. reshape((－1,5))、ndarray. resize((－1,5))或 ndarray. reshape((3,－1))、ndarray. reshape((3,－1))可以达到与 ndarray. reshape((3,5))、ndarray. resize((3,5))相同的效果，示例代码如下：

```
//Chapter8/8.9_test38.py
输入：import numpy as np
        data = np.arange(15)
        print("创建一个一维的数组对象 data: \n",data)
        newData1 = data.reshape((3,5))
        newData2 = data.reshape((3, - 1))
        newData3 = data.reshape(( - 1,5))
        print("reshape((3,5))后得到新数组对象 newData1: ",newData1)
        print("reshape((3, - 1))后得到新数组对象 newData2: \n",newData2)
        print("reshape(( - 1,5))后得到新数组对象 newData3: \n",newData3)

输出：创建一个一维的数组对象 data: [ 0 1 2 3 4 5 6 7 8 9 10 11 12 13 14]
        reshape((3,5))后得到新数组对象 newData1:
        [[ 0 1 2 3 4]
        [ 5 6 7 8 9]
        [10 11 12 13 14]]
        reshape((3, - 1))后得到新数组对象 newData2:
        [[ 0 1 2 3 4]
        [ 5 6 7 8 9]
        [10 11 12 13 14]]
        reshape(( - 1,5))后得到新数组对象 newData3:
        [[ 0 1 2 3 4]
        [ 5 6 7 8 9]
        [10 11 12 13 14]]
```

（2）ndarray. flatten(order＝"C")和 ndarray. ravel(order＝"C")都能够将多维数组转换成一维数据，示例代码如下：

```
//Chapter8/8.9_test39.py
输入: import numpy as np
      data = np.array([[1,2,3],[4,5,6],[7,8,9]])
      print("数组对象 data: \n",data)
      newData1 = data.flatten(order = 'C')
      print("flatten()函数按行的顺序展开得到的 newData1: ",newData1)
      newData1 = data.flatten(order = 'F')
      print("flatten()函数按列的顺序展开得到的 newData1: ",newData1)
      newData2 = data.ravel(order = 'C')
      print("ravel()函数按行的顺序展开得到的 newData2: ",newData2)
      newData2 = data.ravel(order = 'F')
      print("ravel()函数按列的顺序展开得到的 newData2: ",newData2)

输出: 数组对象 data:
      [[1 2 3]
      [4 5 6]
      [7 8 9]]
      flatten()函数按行的顺序展开得到的 newData1: [1 2 3 4 5 6 7 8 9]
      flatten()函数按列的顺序展开得到的 newData1: [1 4 7 2 5 8 3 6 9]
      ravel()函数按行的顺序展开得到的 newData2: [1 2 3 4 5 6 7 8 9]
      ravel()函数按列的顺序展开得到的 newData2: [1 4 7 2 5 8 3 6 9]
```

使用 reshape(－1)也能够实现将多维数组转换成一维数组的功能，示例代码如下：

```
//Chapter8/8.9_test40.py
输入: import numpy as np
      data = np.array([[1,2,3],[4,5,6],[7,8,9]])
      print("数组对象 data: \n",data)
      newData = data.reshape( - 1)
      print("使用 reshape( - 1)展开数组: ",newData)

输出: 数组对象 data:
      [[1 2 3]
      [4 5 6]
      [7 8 9]]
      使用 reshape( - 1)展开数组: [1 2 3 4 5 6 7 8 9]
```

8.10 NumPy 的随机数组

随机数的应用非常广泛，如生成随机数验证码、保障数据安全、快速生成数据、进行数据随机采样、数据分析模型的初始化等。NumPy 通过其内置的 random 模块专门处理与随机数相关的内容。

1. 创建任意维度的随机数

通过 NumPy 创建任意维度的随机数常用方法如表 8-11 所示。

表 8-11 NumPy 创建任意维度随机数的常用方法

序号	创建方式	详细说明
1	numpy. random. rand(d0, d1,d2,...,dn−1,dn)	创建一个维度为(d0,d1,d2,...,dn−1,dn)且数组元素值在[0,1)范围内服从均匀分布的随机数组,若未传入参数值则返回单个元素数据。均匀分布是指如果随机变量 x 为区间[a ,b)上的任何一个样本点,且样本空间相同间隔的分布概率相等,则称 x 服从[a ,b)上的均匀分布,a 和 b 分别为数轴上的最小值和最大值,x 可以称为区间[a ,b)上的均匀随机数
2	numpy. random. randn(d0, d1,d2,...,dn−1,dn)	创建一个维度为(d0,d1,d2,...,dn−1,dn)且数组元素值满足标准正态分布的随机数组,标准正态分布是指随机变量 x 服从以 0 为均值、1 为标准差的正态分布,记为 N(0,1)
3	numpy. random. randint (low, high = None, size = None)	创建一个形状为 size 且数组元素值在[low,high)范围内的随机整数数组。如果 size 为 None,则返回单个元素数据,如果 size 为整型,则返回一维 size 个元素数据,如果 size 为元组(d1,d2,d3,...,dn−1,dn),则返回 d1×d2×d3×...×dn−1×dn 维度的数组,如果 high 为 None,则数组元素值在[0,low)范围内取值
4	np. random. random_integers (low, high = None, size = None)	创建一个形状为 size 且数组元素值在[low, high]范围内的随机整数数组。如果 high 为 None,则数组元素值在[1, low]范围内取值,注意这里的取值范围都是闭区间
5	numpy. random. random (size=None)	创建一个形状为 size 且元素值在[0,1)范围内的随机数组
6	numpy. random. random_sample (size=None)	功能同 numpy. random. random(size=None)
7	numpy. random. normal (loc=0. 0,scale=1. 0,size= None)	创建一个形状为 size 且数组元素值服从高斯分布(或称正态分布)的随机数组。高斯分布(正态分布)是指随机变量 x 服从数学期望为 μ、标准差为 σ、方差为 σ^2 的分布,记为 N(μ,σ^2),参数 loc 代表数学期望 μ,参数 scale 代表标准差 σ,参数 size 为 None 时则返回单个元素数据
8	numpy. random. uniform (low=0. 0,high=1. 0,size= None)	创建一个形状为 size 且数组元素值在[low,high)范围内服从均匀分布的随机数组
9	numpy. random. binomial (n,p,size=None)	创建一个形状为 size 且数组元素值服从二项分布的随机数组。在 n 次独立重复实验中,假设事件 A 在每次试验中发生的概率为 p,随机变量 x 表示事件 A 发生的次数,x 的取值范围为[0,n]且 x 为整数,对所有的整数 m($0 \leqslant m \leqslant n$),$n$ 次试验中事件 A 恰好发生 k 次的概率记为{$x=k$},则 x 发生的概率分布就是二项分布。参数 n 代表实验次数,参数 p 代表事件发生的概率
10	numpy. random. poisson (lam=1. 0,size=None)	创建一个形状为 size 且数组元素值服从泊松分布的随机数组。泊松分布是指单位时间内事件发生次数的概率分布。参数 lam 代表单位时间内事件发生的平均次数
11	numpy. random. exponential (scale=1. 0,size=None)	创建一个形状为 size 且数组元素值服从指数分布的随机数组。指数分布是指描述泊松过程的事件之间,时间的概率分布。参数 scale 代表标准差

由于表 8-11 所示的 11 种创建随机数方法非常容易让读者混淆且不易掌握，因此表 8-12 对表 8-11 中的方法进行了一次归纳总结。

表 8-12　NumPy 创建任意维度随机数方法的归纳总结

序号	分　类	创建方式
1	服从均匀分布	表 8-11 序号 1：numpy. random. rand(d0,d1,d2,...,dn−1,dn)
		表 8-11 序号 8：numpy. random. uniform(low=1. 0,high=1. 0,size=None)
2	服从正态分布	表 8-11 序号 2：numpy. random. randn(d0,d1,d2,...,dn−1,dn)
		表 8-11 序号 7：numpy. random. normal(loc=0. 0,scale=1. 0,size=None)
3	服从二项分布	表 8-11 序号 9：numpy. random. binormial(n,p,size=None)
4	服从泊松分布	表 8-11 序号 10：numpy. random. poisson(lam=1. 0,size=None)
5	服从指数分布	表 8-11 序号 11：numpy. random. exponential(scale=1. 0,size=None)
6	数组元素值范围为[low,high)	表 8-11 序号 3：numpy. random. randint(low,high=None,size=None)
7	数组元素值范围为[low,high]	表 8-11 序号 4：np. random. random_integers(low,high=None,size=None)
8	数组元素值范围为[low,high)	表 8-11 序号 8：numpy. random. uniform(low=0. 0,high=1. 0,size=None)
9	数组元素值范围为[0,1)	表 8-11 序号 5：numpy. random. random(size=None)
		表 8-11 序号 6：numpy. random. random_sample(size=None)
10	数组元素值范围为[0,1)	表 8-11 序号 1：numpy. random. rand(d0,d1,d2,...,dn−1,dn)

使用表 8-11 中的 11 种创建随机数组方式的示例代码如下：

```
//Chapter8/8.10_test41.py
输入: import numpy as np
      rand = np.random.rand(2,2)
      randn = np.random.randn(2,2)
      randint = np.random.randint(0,5,(2,2))
      random_integers = np.random.random_integers(0,5,(2,2))
      random = np.random.random(3)
      random_sample = np.random.random_sample(3)
      normal = np.random.normal(0,2,(3,3))
      uniform = np.random.uniform(size = (3,3))
      binormial = np.random.binomial(50,0.3,size = 10)
      poisson = np.random.poisson(lam = 50,size = 5)
      exponential = np.random.exponential(scale = 1.0,size = 5)
      print("序号 1: np.random.rand(2,2)\n",rand)
      print("序号 2: np.random.randn(2,2)\n",randn)
      print("序号 3: np.random.randint(0,5,(2,2))\n",randint)
      print("序号 4: np.random.random_integers(0,5,(2,2))\n",random_integers)
      print("序号 5: np.random.random(3)\n",random)
      print("序号 6: np.random.random_sample(3)\n",random_sample)
      print("序号 7: np.random.normal(0,2,(3,3))\n",normal)
      print("序号 8: np.random.uniform(size = (3,3))\n",uniform)
      print("序号 9: np.random.binomial(50,0.3,size = 10): ",binormial)
```

```
        print("序号 10: np.random.poisson(lam = 50,size = 50): ",poisson)
        print("序号 11: np.random.exponential(scale = 1.0,size = 50)\n",exponential)

输出: 序号 1: np.random.rand(2,2)
      [[0.90009223 0.29813649]
      [0.42192281 0.11831932]]
      序号 2: np.random.randn(2,2)
      [[ 0.23127223 0.48077487]
      [ - 0.78157617  - 0.02838291]]
      序号 3: np.random.randint(0,5,(2,2))
      [[3 1]
      [4 3]]
      序号 4: np.random.random_integers(0,5,(2,2))
      [[3 4]
      [3 5]]
      序号 5: np.random.random(3)
      [0.04432029 0.6617919 0.4197049 ]
      序号 6: np.random.random_sample(3)
      [0.94699127 0.78930301 0.2709584 ]
      序号 7: np.random.normal(0,2,(3,3))
      [[ 2.37407836  - 0.45981364  - 3.37570885]
      [ - 0.87597646  - 0.20535878 2.04295922]
      [ 0.74599901 0.42076609 0.34750574]]
      序号 8: np.random.uniform(size = (3,3))
      [[0.4371274 0.57170291 0.27396789]
      [0.49274444 0.10539698 0.34063827]
      [0.39652026 0.24407898 0.51259037]]
      序号 9: np.random.binomial(50,0.3,size = 10): [14 11 10 14 15 16 10 14 14 18]
      序号 10: np.random.poisson(lam = 50,size = 50): [50 48 33 42 51]
      序号 11: np.random.exponential(scale = 1.0,size = 50)
      [0.38202507 2.98125882 2.57909438 1.04237947 0.49312681]
```

读者仅看上述代码及内容介绍可能会产生这样一个困惑：当利用表 8-11 中的方式创建服从某种概率分布的随机数组时，好像根本看不出来这个数组的数据元素值是如何服从概率分布的。该怎样去查看服从概率分布的数据元素值的变化规律呢？

在上述代码中，我们仅创建了非常少量的数据，少量的数据当然看不出数据元素值的变化规律，这里以服从正态分布的 numpy.random.normal(loc=0.0,scale=1.0,size=None)方法产生 1000000 个数据元素为例，结合直方图查看服从概率分布的数据元素值的变化规律，示例代码如下：

```
//Chapter8/8.10_test42.py
输入: import numpy as np
      import matplotlib.pyplot as plt
      data = np.random.normal(size = 1000000)        #创建 1000000 个服从正态分布的元素
      tup = plt.hist(data,bins = 100)                #创建直方图,tup 是一个元组
      #若读者对直方图有所遗忘,则可参考 7.1.4 节
      plt.xlabel("x")                                #设置横坐标标注
```

```
plt.ylabel("y")                          #设置纵坐标标注
plt.title("Normal Distribution")         #设置图的标题
plt.show()                               #显示直方图
```

上述代码绘制出的直方图如图 8-2 所示。

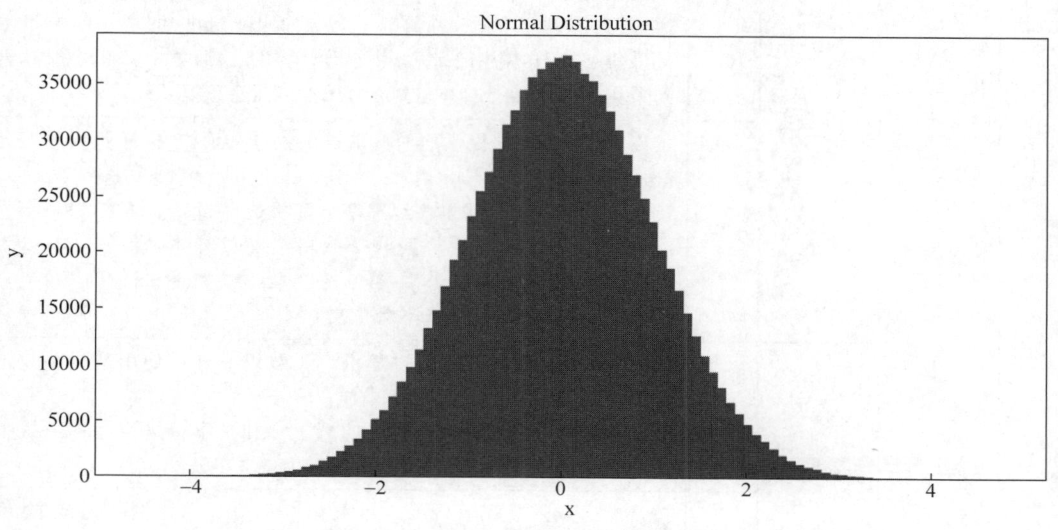

图 8-2　服从正态分布规律的直方图

由上述代码结果可以发现，通过 numpy.random.normal(loc=0.0,scale=1.0,size=None)方法产生 1000000 个数据元素时，这些数据元素堆叠在一起形成了一个数学期望为 0.0、标准差为 1.0 的正态分布图像，因此说 numpy.random.normal(loc=0.0,scale=1.0,size=None)方法产生的数据元素服从正态分布。

2. NumPy 数据的采样

在数据分析过程中，对数据除了利用本章介绍的 NumPy 及第 9 章将介绍的 Pandas 进行常规统计操作外，常常需要借助一些算法(第 11 章将介绍)对数据进行建模来辅助数据分析决策，而建模过程必然涉及对数据的采样操作。采样得到的数据将直接被用来作为算法的输入以构建模型，因此采样得到的数据将直接影响模型的效果。

数据的常用采样方式如表 8-13 所示。

表 8-13　数据的常用采样方式

序号	采样方式	详细说明		
1	顺序采样	一维数据		按顺序从一维数据中采集一定比例作为样本，例如要采集 80% 的数据作为样本，可以先求出前 80% 数据样本的个数，再利用切片进行取值
		二维数据	方式 1	把数据先展开成一维(可以利用 8.9 节介绍的 flatten()或 ravel()函数)，再按顺序从展开成的一维数据中采集一定比例作为样本
			方式 2	按行顺序或列顺序从二维数据的每行或每列分别采集一定比例作为样本，例如当按行顺序采集时，把每行数据当成一维数据利用切片采集

续表

序号	采样方式	详细说明		
2	随机采样	一维数据	方式1	可以利用 NumPy 中的 random 模块随机产生数组下标，通过数组下标采集对应样本。采集对应样本又有两种方式：第 1 种叫作简单随机采样，采集样本并记录后不将该样本放回数据集中，继续采样，直到采集记录下 *n* 个样本；第 2 种叫作自助随机采样，通过随机采集一个样本并记录后，将该样本放回数据集中，继续采样，直到采集记录下 *n* 个样本，这 *n* 个样本可能会重复
			方式2	可以利用 NumPy 提供的随机采样函数进行采样，采样函数原型为 numpy. random. choice(a, size=None, replace=True, p=None)，代表从一维数组对象 a 中以概率 p 随机选择 size 个样本，参数 a 为一维数组或整型，a 为整型时产生单个随机样本，参数 replace 为 True 时代表自助随机采样(样本会重复)，参数 replace 为 False 时代表简单随机采样(样本不会重复)
		二维数据	方式1	(1) 将数据展开成一维后再随机产生数组下标或使用采样函数进行简单随机采样或自助随机采样； (2) 也可以直接随机产生数组的行下标和列下标进行简单随机采样或自助随机采样，无须展开成一维
			方式2	按行顺序或列顺序随机从二维数据中采集一定比例作为样本，例如当按行顺序采集时，把每行数据当成一维数据采集，同样可以进行简单随机采样或自助随机采样

1）顺序采样

实现表 8-13 序号 1 介绍的一维数据顺序采样示例代码如下：

```
//Chapter8/8.10_test43.py
输入：import numpy as np
     def sampling(data,percent) :
          #参数 data 是待采样数据集
          #参数 percent 代表要采样的比例
          number = round(len(data) * percent)          #采用四舍五入法计算采集的样本数量
          dataSample = data[0:number]                  #利用切片采样
          print(f"顺序采集{len(dataSample)}个样本成功")
          return dataSample                            #返回采样结果
     data = np.arange(100)                             #假设 data 是待采样数据集
     dataSample = sampling(data,0.8)                   #采样 80%

输出：顺序采集 80 个样本成功
```

实现表 8-13 序号 2 介绍的二维数据顺序采样方式 1 的代码与上述代码没有什么区别，无非是待采样数据集 data 变成了二维，在调用上述代码中的 sampling(data,percent)函数前，应先执行 data. flatten()或 data. ravel()函数将 data 展开成一维，此处不作赘述。

实现表 8-13 序号 2 介绍的二维数据顺序采样方式 2 的代码主要部分仍然与上述代码相同，只不过需要结合循环使用，按行顺序或列顺序对数据集依次进行采样。假设这样一个场景，每年都有 365 天，有一个 2001—2010 年的 10 年二维数据集，数据集为 10 行 365 列，每一行代表一年的数据，例如第 1 行第 1 列代表 2001 年的第 1 天数据、第 2 行第 5 列代表 2002 年的第 5 天数据。现需要从每年的数据中采集前 80%作为数据样本该怎么办呢(每行的数据取 80%作为数据样本)？示例代码如下：

```
//Chapter8/8.10_test44.py
输入：import numpy as np
      def sampling(data,percent) :
          #参数 data 是待采样数据集,参数 percent 代表要采样的比例
          number = round(len(data) * percent)          #采用四舍五入法计算采集的样本数量
          dataSample = data[0:number]                  #利用切片采样
          return dataSample                            #返回采样结果
      data = np.random.random(size = (100,365))        #假设 data 是待采样数据集
      List = []                                        #定义一个空列表用来保存采样的数据
      for i in data:
          #遍历 data,将每行数据的 80 % 通过 sampling()函数取出
          #由于 sampling()函数返回的是一个 NumPy 数组,通过 list()函数先转换成列表
          List.append(list(sampling(i,0.8)))
      dataSample = np.array(List)                      #把 List 列表转换成 NumPy 数组
      print("样本形状为",dataSample.shape)

输出：样本形状为 (100, 292)
```

2）随机采样

实现表 8-13 序号 2 介绍的一维数据随机采样方式 1 的示例代码如下：

```
//Chapter8/8.10_test45.py
输入：import numpy as np
      def randomSampling(data,percent):                #自己编程实现简单采样和自助采样
          #参数 data 是待采样数据集,参数 percent 是要采样的比例
          number = round(len(data) * percent)          #采用四舍五入法计算采集的样本数量
          dataSample1 = np.zeros(number)               #定义一个数组用于保存简单采样样本
          dataSample2 = np.zeros(number)               #定义一个数组用于保存随机采样样本
          List = []                                    #定义一个空列表用于保存已经取出的下标
          #1.下面是简单采样(样本不会重复)
          for i in range(number):
              index = np.random.randint(low = 0,high = number)        #产生下标
              while (index in List):                   #如果下标已经产生,则要重新生成下标
                  index = np.random.randint(low = 0,high = number)
              List.append(index)
              dataSample1[i] = data[index]
          #2.下面是自助采样(样本可能会重复)
          for i in range(number):
              index = np.random.randint(low = 0,high = number)
              dataSample2[i] = data[index]
          return dataSample1,dataSample2               #返回采样结果
      data = np.arange(20)                             #假设 data 是待采样数据集
      dataSample1,dataSample2 = randomSampling(data,0.8)
```

```
    print("数据集：",data)
    print("简单采样：",dataSample1)
    print("自助采样：",dataSample2)

输出：数据集：[ 0 1 2 3 4 5 6 7 8 9 10 11 12 13 14 15 16 17 18 19]
    简单采样：[ 3. 9. 13. 4. 14. 12. 1. 0. 10. 6. 2. 8. 7. 11. 5. 15.]
    自助采样：[14. 15. 0. 6. 3. 4. 0. 15. 1. 12. 13. 6. 7. 8. 8. 7.]
```

实现表 8-13 序号 2 介绍的一维数据随机采样方式 2 的示例代码如下：

```
//Chapter8/8.10_test46.py
输入：import numpy as np
    def randomSampling(data,percent):               #实现简单采样和自助采样
        #参数 data 是待采样数据集,参数 percent 是要采样的比例
        number = round(len(data) * percent)         #采用四舍五入法计算采集的样本数量
        #简单采样
        dataSample1 = np.random.choice(data,size = number,replace = False)
        #自助采样
        dataSample2 = np.random.choice(data,size = number,replace = True)
        return dataSample1,dataSample2              #返回采样结果
    data = np.arange(20)                            #假设 data 是待采样数据集
    dataSample1,dataSample2 = randomSampling(data,0.8)
    print("数据集：",data)
    print("简单采样：",dataSample1)
    print("自助采样：",dataSample2)

输出：数据集：[ 0 1 2 3 4 5 6 7 8 9 10 11 12 13 14 15 16 17 18 19]
    简单采样：[ 7 17 6 11 2 13 19 5 4 10 14 1 9 18 8 16]
    自助采样：[ 8 5 13 9 0 14 18 0 17 11 9 7 3 15 14 10]
```

表 8-13 序号 2 介绍的二维数据随机采样方式 1 的实现代码与上述代码也没有什么区别，也是在调用上述代码的 randomSampling(data，percent)函数前，先执行 data.flatten()或 data.ravel()函数将 data 展开成一维，此处不作赘述。

表 8-13 序号 2 介绍的二维数据随机采样方式 2 需要结合循环使用，按行顺序每行随机采样 80%样本的示例代码如下：

```
//Chapter8/8.10_test47.py
输入：import numpy as np
    def randomSampling(data,percent):               #实现简单采样和自助采样
        #参数 data 是待采样数据集,参数 percent 代表要采样的比例
        number = round(len(data) * percent)         #采用四舍五入法计算采集的样本数量
        #下面是简单采样
        dataSample1 = np.random.choice(data,size = number,replace = False)
        #下面是自助采样
        dataSample2 = np.random.choice(data,size = number,replace = True)
        return dataSample1,dataSample2              #返回采样结果
    data = np.arange(30).reshape(3, - 1)            #假设 data 是待采样数据集
    List1 = []                                      #定义一个空列表用于保存简单采样的数据
```

```
    List2 = []          #定义一个空列表用于保存自助采样的数据
    for i in data:
        dataSample1,dataSample2 = randomSampling(i,0.8)
        List1.append(list(dataSample1))
        List2.append(list(dataSample2))
    print("数据集：\n",data)
    print("简单采样(样本不会重复)：\n",np.array(List1))
    print("自助采样(样本会重复)：\n",np.array(List2))

输出：数据集：
    [[ 0 1 2 3 4 5 6 7 8 9]
    [10 11 12 13 14 15 16 17 18 19]
    [20 21 22 23 24 25 26 27 28 29]]
    简单采样(样本不会重复)：
    [[ 8 2 5 0 7 4 6 9]
    [10 19 12 15 17 13 11 16]
    [24 25 23 20 26 22 21 28]]
    自助采样(样本会重复)：
    [[ 6 8 8 2 8 7 3 8]
    [14 11 16 18 17 10 17 17]
    [27 26 27 27 27 22 28 28]]
```

3. 数据打乱

有时数据集里的数据非常有规律，就像新买的扑克牌一样，新扑克牌是按照一定顺序进行排列的，这时候如果进行发牌则要先洗牌。对有规律的数据进行采样也是一样的，我们需要先将数据随机打乱后再进行采样，这样才可以保证数据样本的丰富性和随机性。NumPy 通过 random 模块提供的用于数据打乱(或称数据重新随机排列)的方法如表 8-14 所示。

表 8-14　用于数据打乱的方法

序号	方 法 名	详 细 说 明
1	numpy. random. shuffle(x)	将数组 x 或列表 x 随机打乱排序，无返回值，直接对 x 进行修改。若 x 为一维数据，则打乱 x 里元素的顺序；若 x 为二维数据，则只打乱 x 的行顺序，各行的内容不会发生改变，若想改变各行的内容还需要结合使用循环语句
2	numpy. random. permutation(x)	返回一个将可迭代序列 x 随机打乱排序后得到的新序列对象。若 x 为整数，如 x 为整数 n，则会打乱序列 x_1、x_2、...、x_{n-1}、x_n；若 x 为一维数据或二维数据则效果同上

(1) numpy. random. shuffle(x)的使用示例代码如下：

```
//Chapter8/8.10_test48.py
输入：import numpy as np
    data1 = np.arange(9)                    #一维数据
    data2 = np.arange(9).reshape(-1,3)      #二维数据
    print("一维数据：",data1)
    np.random.shuffle(data1)
```

```
        print("打乱一维数据：",data1)
        print("二维数据：\n",data2)
        np.random.shuffle(data2)
        print("打乱二维数据的行顺序：\n",data2)
        for i in range(len(data2)):
            np.random.shuffle(data2[i])
        print("打乱二维数据的元素顺序：\n",data2)

输出：一维数据：[0 1 2 3 4 5 6 7 8]
        打乱一维数据：[8 3 7 5 6 0 1 2 4]
        二维数据：
        [[0 1 2]
        [3 4 5]
        [6 7 8]]
        打乱二维数据的行顺序：
        [[0 1 2]
        [6 7 8]
        [3 4 5]]
        打乱二维数据的元素顺序：
        [[1 2 0]
        [8 7 6]
        [3 4 5]]
```

可能读者不太清楚将数据的行顺序打乱有什么实际应用意义，假设有这样一个场景：老师让同学们自由组队完成期末作业，每个组 3 名同学，同学们组好队后需要在课程群里的共享群表格文件中将组内同学们的信息填好，表格中的每一行即是一个组 3 名同学的信息。期末作业完成后，各组同学要进行汇报，老师随机地打乱各组同学在表格中的顺序，并将打乱后的顺序告知同学们，按随机打乱后的顺序让各组同学依次汇报。在这样一个场景下，老师随机打乱同学们的汇报顺序则是打乱数据行顺序的一个过程，同时不会改变同学们的信息。

（2）numpy.random.permutation(x)的使用示例代码如下：

```
//Chapter8/8.10_test49.py
输入：import numpy as np
        data1 = np.arange(9)                          #一维数据
        data2 = np.arange(9).reshape(-1,3)            #二维数据
        print("data1 为一维数据：",data1)
        newData1 = np.random.permutation(data1)
        print("对一维 data1 数据进行打乱：",newData1)
        print("np.random.permutation(9)效果：",np.random.permutation(9))
        print("data2 为二维数据：\n",data2)
        newData2 = np.random.permutation(data2)
        print("对二维数据 data2 的行顺序进行打乱：\n",newData2)

输出：data1 为一维数据：[0 1 2 3 4 5 6 7 8]
        对一维 data1 数据进行打乱：[1 0 7 3 2 4 5 6 8]
        np.random.permutation(9)效果：[7 8 2 3 1 0 4 5 6]
```

```
data2 为二维数据：
[[0 1 2]
[3 4 5]
[6 7 8]]
对二维数据 data2 的行顺序进行打乱：
[[3 4 5]
[6 7 8]
[0 1 2]]
```

4. 随机数种子

计算机产生的随机数是根据随机数种子按照某种算法/规律计算出来的数值，随机数种子发生变化则计算机产生的随机数也会跟着变化，随机数种子不变则计算机产生的随机数也不变。类似于某个程序以随机数种子作为输入，经过一系列处理后得到输出结果，这个输出结果就是随机数，因此如果随机数种子作为输入发生变化，则无论程序运行多少次，每次输出结果（随机数）都不一样；如果随机数种子作为输入始终不变，则无论程序运行多少次，每次输出结果（随机数）都是一样的。随机数种子可以保证每次程序运行或循环生成的随机数相同。

NumPy 通过 random 模块中的 seed(seed=None)函数设置随机数种子，如果将参数 seed（种子）设置为 None，则每次产生的随机数都会发生改变，示例代码如下：

```
//Chapter8/8.10_test50.py
输入：import numpy as np
      #每一次循环通过 np.random.seed()设置一次随机数种子
      print("生成 5 个随机数：")
      for i in range(5):
          np.random.seed()
          randomValue = np.random.random()
          print(randomValue)

输出：生成 5 个随机数：
      0.674955920712972
      0.1151375342151042
      0.6549749542350544
      0.5837019860301988
      0.8458979019024574
```

如果参数 seed 为某个整数，则会按照一定的算法/规律，根据这个随机数种子产生对应的随机数，且产生的随机数都是一样的（因为随机数种子相同），示例代码如下：

```
//Chapter8/8.10_test51.py
输入：import numpy as np
      print("生成 5 个随机数：")
      for i in range(5):
          np.random.seed(1)                      #设置随机数种子，设置 seed(1)
          randomValue = np.random.random()
          print(randomValue)
```

```
输出：生成 5 个随机数：
      0.417022004702574
      0.417022004702574
      0.417022004702574
      0.417022004702574
      0.417022004702574
```

不同随机数种子产生的随机数是不一样的，示例代码如下：

```
//Chapter8/8.10_test52.py
输入：import numpy as np
      print("设置 seed(10)产生 3 个随机数的结果：")
      for i in range(3):
          np.random.seed(10)                          #设置随机数种子 seed(10)
          randomValue = np.random.random()
          print(randomValue)
      print("设置 seed(20)产生 3 个随机数的结果：")
      for i in range(3):
          np.random.seed(20)                          #设置随机数种子 seed(20)
          randomValue = np.random.random()
          print(randomValue)

输出：设置 seed(10)产生 3 个随机数的结果：
      0.771320643266746
      0.771320643266746
      0.771320643266746
      设置 seed(20)产生 3 个随机数的结果：
      0.5881308010772742
      0.5881308010772742
      0.5881308010772742
```

对于随机数种子可以这样理解，假如有 n 副新的扑克牌，每副新扑克牌的排序相同，让一个人洗牌（可以把这个人想象成随机数种子），这个人洗牌手法是固定不变的（类似于算法是固定的），让这个人洗这 n 副新的扑克牌（根据算法产生结果），最后洗出来的 n 副扑克牌的排序都是相同的，因此让一个人（相同的随机数种子）用固定的手法（固定的算法）洗相同排序的牌，产生的排序结果（产生的随机数）都是一样的。不同的人（不同的随机数种子）用不同的手法（不同的算法）洗相同排序的牌，产生的排序结果（产生的随机数）不一样。

8.11 数组对象的常用数据统计函数

NumPy 数组对象 ndarray 的常用数据统计函数如表 8-15 所示。

表 8-15 NumPy 中常用的数据统计函数

序号	统计函数	详细说明
1	ndarray.min(axis=None,out=None)	返回数组对象 ndarray 的最小值，将参数 axis 设置为 1 代表统计数组各行的最小值，将参数设置为 0 代表统计各列的最小值，参数 out 与函数返回值维度相同，用来存储函数的返回值(注：通常情况下，NumPy 函数中的参数 axis 为 1 统计的是各行的值，为 0 统计的是各列的值，后续再碰到参数 axis 的含义，如无特别说明均不再赘述)
2	ndarray.argmin(axis=None,out=None)	未设置 axis 的默认情况下，返回数组对象 ndarray 的一维展开最小值索引
3	ndarray.max(axis=None,out=None)	返回数组对象 ndarray 的最大值
4	ndarray.argmax(axis=None,out=None)	未设置 axis 的默认情况下，返回数组对象 ndarray 的一维展开最大值索引
5	ndarray.sum(axis=None,dtype=None,out=None)	未设置 axis 的默认情况下，返回数组对象 ndarray 的所有元素和
6	ndarray.cumsum(axis=None,dtype=None,out=None)	未设置 axis 的默认情况下，返回数组对象 ndarray 的元素累加和
7	ndarray.prod(axis=None,dtype=None,out=None)	未设置 axis 的默认情况下，返回数组对象 ndarray 所有元素乘积
8	ndarray.cumprod(axis=None,dtype=None,out=None)	未设置 axis 的默认情况下，返回数组对象 ndarray 的元素累乘积
9	ndarray.mean(axis=None,dtype=None,out=None)	未设置 axis 的默认情况下，返回数组对象 ndarray 所有元素均值
10	ndarray.var(axis=None,dtype=None,out=None,ddof=0)	未设置 axis 的默认情况下，返回数组对象 ndarray 所有元素方差
11	ndarray.std(axis=None,dtype=None,out=None,ddof=0)	未设置 axis 的默认情况下，返回数组对象 ndarray 所有元素标准差
12	ndarray.all(axis=None,out=None,keepdims=False)	未设置 axis 的默认情况下，如果所有元素为 True 则返回值为 True，否则返回值为 False
13	ndarray.any(axis=None,out=None,keepdims=False)	未设置 axis 的默认情况下，只要有一个元素为 True 则返回值为 True，否则返回值为 False

部分数据统计函数的使用示例代码如下：

```
//Chapter8/8.11_test53.py
输入：import numpy as np
     data = np.arange(0,20,2).reshape(2, - 1)          #以步长为 2,创建一个值在[0,20)的数组
     print("data 的值为\n",data)
     print("统计所有元素中的最大值,data.max(): ",data.max())       #表 8-15 序号 3 函数
     print("数组 data 展开后对应的最大值索引为",data.argmax())     #表 8-15 序号 4 函数
     print("统计各行最大值,data.max(axis = 1): ",data.max(axis = 1))
     print("统计各列最大值,data.max(axis = 0): ",data.max(axis = 0))
     print("统计所有元素的和,data.sum(): ",data.sum())             #表 8-15 序号 5 函数
     print("统计所有元素的平均值,data.mean(): ",data.mean())       #表 8-15 序号 9 函数
     print("统计所有元素的方差,data.var(): ",data.var())           #表 8-15 序号 10 函数
```

```
    print("统计所有元素的标准差,data.std():",data.std())#表 8-15 序号 11 函数

输出：data 的值为
    [[ 0 2 4 6 8]
    [10 12 14 16 18]]
    统计所有元素中的最大值,data.max(): 18
    数组 data 展开后对应的最大值索引为 9
    统计各行最大值,data.max(axis = 1): [ 8 18]
    统计各列最大值,data.max(axis = 0): [10 12 14 16 18]
    统计所有元素的和,data.sum(): 90
    统计所有元素的平均值,data.mean(): 9.0
    统计所有元素的方差,data.var(): 33.0
    统计所有元素的标准差,data.std(): 5.744562646538029
```

8.12 数据处理常用操作

NumPy 及 NumPy 数组对象 ndarray 的常用处理操作如表 8-16 所示。

表 8-16 数据处理常用操作

序号	常用操作	详细说明
1	ndarray. tolist()	把 NumPy 数组对象 ndarray 转换成列表,将列表转换成数组对象 ndarray 可以用 numpy. array()函数
2	ndarray. copy()	对数组 ndarray 进行深复制(即复制),复制后的数组与原数组 ndarray 没有关系
3	numpy. nonzero(a)	获取数组对象 a 中非零元素的索引值数组,返回一个元组。假设数组对象 a 是一个二维数组,则返回的元组第 1 个元素描述的是数组对象 a 非零元素的行索引数组。第 2 个元素描述的是数组对象 a 非零元素的列索引数组
4	numpy. where(condition)	返回数组中满足条件 condition 的元素索引
5	numpy. extract(condition,arr)	返回数组 arr 中满足条件 condition 的元素值
6	numpy. sort(a, axis, kind, order=None)	返回从小到大排序数组对象 a 元素的结果。参数 axis 为 1 则按行排序,参数 axis 为 0 则按列排序;参数 kind 代表排序的算法种类,默认为快速排序 quicksort,也可以设置为归并排序 mergesort 或堆排序 heapsort;参数 order 代表按字段名排序
7	numpy. argsort(a,axis,kind, order=None)	返回从小到大排序数组对象 a 元素的索引数组。若想获得从大到小排序数组对象 a 元素的索引数组,则传入参数值−a 即可
8	numpy. lexsort(keys,axis=None)	对多个序列按某种规则排序,优先对排在后面的序列进行排序,返回对序列排序后的索引数组。这个函数在实际场景中的应用非常广泛,例如当同学们的成绩发布时,若同学们的总成绩相同,则需要按语文成绩排序,语文成绩相同则要按数学成绩排序,数学成绩相同则要按英语成绩排序

续表

序号	常用操作	详细说明
9	numpy.unique(ar,return_index=False,return_inverse=False,return_counts=False,axis=None)	返回从小到大排序后数组元素中的唯一值,即对数组排序后去除重复元素。将参数 return_index 设置为 True 则会再返回去重后的数组序列元素在原数组序列中的位置,若参数 return_inverse 为 True 则会再返回原数组序列元素在去重后的数组序列中的位置,若参数 return_counts 为 True 则会再返回唯一元素在原数组序列中出现的次数
10	numpy.nan	表示 None 值(或称空元素值、缺失值),在数据分析中,由于原始数据可能存在数据缺失或收集不完整的情况,NumPy 中把这些缺失值用 numpy.nan 表示
11	numpy.maximum(x1,x2)	将 x1 与 x2 按位比较,返回所有对应位置上的最大值
12	numpy.minimum(x1,x2)	将 x1 与 x2 按位比较,返回所有对应位置上的最小值

注意:本表序号 3、4、5、8 介绍的与筛选相关的函数和序号 6、7、8 介绍的与排序相关的函数在数据分析中相当重要,读者需重点掌握。

(1) ndarray.tolist()的使用示例代码如下:

```
//Chapter8/8.12_test54.py
输入: import numpy as np
      data = np.array([[1,3],[2, - 3]])    # 定义 NumPy 数组对象 data
      print("NumPy 数组 data: \n",data)
      print("data 的类型: ",type(data))
      data = data.tolist()                 # 使用 ndarray.tolist()把数组 data 转换成列表 data
      print("data 的类型: ",type(data))
      data = np.array(data)                # 使用 numpy.array()把列表 data 转换成 NumPy 数组 data
      print("data 的类型: ",type(data))

输出: NumPy 数组 data:
      [[ 1 3]
      [ 2 -3]]
      data 的类型: <class 'numpy.ndarray'>
      data 的类型: <class 'list'>
      data 的类型: <class 'numpy.ndarray'>
```

(2) ndarray.copy()的使用示例代码如下:

```
//Chapter8/8.12_test55.py
输入: import numpy as np
      data1 = np.arange(10).reshape(2, - 1)         # 定义 NumPy 数组对象 data
      data2 = data1.copy()
      print("原 NumPy 数组: \n",data1)
      print("复制得到的 NumPy 数组: \n",data2)
```

```
输出：原 NumPy 数组：
      [[0 1 2 3 4]
      [5 6 7 8 9]]
      复制得到的 NumPy 数组：
      [[0 1 2 3 4]
      [5 6 7 8 9]]
```

（3）numpy.nonzero(a)的使用示例代码如下：

```
//Chapter8/8.12_test56.py
输入：import numpy as np
      data = np.array([[0,1,2,0],[1,6,8,0]])
      print("NumPy 数组 data: \n",data)
      indexData = np.nonzero(data)                    #求非零元素索引位置
      print("非零元素索引位置：",indexData)
      #indexData 是一个二元组,第 1 个元素是行索引数组,第 2 个元素是列索引数组
      print("非零元素索引坐标：",end = " ")
      for i,j in zip(indexData[0],indexData[1]):
          print(f"({i},{j})",end = " ")
      #zip()函数将行索引数组与列索引数组组合起来,对 zip()函数用法若有遗忘可参考 3.4.5 节

输出：NumPy 数组 data:
      [[0 1 2 0]
      [1 6 8 0]]
      非零元素索引位置：(array([0, 0, 1, 1, 1], dtype = int64), array([1, 2, 0, 1, 2], dtype =
      int64))
      非零元素索引坐标：(0,1) (0,2) (1,0) (1,1) (1,2)
```

（4）numpy.where(condition)和 numpy.extract(condition,arr)的使用示例代码如下：

```
//Chapter8/8.12_test57.py
输入：import numpy as np
      data = np.array([[0,1,2,0],[1,6,8,0]])
      print("NumPy 数组 data: \n",data)
      indexData = np.where(data > data.mean())
      print("符合条件的数组索引为",indexData)
      dataValue = np.extract(data > data.mean(),data)
      print("符合条件的数组元素为",dataValue)

输出：NumPy 数组 data:
      [[0 1 2 0]
      [1 6 8 0]]
      符合条件的数组索引为 (array([1, 1], dtype = int64), array([1, 2], dtype = int64))
      符合条件的数组元素为 [6 8]
```

(5) numpy.sort(a, axis, kind, order=None)的使用示例代码如下：

```
//Chapter8/8.12_test58.py
输入：import numpy as np
      data1 = np.array([0,1, - 5,7,9,6,3,5])
      print("一维 NumPy 数组 data1: ",data1)
      sortData1 = np.sort(data1)
      print("data1 从小到大排序：",sortData1)
      data2 = data1.reshape( - 1,4)
      print("二维 NumPy 数组 data2: \n",data2)
      sortData2 = np.sort(data2,axis = 1)
      print("data2 按行从小到大排序：\n",sortData2)

输出：一维 NumPy 数组 data1: [ 0 1 -5 7 9 6 3 5]
      data1 从小到大排序：[-5 0 1 3 5 6 7 9]
      二维 NumPy 数组 data2:
      [[ 0 1 -5 7]
      [ 9 6 3 5]]
      data2 按行从小到大排序：
      [[-5 0 1 7]
      [ 3 5 6 9]]
```

(6) numpy.argsort(a, axis, kind, order=None)的使用示例代码如下：

```
//Chapter8/8.12_test59.py
输入：import numpy as np
      data = np.array([0,1, - 5,7,9,6,3,5])
      #1.从小到大排序
      print("未排序的一维 NumPy 数组 data1: ",data)
      indexData = np.argsort(data)              #从小到大排序,返回的是索引
      print("data 从小到大排序值对应的索引：",indexData)
      print("通过索引获取从小到大排序的 data: ",end = "")
      for index in indexData:
          print(data[index],end = " ")      #因为 argsort()返回的是索引,因此要用索引取值
      #2.从大到小排序
      indexData2 = np.argsort( - data)   #传入 - data 获取从大到小的索引数组,返回的是索引
      print("\ndata 从大到小排序值对应的索引：",indexData2)
      print("通过索引获取从大到小排序的 data: ",end = "")
      for index in indexData2:
          print(data[index],end = " ")

输出：未排序的一维 NumPy 数组 data1: [ 0 1 -5 7 9 6 3 5]
      data 从小到大排序值对应的索引：[2 0 1 6 7 5 3 4]
      通过索引获取从小到大排序的 data: -5 0 1 3 5 6 7 9
      data 从大到小排序值对应的索引：[4 3 5 7 6 1 0 2]
      通过索引获取从大到小排序的 data: 9 7 6 5 3 1 0 -5
```

(7) numpy.lexsort(keys,axis=None)的使用示例代码如下：

```
//Chapter8/8.12_test60.py
输入：import numpy as np
      sumScore = (670,590,660,660)               #总成绩
```

```
        Chinese = (120,135,110,106)                                    #语文成绩
        Math = (149,130,109,119)
        print("1.原始数据: ")
        print("(总成绩,语文,数学)")
        for index in range(len(sumScore)):                             #利用 for 循环结合索引取值
            print(f"({sumScore[index]},{Chinese[index]},{Math[index]})")
        #2.按总成绩、语文、数学的顺序从低到高排序
        print("2.总成绩相同时,按语文成绩排序,最后按数学成绩从低到高排序: ")
        sortData1 = np.lexsort((Math,Chinese,sumScore))     #返回排序后的索引
        print("(总成绩,语文,数学)")
        for index in sortData1:
            print(f"({sumScore[index]},{Chinese[index]},{Math[index]})")
        #3.按总成绩、数学、语文成绩从低到高排序
        print("3.总成绩相同时,按数学成绩排序,最后按语文成绩从低到高排序: ")
        sortData2 = np.lexsort((Chinese,Math,sumScore))     #返回排序后的索引
        print("(总成绩,语文,数学)")
        for index in sortData2:
            print(f"({sumScore[index]},{Chinese[index]},{Math[index]})")
        #读者应注意总成绩均为 660 时,两种排序方式的输出结果

输出: 1.原始数据:
      (总成绩,语文,数学)
      (670,120,149)
      (590,135,130)
      (660,110,109)
      (660,106,119)
      2.总成绩相同时,按语文成绩排序,最后按数学成绩从低到高排序:
      (总成绩,语文,数学)
      (590,135,130)
      (660,106,119)
      (660,110,109)
      (670,120,149)
      3.总成绩相同时,按数学成绩排序,最后按语文成绩从低到高排序:
      (总成绩,语文,数学)
      (590,135,130)
      (660,110,109)
      (660,106,119)
      (670,120,149)
```

(8) numpy.unique(ar,return_index=False,return_inverse=False,return_counts=False,axis=None)的使用示例代码如下:

```
//Chapter8/8.12_test61.py
输入: import numpy as np
      data = np.array([[1,2,1,3],[2,6,3,5]])
      print("NumPy 数组 data: \n",data)
      uniqueData = np.unique(data)
      print("去重并从小到大排序后的数组: ",uniqueData)
```

```
输出：NumPy数组data:
     [[1 2 1 3]
     [2 6 3 5]]
     去重并从小到大排序后的数组：[1 2 3 5 6]
```

(9) numpy.maximum(x1,x2)和numpy.minimum(x1,x2)的使用示例代码如下：

```
//Chapter8/8.12_test62.py
输入：import numpy as np
     x1 = [3,4, - 6, - 8]
     x2 = [ - 1,2,7,9]
     print(f"1.{x1}与{x2}按位比较：")
     print("按位取最大值：",np.maximum(x1,x2))
     print("按位取最小值：",np.minimum(x1,x2))
     print(f"2.{x1}与数字0按位比较：")
     print("按位取最大值：",np.maximum(x1,0))
     print("按位取最小值：",np.minimum(x1,0))

输出：1. [3, 4, -6, -8]与[ - 1, 2, 7, 9]按位比较：
     按位取最大值：[ 3 4 7 9]
     按位取最小值：[ - 1 2  - 6  - 8]
     2. [3, 4, -6, -8]与数字0按位比较：
     按位取最大值：[ 3 4 0 0]
     按位取最小值：[ 0 0  - 6  - 8]
```

8.13　数组对象的常用数学函数

3.4.1节介绍过第三方math标准函数库，NumPy中也提供了一些常用的数学函数可以直接调用，但math标准函数更多地是对单个元素进行操作，而NumPy提供的数学函数不仅可以对单个元素操作，还可以对整个数组元素统一操作。

NumPy常用的数学函数如表8-17所示。

表8-17　NumPy中常用的数学函数

序号	数学函数	详细说明(注：这里的x为单个元素或数组)
1	numpy.sqrt(x)	返回x的平方根
2	numpy.sin(x)	返回x的正弦值
3	numpy.cos(x)	返回x的余弦值
4	numpy.tan(x)	返回x的正切值
5	numpy.arcsin(x)	返回x的反正弦值
6	numpy.arccos(x)	返回x的反余弦值
7	numpy.arctan(x)	返回x的反正切值
8	numpy.abs(x)	返回x的绝对值
9	numpy.log(x)	返回以自然对数e为底、x为真数的对数值
10	numpy.log2(x)	返回以2为底、x为真数的对数值
11	numpy.log10(x)	返回以10为底、x为真数的对数值
12	numpy.exp(x)	返回自然对数e的x次幂

续表

序号	数学函数	详细说明(注：这里的 x 为单个元素或数组)
13	numpy. power(x,y)	返回 x 的 y 次幂
14	numpy. mod(x,y)	返回 x 除以 y 得到的余数,x 与 y 均为数组对象时维度要相同
15	numpy. modf(x)	将 x 的小数和整数部分通过两个新数组返回
16	numpy. square(x)	返回 x 的平方值
17	numpy. ceil(x)	返回 x 的向上取整值
18	numpy. floor(x)	返回 x 的向下取整值

以 numpy. square(x)的使用为例,示例代码如下：

```
//Chapter8/8.13_test63.py
输入: import numpy as np
      data = np.arange(10).reshape(2, -1)
      print("numpy.square(data): \n",np.square(data))          #返回 data 的平方值

输出: numpy.square(data):
      [[ 0 1 4 9 16]
      [25 36 49 64 81]]
```

8.14 NumPy 与线性代数计算

本节的内容需要读者具备一定的线性代数基础,线性代数是学习数据分析和挖掘必不可少的内容,但数据分析涉及线性代数的内容其实也不会过深或过广泛,数据分析会频繁地使用线性代数中的矩阵概念进行大规模计算以提高计算效率。NumPy 支持矩阵的基本运算,并通过自身的 linalog 库实现线性代数的逆矩阵、行列式值、特征值等复杂功能。

线性代数的常用计算方法如表 8-18 所示。

表 8-18 线性代数的相关计算方法

序号	线性代数函数	详细说明
1	numpy. dot(a,b,out=None) 效果等同于： 假设有数组对象 a 和 b a. dot(b)	进行两个矩阵间的乘法。两个矩阵相乘,第一个矩阵 a 的列数必须等于第二个矩阵 b 的行数,如 m×n 的矩阵 a 与 n×k 的矩阵 b 才能够相乘,相乘可得到一个 m×k 的新矩阵 c,矩阵 c 的第 i 行 j 列元素值等于矩阵 a 的第 i 行元素与矩阵 b 对应的第 j 列元素乘积之和
2	numpy. vdot(a,b)	进行两个向量间的点积,假设参数 a 传入值[1,2,3],参数 b 传入值[4,5,6],则点积计算结果为 1×4+2×5+3×6=32。如果参数为多维数组,则会先被展开成一维再参与计算,如果参数 a 为复数,则它的共轭复数会参与计算
3	numpy. linalg. inv(a)	返回矩阵 a 的逆矩阵 a^{-1},矩阵 a 的行列式值 $\|a\|\neq 0$。线性代数中 a 的逆矩阵定义：假设有一个 n 阶矩阵 A,若存在另一个 n 阶矩阵 B,并能够满足 AB=BA=E(E 为单位矩阵),则称矩阵 A 是可逆的且矩阵 B 是矩阵 A 的逆矩阵,记 $B=A^{-1}$,且 $\|A\|\neq 0$

续表

序号	线性代数函数	详细说明
4	numpy.linalg.det(a)	返回矩阵a的行列式值|a|
5	numpy.linalg.eig(a)	返回n×n矩阵a的特征值和特征向量组成的元组,特征值与特征向量一一对应。若存在一个n×n的矩阵A,则存在数m和一个n维非零向量x,满足Ax=mx,则称数m为矩阵A的特征值,n维非零向量x为矩阵A的特征向量
6	numpy.linalg.solve(a,b)	返回线性矩阵方程的求解结果,线性矩阵方程形如Ax=B,矩阵A作为参数值传入参数a,矩阵B作为参数值传入参数b,则函数计算结果返回x的解

(1) numpy.dot(a,b,out=None)的使用示例代码如下:

```
//Chapter8/8.14_test64.py
输入: import numpy as np
      data1 = np.arange(12).reshape(3,4)          #创建一个 3×4 的矩阵
      data2 = np.arange(12).reshape(4,3)          #创建一个 4×3 的矩阵
      print("矩阵 data1 的结果: \n",data1)
      print("矩阵 data2 的结果: \n",data2)
      print("进行矩阵乘法 np.dot(data1,data2)的结果: \n",np.dot(data1,data2))
      #np.dot(data1,data2)的效果等同于 data1.dot(data2)

输出: 矩阵 data1 的结果:
      [[ 0 1 2 3]
      [ 4 5 6 7]
      [ 8 9 10 11]]
      矩阵 data2 的结果:
      [[ 0 1 2]
      [ 3 4 5]
      [ 6 7 8]
      [ 9 10 11]]
      进行矩阵乘法 np.dot(data1,data2)的结果:
      [[ 42 48 54]
      [114 136 158]
      [186 224 262]]
```

(2) numpy.vdot(a,b)的使用示例代码如下:

```
//Chapter8/8.14_test65.py
输入: import numpy as np
      data1 = np.array([1,2,3])
      data2 = np.array([4,5,6])
      print("矩阵 data1 的结果: ",data1)
      print("矩阵 data2 的结果: ",data2)
      print("进行矩阵乘法的结果: ",np.vdot(data1,data2))

输出: 矩阵 data1 的结果: [1 2 3]
      矩阵 data2 的结果: [4 5 6]
      进行矩阵乘法的结果: 32
```

(3) numPy. linalg. inv(a)及 numPy. linalg. det(a)的使用示例代码如下：

```
//Chapter8/8.14_test66.py
输入：import numpy as np
      A = np.array([[1,2,3],[1,0, - 1],[0,1,1]])
      print("创建一个 3×3 的矩阵 A: \n",A)
      A_inv = np.linalg.inv(A)
      A_det = np.linalg.det(A)
      print("矩阵 A 的逆矩阵为\n",A_inv)
      print("矩阵 A 的行列式值为",A_det)

输出：创建一个 3×3 的矩阵 A:
      [[ 1  2  3]
      [ 1  0  -1]
      [ 0  1  1]]
      矩阵 A 的逆矩阵为
      [[0.5  0.5  -1. ]
      [ - 0.5  0.5  2. ]
      [0.5  - 0.5  -1. ]]
      矩阵 A 的行列式值为 2.0
```

(4) numpy. linalg. eig(a)的使用示例代码如下：

```
//Chapter8/8.14_test67.py
输入：import numpy as np
      A = np.array([[1,2,2],[2,1,2],[2,2,1]])
      print("创建一个 3×3 的矩阵 A: \n",A)
      A_eig = np.linalg.eig(A)
      print("矩阵 A 的特征值和特征向量为\n",A_eig)

输出：创建一个 3×3 的矩阵 A:
      [[1 2 2]
      [2 1 2]
      [2 2 1]]
      矩阵 A 的特征值和特征向量为
      (array([ - 1., 5., - 1.]), array([[ - 0.81649658, 0.57735027, 0.03478434],
                                       [ 0.40824829, 0.57735027, - 0.72385699],
                                       [ 0.40824829, 0.57735027, 0.68907264]]))
```

(5) 利用 numpy. linalg. solve(a,b)求解如下线性方程组：

$$\begin{cases} x_1 + 3x = 7 \\ 2x_1 - 3x_2 = -4 \end{cases}$$

示例代码如下：

```
//Chapter8/8.14_test68.py
输入：import numpy as np
      #本题中,AX = B,A 为二维数组,A = [[1,3],[2, - 3]],B 为一维数组,B = [7, - 4],要求解的是
      #X = [x1,x2]
```

```
        A = np.array([[1,3],[2, - 3]])                #定义 A
        B = np.array([7, - 4])                        #定义 B
        result = np.linalg.solve(A,B)                 #保存结果
        print("求解的 X 结果为",result)
        print(f"即 x1 = {result[0]};x2 = {result[1]}")

输出：求解的 X 结果为 [1. 2.]
      即 x1 = 1.0;x2 = 2.0
```

8.15 NumPy 文件和批量数据操作

1. NumPy 文件操作

不同格式的文件有不同的文件扩展名，文件扩展名标识了该文件的类型，例如 Word 文件的扩展名为.doc、记事本文件扩展名为.txt、纯文本文件扩展名为.csv。NumPy 为了支持文本和二进制数据的读取和写入，提供了专门的扩展名为.npy 和.npz 的文件格式，其中扩展名为.npy 的文件用来保存 NumPy 数组数据、数据类型等信息，扩展名为.npz 表明该文件是一个压缩文件，压缩文件中包含多个.npy 文件。

NumPy 文件操作涉及的常用方法如表 8-19 所示。

表 8-19 NumPy 文件操作涉及的常用方法

序号	操作	方 法
1	保存	numpy.save(file, arr, allow_pickle=True, fix_imports=True)
		numpy.savez(file, *args, **kwds)
		numpy.savetxt(fname, arr, fmt="%d", delimiter='')
2	读取	numpy.load(file, mmap_mode=None, allow_pickle=True, fix_imports=True, encoding="ASCII")
		numpy.loadtxt(fname, dtype="float", delimiter='')

(1) numpy.save(file,arr,allow_pickle=True,fix_imports=True)用于将数组对象 arr 保存在文件 file 中。参数 file 要指明文件名、保存的路径，并且该文件以.npy 扩展名结尾，如果用户未指明.npy 扩展名，则扩展名会被自动加上；参数 allow_pickle 的默认值为 True，代表允许使用 Python pickles(Python pickles 功能就是将对象保存在磁盘中)通过序列化或反序列化的方式保存对象数组；参数 fix_imports 提供 Python 2 读取 Python 3 保存数据的接口。示例代码如下：

```
//Chapter8/8.15_test69/8.15_test69.py
输入：import numpy as np
      data = np.arange(25).reshape( - 1,5)
      #将数组对象数据保存到当前目录下的 testFile.npy 文件中
      np.save("testFile.npy",data)
      print("保存文件成功!请前往当前目录下查看.")

输出：保存文件成功!请前往当前目录下查看.
```

当前目录下创建好的 testFile.npy 文件若直接打开会产生乱码的现象，这是因为文件内容是以 NumPy 特有的方式进行编码的，若想正确显示文件内容，则需要借助下面介绍的读取函数。

(2) numpy.load(file,mmap_mode=None,allow_pickle=True,fix_imports=True,encoding="ASCII")用于读取文件 file。参数 mmap_mode 的默认值为 None，如果不为 None 则使用给定的模式(可设置为 r+、w+、r、c)对文件进行内存映射，内存映射对于访问大文件的小片段而不将整个文件读入内存特别有用。

示例代码如下：

```
//Chapter8/8.15_test70.py
输入：import numpy as np
      #读取当前目录下的 testFile.npy 文件
      data = np.load("testFile.npy")
      print("文件 testFile.py 里的内容是：\n",data)

输出：文件 testFile.py 里的内容是：
      [[ 0  1  2  3  4]
      [ 5  6  7  8  9]
      [10  11  12  13  14]
      [15  16  17  18  19]
      [20  21  22  23  24]]
```

(3) numpy.savez(file, * args, ** kwds)用于将数组序列保存在文件 file 中。参数 args 和参数 kwds 是可变参数(可变参数可参考 4.1.3 节)，都是指要保存的数组序列，参数 args 可以传入关键字，关键字指代数组的名称，若不传入关键字则会默认地为参数 args 指代的数组序列分别取名 arr_0、arr_1、arr_2、…，参数 kwds 则必须传入关键字作为数组名称。

示例代码如下：

```
//Chapter8/8.15_test71.py
输入：import numpy as np
      #1.创建数据
      data1 = np.arange(9).reshape(-1,3)
      data2 = np.arange(4).reshape(-1,2)
      data3 = np.arange(8)
      data4 = np.arange(9)
      #2.把数组序列 data1、data2、data3、data4 保存在文件 helloPython.npz 里
      np.savez("helloPython.npz",data1,data2,key1 = data3,key2 = data4)
      #np.savez()参数 * args 对应参数值 data1、data2,参数 ** kwds 对应参数值 data3、data4
      print("1.文件保存成功!请前往当前目录下查看.")
      #3.读取文件
      data = np.load("helloPython.npz")
      print("2.文件读取成功:文件保存的各数组名称为",data.files)
      #data.files 获得 np.savez()保存数组时设置的数组名称
```

```
        for name in data.files:
            #本例中数组名称为 key1、key2、arr_0、arr_1
            #可以用 data[key1]、data[key2]、data[arr_0]、data[arr_1]访问
            print(f"名称为{name}的数组数据值为\n{data[name]}")

输出：1.文件保存成功!请前往当前目录下查看.
      2.文件读取成功:文件保存的各数组名称为 ['key1', 'key2', 'arr_0', 'arr_1']
      名称为 key1 的数组数据值为
      [0 1 2 3 4 5 6 7]
      名称为 key2 的数组数据值为
      [0 1 2 3 4 5 6 7 8]
      名称为 arr_0 的数组数据值为
      [[0 1 2]
      [3 4 5]
      [6 7 8]]
      名称为 arr_1 的数组数据值为
      [[0 1]
      [2 3]]
```

（4）numpy.savetxt(fname，arr，fmt="%d"，delimiter=' ')用于以普通文本格式将一维或二维数组对象 arr 数据保存到文件 fname 中，参数 delimiter 代表分隔符。保存好数组对象数据后使用 numpy.loadtxt(fname，dtype="float"，delimiter=' ')函数读取保存好的数据。

示例代码如下：

```
//Chapter8/8.15_test72.py
输入：import numpy as np
      data = np.arange(9).reshape(-1,3)
      np.savetxt("helloPython2.txt",data)
      #注意这里的文件是以.txt 结尾
      print("1.文件保存成功!请前往当前目录下查看.")
      readData = np.loadtxt("helloPython2.txt",dtype = 'int')
      print("2.文件读取成功,数据为")
      print(readData)

输出：1.文件保存成功!请前往当前目录下查看.
      2.文件读取成功,数据为
      [[0 1 2]
      [3 4 5]
      [6 7 8]]
```

2. 批量数据操作

有一些数据的体量非常庞大，对这样庞大的数据我们常常需要分批量进行处理，例如有 100000 个 10 行 10 列的数组矩阵（实际上可以理解为是一个 100000×10×10 的三维数组矩阵），一次性处理这 100000 条数据可能会带来不必要的麻烦，并且由于数据过多也不便于我们分析数据的变化规律，这时就可以进行数据的批量处理。

数据的批量处理过程如表 8-20 所示。

表 8-20 数据的批量处理过程

序号	过　程
1	获取数据(创建或从外部读取数据)
2	设置数据的批量大小 batchSize(每个批次处理 batchSize 个数据)
3	数据打乱(非必要操作)
4	循环批量处理

假如现有 100000 条大小为 10×10 的矩阵数据,每批次处理 1000 条数据的实现代码如下:

```
//Chapter8/8.15_test73.py
输入: import numpy as np
      import matplotlib.pyplot as plt
      #步骤 1: 获取数据(创建 100000×10×10 的三维数组矩阵)
      data = np.random.randint(low = 0,high = 1000,size = (100000,10,10))
      #步骤 2: 设置数据的批量大小 batchSize
      batchSize = 1000                               #每次处理 1000 条数据
      #步骤 3: 数据打乱(这不是必须进行的操作,因为数据本来就是随机的,具体情况具体分析)
      np.random.shuffle(data)
      #步骤 4: 循环批量处理
      #下述代码实现的是: 绘制每个批次数据的平均值变化情况,一个批次处理 batchSize 条数据
      meanValue = []                                 #定义一个空列表用于保存每个批次的平均值
      for i in range(0,len(data),batchSize):         #将循环间隔设置为 batchSize
          value = np.mean(data[i:i + batchSize])     #求每个批次的平均值
          meanValue.append(value)
      x = [i for i in range(1,len(meanValue) + 1)]   #产生横坐标
      plt.plot(x,meanValue)                          #绘制线性图
      plt.xlabel("batch")                            #设置横坐标标注
      plt.ylabel("batch - mean")                     #设置纵坐标标注
      plt.show()
```

上述代码绘制出的按批次求取数据平均值的变化情况如图 8-3 所示。

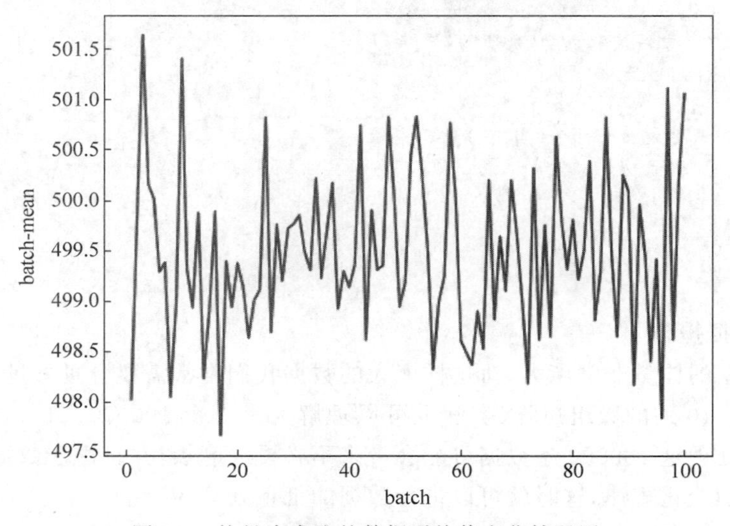

图 8-3 按批次求取的数据平均值变化情况图

由上述代码结果可以发现，将 100000 条 10×10 大小的数据划分成不同批次进行可视化处理可以帮助我们快速地发现数据变化规律，批量数据操作是对大规模数据处理的一个重要技巧，读者需认真理解并掌握。

8.16 本章小结

本章引领读者慢慢地接触庞大数据的存储和各类统计、运算等操作，让读者能够结合图像来观察数据变化规律。本章介绍的数值计算扩展库 NumPy 是数据分析的最常用工具，本章从 NumPy 库的相关概念、功能和安装方法开始介绍，让读者初步明白 NumPy 库能完成的工作有哪些，接着全面介绍了 NumPy 库数组的创建、运算、维度转换、数学函数、线性代数等重要内容，并且为读者标识出重点内容和需要注意的细节，方便读者快速高效地掌握知识，最后介绍了 NumPy 库的文件和批量数据操作，结合 Matplotlib 为读者展示批量数据操作的可视化优势。

第 9 章

结构化数据分析库

1min

本章首先从 Pandas 的两个最基本数据结构对象 Series 和 DataFrame 出发，详细介绍两者的使用方法和技巧，接着介绍 Pandas 文件处理的相关方法，以一个批量处理多个 Excel 文件数据的例子展示 Pandas 进行数据分析的强大功能和技巧，再介绍 Pandas 进行数据分组和聚合的方法，展示透视表和交叉表的使用方式，然后介绍使用 Pandas 完成数据预处理和时间序列处理的相关方法。在 9.9.5 节时间序列处理的最后一节内容中，以一道贴近真实业务场景的时间序列处理综合性例题对前面章节的知识进行总结和升华，该例题涉及前面章节的众多知识点，并且涉及前面章节知识点的内容，会为读者指出该知识点在书中出现的位置，最后介绍 Pandas 数据的可视化方法。

9.1 Pandas 简介及安装

1. Pandas 简介

第 8 章介绍的 NumPy 是数值计算扩展库，主要功能是通过 NumPy 数组对象完成数值数据间的各种计算，核心的数据结构为 NumPy 数组对象，但数据分析不仅需要完成对数据值的计算，还需要对数据的操纵和处理。

本章介绍的结构化数据分析库 Pandas 则拥有面向数据操纵和处理的核心功能模块，并且 Pandas 是基于 NumPy 库发展而来的，与 NumPy 可以友好兼容，是利用 Python 进行数据分析强大且高效的工具，读者可以将 Pandas 理解为 NumPy 的加强版。Pandas 的核心数据结构为 Series 对象和 DataFrame 对象，其中 Series 对象面向操纵和处理一维数组型数据，而 DataFrame 对象面向操纵和处理二维表格型数据。读者应记住，掌握 NumPy 的关键在于掌握 NumPy 数组对象，而掌握 Pandas 的关键在于掌握 Pandas 中的 Series 对象和 DataFrame 对象，利用 NumPy 和 Pandas 对数据进行分析处理其实都是在处理分析 NumPy 数组、Series 对象和 DataFrame 对象中保存的数据。

2. Pandas 安装

Pandas 库与 NumPy 库的安装过程一样，通过 Anaconda 方式安装 Python 会自动默认安装 Pandas 库，读者可以直接在 Python 程序中导入并使用 Pandas 库，无须进行任何安装步骤。人们在使用 import 语句导入 Pandas 库时习惯性为 Pandas 库取别名为 pd，示例代码如下：

```
import pandas as pd          #导入 pandas 库并为 pandas 库取别名为 pd
```

倘若上述导入 Pandas 库的语句运行失败，则说明 Pandas 库未成功安装，可以打开 2.2.1 节介绍的 Anaconda Prompt 应用程序，只需要在 Anaconda Prompt 应用程序的命令行窗口输入如下命令

```
pip install pandas
```

或

```
conda install pandas
```

上述命令输入完毕，按回车键即可自动开始 Pandas 库的安装。

9.2 Pandas 支持的数据类型

8.8 节介绍过 NumPy 支持的数据类型都是数值型和布尔型数据，而 Pandas 则能支持更丰富的数据类型，如表 9-1 所示。

表 9-1 Pandas 支持的数据类型

序号	类 型	详细说明
1	int	整型(包括有符号整型 int、int8、int16、int32、int64；无符号整型 uint8、uint16、unint32、uint64)
2	float	浮点型(包括 float32、float64)
3	object	字符串类型
4	bool	布尔类型
5	datetime64[ns]	日期类型
6	timedelta[ns]	时间类型，表示日期间隔

9.3 Series 对象详细讲解

与 NumPy 中的一维数组类似，Series 对象是 Pandas 专门用来存储和操作一维数组数据的结构，并且 Series 对象和 NumPy 一维数组中存储的数据均只能是相同类型，相同的数据类型使数据的整体可操作性更加高效快捷，两者不同之处在于 Series 对象的索引使用方式更加灵活，其索引不仅可以是整型(如 0、1、2)，还可以根据用户需要方便地修改成字符串等类型(类似字典的索引)。读者在学习 Series 对象的同时应注意将其与 NumPy 数组的相关内容进行对比掌握，因为 Series 对象与 NumPy 数组有非常多相似的知识点。

9.3.1 Series 对象的创建方法

Series 对象通过 Pandas 库提供的 Series()函数进行创建，Series()函数原型结构如下：

```
pandas.Series(data = None, index = None, dtype = None, name = None)
```

pandas.Series()函数执行后会返回一个数据值为 data、索引为 index、数据类型为

dtype、名为name的Series对象。参数data的默认值为None,若未给data传入参数值则会创建一个空Series对象;参数index的默认值也为None,若不指定参数index的值,则参数index默认为从0开始的序列。

根据传入pandas.Series()函数的参数data值的不同,可以将Series对象的创建方法细分为4种,如表9-2所示。

表9-2 Series对象的4种创建方法

序号	参数data传入的参数值类型	详细说明
1	传入Python列表创建Series对象	Python列表(一维列表)可以作为参数值传入Series()函数中的参数data,若要为参数index传值,也可以传入列表,注意传入参数data与参数index的列表要保持长度一致且一一对应
2	传入Python字典创建Series对象	Python字典作为参数值传入Series()函数中的参数data时,参数data只接收字典的值,字典的键会自动传入参数index作为Series对象的索引
3	传入NumPy数组创建Series对象	可以借助8.2节和8.11节介绍的各种创建NumPy数组的方法创建NumPy数组,并将其作为参数值传入Series()函数中的参数data,只要该NumPy数组是一维的,参数index也可以被传入NumPy一维数组
4	传入标量数据创建Series对象	所谓标量数据其实就是一个数值(如数字5、数字5.21),Series()函数的参数index如果为None,则创建的Series对象只存储了一个标量数据,索引0与该标量数据对应,如果不为None,则所有索引对应的值与该标量数据的值相同

(1) 传入Python列表创建Series对象的示例代码如下:

```
//Chapter9/9.3.1_test1.py
输入: import pandas as pd
      #创建Series对象data1时,若不指定索引index,则索引index默认为从0开始的序列
      data1 = pd.Series(data = [3,4])          #传入Python列表[3,4]创建Series对象data1
      print("1.不指定索引index: ")
      print("索引 数据值\n",data1)              #查看Series对象data1
      #创建Series对象data2时,将data2索引index指定为['a','b']
      data2 = pd.Series(data = [3,4],index = ['a','b'])
      print("2.指定索引index为['a','b']: ")
      print("索引 数据值\n",data2)              #查看Series对象data2

输出: 1.不指定索引index:
      索引  数据值
       0      3
       1      4
      dtype: int64
      2.指定索引index为['a','b']:
      索引  数据值
       a      3
       b      4
      dtype: int64
```

（2）传入 Python 列表创建 Series 对象的示例代码如下：

```
//Chapter9/9.3.1_test2.py
输入：import pandas as pd
     dict = {'a':3,'b':4}                    #创建一个 Python 字典
     data = pd.Series(dict)                  #传入 Python 列表[3,4,5]
     print("索引 数据值\n",data)               #查看 Series 对象 data

输出：索引   数据值
       a       3
       b       4
     dtype: int64
```

（3）传入 NumPy 数组创建 Series 对象的示例代码如下：

```
//Chapter9/9.3.1_test3.py
输入：import numpy as np
     import pandas as pd
     arr = np.random.rand(3)                          #创建一个一维 NumPy 随机数组
     #1.创建 Series 对象 data1 时,传入 NumPy 随机数组且不指定索引 index
     data1 = pd.Series(data = arr)                    #传入 NumPy 数组创建 Series 对象
     print("索引 数据值(不指定索引)\n",data1)           #查看 Series 对象 data1
     #2.创建 Series 对象 data2 时,传入 NumPy 随机数组且用 NumPy 数组指定索引 index
     data2 = pd.Series(data = arr,index = np.arange(0,9,3))
     print("索引 数据值(指定索引)\n",data2)             #查看 Series 对象 data2

输出：索引   数据值(不指定索引)
       0     0.588667
       1     0.282935
       2     0.574409
     dtype: float64
     索引   数据值(指定索引)
       0     0.588667
       3     0.282935
       6     0.574409
     dtype: float64
```

（4）传入标量数据创建 Series 对象的示例代码如下：

```
//Chapter9/9.3.1_test4.py
输入：import pandas as pd
     data1 = pd.Series(data = 5)
     print("索引 数据值\n",data1)                       #查看 Series 对象 data1
     #设置 Series 对象 data2 的索引值,传入标量 5,将索引指定为['a','b','c']
     data2 = pd.Series(data = 5,index = ['a','b','c'])
     print("索引 数据值(传入标量 5)\n",data2)            #查看 Series 对象 data2

输出：索引   数据值
       0     5
```

```
dtype: int64
索引  数据值(传入标量5)
  a    5
  b    5
  c    5
dtype: int64
```

9.3.2 Series 对象的属性

Series 对象 data 的常用属性如表 9-3 所示。

表 9-3 Series 对象的属性

序号	属 性 名	详 细 说 明
1	data. shape	Series 对象 data 的形状，即 Series 对象存储的数据值维度
2	data. values	Series 对象 data 的数据值
3	data. index	Series 对象 data 的索引
4	data. dtype	Series 对象 data 存储的数据类型
5	data. name	Series 对象 data 的数据值名称
6	data. index. name	Series 对象 data 的索引名称

(1) data. shape、data. values、data. index、data. dtype 的使用示例代码如下：

```
//Chapter9/9.3.2_test5.py
输入: import pandas as pd                          #为 Pandas 库取别名为 pd
      import numpy as np                           #为 NumPy 库取别名为 np
      data = pd.Series(data = np.arange(5))        #使用 NumPy 数组创建 Series 对象
      print("索引 数据值\n",data)
      print("形状,data.shape: ",data.shape)
      print("数据值,data.values: ",data.values)
      print("索引,data.index: ",data.index)
      print("数据类型,data.dtype: ",data.dtype)

输出: 索引  数据值
        0    0
        1    1
        2    2
        3    3
        4    4
      dtype: int32
      形状,data.shape: (5,)
      数据值,data.values: [0 1 2 3 4]
      索引,data.index: RangeIndex(start = 0, stop = 5, step = 1)
      数据类型,data.dtype: int32
```

(2) 读者可能会对 data. name(数据值名称)、data. index. name(索引名称)这两个属性感到比较陌生，因为前面章节介绍的 Python 和 NumPy 知识内容里，从来没有涉及给数据值和索引定义名称这样的概念和操作，都是直接对数据进行定义、操纵和存储的。实际上，平常我们在使用各类表格(如Excel表格)时,表格中的数据通常都会定义一个表头(表头即为数据值取的名称)来描述这一列(或这一行)数据,data.name和data.index.name属性其实就是指数据的表头,它们的使用示例代码如下:

```
//Chapter9/9.3.2_test6.py
输入: import pandas as pd
      import numpy as np
      data = pd.Series(data = [7,8],name = 'table1')   #将Series对象的名称设置为"table1"
      print("索引 数据值\n",data)
      print("查看Series对象的数据值名称: ",data.name)
      data.index.name = 'indexTable1'                  #将Series对象的索引名称设置为"indexTable1"
      print("查看Series对象的索引名称: ",data.index.name)
      data.name = 'Table'                              #将Series对象的名称修改为"Table"
      print("查看Series对象的数据值新名称: ",data.name)

输出: 索引  数据值
        0    7
        1    8
      Name: table1, dtype: int64
      查看Series对象的数据值名称: table1
      查看Series对象的索引名称: indexTable1
      查看Series对象的数据值新名称: Table
```

上述代码最终创建的Series对象数据值名称(数据值表头)为Table,索引名称(索引表头)为indexTable1,该Series对象的结构如图9-1所示。

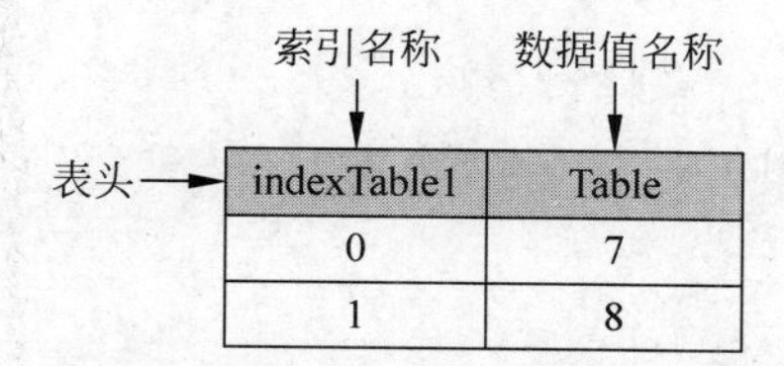

图9-1 带表头的Series对象结构示例

9.3.3 Series对象的取值

本节介绍5种Series对象的数据取值方式,如表9-4所示。

表9-4 Series对象的数据取值方式概述

序号	取值方式	详细说明
1	索引取值	语法格式为"Series对象名[索引]",只能取出索引对应的单个数值
2	索引列表取值	语法格式为"Series对象名[索引列表]",能取出索引列表元素对应的多个数据值。NumPy数组的索引列表取值只取出索引列表元素对应的多个数组数据值,但Series对象的索引列表取值不仅会取出数据值,还会返回对应的索引,相当于将Series对象进行了拆分

续表

序号	取值方式	详细说明
3	切片取值	语法格式为"Series 对象名[a:b:c]",能一次性取出一个或多个数据值。与前面章节介绍过的切片取值方式不同之处在于:由于创建 Series 对象时设置的索引不一定是整数,还可能是字符串,因此 Series 对象切片取值语法格式中的 a、b 也可以为字符串,并且同样会将索引和数据值一起取出,相当于将 Series 对象进行了拆分
4	布尔取值	语法格式为"Series 对象名[布尔表达式]",用于数据筛选,返回满足布尔条件的 Series 对象数据值及对应的索引
5	迭代取值	可以直接通过循环语句(如 for 循环语句)逐一迭代访问 Series 对象里的元素
		可以通过 Series 对象中的 iteritems()函数对 Series 对象中的元素进行迭代,结合循环语句可以逐一取出 Series 对象中的数据值。Series 对象中的 iteritems()函数会返回 Series 对象的索引和索引对应数据值组成的元组序列对

表 9-4 介绍的 Series 对象 5 种取值方式的语法格式与 8.4 节介绍的 NumPy 数组取值方式区别不大,读者应注意与 NumPy 数组取值方式进行对比学习,相信读者能够举一反三,快速掌握 Series 对象的数据取值方式。

1. 索引取值

Series 对象的索引取值语法格式为"Series 对象名[索引]",索引即为通过 pandas.Series()函数创建 Series 对象时传入参数 index 的值,默认的索引为从 0 开始的序列,示例代码如下:

```
//Chapter9/9.3.3_test7.py
输入: import pandas as pd
      #Series 对象 data1 创建时,若不设置索引值,则索引为从 0 开始的序列
      data1 = pd.Series(data = ['a','b'])                #使用列表创建 Series 对象 data1
      print("1.不设置索引值,索引取值方式:")
      print("data1[0]: ",data1[0])                       #data1 索引 0 对应的元素值
      print("data1[1]: ",data1[1])                       #data1 索引 1 对应的元素值
      #Series 对象 data2 创建时,将索引值设置为['index1','index2'],类似字典一样使用
      data2 = pd.Series(data = ['a','b'],index = ['index1','index2'])
      print("2.设置索引值,索引取值方式:")
      print("data2['index1']: ",data2['index1'])         #data2 索引 index1 对应的元素值
      print("data2['index2']: ",data2['index2'])         #data2 索引 index2 对应的元素值

输出: 1.不设置索引值,索引取值方式:
      data1[0]: a
      data1[1]: b
      2.设置索引值,索引取值方式:
      data2['index1']: a
      data2['index2']: b
```

值得注意的是,即使通过 pandas.Series()函数创建 Series 对象时设置了参数 index 索引,Series 对象还可以使用行号取值,行号为从 0 开始的序列,0 对应第 1 个 Series 对象元素。有时参数 index 索引与行号序列是一样的,都是从 0 开始的序列,此时两者使用方式没

有区别，不用加以区分，如果参数 index 索引与行号序列不一样时，则需要加以区分，示例代码如下：

```
//Chapter9/9.3.3_test8.py
输入: import pandas as pd
      #将 Series 对象 data 的索引值设置为['index1','index2'],类似字典一样使用
      data = pd.Series(data = ['a','b'],index = ['index1','index2'])
      print("1.利用设置的 index 索引进行取值: ")
      print("data['index1']: ",data['index1'])
      print("data['index2']: ",data['index2'])
      print("2.利用从 0 开始的行号进行取值: ")
      print("data[0]: ",data[0])      #即使 data 设置了索引值,仍然可用从 0 开始的行号取值
      print("data[1]: ",data[1])
      #data['index1']与 data[0]效果等同,data['index2']与 data[1]效果等同

输出: 1.利用设置的 index 索引进行取值:
      data['index1']: a
      data['index2']: b
      2.利用从 0 开始的行号进行取值:
      data[0]: a
      data[1]: b
```

2. 索引列表取值

Series 对象的索引列表取值语法格式为"Series 对象名[索引列表]"，相当于以索引列表对 Series 对象进行了拆分，会返回索引列表和索引列表元素对应的元素值，示例代码如下：

```
//Chapter9/9.3.3_test9.py
输入: import pandas as pd
      data = pd.Series(data = ['h','e','l','l','o'])
      print("1.Series 对应 data: \n",data)
      indexData = data[[0,2,4]]          #使用索引列表取值,取出索引 0、2、4 对应的值
      print("2.使用索引列表 data[[0,2,4]]取值: \n",indexData)
      #注意,索引列表 data[[0,2,4]]会将索引和值一起返回,相当于对 data 拆分

输出: 1.Series 对应 data:
      0    h
      1    e
      2    l
      3    l
      4    o
      dtype: object
      2.使用索引列表 data[[0,2,4]]取值:
      0    h
      2    l
      4    o
      dtype: object
```

3. 切片取值

Series 对象的切片取值语法格式为"Series 对象名[a:b:c]",其中 a、b 可以为整数或字符串,c 为步长,创建 Series 对象时设置的索引可能是整数,也可能是字符串,最后会返回切片的索引和索引对应的数据值,示例代码如下:

```
//Chapter9/9.3.3_test10.py
输入: import pandas as pd
      data = pd.Series(data = [1,2,3,4],index = ['a','b','c','d'])
      print("Series 对应 data: \n",data)
      #1.使用字符串切片取值,以步长为 2 取出 indexData 从索引 a 到索引 d 对应的数据值
      indexData = data['a':'d':2]             #字符串切片取值
      print("使用切片取值 data['a':'d':2]: \n",indexData)
      #2.不使用字符串切片取值,以步长为 2 取出 indexData 从索引 a 到索引 d 对应的数据值
      indexData = data[0:4:2]                 #切片取值,注意 0:4 是左闭右开,即[0,4)
      print("使用切片取值 data[0:4:2]: \n",indexData)

输出: Series 对应 data:
      a    1
      b    2
      c    3
      d    4
      dtype: int64
      使用切片取值 data['a':'d':2]:
      a    1
      c    3
      dtype: int64
      使用切片取值 data[0:4:2]:
      a    1
      c    3
      dtype: int64
```

4. 布尔取值

Series 对象的布尔取值语法格式为"Series 对象名[布尔表达式]",返回满足布尔条件的 Series 对象数据值及对应的索引,示例代码如下:

```
//Chapter9/9.3.3_test11.py
输入: import pandas as pd
      data = pd.Series(data = [1,2,3,4],index = ['a','b','c','d'])
      print("Series 对应 data: \n",data)
      indexData = data[data < 3]                #使用布尔取值,选择出小于 3 的数据值
      print("data[data < 3]: \n",indexData)

输出: Series 对应 data:
      a    1
      b    2
      c    3
      d    4
      dtype: int64
```

```
data[data<3]:
a    1
b    2
dtype: int64
```

5. 迭代取值

(1) 直接通过循环语句逐一迭代取出 Series 对象里的数据,示例代码如下:

```
//Chapter9/9.3.3_test12.py
输入: import pandas as pd
      data = pd.Series(data = [1,2,3,4],index = ['a','b','c','d'])
      #使用循环语句直接访问 Series 对象的值,但这种方式不能访问 Series 对象的索引
      for i in data:
          print(i," ",end = "")                    #end = ""让 print()函数不换行

输出: 1 2 3 4
```

(2) 结合循环语句和 Series 对象中的 iteritems()函数逐一迭代取出索引和数据值,示例代码如下:

```
//Chapter9/9.3.3_test13.py
输入: import pandas as pd
      data = pd.Series(data = [1,2,3,4],index = ['a','b','c','d'])
      #使用循环逐一访问数据索引和元素
      print("第一种结合 for 循环访问方式: ")
      for tup in data.iteritems():
          print(tup)                  #tup 是一个元组,tup[0]指的是索引,tup[1]指的是数据值
      #因为 data.iteritems()返回的是元组,因此循环可以写成如下形式
      print("第二种结合 for 循环访问方式: ")
      for (index,value) in data.iteritems():
          print(f"索引为{index},值为{value}")

输出: 第一种结合 for 循环访问方式:
      ('a', 1)
      ('b', 2)
      ('c', 3)
      ('d', 4)
      第二种结合 for 循环访问方式:
      索引为 a,值为 1
      索引为 b,值为 2
      索引为 c,值为 3
      索引为 d,值为 4
```

9.3.4 Series 对象的更新

Series 对象的更新操作包括添加、删除、修改,使用方式如表 9-5 所示。

表 9-5 Series 对象的更新操作

序号	更新操作	详细说明
1	添加	使用 Series 对象的 append()函数
		直接使用赋值操作
2	删除	使用 del 语句
		使用 Series 对象的 drop()函数
		使用布尔取值保留满足一定条件的数据值，达到删除不满足条件 Series 对象元素的目的
3	修改	直接使用赋值操作

1. Series 对象的数据添加

Series 对象的数据添加操作涉及 Series 对象的 append()函数，也可以直接使用赋值语句。

1）使用 Series 对象的 append()函数添加 Series 对象的数据

Series 对象的 append()函数用于往 Series 对象的末尾添加 other 对象元素，并返回添加新元素后的 Series 对象，Series 对象的 append()部分参数函数原型如下：

```
append(other, ignore_index = False, verify_integrity = False)
```

上述 append()函数列举的各参数含义如表 9-6 所示。

表 9-6 append()函数各参数含义

序号	参数名称	详细说明
1	other	表示要添加的对象
2	ignore_index	默认值为 False，当其值为 True 时表示忽略（不使用）other 对象设置的 index 索引，该参数使用效果将在后文进行详细介绍
3	verify_integrity	默认值为 False，当其值为 True 时若设置的 index 索引相同，则会抛出 ValueError 错误异常

Series 对象的 append()函数使用示例代码如下：

```
//Chapter9/9.3.4_test14.py
输入: import pandas as pd
      data1 = pd.Series([1,2])                        #创建一个 Series 对象 data1
      print("1.初始的 Series 对象 data1: \n",data1)
      data2 = data1.append(pd.Series([3,4]))          #调用 append()函数为 data1 添加[3,4]
      print("2.添加新元素后的 Series 对象 data2: \n",data2)
      #输出结果的第 1 列为索引,第 2 列为索引对应的值

输出: 1.初始的 Series 对象 data1:
      0    1
      1    2
      dtype: int64
      2.添加新元素后的 Series 对象 data2:
      0    1
```

```
1    2
0    3
1    4
dtype: int64
```

上述代码的结果其实非常不理想，尽管成功地添加了新元素[3,4]，但是新元素[3,4]对应的索引却是从0开始的序列，这就造成添加新元素后的Series对象data2的索引序列为0、1、0、1，索引序列变得非常混乱，这显然不是我们想要的结果。我们希望添加新元素后的索引序列与原索引序列组成0、1、2、3这样的有序序列，这时候就应该将append()函数的参数ignore_index设置为True，示例代码如下：

```
//Chapter9/9.3.4_test15.py
输入: import pandas as pd
      data1 = pd.Series([1,2])                    #创建一个Series对象data1
      print("1.初始的Series对象data1: \n",data1)
      #为data1添加元素时，将append()函数参数ignore_index设置为True
      data2 = data1.append(pd.Series([3,4]),ignore_index = True)
      print("2.添加新元素后的Series对象data2: \n",data2)
      #输出结果的第1列为索引，第2列为索引对应的值

输出: 1.初始的Series对象data1:
      0    1
      1    2
      dtype: int64
      2.添加新元素后的Series对象data2:
      0    1
      1    2
      2    3
      3    4
      dtype: int64
```

2）使用赋值语句添加Series对象的数据

示例代码如下：

```
//Chapter9/9.3.4_test16.py
输入: import pandas as pd
      data = pd.Series([1,2])                     #创建一个Series对象data
      print("1.初始的Series对象data: \n",data)
      data[2] = 3                                 #使用赋值语句添加数据
      data[3] = 4
      print("2.添加新元素后的Series对象data: \n",data)
      #输出结果的第1列为索引，第2列为索引对应的值

输出: 1.初始的Series对象data:
      0    1
      1    2
      dtype: int64
```

```
2.添加新元素后的 Series 对象 data:
0    1
1    2
2    3
3    4
dtype: int64
```

2. Series 对象的数据删除

Series 对象的数据删除可以使用 del 语句或 Series 对象的 drop()函数或布尔取值的方式进行。

1) del 语句删除 Series 对象的数据

示例代码如下：

```
//Chapter9/9.3.4_test17.py
输入: import pandas as pd
      data = pd.Series([1,2])                         #创建一个 Series 对象 data
      print("1.初始的 Series 对象 data: \n",data)
      del data[0]
      print("2.删除索引 0 对应的 Series 对象元素: \n",data)
      #输出结果的第 1 列为索引,第 2 列为索引对应的值

输出: 1.初始的 Series 对象 data:
      0    1
      1    2
      dtype: int64
      2.删除索引 0 对应的 Series 对象元素:
      1    2
      dtype: int64
```

2) 使用 Series 对象的 drop()函数删除 Series 对象的数据

Series 对象的 drop()部分参数函数原型如下：

```
drop(labels = None, axis = 0, index = None, columns = None, level = None, inplace = False)
```

Series 对象的 drop()函数用于删除指定索引对应的数据，在 9.4 节介绍的 DataFrame 中会更详细介绍 drop()函数，因为在实际任务中碰到删除 Series 对象元素的情况非常少，此处不作详述，示例代码如下：

```
//Chapter9/9.3.4_test18.py
输入: import pandas as pd
      data = pd.Series([1,2,3,4,5])                   #创建一个 Series 对象 data
      print("1.初始的 Series 对象 data: \n",data)
      data = data.drop(labels = 0)
      print("2.删除索引 0 对应的 Series 对象元素: \n",data)
      data = data.drop(labels = [2,4])
      print("3.删除索引 2 和 4 对应的 Series 对象元素: \n",data)
```

```
    #输出结果的第1列为索引,第2列为索引对应的值

输出: 1.初始的 Series 对象 data:
    0    1
    1    2
    2    3
    3    4
    4    5
    dtype: int64
    2.删除索引0对应的 Series 对象元素:
    1    2
    2    3
    3    4
    4    5
    dtype: int64
    3.删除索引2和4对应的 Series 对象元素:
    1    2
    3    4
    dtype: int64
```

前面介绍的 del 语句和 Series 对象的 drop()函数都通过索引来删除 Series 对象元素,布尔取值则是通过筛选满足一定条件的数据值达到删除 Series 对象元素的目的。删除不满足某种条件的数据元素反过来理解即为保留满足该条件的数据元素,通过布尔取值删除元素大于10的示例代码如下:

```
//Chapter9/9.3.4_test19.py
输入: import pandas as pd
    data = pd.Series([11,21,3,24,9])          #创建一个 Series 对象 data
    print("1.初始的 Series 对象 data: \n",data)
    data = data[data <= 10]      #要删除大于10的元素,即为筛选保留小于或等于10的元素
    print("2.删除元素值大于10的 Series 对象元素: \n",data)
    #输出结果的第1列为索引,第2列为索引对应的值

输出: 1.初始的 Series 对象 data:
    0    11
    1    21
    2     3
    3    24
    4     9
    dtype: int64
    2.删除元素值大于10的 Series 对象元素:
    2    3
    4    9
    dtype: int64
```

3. Series 对象的数据修改

Series 对象的数据修改可直接通过赋值语句完成,示例代码如下:

```
//Chapter9/9.3.4_test20.py
输入: import pandas as pd
      data = pd.Series([11,21,3,])                # 创建一个 Series 对象 data
      print("1.初始的 Series 对象 data: \n",data)
      data[2] = 1000                              # 将索引 2 对应的元素值修改为 1000
      print("2.将索引 2 对应的元素值修改为 1000 后的 Series 对象元素: \n",data)
      # 输出结果的第 1 列为索引,第 2 列为索引对应的值

输出: 1.初始的 Series 对象 data:
      0    11
      1    21
      2     3
      dtype: int64
      2.将索引 2 对应的元素值修改为 1000 后的 Series 对象元素:
      0      11
      1      21
      2    1000
      dtype: int64
```

9.3.5 Series 对象的基本运算

Series 对象的基本运算方法如表 9-7 所示。

表 9-7 Series 对象的基本运算方法

序号	方　法	详细说明
1	+或 data1.add(data2)	将两个长度和索引相同的 Series 对象 data1 和 data2 元素值相加
2	-或 data1.sub(data2)	将两个长度和索引相同的 Series 对象 data1 和 data2 元素值相减
3	*或 data1.mul(data2)	将两个长度和索引相同的 Series 对象 data1 和 data2 元素值相乘
4	/或 data1.div(data2)	将两个长度和索引相同的 Series 对象 data1 和 data2 元素值相除，data1 里的元素为被除数，data2 里的元素为除数，注意除数 data2 里的元素不能为 0

加法运算方法的使用示例代码如下：

```
//Chapter9/9.3.5_test21.py
输入: import pandas as pd
      data1 = pd.Series([2,4,6])
      data2 = pd.Series([1,2,3])
      print("1.data1 + data2: \n",data1 + data2)          # 加
      print("2.data1.add(data2): \n",data1.add(data2))
      # 输出结果的第 1 列为索引,第 2 列为索引对应的值

输出: 1. data1 + data2:
      0    3
      1    6
      2    9
      dtype: int64
```

```
2. data1.add(data2):
0    3
1    6
2    9
dtype: int64
```

两个 Series 对象运算必须注意的是保证它们的索引相同。如果两个 Series 对象的索引不相同，则相运算结果会出现空值，这一点与 8.7 节介绍的 NumPy 数组对象基本运算机制有很大的差异，两个 NumPy 数组对象相运算，维度小的数组会自动将维度进行扩展成较大数组的维度（广播机制）参与运算，因此两个维度不同（或称索引不同）的 NumPy 数组对象相运算不会出现空值。两个索引不相同的 Series 对象相加产生空值效果的示例代码如下：

```
//Chapter9/9.3.5_test22.py
输入：import pandas as pd
      data1 = pd.Series([2,4,6],index = [0,1,2])  #将 data1 的索引设置为 0、1、2
      data2 = pd.Series([1,2,3],index = [3,4,5])  #将 data2 的索引设置为 3、4、5
      print("1.data1: \n",data1)
      print("2.data2: \n",data2)
      print("3.data1 + data2: \n",data1 + data2)   #对索引不同的两个 Series 对象做加法运算
      #输出结果的第 1 列为索引，第 2 列为索引对应的值

输出：1. data1:
      0    2
      1    4
      2    6
      dtype: int64
      2. data2:
      3    1
      4    2
      5    3
      dtype: int64
      3. data1 + data2:
      0    NaN
      1    NaN
      2    NaN
      3    NaN
      4    NaN
      5    NaN
      dtype: float64
```

如果参与运算的两个对象中，一个是 Series 对象，另一个是标量数字，则这个标量数字会和 Series 对象里的每个元素进行运算。

9.3.6 Series 对象的统计函数

Series 对象的常用数据统计函数如表 9-8 所示。

表 9-8 Series 对象的常用数据统计函数

序号	统计函数	详细说明(假设 data 为 Series 对象)
1	data.sum()	返回 Series 对象 data 的所有元素之和
2	data.mean()	返回 Series 对象 data 的所有元素平均值
3	data.max()	返回 Series 对象 data 的最大元素值
4	data.argmax()	返回 Series 对象 data 的最大元素值对应的索引
5	data.min()	返回 Series 对象 data 的最小元素值
6	data.argmin()	返回 Series 对象 data 的最小元素值对应的索引
7	data.prod()	返回 Series 对象 data 的所有元素之积
8	data.cumsum()	返回 Series 对象 data 的元素累加之和
9	data.cummax()	返回 Series 对象 data 的累最大元素值
10	data.cummin()	返回 Series 对象 data 的累最小元素值
11	data.cumprod()	返回 Series 对象 data 的元素累乘之积
12	data.var()	返回 Series 对象 data 的方差,用于描述数据的离散程度
13	data.std()	返回 Series 对象 data 的元素标准差,标准差是方差的开方
14	data.sem()	返回 Series 对象 data 的元素标准误差,标准误差用来衡量观测值同真值之间的偏差
15	data.mode()	返回由 Series 对象 data 所有众数组成的新序列
16	data.median()	返回 Series 对象 data 的元素中位数
17	data.skew()	返回 Series 对象 data 的元素偏度,偏度描述数据的不对称程度。当偏度值大于 0 时,数据右端有较多极端数值,形态右偏;当偏度值小于 0 时,数据左端有较多极端数值,形态左偏;当偏度值等于 0 时,分布形态与正态分布的偏度相同。偏度的绝对值越大,则分布形态偏移的程度越大
18	data.kurt()	返回 Series 对象 data 的元素峰度,峰度描述数据分布形态顶部的陡峭程度。当峰度值大于 0 时,数据分布形态顶部比正态分布的顶部更陡峭,称为尖顶峰;当峰度值小于 0 时,数据分布形态顶部比正态分布的顶部更平缓,称为平顶峰;当峰度值为 0 时,数据分布形态顶部与正态分布相同
19	data.count()	返回 Series 对象 data 的非空值数量,由于现实中的数据容易缺失,缺失值采用 8.13 节介绍的 numpy.nan 表示
20	data.abs()	返回对 Series 对象 data 元素取绝对值后的新对象
21	data1.corr(data2)	返回 Series 对象 data1 与 data2 的元素相关系数。相关系数用来判断 data1 与 data2 的元素是否具有线性关系,线性关系越强,返回的相关系数越接近 1,否则越接近 0
22	data1.cov(data2)	返回 Series 对象 data1 与 data2 的元素协方差。协方差用来刻画 data1 与 data2 的元素总体误差,若协方差为正,则说明元素正相关;若协方差为负,则说明元素负相关
23	data.quantile()	返回 Series 对象 data 的元素分位数,分位数是统计学的概念,指将一个随机变量的概率分布范围划分为几个相等份的数值点,常用的有二分位数(中位数)、四分位数、百分位数等,读者若需要使用元素分位数则可以自行查阅统计学相关知识
24	data.describe()	返回 Series 对象 data 的一系列统计信息,如平均值、最大值、最小值等

(1) Series 对象的 sum()函数使用示例代码如下：

```
//Chapter9/9.3.6_test23.py
输入：import pandas as pd
      import numpy as np
      #利用 Series 对象的 sum()函数求 1+2+3+... +99+100 的值
      data = pd.Series(np.arange(1,101))          #创建元素值范围为[1,100]的 Series 对象
      sumData = data.sum()                         #求总和
      print("总和为",sumData)

输出：总和为 5050
```

(2) Series 对象的 mean()函数使用示例代码如下：

```
//Chapter9/9.3.6_test24.py
输入：import pandas as pd
      import numpy as np
      #利用 Series 对象的 mean()函数求(1+2+3+... +99+100)/100 的值
      data = pd.Series(np.arange(1,101))          #创建元素值范围为[1,100]的 Series 对象
      meanData = data.mean()                       #求平均值
      print("平均值为",meanData)

输出：平均值为 50.5
```

(3) Series 对象的 max()、argmax()、min()和 argmin()函数使用示例代码如下：

```
//Chapter9/9.3.6_test25.py
输入：import pandas as pd
      import numpy as np
      data = pd.Series(np.arange(1,101))          #创建元素值范围为[1,100]的 Series 对象
      maxData = data.max()                         #求最大值
      argmaxData = data.argmax()                   #求最大值对应的索引
      minData = data.min()                         #求最小值
      argminData = data.argmin()                   #求最小值对应的索引
      print(f"最大值为{maxData},最大值对应的索引为{argmaxData}")
      print(f"最小值为{minData},最小值对应的索引为{argminData}")

输出：最大值为 100,最大值对应的索引为 99
      最小值为 1,最小值对应的索引为 0
```

(4) Series 对象的 prod()函数使用示例代码如下：

```
//Chapter9/9.3.6_test26.py
输入：import pandas as pd
      import numpy as np
      #利用 Series 对象的 sum()函数求 1×2×3×... ×9×10 的值
      data = pd.Series(np.arange(1,11))           #创建元素值范围为[1,10]的 Series 对象
      prodData = data.prod()                       #求乘积
      print("乘积为",prodData)

输出：乘积为 3628800
```

(5) Series 对象的 cumsum()、cummax()、cummin()和 cumprod()函数使用示例代码如下：

```
//Chapter9/9.3.6_test27.py
输入：import pandas as pd
      import numpy as np
      data = pd.Series([11,21,32])                #创建元素值为[11,21,32]的 Series 对象
      cumSumData = data.cumsum()                  #求累加和
      cumMaxData = data.cummax()                  #求累最大值
      cumMinData = data.cummin()                  #求累最小值
      cumProdData = data.cumprod()                #求累乘积
      print("累加和为\n",cumSumData)
      print("累最大值为\n",cumMaxData)
      print("累最小值为\n",cumMinData)
      print("累乘积为\n",cumProdData)

输出：累加和为
      0     11
      1     32
      2     64
      dtype: int64
      累最大值为
      0     11
      1     21
      2     32
      dtype: int64
      累最小值为
      0     11
      1     11
      2     11
      dtype: int64
      累乘积为
      0     11
      1     231
      2     7392
      dtype: int64
```

(6) Series 对象的 var()、std()和 sem()函数使用示例代码如下：

```
//Chapter9/9.3.6_test28.py
输入：import pandas as pd
      data = pd.Series([1,1,1,2,1,0])
      varData = data.var()                        #方差
      stdData = data.std()                        #标准差
      semData = data.sem()                        #标准误差
      print("方差为",varData)
      print("标准差为",stdData)
      print("标准误差为",semData)
```

```
输出：方差为 0.4
      标准差为 0.6324555320336759
      标准误差为 0.25819888974716115
```

(7) Series 对象的 mod()、median()函数使用示例代码如下：

```
//Chapter9/9.3.6_test29.py
输入：import pandas as pd
      #创建元素值为[1,1,1,1,4,2,3,2,2,2]的 Series 对象
      data = pd.Series([1,1,1,1,4,2,3,2,2,2])
      modeData = data.mode()                          #众数
      medianData = data.median()                      #中位数
      #data.mode()函数返回所有众数组成的新序列 modeData,新序列索引从 0 开始
      #对 modeData 使用 9.2.3 节介绍的循环取值
      for (i,j) in modeData.iteritems():              #iteritems()返回一个元组
          print(f"第{i+1}个众数为{j}")
      print("中位数为",medianData)

输出：第 1 个众数为 1
      第 2 个众数为 2
      中位数为 2.0
```

(8) Series 对象的 skew()和 kurt()函数使用示例代码如下：

```
//Chapter9/9.3.6_test30.py
输入：import pandas as pd
      data = pd.Series([1,1,1,1,0,2,0,2,2,2])
      skewData = data.skew()                          #偏度
      kurtData = data.kurt()                          #峰度
      print("偏度为",skewData)
      print("峰度为",kurtData)

输出：偏态为 -0.40748508710124876
      峰态为 -1.0741618075801762
```

(9) Series 对象的 count()和 abs()函数使用示例代码如下：

```
//Chapter9/9.3.6_test31.py
输入：import pandas as pd
      import numpy as np
      data1 = pd.Series([-1,1,-1])                    #data1 中无空值
      data2 = pd.Series([1,np.nan,1,np.nan])          #data2 中有空值
      data1Count = data1.count()                      #统计 data1 非空值数量
      data2Count = data2.count()                      #统计 data2 非空值数量
      absData = data1.abs()                           #data1 的绝对值
      print("data1 的元素数量：",len(data1))
      print("data1 的非空值数量：",data1Count)
      print("data1 的空值数量：",len(data1) - data1Count)
      print("data2 的元素数量：",len(data2))
```

```
      print("data2 的非空值数量: ",data2Count)
      print("data2 的空值数量: ",len(data2) - data2Count)
      print("data1 的值: \n",data1)
      print("data1 的绝对值: \n",absData)

输出: data1 的元素数量: 3
      data1 的非空值数量: 3
      data1 的空值数量: 0
      data2 的元素数量: 4
      data2 的非空值数量: 2
      data2 的空值数量: 2
      data1 的值:
      0    -1
      1     1
      2    -1
      dtype: int64
      data1 的绝对值:
      0    1
      1    1
      2    1
      dtype: int64
```

(10) Series 对象的 corr()和 cov()函数使用示例代码如下:

```
//Chapter9/9.3.6_test32.py
输入: import pandas as pd
      data1 = pd.Series([1,2,3,4,5])
      data2 = pd.Series([2,7,5,8,10])
      corrData = data1.corr(data2)                       #相关系数
      covData = data2.cov(data2)                         #协方差
      print("data1 与 data2 的相关系数: ",corrData)
      print("data1 与 data2 的协方差: ",covData)

输出: data1 与 data2 的相关系数: 0.8814089405208613
      data1 与 data2 的协方差: 9.3
```

(11) Series 对象的 quantile()函数使用示例代码如下:

```
//Chapter9/9.3.6_test33.py
输入: import pandas as pd
      data = pd.Series([1,2,3,4,6])
      quantileData = data.quantile()                     #分位数
      quantileData1 = data.quantile(0.25)                #第一四分位数
      quantileData2 = data.quantile(0.5)                 #第二四分位数
      quantileData3 = data.quantile(0.75)                #第三四分位数
      print("二分位数: ",quantileData)
      print("第一四分位数: ",quantileData1)
```

```
        print("第二四分位数：",quantileData2)
        print("第三四分位数：",quantileData3)
输出：二分位数：3.0
        第一四分位数：2.0
        第二四分位数：3.0
        第三四分位数：4.0
```

二分位数指中位数，第一四分位数指 Series 对象 data 中的所有数值由小到大排列后位于$\frac{1}{4}$位置处的元素值，第二四分位数指 Series 对象 data 中的所有数值由小到大排列后位于$\frac{1}{2}$位置处的元素值，第三四分位数指 Series 对象 data 中的所有数值由小到大排列后位于$\frac{3}{4}$位置处的元素值。

(12) Series 对象的 describe()函数使用示例代码如下：

```
//Chapter9/9.3.6_test34.py
输入：import pandas as pd
        data = pd.Series([1,2,3,4,5])
        describeData = data.describe()                        #一系列统计函数值
        print("一系列统计函数的值：\n",describeData)

输出：一系列统计函数的值：
        count       5.000000
        mean        3.000000
        std         1.581139
        min         1.000000
        25%         2.000000
        50%         3.000000
        75%         4.000000
        max         5.000000
        dtype: float64
```

上述代码输出值含义：count 代表行数，mean 代表平均值，std 代表标准差，min 代表最小值，25%代表第一四分位数，50%代表第二四分位数，75%代表第三四分位数，max 代表最大值。

9.3.7　Series 对象的字符串处理

在数据分析过程中碰到的并非全是数值型数据，字符串类型数据也相当常见。由于在 3.4.2 节介绍过 Python 处理字符串的各种方式，Series 对象的字符串处理方式其实与其大同小异，两者有非常多重复的方法，并且在数据分析过程中无论使用 Python 还是 Series 对象的字符串处理方式都能达到相同的效果，因此本节不赘述 Series 对象的字符串处理方式，仅列举部分常用的字符串处理函数。

Series 对象的常用字符串处理函数如表 9-9 所示。

表 9-9 Series 对象的常用字符串处理函数

序号	字符串处理函数	详细说明(假设 data 为 Series 对象)
1	data.str.split([chars])	以字符串 chars 为分隔,将 data 中的字符串元素拆开
2	data.str.count(chars)	统计字符串 chars 在各元素中出现的次数
3	data.str.contains(chars)	判断 data 中的字符串元素是否包含字符串 chars
4	data.str.replace(old,new)	将 data 字符串元素中的旧字符串 old 替换为新的字符串 new
5	data.str.isnumeric()	判断 data 字符串元素是否能转换成数字
6	data.str.cat(sep=chars)	以字符串 chars 为连接符将 data 中的字符串元素连接起来
7	data.str.join(chars)	将 data 字符串元素中的每个字符以字符串 chars 连接
8	data.str.get_dummies()	将字符串数据元素转换成数值型独热码处理。独热码是一种用 0 和 1 两种状态表示数据的编码方式,常用于机器学习算法的分类任务中,如数据集中有描述鲜花颜色的一组字符串数据,该数据为"红色""白色""粉色",当我们无法直接对"红色""白色""粉色"这样的字符串数据进行有效分析和处理时,就需要将其转换成数值数据处理,可以利用独热码将"红色"编码为 100,将"白色"编码为 010,将"粉色"编码为 001

(1) data.str.split([chars])函数的使用示例代码如下:

```
//Chapter9/9.3.7_test35.py
输入: import pandas as pd
      data = pd.Series(data = ["a_b","c_d"])
      print("原 Series 对象中的元素: \n",data)
      splitData = data.str.split('_')                    #以"_"为分隔符
      print("分隔后的元素: \n",splitData)
      #splitData 仍然是 Series 对象,但每个元素为列表类型,列表里每个元素为分隔的结果
      for i in splitData:                                #用循环方式遍历 splitData
          #每个 i 是一个列表
          print(f"元素分隔后的结果: {i[0]} {i[1]}")

输出: 原 Series 对象中的元素:
      0    a_b
      1    c_d
      dtype: object
      分隔后的元素:
      0    [a, b]
      1    [c, d]
      dtype: object
      元素分隔后的结果: a b
      元素分隔后的结果: c d
```

(2) data.str.count(chars)函数的使用示例代码如下:

```
//Chapter9/9.3.7_test36.py
输入: import pandas as pd
      data = pd.Series(data = ["aba","cad","aaa"])
      print("原 Series 对象中的元素: \n",data)
```

```
    countData = data.str.count('a')                          #统计字符串a出现的次数
    print("字符串a出现的次数:\n",countData)   #countData是一个包含索引和出现次数的序列
    for i in range(len(countData)):                          #用循环访问countData
        print(f"data第{i+1}个元素中出现字符串a共{countData[i]}次")

输出: 原Series对象中的元素:
    0    aba
    1    cad
    2    aaa
    dtype: object
    字符串a出现的次数:
    0    2
    1    1
    2    3
    dtype: int64
    data第1个元素中出现字符串a共2次
    data第2个元素中出现字符串a共1次
    data第3个元素中出现字符串a共3次
```

(3) data.str.contains(chars)函数的使用示例代码如下:

```
//Chapter9/9.3.7_test37.py
输入: import pandas as pd
    data = pd.Series(data = ["cba","nbk","bbb"])
    print("原Series对象data中的元素:\n",data)
    containsData = data.str.contains("a")                    #判断是否出现字符串a
    print("字符串a是否出现在data元素中:\n",containsData)
    #containsData是一个包含索引、True或False的序列
    for i in range(len(containsData)):                       #用循环访问containsData
        print(f"data第{i+1}个元素中出现字符串a吗?{containsData[i]}")

输出: 原Series对象data中的元素:
    0    cba
    1    nbk
    2    bbb
    dtype: object
    字符串a是否出现在data元素中:
    0    True
    1    False
    2    False
    dtype: bool
    data第1个元素中出现字符串a吗?True
    data第2个元素中出现字符串a吗?False
    data第3个元素中出现字符串a吗?False
```

(4) data.str.replace(old,new)函数的使用示例代码如下:

```
//Chapter9/9.3.7_test38.py
输入: import pandas as pd
    data = pd.Series(data = ["a!","aa!!","aaa!!!"])
```

```
      print("原 Series 对象中的元素：\n",data)
      replaceData = data.str.replace("a","WoW")
      print("将字符串 a 替换成字符串 WoW 后：\n",replaceData)
      #replaceData 是一个包含索引、新字符串的序列

输出：原 Series 对象中的元素：
      0     a!
      1     aa!!
      2     aaa!!!
      dtype: object
      将字符串 a 替换成字符串 WoW 后：
      0     WoW!
      1     WoWWoW!!
      2     WoWWoWWoW!!!
      dtype: object
```

(5) data.str.isnumeric()函数的使用示例代码如下：

```
//Chapter9/9.3.7_test39.py
输入：import pandas as pd
      data = pd.Series(data = ["abc","1236","435"])
      print("Series 对象 data 中的元素：\n",data)
      isnumericData = data.str.isnumeric()                    #判断是否能转换成数字
      print("data 中的元素是否能转换成数字?\n",isnumericData)
      for i,j in zip(data,isnumericData):
          print(f"{i}能否转换成数字?{j}")

输出：Series 对象 data 中的元素：
      0     abc
      1     1236
      2     435
      dtype: object
      data 中的元素是否能转换成数字?
      0     False
      1     True
      2     True
      dtype: bool
      abc 能否转换成数字?False
      1236 能否转换成数字?True
      435 能否转换成数字?True
```

(6) data.str.cat(sep=chars)函数的使用示例代码如下：

```
//Chapter9/9.3.7_test40.py
输入：import pandas as pd
      data = pd.Series(data = ["abc","1236","435"])
      print("Series 对象 data 中的元素：\n",data)
      catData = data.str.cat(sep = "-->")                     #以字符串"-->"为连接符号
```

```
        print("以\"-->\"为连接符连接 data 中的字符串元素:\n",catData)
        #上行代码中的\"代表将"转义

输出:Series 对象 data 中的元素:
        0     abc
        1     1236
        2     435
        dtype: object
        以"-->"为连接符连接 data 中的字符串元素:
        abc-->1236-->435
```

(7) data.str.join(chars)函数的使用示例代码如下:

```
//Chapter9/9.3.7_test41.py
输入:import pandas as pd
        data = pd.Series(data = ["abc","def","ghi"])
        print("Series 对象 data 中的元素:\n",data)
        catData = data.str.join(sep = "--")              #以字符串"--"为字符串各字符连接符号
        print("以\"--\"为连接符连接 data 字符串元素中的每个字符:\n",catData)
        #上行代码中的\"代表将"转义

输出:Series 对象 data 中的元素:
        0     abc
        1     def
        2     ghi
        dtype: object
        以"--"为连接符连接 data 字符串元素中的每个字符:
        0 a--b--c
        1 d--e--f
        2 g--h--i
        dtype: object
```

(8) data.str.get_dummies()函数的使用示例代码如下:

```
//Chapter9/9.3.7_test42.py
输入:import pandas as pd
        data = pd.Series(data = ["红色","白色","粉色"])
        print("Series 对象 data 中的元素:\n",data)
        oneHotData = data.str.get_dummies()              #转换成独热码,其结果要竖着看
        print("将字符串元素数据转换成独热码:\n",oneHotData)
        #编码结果也可以用如 oneHotData["红色"]的方式来查看"红色"的独热码编码结果

输出:Series 对象 data 中的元素:
        0     红色
        1     白色
        2     粉色
        dtype: object
        将字符串元素数据转换成独热码:
             白色  粉色  红色
          0    0     0     1
          1    1     0     0
          2    0     1     0
```

上述代码输出的变量 oneHotData 的结果需要自上向下查看，即字符串“白色”被编码为 010，字符串“粉色”被编码为 001，字符串“红色”被编码为 100。

9.3.8 Series 对象的常用函数

Series 对象的常用函数如表 9-10 所示。

表 9-10 Series 对象的常用函数

序号	常用函数	详细说明
1	data. reindex(index=None, fill_value=None)	将 Series 对象 data 的索引重新设置为 index。如果新的 index 不在原 Series 的 index 中，则为该新的 index 对应的元素填充 None 值，也可以通过参数 fill_value 设置该 index 对应的元素填充的值，常被用来扩增或修改已有的索引
2	data. sort_index(ascending=True, inplace=False)	对 Series 对象 data 中的元素按索引排序。参数 inplace 的默认值为 False，表示返回一个新 Series 对象，不会影响原 Series 对象，当参数值为 True 时直接对原 Series 对象进行排序修改；参数 ascending 的默认值为 True，表示升序排列，当参数值为 False 时表示降序排列
3	data. sort_values(ascending=True, inplace=False)	对 Series 对象 data 中的元素按元素值排序。参数 inplace 的默认值为 False，为 False 时返回一个新的 Series 对象，不影响原 Series 对象；当参数值为 True 时直接对原 Series 对象进行修改；参数 ascending 默认值为 True，表示升序排列，当参数值为 False 时表示降序排列
4	data. get(key, default=None)	返回指定索引 key 对应的 data 元素值，若索引 key 不存在，则返回 default 设置的值
5	data. astype(dtype)	将 data 中的元素值类型转换为 dtype
6	data. to_list()	将 Series 对象 data 转换成 Python 列表。此处总结一下 Python 列表、NumPy 数组、Series 对象的相互转换关系：①Python 列表可以直接用来创建（或称转换）NumPy 数组与 Series 对象。②NumPy 数组可以用来创建（或称转换）Series 对象。③NumPy 数组转换成列表可用 8.13 节介绍的 ndarray. tolist() 函数。④Series 对象转换成列表可以用 data. to_list() 函数。⑤Series 对象转换成 NumPy 数组可以用 numpy. array() 函数。当然相互转换的方式不止上述所列举的方法，此处仅列举部分

（1）data. reindex(index=None, fill_value=None) 函数的使用示例代码如下：

```
//Chapter9/9.3.8_test43.py
输入： import pandas as pd
      data = pd.Series(data = ["红色","白色","粉色"])
      print("Series 对象 data 中的元素：\n",data)
      #使用 reindex()重新设置索引，与原索引没交集的新索引对应的值填充为 None
      reindexData = data.reindex(index = [1,2,3])
      print("原索引为[0,1,2]，重新将索引设置为[1,2,3]：\n",reindexData)
```

```
#使用 reindex()重新设置索引,与原索引没交集的新索引对应的值填充为 888
reindexData = data.reindex(index = [1,2,3],fill_value = 888)
print("重新将索引设置为[1,2,3]并填充空值为 888: \n",reindexData)

输出: Series 对象 data 中的元素:
0    红色
1    白色
2    粉色
dtype: object
原索引为[0,1,2],重新将索引设置为[1,2,3]:
1    白色
2    粉色
3    NaN
dtype: object
重新将索引设置为[1,2,3]并填充空值为 888:
1    白色
2    粉色
3    888
dtype: object
```

(2) data.sort_index(inplace=False)函数的使用示例代码如下:

```
//Chapter9/9.3.8_test44.py
输入: import pandas as pd
data = pd.Series(data = ["红色","白色","粉色"],index = [3,2,1])
print("Series 对象 data 中的元素: \n",data)
sortindexData = data.sort_index()                    #按索引从小到大排序
print("按索引从小到大排序: \n",sortindexData)

输出: Series 对象 data 中的元素:
3    红色
2    白色
1    粉色
dtype: object
按索引从小到大排序:
1    粉色
2    白色
3    红色
dtype: object
```

(3) data.sort_values(inplace=False)函数的使用示例代码如下:

```
//Chapter9/9.3.8_test45.py
输入: import pandas as pd
data = pd.Series(data = [99,98,97],index = [3,2,1])
print("Series 对象 data 中的元素: \n",data)
sortvalueData = data.sort_values()                    #按元素值从小到大排序
print("按元素值从小到大排序: \n",sortvalueData)
```

```
输出：Series 对象 data 中的元素：
      3    99
      2    98
      1    97
      dtype: int64
      按元素值从小到大排序：
      1    97
      2    98
      3    99
      dtype: int64
```

（4）data.get(key,default=None)函数的使用示例代码如下：

```
//Chapter9/9.3.8_test46.py
输入：import pandas as pd
      data = pd.Series(data = [99,98,97],index = ['a','b','c'])
      print("Series 对象 data 中的元素：\n",data)
      aData = data.get('a')                    #获取索引 a 对应的值
      print("索引 a 对应的值为",aData)
      #dData 保存索引 d 对应的值,若索引 d 对应的值不存在,则 get()返回 default 设置的值
      dData = data.get('d',default = '索引 d 无对应元素')
      print("索引 d 对应的值为",dData)

输出：Series 对象 data 中的元素：
      a    99
      b    98
      c    97
      dtype: int64
      索引 a 对应的值为 99
      索引 d 对应的值为 索引 d 无对应元素
```

（5）data.astype(dtype)函数的使用示例代码如下：

```
//Chapter9/9.3.8_test47.py
输入：import pandas as pd
      data = pd.Series(data = [99,98,97],index = ['a','b','c'])
      print("Series 对象 data 中的元素：\n",data)
      data = data.astype("str")                #类型转换,从整型转换成字符串类型
      print("类型转换后的 Series 对象 data 中的元素：\n",data)

输出：Series 对象 data 中的元素：
      a    99
      b    98
      c    97
      dtype: int64
      类型转换后的 Series 对象 data 中的元素：
      a    99
      b    98
      c    97
      dtype: object
```

（6）data. to_list()函数的使用示例代码如下：

```
//Chapter9/9.3.8_test48.py
输入：import pandas as pd
      data = pd.Series(data = [99,98,97])
      print("Series 对象 data 中的元素：\n",data)
      data = data.tolist()                  #使用 tolist()函数将 Series 对象转换成 Python 列表
      print("将 Series 对象 data 转换成 Python 列表：",data)

输出：Series 对象 data 中的元素：
      0    99
      1    98
      2    97
      dtype: int64
      将 Series 对象 data 转换成 Python 列表：[99, 98, 97]
```

9.4 DataFrame 对象详细讲解

9.3 节耗费了大量的篇幅对 Series 对象进行了详细介绍，这是因为 Series 对象是 Pandas 的最基本数据结构，也是组成 DataFrame 对象的最基本单元。不夸张地说，掌握好了 Series 对象的知识其实就将 DataFrame 对象的知识掌握了一大半。

DataFrame 对象采用二维表格型的结构，既然是二维表格型结构，则说明 DataFrame 对象涉及行操作和列操作，为了方便操作每行和每列的数据，DataFrame 对象提供行索引和列索引。在平常使用 Excel 表格时，建立一个数据表常常带有表头，表头描述一列数据的类别信息，表头可以理解为 DataFrame 对象的列索引，而行索引更多用来描述数据表数据的序号位置，单个数据元素信息由一个行索引和列索引共同描述。DataFrame 对象的结构示例如图 9-2 所示。

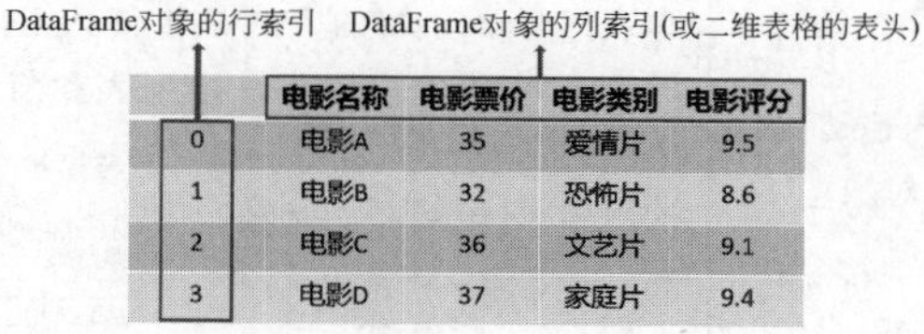

DataFrame对象的行索引　DataFrame对象的列索引(或二维表格的表头)

	电影名称	电影票价	电影类别	电影评分
0	电影A	35	爱情片	9.5
1	电影B	32	恐怖片	8.6
2	电影C	36	文艺片	9.1
3	电影D	37	家庭片	9.4

图 9-2　DataFrame 对象的结构示例

仔细观察图 9-2 可以发现，DataFrame 对象的每列数据其实就是一个 Series 对象，如第 1 列的电影名称数据，该列数据是一个以索引为 0、1、2、3，索引对应值分别为电影 A、电影 B、电影 C、电影 D 的 Series 对象，因此，DataFrame 对象可以理解为由多个 Series 对象垂直合并组成的二维表格结构对象。又由于单个 Series 对象元素的数据类型必须相同，但不同 Series 对象元素的数据类型可能不相同，所以 DataFrame 对象的同一列元素（单个 Series 对象）的数据类型相同，不同列元素（不同 Series 对象）的数据类型可能不相同。

9.4.1 DataFrame对象的创建方法

由于DataFrame对象本身是由Series对象组成的，因此创建DataFrame对象的方法与创建Series对象的方法有许多相同之处，读者应注意对比学习。DataFrame对象通过Pandas库提供的DataFrame()函数进行创建，DataFrame()函数如下：

```
pandas.DataFrame(data = None, index = None, columns = None, dtype = None)
```

pandas.DataFrame()函数执行后会返回一个数据值为data、行索引为index、列索引为columns、数据类型为dtype的DataFrame对象。参数data的默认值为None，若未向data传入参数值，则会创建一个空DataFrame对象；参数index和参数columns的默认值均为None，若不指定参数index和参数columns的值，则它们都默认为是从0开始的序列。

根据传入pandas.DataFrame()函数的参数data值的不同，可以将DataFrame对象的创建方法细分为4种，如表9-11所示。

表9-11 DataFrame对象的4种创建方法

序号	参数data传入的参数值类型	详细说明
1	传入Python列表创建DataFrame对象	Python列表(一维列表或二维嵌套的列表)可以作为参数值传入DataFrame()函数中的参数data
2	传入Python字典创建DataFrame对象	当Python字典作为参数值传入DataFrame()函数中的参数data时，Python字典的键默认解析为DataFrame对象的列索引，Python字典1个键对应的1个值解析为DataFrame对象一列的数据。Python字典的值可以设置为一维的列表对象(或一维的元组这样的序列对象)，该列表保存一列的数据值。若未指定DataFrame()函数中的参数index，则行索引默认为从0开始的序列，0对应第1行数据
3	传入Python字典和Series对象创建DataFrame对象	本表序号2介绍的方式是将传入DataFrame()函数参数data的Python字典值设置为一维列表。前面我们介绍过DataFrame对象的每一列其实就是一个Series对象，因此，Python字典的值也可以设置为Series对象，一个Series对象保存DataFrame对象的一列数据
4	传入Python字典和NumPy数组创建DataFrame对象	与本表序号2介绍的方式类似，本方法是将传入DataFrame()函数参数data的Python字典值设置为一维NumPy数组对象，1个键对应的1个一维NumPy数组对象用于保存DataFrame对象的一列数据

表9-11所示的前3种创建DataFrame对象方法其实与表9-2所示的前3种创建Series对象方法非常类似，区别仅在于DataFrame对象多了设置列索引(columns)这个操作，但DataFrame对象不能使用标量创建，而Series对象可以使用标量创建。

(1) 传入 Python 列表创建如图 9-2 所示的 DataFrame 对象,示例代码如下:

```
//Chapter9/9.4.1_test49.py
输入: import pandas as pd
      # 二维嵌套列表 listData 存储数据
      listData = [['电影 A',35,'爱情片',9.5],['电影 B',32,'恐怖片',8.6],
                  ['电影 C',36,'文艺片',9.1],['电影 D',37,'家庭片',9.4]]
      indexData = [0,1,2,3]
      columnsData = ['电影名称','电影票价','电影类型','电影评分']  # 设置列索引
      # 使用嵌套列表创建 DataFrame 对象 df:
      df = pd.DataFrame(data = listData, index = indexData, columns = columnsData)
      print(df)                                                  # 查看 DataFrame 对象 df

输出:     电影名称  电影票价  电影类型  电影评分
      0    电影 A      35      爱情片      9.5
      1    电影 B      32      恐怖片      8.6
      2    电影 C      36      文艺片      9.1
      3    电影 D      37      家庭片      9.4
```

(2) 传入 Python 字典及 Series 对象创建如图 9-2 所示的 DataFrame 对象,示例代码如下:

```
//Chapter9/9.4.1_test50.py
输入: import pandas as pd
      # 利用字典存储数据,键为列索引,值为 Series 对象
      dictData = {"电影名称":pd.Series(["电影 A","电影 B","电影 C","电影 D"]),
                  "电影票价":pd.Series([35,32,36,37]),
                  "电影类型":pd.Series(["爱情片","恐怖片","文艺片","家庭片"]),
                  "电影评分":pd.Series([9.5,8.6,9.1,9.4])}
      # 使用字典创建 DataFrame 对象 df,行索引默认为从 0 开始的序列
      df = pd.DataFrame(data = dictData)
      print(df)             # 查看 DataFrame 对象 df

输出:     电影名称  电影票价  电影类型  电影评分
      0    电影 A      35      爱情片      9.5
      1    电影 B      32      恐怖片      8.6
      2    电影 C      36      文艺片      9.1
      3    电影 D      37      家庭片      9.4
```

如果为 Series 对象设置了索引,则 Series 对象的索引会被解析成 DataFrame 对象的行索引,示例代码如下:

```
//Chapter9/9.4.1_test51.py
输入: import pandas as pd
      # 利用字典存储数据,键为列索引,值为 Series 对象,将 Series 对象的索引设置为['a','b']
      dictData = {"name":pd.Series(data = ["小邓","小李"], index = ['a','b']),
                  "value":pd.Series(data = [1,2], index = ['a','b'])}
      # 使用字典创建 DataFrame 对象 df,行索引为['a','b']
```

```
    df = pd.DataFrame(data = dictData)
    print(df)                          # 查看 DataFrame 对象 df

输出:      name  value
    a      小邓    1
    b      小李    2
```

(3) 传入 Python 字典及 Python 列表创建如图 9-2 所示的 DataFrame 对象,示例代码如下:

```
//Chapter9/9.4.1_test52.py
输入: import pandas as pd
    #利用字典存储数据,键为列索引,值为 Series 对象
    dictData = {"电影名称":np.array(["电影 A","电影 B","电影 C","电影 D"]),
              "电影票价":np.array([35,32,36,37]),
              "电影类型":np.array(["爱情片","恐怖片","文艺片","家庭片"]),
              "电影评分":np.array([9.5,8.6,9.1,9.4])}
    #使用字典创建 DataFrame 对象 df,行索引默认为从 0 开始的序列
    df = pd.DataFrame(data = dictData)
    print(df)                          # 查看 DataFrame 对象 df

输出:      电影名称  电影票价  电影类型  电影评分
      0    电影 A     35      爱情片     9.5
      1    电影 B     32      恐怖片     8.6
      2    电影 C     36      文艺片     9.1
      3    电影 D     37      家庭片     9.4
```

9.4.2 DataFrame 对象的属性

DataFrame 对象 df 的常用属性如表 9-12 所示。

表 9-12 DataFrame 对象 df 的常用属性

序号	属性名	详细说明
1	df. index	DataFrame 对象 df 的行索引
2	df. columns	DataFrame 对象 df 的列索引
3	df. shape	DataFrame 对象 df 的形状,shape[0]、shape[1]分别表示行数和列数
4	df. size	DataFrame 对象 df 的元素个数,元素个数=行数×列数
5	df. ndim	DataFrame 对象 df 的维度
6	df. dtypes	DataFrame 对象 df 的数据类型
7	df. values	以 NumPy 数组形式返回 DataFrame 对象 df 的元素值
8	df. T	DataFrame 对象 df 的行列转置

(1) df. index、df. columns 的使用示例代码如下:

```
//Chapter9/9.4.2_test53.py
输入: import pandas as pd
    import numpy as np
```

```
        dfData = np.arange(25).reshape( - 1,5)                  #DataFrame 对象的值
        iDf = np.arange(2,12,2)                                 #创建行索引
        cDf = ['a','b','c','d','e']                             #创建列索引
        df = pd.DataFrame(data = dfData,index = iDf,columns = cDf)  #创建 DataFrame 对象
        print("df.index: ",df.index)                            #查看行索引
        print("df.columns: ",df.columns)                        #查看列索引

输出: df.index: Int64Index([2, 4, 6, 8, 10], dtype = 'int64')
      df.columns: Index(['a', 'b', 'c', 'd', 'e'], dtype = 'object')
```

(2) df.shape、df.size、df.ndim 的使用示例代码如下：

```
//Chapter9/9.4.2_test54.py
输入: import pandas as pd
      import numpy as np
      dictData = {"a":np.arange(0,5),"b":np.arange(5,10),"c":np.arange(10,15)}
      df = pd.DataFrame(data = dictData)
      print(df)                              #查看 DataFrame 对象
      print("形状,df.shape:",df.shape)
      print("数据数量,df.size:",df.size)
      print("维度,df.ndim:",df.ndim)

输出:        a     b     c
      0     0     5     10
      1     1     6     11
      2     2     7     12
      3     3     8     13
      4     4     9     14
      形状,df.shape: (5, 3)
      数据数量,df.size: 15
      维度,df.ndim: 2
```

(3) df.dtypes、df.values、df.T 的使用示例代码如下：

```
//Chapter9/9.4.2_test55.py
输入: import pandas as pd
      import numpy as np
      dictData = {"a":np.arange(0,4),"b":['h','i','j','k'],"c":np.array([4.0,1.2,8.8,6.6])}
      df = pd.DataFrame(data = dictData)
      print(df)                              #查看 DataFrame 对象
      print("1.数据类型,df.dtypes:\n",df.dtypes)
      print("2.数据值,df.values:\n",df.values)
      print("3.转置,df.T:\n",df.T)

输入:          a     b     c
        0     0     h     4.0
        1     1     i     1.2
        2     2     j     8.8
        3     3     k     6.6
```

```
1. 数据类型,df.dtypes:
a    int32
b    object
c    float64
dtype: object
2. 数据值,df.values:
[[0 'h' 4.0]
[1 'i' 1.2]
[2 'j' 8.8]
[3 'k' 6.6]]
3. 转置,df.T:
     0    1    2    3
  a  0    1    2    3
  b  h    i    j    k
  c  4   1.2  8.8  6.6
```

9.4.3 DataFrame对象的取值

DataFrame对象的取值方式与我们前面介绍的Series对象等结构有相似之处,也有非常特殊的地方,特殊的地方在于引入了一些新的操作方式,并且由于DataFrame对象是一个二维结构,因此DataFrame对象可以按行或按列取值,取值方式非常灵活。

下面详细为读者讲解DataFrame对象的5种取值方式:列索引取值、行索引取值、行列索引取值、布尔取值、迭代取值。在本节末尾的表9-13将对这5种取值方式所涉及的方法进行总结。

1. 列索引取值

(1) 使用"DataFrame对象名[列索引]"的语法格式可以取出单列的数据值,语法格式中的列索引指的是使用DataFrame()函数创建DataFrame对象时设置的参数columns,示例代码如下:

```
//Chapter9/9.4.3_test56.py
输入: import pandas as pd
      #利用字典存储数据,键为列索引,值为Python列表
      dictData = {"电影名称":["电影A","电影B","电影C","电影D"],"电影票价":[35,32,36,37],
               "电影类型":["爱情片","恐怖片","文艺片","家庭片"],"电影评分":[9.5,8.6,9.1,9.4]}
      df = pd.DataFrame(data = dictData)                    #创建一个DataFrame对象df
      col = df['电影名称']                                   #取出电影名称对应列的数据
      print(col)

输出: 0    电影A
      1    电影B
      2    电影C
      3    电影D
      Name: 电影名称, dtype: object
```

(2) 使用"DataFrame对象名[[列索引1,列索引2,列索引3...]]"的语法格式可以取出多列的数据值,示例代码如下:

```
//Chapter9/9.4.3_test57.py
输入: import pandas as pd
      #利用字典存储数据,键为列索引,值为 Python 列表
      dictData = {"电影名称":["电影 A","电影 B","电影 C","电影 D"],"电影票价":[35,32,36,37],
               "电影类型":["爱情片","恐怖片","文艺片","家庭片"],"电影评分":[9.5,8.6,9.1,9.4]}
      col = df[['电影名称','电影评分']]              #取出电影名称、电影评分对应列的数据
print(col)

输出:       电影名称  电影评分
      0    电影 A     9.5
      1    电影 B     8.6
      2    电影 C     9.1
      3    电影 D     9.4
```

2. 行索引取值

(1) 使用"DataFrame 对象名.loc[行索引]"或"DataFrame 对象名.iloc[行号]"的语法格式可以取出单行的数据值。值得注意的是,行索引和行号是有区别的,行索引指的是使用 DataFrame()函数创建 DataFrame 对象时设置的参数 index,因此行索引可能是数字类型,也可能是字符串类型,而行号是从 0 开始的序列,0 对应第 1 行数据,行号只能是数字类型,示例代码如下:

```
//Chapter9/9.4.3_test58.py
输入: import pandas as pd
      #利用字典存储数据,键为列索引,值为 Python 列表
      dictData = {"电影名称":["电影 A","电影 B","电影 C","电影 D"],"电影票价":[35,32,36,37],
               "电影类型":["爱情片","恐怖片","文艺片","家庭片"],"电影评分":[9.5,8.6,9.1,9.4]}
      #将 df 的行索引设置为['a','b','c','d']
      df = pd.DataFrame(data = dictData, index = ['a','b','c','d'])
      row1 = df.loc['a']                      #通过行索引 a 取出对应的第 1 行数据
      row2 = df.iloc[0]                       #通过行号 0 取出第 1 行数据
      print("df.loc['a']: \n",row1)
      print("df.iloc[0]: \n",row2)
      #行索引 a 与行号 0 都对应的是第 1 行数据

输出: df.loc['a']:
      电影名称    电影 A
      电影票价    35
      电影类型    爱情片
      电影评分    9.5
      Name: a, dtype: object
      df.iloc[0]:
      电影名称    电影 A
      电影票价    35
      电影类型    爱情片
      电影评分    9.5
      Name: a, dtype: object
```

（2）使用“DataFrame 对象名.loc[[行索引 1,行索引 2,行索引 3...]]”和“DataFrame 对象名.iloc[[行号 1,行号 2,行号 3...]]”的语法格式取出多行的数据值，示例代码如下：

```
//Chapter9/9.4.3_test59.py
输入：import pandas as pd
     #利用字典存储数据,键为列索引,值为 Python 列表
     dictData = {"电影名称":["电影 A","电影 B","电影 C","电影 D"],"电影票价":[35,32,36,37],
             "电影类型":["爱情片","恐怖片","文艺片","家庭片"],"电影评分":[9.5,8.6,9.1,9.4]}
     #将 df 的行索引设置为['a','b','c','d']
     df = pd.DataFrame(data = dictData, index = ['a','b','c','d'])
     row1 = df.loc[['a','c']]                  #通过行索引 a、c 取出对应的第 1 行和第 3 行数据
     row2 = df.iloc[[1,2]]                     #通过行号 1、2 取出第 2 和第 3 行数据
     print("df.loc[['a','c']]: \n",row1)
     print("df.iloc[[1,2]]: \n",row2)

输出：df.loc[['a','c']]:
        电影名称  电影票价  电影类型  电影评分
     a    电影 A     35      爱情片      9.5
     c    电影 C     36      文艺片      9.1
     df.iloc[[1,2]]:
        电影名称  电影票价  电影类型  电影评分
     b    电影 B     32      恐怖片      8.6
     c    电影 C     36      文艺片      9.1
```

3. 行列索引取值

（1）使用“DataFrame 对象名[列索引][行索引]”或“DataFrame 对象名[列索引][行号]”的语法格式可以取出单个元素的数据值，行号是从 0 开始的序列，示例代码如下：

```
//Chapter9/9.4.3_test60.py
输入：import pandas as pd
     #利用字典存储数据,键为列索引,值为 Python 列表
     dictData = {"电影名称":["电影 A","电影 B","电影 C","电影 D"],"电影票价":[35,32,36,37],
             "电影类型":["爱情片","恐怖片","文艺片","家庭片"],"电影评分":[9.5,8.6,9.1,9.4]}
     #将 DataFrame 对象 df 的行索引设置为['a','b','c','d']
     df = pd.DataFrame(data = dictData, index = ['a','b','c','d'])
     value1 = df["电影评分"]["b"]              #通过 DataFrame 对象名[列索引][行索引]取值
     value2 = df["电影评分"][1]                #通过 DataFrame 对象名[列索引][行号]取值
     print("df[\"电影评分\"][\"b\"]: ",value1)        #双引号转义
     print("df[\"电影评分\"][1]: ",value2)
     #df["电影评分"]["b"]与 = df["电影评分"][1]效果相同

输出：df["电影评分"]["b"]: 8.6
     df["电影评分"][1]: 8.6
```

值得注意的是，DataFrame 对象取出单个元素值的语法格式是列索引在前，行索引在后，而前面内容介绍的其他数据结构取出单个元素值的语法格式都是行索引在前，列索引在后，例如 8.4.1 节介绍的 NumPy 二维数组单个元素取值的语法格式为“NumPy 数组对象

名[行索引][列索引]”。

那为什么 DataFrame 对象取出单个元素值的语法格式会与其他数据结构的不同呢?

8.4.1 节介绍过,NumPy 取出二维数组单个元素首先通过“numpy 数组对象名[行索引]”语法格式取出一行的数据,这一行的数据可以理解为一维 NumPy 数组,接着通过列索引对这个一维数组取单个元素值,最后完成对 NumPy 二维数组对象取单个元素值的功能,因此语法格式是“numpy 数组对象名[行索引][列索引]”,而 DataFrame 对象取出单个元素值首先通过“DataFrame 对象名[列索引]”取出一列的数据(一个 Series 对象),接着通过行索引或行号对这列数据(这个 Series 对象)取单个元素值,最后完成对 DataFrame 对象取单个元素值的功能。

使用“DataFrame 对象名[列索引][行索引]”语法格式取出 DataFrame 对象 df 的第 2 行第 4 列对应元素 8.6 的取值过程,即 df["电影评分"]["b"]的取值过程如图 9-3 所示。

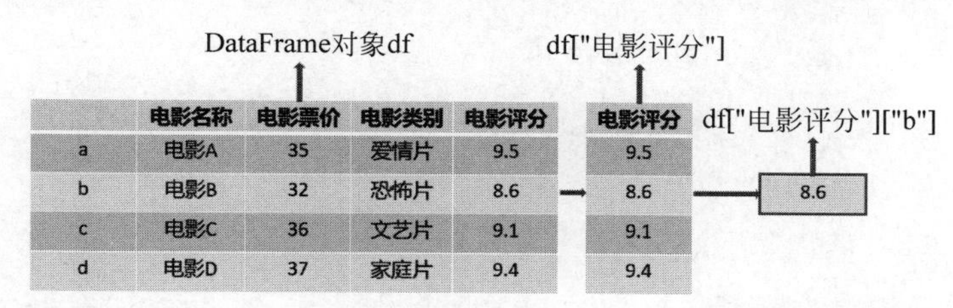

图 9-3　DataFrame 对象 df 取出第 2 行第 4 列对应元素的过程示例

(2) 使用“DataFrame 对象名[列索引][[行索引 1,行索引 2...]]”或“DataFrame 对象名[列索引][[行号 1,行号 2...]]”的语法格式可以取出一列数据中的多个元素值,示例代码如下:

```
//Chapter9/9.4.3_test61.py
输入: import pandas as pd
      #利用字典存储数据,键为列索引,值为 Python 列表
      dictData = {"电影名称":["电影 A","电影 B","电影 C","电影 D"],"电影票价":[35,32,36,37],
              "电影类型":["爱情片","恐怖片","文艺片","家庭片"],"电影评分":[9.5,8.6,9.1,9.4]}
      #将 DataFrame 对象 df 的行索引设置为['a','b','c','d']
      df = pd.DataFrame(data = dictData, index = ['a','b','c','d'])
      value1 = df["电影名称"][["a","c"]]       #取出电影名称这一列数据下的两个元素值
      value2 = df["电影名称"][[0,2]]           #取出电影名称这一列数据下的两个元素值
      print("df[\"电影名称\"][[\"a\",\"c\"]]: \n",value1)
      print("df[\"电影名称\"][[0,2]]: \n",value2)

输出: df["电影名称"][["a","c"]]:
      a    电影 A
      c    电影 C
      Name: 电影名称, dtype: object
      df["电影名称"][[0,2]]:
      a    电影 A
      c    电影 C
      Name: 电影名称, dtype: object
```

(3) 由于 DataFrame 对象专门提供了“DataFrame 对象名.loc[行索引]”和“DataFrame 对象名.iloc[行号]”两种针对行取值的方式,因此读者如果不习惯使用上面介绍的先取列再取行的“DataFrame 对象名[列索引][行索引或行号]”语法格式来取出单个元素值,也可以使用先取行再取列的“DataFrame 对象名.loc[行索引][列索引]”或“DataFrame 对象名.iloc[行号][列号]”语法格式来取出单个元素值,示例代码如下:

```
//Chapter9/9.4.3_test62.py
输入: import pandas as pd
      #利用字典存储数据,键为列索引,值为 Python 列表
      dictData = {"电影名称":["电影 A","电影 B","电影 C","电影 D"],"电影票价":[35,32,36,37],
              "电影类型":["爱情片","恐怖片","文艺片","家庭片"],"电影评分":[9.5,8.6,9.1,9.4]}
      #将 df 的行索引设置为['a','b','c','d']
      df = pd.DataFrame(data = dictData, index = ['a','b','c','d'])
      #通过 DataFrame 对象名.loc[行索引][列索引]取值
      value1 = df.loc["b"]["电影评分"]
      #通过 DataFrame 对象名.iloc[行号][列索引]取值
      value2 = df.iloc[1]["电影评分"]
      print("df.loc[\"b\"][\"电影评分\"]: ",value1)              #双引号转义
      print("df.iloc[1][\"电影评分\"]: ",value2)
      #df.loc["b"]["电影评分"]与 df.iloc[1]["电影评分"]效果相同

输出: df.loc["b"]["电影评分"]: 8.6
      df.iloc[1]["电影评分"]: 8.6
```

(4) 使用“DataFrame 对象名.loc[[行索引 1,行索引 2...]][[列索引 1,列索引 2...]]”或“DataFrame 对象名.iloc[[行号 1,行号 2...]][[列号 1,列号 2...]]”语法格式取出多行多列的元素值,示例代码如下:

```
//Chapter9/9.4.3_test63.py
输入: import pandas as pd
      #利用字典存储数据,键为列索引,值为 Python 列表
      dictData = {"电影名称":["电影 A","电影 B","电影 C","电影 D"],"电影票价":[35,32,36,37],
              "电影类型":["爱情片","恐怖片","文艺片","家庭片"],"电影评分":[9.5,8.6,9.1,9.4]}
      #将 DataFrame 对象 df 的行索引设置为['a','b','c','d']
      df = pd.DataFrame(data = dictData, index = ['a','b','c','d'])
      value1 = df.loc[["a","c"]][["电影名称","电影评分"]]          #取出多行多列元素值
      value2 = df.iloc[[0,2]][["电影名称","电影评分"]]             #取出多行多列元素值
      print("df.loc[[\"a\",\"c\"]][[\"电影名称\",\"电影评分\"]]: \n",value1)
      print("df.iloc[[0,2]][[\"电影名称\",\"电影评分\"]]: \n",value2)

输出: df.loc[["a","c"]][["电影名称","电影评分"]]:
         电影名称  电影评分
      a   电影 A     9.5
      c   电影 C     9.1
      df.iloc[[0,2]][["电影名称","电影评分"]]:
         电影名称  电影评分
      a   电影 A     9.5
      c   电影 C     9.1
```

(5) 使用“DataFrame 对象名.at[行索引,列索引]”或“DataFrame 对象名.iat[行号,列号]”或

“DataFrame 对象名.loc[行索引,列索引]”或“DataFrame 对象名.iloc[行号,列号]”的语法格式取出单个元素值,示例代码如下:

```
//Chapter9/9.4.3_test64.py
输入: import pandas as pd
      #利用字典存储数据,键为列索引,值为 Python 列表
      dictData = {"电影名称":["电影 A","电影 B","电影 C","电影 D"],"电影票价":[35,32,36,37],
              "电影类型":["爱情片","恐怖片","文艺片","家庭片"],"电影评分":[9.5,8.6,9.1,9.4]}
      #将 DataFrame 对象 df 的行索引设置为['a','b','c','d']
      df = pd.DataFrame(data = dictData, index = ['a','b','c','d'])
      value1 = df.at["a","电影类型"]                    #取出单个元素值
      value2 = df.iat[0,2]                              #取出单个元素值
      value3 = df.loc["a","电影评分"]                   #取出单个元素值
      value4 = df.iloc[0,3]                             #取出单个元素值
      print("df.at[\"a\",\"电影类型\"] : ",value1)
      print("df.iat[0,2]: ",value2)
      print("df.loc[\"a\",\"电影评分\"]: ",value3)
      print("df.iloc[0,3]: ",value4)

输出: df.at["a","电影类型"] : 爱情片
      df.iat[0,2]: 爱情片
      df.loc["a","电影评分"]: 9.5
      df.iloc[0,3]: 9.5
```

(6) 使用“DataFrame 对象名.loc[[行索引 1,行索引 2...],[列索引 1,列索引 2...]]”或“DataFrame 对象名.iloc[[行号 1,行号 2...],[列号 1,列号 2...]]”的语法格式可以取出多行多列的元素值,示例代码如下:

```
//Chapter9/9.4.3_test65.py
输入: import pandas as pd
      #利用字典存储数据,键为列索引,值为 Python 列表
      dictData = {"电影名称":["电影 A","电影 B","电影 C","电影 D"],"电影票价":[35,32,36,37],
              "电影类型":["爱情片","恐怖片","文艺片","家庭片"],"电影评分":[9.5,8.6,9.1,9.4]}
      #将 DataFrame 对象 df 的行索引设置为['a','b','c','d']
      df = pd.DataFrame(data = dictData, index = ['a','b','c','d'])
      value1 = df.loc[["a","d"],["电影类型","电影评分"]]          #取出多行多列元素值
      value2 = df.iloc[[1,2],[0,3]]                             #取出多行多列元素值
      print("value1: \n",value1)
      print("value2: \n",value2)

输出: value1:
          电影类型  电影评分
      a   爱情片     9.5
      d   家庭片     9.4
      value2:
          电影名称  电影评分
      b   电影 B     8.6
      c   电影 C     9.1
```

（7）使用“DataFrame 对象名.loc[行切片,列切片]”或“DataFrame 对象名.iloc[行号切片,列号切片]”的语法格式可以取出多行多列的元素值，示例代码如下：

```
//Chapter9/9.4.3_test66.py
输入：import pandas as pd
      #利用字典存储数据，键为列索引，值为 Python 列表
      dictData = {"电影名称":["电影 A","电影 B","电影 C","电影 D"],"电影票价":[35,32,36,37],
               "电影类型":["爱情片","恐怖片","文艺片","家庭片"],"电影评分":[9.5,8.6,9.1,9.4]}
      #将 DataFrame 对象 df 的行索引设置为['a','b','c','d']
      df = pd.DataFrame(data = dictData, index = ['a','b','c','d'])
      value1 = df.loc["b":"d","电影名称":"电影类型"]          #切片取出多行多列元素值
      value2 = df.iloc[1:3,0:3]                             #切片取出多行多列元素值
      print("df.loc[\"b\":\"d\",\"电影名称\":\"电影类型\"]: \n",value1)
      print("df.iloc[1:3,0:3]: \n",value2)

输出：df.loc["b":"d","电影名称":"电影类型"]:
        电影名称  电影票价  电影类型
      b   电影 B     32      恐怖片
      c   电影 C     36      文艺片
      d   电影 D     37      家庭片
      df.iloc[1:3,0:3]:
        电影名称  电影票价  电影类型
      b   电影 B     32      恐怖片
      c   电影 C     36      文艺片
```

4. 布尔取值

1）单条件布尔取值

将布尔表达式与上述介绍的取值方式结合可以实现单条件布尔取值，示例代码如下：

```
//Chapter9/9.4.3_test67.py
输入：import pandas as pd
      #利用字典存储数据，键为列索引，值为 Python 列表
      dictData = {"电影名称":["电影 A","电影 B","电影 C","电影 D"],"电影票价":[35,32,36,37],
               "电影类型":["爱情片","恐怖片","文艺片","家庭片"],"电影评分":[9.5,8.6,9.1,9.4]}
      #将 DataFrame 对象 df 的行索引设置为['a','b','c','d']
      df = pd.DataFrame(data = dictData, index = ['a','b','c','d'])
      value = df[df["电影评分"]< 9.2]            #布尔取值：取出电影评分小于 9.2 的数据
      print("df[df[\"电影评分\"]< 9.2]: \n",value)

输出：    电影名称  电影票价  电影类型  电影评分
      b   电影 B     32     恐怖片     8.6
      c   电影 C     36     文艺片     9.1
```

2）多条件布尔取值

如果取值时有多个条件需要满足，则可以借助“&”符号表示“且”，“|”符号表示“或”，示例代码如下：

```
//Chapter9/9.4.3_test68.py
输入：import pandas as pd
     #利用字典存储数据,键为列索引,值为 Python 列表
     dictData = {"电影名称":["电影 A","电影 B","电影 C","电影 D"],"电影票价":[35,32,36,37],
               "电影类型":["爱情片","恐怖片","文艺片","家庭片"],"电影评分":[9.5,8.6,9.1,9.4]}
     #将 DataFrame 对象 df 的行索引设置为['a','b','c','d']
     df = pd.DataFrame(data = dictData, index = ['a','b','c','d'])
     value1 = df[(df["电影评分"]< 9.2) & (df["电影票价"]< 35)]    #注意"&"符号两边的条件
                                                                #需要加括号
     value2 = df[(df["电影评分"]< 9.2) | (df["电影票价"]< 35)]
     print("电影评分小于 9.2 的数据且电影票价小于 35 的电影: \n",value1)
     print("电影评分小于 9.2 的数据或电影票价小于 35 的电影: \n",value2)

输出：电影评分小于 9.2 的数据且电影票价小于 35 的电影:
       电影名称   电影票价   电影类型   电影评分
     b  电影 B      32       恐怖片      8.6
     电影评分小于 9.2 的数据或电影票价小于 35 的电影:
       电影名称   电影票价   电影类型   电影评分
     b  电影 B      32       恐怖片      8.6
     c  电影 C      36       文艺片      9.1
```

5. 迭代取值

1）按列迭代取值

按列迭代取值的方式有两种，第 1 种是先通过循环依次获取 DataFrame 对象的列索引，再通过列索引就能迭代获取每一列数据，示例代码如下：

```
//Chapter9/9.4.3_test69.py
输入：import pandas as pd
     #利用字典存储数据,键为列索引,值为 Python 列表
     dictData = {"电影名称":["电影 A","电影 B","电影 C","电影 D"],"电影票价":[35,32,36,37],
               "电影类型":["爱情片","恐怖片","文艺片","家庭片"],"电影评分":[9.5,8.6,9.1,9.4]}
     #将 DataFrame 对象 df 的行索引设置为['a','b','c','d']
     df = pd.DataFrame(data = dictData, index = ['a','b','c','d'])
     for i in df:                    #直接通过 for 循环获取 DataFrame 对象 df 的列名
     #for i in df 的效果等价于 for i in df.columns
         print(i,": ",end = '')      #i 为列索引
         print(df[i][0])             #如果 df[i]指的是列索引 i 对应的一列,则 df[i][0]指该列
                                     #数据的第 1 个元素

输出：电影名称 : 电影 A
     电影票价 : 35
     电影类型 : 爱情片
     电影评分 : 9.5
```

第 2 种是通过 DataFrame 对象的 iteritems()函数结合循环来迭代获取 DataFrame 对象的列索引和该列对应的值，示例代码如下：

```
//Chapter9/9.4.3_test70.py
输入: import pandas as pd
      #利用字典存储数据,键为列索引,值为 Python 列表
      dictData = {"电影名称":["电影 A","电影 B"],"电影票价":[35,32],
                 "电影类型":["爱情片","恐怖片"],"电影评分":[9.5,8.6]}
      #将 DataFrame 对象 df 的行索引设置为['a','b']
      df = pd.DataFrame(data = dictData, index = ['a','b'])
      print("创建的 DataFrame 表格:\n",df,"\n 下面通过 iteritems()函数结合循环取值:")
      for col,value in df.iteritems():                 #iteritems()函数结合循环使用
          print("列索引为",col)                         #col 为列索引
          print(f"列索引\"{col}\"引对应的 value 为\n",value)

输出: 创建的 DataFrame 表格:
        电影名称  电影票价  电影类型  电影评分
      a  电影 A      35     爱情片      9.5
      b  电影 B      32     恐怖片      8.6
      下面通过 iteritems()函数结合循环取值:
      列索引为 电影名称
      列索引"电影名称"引对应的 value 为
      a    电影 A
      b    电影 B
      Name: 电影名称, dtype: object
      列索引为 电影票价
      列索引"电影票价"引对应的 value 为
      a    35
      b    32
      Name: 电影票价, dtype: int64
      列索引为 电影类型
      列索引"电影类型"引对应的 value 为
      a    爱情片
      b    恐怖片
      Name: 电影类型, dtype: object
      列索引为 电影评分
      列索引"电影评分"引对应的 value 为
      a    9.5
      b    8.6
      Name: 电影评分, dtype: float64
```

2）按行迭代取值

按行迭代取值的方式有两种,第 1 种是通过 DataFrame 对象的 iterrows()函数结合循环获取 DataFrame 对象的行索引和该行索引对应的值,示例代码如下:

```
//Chapter9/9.4.3_test71.py
输入: import pandas as pd
      #利用字典存储数据,键为列索引,值为 Python 列表
      dictData = {"电影名称":["电影 A","电影 B"],"电影票价":[35,32],
                 "电影类型":["爱情片","恐怖片"],"电影评分":[9.5,8.6]}
      #将 DataFrame 对象 df 的行索引设置为['a','b']
      df = pd.DataFrame(data = dictData, index = ['a','b'])
```

```
        for row,value in df.iterrows():                  #iterrows()函数结合循环使用
            print("行索引:",row)                          #row 为行索引
            print(value)                                 #value 为行索引 row 对应的该行数据

输出:行索引:a
      电影名称    电影 A
      电影票价    35
      电影类型    爱情片
      电影评分    9.5
      Name: a, dtype: object
      行索引:b
      电影名称    电影 B
      电影票价    32
      电影类型    恐怖片
      电影评分    8.6
      Name: b, dtype: object
```

第 2 种是通过 DataFrame 对象的 itertuples()函数结合循环获取 DataFrame 对象行数据组成的元组序列,元组序列形式为(行索引:值,列索引 1:值,列索引 2:值...),示例代码如下:

```
//Chapter9/9.4.3_test72.py
输入:import pandas as pd
      #利用字典存储数据,键为列索引,值为 Python 列表
      dictData = {"名称":["电影 A","电影 B"],"票价":[35,32],
              "类型":["爱情片","恐怖片"],"评分":[9.5,8.6]}
      #将 DataFrame 对象 df 的行索引设置为['a','b']
      df = pd.DataFrame(data = dictData, index = ['a','b'])
      for tup in df.itertuples():
          print(tup)                         #tup 为由行数据组成的元组序列

输出:Pandas(Index = 'a', 名称 = '电影 A', 票价 = 35, 类型 = '爱情片', 评分 = 9.5)
      Pandas(Index = 'b', 名称 = '电影 B', 票价 = 32, 类型 = '恐怖片', 评分 = 8.6)
```

将上述介绍的 DataFrame 对象数据的取值方式总结成表 9-13,读者千万不要被表 9-13 所示的知识所迷惑,产生 DataFrame 对象数据的取值方式非常复杂这样一个错觉,其实仔细总结就能发现,表 9-13 涉及的知识点其实并不多,包括前面我们学过的取值方式,再加上".loc[]"".iloc[]"".at[]"".iat[]"这 4 种特殊取值方式,以及迭代取值涉及的 iteritems()、iterrows()、itertuples()这 3 个函数罢了。

表 9-13 DataFrame 对象数据的取值方式

序号	取值方式	详细分类	语法格式
1	列索引取值	单列元素取值	DataFrame 对象名[列索引]
		多列元素取值	DataFrame 对象名[[列索引 1,列索引 2,列索引 3...]]
2	行索引取值	单行元素取值	DataFrame 对象名.loc[行索引]
			DataFrame 对象名.iloc[行号]
		多行元素取值	DataFrame 对象名.loc[[行索引 1,行索引 2,行索引 3...]]
			DataFrame 对象名.iloc[[行号 1,行号 2,行号 3...]]

续表

序号	取值方式	详细分类	语法格式
3	行列索引取值	单个元素取值	DataFrame 对象名[列索引][行索引],注意这是先取列再取行
			DataFrame 对象名[列索引][行号],注意这是先取列再取行
			DataFrame 对象名.loc[行索引][列索引]
			DataFrame 对象名.iloc[行号][列号]
			DataFrame 对象名.loc[行索引,列索引]
			DataFrame 对象名.iloc[行号,列号]
			DataFrame 对象名.at[行索引,列索引]
			DataFrame 对象名.iat[行号,列号]
		取出单列中的多个元素值	DataFrame 对象名[列索引][[行索引 1,行索引 2...]]
			DataFrame 对象名[列索引][[行号 1,行号 2...]]
		多行多列元素取值	DataFrame 对象名.loc[[行索引 1,行索引 2...]][列索引 1,列索引 2...]
			DataFrame 对象名.iloc[[行号 1,行号 2...]][[列号 1,列号 2...]]
			DataFrame 对象名.loc[[行索引 1,行索引 2...],[列索引 1,列索引 2...]]
			DataFrame 对象名.iloc[[行号 1,行号 2...],[列号 1,列号 2...]]
			DataFrame 对象名.loc[行切片,列切片]
			DataFrame 对象名.iloc[行号切片,列号切片]
4	布尔取值	单条件布尔取值	DataFrame 对象名[布尔表达式]
		多条件布尔取值	DataFrame 对象名[布尔表达式 1 & 布尔表达式 2]表示“且”
			DataFrame 对象名[布尔表达式 1 | 布尔表达式 2]表示“或”
5	迭代取值	按列取值	直接通过循环语句依次获取 DataFrame 对象的列索引,再通过列索引即能获取每一列数据
			通过 DataFrame 对象的 iteritems()函数结合循环语句,能够迭代获取 DataFrame 对象的列索引和该列对应的值
		按行取值	通过 DataFrame 对象的 iterrows()函数结合循环语句,能够迭代获取 DataFrame 对象的行索引和该行索引对应的值
			通过 DataFrame 对象的 itertuples()函数结合循环语句,能够迭代获取 DataFrame 对象每一行数据组成的元组序列,元组序列形式为(行索引: 值,列索引 1: 值,列索引 2: 值...)

注意:行索引和列索引分别指通过 DataFrame()函数创建 DataFrame 对象时传入参数 index 和 columns 的参数值,行号和列号为从 0 开始的序列,0 代表第 1 行或第 1 列。

9.4.4 DataFrame 对象的更新

DataFrame 对象的更新操作包括添加、删除和修改,修改包括 DataFrame 对象元素值的修改、行索引与列索引的修改。

DataFrame 对象的常用更新操作总结如表 9-14 所示。

表 9-14 DataFrame 对象的常用更新操作

<table>
<tr><th>序号</th><th>更新操作</th><th colspan="2">详细说明</th></tr>
<tr><td rowspan="6">1</td><td rowspan="6">添加</td><td rowspan="3">按列添加元素值</td><td>可以使用“DataFrame 对象名[新列索引]=新 Series 对象或新 Python 列表或新 NumPy 一维数组”的语法格式</td></tr>
<tr><td>可以使用“DataFrame 对象名.loc[:,新列索引]=新 Series 对象或新 Python 列表或新 NumPy 一维数组”的语法格式</td></tr>
<tr><td>可以使用 DataFrame 对象的 insert()函数</td></tr>
<tr><td>按行添加元素值</td><td>可以使用 DataFrame 对象的 append()函数</td></tr>
<tr><td rowspan="2">DataFrame 对象的连接</td><td>可以使用 Pandas 库中的 merge()函数(重点掌握)</td></tr>
<tr><td>可以使用 Pandas 库中的 concat()函数(重点掌握)</td></tr>
<tr><td rowspan="2">2</td><td rowspan="2">删除</td><td colspan="2">可以使用 del 语句删除 DataFrame 对象一行或一列的数据元素值</td></tr>
<tr><td colspan="2">可以使用 DataFrame 对象的 drop()函数删除指定的行或列</td></tr>
<tr><td rowspan="4">3</td><td rowspan="4">修改</td><td rowspan="3">修改 DataFrame 对象的元素值</td><td>通过赋值语句可以修改单个元素值</td></tr>
<tr><td>通过赋值语句可以修改一列元素值</td></tr>
<tr><td>通过赋值语句可以修改一行元素值</td></tr>
<tr><td>修改 DataFrame 对象的行或列索引</td><td>可以使用 DataFrame 对象的 rename()函数</td></tr>
</table>

1. 添加

DataFrame 对象的添加操作包括按列添加元素值、按行添加元素值及 DataFrame 对象的连接。

1) 按列添加元素值

下面介绍 3 种按列添加元素值的方法。

方法 1：使用“DataFrame 对象名[新列索引]=新 Series 对象或新 Python 列表或新 NumPy 一维数组”的语法格式可以将新列添加在 DataFrame 对象最右侧部分，示例代码如下：

```
//Chapter9/9.4.4_test73.py
输入：import pandas as pd
     import numpy as np
     #利用字典存储数据,键为列索引,值为 Python 列表
     dictData = {"电影名称":["电影 A","电影 B","电影 C"],"电影票价":[35,32,36]}
     df = pd.DataFrame(data = dictData)
     print("原始 DataFrame 对象:\n",df)
     df["电影类型"] = pd.Series(["爱情片","恐怖片","文艺片"])    #Series 对象添加新列
     df["电影主演"] = ["明星 A","明星 B","明星 C"]              #Python 列表添加新列
     df["电影评分"] = np.array([9.5,8.6,9.1])                 #NumPy 一维数组添加新列
     print("添加 3 列新元素后的 DataFrame 对象:\n",df)

输出：原始 DataFrame 对象:
        电影名称  电影票价
     0    电影 A     35
     1    电影 B     32
     2    电影 C     36
```

```
添加 3 列新元素后的 DataFrame 对象:
     电影名称   电影票价   电影类型   电影主演   电影评分
0      电影 A       35       爱情片      明星 A      9.5
1      电影 B       32       恐怖片      明星 B      8.6
2      电影 C       36       文艺片      明星 C      9.1
```

方法 2：使用"DataFrame 对象名.loc[:,新列索引]=新 Series 对象或新 Python 列表或新 NumPy 一维数组"的语法格式可以将新列添加在 DataFrame 对象最右侧部分，语法格式中的":"代表选中所有行(该切片用法读者若有遗忘，则可参考 3.4.2 节的表 3-13 序号 3)，示例代码如下：

```
//Chapter9/9.4.4_test74.py
输入: import pandas as pd
      import numpy as np
      #利用字典存储数据,键为列索引,值为 Python 列表
      dictData = {"电影名称":["电影 A","电影 B","电影 C"],"电影票价":[35,32,36]}
      df = pd.DataFrame(data = dictData)
      print("原始 DataFrame 对象: \n",df)
      df.loc[:,"电影类型"] = pd.Series(["爱情片","恐怖片","文艺片"])    #添加新列
      df.loc[:,"电影主演"] = ["明星 A","明星 B","明星 C"]                #添加新列
      df.loc[:,"电影评分"] = np.array([9.5,8.6,9.1])                     #添加新列
      print("添加 3 列新元素后的 DataFrame 对象: \n",df)

输出: 原始 DataFrame 对象:
         电影名称   电影票价
      0    电影 A      35
      1    电影 B      32
      2    电影 C      36
      添加 3 列新元素后的 DataFrame 对象:
         电影名称   电影票价   电影类型   电影主演   电影评分
      0    电影 A      35       爱情片      明星 A      9.5
      1    电影 B      32       恐怖片      明星 B      8.6
      2    电影 C      36       文艺片      明星 C      9.1
```

方法 3：使用 DataFrame 对象的 insert()函数可以将新列添加在 DataFrame 对象指定列位置，insert()函数原型的部分参数如下：

```
insert(loc,column,value,allow_duplicates = False)
```

上述 insert()函数列举的各参数含义如表 9-15 所示。

表 9-15 insert()函数各参数含义

序号	参数名称	详细说明
1	loc	表示列序号，例如 loc 为 0 表示在第 1 列插入元素
2	column	表示要插入的列索引
3	value	表示要插入的值，可以是 Series 对象、列表、NumPy 数组等
4	allow_duplicates	默认值为 False，其值为 True 时表示允许新的列索引与已存在的列索引重复

DataFrame 对象的 insert()函数使用示例代码如下：

```
//Chapter9/9.4.4_test75.py
输入：import pandas as pd
      import numpy as np
      #利用字典存储数据,键为列索引,值为 Python 列表
      dictData = {"电影名称":["电影 A","电影 B","电影 C"],"电影票价":[35,32,36]}
      df = pd.DataFrame(data = dictData)
      print("原始 DataFrame 对象：\n",df)
      df.insert(loc = 2,column = "电影类型",value = ["爱情片","恐怖片","文艺片"])
                                        #往第 3 列添加新元素
      print("第 3 列添加新元素后的 DataFrame 对象：\n",df)

输出：原始 DataFrame 对象：
          电影名称   电影票价
      0     电影 A      35
      1     电影 B      32
      2     电影 C      36
      第 3 列添加新元素后的 DataFrame 对象：
          电影名称   电影票价   电影类型
      0     电影 A      35       爱情片
      1     电影 B      32       恐怖片
      2     电影 C      36       文艺片
```

2）按行添加元素值

使用 DataFrame 对象的 append()函数可以将新行添加在 DataFrame 对象行的末端，append()函数原型的部分参数如下：

```
append(other, ignore_index = False, verify_integrity = False)
```

上述 append()函数列举的各参数含义如表 9-16 所示。

表 9-16 append()函数各参数含义

序号	参数名称	详细说明
1	other	可以为 DataFrame 对象、字典、Python 列表、Series 对象
2	ignore_index	默认值为 False，其值为 True 时表示忽略(不使用)other 对象设置的 index 索引
3	verify_integrity	默认值为 False，其值为 True 时若设置的 index 索引相同，则会抛出 ValueError 错误异常

DataFrame 对象的 append()函数使用示例代码如下：

```
//Chapter9/9.4.4_test76.py
输入：import pandas as pd
      import numpy as np
      #利用字典存储数据,键为列索引,值为 Python 列表
      dictData = {"电影名称":["电影 A","电影 B"],"电影票价":[35,32]}
      df = pd.DataFrame(data = dictData)        #创建 DataFrame 对象 df
```

```
df1 = df.append(other = df, ignore_index = True)             #df 添加 DataFrame 对象 df
dict = {"电影名称":"电影 C","电影票价":36}
df2 = df.append(other = dict, ignore_index = True)           #参数 other 为字典对象
dataS = pd.Series({"电影名称":"电影 C","电影票价":36},name = 2)
#注意,Series 对象 dataS 创建时必须设置参数 name,参数 name 会被解析为行索引
df3 = df.append(other = dataS, ignore_index = True)          #参数 other 为 Series 对象
print("DataFrame 对象 df:\n",df)
print("DataFrame 对象 df 添加 DataFrame 对象 df: \n",df1)
print("DataFrame 对象 df 添加字典对象 dict: \n",df2)
print("DataFrame 对象 df 添加 Series 对象 dataS: \n",df3)

输出: DataFrame 对象 df:
      电影名称  电影票价
   0    电影 A      35
   1    电影 B      32
   DataFrame 对象 df 添加 DataFrame 对象 df:
      电影名称  电影票价
   0    电影 A      35
   1    电影 B      32
   2    电影 A      35
   3    电影 B      32
   DataFrame 对象 df 添加字典对象 dict:
      电影名称  电影票价
   0    电影 A      35
   1    电影 B      32
   2    电影 C      36
   DataFrame 对象 df 添加 Series 对象 dataS:
      电影名称  电影票价
   0    电影 A      35
   1    电影 B      32
   2    电影 C      36
```

3）DataFrame 对象的连接

下面介绍 2 种 DataFrame 对象的连接方法，这两种方法的使用频率非常高，读者需重点掌握。

方法 1：Pandas 库中的 merge()函数可以用来连接 DataFrame 对象，merge()函数原型的部分参数如下：

```
pandas.merge(left,right,how = "inner",on = None,left_on = None,right_on = None)
```

上述 pandas.merge()函数列举的各参数含义如表 9-17 所示。

表 9-17　pandas.merge()函数各参数含义

序号	参数名称	详细说明
1	left	代表要连接的左 DataFrame 对象表
2	right	代表要连接的右 DataFrame 对象表

续表

序号	参数名称	详细说明
3	on	代表连接键,连接键为两个 DataFrame 对象表都具有的行索引或列索引,若 on 为 None 则表示以这两个 DataFrame 对象表的列索引交集作为连接键
4	how	参数 how 代表连接的方式,默认值为 inner,表示以交集的方式保留两个 DataFrame 对象表的数据;参数值为 outer 时表示以并集的方式保留两个 DataFrame 对象表的数据;参数值为 left 时表示只保留左 DataFrame 对象表的所有数据;参数值为 right 时表示只保留右 DataFrame 对象表的所有数据
5	left_on	代表左 DataFrame 表的连接键
6	right_on	代表右 DataFrame 表的连接键

使用 Pandas 库中的 merge()函数连接两个 DataFrame 对象表的示例代码如下:

```
//Chapter9/9.4.4_test77.py
输入: import pandas as pd
      #1. 创建两个 DataFrame 对象表 df1 与 df2
      dict1 = {"1 月":[1,2,3],"2 月":[4,5,6],"3 月":[7,8,9]}
      df1 = pd.DataFrame(data = dict1)              #创建 df1
      print("1. DataFrame 对象 df1:\n",df1)
      dict2 = {"2 月":[4,5,6],"3 月":[10,11,12],"4 月":[130,520,170]}
      df2 = pd.DataFrame(data = dict2)              #创建 df2
      print("2. DataFrame 对象 df2:\n",df2)
      #2. 将 merge()函数的参数 how 设置为 inner,以列索引 2 月和 3 月为连接键,无交集则返回空
      df = pd.merge(left = df1,right = df2,how = 'inner',on = ['2 月','3 月'])
      print("3. how 为 inner 时,保留数据交集: \n",df)
      #3. 将参数 how 设置为 outer,以列索引 2 月和 3 月为连接键
      df = pd.merge(left = df1,right = df2,how = 'outer',on = ['2 月','3 月'])
      print("4. how 为 outer 时,保留数据并集: \n",df)
      #4. 将参数 how 设置为 left,以列索引 2 月和 3 月为连接键
      df = pd.merge(left = df1,right = df2,how = 'left',on = ['2 月','3 月'])
      print("5. how 为 left 时,只保留左表数据: \n",df)
      #5. 将参数 how 设置为 right,以列索引 2 月和 3 月为连接键
      df = pd.merge(left = df1,right = df2,how = 'right',on = ['2 月','3 月'])
      print("6. how 为 right 时,只保留右表数据: \n",df)

输出: 1. DataFrame 对象 df1:
         1月  2月  3月
      0   1    4    7
      1   2    5    8
      2   3    6    9
      2. DataFrame 对象 df2:
         2月  3月  4月
      0   4   10   130
      1   5   11   520
      2   6   12   170
      3. how 为 inner 时,保留数据交集:
      Empty DataFrame
```

```
Columns: [1月, 2月, 3月, 4月]
Index: []
4. how 为 outer 时,保留数据并集:
    1月  2月  3月  4月
0   1.0   4    7    NaN
1   2.0   5    8    NaN
2   3.0   6    9    NaN
3   NaN   4    10   130.0
4   NaN   5    11   520.0
5   NaN   6    12   170.0
5. how 为 left 时,只保留左表数据:
    1月  2月  3月  4月
0    1    4    7    NaN
1    2    5    8    NaN
2    3    6    9    NaN
6.how 为 right 时,只保留右表数据:
    1月  2月  3月  4月
0   NaN   4    10   130
1   NaN   5    11   520
2   NaN   6    12   170
```

方法2：Pandas库中的concat()函数用于连接多个DataFrame对象，concat()函数原型的部分参数如下：

```
pandas.concat(objs,axis = 0,join = "outer",ignore_index = False)
```

上述pandas.concat()函数列举的各参数含义如表9-18所示。

表9-18 pandas.concat()函数各参数含义

序号	参数名称	详细说明
1	objs	表示要连接的多个对象，可以是DataFrame对象、Series对象、Python字典、Python列表，多个对象常放在一个列表中传入
2	axis	表示沿着连接的轴，默认为0，为0时表示沿着竖直方向连接，为1时表示沿着水平方向连接
3	join	默认值为outer，表示以并集连接，若为inner，则表示以交集连接
4	ignore_index	默认值为False，为False时表示保留原有索引，其值为True时表示忽略原有索引

使用Pandas库中的concat()函数连接多个DataFrame对象表的示例代码如下：

```
//Chapter9/9.4.4_test78.py
输入: import pandas as pd
      #1. 创建3个DataFrame对象表df1、df2、df3
      dict1 = {"1月":[1,2],"2月":[4,5]}
      df1 = pd.DataFrame(data = dict1,index = ['a','b'])          #创建df1
      print("DataFrame对象df1:\n",df1)
      dict2 = {"3月":[4,5],"4月":[10,11],}
      df2 = pd.DataFrame(data = dict2,index = ['c','d'])          #创建df2
```

```
    print("DataFrame 对象 df2:\n",df2)
    dict3 = {"5 月":[7,8],"6 月":[120,130]}
    df3 = pd.DataFrame(data = dict3,index = ['e','f'])          # 创建 df3
    print("DataFrame 对象 df3:\n",df3)
    df = pd.concat(objs = [df1,df2,df3],join = 'outer',axis = 1)    # 水平方向以并集连接
    print("以水平方向并集方式连接: \n",df)

输出: DataFrame 对象 df1:
       1 月  2 月
    a    1    4
    b    2    5
    DataFrame 对象 df2:
       3 月  4 月
    c    4    10
    d    5    11
    DataFrame 对象 df3:
       5 月  6 月
    e    7    120
    f    8    130
    以水平方向并集方式连接:
       1 月  2 月  3 月  4 月   5 月  6 月
    a  1.0   4.0  NaN   NaN   NaN   NaN
    b  2.0   5.0  NaN   NaN   NaN   NaN
    c  NaN   NaN   4.0  10.0  NaN   NaN
    d  NaN   NaN   5.0  11.0  NaN   NaN
    e  NaN   NaN   NaN  NaN   7.0  120.0
    f  NaN   NaN   NaN  NaN   8.0  130.0
```

由上述代码结果可以发现,当用于连接的几个 DataFrame 对象表索引不相匹配时,相应位置会以 NaN(空值)填充。

2. 删除

(1) 使用 del 语句可以删除 DataFrame 对象一行或一列的数据元素值,行或列通过 9.4.3 节介绍的取值方式进行选择即可,示例代码如下:

```
//Chapter9/9.4.4_test79.py
输入: import pandas as pd
    dict = {"1 月":[1,2],"2 月":[4,5]}
    df = pd.DataFrame(data = dict,index = ['a','b'])        # 创建 df
    print("DataFrame 对象 df: \n",df)
    del df['1 月']                                          # 删除第 1 列
    print("删除列索引为 1 月对应的列: \n",df)

输出: DataFrame 对象 df:
       1 月  2 月
    a    1    4
    b    2    5
    删除列索引为 1 月对应的列:
       2 月
    a    4
    b    5
```

(2) 使用 DataFrame 对象的 drop()函数可以删除指定的行或列,drop()函数原型的部分参数如下:

```
drop(labels = None, axis = 0, index = None, columns = None, inplace = False)
```

上述 drop()函数列举的各参数含义如表 9-19 所示。

表 9-19 drop()函数各参数含义

序号	参数名称	详细说明
1	labels	用列表形式指定要删除的行或列索引
2	axis	默认值为 0,为 0 时表示删除行,为 1 时表示删除列
3	index	代表指定删除的行
4	columns	代表指定删除的列
5	inplace	默认值为 False,为 False 时表示返回删除指定行或列后的新 DataFrame 对象,其值为 True 时表示直接在原 DataFrame 对象中进行行或列的删除

DataFrame 对象的 drop()函数使用示例代码如下:

```
//Chapter9/9.4.4_test80.py
输入: import pandas as pd
      dict = {"1 月":[1,2,3,4],"2 月":[4,5,6,7],"3 月":[8,9,10,11]}
      df = pd.DataFrame(data = dict, index = ['a','b','c','d'])         #创建 df
      print("DataFrame 对象 df: \n",df)
      df = df.drop(index = 'c',columns = "3 月")   #删除行索引 c 对应的行,删除列索引 3 月对应的列
      print("删除行索引 c 对应的行,删除列索引 3 月对应的列: \n",df)

输出: DataFrame 对象 df:
         1 月   2 月   3 月
      a    1     4     8
      b    2     5     9
      c    3     6    10
      d    4     7    11
      删除行索引 c 对应的行,删除列索引 3 月对应的列:
         1 月   2 月
      a    1     4
      b    2     5
      d    4     7
```

3. 修改

1) 修改 DataFrame 对象单个元素值

修改 DataFrame 对象的单个元素值通过取值方式选择出该元素后进行赋值即可,示例代码如下:

```
//Chapter9/9.4.4_test81.py
输入: import pandas as pd
      dict = {"1 月":[1,2],"2 月":[4,5]}
      df = pd.DataFrame(data = dict, index = ['a','b'])              #创建 df
```

```
        print("DataFrame 对象 df: \n",df)
        df['1 月'][1] = 10            #df['1 月']先取列,再采用 df['1 月'][1]取出单个元素
        print("修改后的 DataFrame 对象 df: \n",df)

输出: DataFrame 对象 df:
           1 月  2 月
        a    1    4
        b    2    5
        修改后的 DataFrame 对象 df:
           1 月  2 月
        a    1    4
        b   10    5
```

2）修改 DataFrame 对象一列的元素值

修改 DataFrame 对象一列的元素值需要先选择出该列元素，再将新列元素值(可以是列表、Series 对象、NumPy 一维数组、标量数字)重新赋值给该列即可，示例代码如下：

```
//Chapter9/9.4.4_test82.py
输入: import pandas as pd
      import numpy as np
      dict = {"1 月":[1,2],"2 月":[4,5],"3 月":[6,7],"4 月":[9,10],"5 月":[11,12]}
      df = pd.DataFrame(data = dict)                    #创建 df
      print("DataFrame 对象 df: \n",df)
      col1 = [10,11]
      col2 = pd.Series([12,13])
      col3 = np.array([14,15])
      col4 = 16
      df["1 月"] = col1                                 #使用 Python 列表修改
      df["2 月"] = col2                                 #使用 Series 对象修改
      df["3 月"] = col3                                 #使用 NumPy 一维数组修改
      df["4 月"] = col4                                 #使用标题量数字修改,col4 为 16
      print("修改 4 列元素后的 DataFrame 对象 df: \n",df)

输出: DataFrame 对象 df:
         1 月  2 月  3 月  4 月  5 月
      0   1     4    6    9    11
      1   2     5    7    10   12
      修改 4 列元素后的 DataFrame 对象 df:
         1 月  2 月  3 月  4 月  5 月
      0   10   12    14   16   11
      1   11   13    15   16   12
```

3）修改 DataFarme 对象一行的元素值

修改 DataFrame 对象一行的元素值同样需要先选择出该行元素，再将新行元素值(可以是列表、NumPy 一维数组、标量数字)重新赋值给该列即可，示例代码如下：

```
//Chapter9/9.4.4_test83.py
输入: import pandas as pd
```

```
        import numpy as np
        dict = {"1 月":[1,2,3,4],"2 月":[4,5,6,7]}
        df = pd.DataFrame(data = dict)                    # 创建 df
        print("DataFrame 对象 df: \n",df)
        row1 = [20,21]
        row2 = np.array([30,31])
        row3 = 35
        df.iloc[0] = row1                                 # 使用 Python 列表修改
        df.iloc[1] = row2                                 # 使用 NumPy 一维数组修改
        df.iloc[2] = row3                                 # 使用标量数字修改
        print("修改前 3 行元素后的 DataFrame 对象 df: \n",df)

输出: DataFrame 对象 df:
          1 月  2 月
        0   1    4
        1   2    5
        2   3    6
        3   4    7
        修改前 3 行元素后的 DataFrame 对象 df:
          1 月  2 月
        0   20   21
        1   30   31
        2   35   35
        3   4    7
```

4）修改行索引和列索引

DataFrame 对象的 rename()函数可以修改已经创建好的行索引和列索引，DataFrame 对象的 rename()函数使用示例代码如下：

```
//Chapter9/9.4.4_test84.py
输入: import pandas as pd
        dict = {"1 月":[1,2,3,4],"2 月":[4,5,6,7]}
        df = pd.DataFrame(data = dict, index = ['a','b','c','d'])            # 创建 df
        print("DataFrame 对象 df:\n",df)
        # 下面把行索引 a、c 修改成 A、C,把列索引 1 月修改成 11 月
        df = df.rename(index = {'a':'A','c':'C'},columns = {'1 月':'11 月'})
        # 参数 index 代表对行索引修改,参数 columns 代表对列索引修改
        # 上述两个参数通常传入一个字典,字典的键为要修改的行或列索引,字典的值为新的行或列索引
        print("重命名行索引或列索引后的 DataFrame 对象 df:\n",df)

输出: DataFrame 对象 df:
          1 月  2 月
        a   1    4
        b   2    5
        c   3    6
        d   4    7
        重命名行索引或列索引后的 DataFrame 对象 df:
          11 月  2 月
        A    1    4
        b    2    5
        C    3    6
        d    4    7
```

9.4.5 DataFrame 对象的基本运算

DataFrame 对象的基本运算和 Series 对象的基本运算一样，同样支持＋、－、*、/共 4 种运算，以及相关的运算函数。DataFrame 对象间可以进行运算，但如果 DataFrame 对象的行索引或列索引不相同，则对应位置会产生空值。DataFrame 对象与标量数字间也可以进行运算，这个标量数字会和 DataFrame 对象里的每个元素进行运算。

DataFrame 对象的基本运算方法如表 9-20 所示。

表 9-20 数组对象基本运算

序号	方 法	详细说明（假设 df1 和 df2 为 DataFrame 对象）
1	＋或 df1.add(df2)	两个行、列索引相互对应的 DataFrame 对象相加
2	－或 df1.sub(df2)	两个行、列索引相互对应的 DataFrame 对象相减
3	* 或 df1.mul(df2)	两个行、列索引相互对应的 DataFrame 对象相乘
4	/或 df1.div(df2)	两个行、列索引相互对应的 DataFrame 对象相除，df1 中的元素为被除数，df2 里的元素为除数，注意除数 df2 里的元素不能为 0

加法运算的使用示例代码如下：

```
//Chapter9/9.4.5_test85.py
输入：import pandas as pd
      df1 = pd.DataFrame(data = [[1,2],[3,4]])
      df2 = pd.DataFrame(data = [[8,9],[10,11]])
      df = df1 + df2                           #加法运算
      print(df)

输出：    0    1
      0   9   11
      1  13   15
```

9.4.6 DataFrame 对象的统计函数

9.3.6 节介绍的 Series 对象的统计函数在 DataFrame 对象中也都具备，因此本节不对这些统计函数作相关赘述，读者若需要对 DataFrame 对象中的数据元素进行统计，则相关使用方法可参考 9.3.6 节。

当然，由于 DataFrame 对象是二维结构，而 Series 对象是一维结构，因此 DataFramec 对象与 Series 对象使用统计函数时存在细小的区别，例如 DataFrame 对象可以通过统计函数提供的参数 axis 来指定按行或按列进行统计，axis 为 1 则按行统计，axis 为 0 则按列统计。

使用 DataFrame 对象中的 sum()函数分别统计各行、各列和的示例代码如下：

```
//Chapter9/9.4.6_test86.py
输入：import pandas as pd
      dict = {"1 月":[205,201,300],"2 月":[100,120,652],"3 月":[140,520,120]}
      df = pd.DataFrame(data = dict)
```

```
    rowDf = df.sum(axis = 1)               # 参数 axis 为 1 时,DataFrame 对象 df 按行求和
    colDf = df.sum(axis = 0)               # 参数 axis 为 0 时,DataFrame 对象 df 按列求和
    print("DataFrame 对象 df: \n",df)      # 查看 DataFrame 对象
    print("DataFrame 对象 df 按行求和: \n",rowDf)
    print("DataFrame 对象 df 按列求和: \n",colDf)

输出: DataFrame 对象 df:
       1月  2月  3月
    0  205  100  140
    1  201  120  520
    2  300  652  120
    DataFrame 对象 df 按行求和:
    0    445
    1    841
    2    1072
    dtype: int64
    DataFrame 对象 df 按列求和:
    1月    706
    2月    872
    3月    780
    dtype: int64
```

其他统计函数(如平均值函数 mean()、最大值函数 max()等)的使用方式同上。

9.4.7 DataFrame 对象的字符串处理

由于 DataFrame 对象是二维结构,同一列的数据类型相同,但不同列的数据类型可能不相同,因此 DataFrame 对象不能直接使用字符串处理函数。如果要对 DataFrame 对象中的字符串类型数据进行处理又该怎么办呢?

解决办法其实非常简单,9.3.7 节介绍过 Series 对象的字符串处理函数,而 DataFrame 对象的每列都可以认为是一个 Series 对象,因此对 DataFrame 对象里的字符串处理只需按列处理即可,取出 DataFrame 对象中所要处理的字符串数据,该列数据为一个 Series 对象,可以使用 Series 对象的字符串处理函数进行处理,以此实现对 DataFrame 对象字符串处理的功能。

下面用一道例题来加深读者对 Series 对象和 DataFrame 对象字符串处理方法的理解。

【例 9-1】 假设有一个大型医院,医院里有众多的医生需要轮流值班,表 9-21 是其中 5 位医生在 2021 年的 10 条值班时间记录,值班时间记录为字符串类型,如字符串"3-1"表示 3 月 1 号,由于 3 月份为流感高发期,这期间值班的医生们更是天天在加班。医院为嘉奖和鼓励辛苦工作的医生们,给在 3 月份值过班的医生发放 200 元每天的特殊补贴,例如医生小月在 3 月份值过 6 天班,则能获得 200×6=1200 元补贴。

现需要分析出表 9-21 所示的 5 位医生在 16 天的值班里分别能获得的补贴。

注:由于书中篇幅有限,因此以 5 位医生 10 天的值班记录作为示例,真实情况下可能是几百位医生的几百条值班记录数据,而且值班记录可能存储在外部 Excel 表格中,Excel 表格数据可以通过 9.5 节介绍的 read_excel()函数读入,不需要像本例一样通过 Pandas 库中的 DataFrame()函数创建表 9-21 中的数据。

表 9-21 5 位医生在 2021 年的 10 条值班时间记录表

姓名	1	2	3	4	5	6	7	8	9	10
小月	2-25	2-27	3-1	3-9	3-10	3-20	3-23	3-25	4-1	4-3
小北	2-21	2-22	2-26	2-27	3-6	3-9	3-12	3-18	3-20	3-25
小文	3-6	3-11	3-20	3-26	3-28	3-29	4-5	4-6	4-8	4-15
小苑	3-2	3-5	3-16	3-17	3-18	3-20	3-25	3-26	3-28	4-1
小邓	3-5	3-6	3-16	3-17	3-20	3-21	3-25	4-16	4-17	4-18

分析：本例中的数据不是从外部获取的(真实情况下应该是从外部文件读取值班记录)，所以第 1 步是创建表 9-21 所示的 DataFrame 数据表。第 2 步是根据题目要求统计表中各医生在 3 月份值班的天数，由于表中医生有 5 人，可以建立一个一维含有 5 个元素的 NumPy 数组或 Series 对象或 DataFrame 对象用来记录 5 位医生的值班天数，又由于 DataFrame 数据表中的日期数据都是字符串类型，并且日期以"-"符号作为分隔，如果按行遍历数据可以考虑使用 Python 自带的 split()字符串处理函数对日期数据分隔，如果按列遍历数据可以考虑使用 Series 对象中 str 的 split()字符串处理函数。第 3 步则是计算出各医生能获得的补贴。

示例代码如下：

```
//Chapter9/9.4.7_test87.py
输入：import pandas as pd
     import numpy as np
     #第 1 步：创建值班数据表 df
     dict = {1:["2 - 25","2 - 21","3 - 6","3 - 2","3 - 5"],
             2:["2 - 2","2 - 22","3 - 11","3 - 5","3 - 6"],
             3:["3 - 1","2 - 26","3 - 20","3 - 16","3 - 16"],
             4:["3 - 9","2 - 27","3 - 26","3 - 17","3 - 17"],
             5:["3 - 10","3 - 6","3 - 28","3 - 18","3 - 20"],
             6:["3 - 20","3 - 9","3 - 29","3 - 20","3 - 21"],
             7:["3 - 23","3 - 12","4 - 5","3 - 25","3 - 25"],
             8:["3 - 25","3 - 18","4 - 6","3 - 26","4 - 16"],
             9:["4 - 1","3 - 20","4 - 8","3 - 28","4 - 17"],
             10:["4 - 3","3 - 25","4 - 15","4 - 1","4 - 18"]}
     name = ["小月","小北","小文","小苑","小邓"]
     df = pd.DataFrame(data = dict, index = name)
     #第 2 步：按行或按列遍历数据进行统计，本例按列遍历
     #创建 Series 对象 arrDf 用来统计各医生值班天数
     arrDf = pd.Series(data = np.zeros(5), index = name)
     arrDf = arrDf.astype('int')                          #转换成整型
     for col,val in df.iteritems():
         #col 表示列索引，val 是一个 Series 对象且保存一列的数据
         listValue = val.str.split('-')                   #以"-"分隔
         #listValue 仍然是一个 Series 对象，每个元素是二元列表
         for index,listVal in listValue.iteritems():
             if int(listVal[0]) == 3:                     #如果在 3 月份值班了
                 #listVal[0]是字符串，要转换成整型才能比较
                 arrDf[index] = arrDf[index] + 1          #值班天数加 1
```

```
    #第3步：计算各医生能获得的补贴
    for name,value in arrDf.iteritems():
        #name为医生名称,value为各医生3月份值班的天数
        print(f"{name}医生在3月份值班{value}天,能获得{value*200}的补贴")

输出：小月医生在3月份值班6天,能获得1200的补贴
      小北医生在3月份值班6天,能获得1200的补贴
      小文医生在3月份值班6天,能获得1200的补贴
      小苑医生在3月份值班9天,能获得1800的补贴
      小邓医生在3月份值班7天,能获得1400的补贴
```

9.4.8 DataFrame对象的常用函数

DataFrame对象的常用函数如表9-22所示。

表9-22 DataFrame对象的常用函数

序号	常用函数	详细说明(假设df为DataFrame对象)
1	df.head(n=5)	返回DataFrame对象df的前n行数据,参数n的默认值为5。当数据量很大时,常使用此函数查看开头部分的数据
2	df.tail(n=5)	返回DataFrame对象df的最后n行数据,参数n的默认值为5。当数据量很大时,常使用此函数查看末尾部分的数据
3	df.sort_values(by,axis=0,ascending=True)	按照指定的列或行进行排序。参数by为指定的行或列,可以传入单行或单列,也可以传入多行多列组成的列表,按列表的行或者列顺序进行排序;参数axis默认值为0,表示按行排序,axis为1时表示按列排序;参数ascending默认值为True,表示从小到大升序排列,参数值为False时表示从大到小降序排列
4	df.sort_index(axis=0,ascending=True)	按照行或列索引排序。参数axis默认值为0,表示按行索引排序,axis为1时表示按列索引排序;参数ascending默认值为True,表示从小到大升序排列,参数值为False时表示从大到小降序排列
5	df.rank(axis=0,method="average",ascending=True)	按照参数method设置方法排序,返回排序后各元素值的排名。参数axis默认值为0,表示按行计算排名,axis为1时表示按列计算排名;参数method默认值为average,表示按行或列的平均值大小计算排名,参数值为min时表示按行或列的最小值计算排名,参数值为max时表示按行或列的最大值计算排名,参数值为first时表示按值出现在原始数据的位置顺序计算排名;参数ascending默认值为True,表示从小到大升序计算排名,参数值为False时表示从大到小降序计算排名
6	df.isin(values)	判断values值是否在DataFrame对象df中,values为列表
7	df.sample(n=None,frac=False,replace=False,weight=None,random_state=None,axis=None)	从DataFrame对象df中随机地选择行和列。参数n由整数值组成,用于设置要抽取的行数;参数frac由浮点值组成,用于设置要抽取行的比例;参数replace默认值为False,为False表示不放回采样,参数值为True时表示放回采样;参数weights为字符索引或概率数组;参数random_state表示随机数种子;参数axis表示按行或列抽取,为1时表示按列抽取,参数值为0表示按行抽取

（1）df.head(n=5)和 df.tail(n=5)的使用示例代码如下：

```
//Chapter9/9.4.8_test88.py
输入: import pandas as pd
      dict = {"1 月":[205,201,300,400],"2 月":[100,120,652,645],"3 月":[140,520,120,750],
             "4 月":[140,541,127,395],"5 月":[170,520,110,423]}
      df = pd.DataFrame(data = dict)
      dfHead = df.head(n = 2)                          #查看开头两行数据
      dfTail = df.tail(n = 2)                          #查看结尾两行数据
      print("开头两行数据: \n",dfHead)
      print("结尾两行数据: \n",dfTail)

输出: 开头两行数据:
         1 月   2 月   3 月   4 月   5 月
      0  205   100   140   140   170
      1  201   120   520   541   520
      结尾两行数据:
         1 月   2 月   3 月   4 月   5 月
      2  300   652   120   127   110
      3  400   645   750   395   423
```

（2）df.sort_values(by,axis=0,ascending=True)的使用示例代码如下：

```
//Chapter9/9.4.8_test89.py
输入: import pandas as pd
      dict = {"1 月":[205,201,300],"2 月":[100,120,652],"3 月":[140,520,120],
             "4 月":[140,520,120],"5 月":[140,520,120]}
      df = pd.DataFrame(data = dict, index = ['day1',"day2","day3"])
      print("DataFrame 对象 df:\n",df)
      dfSort = df.sort_values(by = "3 月",ascending = True)          #按行升序排列
      print("按 3 月份由小到大升序排列:\n",dfSort)
      dfSort = df.sort_values(by = "3 月",ascending = False)         #按行降序排列
      print("按 3 月份由大到小降序排列:\n",dfSort)

输出: DataFrame 对象 df:
            1 月   2 月   3 月   4 月   5 月
      day1  205   100   140   140   140
      day2  201   120   520   520   520
      day3  300   652   120   120   120
      按 3 月份由小到大升序排列:
            1 月   2 月   3 月   4 月   5 月
      day3  300   652   120   120   120
      day1  205   100   140   140   140
      day2  201   120   520   520   520
      按 3 月份由大到小降序排列:
            1 月   2 月   3 月   4 月   5 月
      day2  201   120   520   520   520
      day1  205   100   140   140   140
      day3  300   652   120   120   120
```

(3) df.sort_index(axis=0,ascending=True)的使用示例代码如下:

```
//Chapter9/9.4.8_test90.py
输入: import pandas as pd
      dict = {"1 月":[205,201,300],"2 月":[100,120,652],"3 月":[140,520,120],
             "4 月":[140,520,120],"5 月":[140,520,120]}
      df = pd.DataFrame(data = dict, index = ['day1',"day3","day2"])
      print("DataFrame 对象 df:\n",df)
      dfSort = df.sort_index(axis = 0,ascending = True)        #按行索引升序排列
      print("按行索引由小到大升序排列:\n",dfSort)
      dfSort = df.sort_index(axis = 1,ascending = False)       #按列索引降序排列
      print("按列索引由大到小降序排列:\n",dfSort)

输出: DataFrame 对象 df:
          1 月  2 月  3 月  4 月  5 月
      day1  205   100   140   140   140
      day3  201   120   520   520   520
      day2  300   652   120   120   120
      按行索引由小到大升序排列:
          1 月  2 月  3 月  4 月  5 月
      day1  205   100   140   140   140
      day2  300   652   120   120   120
      day3  201   120   520   520   520
      按列索引由大到小降序排列:
          5 月  4 月  3 月  2 月  1 月
      day1  140   140   140   100   205
      day3  520   520   520   120   201
      day2  120   120   120   652   300
```

(4) df.rank(axis=0,method="average",ascending=True)的使用示例代码如下:

```
//Chapter9/9.4.8_test91.py
输入: import pandas as pd
      dict = {"1 月":[205,201,300],"2 月":[100,120,652],"3 月":[110,522,160],
             "4 月":[120,530,150],"5 月":[130,520,170]}
      df = pd.DataFrame(data = dict, index = ['day1',"day2","day3"])
      print("DataFrame 对象 df:\n",df)
      #按行升序计算平均值排名
      dfSort = df.rank(axis = 0,method = "average",ascending = True)
      print("按行升序计算平均值排名:\n",dfSort)
      #按列降序计算最小值排名
      dfSort = df.rank(axis = 1,method = "min",ascending = False)
      print("按列降序计算最小值排名:\n",dfSort)

输出: DataFrame 对象 df:
          1 月  2 月  3 月  4 月  5 月
      day1  205   100   110   120   130
      day2  201   120   522   530   520
      day3  300   652   160   150   170
```

```
按行升序计算平均值排名:
      1月   2月   3月   4月   5月
day1  2.0   1.0   1.0   1.0   1.0
day2  1.0   2.0   3.0   3.0   3.0
day3  3.0   3.0   2.0   2.0   2.0
按列降序计算最小值排名:
      1月   2月   3月   4月   5月
day1  1.0   5.0   4.0   3.0   2.0
day2  4.0   5.0   2.0   1.0   3.0
day3  2.0   1.0   4.0   5.0   3.0
```

在上述代码的按行升序计算平均值排名结果中,对列索引“1月”对应的数据205、201、300而言,由于300>205>201,因此返回的排名为2.0、1.0、3.0;在按列降序计算最小值排名结果中,对行索引“day1”对应的数据205、100、110、120、130而言,由于205>130>120>110>100,因此返回的排名为1.0、5.0、4.0、3.0、2.0。

(5) df.isin(values)的使用示例代码如下:

```
//Chapter9/9.4.8_test92.py
输入: import pandas as pd
      dict = {"1月":[205,201,300],"2月":[100,120,652]}
      df = pd.DataFrame(data = dict,index = ['day1',"day2","day3"])
      print("DataFrame 对象 df:\n",df)
      print("判断 205、600、100 是否在 df 中: \n",df.isin([205,600,100]))

输出: DataFrame 对象 df:
           1月   2月
      day1  205   100
      day2  201   120
      day3  300   652
      判断 205、600、100 是否在 df 中:
            1月     2月
      day1  True    True
      day2  False   False
      day3  False   False
```

(6) df.sample(n=None,frac=False,replace=False,weight=None,random_state=None,axis=None)的使用示例代码如下:

```
//Chapter9/9.4.8_test93.py
输入: import pandas as pd
      dict = {"a":[1,4,2,7,8],"b":[3,2,5,4,2],"c":[8,9,4,5,3]}
      df = pd.DataFrame(data = dict)
      dfSample = df.sample(n = 3,random_state = 1)
      print("DataFrame 对象 df:\n",df)
      print("采样 3 行数据: \n",dfSample)

输出: DataFrame 对象 df:
         a  b  c
      0  1  3  8
```

```
   1  4  2  9
   2  2  5  4
   3  7  4  5
   4  8  2  3
   采样3行数据:
      a  b  c
   2  2  5  4
   1  4  2  9
   4  8  2  3
```

9.5 Pandas的文件操作

Pandas能够高效迅速地从外部读取文件内容，并将文件内容转换成DataFrame对象，因此操作文件数据仍然相当于在操纵DataFrame对象数据，文件内容的操作变得更加结构化且简单。

在日常的文件操作和数据分析任务中，尤其以Excel文件的操作最为频繁，众多行业的大量数据以Excel文件进行存储，Excel文件内容的数据格式也最贴近DataFrame对象的结构，因此二者可以很好地集成，本节也将偏重讲解Excel文件的读取和写入。

9.5.1 读取和写入Excel文件

1. 读取Excel文件

Pandas通过read_excel()函数读取Excel文件，read_excel()函数原型的部分参数如下：

```
pandas.read_excel(io, sheet_name = 0, header = 0, names = None, index_col = None, usecols = None,
skiprows = None, nrows = None, skipfooter = 0)
```

上述pandas.read_excel()函数列举的各参数含义如表9-23所示。

表9-23 pandas.read_excel()函数各参数含义

序号	参数名称	详 细 说 明
1	io	要读取的Excel文件路径
2	sheet_name	读取指定Excel的sheet子表，默认值为0，表示读取第1个sheet表，也可以设置为字符串类型的sheet表名称，如"Sheet1"，如果要一次性读取多个sheet表，则传入存储有多个sheet表名称的列表即可，如["Sheet1","Sheet2","Sheet3"]
3	header	代表表头，表示读取指定的行作为列索引，默认值为0，表示读取第1行作为列索引，若Excel数据中不包含表头，则将header设置为None即可
4	names	用于设置读取Excel文件后得到的DataFrame对象列索引，默认值为None，若要传值，则需要传入列表类型
5	index_col	读取某列数据作为行索引，默认值为None
6	usecols	指定需要读取的列
7	skiprows	读取文件时跳过指定的行
8	nrows	用来指定需要读取的行数
9	skipfooter	用来指定读取文件时要跳过末尾的行数

下面用一道有趣的例题来说明 read_excel()函数的功能。

【例 9-2】 假设 D 盘 workExcel 目录下存在 1 个名为 studentInf. xlsx 的 Excel 文件，Excel 文件内容如图 9-4 所示。

	A	B	C	D
1	姓名	语文	数学	英语
2	小明	120	132	130
3	小李	114	116	140
4	小张	110	110	120
5	小文	132	130	119
6	小邓	136	144	125
7	小苑	109	142	136
8	小月	126	140	133
9	小王	124	122	141
10	小伊	137	123	121

图 9-4 D 盘 workExcel 目录下的 studentInf. xlsx 文件内容

现有以下任务：

任务 1：使用 Pandas 读取该 Excel 文件，并以第 1 行作为列索引，显示前 3 行数据。

分析：本任务直接调用 Pandas 中的 read_excel()函数即可，再调用 DataFrame 对象的 head()函数就能显示前 3 行数据。示例代码如下：

```
//Chapter9/9.5.1_test94/9.5.1_test94.py
输入: import pandas as pd
      df = pd.read_excel("D:\workExcel\studentInfo.xlsx")
      print("前 3 行数据: \n",df.head(n = 3))   #df.head()函数的具体用法可参考 9.4.8 节

输出: 前 3 行数据:
         姓名  语文  数学  英语
      0  小明  120   132   130
      1  小李  114   116   140
      2  小张  110   110   120
```

任务 2：计算学生们的三科总分，读入的数据表增加总分这一列数据，并将学生信息按总分从高到低排序。

分析：通过 read_excel()函数读取 studentInfo. xlsx 文件内容后可以得到一个 DataFrame 对象，学生成绩的总分通过 sum()函数按行统计即可，最后通过 DataFrame 对象的 sort_values()函数实现按总分从高到低排序。示例代码如下：

```
//Chapter9/9.5.1_test95/9.5.1_test95.py
输入: import pandas as pd
      df = pd.read_excel("D:\workExcel\studentInfo.xlsx")
      sumInf = df.sum(axis = 1)                          #按行求和,sum()函数可参考 9.3.6 节
      df["总分"] = sumInf                                #添加总分这一列
      df = df.sort_values(by = "总分",ascending = False)  #按总分降序排列
      print("前 5 行排序后的数据: \n",df.head(n = 5))      #由于数据过多,这里只显示前 5 行

输出: 前 5 行排序后的数据:
         姓名  语文  数学  英语  总分
      4  小邓  136   144   125   405
```

```
        6  小月  126  140  133  399
        5  小苑  109  142  136  387
        7  小王  124  122  141  387
        0  小明  120  132  130  382
```

2. 写入 Excel 文件

例 9-1 中的任务 2 对数据表内容进行了更新(添加了总分这一列数据),如果希望将更新后的表内容重新写入 Excel 文件就需要使用 DataFrame 对象的 to_excel()函数,to_excel()函数原型的部分参数如下:

```
to_excel(excel_writer,sheet_name = "Sheet1",na_rep = "",columns = None,header = True,index =
True)
```

上述 to_excel()函数列举的各参数含义如表 9-24 所示。

表 9-24 to_excel()函数各参数含义

序号	参数名称	详细说明
1	excel_writer	要输出的文件路径
2	sheet_name	将文件存储在指定的 Excel 文件 Sheet 子表中,默认为 Sheet1 子表
3	na_rep	进行缺失值填充
4	columns	指定要输出的 DataFrame 对象列
5	header	默认值为 True,表示将列索引作为表头输出
6	index	输出行索引在最左侧列,默认值为 True

将例 9-1 任务 2 的数据表更新内容写入 D 盘 workExcel 文件夹下名为 updateInfo. xlsx 的 Excel 文件,示例代码如下:

```
//Chapter9/9.5.1_test96/9.5.1_test96.py
输入: import pandas as pd
      df = pd.read_excel(r"D:\workExcel\studentInfo.xlsx")
      sumInf = df.sum(axis = 1)                         #按行求和,sum()函数可参考 9.3.6 节
      df["总分"] = sumInf                               #添加部分这一列
      df = df.sort_values(by = "总分",ascending = False) #按总分降序排列
      df.to_excel(r"D:\workExcel\updateInfo.xlsx") #输出新文件
      print("输出成功!")

输出: 输出成功!
```

进入 D 盘 workExcel 文件夹下打开 updateInfo. xlsx 文件,文件内容如图 9-5 所示。

图 9-5 最左侧列还保存了行索引,若不希望输出行索引,则将 to_excel()函数的参数 index 设置为 False 即可。

9.5.2 批量处理多个 Excel 文件数据

在 6.6 节介绍过 Python 文件的批量自动化操作,本节将结合 6.6 节及 9.5.1 节的知识

	A	B	C	D	E	F
1		姓名	语文	数学	英语	总分
2	4	小邓	136	144	125	405
3	6	小月	126	140	133	399
4	5	小苑	109	142	136	387
5	7	小王	124	122	141	387
6	0	小明	120	132	130	382
7	3	小文	132	130	119	381
8	8	小伊	137	123	121	381
9	9	小南	102	142	134	378
10	1	小李	114	116	140	370
11	2	小张	110	110	120	340

图 9-5　D 盘 workExcel 目录下的 updateInfo. xlsx 文件内容

介绍 Pandas 批量处理多个 Excel 文件的方式。

【例 9-3】 在疫情期间，老师和学生只能在线协同学习和考试，现老师们需要对 6 个班学生在线考试后的期中成绩进行统计分析，但由于不同学科的考试时间不同及老师们在教授不同的班，导致所有学生的成绩难以得到汇总。

数学罗老师教授 1、2、3 班，数学俞老师教授 4、5、6 班，语文曾老师教授 1、2 班，语文邓老师教授 3、4 班，语文牛老师教授 5、6 班，现在老师们都把成绩登记在了不同的 Excel 文件里，总共产生了 12 个成绩 Excel 文件(注：由于本书的篇幅有限，因此仅以 12 个文件批量操作为例，尽管真实业务场景中可能有几十个甚至上百个 Excel 文件，但编程思路和方法都是一样的)，这 12 个文件都存储在 D 盘下 result 文件夹中，如图 9-6 所示。

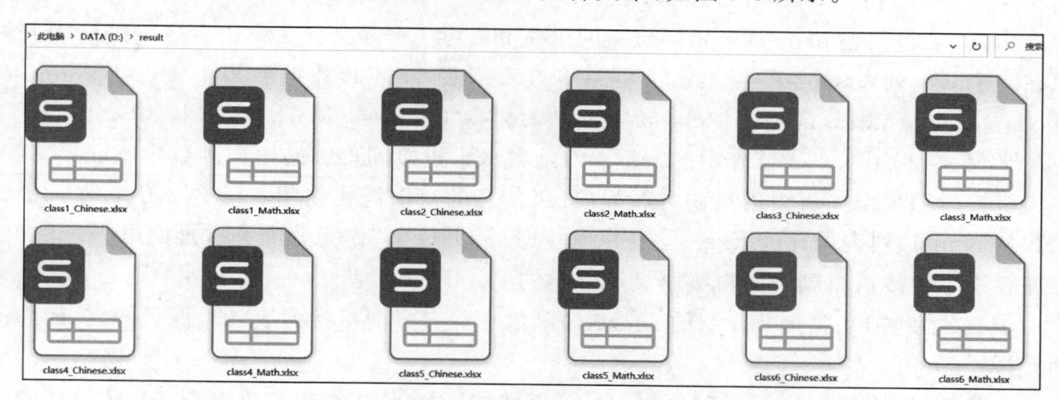

图 9-6　D 盘 result 目录下的 12 个 Excel 文件

图 9-6 中，如文件 class1_Chinese. xlsx 表示班级 1 的语文成绩，文件 class2_Math. xlsx 表示班级 2 的数学成绩，这 12 个 Excel 文件的内容如图 9-7 所示。

现希望你能够帮助老师将这 12 个 Excel 单科成绩数据汇总在一个 Excel 文件中，汇总后的 Excel 文件有 6 列，分别是学号、姓名、语文、数学、各学生的班级信息(班级信息需要从 Excel 文件名称中获取)和各学生的语文、数学成绩之和，请将汇总文件输出在 D 盘下的 resultInf. xlsx 文件中。

分析：完成上述任务的思路其实不难，关键在于如何批量地对这 12 个 Excel 文件数据表进行拼接。值得注意的是，本题需要进行两次数据表的批量拼接，先要将相同班级的语文和数学成绩的 Excel 表水平拼接起来，水平拼接得到相同班级的语文和数学成绩新表，在水平拼接得到新表的基础上，再对这些新表竖直拼接，竖直拼接得到不同班级的语文和数学成绩汇总文件，最后对这个汇总文件进行统计和处理即可。

class1_Chinese文件内容：

学号	姓名	语文
202201	邓一	123
202202	邓二	124
202203	邓三	124
202204	邓四	115
202205	邓五	121
202206	邓六	136

class1_Math文件内容：

学号	姓名	数学
202201	邓一	143
202202	邓二	135
202203	邓三	121
202204	邓四	119
202205	邓五	128
202206	邓六	127

class2_Chinese文件内容：

学号	姓名	语文
202207	张一	128
202208	张二	114
202209	张三	136
202210	张四	137
202211	张五	127

class3_Math文件内容：

学号	姓名	数学
202207	张一	125
202208	张二	134
202209	张三	136
202210	张四	141
202211	张五	140

class3_Chinese文件内容：

学号	姓名	语文
202212	王一	135
202213	王二	131
202214	王三	124

class3_Math文件内容：

学号	姓名	数学
202212	王一	133
202213	王二	144
202214	王三	140

class4_Chinese文件内容：

学号	姓名	语文
202215	李一	113
202216	李二	134
202217	李三	109

class4_Math文件内容：

学号	姓名	数学
202215	李一	131
202216	李二	132
202217	李三	120

class5_Chinese文件内容：

学号	姓名	语文
202218	姚一	115
202219	姚二	112
202220	姚三	128

class5_Math文件内容：

学号	姓名	数学
202218	姚一	135
202219	姚二	142
202220	姚三	129

class6_Chinese文件内容：

学号	姓名	语文
202221	俞一	140
202222	俞二	135
202223	俞三	122

class6_Math文件内容：

学号	姓名	数学
202221	俞一	129
202222	俞二	144
202223	俞三	149

图 9-7　12 个 Excel 成绩文件的内容

本题的示例代码思路分为 7 个步骤。

步骤 1：通过 6.6 节介绍的 os 库中批量操作文件的 os.listdir()函数获取 D 盘下 result 文件里的 Excel 文件名称并保存在一个空列表 nameL 中，nameL 数据形如['class1_Chinese.xlsx', 'class1_Math.xlsx', ...]。

步骤 2：将列表 nameL 中相同班级的语文和数学 Excel 文件名称组合成一个列表并保存在一个新空列表 sameL 中，sameL 是一个嵌套列表，sameL 数据形如[['class1_Chinese.xlsx', 'class1_Math.xlsx'],['class2_Chinese.xlsx', 'class2_Math.xlsx'], ...]]。

步骤 3：利用 9.4.4 节介绍的 merge()函数水平拼接同班级的语文和数学 Excel 文件，并为拼接后的表添加班级信息作为新列(班级信息的获取需要使用 3.4.2 节介绍的 split()函数从 nameL 列表保存的 Excel 文件名称中分隔，并以"_"作为分隔符)，再使用空列表 dfL 来保存水平拼接后得到的同班级语文和数学的 DataFrame 表。

步骤 4：利用 9.4.4 节介绍的 concat()函数在竖直方向拼接列表 dfL 保存的表，最终得到 df 表。

步骤 5：使用 DataFrame 对象的 sum()函数按行统计 df 表中各学生语文和数学成绩之和并作为汇总表的新列保存。

步骤 6：使用 9.4.8 节介绍的 sort_values()函数将 df 表按总分从高到低排序。

步骤 7：将排序好的文件使用 to_excel()文件保存在 D 盘下的 resultInf.xlsx 文件中。

示例代码如下：

```
//Chapter9/9.5.2_test97.py
输入: import pandas as pd
      import os
      #步骤 1: 通过 os.listdir()获取 Excel 文件名称并保存在列表 nameL 里
      nameL = []
      for name in os.listdir(r"D:\result"):
          #name 为 D:\result 里的 Excel 文件名称
          nameL.append(name)                              #保存 Excel 文件名称
      #步骤 2: 将 nameL 中相同班级的语文和数学 Excel 文件名称放在新列表中，建立嵌套列表 sameL
```

```
def getSameClass(nameL):
#该函数用于获取同班级语文和数学的Excel文件名称组合,返回一个嵌套列表
    sameL = []
    for i in range(len(nameL)):                    #搜索相同班级的文件名称
        for j in range(i + 1,len(nameL)):
            iS = nameL[i].split("_")               #以"_"进行文件名称的拆分
            jS = nameL[j].split("_")               #jS[0]为班级,jS[1]为学科
            if iS[0] == jS[0]:
                sameL.append([nameL[i],nameL[j]])
    """注意sameL为嵌套列表,保存的数据形式为
    [['class1_Chinese.xlsx', 'class1_Math.xlsx'],
     ['class2_Chinese.xlsx', 'class2_Math.xlsx'], ......]]"""
    return sameL
#步骤3:水平拼接同班级的语文和数学Excel文件
#遍历sameL,使用merge()函数进行水平方向拼接
sameL = getSameClass(nameL)          #获取同班级语文和数学的Excel文件名称组合sameL
dfL = []                                           #保存水平拼接的DataFrame对象表
for name in sameL:                                 #sameL为嵌套列表,name为里层列表
    df1 = pd.read_excel(os.path.join(r"D:\result",name[0]))     #r表转义
    df2 = pd.read_excel(os.path.join(r"D:\result",name[1]))
    #第1次循环,df1为1班语文成绩,df2为1班数学成绩,以此类推
    df = pd.merge(left = df1,right = df2)          #以交集方式水平方向拼接df1和df2
    df["班级"] = name[0].split("_")[0]             #添加班级信息列
    dfL.append(df)                                 #保存水平拼接后的表
#步骤4:使用concat()函数竖直方向拼接多个不同数据表
df = pd.concat(dfL)                                #dfL为要拼接的DataFrame对象
#就是这么简单,一个concat()函数就拼接好了竖直方向所有DataFrame对象
#步骤5:求解各学生语文和数学成绩之和作为新的一列数据
sumScore = df[["语文","数学"]].sum(axis = 1)      #axis = 1表示水平方向求和
df["总分"] = sumScore                              #添加新列
#步骤6:按总分从高到低排序
df = df.sort_values(by = "总分",ascending = False)
#步骤7:将排序好的汇总数据保存在D盘下的resultInf.xlsx
#当df.to_excel()函数的参数index为False时表示不输出行索引
df.to_excel(r"D:\resultInf.xlsx", index = False)
print("汇总文件保存成功!")

输出:汇总文件保存成功!
```

进入D盘打开resultInf.xlsx,文件内容如图9-8所示。

9.5.3 读取和写入csv文件

1. 读取csv文件

Pandas通过read_csv()函数读取Excel文件,read_csv()函数原型的部分参数如下:

```
pandas.read_csv(filepath_or_buffer, sep = ",", header = True, names = None, index_col = None,
usecols = None, skiprows = None, nrows = None, skipfooter = 0)
```

上述pandas.read_csv()函数列举的各参数含义如表9-25所示。

学号	姓名	语文	数学	班级	总分
202222	俞二	135	144	class6	279
202210	张四	137	141	class2	278
202213	王二	131	144	class3	275
202209	张三	136	136	class2	272
202223	俞三	122	149	class6	271
202221	俞一	140	129	class6	269
202212	王一	135	133	class3	268
202211	张五	127	140	class2	267
202216	李二	134	132	class4	266
202201	邓一	123	143	class1	266
202214	王三	124	140	class3	264
202206	邓六	136	127	class1	263
202202	邓二	124	135	class1	259
202220	姚三	128	129	class5	257
202219	姚二	112	142	class5	254
202207	张一	128	125	class2	253
202218	姚一	115	135	class5	250
202205	邓五	121	128	class1	249
202208	张二	114	134	class2	248
202203	邓三	124	121	class1	245
202215	李一	113	131	class4	244
202204	邓四	115	119	class1	234
202217	李三	109	120	class4	229

图 9-8　12 个 Excel 成绩文件汇总后的内容

表 9-25　pandas. read_csv()函数各参数含义

序号	参数名称	详细说明
1	filepath_or_buffer	要读取的文件路径，可以是本地文件或 URL 文件
2	sep	要读取文件的分隔符，默认为逗号，csv 文件里的分隔符也通常为逗号
3	header	代表表头，表示读取指定的行作为列索引，默认值为 0，表示读取第 1 行作为列索引，若 csv 数据中不包含表头，则将 header 设置为 None 即可
4	names	用于设置读取文件后得到的 DataFrame 对象列索引，默认值为 None，若要传值则需要传入列表类型
5	index_col	读取某列数据作为行索引，默认值为 None
6	usecols	指定需要读取的列
7	skiprows	读取文件时跳过指定的行
8	nrows	指定需要读取的行数
9	skipfooter	指定读取文件时要跳过末尾的行数

假设 D 盘下存在一个名为 studentInf. csv 文件，studentInf. csv 文件的内容如下：

Name，Chinese，Math

ZhangSan，123，145

LiSi，132，133

WangWu，119，149

使用 read_csv()函数读取 studentInf. csv 文件的示例代码如下：

```
//Chapter9/9.5.3_test98/9.5.3_test98.py
输入：import pandas as pd
     df = pd.read_csv(r"D:\studentInf.csv")
     print(df)

输出：       Name    Chinese    Math
     0  ZhangSan     123       145
     1  LiSi         132       133
     2  WangWu       119       149
```

2. 写入 csv 文件

写入 csv 文件需要使用 DataFrame 对象的 to_csv()函数，to_csv()部分参数函数原型如下：

```
to_csv(path_or_buf = None, sep = ",", na_rep = "", columns = None, header = True, index = True)
```

上述 to_csv()函数列举的各参数含义如表 9-26 所示。

表 9-26　to_csv()函数各参数含义

序号	参数名称	详细说明
1	path_or_buf	代表要输出的文件路径
2	sep	代表输出文件的分隔符
3	na_rep	代表进行缺失值填充
4	columns	代表指定要输出的列
5	header	代表表头，默认值为 True，表示将列索引作为表头输出
6	index	代表输出行索引在最左侧列，默认值为 True

使用 to_csv()函数读取 studentInf. csv 文件，添加语文和数学成绩总分列后输出到 D 盘下 studentSum. csv 文件，示例代码如下：

```
//Chapter9/9.5.3_test99/9.5.3_test99.py
输入: import pandas as pd
      df = pd.read_csv(r"D:\studentInf.csv")
      df["总分"] = df.sum(axis = 1)                   #按行求和
      print(df)                                        #查看 df
      df.to_csv(r"D:\studentSum.csv")                 #输出文件
      print("文件输出成功!")

输出:      Name    Chinese    Math    总分
      0  ZhangSan     123      145     268
      1  LiSi         132      133     265
      2  WangWu       119      149     268
      文件输出成功!
```

9.5.4　读取和写入 txt 文件

1. 读取 txt 文件

Pandas 通过 read_table()函数读取 txt 文件，read_table()函数原型的部分参数如下：

```
pandas.read_table(filepath_or_buffer, sep = "\t", header = "infer", index_col = None, usecols =
None, skiprows = None, nrows = None, skipfooter = 0, delim_whitespace = True)
```

上述 pandas. read_table()函数列举的各参数含义如表 9-27 所示。

表 9-27 pandas.read_table()函数各参数含义

序号	参数名称	详细说明
1	filepath_or_buffer	要读取的文件路径,可以是本地文件或 URL 文件
2	sep	要读取文件的分隔符,默认为制表符"\t"
3	header	代表表头,默认值为 infer,表示自动推断表头,读取指定的行作为列索引,默认读取第 1 行作为列索引,若 txt 文件中不包含表头,则将 header 设置为 None
4	index_col	读取某列数据作为行索引,默认值为 None
5	usecols	指定需要读取的列
6	skiprows	读取文件时跳过指定的行
7	nrows	指定需要读取的行数
8	skipfooter	指定读取文件时要跳过末尾的行数
9	delim_whitespace	默认值为 True,表示使用空格来分隔各行

假设 D 盘下存在一个名为 studentInf.txt 文件,studentInf.txt 文件的内容如下:

ID A B

A 1 3

B 1 2

使用 read_table()函数读取 studentInf.txt 文件的示例代码如下:

```
//Chapter9/9.5.4_test100/9.5.4_test100.py
输入: import pandas as pd
      df = pd.read_table(r"D:\studentInf.txt")
      print(df)

输出:   ID  A  B
      0  A  1  3
      1  B  1  2
```

使用 9.5.3 节介绍的 pandas.read_csv()函数也可以读取 txt 文件,示例代码如下:

```
//Chapter9/9.5.4_test101/9.5.4_test101.py
输入: import pandas as pd
      df = pd.read_csv(r"D:\studentInf.txt",sep = '\t')        #txt 以\t 作为分隔
      print(df)

输出:   ID  A  B
      0  A  1  3
      1  B  1  2
```

2. 写入 txt 文件

DataFrame 对象不提供对应的 to_table()函数写入 txt 文件,但仍然可以使用 9.5.3 节介绍的 DataFrame 对象的 to_csv()函数进行 txt 文件的写入,示例代码如下:

```
//Chapter9/9.5.4_test102/9.5.4_test102.py
输入：import pandas as pd
      df = pd.read_csv(r"D:\studentInf.txt",sep = '\t')
      df["总分"] = df.sum(axis = 1)
      df.to_csv(r"D:\studentSum.txt",sep = "\t")              #sep 指分隔符
      print(df)
      print("文件输出完成！")

输出：  ID  A  B  总分
      0  A  1  3   4
      1  B  1  2   3
      文件输出完成！
```

9.6 Pandas 的数据分组与聚合

9.6.1 数据分组

数据分组是指将原始表中的数据按照我们规定的某种标准，将其划分成不同的组别，相同组别的数组具有一定相似的特征，方便我们读取数据信息。

我们可以通过 DataFrame 对象的 groupby()函数完成数据分组的功能，可以进行单列或多列分组。groupby()函数原型的部分参数如下：

```
groupby(by = None,axis = 0,sort = True)
```

参数 by 代表数据分组的标准；参数 axis 默认值为 0，表示按行分组，参数值为 1 时表示按列分组；参数 sort 默认值为 True，表示对分组结果进行排序。

分组完成后可以使用 get_group()函数或循环语句获取各组数据。

下面用一道例题说明 Pandas 数据单列分组和多列分组的应用效果。

【例 9-4】 图 9-9 所示是这个月学生刚结束的月考成绩汇总表，现有以下几个任务需要完成。

1. 单列数据分组

任务 1：请分别统计出所有男生和所有女生的总成绩之和。

任务 2：请分别统计出有多少个男生和女生获得等级 A。

任务 3：请给出女生总成绩最高的学生信息。

分析：本例题 3 个任务都是对男生和女生的成绩信息进行分别统计，因此如果我们能够以性别为标准，将图 9-9 中的学生成绩信息划分成男生和女生两组，然后分别对各组数据进行处理，则这 3 个任务其实就迎刃而解了。

姓名	性别	总成绩	等级
小邓	男	396	A
小芬	女	390	A
小李	男	385	B
小伊	女	397	A
小文	男	372	B
小月	女	366	C
小木	男	378	B
小丘	男	362	C
小罗	男	388	B
小珍	女	379	B

图 9-9　学生月考成绩

```
//Chapter9/9.6.1_test103.py
输入: import pandas as pd
      dict = {"姓名":['小邓','小芬','小李','小伊','小文','小月','小木','小丘','小罗','小珍'],
             "性别":['男','女','男','女','男','女','男','男','男','女'],
             "总成绩":[396,390,385,397,372,366,378,362,388,379],
             "等级":['A','A','B','A','B','C','B','C','B','B']}
      #1. 创建 DataFrame 对象 df
      df = pd.DataFrame(data = dict)
      #2. 以性别作为分组标准,调用 groupby()函数
      dfGroup = df.groupby(by = "性别")                    #按性别分组
      #3. 使用 get_group()函数分别获取各分组数据
      boyGroup = dfGroup.get_group("男")                   #获取男生组
      girlGroup = dfGroup.get_group("女")                  #获取女生组
      print("男生组:\n",boyGroup)
      print("女生组:\n",girlGroup)
      #注意:分组得到的 boyGroup 和 girlGroup 仍然是 DataFrame 对象
      #4. 任务 1:分别统计男生和女生的所有成绩
      boySum = boyGroup["总成绩"].sum()
      girlSum = girlGroup["总成绩"].sum()
      print(f"任务 1 结论:所有男生总成绩{boySum},所有女生总成绩{girlSum}")
      #5. 任务 2:分别统计男生和女生等级 A 的人数
      boyNum = (boyGroup["等级"] == "A").astype('int').sum()
      girlNum = (girlGroup["等级"] == "A").astype('int').sum()
      #boyNum 指男生等级 A 的人数,girlNum 指女生等级 A 的人数
      """girlGroup["等级"] == "A"返回值为 True 或 False 的数组,若为等级 A 则返回值为 True;
      (girlGroup["等级"] == "A").astype('int')将 True 转换成 1,将 False 转换成 0;
      True 转换成 1 后,1 的个数即是女生等级 A 的人数,最后使用 sum()函数统计 1 的个数."""
      print(f"任务 2 结论:男生等级 A 有{boyNum}人,女生等级 A 有{girlNum}人")
      #6. 任务 3:女生总成绩最高的学生信息,通过 9.4.3 节介绍的布尔取值筛选
      girlMax = girlGroup[girlGroup["总成绩"] == girlGroup["总成绩"].max()]
      print("任务 3 结论:")
      print("女生最高分学生信息:")
      print(girlMax)                                       #girlMax 表示女生总成绩最高的学生信息

输出: 男生组:
        姓名  性别  总成绩  等级
      0 小邓   男    396     A
      2 小李   男    385     B
      4 小文   男    372     B
      6 小木   男    378     B
      7 小丘   男    362     C
      8 小罗   男    388     B
      女生组:
        姓名  性别  总成绩  等级
      1 小芬   女    390     A
      3 小伊   女    397     A
      5 小月   女    366     C
      9 小珍   女    379     B
```

```
任务1结论：所有男生总成绩2281,所有女生总成绩1532
任务2结论：男生等级A有1人,女生等级A有2人
任务3结论：
女生最高分学生信息：
    姓名  性别  总成绩  等级
3  小伊   女     397     A
```

2. 多列数据分组

任务：请将图9-9中的数据表按性别和等级分组。

```
//Chapter9/9.6.1_test104.py
输入：import pandas as pd
      dict = {"姓名":['小邓','小芬','小李','小伊','小文','小月','小木','小丘','小罗','小珍'],
              "性别":['男','女','男','女','男','女','男','男','男','女'],
              "总成绩":[396,390,385,397,372,366,378,362,388,379],
              "等级":['A','A','B','A','B','C','B','C','B','B']}
      #1. 创建DataFrame对象df
      df = pd.DataFrame(data = dict)
      #2. 以性别、等级作为分组标准,调用groupby()函数,传入列表
      dfGroup = df.groupby(by = ["性别","等级"])
      #3. 直接使用循环分别获取各分组标准和分组数据
      for name,value in dfGroup:
            #name为分组标准,为一个元组,形如('女', 'A'),name[0]为性别,name[1]为等级
          #value为各分组数据
          print("分组标准：",name)
          print(value)

输出：分组标准：('女', 'A')
        姓名  性别  总成绩  等级
      1  小芬   女     390     A
      3  小伊   女     397     A
      分组标准：('女', 'B')
        姓名  性别  总成绩  等级
      9  小珍   女     379     B
      分组标准：('女', 'C')
        姓名  性别  总成绩  等级
      5  小月   女     366     C
      分组标准：('男', 'A')
        姓名  性别  总成绩  等级
      0  小邓   男     396     A
      分组标准：('男', 'B')
        姓名  性别  总成绩  等级
      2  小李   男     385     B
      4  小文   男     372     B
      6  小木   男     378     B
      8  小罗   男     388     B
      分组标准：('男', 'C')
        姓名  性别  总成绩  等级
      7  小丘   男     362     C
```

9.6.2 数据聚合

数据聚合是指对分组结果的统计。本节介绍使用 Pandas 库中的 agg()、apply()和 applymap()函数实现数据聚合功能的方法。

(1) agg()函数的形参可以传入一个统计函数(如 8.12 节介绍的 NumPy 统计函数)作为参数值,这个统计函数能够对分组结果中的每列进行应用,示例代码如下:

```
//Chapter9/9.6.2_test105.py
输入: import pandas as pd
      import numpy as np
      dict = {"姓名":['小邓','小芬','小李','小伊','小文'],"性别":['男','女','男','女','男'],
             "总成绩":[394,390,387,390,375],"等级":['A','A','B','A','B']}
      #1. 创建 DataFrame 对象 df
      df = pd.DataFrame(data = dict)
      #2. 以性别作为分组标准,调用 groupby()函数
      dfGroup = df.groupby(by = "性别")
      #3. 使用 agg()聚合函数对各分组进行总和统计
      result = dfGroup.agg(np.sum)                    #传入统计函数 np.sum
      print(result)

输出:          总成绩
      性别
      女       780
      男       1156
```

同样也可以传入多个统计函数组成的列表对各列数据分别进行统计,示例代码如下:

```
//Chapter9/9.6.2_test106.py
输入: import pandas as pd
      import numpy as np
      dict = {"姓名":['小邓','小芬','小李','小伊','小文'],"性别":['男','女','男','女','男'],
             "语文":[120,123,114,139,132],"数学":[140,145,140,135,122]}
      #1. 创建 DataFrame 对象 df
      df = pd.DataFrame(data = dict)
      #2. 以性别作为分组标准,调用 groupby()函数
      dfGroup = df.groupby(by = "性别")
      #3. 使用 agg()聚合函数对语文和数学分别统计平均值、最大值、最小值
      result = dfGroup.agg([np.mean,np.max,np.min])
      print(result)

输出:           语文                数学
           mean amax amin     mean amax amin
      性别
      女    131  139  123      140  145  135
      男    122  132  114      134  140  122
```

还可以为各列指定需要应用的统计函数,传入的参数值需要为字典形式,示例代码如下:

```
//Chapter9/9.6.2_test107.py
输入: import pandas as pd
      import numpy as np
      dict = {"姓名":['小邓','小芬','小李','小伊','小文'],"性别":['男','女','男','女','男'],
              "语文":[120,123,114,139,132],"数学":[149,142,149,132,120],}
      #1. 创建 DataFrame 对象 df
      df = pd.DataFrame(data = dict)
      #2. 以性别作为分组标准,调用 groupby()函数
      dfGroup = df.groupby(by = "性别")
      #3. 使用 agg()聚合函数对语文和数学分别统计平均值、最大值
      result = dfGroup.agg({"语文":np.mean,"数学":np.max})
      result = result.rename(columns = {"语文":"语文平均值","数学":"数学最大值"})
      print(result)

输出:        语文平均值  数学最大值
      性别
      女        131         142
      男        122         149
```

(2) DataFrame 对象的 apply()函数,其参数 func 可以传入库中的单个统计函数(效果与 agg()函数相同,此处不作赘述),也可以传入自定义的函数,参数 axis 默认值为 0,表示以列的形式将数据传入参数 func 定义的函数中处理,apply()函数原型的部分参数如下:

```
apply(func,axis = 0)
```

使用 apply()函数的示例代码如下:

```
//Chapter9/9.6.2_test108.py
输入: import pandas as pd
      dict = {"性别":['男','女','男','女'],"语文":[120,123,114,139],"数学":[149,142,149,132]}
      #1. 创建 DataFrame 对象 df
      df = pd.DataFrame(data = dict)
      #2. 以性别作为分组标准,调用 groupby()函数
      dfGroup = df.groupby(by = "性别")
      #3. 获取分组
      boy = dfGroup.get_group("男")                        #获取男生分组
      print(boy)                                           #查看男生分组
      boy = boy[["语文","数学"]]                           #取出男生分组的语文、数学两列数据
      #4. 应用 apply()函数聚合统计各列最大值与最小值之差
      resultBoy = boy.apply(lambda x:x.max() - x.min())
      #对 lambda 函数的使用,若读者有遗忘,则可参考 4.1.6 节
      print("各列最大值与最小值之差: \n",resultBoy)
      #5. 应用 apply()函数聚合统计各行最大值与最小值之差
      resultBoy = boy.apply(lambda x:x.max() - x.min(),axis = 1)
      print("各行最大值与最小值之差: \n",resultBoy)

输出:      性别   语文   数学
      0    男     120    149
      2    男     114    149
```

```
各列最大值与最小值之差:
语文    6
数学    0
dtype: int64
各行最大值与最小值之差:
0    29
2    35
dtype: int64
```

(3) DataFrame对象的applymap()函数针对的是单个元素操作,而apply()函数则是针对整行或整列元素操作。applymap()函数的格式如下:

```
applymap(func)
```

使用applymap()函数的示例代码如下:

```
//Chapter9/9.6.2_test109.py
输入: import pandas as pd
      dict = {"分值 1":[120,123],"分值 2":[149,142]}
      df = pd.DataFrame(data = dict)              #创建 DataFrame 对象 df
      df = df.applymap(lambda x:x + 500)          #使用 applymap()函数为所有元素加上 500
      print(df)

输出:     分值 1  分值 2
      0    620    649
      1    623    642
```

9.6.3 综合示例

下面用一道综合例题来展示数据分组与聚合的应用场景与效果。

【例 9-5】 高校A为了开阔同学们的眼界和思维,每学期会定期邀请国内外的知名学者来校开设讲座,并且要求同学们每学期至少听4场讲座。假设现在已经累计举办了6场讲座,有6张同学们的签到情况表,这6张签到情况表存放在D盘下signInRecord文件夹下,同学们的个人信息表存放在D盘下personInf.xlsx中,6张签到情况表的内容和同学们的个人信息表的内容如图9-10所示,每有1次签到记录则该同学的讲座累计场次加1。

由于讲座开设的时间可能会与部分同学的课程时间产生冲突,也有些同学对讲座内容的兴趣点不一样,因此不同同学的讲座累计场次不一样。这一学期快结束了,现需要请你帮助讲座承办单位制作一张统计表,统计表有5列,分别是姓名、讲座签到累计场次、备注、学号和班级,对于参加不足4场讲座的同学,备注上增添字符串信息"欠缺",已满4场讲座的同学则在备注上增添字符串信息"已满",将最终统计出的结果按学生学号从小到大排列并输出到D盘下的signInRecord.xlsx文件中。

注:由于本书篇幅有限,因此此处仅以15位同学的签到数据处理为例,真实业务场景中的数据远不止这么多,但处理方法都是一样的。

分析:本题比较综合,需要结合使用9.5.2节介绍的批量处理多个Excel文件数据的方法。首先通过 9.4.4 节介绍的 concat()函数竖直拼接 D 盘下 signInRecord 文件夹下的 6 张签到情况表,再通过 9.6.1 节介绍的 groupby()函数进行数据分组,接着通过 9.6.2 节介绍的 apply()函数进行数据聚合和筛选,又由于分组与聚合过程中会导致数据表顺序信息混乱,因此学生的学号和班级信息可以通过与 D 盘下 personInf.xlsx 文件内的学生个人信息进行匹配获取。示例代码如下:

lecture1.xlsx文件内容

学号	姓名
312202201	小明
312202202	小壮
312202203	小邓
312202204	小兰
312202205	小李
312202206	小红
312202207	小苑
312202208	小伊
312202209	小厢
312202210	小璇
312202214	小胖

lecture2.xlsx文件内容

学号	姓名
312202206	小红
312202207	小苑
312202208	小伊
312202209	小厢
312202210	小璇
312202211	小月
312202212	小朋
312202213	小龙
312202214	小胖
312202215	小白

lecture3.xlsx文件内容

学号	姓名
312202202	小壮
312202203	小邓
312202204	小兰
312202206	小红
312202207	小苑
312202208	小伊
312202209	小厢
312202210	小璇
312202211	小月
312202212	小朋
312202213	小龙

lecture4.xlsx文件内容

学号	姓名
312202204	小兰
312202205	小李
312202206	小红
312202208	小伊
312202209	小厢
312202210	小璇
312202214	小胖
312202215	小白

lecture5.xlsx文件内容

学号	姓名
312202201	小明
312202202	小壮
312202203	小邓
312202204	小兰
312202205	小李
312202206	小红
312202207	小苑
312202212	小朋
312202213	小龙
312202214	小胖
312202215	小白

lecture6.xlsx文件内容

学号	姓名
312202205	小李
312202206	小红
312202207	小苑
312202208	小伊
312202209	小厢
312202210	小璇
312202212	小朋
312202213	小龙
312202201	小明
312202202	小壮

personInf.xlsx文件内容

学号	姓名	班级
312202201	小明	1班
312202202	小壮	2班
312202203	小邓	1班
312202204	小兰	4班
312202205	小李	3班
312202206	小红	2班
312202207	小苑	1班
312202208	小伊	2班
312202209	小厢	3班
312202210	小璇	4班
312202211	小月	4班
312202212	小朋	2班
312202213	小龙	2班
312202214	小胖	1班
312202215	小白	2班

图 9-10　6 张签到情况表和同学们的个人信息表

```
//Chapter9/9.6.3_test110/9.6.3_test110.py
输入: import pandas as pd
      import os
      #步骤 1: 批量获取 6 张签到数据表名称
      name = []                                     #保存 6 张签到数据表名称
      for i in os.listdir(r"D:\signInRecord"):     #若读者对 os.listdir()函数有遗忘,则可参考 6.6 节
          name.append(i)
      #步骤 2: 使用 concat()函数竖直拼接数据表
      dfL = []                                      #保存 6 张签到数据表
      for i in name:
          df = pd.read_excel(os.path.join("D:\\signInRecord\\",i))
          dfL.append(df)
      df = pd.concat(dfL)                           #竖直拼接数据表
      #步骤 3: 以姓名作为分组依据进行分组并统计累计讲座签到次数
      #本例假设不存在重名情况,如果考虑重名情况,则修改成按学号作为分组依据
      dfCount = df.groupby(by = "姓名").count()    #分组后可直接使用 count()函数进行数量统计
      dfCount = dfCount.rename(columns = {"学号":"讲座签到累计次数"})      #重命名列索引
      #步骤 4: 使用 apply()函数对数据进行聚合处理
      df1 = dfCount.apply(lambda x:x[x < 4])       #返回讲座签到累计次数小于 4 的数据表
      df1["备注"] = "欠缺"
      df2 = dfCount.apply(lambda x:x[x >= 4])      #返回讲座签到累计次数大于或等于 4 的数据表
```

```
df2["备注"] = "已满"
df = pd.concat([df1,df2])                                    #拼接两张数据表
#步骤5: 添加学生学号信息并按学号从小到大排序
dfInf = pd.read_excel(r"D:\personInf.xlsx")                  #读取学生信息
l1 = []                                                      #保存学生学号信息
l2 = []                                                      #保存学生班级信息
for i in df.index:
    #df.index存储的是学生的姓名,形式如["小明","小月"...]
    no = list(dfInf[dfInf["姓名"] == i]["学号"])              #选择出对应学生的学号信息
    cla = list(dfInf[dfInf["姓名"] == i]["班级"])             #选择出对应学生的班级信息
    l1.append(no[0])                                         #保存选择出的学号信息
    l2.append(cla[0])                                        #保存选择出的班级信息
df["学号"] = l1                                               #添加学号列
df["班级"] = l2
df = df.sort_values(by = "学号")                              #按学号排序
#步骤6: 输出整理后的文件
df.to_excel("D:\\signInRecord.xlsx")
print("文件输出成功!请打开D盘下的signInRecord.xlsx文件查看内容!")

输出: 文件输出成功!请打开D盘下的signInRecord.xlsx文件查看内容!
```

上述代码运行后在D盘生成的signInRecord.xlsx文件内容如图9-11所示。

	A	B	C	D	E
1	姓名	讲座累计次数	备注	学号	班级
2	小明	3	欠缺	312202201	1班
3	小壮	4	已满	312202202	2班
4	小邓	3	欠缺	312202203	1班
5	小兰	4	已满	312202204	4班
6	小李	4	已满	312202205	3班
7	小红	6	已满	312202206	2班
8	小苑	5	已满	312202207	1班
9	小伊	5	已满	312202208	2班
10	小厢	5	已满	312202209	3班
11	小璇	5	已满	312202210	4班
12	小月	2	欠缺	312202211	4班
13	小朋	4	已满	312202212	2班
14	小龙	4	已满	312202213	2班
15	小胖	4	已满	312202214	1班
16	小白	3	欠缺	312202215	2班

图9-11 signInRecord.xlsx文件内容

9.7 Pandas的透视表与交叉表

9.7.1 透视表

透视表是一种能够根据我们的具体需求，将原表数据重新排列、整理、塑造和分组分类的表格形式，在Excel表格中经常被使用。通俗地讲，透视表就是按照我们的想法对原表的外观进行修改后得到的表，同样能够实现分组和聚合功能。Pandas通过DataFrame对象的pivot_table()函数支持类似Excel表格透视表的功能，pivot_table()函数原型的部分参数如下：

```
pivot_table(values = None, index = None, columns = None, aggfunc = "mean", fill_value = None,
margins = False, dropna = True, margins_name = "All")
```

上述 pivot_table()函数列举的各参数含义如表 9-28 所示。

表 9-28　pivot_table()函数各参数含义

序号	参数名称	详细说明
1	values	代表要进行排列、重新整理的列，可以传入一个列表
2	index	代表分组的依据，将传入索引对应的值作为行
3	columns	代表分组的依据，将传入索引对应的值作为列
4	aggfunc	代表聚合函数，默认为按平均值聚合
5	fill_value	代表对缺失值的填充
6	margins	代表是否使用行和列数据的汇总功能，默认值为 False
7	dropna	代表是否删除缺失值，默认值为 True
8	margins_name	代表汇总的行或列名称，默认值为 All

下面用一道例题来展示透视表的应用。

【例 9-6】 图 9-12 左边是一张 5 位同学语文、数学、英语成绩的无序表，但这样混乱的无序表不是班主任老师希望看到的。为了提升班上同学的总成绩，班主任老师规定总成绩在[390,450]的同学定为 A 等级，[370,390)的同学定为 B 等级，370 分以下的同学定为 C 等级。对不同等级的学生，班主任老师将制订不同的学习任务以帮助同学们，因此图 9-12 右边的表才是班主任老师希望看到的。你能帮助班主任老师将图 9-12 左边的表转换成图 9-12 右边的表吗？

姓名	学科	成绩
小邓	语文	122
小文	数学	130
小月	语文	128
小李	数学	125
小芬	英语	140
小邓	英语	129
小李	语文	118
小文	语文	109
小月	数学	123
小月	英语	115
小邓	数学	145
小文	英语	133
小李	英语	142
小芬	语文	129
小芬	数学	121

转换成透视表

姓名	总成绩	等级
小邓	396	A
小芬	390	A
小李	385	B
小文	372	B
小月	366	C

图 9-12　透视表的应用

分析：本题是对原表数据的重新排列与总结，可以直接使用 DataFrame 对象的 pivot_table()函数将原表转换成透视表，也可以使用 9.6 节介绍的分组函数 groupby()和聚合功能来完成本题要求，数据分组和聚合后的结果从本质上其实同样可以认为是一张透视表。

示例代码如下：

```
//Chapter9/9.7.1_test111.py
输入：import pandas as pd
      dict = {"姓名":['小邓','小文','小月','小李','小芬','小邓','小李','小文','小月','小月',
                  '小邓','小文','小李','小芬','小芬'],
            "学科":['语文','数学','语文','数学','英语','英语','语文','语文','数学','英语',
                  '数学','英语','英语','语文','数学'],
```

```
            "成绩":[122,130,128,125,140,129,118,109,123,115,145,133,142,129,121]}
    #1.创建df
    df = pd.DataFrame(data = dict)
    #2.创建透视表 dfPivot
    dfPivot = df.pivot_table(values = "成绩",index = "姓名",aggfunc = 'sum')
    #3.重命名列索引
    dfPivot = dfPivot.rename(columns = {"成绩":"总成绩"})
    #4.将透视表 dfPivot 按总成绩从大到小排序
    dfPivot = dfPivot.sort_values(by = '总成绩',ascending = False)
    #5.在透视表 dfPivot 中添加等级列
    rank = []                                #记录等级
    for i in dfPivot["总成绩"]:
        if i > 450:
            print("成绩不能大于 450")
        elif i >= 390 and i <= 450:
            rank.append("A")
        elif i >= 370 and i < 390:
            rank.append("B")
        else:
            rank.append("C")
    dfPivot["等级"] = rank
    print(dfPivot)                           #输出透视表 dfPivot

输出:        总成绩  等级
    姓名
    小邓      396     A
    小芬      390     A
    小李      385     B
    小文      372     B
    小月      366     C
```

值得注意的是,上述透视表 dfPivot 的输出结果中的姓名为行索引的名称(name),不是行索引,也不是列索引,可以用下述代码查看透视表 dfPivot 的行和列索引:

```
//Chapter9/9.7.1_test112.py
输入:#省略上述创建透视表 dfPivot 的代码
    print("透视表的行索引:\n",dfPivot.index)
    print("透视表的列索引:\n",dfPivot.columns)

输出:透视表的行索引:
    Index(['小邓','小芬','小李','小文','小月'],dtype = 'object',name = '姓名')
    透视表的列索引:
    Index(['总成绩', '等级'], dtype = 'object')
```

9.7.2 交叉表

交叉表是一种特殊的透视表,能够用于统计分组的频率。Pandas 库中的 crosstab()函数能够帮助我们快速创建交叉表,crosstab()函数原型的部分参数如下:

```
pandas.crosstab(index,columns,margins = False,dropna = True,normalize = False)
```

上述 pandas.crosstab()函数列举的各参数含义如表 9-29 所示。

表 9-29 pandas.crosstab()函数各参数含义

序号	参数名称	详细说明
1	index	代表将分组数据显示为行
2	columns	代表将分组数据显示为列
3	margins	默认值为 False,参数值为 True 时代表计算行或列的汇总值
4	dropna	默认值为 True,表示删除缺失值;参数 normalize 默认值为 False,参数值为 True 时表示对数据进行归一化,即将各数据除以数据的总和

Pandas 的 crosstab()函数的示例代码如下:

```
//Chapter9/9.7.2_test113.py
输入: import pandas as pd
      dict = {"姓名":['小邓','小芬','小李','小伊','小文'],
              "性别":['男','女','男','女','男'],
              "科目":['语文','数学','语文','数学','语文']}
      #1. 创建 DataFrame 对象 df
      df = pd.DataFrame(data = dict)
      #2. 创建交叉表
      crossDf = pd.crosstab(index = df["性别"],columns = df["科目"])
      print(crossDf)

输出: 科目   数学   语文
      性别
      女     2     0
      男     0     3
```

上述交叉表结果表明,女生和数学的交叉频率为 2,男生和语文的交叉频率为 3。

9.8 Pandas 的数据预处理

真实业务或科研工作中的数据是珍贵且不易获得的,而且原始数据在获取的过程中可能会由于种种原因造成数据污染,数据污染即数据缺失、数据重复、数据格式错误等现象。因此在进行数据分析前必须先对原始数据进行预处理。

数据预处理是对原始数据进行审校筛选以保证数据一致性和完整性的重要过程,如果不符合要求的数据参与了数据分析的过程,则会导致数据分析的灾难性结果,因此读者需要更加认真地理解和掌握本节内容。

9.8.1 缺失值处理

所谓缺失值是指数据为空的现象,Excel 表格中存在数据缺失值的现象如图 9-13 所示。图 9-13 展示的是一次月考测试中同学们的考试成绩表,由于小明同学缺考导致考试成绩表中的语文、数学、英语、综合科目四列成绩显示为空，这些缺考成绩就是数据中的缺失值。在对同学们的考试成绩进行分析时，这些缺失值必然需要预先被处理，否则会极大程度地影响数据分析的处理效果。

	A	B	C	D	E	F	G
1	学号	姓名	语文	数学	英语	综合科目	备注
2	2021001	小邓	132	142	135	269	
3	2021002	小瑶	122	129	139	260	
4	2021003	小明					缺考
5	2021004	小月	135	133	122	259	
6	2021005	小伊	119	130	142	248	
7	2021006	小苑	133	129	135	245	
8	2021007	小木	122	119	149	272	

图 9-13 Excel 表格中存在数据缺失值的现象

我们可以对缺失值进行查看、删除、填充等操作。当然，在某种意义上缺失值也能为我们提供有用的信息，如通过统计缺失值的个数可以统计出缺考的人数、统计出缺勤的人数等。

本节将介绍 Pandas 缺失值的构造、判断、统计、删除和填充操作。

1. 缺失值的构造

如果 DataFrame 对象或 Series 对象的数据元素值为 NaN，则表示该元素为一个缺失值，常用 8.13 节介绍的 numpy. nan 来代表缺失值，示例代码如下：

```
//Chapter9/9.8.1_test114.py
输入: import pandas as pd
      import numpy as np
      dict = {"1 月":[1,2,np.nan,3],"2 月":[4,np.nan,np.nan,6]}      #np.nan 代表缺失值
      df = pd.DataFrame(dict)          #构造一个含有缺失值的 DataFrame 对象 df
      print(df)

输出:     1 月    2 月
      0   1.0    4.0
      1   2.0    NaN
      2   NaN    NaN
      3   3.0    6.0
```

2. 缺失值的判断

缺失值的判断可以使用 DataFrame 对象的 isnull()和 notnull()函数。

如果使用 isnull()函数判断 DataFrame 对象是否包含缺失值，则缺失值部分的返回值为 True，非缺失值部分的返回值为 False；如果使用 notnull()函数，则缺失值部分的返回值为 False，非缺失值部分的返回值为 True，两者的结果完全相反，示例代码如下：

```
//Chapter9/9.8.1_test115.py
输入: import pandas as pd
      import numpy as np
      dict = {"1 月":[1,np.nan],"2 月":[np.nan,6]}
      df = pd.DataFrame(dict)                              #构造一个含有缺失值的 DataFrame 对象 df
      print("DataFrame 对象 df:\n",df)
```

```
    print("df.isnull()结果：\n",df.isnull())             #使用 isnull()函数
    print("df.notnull()结果：\n",df.notnull())           #使用 notnull()函数

输出：DataFrame 对象 df:
       1月   2月
    0  1.0   NaN
    1  NaN   6.0
    df.isnull()结果：
        1月    2月
    0  False  True
    1  True   False
    df.notnull()结果：
        1月    2月
    0  True   False
    1  False  True
```

当然，Series 对象也具有 isnull()和 notnull()函数，使用方式同上。

3. 缺失值的统计

使用 isnull()或 notnull()函数进行缺失值判断后可以直接结合 sum()或 count()函数进行缺失值数量的统计，示例代码如下：

```
//Chapter9/9.8.1_test116.py
输入：import pandas as pd
     import numpy as np
     dict = {"1 月":[np.nan,np.nan,3],"2 月":[np.nan,np.nan,np.nan]}
     df = pd.DataFrame(dict)                    #构造一个含有缺失值的 DataFrame 对象 df
     print("DataFrame 对象 df:\n",df)
     print("各列分别具有的缺失值个数:\n",df.isnull().sum())      #统计缺失值个数
     print("各列分别具有的非缺失值个数:\n",df.notnull().sum())   #统计非缺失值个数

输出：DataFrame 对象 df:
        1月   2月
     0  NaN   NaN
     1  NaN   NaN
     2  3.0   NaN
     各列分别具有的缺失值个数:
     1月    2
     2月    3
     dtype: int64
     各列分别具有的非缺失值个数:
     1月    1
     2月    0
     dtype: int64
```

4. 缺失值的删除

缺失值的删除操作包括使用 DataFrame 对象的 dropna()函数和布尔筛选结合 notnull()函数保留非缺失值两种方法。

1）使用 DataFrame 对象的 dropna()函数删除缺失值

DataFrame 对象的 dropna()函数原型的部分参数如下：

```
dropna(axis = 0, how = "any", thresh = None, subset = None, inplace = False)
```

上述 DataFrame 对象的 dropna()函数列举的各参数含义如表 9-30 所示。

表 9-30　DataFrame 对象的 dropna()函数各参数含义

序号	参数名称	详细说明
1	axis	默认值为 0，为 0 时表示删除包含缺失值的行，为 1 时表示删除包含缺失值的列
2	how	默认值为 any，为 any 时表示只要包含缺失值的行或列则该行或列进行删除，为 all 时表示如果某行或某列元素值全为缺失值则删除该行或列
3	thresh	代表阈值，用来保留至少含有 thresh 个非缺失值的行或列，如当 axis 为 0、thresh 为 3 时，表示保留 DataFrame 对象 df 至少含有 3 个非缺失值的行
4	subset	用来查看哪些列具有缺失值
5	inplace	默认值为 False，为 False 时表示返回一个删除缺失值后的新对象，参数值为 True 时表示对原 DataFrame 对象表进行修改，无返回值

使用 DataFrame 对象的 dropna()函数删除缺失值的示例代码如下：

```
//Chapter9/9.8.1_test117.py
输入：import pandas as pd
      import numpy as np
      dict = {"1 月":[np.nan,np.nan,3,4,5],"2 月":[np.nan,np.nan,7,np.nan,6],
              "3 月":[8,np.nan,9,10,11],"4 月":[np.nan,np.nan,13,14,np.nan]}
      df = pd.DataFrame(dict)                    # 构造一个含有缺失值的 DataFrame 对象 df
      print("DataFrame 对象 df:\n",df)
      print("删除含有缺失值的行:\n",df.dropna())  # 默认 axis = 0,表示按行删除
      print("删除元素全为缺失值的行:\n",df.dropna(how = "all"))
      print("保留至少含有 3 个非缺失值的行:\n",df.dropna(axis = 0,thresh = 3))

输出：DataFrame 对象 df:
         1 月  2 月  3 月  4 月
      0  NaN  NaN   8.0   NaN
      1  NaN  NaN   NaN   NaN
      2  3.0  7.0   9.0  13.0
      3  4.0  NaN  10.0  14.0
      4  5.0  6.0  11.0   NaN
      删除含有缺失值的行:
         1 月  2 月  3 月  4 月
      2  3.0  7.0   9.0  13.0
      删除元素全为缺失值的行:
         1 月  2 月  3 月  4 月
      0  NaN  NaN   8.0   NaN
      2  3.0  7.0   9.0  13.0
      3  4.0  NaN  10.0  14.0
      4  5.0  6.0  11.0   NaN
```

```
保留至少含有3个非缺失值的行:
   1月  2月   3月   4月
2  3.0  7.0   9.0  13.0
3  4.0  NaN  10.0  14.0
4  5.0  6.0  11.0   NaN
```

2）使用布尔筛选结合 notnull()函数保留非缺失值

布尔筛选结合 notnull()函数保留非缺失值（保留非缺失值即达到了删除缺失值的效果）的示例代码如下：

```
//Chapter9/9.8.1_test118.py
输入: import pandas as pd
      import numpy as np
      dict = {"1月":[np.nan,1,np.nan],"2月":[3,np.nan,np.nan]}
      df = pd.DataFrame(dict)
      print("DataFrame 对象 df: \n",df)
      print("保留 df 的 1 月份非缺失值: \n",df[df["1月"].notnull()])

输出: DataFrame 对象 df:
         1月  2月
      0  NaN  3.0
      1  1.0  NaN
      2  NaN  NaN
      保留 df 的 1 月份非缺失值:
         1月  2月
      1  1.0  NaN
```

5. 缺失值的填充

缺失值的填充操作包括使用 DataFrame 对象的 fillna()函数和布尔筛选赋值两种方法。

(1) DataFrame 对象的 fillna()函数原型的部分参数如下：

```
fillna(value = None,method = None,axis = None,inplace = False,limit = None,downcast = None)
```

上述 DataFrame 对象的 fillna()函数列举的各参数含义如表 9-31 所示。

表 9-31 DataFrame 对象的 fillna()函数各参数含义

序号	参数名称	详细说明
1	value	用于填充缺失值，可以是标量、Python 字典对象、Series 对象、DataFrame 对象等
2	method	用于填充缺失值的方法，默认值为 None，参数值为 pad 或 ffill 时表示向后填充，即用前面一个非缺失元素值填充该缺失值；参数值为 backfill 或 bfill 时表示向前填充，即用后面一个非缺失元素值填充该缺失值
3	axis	axis 为 1 时表示沿水平方向填充，为 0 时表示沿竖直方向填充
4	inplace	默认值为 False，为 False 时表示返回一个填充缺失值后的新对象，参数值为 True 时表示对原 DataFrame 对象表进行缺失值填充，无返回值

续表

序号	参数名称	详细说明
5	limit	限制向前或向后填充时可以连续填充的最大数量
6	downcast	将一个字典尽可能尝试向下转换为合适的等价类型

（2）使用DataFrame对象填充缺失值的示例代码如下：

```
//Chapter9/9.8.1_test119.py
输入：import pandas as pd
     import numpy as np
     dict = {"1 月":[np.nan,np.nan,5],"2 月":[np.nan,7,np.nan],"3 月":[8,np.nan,10],
          "4 月":[13,14,np.nan]}
     df = pd.DataFrame(dict)                    # 构造一个含有缺失值的 DataFrame 对象 df
     print("DataFrame 对象 df:\n",df)
     #1. 填充标量数字
     print("为所有缺失值填充数值 100:\n",df.fillna(100))
     #2. 填充字典
     dict = {"1 月":100,"2 月":200,"3 月":300,"4 月":400}
     print("将 1 月、2 月、3 月、4 月对应列中的缺失值填充为 100、200、300、400: ")
     print(df.fillna(value = dict))          # 填充
     #3. 向前填充,用后一个非缺失值填充前面的缺失值
     print("向前填充: \n",df.fillna(method = "backfill"))

输出：DataFrame 对象 df:
       1 月  2 月   3 月   4 月
     0  NaN  NaN   8.0  13.0
     1  NaN  7.0   NaN  14.0
     2  5.0  NaN  10.0   NaN
     为所有缺失值填充数值 100:
        1 月    2 月    3 月    4 月
     0  100.0  100.0    8.0   13.0
     1  100.0    7.0  100.0   14.0
     2    5.0  100.0   10.0  100.0
     将 1 月、2 月、3 月、4 月对应列中的缺失值填充为 100、200、300、400:
        1 月    2 月    3 月    4 月
     0  100.0  200.0    8.0   13.0
     1  100.0    7.0  300.0   14.0
     2    5.0  200.0   10.0  400.0
     向前填充:
       1 月  2 月   3 月   4 月
     0  5.0  7.0   8.0  13.0
     1  5.0  7.0  10.0  14.0
     2  5.0  NaN  10.0   NaN
```

9.8.2 重复值处理

1. 重复值的判断

DataFrame对象中的duplicated()函数用于判断数据表中是否存在重复值，如果存在

则相应行的位置返回值为True，否则返回值为False，duplicated()函数原型如下：

```
duplicated(subset = None, keep = "first")
```

参数subset用于指定参与重复值识别的列，默认情况下指定所有的列；参数keep默认值为first，为first时表示将第一次出现的重复项标记为True，将其余项标记为False；参数值为last时表示将最后一次出现的重复项标记为True，将其余项标记为False；参数值为False时表示将所有重复项标记为True。

使用DataFrame对象的duplicated()函数判断重复值的示例代码如下：

```
//Chapter9/9.8.2_test120.py
输入：import pandas as pd
     dict = {"入库家具":["桌子","桌子","桌子"],"型号":["X1","X1","X2"],
            "价格":[320,320,360]}
     df = pd.DataFrame(dict)
     print("DataFrame 对象 df: \n",df)
     result = df.duplicated()                    #判断重复值
     print("判断重复值结果: \n",result)

输出：DataFrame 对象 df:
       入库家具  型号  价格
     0    桌子    X1   320
     1    桌子    X1   320
     2    桌子    X2   360
     判断重复值结果:
     0    False
     1    True
     2    False
     dtype: bool
```

2. 重复值的删除

DataFrame对象中的drop_duplicates()函数可以删除重复值，drop_duplicates()函数原型如下：

```
drop_duplicates(subset = None, keep = "first", inplace = False)
```

参数subset用于指定参与重复值识别的列，默认情况下指定所有的列；参数keep默认值为first，为first时表示删除第一次出现的重复项，其余保留；参数值为last时表示删除最后一次出现的重复项，其余保留；参数值为False时表示删除所有重复项。

使用DataFrame对象的drop_duplicates()函数判断重复值的示例代码如下：

```
//Chapter9/9.8.2_test121.py
输入：import pandas as pd
     dict = {"入库家具":["桌子","桌子","桌子"],"型号":["X1","X1","X2"],
            "价格":[320,320,360]}
     df = pd.DataFrame(dict)
     print("DataFrame 对象 df: \n",df)
```

```
    result = df.drop_duplicates()            #删除重复值
    print("删除第一次出现重复值后的结果：\n",result)

输出：DataFrame 对象 df:
      入库家具  型号  价格
    0   桌子    X1   320
    1   桌子    X1   320
    2   桌子    X2   360
    删除第一次出现重复值后的结果：
      入库家具  型号  价格
    0   桌子    X1   320
    2   桌子    X2   360
```

9.8.3 归一化处理

数据归一化的本质是进行数据取值区间的平移和放缩，有助于加快模型达到最优解的收敛速度，也有一定的可能性提高模型精度。

当数据各维度的取值范围差值很大、伸缩取值范围不均匀时，例如二维数据表中，假设横轴数据的取值范围为[0,1)，纵轴数据的取值范围却为[0,100000)，由于横轴和纵轴数据的取值范围差距过大，会导致数据模型难以收敛至最优值，从而导致数据分析结果不精确，这样的数据必须进行归一化，将横、纵轴数据的取值范围放缩在相同区间。

下面介绍两种数据归一化方法：线性归一化和标准差标准化。

1. 线性归一化（Min-Max 标准化）

对数据进行线性归一化的公式如式(9-1)所示。

$$x' = \frac{x - \min(x)}{\max(x) - \min(x)} \tag{9-1}$$

式中：x'——线性归一化后得到的新数据；

x——原始数据；

$\min(x)$——原始数据中的最小值；

$\max(x)$——原始数据中的最大值。

如果原始数据的取值非常集中，都聚集在某个范围里面，则比较适合使用线性归一化，线性归一化将数据取值范围映射到[0,1]。

但线性归一化有两个缺陷：

(1) 由式(9-1)可以分析出，如果原始数据 x 的最大值($\max(x)$)和最小值($\min(x)$)本身存在异常，与其他数据差值过大(离群)，则会导致线性归一化的结果不稳定，存在一定的误差。如果确实存在原始数据 x 的最大值和最小值离群的情况，则可以根据原始数据的分布情况，自行预估一个大致可能的最大值和最小值代入式(9-1)进行计算。

(2) 如果有新的数据加入原始数据 x 中，则可能会导致最大值和最小值发生变化，这时要重新进行式(9-1)的计算。

使用 Pandas 实现线性归一化的示例代码如下：

```
//Chapter9/9.8.3_test122.py
输入: import pandas as pd
      import numpy as np
      data = np.random.uniform(low = 0,high = 100,size = (4,4))      #产生服从均匀分布的随机数组
      #对 np.random.uniform(),若读者有遗忘,则可参考 8.10 节
      df = pd.DataFrame(data = data)
      print("DataFrame 对象 df: \n",df)
      df = (df - df.min())/(df.max() - df.min())                  #线性归一化
      print("线性归一化后的 df:\n",df)

输出: DataFrame 对象 df:
               0          1          2          3
      0   75.467175   8.766834  80.442485  94.724534
      1   33.249585  35.982111  59.135427  88.405164
      2   70.143130  70.283410  51.458681  99.641159
      3   47.903384  90.154520  53.154659  51.685428
      线性归一化后的 df:
              0         1         2         3
      0   1.000000  0.000000  1.000000  0.897476
      1   0.000000  0.334391  0.264863  0.765701
      2   0.873890  0.755846  0.000000  1.000000
      3   0.347102  1.000000  0.058515  0.000000
```

2. 标准差标准化(Z-score 标准化)

对数据进行标准差标准化的公式如式(9-2)所示。

$$x' = \frac{x - \mu}{\sigma} \tag{9-2}$$

式中:x'——标准差标准化后得到的新数据;

x——原始数据;

μ——原始数据中的均值;

σ——原始数据中的标准差。

如果原始数据的取值近似服从正态分布,则比较适合使用标准差标准化。经过标准差标准化处理后的数据服从均值为 0,标准差为 1 的标准正态分布。

使用 Pandas 实现标准差标准化的示例代码如下:

```
//Chapter9/9.8.3_test123.py
输入: import pandas as pd
      import numpy as np
      data = np.random.randn(3,3) * 3                 #np.random.randn()函数可参考 8.1 节
      df = pd.DataFrame(data = data)
      print("DataFrame 对象 df: \n",df)
      df = (df - df.mean())/df.std()                  #标准差标准化
      print("标准差标准化后的 df:\n",df)

输出: DataFrame 对象 df:
              0          1          2
      0  -4.886675   4.144256   2.820860
```

```
1   -0.001341  1.435712   2.380746
2   -4.084842  7.033047  -7.743870
标准差标准化后的df:
         0          1          2
0  -0.723576  -0.021464   0.613779
1   1.141101  -0.989095   0.540139
2  -0.417525   1.010559  -1.153918
```

9.8.4 有效性审校

不同应用场景对数据的有效性要求不同,例如百分制各科考试成绩数据的有效性分布在[0,100],但由于数据在录入、传播、修改等过程中很有可能产生错误,如人为不小心录入了数据1000,则数据1000是不符合百分制考试成绩数据有效性要求的,因此对数据有效性审校也是数据分析前有必要进行的一个步骤。

使用Pandas进行数据有效性审校只需结合使用布尔表达式即可,假设数据有效性取值范围为[0,100],保留符合有效性数据并将不符合有效性数据修改为0,示例代码如下:

```
//Chapter9/9.8.4_test124.py
输入: import pandas as pd
      import numpy as np
      data = np.random.randint(low = 0,high = 200,size = (4,5))
      df = pd.DataFrame(data = data)
      print("DataFrame 对象 df: \n",df)
      df = df[df <= 100]                    #保留有效性数据
      df = df.fillna(0)                     #将不符合有效性的数据填充为 0
      df = df.astype('int')                 #将数据转换成整型
      print("有效性审校后的 df 数据: \n",df)

输出: DataFrame 对象 df:
        0    1    2    3    4
     0  137  160  32   101  104
     1  195  19   20   53   43
     2  13   178  186  77   37
     3  7    121  166  143  66
     有效性审校后的 df 数据:
        0   1   2   3   4
     0  0   0   32  0   0
     1  0   19  20  53  43
     2  13  0   0   77  37
     3  7   0   0   0   66
```

图形化(如散点图)的表达也是检查数据有效性的简单且重要手段,示例代码如下:

```
//Chapter9/9.8.4_test125.py
输入: import pandas as pd
      import numpy as np
      import matplotlib.pyplot as plt
```

```
x = np.arange(0,200,5)                    #假设的横轴数据
y = np.arange(0,200,5) * 4                #假设的纵轴数据
y[32] = 2000                              #构造无效数据(异常值)
y[38] = 20                                #构造无效数据(异常值)
df = pd.DataFrame(data = {"x":x,"y":y})   #创建一个 DataFrame 对象 df
plt.scatter(df["x"],df["y"])              #绘制散点图
plt.show()
```

上述代码绘制出的散点图如图 9-14 所示。

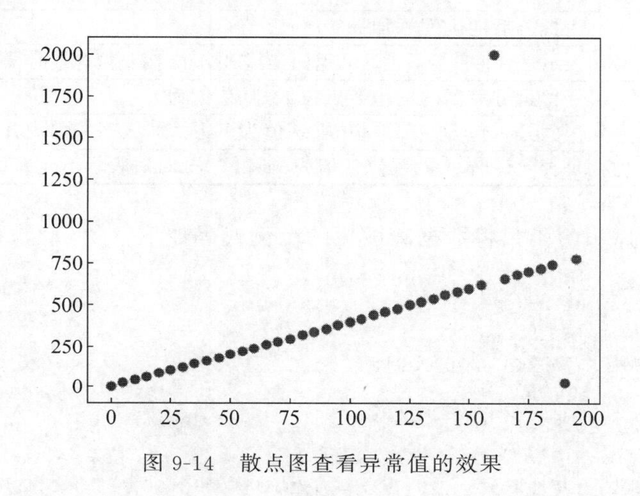

图 9-14 散点图查看异常值的效果

通过离散图我们可以迅速发现数据中离群存在的无效点，可以对这些无效点作进一步的处理。

9.8.5 连续值离散化

连续值离散化是指将连续的数据拆分成多个离散化的区间，离散化的数据有时更能表达出数据的数量特征，更便于统计数据出现的频率。举个例子，衣服可以分为 S 码(身高取值为(160,165])、M 码(身高取值为(165,170])、L 码(身高取值为(170,175])等尺寸，这里就是将连续型的身高数据拆分成了 S、M、L 共 3 个离散化的区间，根据离散化的区间我们能够选择适合自己尺寸的衣服。

Pandas 提供 cut()和 qcut()函数实现连续值离散化，cut()函数用于进行手动分组，qcut()函数用于进行自动分组。

1. Pandas 的 cut()函数

Pandas 的 cut()函数原型如下：

```
pandas.cut(x, bins, right = True, labels = None, retbins = False, precision = 3, include_lowest =
False, duplicates = 'raise')
```

上述 Pandas 的 cut()函数列举的各参数含义如表 9-32 所示。

表 9-32 Pandas 的 cut()函数各参数含义

序号	参数名称	详细说明
1	x	需要被拆分的数据
2	bins	数据需要拆分成的区间(也可称为"箱"),为标量序列或者 pandas. Intervallndex(定义要使用的精确区间容器)
3	right	区间是否包含右部取值,默认值为 True。若参数 bins 为[4,5,6]且参数 right 为 True,则表示拆分的区间为(4,5]、(5,6];若参数 right 为 False,则表示拆分的区间为(4,5)、(5,6)
4	labels	为拆分后的区间添加标签
5	retbins	表示是否将拆分后的区间返回,当参数 bins 为整型标量时很有用,默认值为 False
6	precision	保留拆分后区间的小数点位数,默认值为 3
7	include_lowest	区间是否包含左部取值,默认值为 False,即区间左部为开
8	duplictes	是否允许区间重复,默认值为 raise,为 raise 时表示不允许;为 drop 时表示允许

使用 Pandas 的 cut()函数将数据离散化的示例代码如下:

```
//Chapter9/9.8.5_test126.py
输入: import pandas as pd
      dict = {"成绩":[59,60,71,87,90]}
      df = pd.DataFrame(data = dict)                    #创建一个 DataFrame 对象 df
      bins = [0,60,70,80,90,100]
      labels = ["不合格","合格","中","良","优"]
      #假设[0,60)为不合格,[60,70)为合格,[70,80)为中,[80,90)为良,[90,100)为优
      cutDf = pd.cut(df["成绩"],bins = bins,labels = labels,include_lowest = True,right = False)
      #参数 include_lowest 为 True,表明让区间左部为闭,参数 right 为 False 则表明让区间右部
      #为开
      print("对 DataFrame 对象 df 中的数据进行拆分:\n",cutDf)

输出: 对 DataFrame 对象 df 中的数据进行拆分:
      0   不合格
      1    合格
      2     中
      3     良
      4     优
      Name: 成绩, dtype: category
      Categories (5, object): [不合格 < 合格 < 中 < 良 < 优]
```

用一道例题进一步说明 Pandas 的 cut()函数的实际应用场景。

【例 9-7】 为了方便对新生进行管理,提高学生们的辨识度,学校组织新生提交个人信息以订购校服。假设今年新生最低身高为 151cm,最高身高为 189cm,规定身高在(150,160]的同学为 XS 码,身高在(160,165]的为 S 码,身高在(165,170]的为 M 码,身高在(170,175]的为 L 码,身高在(175,180]的为 XL 码,身高在(180,185]的为 XXL 码,身高在(185,190]的为 XXXL 码。同学们的个人信息保存在 D 盘下的 Excel 文件 schoolUniform.xlsx 中,该文件内容如图 9-15 所示(注:此处仅以 15 位学生个人信息举例,实际业务场景中远远不止本例所示的 15 位学生个人信息需要处理,但处理方法是一样的)。

	A	B	C	D
1	学号	姓名	性别	身高
2	2023001	小月	女	158
3	2023002	小林	男	167
4	2023003	小张	男	175
5	2023004	小菲	女	163
6	2023005	小朋	男	182
7	2023006	小昕	女	167
8	2023007	小明	男	172
9	2023008	小翔	男	169
10	2023009	小南	男	170
11	2023010	小峰	男	166
12	2023011	小雨	女	157
13	2023012	小鑫	女	170
14	2023013	小李	男	173
15	2023014	小琳	女	162
16	2023015	小瑶	女	163

图 9-15　学生个人信息

(1) 为了方便分发校服，依据学生身高准确地为学生分发对应码数的校服，现需要为 schoolUniform. xlsx 表添加新的一列，该列为各学生校服的码数，并将添加新列后的表输出在 D 盘下的 newSchoolUniform. xlsx 文件中。

分析：本题只需使用 Pandas 的 cut()函数直接将学生的身高拆分成若干区间并添加到 schoolUniform. xlsx 表中输出即可。当然，在本题中读者其实也可以使用 if-else 语句简单地进行不同码校服统计，只是在数据量庞大、需要拆分的区间数量多时，使用 if-else 语句会显得烦琐且数据处理效率低下。

示例代码如下：

```
//Chapter9/9.8.5_test127/9.8.5_test127.py
输入: import pandas as pd
      df = pd.read_excel(r"D:\schoolUniform.xlsx")
      bins = [150,160,165,170,175,180,185,190]                 #拆分区间
      labels = ["XS","S","M","L","XL","XXL","XXXL"]             #为各区间添加标签
      result = pd.cut(df["身高"],bins = bins,labels = labels)   #连续值离散化,获取码数
      df["码数"] = result                                       #将码数作为新列添加
      df.to_excel(r"D:\newSchoolUniform.xlsx",index = False)    #输出新表
      print("文件输出成功,请前往相应位置查看!")

输出: 文件输出成功,请前往相应位置查看!
```

前往 D 盘下打开 newSchoolUniform. xlsx 文件，文件内容如图 9-16 所示。

	A	B	C	D	E
1	学号	姓名	性别	身高	码数
2	2023001	小月	女	158	XS
3	2023002	小林	男	167	M
4	2023003	小张	男	175	L
5	2023004	小菲	女	163	S
6	2023005	小朋	男	182	XXL
7	2023006	小昕	女	167	M
8	2023007	小明	男	172	L
9	2023008	小翔	男	169	M
10	2023009	小南	男	170	M
11	2023010	小峰	男	166	M
12	2023011	小雨	女	157	XS
13	2023012	小鑫	女	170	M
14	2023013	小李	男	173	L
15	2023014	小琳	女	162	S
16	2023015	小瑶	女	163	S

图 9-16　添加校服码数后的 newSchoolUniform. xlsx 新表内容

（2）请统计出各码数校服男生和女生分别有多少人。

分析：本题是在本例第(1)题的基础上结合 groupby()函数对性别和码数进行多列分组(读者若有遗忘则可参考 9.6.1 节)，分组完成后再分别进行统计即可。

示例代码如下：

```
//Chapter9/9.8.5_test128.py
输入：import pandas as pd
      df = pd.read_excel(r"D:\schoolUniform.xlsx")
      bins = [150,160,165,170,175,180,185,190]                    #拆分区间
      labels = ["XS","S","M","L","XL","XXL","XXXL"]               #为各区间添加标签
      result = pd.cut(df["身高"],bins = bins,labels = labels)     #连续值离散化,获取码数
      df["码数"] = result                                         #将码数作为新列添加
      groupDf = df.groupby(by = ["性别","码数"])      #分组,读者若有遗忘则可参考 9.6.1 节
      for name,value in groupDf:
          #name 是一个元组,例如('女', 'XS'),name[0]为性别,name[1]为码数
          #value 是在 name 情况下的分组结果
          print(f"码数为{name[1]}的{name[0]}生共需要{value.shape[0]}套校服")
          #value.shape[0]表示行数

输出：码数为 XS 的女生共需要 2 套校服
      码数为 S 的女生共需要 3 套校服
      码数为 M 的女生共需要 2 套校服
      码数为 M 的男生共需要 4 套校服
      码数为 L 的男生共需要 3 套校服
      码数为 XXL 的男生共需要 1 套校服
```

2. Pandas 的 qcut()函数

Pandas 的 qcut()函数原型如下：

```
pandas.qcut(x,q,labels,retbins = False,precision = 3,duplicates = 'raise')
```

上述 Pandas 的 qcut()函数列举的各参数含义如表 9-33 所示。

表 9-33　Pandas 的 qcut()函数各参数含义

序号	参数名称	详细说明
1	x	需要被拆分的数据
2	q	整型,表示划分的区间组数
3	labels	为拆分后的区间分组添加标签
4	retbins	表示是否将分组后的区间返回,默认值为 False,参数值为 True 时额外返回 bins
5	precision	保留区间分组后的小数点位数,默认值为 3
6	duplictes	是否允许区间重复,默认值为 raise,为 raise 时表示不允许；参数值为 drop 时表示允许

使用 Pandas 的 qcut()函数将数据离散化的示例代码如下：

```
//Chapter9/9.8.5_test129.py
输入：import pandas as pd
      dict = {"成绩":[59,60,71,87,90]}
      df = pd.DataFrame(data = dict)                     #创建一个 DataFrame 对象 df
```

```
        cutDf = pd.qcut(df["成绩"],q = 5)                    #不设置 labels 标签,自动分组
        print("不设置 labels 标签,自动分组结果:\n",cutDf)
        labels = ["不合格","合格","中","良","优"]
        cutDf = pd.qcut(df["成绩"],q = 5,labels = labels)  #设置 labels 标签,自动分组
        print("设置 labels 标签,自动分组结果:\n",cutDf)

输出:不设置 labels 标签,自动分组结果:
        0  (58.999, 59.8]
        1   (59.8, 66.6]
        2   (66.6, 77.4]
        3   (77.4, 87.6]
        4   (87.6, 90.0]
        Name: 成绩, dtype: category
        Categories (5, interval[float64]): [(58.999, 59.8] < (59.8, 66.6] < (66.6, 77.4] < (77.4,
        87.6] < (87.6, 90.0]]
        设置 labels 标签,自动分组结果:
        0  不合格
        1   合格
        2    中
        3    良
        4    优
        Name: 成绩, dtype: category
        Categories (5, object): [不合格 < 合格 < 中 < 良 < 优]
```

由上述代码结果可以看出,如果不为 qcut()函数的参数 labels 传入值,则自动分组的区间为一个大致的估计值,并不会非常精确。

9.8.6 离散值编码

本节介绍离散值编码的两种方式:独热码(one-hot encoding)和标签编码(label encoding)。

我们对离散值编码是为了让离散值具有数值特征,有了数值特征就能通过各种统计、算法等方式对离散值进行计算。这样一来,离散值(如非数值类型的字符串)就具备了和数值相似的特征。

独热码适用于当离散值的特征代表相同事物类型(如球类),且事物之间不存在大小关系(如乒乓球、篮球、羽毛球、足球)的情况,事物有多少种状态则独热码有多少位,且只有一位为 1,其余位均为 0,因此独热码可以将篮球、足球、羽毛球、乒乓球分别编码为 1000、0100、0010、0001。

数值编码适用于当离散值的特征代表相同事物类型(如 9.8.5 节例 9-6 提到的校服码数),且事物之间存在大小关系(如 XS、S、M、L、XL、XXL、XXXL)的情况,数值编码可以将码数 XS、S、M、L、XL、XXL、XXXL 分别编码为 0、1、2、3、4、5、6(并不一定非要以这样的数值编码,只要体现大小关系即可,一般来讲常从 0 或 1 开始取值)。

1. Pandas 中的独热码使用方式

Pandas 中的 get_dummies()函数可以将离散值直接转换成独热码,get_dummies()函数原型的部分参数如下:

```
pandas.get_dummies(data, prefix = None, prefix_sep = "_", dummy_na = False, columns = None, sparse =
False, drop_first = False, dtype = None)
```

上述 Pandas 的 get_dummies()函数列举的各参数含义如表 9-34 所示。

表 9-34 Pandas 的 get_dummies()函数各参数含义

序号	参数名称	详细说明
1	data	离散值数据，可以传入一个数组、Series、DataFrame 对象等
2	prefix	传入字符串或字符串列表或字符串字典，表示用于追加 DataFrame 对象列名的字符串
3	prefix_sep	默认值为"_"，如果附加有前缀，则要使用分隔符，或者传递列表或字典作为前缀
4	dummy_na	默认值为 False，如果忽略 False，则要添加一列用以指示 NaN 值
5	columns	指定要编码的 DataFrame 对象列索引
6	sparse	默认值为 False，是否使用 SparseArray(True)或常规 NumPy 数组(False)支持伪编码列
7	drop_first	默认值为 False，是否通过删除第 1 个级别从 k 个分类级别中获取 k－1 个虚拟对象
8	dtype	新列的数据类型，只允许单个 dtype

使用 Pandas 的 get_dummies()函数可以将 Series 对象中的离散值转换成独热码，示例代码如下：

```
//Chapter9/9.8.6_test130.py
输入: import pandas as pd
      s = pd.Series(["篮球","足球","羽毛球","乒乓球"])
      df1 = pd.get_dummies(data = s)                              #直接进行离散值编码
      print("直接编码结果:\n",df1)
      df2 = pd.get_dummies(s, prefix = '球类',prefix_sep = '->')  #设置参数进行编码
      print("将参数 prefix 设置为\"球类\",prefix_sep 为\"->\":\n",df2)

输出: 直接编码结果:
         乒乓球  篮球  羽毛球  足球
      0    0     1     0      0
      1    0     0     0      1
      2    0     0     1      0
      3    1     0     0      0
      将参数 prefix 设置为"球类",prefix_sep 为"->":
         球类->乒乓球  球类->篮球  球类->羽毛球  球类->足球
      0      0            1            0            0
      1      0            0            0            1
      2      0            0            1            0
      3      1            0            0            0
```

如果要编码的离散值存在空值，则需要将 get_dummies()函数的参数 dummy_na 设置为 True 再进行编码，示例代码如下：

```
//Chapter9/9.8.6_test131.py
输入: import pandas as pd
      import numpy as np
```

```
        s = pd.Series(["篮球","足球","羽毛球","乒乓球",np.nan])        # 离散值存在空值
        df = pd.get_dummies(data = s,dummy_na = True)                   # 将对象 s 编码成离散值
        print(df)

输出：      乒乓球  篮球  羽毛球  足球  NaN
        0     0      1     0      0    0
        1     0      0     0      1    0
        2     0      0     1      0    0
        3     1      0     0      0    0
        4     0      0     0      0    1
```

2. 标签编码

标签编码是将特征类别直接转换成数字，本节介绍直接赋值和利用 Pandas 中的 factorize()函数两种方式进行标签编码。

(1) 直接简单地使用赋值语句完成标签编码适用于特征类别很少的情况，示例代码如下：

```
//Chapter9/9.8.6_test132.py
输入：import pandas as pd
      dict = {"码数":['XS','S','M','L']}
      df = pd.DataFrame(data = dict)
      df["数值编码"] = [i for i in range(1,5)]
      print("进行数值编码后的数据：\n",df)

输出：进行数值编码后的数据：
         码数  数值编码
      0   XS      1
      1   S       2
      2   M       3
      3   L       4
```

(2) 使用 Pandas 中的 factorize()函数进行标签编码的示例代码如下：

```
//Chapter9/9.8.6_test133.py
输入：import pandas as pd
      s = pd.Series(["篮球","足球","羽毛球","乒乓球"])
      labels,uniques = pd.factorize(s)
      print("标签编码结果：\n",labels)
      print("标签编码结果分别对应的特征类别：\n",uniques)

输出：标签编码结果：
        [0 1 2 3]
      标签编码结果分别对应的特征类别：
        Index(['篮球', '足球', '羽毛球', '乒乓球'], dtype = 'object')
```

上述代码将篮球编码为 0，将足球编码为 1，将羽毛球编码为 2，将乒乓球编码为 3。

9.9 Pandas的时间序列处理

以时间序列作为轴线进行数据的统计、整理、分析在各行各业的数据分析任务中特别常见，如在生物科研工作中需要以时间为单位记录生物生长趋势、疫苗的实验需要以时间为单位记录受试者的身体变化情况等。

9.9.1 创建时间序列

Pandas使用date_range()函数能快速生成一系列的时间序列集合，date_range()函数原型的部分参数如下：

```
pandas.date_range(start = None, end = None, periods = None, freq = "D", name = None)
```

(1) 参数start代表时间序列的开始时间，需要传入一个特定格式的时间字符串，如“2022-04-08”“2022-04-08 10:30:17”“2022-04-08 10:30:17.000046”。

(2) 参数end代表时间序列的结束时间，与start一样，也需传入一个特定格式的时间字符串。

(3) 参数periods代表时间序列的长度。

(4) 参数freq代表时间序列的间隔，默认值为D，表示以天作为间隔，如2D表示时间间隔为两天，2H表示时间间隔为两小时，参数freq的常用取值如表9-35所示。

表9-35 date_range()的参数freq常用取值

序号	取值	详细说明
1	D	按日为频率生成时间序列
2	B	以工作日为频率生成时间序列，去除周六周日
3	M	以月为频率生成时间序列，并以月末为时间点
4	MS	以月为频率生成时间序列，并以月初为时间点
5	BM	以月工作日为频率生成时间序列，并以月末为时间点
6	Q	以季度为频率生成时间序列，并以季度末为时间点
7	QS	以季度为频率生成时间序列，并以季度初为时间点
8	A	以年为频率生成时间序列，并以年末为时间点
9	AS	以年为频率生成时间序列，并以年初为时间点
10	W	以周次为频率生成时间序列
11	H	以小时为频率生成时间序列
12	T/min	以分钟为频率生成时间序列
13	S	以秒为频率生成时间序列
14	ms	以毫秒为频率生成时间序列
15	us	以微秒为频率生成时间序列

参数name代表时间序列的名字。

参数closed用于设置参数start和end是否闭合，参数值为left时代表左闭右开，参数值为right时代表左开右闭，参数值为None时表示左闭右闭。

使用 pandas.date_range()函数创建时间序列集合的使用示例代码如下：

```
//Chapter9/9.9.1_test134.py
输入：import pandas as pd
     df = pd.date_range(start = "2021 - 1 - 1",periods = 5)
     print(df)

输出：DatetimeIndex(['2021 - 01 - 01','2021 - 01 - 02','2021 - 01 - 03','2021 - 01 - 04',
                   '2021 - 01 - 05'],dtype = 'datetime64[ns]',freq = 'D')
```

时间序列集合常直接作为 DataFrame 对象表的行或列索引，示例代码如下：

```
//Chapter9/9.9.1_test135.py
输入：import pandas as pd
     import numpy as np
     dict = {"商品 1 价格":np.random.randint(low = 10,high = 100,size = 5),
            "商品 2 价格":np.random.randint(low = 10,high = 80,size = 5),
            "商品 3 价格":np.random.randint(low = 10,high = 110,size = 5)}
     index = pd.date_range(start = "2022 - 1 - 3",periods = 5)      #以时间序列作为行索引
     df = pd.DataFrame(data = dict,index = index)                   #创建 DataFrame 对象 df
     print(df)

输出：                  商品 1 价格   商品 2 价格   商品 3 价格
     2022 - 01 - 03        52            68            54
     2022 - 01 - 04        77            37            63
     2022 - 01 - 05        63            60            96
     2022 - 01 - 06        25            74            58
     2022 - 01 - 07        11            18            17
```

9.9.2 时间序列格式化

真实业务场景中的时间序列格式可能与 9.9.1 节所介绍的时间序列格式有极大的差异，9.9.1 节所介绍的时间序列格式形如“2022-04-08”“2022-04-08 10:30:17”“2022-04-08 10:30:17.000046”，而真实业务场景中的时间序列格式多种多样，可能为“2020/04/08”“2020.04.08 10.30.17”。

为了能够使格式多样的时间序列得到统一的处理，Pandas 提供了 to_datetime()函数进行时间序列格式化，to_datetime()函数原型的部分参数如下：

```
pandas.to_datetime(arg,error = "raise",format = None)
```

上述 pandas.to_datetime()函数列举的各参数含义如表 9-36 所示。

表 9-36　pandas.to_datetime()函数各参数含义

序号	参数名称	详细说明
1	arg	要转换的日期数据
2	error	默认值为 raise，为 raise 时表示如果日期转换失败则抛出异常，参数值为 ignore 时表示如果日期转换失败则返回原日期数据，参数值为 coerce 时表示如果日期转换失败则会将日期转换成 NaT

续表

序号	参数名称	详细说明
3	format	要转换成的日期格式，如 format="%Y/%m/%d"的意思是将日期数据格式化转换成“年/月/日”形式，其中%Y对应年，%m对应月，%d对应日，还有%H对应小时，%M对应分钟，%S对应秒，%f对应微秒等

下面介绍两种 pandas.to_datetime()函数的使用示例。

(1) 将字典形式的 DataFrame 对象转换成“年-月-日”的形式，示例代码如下：

```
//Chapter9/9.9.2_test136.py
输入: import pandas as pd
      dict = {"year":[2019,2020,2021],"month":[2,3,2],"day":[10,15,16]}
      df = pd.DataFrame(data = dict)
      df = pd.to_datetime(df)
      print(df)

输出: 0     2019-02-10
      1     2020-03-15
      2     2021-02-16
      dtype: datetime64[ns]
```

(2) 将字符串形式的日期数据(如“20210803060709”)转换成“年-月-日 时:分:秒”的形式，示例代码如下：

```
//Chapter9/9.9.2_test137.py
输入: import pandas as pd
      df = pd.to_datetime(arg = "20210803060709")
      print(df)

输出: 2021-08-03 06:07:09
```

如果 DataFrame 对象某列为字符串形式的日期数据，则可以直接进行日期的格式化，示例代码如下：

```
//Chapter9/9.9.2_test138.py
输入: import pandas as pd
      dict = {"姓名":["小邓","小文","小苑"],
             "打卡时间":["20220823092310","20220823092720","20200823093045"]}
      df = pd.DataFrame(data = dict)
      print("原 DataFrame 对象: \n",df)
      df["打卡时间"] = pd.to_datetime(df["打卡时间"])          #格式化
      print("格式化后的 DataFrame 对象: \n",df)

输出: 原 DataFrame 对象:
         姓名      打卡时间
      0  小邓   20220823092310
      1  小文   20220823092720
      2  小苑   20200823093045
```

```
格式化后的 DataFrame 对象:
       姓名          打卡时间
0      小邓     2022-08-23 09:23:10
1      小文     2022-08-23 09:27:20
2      小苑     2020-08-23 09:30:45
```

如果对上述格式化结果仍然不满意，则可以使用 9.9.4 节表 9-37 序号 16 将介绍的"df["打卡时间"]. dt. strftime()"函数再进行格式化，示例代码如下：

```
//Chapter9/9.9.2_test139.py
输入: import pandas as pd
      dict = {"姓名":["小邓","小文","小苑"],
             "打卡时间":["20220823092310","20220823092720","20200823093045"]}
      df = pd.DataFrame(data = dict)
      print("原 DataFrame 对象: \n",df)
      df["打卡时间"] = pd.to_datetime(df["打卡时间"])              #to_datetime()格式化
      print("格式化后的 DataFrame 对象: \n",df)
      df["打卡时间"] = df["打卡时间"].dt.strftime("%Y/%m/%d")  #strftime()再次格式化
      print("再次格式化,只保留年、月、日信息: \n",df)

输出: 原 DataFrame 对象:
         姓名         打卡时间
      0    小邓     20220823092310
      1    小文     20220823092720
      2    小苑     20200823093045
      格式化后的 DataFrame 对象:
         姓名            打卡时间
      0    小邓     2022-08-23 09:23:10
      1    小文     2022-08-23 09:27:20
      2    小苑     2020-08-23 09:30:45
      再次格式化,只保留年、月、日信息:
         姓名     打卡时间
      0    小邓     2022/08/23
      1    小文     2022/08/23
      2    小苑     2020/08/23
```

9.9.3　时间序列运算

假如今天是 2022 年 10 月 10 日，如果想知道自今日起 100 天后的日期该是多少，应该怎么进行计算呢？假如已知开始时间为 2020 年 7 月 1 日，结束时间为 2022 年 10 月 10 日，如果想知道从开始时间到结束时间期间共经过了多少天或多少个星期，这又应该怎么计算呢？

对第 1 个问题 Pandas 提供了 Timedelta()函数创建时间差来对日期进行加减，以此能计算出某个时间 100 天后的日期。对第 2 个问题 Pandas 提供了 Period 类来便捷计算日期间的年、月、日等间隔，也可以使用 9.9.2 节所介绍的 to_datetime()函数将日期数据格式化后，就能直接进行加减以计算日期间隔，但使用 to_datetime()函数的方法无法便捷地计算出两日期间隔了多少个星期、多少个月等，比较适用于以天为单位计算日期间隔的天数。

1. 创建时间差进行日期加减

Pandas 提供的 Timedelta()函数能够创建时间差，下面介绍两种创建方式。

(1) 为 Timedelta()函数传入字符串以便创建时间差，示例代码如下：

```
//Chapter9/9.9.3_test140.py
输入：import pandas as pd
      times = pd.Timedelta("100 days 0 hours 0 minutes 0 seconds")      #创建时间差
      print("创建 100 天的时间差：",times)
      result = pd.to_datetime("2022 - 10 - 10") + times      #计算 2022 年 10 月 10 日 100 天后的日期
      print("2022 年 10 月 10 日 100 天后的日期：",result)

输出：创建 100 天的时间差：100 days 00:00:00
      2022 年 10 月 10 日 100 天后的日期：2023 - 01 - 18 00:00:00
```

(2) 为 Timedelta()函数传入整数以便创建时间差，示例代码如下：

```
//Chapter9/9.9.3_test141.py
输入：import pandas as pd
      times = pd.Timedelta(days = 100)                         #创建时间差
      print("创建 100 天的时间差：",times)
      result = pd.to_datetime("2022 - 10 - 10") + times        #计算 2022 年 10 月 10 日后 100 天的日期
      print("2022 年 10 月 10 日 100 天后的日期：",result)

输出：创建 100 天的时间差：100 days 00:00:00
      2022 年 10 月 10 日 100 天后的日期：2023 - 01 - 18 00:00:00
```

在上述代码中将 Timedelta()函数的参数 days 的值设置为 100 表示创建 100 天的时间差，还可以设置参数 hours，表示以小时为频率创建时间差，设置参数 minutes，表示以分钟为频率创建时间差，设置参数 seconds，表示以秒为频率创建时间差，设置参数 microseconds，表示以微秒为频率创建时间差。

2. 使用 Pandas 的 Period 类计算日期间隔

计算从 2020 年 7 月 1 日起到 2022 年 10 月 10 日共经过的天数和月数的示例代码如下：

```
//Chapter9/9.9.3_test142.py
输入：import pandas as pd
      startD = pd.Period("2020 - 07 - 01",freq = "D")      #创建开始时间
      endD = pd.Period("2022 - 10 - 10",freq = "D")        #创建结束时间
      print(endD - startD)                                 #经过的天数
      startM = pd.Period("2020 - 07 - 01",freq = "M")
      endM = pd.Period("2022 - 10 - 10",freq = "M")
      print(endM - startM)                                 #经过的月数

输出：<831 * Days>
      <27 * MonthEnds>
```

上述代码 Period 类初始化时如果设置的参数 freq 为 D 时，则表示以日为频率创建时期，如果为 M，则表示以月为频率创建时间，还可以设置为 Y（表示年）、W（表示周次）、H（表示小时）、T（表示天）、S（表示秒）、ms（表示毫秒）、us（表示微秒）等。

3. 使用 Pandas 的 to_datetime()函数计算日期间隔

Pandas 的 to_datetime()函数在 9.9.2 节详细介绍过，此处不作赘述。使用 Pandas 的 to_datetime()函数计算 2020 年 7 月 1 日到 2022 年 10 月 10 日间隔天数的示例代码如下：

```
//Chapter9/9.9.3_test143.py
输入：import pandas as pd
      start = pd.to_datetime("2020 - 07 - 01")
      end = pd.to_datetime("2022 - 10 - 10")
      print(end - start)                        #经过的天数

输出：831 days 00:00:00
```

如果两个时间本身为 Pandas 所支持的时间序列格式，则可以直接进行加减，而不需要通过 to_datetime()函数格式化，示例代码如下：

```
//Chapter9/9.9.3_test144.py
输入：import pandas as pd
      dict = {"开始时间":pd.date_range(start = "2020 - 07 - 01",periods = 1),
              "结束时间":pd.date_range(start = "2022 - 10 - 10",periods = 1)}
      df = pd.DataFrame(data = dict)
      print(df["结束时间"] - df["开始时间"])

输出：0      831 days
      dtype: timedelta64[ns]
```

9.9.4 时间序列属性

我们先来创建一个以时间序列为数据元素值的 DataFrame 对象 df，示例代码如下：

```
//Chapter9/9.9.4_test145.py
输入：import pandas as pd
      dict = {"姓名":["小邓","小文","小苑","小伊","小月"],
              "打卡时间":pd.date_range(start = "2022 - 1 - 1 9:30:15.000045",periods = 5)}
      df = pd.DataFrame(data = dict)
      print(df)

输出：     姓名              打卡时间
      0   小邓    2022 - 01 - 01 09:30:15.000045
      1   小文    2022 - 01 - 02 09:30:15.000045
      2   小苑    2022 - 01 - 03 09:30:15.000045
      3   小伊    2022 - 01 - 04 09:30:15.000045
      4   小月    2022 - 01 - 05 09:30:15.000045
```

上述代码创建的DataFrame对象df有一列数据为打卡时间，打卡时间为时间序列类型，这一列数据对象拥有如表9-37所示的常用属性和方法。

表9-37 以时间序列为元素值的数据常用属性和方法

序号	属　性	详细说明
1	df["打卡时间"].dt.year	获取时间序列的年
2	df["打卡时间"].dt.month	获取时间序列的月
3	df["打卡时间"].dt.day	获取时间序列的天
4	df["打卡时间"].dt.hour	获取时间序列的小时
5	df["打卡时间"].dt.minute	获取时间序列的分钟
6	df["打卡时间"].dt.second	获取时间序列的秒
7	df["打卡时间"].dt.microsecond	获取时间序列的毫秒
8	df["打卡时间"].dt.time	获取时间序列的时间部分
9	df["打卡时间"].dt.is_leap_year	判断是否是闰年
10	df["打卡时间"].dt.is_month_start	判断是否是某月的第一天
11	df["打卡时间"].dt.is_month_end	判断是否是某月的最后一天
12	df["打卡时间"].dt.quarter	判断该时间为第几个季度
13	df["打卡时间"].dt.is_quarter_start	判断是否是某季度的第一天
14	df["打卡时间"].dt.is_quarter_end	判断是否是某季度的最后一天
15	df["打卡时间"].dt.day_name()	获取时间序列的对应星期
16	df["打卡时间"].dt.strftime()	日期格式转换，如df["打卡时间"].dt.strftime("%Y/%m/%d")可以将原"2022-01-01 09:30:15.000045"转换成"2022/01/01"，其中%Y对应年，%m对应月，%d对应日，还有%H对应小时，%M对应分钟，%S对应秒，%f对应微秒等

表9-37序号1的"df["打卡时间"].dt.year"和序号16的"df["打卡时间"].dt.strftime()"的使用示例代码如下：

```
//Chapter9/9.9.4_test146.py
输入: import pandas as pd
      dict = {"姓名":["小邓","小文","小苑"],"打卡时间":pd.date_range(start = "2022 - 1 -
            1",periods = 3,freq = "Y")}
      df = pd.DataFrame(data = dict)
      year = df["打卡时间"].dt.year                              #获取年
      strftime = df["打卡时间"].dt.strftime("%Y/%m/%d")    #将时间序列格式化为"年/月/日"
      print("原 DataFrame 表: \n",df)
      print("年份: \n",year)
      print("转换格式: \n",strftime)                             #转换格式

输出: 原 DataFrame 表:
         姓名      打卡时间
      0  小邓   2022 - 12 - 31
      1  小文   2023 - 12 - 31
      2  小苑   2024 - 12 - 31
```

```
年份:
0  2022
1  2023
2  2024
Name: 打卡时间, dtype: int64
转换格式:
0  2022/12/31
1  2023/12/31
2  2024/12/31
Name: 打卡时间, dtype: object
```

9.9.5 时间序列处理综合示例

【例 9-8】 为了更好地管理实验室,提升和保证实验室同学们的科研和学习氛围,某实验室要求同学们每天进行签到打卡和签退打卡,但是实验室打卡机只能以 Excel 文件的格式对每天的打卡记录进行输出,如果当天有同学未打卡则打卡记录显示为空,打卡记录表如图 9-17 所示。

	A	B	C	D
1	学号	姓名	签到打卡时间	签退打卡时间
2	2022301	小邓	2022/9/1 7:30:40	2022/9/1 20:40:40
3	2022302	小文	2022/9/1 7:32:41	2022/9/1 19:10:43
4	2022303	小李	2022/9/1 8:13:33	2022/9/1 22:30:10
5	2022304	小月	2022/9/1 8:33:25	2022/9/1 22:10:11
6	2022305	小苑	2022/9/1 8:38:47	2022/9/1 20:31:32
7	2022306	小伊		
8	2022307	小张	2022/9/1 7:50:50	2022/9/1 20:30:39
9	2022308	小北	2022/9/1 7:51:47	2022/9/1 21:50:22
10	2022309	小欢	2022/9/1 7:56:55	2022/9/1 21:30:44
11	2022310	小龙	2022/9/1 8:05:24	2022/9/1 19:24:25
12	2022311	小红	2022/9/1 7:36:12	2022/9/1 19:10:16
13	2022312	小明		
14	2022313	小杜	2022/9/1 7:47:41	2022/9/1 21:12:20
15	2022314	小茜	2022/9/1 7:48:36	2022/9/1 20:30:40
16	2022315	小栋	2022/9/1 7:36:04	2022/9/1 20:05:33

图 9-17 打卡记录表示例

现在共有 6 天同学们的签到打卡与签退打卡记录表(当然,在真实业务场景中远远不止 6 天的时间记录表数据,因书中篇幅有限,此处仅以 6 天为例),这些时间记录表均保存在 D 盘下 timeRecord 文件夹中,timeRecord 文件夹中的各 Excel 文件内容如图 9-18 所示。

现有以下问题需要解决:

(1) 请找出这 6 天时间里,在实验室待的总时长最长和最短的同学。

分析:本题通过 6.6 节所介绍的方法和 Pandas 中的 read_excel()函数可以批量读取 D 盘下 timeRecord 文件夹中的所有 Excel 文件内容,但由于本题 Excel 表格中的签到和签退时间,通过 read_excel()函数读取后为字符串类型,因此需要先对字符串类型的时间数据进行格式化或转换成 Pandas 中的 Period 类(Period 类的使用在 9.9.3 节介绍过),再使用 9.9.3 节所介绍的时间序列运算方法就可以得到各位同学在实验室待的时长,最后进行统计即可。

Day1.xlsx文件内容			
学号	姓名	签到打卡时间	签退打卡时间
2022301	小邓	2022/9/1 7:30:40	2022/9/1 20:40:40
2022302	小文	2022/9/1 7:32:41	2022/9/1 19:10:43
2022303	小李	2022/9/1 8:13:33	2022/9/1 22:30:10
2022304	小月	2022/9/1 8:33:25	2022/9/1 22:10:11
2022305	小苑	2022/9/1 8:38:47	2022/9/1 20:31:32
2022306	小伊		
2022307	小张	2022/9/1 7:50:50	2022/9/1 20:30:39
2022308	小北	2022/9/1 7:51:47	2022/9/1 21:50:22
2022309	小欢	2022/9/1 7:56:55	2022/9/1 21:30:44
2022310	小龙	2022/9/1 8:05:24	2022/9/1 19:24:25
2022311	小红	2022/9/1 7:36:12	2022/9/1 19:10:16
2022312	小明		
2022313	小杜	2022/9/1 7:47:41	2022/9/1 21:12:20
2022314	小茜	2022/9/1 7:48:36	2022/9/1 20:30:40
2022315	小栋	2022/9/1 7:36:04	2022/9/1 20:05:33

Day2.xlsx文件内容			
学号	姓名	签到打卡时间	签退打卡时间
2022301	小邓	2022/9/2 9:39:42	2022/9/2 21:40:26
2022302	小文	2022/9/2 7:35:41	2022/9/2 20:11:29
2022303	小李	2022/9/2 7:33:34	2022/9/2 18:30:17
2022304	小月		
2022305	小苑	2022/9/2 8:21:44	2022/9/2 21:55:14
2022306	小伊	2022/9/2 8:22:58	2022/9/2 20:16:45
2022307	小张	2022/9/2 7:55:12	2022/9/2 21:44:44
2022308	小北	2022/9/2 7:51:22	2022/9/2 20:31:32
2022309	小欢	2022/9/2 9:56:35	2022/9/2 20:30:40
2022310	小龙	2022/9/2 10:05:36	2022/9/2 20:30:39
2022311	小红	2022/9/2 7:36:48	2022/9/2 21:30:44
2022312	小明	2022/9/2 8:41:26	2022/9/2 19:21:25
2022313	小杜		
2022314	小茜		
2022315	小栋	2022/9/2 8:05:19	2022/9/2 23:05:33

Day3.xlsx文件内容			
学号	姓名	签到打卡时间	签退打卡时间
2022301	小邓	2022/9/3 9:31:05	2022/9/3 21:40:40
2022302	小文		
2022303	小李	2022/9/3 8:13:33	2022/9/3 22:30:01
2022304	小月	2022/9/3 7:33:25	2022/9/3 22:10:11
2022305	小苑	2022/9/3 8:38:47	2022/9/3 19:31:32
2022306	小伊	2022/9/3 6:59:59	2022/9/3 23:30:32
2022307	小张	2022/9/3 7:50:50	2022/9/3 21:44:44
2022308	小北	2022/9/3 7:51:47	2022/9/3 20:05:33
2022309	小欢	2022/9/3 7:56:55	2022/9/3 21:30:04
2022310	小龙	2022/9/3 8:45:24	2022/9/3 19:24:25
2022311	小红	2022/9/3 7:36:12	2022/9/3 19:10:16
2022312	小明	2022/9/3 8:10:26	2022/9/3 22:10:25
2022313	小杜	2022/9/3 7:47:41	2022/9/3 22:51:10
2022314	小茜	2022/9/3 10:20:36	2022/9/3 21:30:41
2022315	小栋	2022/9/3 9:31:14	2022/9/3 19:39:49

Day4.xlsx文件内容			
学号	姓名	签到打卡时间	签退打卡时间
2022301	小邓	2022/9/4 8:30:32	2022/9/4 19:09:00
2022302	小文	2022/9/4 6:55:31	2022/9/4 19:55:25
2022303	小李	2022/9/4 9:58:47	2022/9/4 20:33:39
2022304	小月	2022/9/4 9:29:02	2022/9/4 18:33:25
2022305	小苑	2022/9/4 8:22:12	2022/9/4 20:14:17
2022306	小伊	2022/9/4 8:20:48	2022/9/4 17:50:58
2022307	小张	2022/9/4 7:50:50	2022/9/4 18:40:40
2022308	小北	2022/9/4 7:41:47	2022/9/4 20:12:43
2022309	小欢	2022/9/4 7:56:55	2022/9/4 22:31:32
2022310	小龙	2022/9/4 10:01:24	2022/9/4 21:37:11
2022311	小红	2022/9/4 7:00:12	2022/9/4 21:30:07
2022312	小明	2022/9/4 6:59:26	2022/9/4 21:44:04
2022313	小杜	2022/9/4 7:47:41	2022/9/4 23:22:22
2022314	小茜	2022/9/4 8:48:36	2022/9/4 20:31:37
2022315	小栋	2022/9/4 9:49:04	2022/9/4 21:15:31

Day5.xlsx文件内容			
学号	姓名	签到打卡时间	签退打卡时间
2022301	小邓	2022/9/5 10:30:41	2022/9/5 22:40:30
2022302	小文	2022/9/5 9:40:30	2022/9/5 20:14:12
2022303	小李	2022/9/5 8:15:44	2022/9/5 21:22:13
2022304	小月	2022/9/5 8:00:05	2022/9/5 22:10:11
2022305	小苑	2022/9/5 8:00:47	2022/9/5 19:19:00
2022306	小伊	2022/9/5 7:11:58	2022/9/5 19:30:40
2022307	小张	2022/9/5 9:50:51	2022/9/5 21:30:32
2022308	小北	2022/9/5 8:51:47	2022/9/5 21:50:23
2022309	小欢		
2022310	小龙	2022/9/5 7:05:10	2022/9/5 18:59:25
2022311	小红	2022/9/5 7:36:14	2022/9/5 19:20:28
2022312	小明		
2022313	小杜	2022/9/5 8:08:32	2022/9/5 22:17:20
2022314	小茜	2022/9/5 8:38:36	2022/9/5 23:10:47
2022315	小栋	2022/9/5 8:16:24	2022/9/5 18:33:40

Day6.xlsx文件内容			
学号	姓名	签到打卡时间	签退打卡时间
2022301	小邓	2022/9/6 8:00:02	2022/9/6 19:00:18
2022302	小文	2022/9/6 7:55:22	2022/9/6 19:10:29
2022303	小李	2022/9/6 7:22:59	2022/9/6 22:09:17
2022304	小月	2022/9/6 8:30:02	2022/9/6 18:39:25
2022305	小苑	2022/9/6 8:22:12	2022/9/6 21:52:17
2022306	小伊	2022/9/6 9:10:00	2022/9/6 23:00:51
2022307	小张	2022/9/6 8:50:50	2022/9/6 18:49:49
2022308	小北	2022/9/6 7:33:47	2022/9/6 20:02:00
2022309	小欢	2022/9/6 7:52:55	2022/9/6 21:23:23
2022310	小龙	2022/9/6 9:07:16	2022/9/6 19:37:11
2022311	小红	2022/9/6 8:50:13	2022/9/6 20:44:08
2022312	小明	2022/9/6 8:52:20	2022/9/6 22:42:04
2022313	小杜	2022/9/6 8:44:01	2022/9/6 20:21:58
2022314	小茜	2022/9/6 10:36:32	2022/9/6 19:21:31
2022315	小栋	2022/9/6 9:27:17	2022/9/6 22:15:33

图 9-18　6 天打卡记录表

示例代码如下：

```
/ Chapter9/9.9.5_test147/9.9.5_test147.py
输入: import pandas as pd
      import numpy as np
      import os
      sum1 = []     #用来保存1天里15位同学的时长记录,时长记录 = 签退时间 - 签到时间
      sum2 = []     #用来保存6天里15位同学每天的时长记录,最终将保存6个sum1列表
      student = []
      for name in os.listdir(r"D:\timeRecord"):
          #通过os.listdir()获取Excel文件名称
          #name为D:\timeRecord里的Excel文件名称
          df = pd.read_excel(os.path.join(r"D:\timeRecord",name))
          time1 = df["签到打卡时间"]
          time2 = df["签退打卡时间"]
          time1 = time1.fillna("2022/9/1 0:0:0")         #签到打卡时间的缺失值填充
          time2 = time2.fillna("2022/9/1 0:0:0")         #签退打卡时间的缺失值填充
          #由于只用计算时间间隔,因此让time1与time2填充的值相同,使它们之间不存在时间
          #差即可
          for i in range(len(time1)):
              interVal1 = pd.Period(time1[i],freq = 's')        #将字符串转换成Period类
              interVal2 = pd.Period(time2[i],freq = 's')        #freq为s表示以秒为计算单位
              sum1.append(interVal2 - interVal1)         #计算并保存时间间隔
          sum2.append(sum1)                              #sum2为一个二维嵌套列表
          sum1 = []                                      #将sum1清空
      #注意,sum2列表相当于6行15列的数组,每一行表示每一天15位同学在实验室待的时长
      #因此,对sum2列表按列求和即可求出15位同学6天待的总时长
      result = np.sum(sum2,axis = 0)                     #对sum2列表按列求和
      maxIndex = np.argmax(result)                       #获取最久时长对应的索引
      minIndex = np.argmin(result)                       #获取最短时长对应的索引
```

```
name1 = df["姓名"].iloc[maxIndex]            #根据最久时长索引取出相应学生名字信息
maxT = result[maxIndex]                      #取出最久时长
name2 = df["姓名"].iloc[minIndex]            #根据最短时长索引取出相应学生名字信息
minT = result[minIndex]                      #取出最短时长
print(f"这 6 天里,{name1}同学在实验室待的时长最久,时长为{maxT}")
print(f"这 6 天里,{name2}同学在实验室待的时长最短,时长为{minT}")

输出: 这 6 天里,小李同学在实验室待的时长最久,时长为<280647 * Seconds>
      这 6 天里,小明同学在实验室待的时长最短,时长为<191660 * Seconds>
```

(2) 现将时间以半小时为间隔,将签到打卡时间划分为(6:00,6:30]、(6:30,7:00]、(7:00,7:30]、(7:30,8:00]、(8:00,8:30]、(8:30,9:00]、(9:00,9:30]、(9:30,10:00]、(10:00,10:30]、(10:30,11:00]、(11:00,11:30]、(11:30,12:00]共计 12 个区间,请统计出各区间时间段的打卡人数并以条形图的形式展现结果,最后根据条形图结果为实验室的签到管理制度提供一些建议。

分析:本题非常特殊且综合复杂,但掌握好本题的解题技巧和思路,相信读者在实际业务场景中当遇到时间序列数据的分析和处理时能得心应手。

本题最关键的问题在于如何将时间序列离散化成题目中所提及的 12 个区间,并且只需将时间序列的时、分、秒进行离散化,而与时间序列的年、月、日相关信息没有任何关系,但在前面的内容并没有介绍过将时间序列离散化的示例,该怎么办呢?

使用 9.8.5 节所介绍的 cut()和 qcut()函数将时间序列进行区间分组是完全可以的,但最大的问题在于区间分组结果会受时间序列数据的年、月、日信息(如有些数据为 2022/9/1,而有些数据为 2022/9/2)的影响,进而导致区间分组结果与我们预期的结果相差很大,无法划分成题目要求的 12 个只与时、分、秒有关的区间。也就是说,如果能让分组结果不受年、月、日信息影响就可以将区间划分成我们预期的区间,那该怎么处理年、月、日信息呢?

实际上,仔细思考可以发现,如果 6 张 Excel 表中的签到打卡时间都在同一天(年、月、日信息都相同),则使用 cut()和 qcut()函数得到的区间分组结果就不会受年、月、日信息的影响,最后展示图形化效果时不显示年、月、日信息即可。

在具体实现上可以按以下步骤解决此问题。

步骤 1:拼接 Excel 表。通过 6.6 节所介绍的 os.listdir()函数批量获取 D 盘下 timeRecord 文件夹下 6 个 Excel 文件名称,接着通过 9.5.1 节所介绍的 read_excel()函数读取 6 个 Excel 文件内容,再通过 9.4.4 节所介绍的 concat()函数进行 Excel 表的竖直拼接。

步骤 2:删除缺失值。缺失值并不在本题需要考虑的范围内,因此使用 9.8.1 节所介绍的 drop_na()函数将缺失值删除。

步骤 3:时间序列离散化。首先利用 9.9.4 节所介绍的 df["签到打卡时间"].dt.strftime()将拼接后表中的签到打卡时间中的时、分、秒信息提取出来,由于提取出来的信息是字符串类型,因此还需要使用 9.9.2 节所介绍的 to_datetime()函数将字符串类型的时、分、秒转换成 Pandas 时间序列。接着使用 9.8.5 节所介绍的 cut()函数将时、分、秒转换得到的 Pandas 时间序列离散化成 12 个题目要求的区间。

步骤 4:查看离散化结果。(此步骤是为了让读者看到代码效果,并不是必需的)。

步骤5：分组统计打卡人数。使用9.6.1节所介绍的groupby()函数进行分组，分组后通过cout()函数统计各分组的数量。

步骤6：绘图。使用7.1.4节所介绍的bar()函数绘制条形图。

示例代码如下：

```
//Chapter9/9.9.5_test148/9.9.5_test148.py
输入：import pandas as pd
     import os
     import matplotlib.pyplot as plt
     #步骤1：竖直拼接D盘下timeRecord文件夹中的6个Excel文件
     nameL = []                    #nameL列表用来保存D:\timeRecord里的Excel文件名称
     for name in os.listdir(r"D:\timeRecord"):
         #name为D:\timeRecord里的Excel文件名称
         nameL.append(name)        #添加Excel文件名称
     df = pd.DataFrame()           #创建一个空DataFrame对象，用来保存拼接后的Excel表
     for i in nameL:
         #i为各Excel文件的名称，如"Day1.xlsx"
         excel = pd.read_excel(os.path.join("D:\\timeRecord", i))
         df = pd.concat(objs = [df, excel])        #竖直拼接6张Excel表
         #df为拼接后得到的90行4列的数据表，1个Excel表有15行，共6个Excel表
     #步骤2：删除缺失值
     df = df.dropna()              #删除缺失值后df为82行4列的数据表
     #步骤3：离散化处理(此处技巧性较高，需要仔细理解)
     dfTime = pd.to_datetime(df["签到打卡时间"])   #获取签到打卡时间
     dfTime = dfTime.dt.strftime("%H:%M:%S")      #去除年、月、日信息，保留时、分、秒信息
     #注意：dfTime.dt.strftime()处理后得到的返回值dfTime都是字符串类型，不是时间序列
     dfTime = pd.to_datetime(dfTime)            #将只含有时、分、秒的字符串转换成时间序列
     '''注意：将含有时、分、秒的字符串转换成时间序列会自动添加当天的年、月、日信息
     但是由于都是同一天的年、月、日信息，所以不会对离散化处理的结果造成影响'''
     year = dfTime.dt.year                       #获取dfTime保存的年
     month = dfTime.dt.month                     #获取dfTime保存的月
     day = dfTime.dt.day                         #获取dfTIme保存的日
     for i,j,k in zip(year,month,day):
         #s保存的是年、月、日信息，形式如"2022-9-1 06:00:00"
         s = str(i) + "-" + str(j) + "-" + str(k) + " " + "06:00:00"
         break
     bins = pd.date_range(start = s,freq = "0.5H",periods = 13)
     #bins保存的是以s时间为开始，0.5h为间隔的13个Pandas时间序列
     #对pd.date_range()函数的使用，读者若有遗忘，则可参考9.9.1节
     labels = ["(6:00,6:30]","(6:30,7:00]","(7:00,7:30]","(7:30,8:00]","(8:00,8:30]",
             "(8:30,9:00]","(9:00,9:30]","(9:30,10:00]","(10:00,10:30]","(10:30,11:
             00]","(11:00,11:30]","(11:30,12:00]"]
     cutDf = pd.cut(dfTime,bins = bins,labels = labels)      #离散化时间区间
     #步骤4：查看离散化结果(此步骤可以省略，只是为了让读者看到离散化效果)
     del df["签退打卡时间"]                       #本题与"签退打卡时间"无关，因此删除
     df["签到打卡时间段"] = cutDf
     print("查看离散化后的前5行数据，观察离散化打卡时间段结果是否正确:\n",df.head(n=5))
```

```
#步骤5: 分组统计打卡人数
del df["学号"]                     #删除学号列,分组统计时用不到
del df["姓名"]                     #删除姓名列,分组统计时用不到
df = df.rename(columns = {"签到打卡时间":"打卡人数"})
countDf = df.groupby(by = "签到打卡时间段").count()
print("查看分组统计后的前5行结果:\n",countDf.head(n = 5))
#步骤6: 绘图
plt.figure(figsize = (20,20))
plt.rcParams["font.family"] = ["SimHei"]
plt.rcParams["axes.unicode_minus"] = False
#如果要显示中文,则需要加上上面两行代码
plt.xticks(fontsize = 13)
plt.yticks(fontsize = 15)
plt.bar(labels,countDf["打卡人数"])
plt.title("签到打卡时间段打卡人数分布条形图",fontsize = 18)
plt.xlabel("签到打卡时间段",fontsize = 16)
plt.ylabel("打卡人数",fontsize = 16)
for x,y in zip(range(len(countDf["打卡人数"])),countDf["打卡人数"]):
    #在竖直条形图上显示数据,若读者有遗忘,则可参考7.1.4节
    plt.text(x,y,y,ha = "center",va = "bottom",fontsize = 15)
plt.show()

输出: 查看离散化后的前5行数据,观察离散化打卡时间段结果是否正确:
       学号     姓名    签到打卡时间         签到打卡时间段
    0  2022301  小邓  2022/9/1 7:30:40    (7:30,8:00]
    1  2022302  小文  2022/9/1 7:32:41    (7:30,8:00]
    2  2022303  小李  2022/9/1 8:13:33    (8:00,8:30]
    3  2022304  小月  2022/9/1 8:33:25    (8:30,9:00]
    4  2022305  小苑  2022/9/1 8:38:47    (8:30,9:00]
    查看分组统计后的前5行结果:
                  打卡人数
    签到打卡时间段
    (6:00,6:30]      0
    (6:30,7:00]      3
    (7:00,7:30]      4
    (7:30,8:00]      28
    (8:00,8:30]      16
```

上述代码运行得到的签到打卡时间段打卡人数分布条形图如图9-19所示。

分析：由图9-19可以分析出，在这6天时间里，15位同学共计进行了82次签到打卡，同学们集中在(7:30,9:00]的时间段共计进行了58次签到打卡，其中以(7:30,8:00]时间段签到打卡次数最多，共计28次，(8:00,8:30]和(8:30,9:00]时间段的签到打卡次数接近，分别为16次和14次。在(7:30,9:00]外的时间段共计进行了24次签到打卡，其中(6:30,7:30]时间段有7次签到打卡记录，(9:00,10:00]时间段有12次签到打卡时间记录，(10:00,11:00]时间段有5次签到打卡时间记录，没有同学在(6:00,6:30]、(11:00,11:30]、(11:30,12:00]的时间段进行签到打卡。

根据上述条形图的分析结果，可以为实验室的签到管理制度提供以下建议：

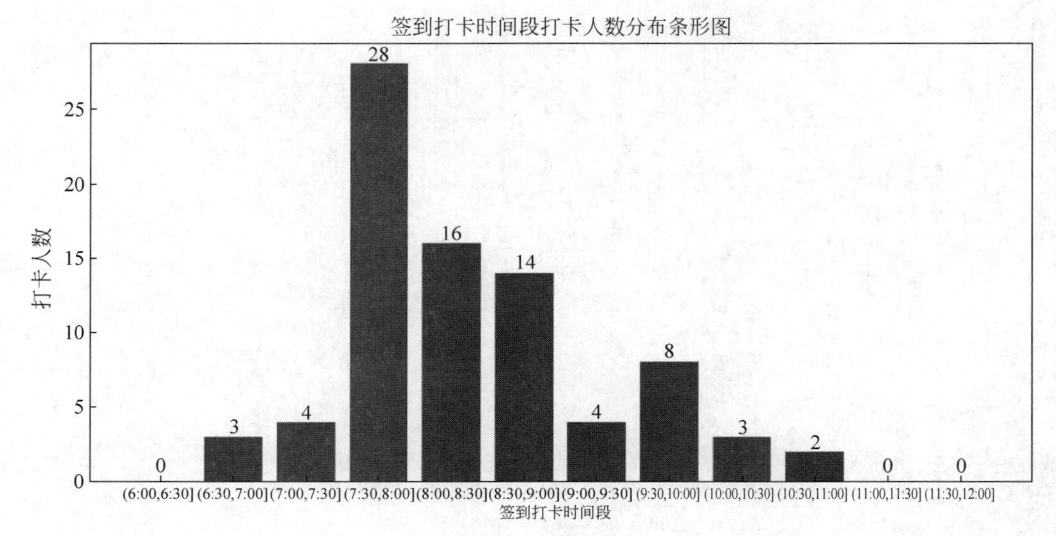

图 9-19　签到打卡时间段打卡人数分布条形图

(1) 由于同学们在(7:30,9:00]的时间段有 58 次签到打卡时间记录，在(9:00,10:00]时间段有 12 次签到打卡时间记录，共计 70 次签到打卡时间记录，因此建议规定迟于 9:00 打卡的同学记为 1 次迟到或迟于 10:00 打卡的同学记为 1 次迟到。

(2) 在(6:30,7:30]时间段有 7 次签到打卡记录，可以看出部分同学们非常勤奋，但是并不建议同学们过早地到实验室学习工作，建议实验室老师多和同学们交流，鼓励同学们可以适当地早起锻炼，在学习的同时也要注意自己的身体。

(3) 在(10:00,11:00]时间段有 5 次签到打卡时间记录，这个时间段如果同学们没有其他特殊原因，则说明有些同学可能点偷懒了，同学们在上午能有效工作和学习的时间可能只有 1h 左右，建议实验室老师可以提醒一下这些同学早起一些，当然，有些同学可能每天工作学习到很晚，因此上午才比较迟来，实验室老师可以建议这些同学养成合理的作息习惯，不要工作学习到太晚。

(4) 建议可以分析一下实验室同学们的签退打卡时间规律，可以更好地了解同学们的作息规律，完善实验室的管理制度。

注意：建议读者可以在本题的基础上自行尝试分析签退打卡时间规律，还可以尝试着找出签到和签退打卡的各时间段分别有哪些同学，帮助实验室可以针对不同同学的作息规律给出更合理的建议。

9.10　Pandas 数据的可视化

在第 7 章就已经详细介绍过 Matplotlib 和 Seaborn 这两个 Python 重要的绘图库使用方法，在平时的数据分析业务场景中已经完全够用，尤其是 Matplotlib 可以直接与 NumPy 和 Pandas 结合使用，因此读者根据自己的使用习惯和业务需求选择使用本节或第 7 章介绍的可视化方法都是可以的。

本节介绍的 Pandas 数据的可视化方法其实也是以 Matplotlib 绘图库为底层，在 Matplotlib 绘图库基础上进一步集成发展而来的，可以更方便快速地将 Pandas 数据可视化，适用于读者在需要快速显示图像的场景中使用，但其实图形的显示效果、绘图函数参数含义与 Matplotlib 绘图库都是一样的，因此本节不会像 7.1 节一样详细地介绍各绘图函数及其参数含义，更多的是展示常用的绘图使用方式及效果。

Pandas 数据可视化借助 DataFrame 对象中的 plot()函数即可快速生成多种类型的可视化图像，不同类型的可视化图像通过 plot()函数中的参数 kind 进行设置，设置方法如表 9-38 所示。

表 9-38　DataFrame 对象的 plot()函数的参数 kind 可传入值及说明

序号	可传入值	详细说明(假设存在 DataFrame 对象 df)
1	空	df.plot()绘制线性图
2	bar	df.plot(kind="bar")绘制竖直条形图
3	barh	df.plot(kind="barh")绘制水平条形图
4	pie	df.plot(kind="pie")绘制饼图
5	scatter	df.plot(kind="scatter")生成散点图
6	hist	df.plot(kind="hist")生成直方图
7	box	df.plot(kind="box")生成箱线图

1. 折线图

使用 DataFrame 对象中的 plot()函数可以直接绘制出折线图，示例代码如下：

```
//Chapter9/9.10_test149.py
输入：import pandas as pd
      import numpy as np
      import matplotlib.pyplot as plt    #在 Pandas 中使用绘图函数时必须导入这个库
      data = np.arange(10,30).reshape(5, - 1)
      index = pd.date_range('2022 - 1 - 1',periods = 5)
      columns = list('ABCD')
      df = pd.DataFrame(data, index = index,columns = columns)
      print("DataFrame 对象 df: \n",df)
      df.plot()                          #直接调用 DataFrame 对象里的 plot()函数绘制折线图
      plt.show()                         #显示

输出：DataFrame 对象 df:
                      A   B   C   D
      2022 - 01 - 01  10  11  12  13
      2022 - 01 - 02  14  15  16  17
      2022 - 01 - 03  18  19  20  21
      2022 - 01 - 04  22  23  24  25
      2022 - 01 - 05  26  27  28  29
```

上述代码运行得到的折线图如图 9-20 所示。

2. 条形图

为 DataFrame 对象的 plot()函数的参数 kind 传入 bar 和 barh，能快速绘制竖直和水平

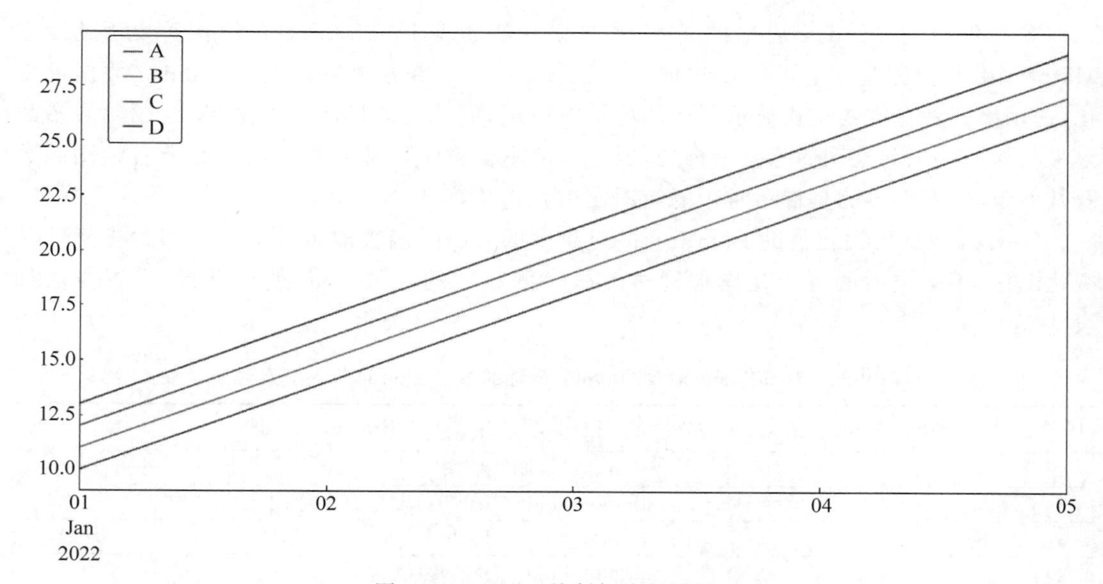

图 9-20 Pandas 绘制折线图的效果

条状图,示例代码如下:

```
//Chapter9/9.10_test150.py
输入: import pandas as pd
      import numpy as np
      import matplotlib.pyplot as plt
      df = pd.DataFrame(np.random.randn(10,4),columns = list('ABCD'))
      df.plot(kind = "bar")                    #绘制竖直条形图
      df.plot(kind = "barh")                   #绘制水平条形图
      plt.show()
```

上述代码运行得到的竖直和水平条形图分别如图 9-21 和图 9-22 所示。

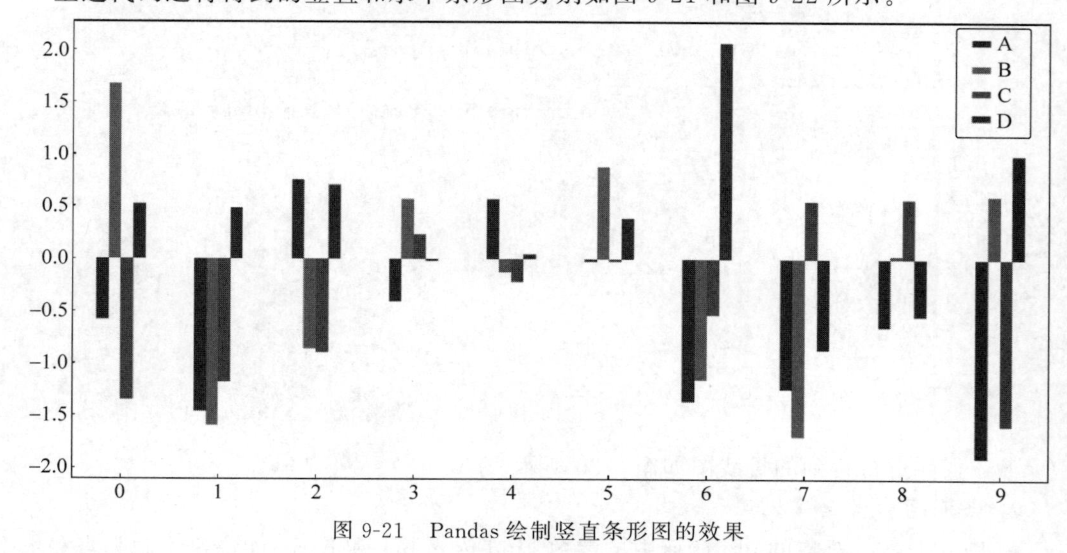

图 9-21 Pandas 绘制竖直条形图的效果

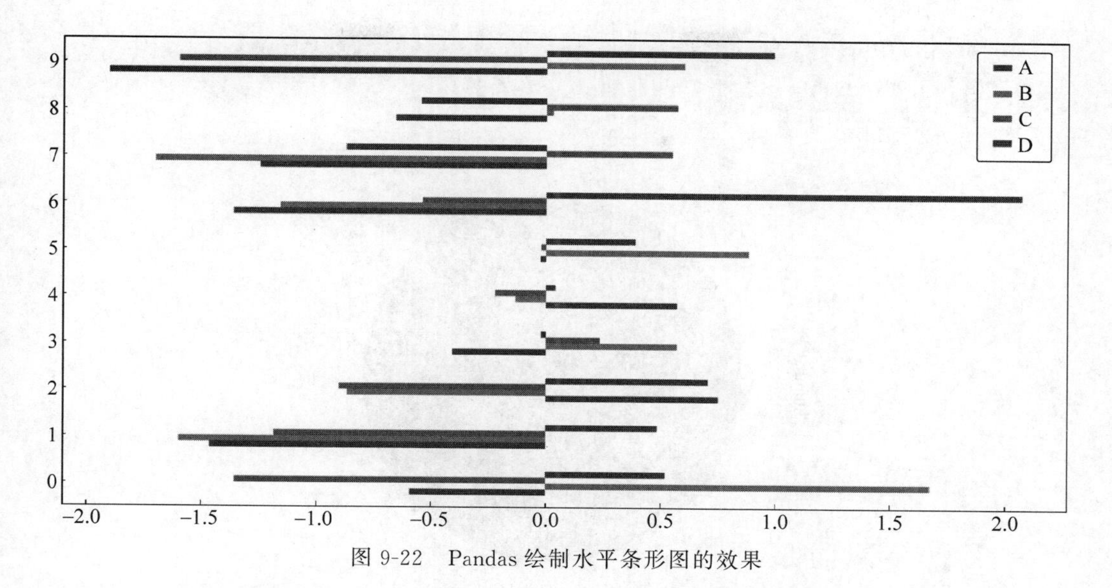

图 9-22　Pandas 绘制水平条形图的效果

3. 饼图

为 DataFrame 对象的 plot()函数的参数 kind 传入 pie，设置参数 subplots＝True 便能快速绘制饼图，示例代码如下：

```
//Chapter9/9.10_test151.py
输入：import pandas as pd
      import numpy as np
      import matplotlib.pyplot as plt
      df = pd.DataFrame(np.random.rand(4),index = list('abcd'),columns = ['number'])
      print("DataFrame 对象 df: \n",df)
      df.plot(kind = "pie",subplots = True)                    #绘制饼图
      plt.show()

输出：DataFrame 对象 df:
           number
      a    0.186082
      b    0.777424
      c    0.396234
      d    0.655990
```

上述代码运行得到的饼图如图 9-23 所示。

4. 散点图

为 DataFrame 对象的 plot()函数的参数 kind 传入 scatter 能快速绘制散点图，示例代码如下：

```
//Chapter9/9.10_test152.py
输入：import pandas as pd
      import numpy as np
      import matplotlib.pyplot as plt
      df = pd.DataFrame(np.random.rand(10,2),columns = list('xy'))
```

```
df.plot(kind = "scatter",x = 'x',y = 'y')                #绘制散点图
plt.show()
```

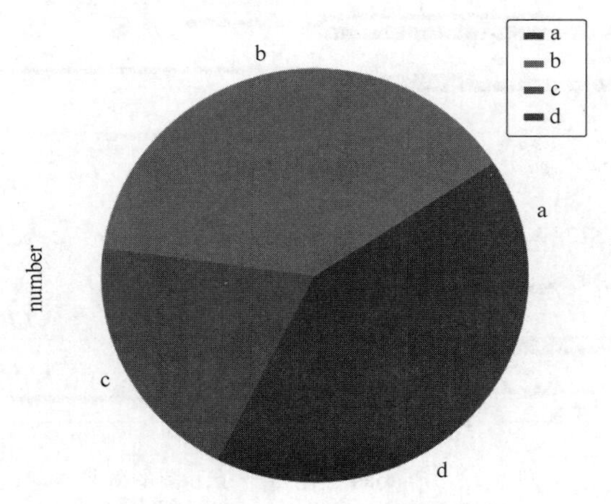

图 9-23 Pandas 绘制饼图的效果

上述代码运行得到的散点图如图 9-24 所示。

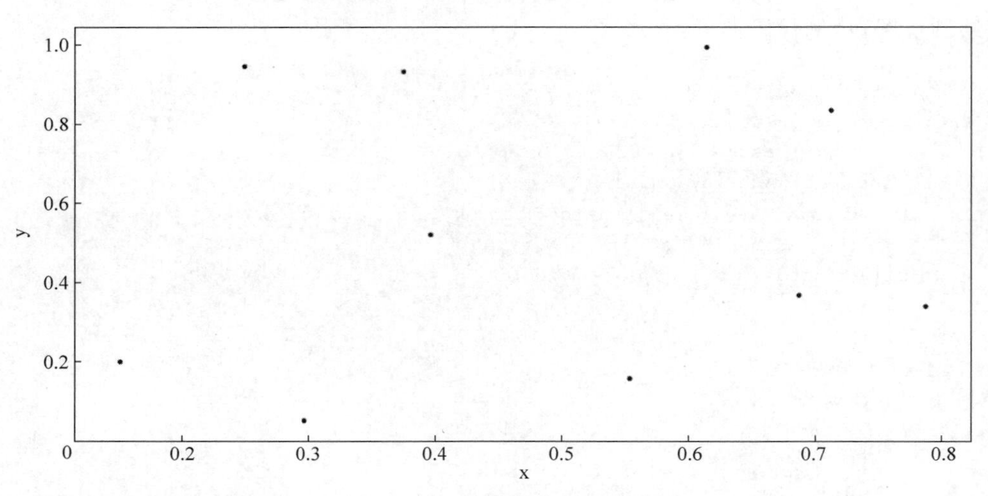

图 9-24 Pandas 绘制散点图的效果

5. 直方图

为 DataFrame 对象的 plot()函数的参数 kind 传入 hist 能快速绘制散点图，示例代码如下：

```
//Chapter9/9.10_test153.py
输入: import pandas as pd
      import numpy as np
      import matplotlib.pyplot as plt
      dict = {'x':np.random.randn(500) + 1,'y':np.random.randn(500) - 1}
      df = pd.DataFrame(data = dict)
      df.plot.hist(bins = 15)                          #绘制直方图
      plt.show()
```

上述代码运行得到的直方图如图 9-25 所示。

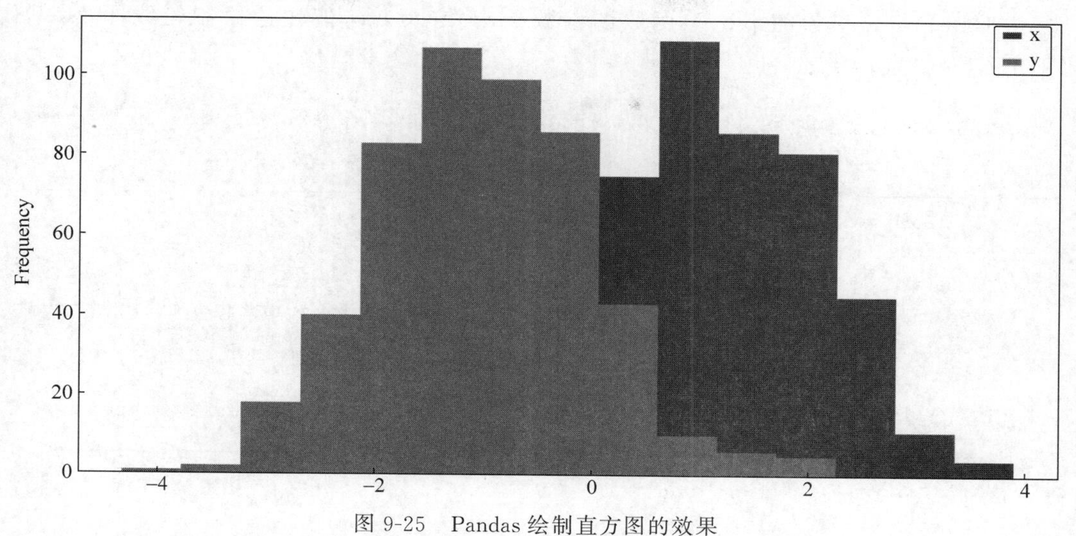

图 9-25 Pandas 绘制直方图的效果

直接使用 DataFrame 对象的 hist()函数可以得到单列数据直方图,示例代码如下:

```
//Chapter9/9.10_test154.py
输入: import pandas as pd
      import numpy as np
      import matplotlib.pyplot as plt
      dict = {'x':np.random.randn(500) + 1,'y':np.random.randn(500) - 1}
      df = pd.DataFrame(data = dict)
      df.hist(bins = 15)                          #绘制单列数据直方图
      plt.show()
```

上述代码运行得到的单列数据直方图如图 9-26 所示。

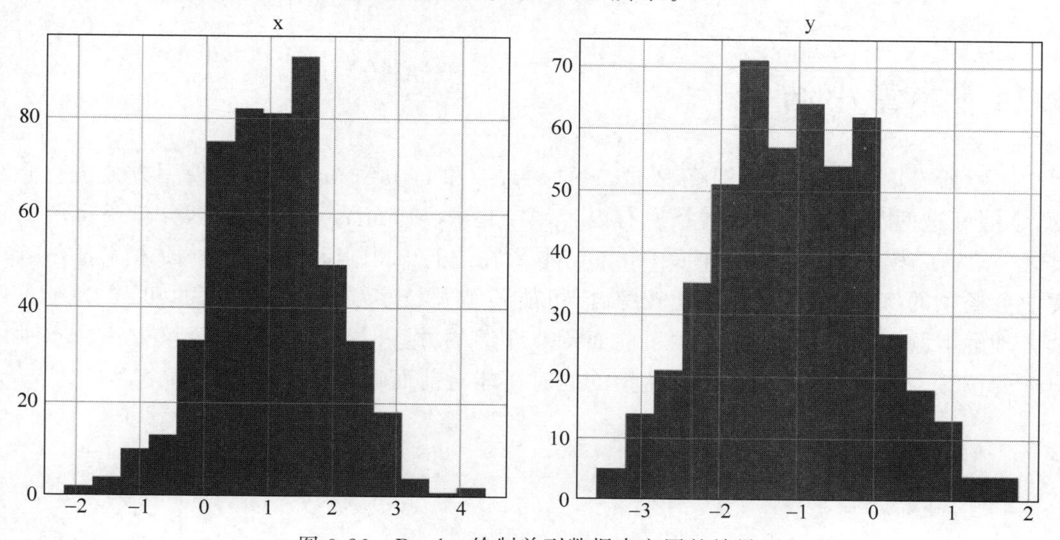

图 9-26 Pandas 绘制单列数据直方图的效果

6. 箱线图

为 DataFrame 对象的 plot()函数的参数 kind 传入 box 能快速绘制箱线图，示例代码如下：

```
//Chapter9/9.10_test155.py
输入：import pandas as pd
      import numpy as np
      import matplotlib.pyplot as plt
      dict = {'x':np.random.randn(500) + 1,'y':np.random.randn(500) - 1,}
      data2  =  pd.DataFrame(data = dict)
      data2.plot(kind = "box")                #绘制箱线图,快速了解数据最高及最低点分布
      plt.show()
```

上述代码运行得到的箱线图如图 9-27 所示。

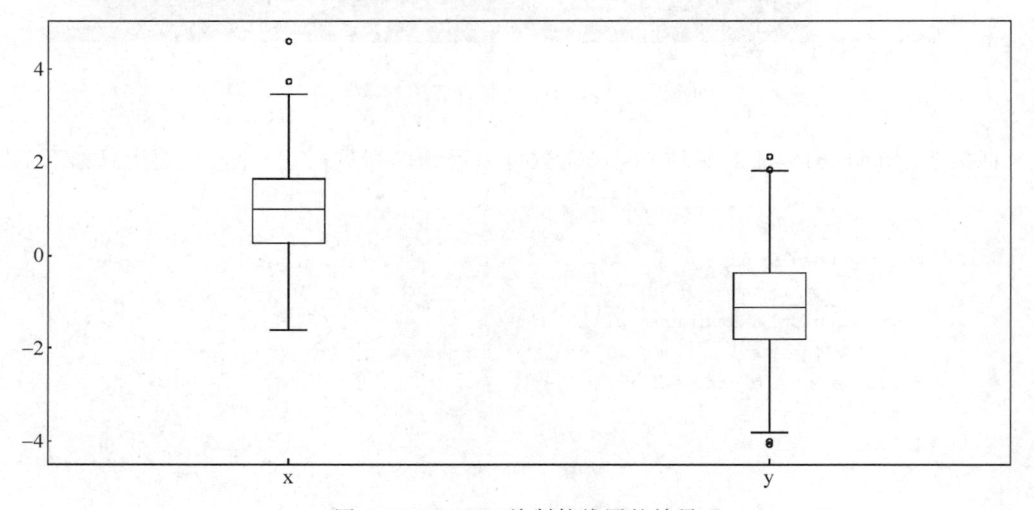

图 9-27 Pandas 绘制箱线图的效果

9.11 本章小结

本章所有内容其实都是围绕 Pandas 的 Series 和 DataFrame 对象的使用方式进行介绍的，掌握好这两个对象就能将本章所有内容贯穿起来。Pandas 是进行数据分析最重要的工具之一，为了让读者能更好地掌握 Pandas，本章在进行知识点讲述的同时插入大量贴近真实业务场景的例题，这些例题都比较综合，可能还涉及较多前面章节内容的知识，为了方便读者理解解题思路和代码，当使用了前面章节介绍的方法时会为读者指明该方法在本书中出现的位置，在减轻读者理解代码负担的同时还能对前面章节的知识点进行复习。

进 阶 篇

经过基础篇的学习，读者已经打下了坚实的 Python 基础，同时能够利用 NumPy、Pandas 等工具包进行数据的基本统计和分析。有了以上基础，本篇将通过数据分析常用算法带领读者学会对数据进行建模、有效信息提取与规律预测等的技巧和方法，学习完本篇内容，读者就具备了 Python 数据分析所需要的所有基本能力。

通过进阶篇的学习，不仅能够帮助读者提升数据分析的理论基础和实际编程能力，成长为一个优秀的 Python 数据分析师，还能够为读者打开通往人工智能的大门，适应人工智能时代潮流的发展，提升自我竞争价值和各项能力。

进阶篇包括以下两章。

第 10 章　数据分析常用算法

本章介绍的数据分析常用算法包括机器学习算法中的监督学习、无监督学习算法及编程算法中的动态规划算法。机器学习算法是人工智能的重要组成部分，也是数据分析与人工智能紧密联系的一道桥梁，同时也能帮助读者快速入门人工智能。动态规划算法在数据分析及人工智能场景中经常遇到，学习动态规划算法还能够提升读者自身的 Python 编程能力，锻炼逻辑及编程思维。

第 11 章　数据分析实战

在前面章节介绍各种核心知识点的同时也提供了大量的数据分析实战小例子，为了帮助读者对一些重点内容的复习和巩固，让读者对 Python 数据分析的各类工具有更高的熟练程度及更深刻的印象，本章将会以一个 Python 二手房价数据分析的实战例子将全书的内容串联起来，并对全书进行总结归纳。

第 10 章

数据分析常用算法

在 1.1 节我们介绍过数据分析是为解决一种或多种业务问题,针对在该业务背景下获取的大量数据,利用一种或多种恰当的数学统计、计算、建模等方法,对数据进行有效信息与规律的提取、预测和展示的技术。

通过第 7 章数据可视化的知识内容我们学会了对数据进行展示的方法,通过对第 8 章数值计算扩展库(NumPy)和第 9 章结构化数据分析库(Pandas)的知识内容的学习我们学会了对数据进行获取、数学统计、计算、提取数据信息与规律的方法,依靠这些知识及技术我们已经能够满足处理非常多业务场景中数据分析的需求,但如果要完整地掌握数据分析的技术内容,则还缺少对数据进行建模、有效信息与规律预测等的能力,而本章介绍的数据分析常用算法的功能就是对数据进行建模、有效信息与规律预测等,因此学习完本章内容,读者就具备了 Python 数据分析所需要的所有基本能力,在下几节将会以 Python 数据分析的实战项目带领读者一步步地将全书知识内容贯穿起来,提升读者的理论和实际编程能力,帮助读者成长为一个优秀的 Python 数据分析师。

本章介绍的数据分析常用算法包括机器学习算法中的监督学习、无监督学习算法,以及编程算法中的动态规划算法。

10.1 机器学习基础

通过前面 9 章内容的学习,如果理解了一个算法的实现原理和流程,相信读者有能力自行完成算法代码的编写和测试,但是在实际业务场景中从头开始编写算法代码会过于耗费时间且自己编写出来的代码运行效率可能不高,为此 Python 中的 scikit-learn 库采用第 5 章所介绍的面向对象编程思想和方法封装了大量与机器学习和数据挖掘相关的算法,包括监督学习中的各种分类和回归算法、无监督学习中的聚类、数据降维等算法。

scikit-learn 库是基于 Python 语言的简单高效数据挖掘和数据分析工具,也是建立在 Matpotlib、NumPy 和 Pandas 的基础之上发展而来,因此 scikit-learn 库可以为数据分析任务提供极大的便利和友好的接口。若读者感兴趣且学有余力,则可以阅读相关 scikit-learn 实现机器学习算法的源码,阅读源码能够极大地提高读者的面向对象的结构化编程和算法实现能力。

1. scikit-learn 库的安装

打开 2.2.1 节介绍的 Anaconda Prompt 应用程序,只需要在 Anaconda Prompt 应用程

序的命令行窗口输入如下命令：

```
conda install scikit - learn
pip
```

上述命令输入完毕，按回车键后命令行窗口会弹出安装信息，输入 y 并按回车键确认安装，即可开始 scikit-learn 库的安装。

安装完毕后进入 Python 环境，使用 import 语句检查 scikit-learn 库是否成功安装，示例代码如下：

```
import scikit - learn                    # 导入 scikit - learn 库
```

倘若上述导入 scikit-learn 库的语句运行之后不报错，则说明 scikit-learn 库安装成功。

2. 监督学习和无监督学习的区别

监督学习和无监督学习算法都属于机器学习算法的范畴。我们先来了解一下机器学习的概念，机器学习顾名思义就是让计算机(机器)能够像人类一样拥有学习能力，通过数学计算手段学习得到知识经验(知识经验来源于数据样本)，根据这些知识经验来重新组织已有的知识体系结构(相当于整理归纳知识点并改正不足之处)，进而使自身的性能可以得到提升，能够具备对新数据样本的预测能力。目前主流上认为机器学习可分为监督学习、无监督学习、半监督学习和强化学习，机器学习是人工智能领域的重要组成部分。

注意：机器学习的本质是数学计算，既然是数学计算就涉及大量的数学公式和原理，由于本书《Python 数据分析从 0 到 1》的内容是为了和读者一起学习和讨论 Python 在数据分析上的应用方法和技巧，偏向于应用层面，因此不会对机器学习中的数学公式、模型推导和原理作过多过深入的解释，而是将这些机器学习算法作为工具应用到数据分析里。如果读者对这些机器学习算法的底层原理感兴趣或者有更深层次的应用和研究需求，建议读者再去阅读相关专门介绍机器学习算法的书籍或文献。

机器学习中的监督学习和无监督学习的最大区别在于学习知识经验的方式不同(数据样本结构不同)。监督学习的数据样本包含两个部分，第一部分是数据样本特征，第二部分是数据样本标签，例如我们希望计算机能够为银行分析并判断出一个人是否有资格获得贷款，如果规定受教育水平高、工作稳定、无银行拖欠款记录的人能够获得贷款，受教育水平低、工作不稳定或无工作、有银行拖欠款记录的人不能够获得贷款，这里的受教育水平、工作稳定程度、是否有银行拖欠款记录就是数据样本特征，是否有资格获得贷款就是数据样本标签(或称数据样本真实值)，监督学习的数据样本结构如图 10-1 所示。

监督学习就是通过大量包含正确答案(标签)的数据样本(数据样本包括数据样本特征和标签)，训练和学习出一个模型，该模型具备通过给定新的数据样本特征来预测该新数据样本标签的能力。以图 10-1 所示的数据样本结构为例，监督学习过程中就像有一位专任老师，这位老师会不断地告诉计算机什么样的人(什么样的数据样本特征)能够有资格获得贷款(告诉计算机数据样本标签是什么)，并且监督计算机的学习情况，计算机学习到这些知识后就能够运用这些知识根据给定的新数据样本特征，预测出该新数据样本的标签。

数据样本特征　　数据样本标签

受教育水平	工作稳定程度	是否有银行拖欠款记录	是否有资格获得贷款
高	稳定	无	有
高	稳定	有	无
高	不稳定	无	有
高	无工作	无	无
低	稳定	无	有
低	稳定	有	无
低	不稳定	无	无
低	无工作	无	无

图 10-1　监督学习的数据样本结构

无监督学习的数据样本则只具有数据样本特征，没有数据样本标签或者数据样本标签都相同，就像老师们只给了同学们题目，但是没有给同学们这些题目的答案，只能让计算机自己去探索学习得出这些题目的答案。

3. 训练集、测试集和验证集

人们在学习完知识经验后常常通过做题或考试来检测自身的学习效果，如果检测出学习效果不好，则应有针对性地去调整和完善知识经验。同样地，计算机在学习完知识经验后也应该有类似做题或考试一样的机制去帮助它再调整和完善知识经验。

为了能实现这一机制，我们通常把数据样本分为训练集、测试集和验证集 3 部分。计算机从训练集中学习知识经验（进行训练），将从训练集中学习完知识经验后得到的学习成果称为模型，通过测试集来评估模型的学习效果和泛化能力（泛化能力是指模型对从未见过数据的适应能力），通过验证集调整模型的参数。当模型的参数量不大，平时的许多数据分析业务处理其实不需要使用验证集就可以得到很好的效果，因此验证集的划分不是必需的，但是在数据规模大，如深度学习这样具有大规模参数模型的训练中，验证集的使用就非常必要且重要了。

4. 数据样本的划分方式

1）留出法

留出法是指将所有数据样本按照一定的比例划分成互斥的两个集合，比例较大的集合作为训练集，比例较小的集合作为测试集。划分的比例常为七三分或八二分，如 1000 个样本可以划分前 80%的样本作为训练集，后 20%的样本作为测试集。

留出法是数据样本最简单的一种划分方法，省时高效但会损失一定的准确度，且容易造成结果不稳定和过拟合（过拟合是指模型在训练集上的表现效果极佳，但是在测试集和验证集上的表现效果不佳）的现象，而且只使用单次留出法训练出的模型结果可信度不高，因此当单次留出法效果不佳时，人们常常对数据样本进行多次随机训练集和测试集按比例划分，并进行多次模型训练，取多次模型训练结果的平均值作为模型的最终结果。

使用 scikit-learn 库中的 train_test_split()函数可以按照我们设置的比例，随机地将数据样本划分为训练集和测试集，train_test_split()函数原型的部分参数如下：

```
train_test_split(X,y,test_size,random_state)
```

上述 train_test_split()函数列举的各参数含义如表 10-1 所示。

表 10-1 train_test_split()函数各参数含义

序号	参数名称	详细说明
1	X	数据样本中的数据样本特征
2	y	数据样本中的数据样本标签
3	test_size	如果数值为0～1，则表示测试集数据样本数与原始数据样本数之比；若为整数，则表示测试集数据样本数
4	random_state	随机数种子

使用 scikit-learn 实现留出法划分训练集和测试集的示例代码如下：

```
//Chapter10/10.1_test1.py
输入: import numpy as np
      from sklearn.model_selection import train_test_split    #导入留出法的实现函数
      X = np.arange(500).reshape(100, -1)                     #创建数据样本特征,形状为 100×5
      y = np.arange(100)                                      #创建数据样本标签,形状为 100×1
      #使用 train_test_split()函数划分出训练集和测试集,训练集:测试集 = 8:2
      xTrain,xTest,yTrain,yTest = train_test_split(X,y,test_size = 0.2,random_state = 0)
      #xTrain 指训练集数据样本特征,xTest 指测试集数据样本特征
      #yTrain 指训练集数据样本标签,yTest 指测试集数据样本标签
      print(f"原始样本数据有{X.shape[0]}个")
      print(f"训练集数据有{xTrain.shape[0]}个")
      print(f"测试集数据有{xTest.shape[0]}个")

输出: 原始样本数据有 100 个
      训练集数据有 80 个
      测试集数据有 20 个
```

若需要将原始数据集划分出训练集、验证集和测试集，则其中一种办法是可以先使用留出法将原始数据集按 8∶2 的比例划分为训练集和测试集，再使用一次留出法将训练集按 6∶2 的比例划分为新的训练集和验证集，由此将原始数据集按 6∶2∶2 的比例划分为训练集、验证集和测试集，上述划分过程如图 10-2 所示。

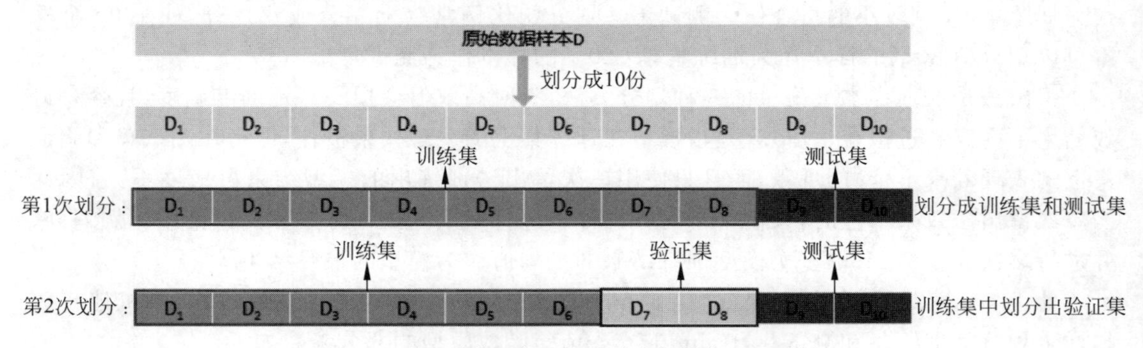

图 10-2 训练集、验证集和测试集划分过程示例

当然，上述划分方法不仅限于留出法，同样适用于本节接下来将介绍的 K 折交叉验证法和自助采样法。

注意：读者一定要区分训练集、验证集和测试集的功能，即使很多人工智能专业的人员都可能会混淆。训练集是用来训练模型的，验证集是用来对训练集上训练出的模型参数进行调整，测试集是用来对模型效果进行测试的，即使模型在测试集上效果不好，也不能使用测试集上的评价标准作为依据来对模型参数进行调整，模型参数的调整只能在验证集上进行。验证集上具体的调参方法和示例代码读者将在 10.2.3 节 *K*-NN 算法的例 10-6 接触到。

2）K 折交叉验证法

K 折交叉验证法很好地弥补了留出法的缺陷，充分地利用了所有数据样本。K 折交叉验证法划分数据样本集的流程如图 10-3 所示。

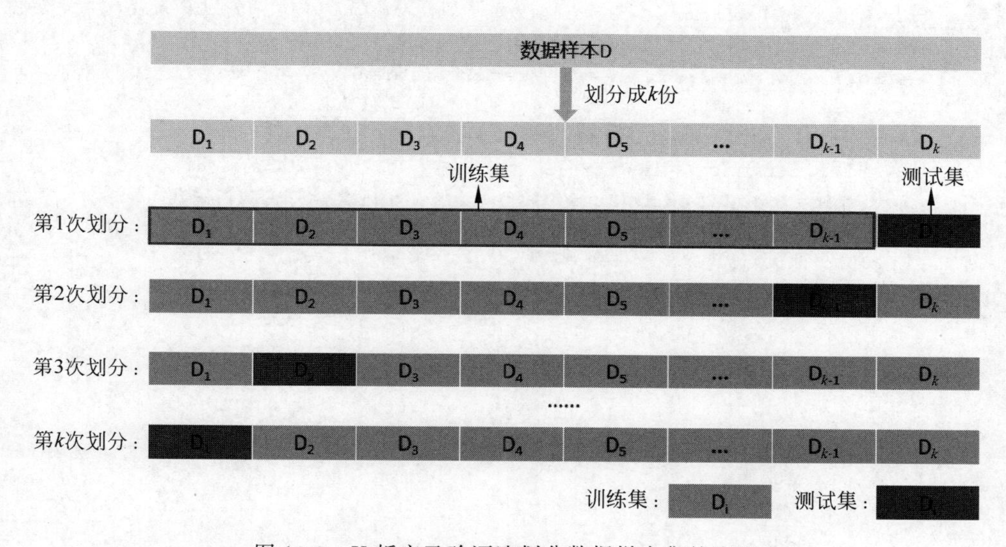

图 10-3　K 折交叉验证法划分数据样本集的流程

如图 10-3 所示，K 折交叉验证法将数据样本 D 随机地划分成 k 份，每次从 k 份样本中选择 1 份作为测试集，剩下的 $k-1$ 份作为训练集，重复 k 次划分，取 k 次模型在测试集上的评估结果的平均值作为最终模型的评价指标，可以有效地避免过拟合等状况的发生。

K 折交叉验证法的 k 值需要根据实际情况调整，k 值取多少并没有准确的答案，通常情况下人们接受 k 的取值为 5 或 10，当然这并不是说 k 值取 5 或 10 时能让模型评估结果最好，k 值取 5 或 10 只是根据经验给出的取值，当模型稳定性较低和数据集较小时，建议考虑选取更大的 k 值。

使用 scikit-learn 库中的 KFold()函数可以按照我们设置的 k 值，将原始数据集划分成 k 份，KFold()函数原型的部分参数如下：

```
KFold(n_splits = 5, shuffle = False, random_state = None)
```

上述 KFold()函数列举的各参数含义如表 10-2 所示。

表 10-2 KFold()函数各参数含义

序号	参数名称	详细说明
1	n_splits	要划分的折数，即 k 值，默认值为 5
2	shuffle	打乱数据样本顺序，默认值为 False
3	random_state	随机数种子，shuffle 为 True 时才有意义

使用 scikit-learn 实现 K 折交叉验证法的示例代码如下：

```
//Chapter10/10.1_test2.py
输入：import pandas as pd
      from sklearn.model_selection import KFold
      dict = {"x1":[5,4,3,4],"x2":[1,4,5,6],"y":[13,20,21,24]}
      trainData = pd.DataFrame(data = dict)            #x1 与 x2 表示数据样本特征，y 表示标签
      print("原始数据集：\n",trainData)
      k = KFold(n_splits = 2,shuffle = True,random_state = 0)      #2 折交叉验证
      i = 1                                            #记录循环次数
      for trainIdx,testIdx in k.split(X = trainData):
          #注意：trainIdx 和 testIdx 分别为训练集和测试集划分后的索引
          xTrain = trainData.iloc[trainIdx]            #通过索引获取训练集
          xTest = trainData.iloc[testIdx]              #通过索引获取测试集
          print(f"第{i}折交叉验证划分：")
          print("训练集：\n",xTrain,"\n 测试集：\n",xTest)
          i = i + 1                                    #循环次数加 1

输出：原始数据集：
         x1  x2   y
      0   5   1  13
      1   4   4  20
      2   3   5  21
      3   4   6  24
      第 1 折交叉验证划分：
      训练集：
         x1  x2   y
      0   5   1  13
      1   4   4  20
      测试集：
         x1  x2   y
      2   3   5  21
      3   4   6  24
      第 2 折交叉验证划分：
      训练集：
         x1  x2   y
      2   3   5  21
      3   4   6  24
      测试集：
         x1  x2   y
      0   5   1  13
      1   4   4  20
```

3）自助采样法

自助采样法划分训练集和测试集是指从包含 n 个样本的数据集 D 中有放回地采样 n 次，得到采样数据集 D^*，数据集 D 中的同一个样本可能在 D^* 中出现多次，也可能从来没有出现过。数据集 D 中的某个样本每次被采样的概率为 $\frac{1}{n}$，每次未被采样的概率为 $1-\frac{1}{n}$，共采样了 n 次，因此该样本从未被采样的概率为 $\left(1-\frac{1}{n}\right)^n$，根据高等数学的极限式(10-1)可知，数据集 D 中约有 36.8%的数据样本从来没有在 D^* 中出现过，因此可以划分 D^* 作为训练集，$D-D^*$ 作为测试集（$D-D^*$ 表示数据集 D 中除去 D^* 后剩余的样本）。

$$\lim_{n\to+\infty}\left(1-\frac{1}{n}\right)^n=\frac{1}{e}\approx 0.368 \tag{10-1}$$

式中：n——样本数量及采样次数。

自助采样法主要借助 9.4.8 节表 9-22 序号 7 介绍的 DataFrame 对象中的 sample()函数实现，示例代码如下：

```
//Chapter10/10.1_test3.py
输入：import numpy as np
      import pandas as pd
      data = np.random.randint(low = 10,high = 100,size = (5,3))
      df = pd.DataFrame(data = data,columns = list('ABC'))           #数据样本特征
      df['label'] = [np.random.choice([0,1]) for i in range(5)]      #数据样本标签
      print("DataFrame 对象 df: \n",df)
      trainDf = df.sample(n = 3,replace = True)                      #自助采样获取训练集
      dfIndex = df.index                                             #DataFrame 对象 df 的索引
      trainIndex = trainDf.index                                     #训练集的索引
      index = []                                                     #用来保存测试集的索引
      for i in dfIndex:
          if i not in trainIndex:
              index.append(i)                                        #保存测试集索引
      testDf = df.iloc[index]                                        #获取测试集
      print("训练集: \n",trainDf)
      print("测试集: \n",testDf)

输出：DataFrame 对象 df:
          A   B   C  label
      0  58  33  11      1
      1  67  31  99      1
      2  71  19  52      0
      3  52  56  27      0
      4  16  15  58      1
      训练集:
          A   B   C  label
      0  58  33  11      1
      1  67  31  99      1
      3  52  56  27      0
      测试集:
          A   B   C  label
      2  71  19  52      0
      4  16  15  58      1
```

5. 回归和分类问题

机器学习问题可以笼统地概述为回归和分类问题。回归问题要解决的问题是如何根据数据样本特征学习知识经验，再通过这些知识经验预测得到一个连续型数值结果，如根据以往的气温记录预测明天可能的气温，在 10.2.1 节读者将学习第 1 种回归问题(线性回归)解决方案，而分类问题最终得到的预测结果是离散型，如根据以往的天气记录预测时明天可能的天气为下雨或不下雨，这是一个二分类的问题，在 10.2.2 节读者将学习第 1 种分类问题(逻辑回归)解决方案，注意逻辑回归只是名字带有回归，不是用来解决回归问题的，它是在回归问题的基础上发展而来的。

6. 类别不平衡问题

1）类别不平衡问题概述

类别不平衡问题是指采集的原始数据集中的不同类别数据样本数量相差过大，分布不均衡，如二分类下雨或不下雨问题中，与下雨相关的数据样本有 50 个，而与不下雨相关的数据样本有 1000 个，在二分类过程中由于与下雨相关的数据样本过少，会导致学习到的与下雨相关的知识经验过少，进而错误地将下雨分类为不下雨。

解决类别不平衡问题的常用方法有两种：一是继续尽可能地收集到更多的数据样本使得类别均衡，二是采用抽样方法，抽样方法又包括过采样和欠采样。

过采样是指通过增加类别数量少的数据样本数量使得数据样本均衡的方法，实现过采样的常用算法有 SMOTE(Synthetic Minority Oversampling Technique)和 ADASYN(Adaptive Synthetic)。SMOTE 算法的核心思想是合成类别数量少的数据样本，SMOTE 算法会随机选取少数类样本来合成新样本，却不考虑周边样本的情况，进而容易导致新合成的样本有用特征信息过少及与多数类样本重叠的情况。ADASYN 算法是根据数据分布的情况自适应地为不同少数类样本生成不同数量的新样本，不会像 SMOTE 算法一样为每个少数类样本合成相同数量的数据样本。过采样与欠采样相比，过采样使用的场景更多也更有效。

欠采样是指通过减少类别数量多的数据样本数量使得数据样本均衡的方法，实现欠采样的常用算法有随机欠采样、原型生成和 NearMiss。随机欠采样算法随机地选择目标类的数据子集来平衡数据，这种方法快速简便。原型生成算法要求原始数据集最好能够聚类成簇，减少数据集的样本数量，剩余的数据样本是由原始数据集生成而并不直接来源于原始数据集。NearMiss 算法利用了 10.2.3 节将介绍的 K-NN 算法思想，计算量会偏大。

Python 中的 imblearn 库支持过采样和欠采样中涉及的算法，打开 2.2.1 节介绍的 Anaconda Prompt 应用程序，在 Anaconda Prompt 应用程序的命令行窗口输入如下命令

```
pip install imblearn
```

上述命令输入完毕，按回车键后即可自动完成 imblearn 库的安装。

安装完毕后进入 Python 环境，使用 import 语句检查 imblearn 库是否安装成功，示例代码如下：

```
import imblearn                # 导入 imblearn 库
```

倘若上述导入 imblearn 库的语句运行之后不报错,则说明 imblearn 库安装成功。

2）过采样算法的实现

使用 imblearn 库实现 SMOTE 算法和 ADASYN 算法的示例代码如下：

```
//Chapter10/10.1_test4.py
输入：from imblearn.over_sampling import SMOTE,ADASYN        #导入 SMOTE 和 ADASYN 算法
     from collections import Counter                 #Counter()函数仅用来快速统计样本类别
     import numpy as np
     #步骤 1：获取数据
     X = np.random.random(size = (100,3))                 #假设为数据样本特征
     y = np.array([0] * 100)                              #假设为数据样本标签
     for i in range(20):
         index = np.random.randint(low = 0,high = 100)
         #注：生成的 index 可能会重复,所以类别 1 的样本可能少于 20 个
         y[index] = 1                     #将 y 中数据修改为 0 或 1,0 和 1 分别代表不同的类别
     result = sorted(Counter(y).items())
     #result 为列表,列表每个元素为二元组,二元组对应含义为(类别,类别数量)
     print("原始数据样本：")
     for i in result:
         print(f"类别{i[0]}有{i[1]}个数据样本")
     #步骤 2：调用过采样算法
     #下面是 SMOTE 算法的实现
     xSMOTE,ySMOTE = SMOTE().fit_resample(X, y)           #SMOTE 算法
     #xSMOTE 表示过采样后的数据样本特征,ySMOTE 表示过采样后的数据样本标签
     result1 = sorted(Counter(ySMOTE).items())
     print("SMOTE 算法处理后：")
     for i in result1:
         print(f"类别{i[0]}有{i[1]}个数据样本")
     #下面是 ADASYN 算法的实现
     xADASYN,yADASYN = ADASYN().fit_resample(X, y)        #ADASYN 算法
     #xADASYN 表示过采样后的数据样本特征,yADASYN 表示过采样后的数据样本标签
     result2 = sorted(Counter(yADASYN).items())
     print("ADASYN 算法处理后：")
     for i in result2:
         print(f"类别{i[0]}有{i[1]}个")

输出：原始数据样本：
     类别 0 有 82 个数据样本
     类别 1 有 18 个数据样本
     SMOTE 算法处理后：
     类别 0 有 82 个数据样本
     类别 1 有 82 个数据样本
     ADASYN 算法处理后：
     类别 0 有 82 个
     类别 1 有 79 个
```

3）欠采样算法的实现

使用 imblearn 库实现随机欠采样、原型生成和 NearMiss 算法的示例代码如下：

```
//Chapter10/10.1_test5.py
输入: from imblearn.under_sampling import RandomUnderSampler      #随机欠采样
      from imblearn.under_sampling import ClusterCentroids        #原型生成
      from imblearn.under_sampling import NearMiss                #NearMiss
      from collections import Counter      #Counter()函数用来统计样本类别
      import numpy as np
      #步骤1: 获取数据
      X = np.random.random(size = (100,3))                         #假设为数据样本特征
      y = np.array([0] * 100)                                      #假设为数据样本标签
      for i in range(30):
          index = np.random.randint(low = 0, high = 100)
          #注: 生成的index可能会重复,所以类别1的样本可能少于30个
          y[index] = 1                        #假设y中0、1分别代表2个类别
      result = sorted(Counter(y).items())
      #result列表,列表每个元素为二元组,二元组含义为(类别,类别数量)
      print("原始数据样本: ")
      for i in result:
          print(f"类别{i[0]}有{i[1]}个数据样本")
      #步骤2: 调用欠采样算法
      #下面是随机欠采样的实现
      xRandom, yRandom = RandomUnderSampler().fit_resample(X, y)  #随机欠采样
      #xRandom表示欠采样后的数据样本特征,yRandom表示欠采样后的数据样本标签
      result1 = sorted(Counter(yRandom).items())
      print("随机欠采样处理后: ")
      for i in result1:
          print(f"类别{i[0]}有{i[1]}个数据样本")
      #下面是原型生成的实现
      xCentroids, yCentroids = ClusterCentroids().fit_resample(X, y)     #原型生成
      #xCentroids表示欠采样后的数据样本特征,yCentroids表示欠采样后的数据样本标签
      result2 = sorted(Counter(yCentroids).items())
      print("原型生成处理后: ")
      for i in result2:
          print(f"类别{i[0]}有{i[1]}个")
      #下面是NearMiss算法的实现
      xNearMiss, yNearMiss = NearMiss().fit_resample(X, y)         #NearMiss算法
      #xNearMiss表示欠采样后的数据样本特征,yNearMiss表示欠采样后的数据样本标签
      result3 = sorted(Counter(yNearMiss).items())
      print("NearMiss算法处理后: ")
      for i in result3:
          print(f"类别{i[0]}有{i[1]}个")

输出: 原始数据样本:
      类别0有74个数据样本
      类别1有26个数据样本
      随机欠采样处理后:
      类别0有26个数据样本
      类别1有26个数据样本
      原型生成处理后:
      类别0有26个
      类别1有26个
      NearMiss算法处理后:
      类别0有26个
      类别1有26个
```

10.2 监督学习算法

10.2.1 线性回归

线性回归(Linear Regression)是用来确定一个或多个自变量和因变量间线性相互依赖关系的一种统计分析方法,并通过这种依赖关系求解出连续问题答案的预测数值。

本节将介绍一元线性回归、多元线性回归、线性回归模型的评价和多项式回归。

1. 一元线性回归

本节从概念和实现两个方面来介绍一元线性回归。

1）一元线性回归的概念

一元线性回归只含有一个自变量和因变量,模型公式如式(10-2)所示。

$$y = w_0 + w_1 x \tag{10-2}$$

式中：y——因变量；

x——自变量；

w_0、w_1——模型待求解的参数。

一元线性回归的任务是通过给定的大量(x,y)数据值,求解出模型式(10-2)中最能贴近描述 x 和 y 关系的参数 w_0 和 w_1,并能通过求解出的模型式(10-2)为新的数据 x 对应的 y 进行预测。

对于上述一元线性回归模型读者应该非常熟悉,这就是一条二维 $x-y$ 平面上的简单直线,只需给定两个确定的 x 和 y 值,其实就能精确地求解出一组参数 w_0 和 w_1 值。假设给定两个(x,y)值为(3,7)、(2,5),代入式(10-2)即可计算出参数 $w_1=2$ 和 $w_0=1$,计算过程如下：

$$\begin{cases}7 = w_0 + 3w_1 \\ 5 = w_0 + 2w_1\end{cases} \Rightarrow \begin{cases}w_1 = 2 \\ w_0 = 1\end{cases} \Rightarrow y = 2x + 1$$

可能读者会产生疑问：一元线性回归的目的是求解出参数 w_0 和 w_1 的值,不是只需将两个(x,y)值代入模型式(10-2)计算一下不就求解出来了吗？实际上,这样求解出的参数 w_0 和 w_1 值并不是我们想要的结果,在真实业务场景中给定的(x,y)值数据非常多,随机选择两个(x,y)值的确能根据模型式(10-2)求解出一条直线(求解出一组 w_0 和 w_1 值),但是仅根据两个(x,y)值求解出的直线根本不能代表和描述出所有(x,y)值数据的关系,一元线性回归的任务是要找到最能贴近描述所有(x,y)值数据关系的一条直线(求解出这条直线的参数 w_0 和 w_1 值),这条直线是对所有(x,y)值数据的拟合。

2）一元线性回归的实现

使用 scikit-learn 库 linear_model 模块中的 LinearRegression()函数能够帮助我们快速建立线性回归模型,该函数采用最小二乘法(最小二乘法的具体原理本书不进行详述,若读者感兴趣,可以自行查阅资料)来寻找线性回归模型最优的参数,返回一个线性回归模型对象,LinearRegression()函数原型如下：

```
LinearRegression(fit_intercept = True, normalize = False, copy_X = True, n_jobs = None)
```

上述 LinearRegression()函数列举的各参数含义如表 10-3 所示。

表 10-3 LinearRegression()函数各参数含义

序号	参数名称	详细说明
1	fit_intercept	是否中心化处理数据，默认值为 True。中心化处理数据是指将原始数据减去该组数据的平均值，中心化处理后的数据平均值为 0，例如数据为 100、200、300，则平均值为 200，因此中心化处理数据后得到－100、0、100
2	normalize	是否进行归一化处理数据，默认值为 False。归一化的计算公式见 9.8.3 节的式(9-1)，将数据范围统一为[0,1]
3	copy_X	是否复制训练集，默认值为 True
4	n_jobs	指定计算时可以设置的任务数量，默认值为 1

下面用一道例题展示使用 scikit-learn 库建立一元线性回归模型的过程。

【例 10-1】 假设有成本－收益数据如表 10-4 所示。

表 10-4 成本-收益数据表

成本	8	11	13	14	18	20	21	23	26	29	33
收益	19	30	26	35	40	47	55	52	66	68	75

请问表 10-4 所示的成本和收益之间存在什么样的关系？随着生意规模扩大，成本越来越高，请问你能帮忙预测出当成本为 40 时，收益有多少吗？

分析：本题中有两个变量：成本和收益。如果只看表 10-4 中的数据，我们很难快速地发现数据规律，因此不妨把成本理解为模型式(10-2)中的 x，把收益理解为模型式(10-2)中的 y，以成本为横轴，以收益为纵轴，用散点图的形式先查看数据规律及变化趋势，再选择合适的模型对数据建模。示例代码如下：

```
//Chapter10/10.2.1_test6.py
输入: import pandas as pd
      import numpy as np
      import matplotlib.pyplot as plt
      from sklearn.linear_model import LinearRegression        #导入线性回归模型
      #步骤 1: 创建数据表 df
      dict = {"成本":np.array([8,11,13,14,18,20,21,23,26,29,33]),
      "收益":np.array([19,30,26,35,40,47,55,52,66,68,75])}
      df = pd.DataFrame(data = dict)
      #步骤 2: 绘制散点图,查看数据规律
      plt.figure(1)
      def drawScatter():                                       #定义一个绘制散点图的函数
          plt.rcParams["font.family"] = ["SimHei"]
          plt.rcParams["axes.unicode_minus"] = False
          #要显示中文需要加上上述两行代码
          plt.scatter(x = df["成本"], y = df["收益"])
          plt.xlabel("成本")
          plt.ylabel("收益")
      drawScatter()                                            #绘制散点图
      plt.title("成本 - 收益散点图")
      #步骤 3: 建立一元线性回归模型
      model = LinearRegression()      #调用 LinearRegression()函数获取线性回归模型对象
```

```
X = df["成本"].values.reshape(11, -1)      #reshape()函数将数据形状转换为2维11行1列
#获取自变量数据X,由于model.fit()函数要求输入的数据样本特征为2维,因此需要转换成2维
y = df["收益"]              #获取因变量数据y,数据不需要转换成2维
model.fit(X,y)              #调用model.fit()函数训练模型
#步骤4: 求解当成本为40时,可获得的收益
w1 = model.coef_            #获取一元线性模型的w1值,w1为列表形式
w0 = model.intercept_  #获取一元线性模型的w0值
print(f"得到的一元线性回归模型为y = {w1[0]}x + {w0}")
y = model.predict([[40]])      #将成本40代入模型中运算,注意需以二维数据的形式传入
print(f"当成本为40时,可能的收益为{y[0]}")          #y为列表形式
#步骤5: 将原来的散点图和拟合后的直线绘制在一张图(此步骤是为了让读者看到线性回
#归的效果)
plt.figure(2)
drawScatter()                                    #绘制散点图
plt.title("拟合成本-收益数据效果图")
yPre = model.predict(X)        #将X中的成本数据代入模型中运算,求出预测结果yPre
plt.plot(X,yPre)                                 #绘制线性图
plt.show()                                       #显示

输出: 得到的一元线性回归模型为y = 2.317896623842247x + 1.1213026590976938
     当成本为40时,可能的收益为93.83716761278757
```

上述代码绘制的成本-收益散点图和拟合成本-收益数据效果图如图10-4所示。

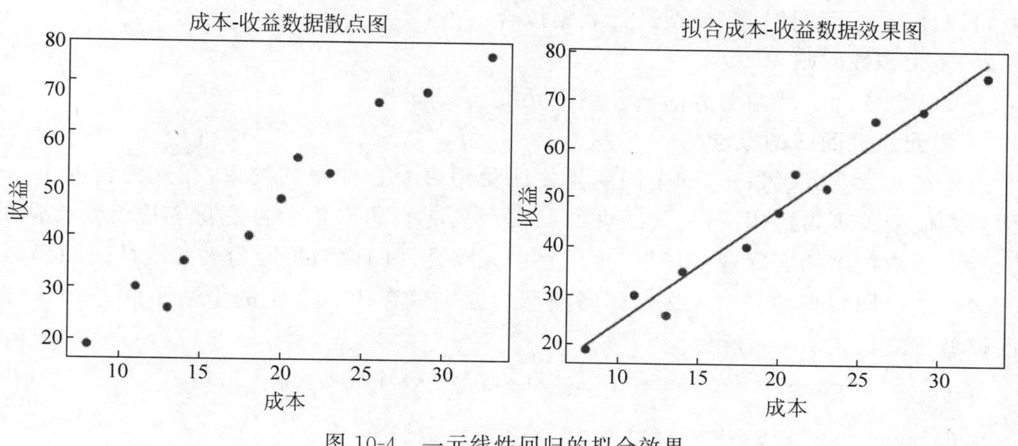

图10-4 一元线性回归的拟合效果

由图10-4可以看出,一元线性回归拟合出的直线模型可以直观地展示数据变化的规律与趋势,且具有数据预测能力。

另外,除了可以通过绘制散点图来帮助我们判断两个变量间是否存在线性关系,还可以使用Pandas中Series对象或DataFrame对象中的corr()函数求出线性相关系数,通常线性相关程度的划分如表10-5所示。

表10-5 线性相关程度的划分

序号	线性相关程度	详细说明
1	弱	相关系数小于0.3
2	中	相关系数的取值在[0.3,0.6)

续表

序号	线性相关程度	详细说明
3	强	相关系数的取值在[0.6,1)
4	完全	相关系数为1

求解线性相关系数的示例代码如下：

```
//Chapter10/10.2.1_test7.py
输入：import pandas as pd
      import numpy as np
      dict = {"成本":np.array([8,11,13,14,18,20,21,23,26,29,33]),
              "收益":np.array([19,30,26,35,40,47,55,52,66,68,75])}
      df = pd.DataFrame(data = dict)
      print("查看相关系数,相关系数越接近1,则线性相关性越强\n",df.corr())

输出：查看相关系数,相关系数越接近1,则线性相关性越强
              成本       收益
      成本  1.000000  0.983438
      收益  0.983438  1.000000
```

由上述代码结果可知，成本与收益的线性相关系数达到了0.983438，属于强线性相关，因此可以使用一元线性回归模型进行数据拟合。

2. 多元线性回归

本节从概念和实现两个方面来介绍多元线性回归。

1）多元线性回归的概念

由于在实际业务场景中，一个因变量往往受到多个自变量的约束，在这种情况下，一元线性回归模型就不再适用了，一元线性回归模型只能表达出单个自变量与因变量之间的关系。为了适应更多的实际业务场景，可以将一元线性回归模型扩展为多元线性回归模型。

多元线性回归模型与一元线性回归模型的区别就在于自变量的个数不同，多元线性回归的模型公式如式(10-3)所示。

$$y = w_0 + w_1x_1 + w_2x_2 + w_3x_3 + \cdots + w_{n-1}x_{n-1} + w_nx_n \tag{10-3}$$

式中：y——因变量；

$x_0, x_1, x_2, \cdots, x_{n-1}, x_n$——自变量；

$w_0, w_1, w_2, \cdots, w_{n-1}, w_n$——模型待求解的参数。

多元线性回归的任务是通过给定的大量$(x_1, x_2, x_3, \cdots, x_{n-1}, x_n, y)$数据值，求解出模型式(10-3)中最能贴近描述$(x_1, x_2, x_3, \cdots, x_{n-1}, x_n)$和$y$关系的参数$(w_0, w_1, w_2, \cdots, w_{n-1}, w_n)$，并能通过求解出的模型式(10-3)对新给定的$(x_1, x_2, x_3, \cdots, x_{n-1}, x_n)$对应的$y$进行预测。

2）多元线性回归的实现

下面用一道例题展示使用scikit-learn库建立多元线性回归模型的过程。

【例10-2】 假设有因变量y和自变量x_1、x_2、x_3的数据如表10-6所示。

表 10-6 因变量 y 和 3 个自变量 x 的数据表

x_1	8.2	7.1	6.5	3.3	9	7.5	4.2	5.6	9.3	4.8	2.6	1.9	8.2
x_2	5.2	5.6	9.2	8.6	7.7	3.8	4.5	7.1	2.1	3.9	3.6	2.2	9.8
x_3	7.8	9.2	3.5	4.8	5	4	6.6	8.8	7.3	2.8	9.8	3	9
y	7.2	7.3	6.4	5.2	7.3	5.6	5.1	7.0	6.6	4.0	4.9	2.51	8.9

请利用多元线性回归模型拟合出 y 与 x_1、x_2、x_3 之间的关系，对所有模型参数采用四舍五入法保留 3 位小数后输出这个模型结构，并利用未对参数采用四舍五入法的模型求出当 x_1 为 9.8、x_2 为 9.5、x_3 为 9.2 时，y 的预测值。

分析：本题共有 3 个自变量 x 和 1 个因变量 y，因此需要建立的多元线性回归模型形如 $y=w_1x_1+w_2x_2+w_3x_3+w_0$，使用 scikit-learn 库中的 LinearRegression()函数进行多元线性回归模型建模的示例代码如下：

```
//Chapter10/10.2.1_test8.py
输入: import pandas as pd
      from sklearn.linear_model import LinearRegression
      #步骤 1: 创建数据表 df
      dict = {"x1":[8.2,7.1,6.5,3.3,9,7.5,4.2,5.6,9.3,4.8,2.6,1.9,8.2],
              "x2":[5.2,5.6,9.2,8.6,7.7,3.8,4.5,7.1,2.1,3.9,3.6,2.2,9.8],
              "x3":[7.8,9.2,3.5,4.8,5,4,6.6,8.8,7.3,2.8,9.8,3,9],
              "y":[7.2,7.3,6.4,5.2,7.3,5.6,5.1,7.0,6.6,4.0,4.9,2.51,8.9]}
      df = pd.DataFrame(data = dict)
      #步骤 2: 建立多元线性回归模型
      model = LinearRegression()                  #获取线性回归模型
      X = df[["x1","x2","x3"]]                    #获取自变量数据 x1、x2、x3
      y = df["y"]                                 #获取因变量数据 y
      model.fit(X,y)                              #训练多元线性回归模型
      #这里建立的多元线性回归模型形如 y = w1x1 + w2x2 + w3x3 + w0
      w = model.coef_                             #w 为一个列表,用于保存参数 w1、w2、w3
      for i in range(len(w)):
          w[i] = round(w[i],3)                    #采用四舍五入法保留 w1、w2、w3 的 3 位小数
      w0 = round(model.intercept_,3)     #获取参数 w0 的值,round()函数用来采用四舍五入法
      print(f"对参数采用四舍五入法保留 3 位小数后得到的多元线性回归模型为")
      print(f"y = {w[0]}x1 + {w[1]}x2 + {w[2]}x3 + {w0}")
      #步骤 3: 求解当 x1 为 9.8、x2 为 9.5、x3 为 9.2 时,y 的预测值
      yPre = model.predict([[9.8,9.5,9.2]])      #通过求解出的多元线性回归模型进行预测
      print("x1 为 9.8、x2 为 9.5、x3 为 9.2 时,未采用四舍五入法参数求得 y 的预测值: \n",yPre[0])

输出: 对参数采用四舍五入法保留 3 位小数后得到的多元线性回归模型为
      y = 0.413x1 + 0.274x2 + 0.28x3 + 0.213
      x1 为 9.8、x2 为 9.5、x3 为 9.2 时, 未采用四舍五入法参数求得 y 的预测值:
      9.439611715287768
```

在例 10-1 和例 10-2 中由于题目所给出的数据量比较少，因此这两道例题都只展示了如何使用 scikit-learn 中的 LinearRegression()函数进行线性回归模型的建模，但在建立好模型之后，我们还缺少一个非常重要的步骤，就是进行模型的评价。

3. 线性回归模型的评价

假设有3位同学通过例10-1分别进行了一元线性回归模型的建模，得到了3个不同的模型，它们建立的3个线性模型如图10-5中的直线所示，这种情况下，哪位同学建立的模型效果最好呢？要选择出效果最好的模型就需要进行模型的评价，通过评价指标来对模型效果进行量化分析。

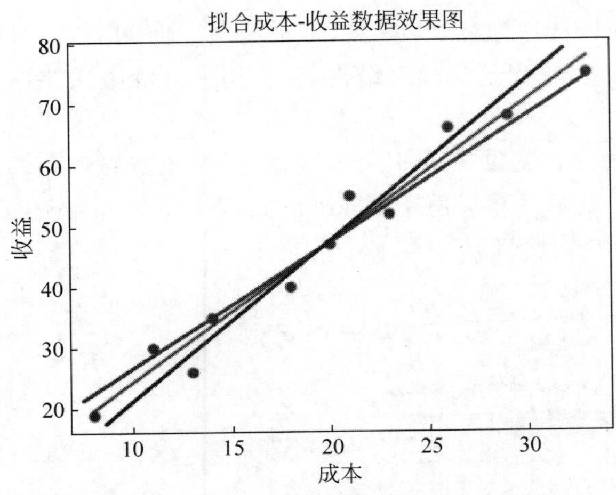

图10-5 3个一元线性回归模型的拟合效果

线性回归模型的常用评价指标有决定系数 R^2（也称为拟合优度）、均方误差MSE（Mean Squared Error），模型的评价都需要使用测试集数据。

1）决定系数 R^2

决定系数 R^2 的值越接近于1表明模型拟合效果越好，计算公式如式(10-4)所示。

$$R^2(y_{\text{true}}^i, y_{\text{pre}}^i) = 1 - \frac{\sum_{i=1}^{N}(y_{\text{true}}^i - y_{\text{pre}}^i)^2}{\sum_{i=1}^{N}(y_{\text{true}}^i - \bar{y}_{\text{true}})^2} \tag{10-4}$$

式中：y_{true}^i——数据样本标签(也可说是数据样本的真实值)；

y_{pre}^i——模型建立好后，将数据样本特征代入模型计算后得到的预测值；

$\bar{y}_{\text{true}}$——数据样本标签的平均值。

N——样本数量。

使用scikit-learn库linear_model模块中的LinearRegression()函数获取的线性回归模型对象model中的score()函数可以直接求出决定系数 R^2，score()函数原型如下：

```
model.score(X,y,sample_weight = None)
```

上述model.score()函数列举的各参数含义如表10-7所示。

表10-7 model.score()函数各参数含义

序号	参数名称	详细说明
1	X	数据样本中的数据特征
2	y	数据样本中的数据标签
3	sample_weight	数据样本权重，默认值为None

2）均方误差 MSE

均方误差 MSE 的值越接近于 0 表明模型拟合效果越好，计算公式如式(10-5)所示。

$$\mathrm{MSE}(y_{\mathrm{true}}^{i}, y_{\mathrm{pre}}^{i}) = \frac{1}{m}\sum_{i=1}^{m}(y_{\mathrm{true}}^{i} - y_{\mathrm{pre}}^{i})^{2} \tag{10-5}$$

式中：y_{true}^{i}——数据样本标签(也可说是数据样本的真实值)；

y_{pre}^{i}——模型建立好后，将数据样本特征代入模型计算后得到的预测值；

m——数据样本的数目。

使用 scikit-learn 库 metrics 模块中的 mean_squared_error()函数可以直接计算出式(10-5)的值，均方误差直观地衡量了数据真实值与预测值之间的差距，mean_squared_error()函数原型的部分参数如下：

```
metrics.mean_squared_error(y_true,y_pred,sample_weight = None)
```

上述 mean_squared_error()函数列举的各参数含义如表 10-8 所示。

表 10-8 mean_squared_error()函数各参数含义

序号	参数名称	详细说明
1	y_true	数据样本的标签(真实值)
2	y_pred	模型建立好后，将数据样本特征代入模型计算后得到的预测值
3	sample_weight	数据样本的权重

下面是一道完整的线性回归数据分析任务例题。

【例 10-3】 假设 D 盘下存放着一个名为 LinearData.xlsx 的 Excel 文件，它是电影行业关于电影评分及其影响因素的数据集(代码文件与该数据集通过本书前言部分提供的二维码可以下载)，本数据集共有 500 条数据。由于书中篇幅有限，故展示 LinearData.xlsx 文件中的前 15 条数据如图 10-6 所示。注：本例提供的数据为作者编制，不具有真实性，仅供读者练习使用。

电影预热指标	电影价格	电影时长	电影票房	电影评分
5.06	34	137	97887085	4.6
9.05	31	134	20281373	4
8.56	34	95	125393307	5.6
8.5	35	141	54401655	5.4
6.96	35	116	246576579	7.8
4.6	29	142	154278817	4.6
7.59	36	137	199028298	7.8
6.81	29	96	244226311	6.2
9.5	36	112	61408822	5.5
4.9	29	143	45686919	2.7
7.12	33	109	244005660	7.3
5.49	29	113	1734921	1.6
3.7	28	102	162930096	3.5
5.18	34	98	22735892	2.6
8.36	29	114	103586065	4.5

图 10-6 电影评分及其影响因素数据集的前 15 条数据

为了提升电影质量和用户口碑，现需要分析出电影评分与电影预热指标、电影价格、电影时长之间的关系，分析出它们之间的关系后，电影公司就能更合理地安排资金、人力等投入制作电影。电影公司现有一部电影，电影预热指标为 9.05、电影价格为 36、电影时长为 130、预计电影票房为 150364231，请问这部电影可以得到的电影评分是多少？

分析：对于一份我们从未见过的数据集首先要做的工作是检查数据是否需要预处理，数据预处理的方法可参考 9.8 节。对于本例提供的数据集而言，不具有缺失值，但由于电影票房的取值范围与其他维度数据的取值范围差距过大，因此考虑采用 9.8.3 节介绍的线性归一化方法对数据进行归一化预处理。数据预处理完成后可通过 10.1 节介绍的留出法、K 折交叉验证法或自助采样法将数据集划分成训练集和测试集，在训练集上训练线性回归模型，在测试集上评价线性回归模型，本例采用留出法进行训练集和测试集的划分，划分比例为 8：2。示例代码如下：

```
//Chapter10/10.2.1_test9/10.2.1_test9.py
输入: import numpy as np
      import pandas as pd
      from sklearn.linear_model import LinearRegression
      from sklearn.model_selection import train_test_split
      from sklearn import metrics
      #步骤 1: 获取数据
      df = pd.read_excel(r"D:\LinearData.xlsx")                     #读取数据
      X = df[["电影预热指标","电影价格","电影时长","电影票房"]]      #获取数据样本特征
      y = df["电影评分"]                                            #获取数据样本标签(真实值)
      #步骤 2: 划分训练集和测试集,并对数据归一化
      xTrain, xTest, yTrain, yTest = train_test_split(X, y, test_size = 0.2, random_state = 1)
      #xTrain 为训练集样本特征,yTrain 为训练集样本标签
      #xTest 为测试集样本特征,yTest 为测试集样本标签(真实值)
      model = LinearRegression(normalize = True)          #获取线性回归模型并归一化数据
      #可以通过将参数 normalize 设置为 True 归一化,也可以自己根据归一化公式编写代码
      #步骤 3: 训练模型,模型形如 y = w1x1 + w2x2 + w3x3 + w4x4 + w0
      model.fit(xTrain, yTrain)
      rank = model.predict([[9.05,36,130,150364231]])   #返回的是一维列表
      print("当电影预热指标为 9.05、电影价格为 36、电影时长为 130、预计电影票房为 150364231 时")
      print("可能的电影评分为", rank[0])
      #步骤 4: 模型评价
      print(" - " * 30, "下面是模型评价结果", " - " * 17)   #本行代码仅为了使输出结果美观
      rSquare = model.score(xTest, yTest)                 #决定系数,越接近 1 则模型效果越好
      yPre = model.predict(xTest)                         #获取模型在测试集上的预测值
      MSE = metrics.mean_squared_error(yTest, yPre)     #均方误差评价,越接近 0 则模型效果越好
      print("决定系数: ", rSquare)
      print("均方误差: ", MSE)
      #步骤 5: 测试集真实标签与测试集预测值标签对比(此步骤仅为了让读者看到模型效果,非必须)
      index = np.random.randint(low = 0, high = len(xTest), size = 5)
      df2 = pd.DataFrame()                                #创建一个空的 DataFrame 对象
      df2["测试集电影评分真实值"] = yTest.iloc[index]     #保存 5 个真实值标签
      yPre2 = model.predict(xTest.iloc[index])
      df2["测试集模型预测的电影评分"] = yPre2             #保存模型预测值
      print("测试集上 5 个真实标签与测试集上模型的预测值对比: \n", df2)
      #注意,在 df2 的输出结果中,最左侧显示的行索引为测试集数据在未划分数据集中的序号位置
```

```
输出：当电影预热指标为 9.05、电影价格为 36、电影时长为 130、预计电影票房为 150364231 时
      可能的电影评分为 7.306993713701528
      ------------------------------ 下面是模型评价结果 ----------------
      决定系数：0.999698156178063
      均方误差：0.000916006895717413
      测试集上 5 个真实标签与测试集上模型的预测值对比：
      测试集电影        评分真实值        测试集模型预测的电影评分
      324               4.3               4.311343
      485               5.9               5.891447
      415               7.2               7.204238
      430               3.8               3.778769
      285               3.3               3.314968
```

由上述代码结果可知，在测试集上，决定系数 R^2 的值为 0.999698156178063，非常接近于 1，均方误差 MSE 的值为 0.000916006895717413，非常接近于 0，并且从测试集上 5 个真实标签与测试集模型的预测值对比结果可以发现，如果对模型的预测值采用四舍五入法保留 1 位小数，则预测值与真实值结果完全相同，因此可以确定本题建立的线性回归的拟合效果非常好，完全能满足我们的日常业务需求。

4. 多项式回归

读者应该在数学中学习过多项式的概念，多项式是指由变量、系数及它们之间的加、减、乘及非负整数次方幂运算得到的表达式。线性回归模型中的自变量为单个变量，而多项式回归模型中的自变量为多项式，根据多项式中自变量种类的不同，可以将多项式回归分为一元多项式回归和多元多项式回归。

1）一元多项式回归

如果一个自变量与一个因变量的关系为非线性关系，但是又无法找到合适的函数进行拟合时，常常可以采用一元多项式回归进行拟合，一元多项式回归的模型公式如式(10-6)所示。

$$y=w_0+w_1x+w_2x^2+w_3x^3+\cdots+w_{n-1}x^{n-1}+w_nx^n \tag{10-6}$$

式中：y——因变量；

x——自变量；

$w_0,w_1,w_2,\cdots,w_{n-1},w_n$——模型待求解的参数。

一元多项式回归模型可以依据业务需求不断地增加 x 的最高次项幂 n 来对数据进行拟合，即如果 x 的最高次项幂 n 为 2，但无法达到好的拟合效果，则可以尝试将 x 的最高次项幂 n 设置为 3，以此类推。

多项式回归模型参数($w_0,w_1,w_2,\cdots,w_{n-1},w_n$)的求解往往可以通过变量等价替换的方法，将多项式回归模型转换成多元线性回归模型进行求解，因此多项式回归模型从另一种角度上来讲属于线性回归模型的一种。

对于一元多项式回归模型式(10-6)而言，我们可以令 $x_1=x,x_2=x^2,x_3=x^3,\cdots,x_{n-1}=x^{n-1},x_n=x^n$，则模型式(10-6)就转换成了模型式(10-3)。

下面的例 10-4 是例 10-1 的变化和延续拓展，两道例题的区别在于数据规律不一样，例 10-4 将展示使用 scikit-learn 库建立一元多项式回归模型的过程。

【例 10-4】 假设有成本-收益数据如表 10-9 所示。

表 10-9 成本-收益数据表

成本	13	11	20	8	14	18	21	20	23	29	26	33
收益	662	474	1572	252	768	1272	1734	1572	2082	3318	2664	4302

请问表 10-9 所示的成本和收益之间存在什么样的关系？随着生意规模扩大，成本越来越高，请问你能帮忙预测出当成本为 40 时，收益有多少吗？

分析：本题采用一元线性回归模型还是一元多项式回归模型可以通过散点图或 DataFrame 对象中的 corr()函数来确定，如果不满足线性关系则采用一元多项式回归模型。使用一元多项式回归模型需要先假设模型式(10-6)中 x 的最高次项幂 n，本例假设 n 为 2，模型为 $y=w_0+w_1x+w_2x^2$，如果 n 为 2 时的一元多项式回归模型不能很好地对数据进行拟合，则可增加或减少 n 值再进行尝试，直到找到合适的 n 值。由于一元多项式回归模型本质上还是一元线性回归模型，因此仍然使用 scikit-learn 库 linear 模块中的 LinearRegression() 函数进行建模，示例代码如下：

```
//Chapter10/10.2.1_test10.py
输入: import pandas as pd
      import matplotlib.pyplot as plt
      from sklearn.linear_model import LinearRegression
      #步骤 1: 创建数据表 df
      dict = {"成本":[13,11,20,8,14,18,21,20,23,29,26,33],
              "收益":[662,474,1572,252,768,1272,1734,1572,2082,3318,2664,4302]}
      df = pd.DataFrame(data = dict)
      #步骤 2: 绘制散点图
      plt.figure(1)
      plt.rcParams["font.family"] = ["SimHei"]
      plt.rcParams["axes.unicode_minus"] = False
      plt.scatter(df["成本"],df["收益"])
      plt.xlabel("成本")
      plt.ylabel("收益")
      plt.title("成本 - 收益散点图")
      #步骤 3: 进行变量等价替换
      #将本例模型 y = w0 + w1 * x + w2 * x * x 替换成 y = w0 + w1x1 + w2x2
      df["x1"] = df["成本"]
      df["x2"] = df["成本"] * df["成本"]
      X = df[["x1","x2"]]                         #数据样本特征
      y = df["收益"]                              #数据样本标签
      #步骤 4: 建立一元多项式回归模型,本质还是线性回归模型
      model = LinearRegression()
      model.fit(X,y)                              #训练模型
      y = model.predict([[40,40 * 40]])     #预测成本为 40 时,收益的值,注意 x1 = 40,x2 = 40 * 40
      print(f"当成本为 40 时,可能的收益为{y[0]}")
      #步骤 5: 绘制拟合后的模型曲线(此步骤是为了让读者看到模型效果,非必须)
      plt.figure(2)
      plt.title("拟合成本 - 收益数据效果图")
      df = pd.DataFrame()
```

```
df["x1"] = [i for i in range(40)]        #为了让曲线光滑,因此多创建些数据样本特征 x
df["x2"] = df["x1"] * df["x1"]
X = df[["x1","x2"]]
yPre = model.predict(X)                  #对数据样本特征 x 进行预测
plt.plot(df["x1"],yPre)                  #绘图
plt.xlabel("成本")
plt.ylabel("收益")
plt.show()

输出:当成本为 40 时,可能的收益为 6332.000000000001
```

上述代码绘制的成本-收益散点图和拟合成本-收益数据效果图如图 10-7 所示。

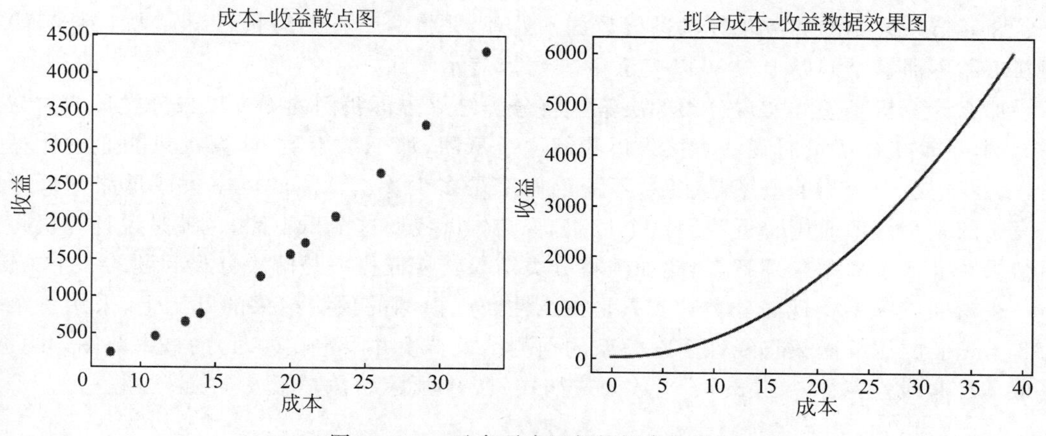

图 10-7　一元多项式回归的拟合效果

2）多元多项式回归

一元多项式回归模型中的自变量种类只有一个,多元多项式回归模型中的自变量种类有多个,以二元多项式回归模型为例,二元多项式回归模型公式如式(10-7)所示。

$$y = w_0 + w_1x_1 + w_2x_2 + w_3x_1^2 + w_4x_2^2 + w_5x_1x_2 \tag{10-7}$$

式中：y——因变量；

x_1, x_2——自变量；

$w_0, w_1, w_2, w_3, w_4, w_5$——模型待求解的参数。

通过变量等价替换的方法,也可以将二元多项式回归模型转换成多元线性回归模型进行求解,对于二元多项式回归模型式(10-7)而言,我们可以令 $z_1 = x_1, z_2 = x_2, z_3 = x_1^2, z_4 = x_2^2, z_5 = x_1x_2$,则模型式(10-7)就转换成了模型式(10-8)。

$$y = w_0 + w_1z_1 + w_2z_2 + w_3z_3 + w_4z_4 + w_5z_5 \tag{10-8}$$

式中：y——因变量；

$z_0, z_1, z_2, z_3, z_4, z_5$——自变量；

$w_0, w_1, w_2, w_3, w_4, w_5$——模型待求解的参数。

由于模型式(10-7)中的参数求解过程与例 10-4 中一元多项式回归模型参数的求解过程只是在变量等价替换上有所不同,其余都是一样的,因此此处不作详细代码的阐述。

10.2.2 逻辑回归

本节从逻辑回归的概念、实现与评价、多分类问题推广 3 方面介绍逻辑回归。

1. 逻辑回归的概念

线性回归模型能够实现对连续数值的预测，逻辑回归模型则能够实现对离散数值的预测，逻辑回归模型常用于解决二分类问题。

二分类问题在日常生活中经常遇见，如判断牛奶是否过期（答案为是或否），判断这个瓜甜不甜（答案为甜或不甜），判断心仪的人是否喜欢自己（答案为喜欢或不喜欢），像这类如果答案只有两种状态的问题，就可以称为二分类问题，但是计算机难以理解字符串数据，因此在解决二分类问题时，如果数据样本特征是字符串等类型，则常常需要先将数据样本特征通过 9.8.6 节所介绍的离散化技术进行数据预处理，并将两个答案的状态设置为 1 或 0，如在判断瓜甜不甜这个问题上，1 可以表示甜，0 可以表示不甜。

那么计算机是怎样实现分类的决策并将分类结果告诉我们的呢？以二分类瓜的甜与不甜为例，计算机做决策时无法直接告诉我们这个瓜甜，那个瓜不甜，计算机只能通过计算手段告诉我们这个瓜甜的概率是多少，不甜的概率是多少。当瓜甜的概率大或瓜甜的概率大于设定的某个阈值时则告诉我们这个瓜甜，否则告诉我们这个瓜不甜，也就是说计算机将分类结果转换成了概率来理解，因此如何将分类结果转换成概率是解决分类问题的一个关键。

逻辑回归模型实现二分类其实只是在线性回归模型的预测结果的基础上，采用一个名为 Sigmoid 的压缩函数将线性回归模型的预测结果转换并限定在(0,1)的概率范围，并且让模型具有非线性特征。Sigmoid 函数公式如式(10-9)所示。

$$S(z)=\frac{1}{1+\mathrm{e}^{-z}} \tag{10-9}$$

式中：$S(z)$——因变量，为(0,1)范围的预测的概率值；

z——自变量；

e——自然底数，为一个常数，约为 2.718。

Sigmoid 函数的自变量 z 的取值范围为全体实数，因变量 $S(z)$ 的取值范围为(0,1)，可以使用 NumPy 结合 Matplotlib 绘制出 Sigmoid 函数，示例代码如下：

```
//Chapter10/10.2.2_test11.py
输入: import numpy as np
      import matplotlib.pyplot as plt
      def Sigmoid(z):                          #定义 Sigmoid 函数
          z = 1.0/(1.0 + np.exp( - z))
          return z
      z = np.arange( - 10,10,0.2)              #定义横轴范围,步长为 0.2
      Sz = Sigmoid(z)                          #调用 Sigmoid 函数
      plt.figure()
      plt.rcParams["font.family"] = ["SimHei"]
      plt.rcParams["axes.unicode_minus"] = False
      #要显示中文则需要加上上述两行代码
      plt.plot(z,Sz)                           #绘图
      plt.xlabel("z")
```

```
    plt.ylabel("S(z)")
    plt.title("Sigmoid 函数图像")
    plt.show()
```

上述代码绘制出的 Sigmoid 函数图像如图 10-8 所示。

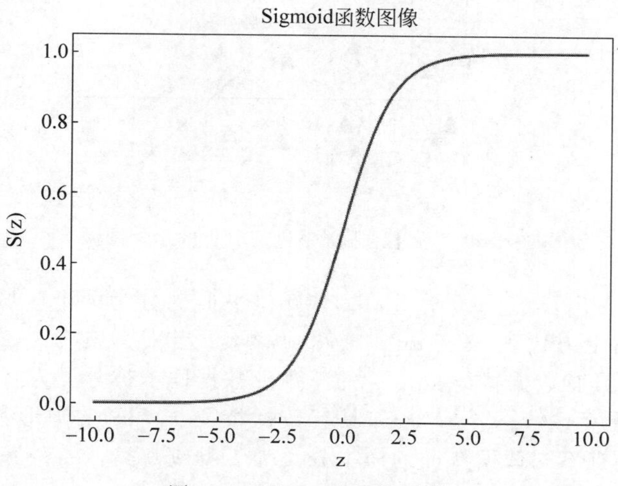

图 10-8 Sigmoid 函数图像

逻辑回归的模型公式就是相当于将 Sigmoid 函数式(10-10)中的自变量 z 替换成了式(10-3),逻辑回归的模型公式如式(10-8)所示。

$$S(x_1,x_2,x_3,\cdots,x_{n-1},x_n)=\frac{1}{1+\mathrm{e}^{-(w_0+w_1x_1+w_2x_2+\ldots+w_{n-1}x_{n-1}+w_nx_n)}} \tag{10-10}$$

式中:$S(x_1,x_2,x_3,\cdots,x_{n-1},x_n)$——因变量,为(0,1)范围的类别预测的概率值;

$x_0,x_1,x_2,\cdots,x_{n-1},x_n$——自变量,数据样本特征;

$w_0,w_1,w_2,\cdots,w_{n-1},w_n$——模型待求解的参数;

e——自然底数,为一个常数,约为 2.718。

那么如何使用逻辑回归模型作分类呢?为方便描述起见,令逻辑回归模型式(10-10)中的 $w_0+w_1x_1+w_2x_2+w_3x_3+\ldots+w_{n-1}x_{n-1}+w_nx_n=z$,则模型式(10-10)转换成了 Sigmoid 函数式(10-9),我们通常以 0.5 作为分类的阈值,如果预测的分类概率值大于 0.5 ($S(z)>0.5$),则将该类预测为 1 类,如果预测的概率值小于 0.5($S(z)<0.5$),则将该类预测为 0 类,如果预测的分类概率值等于 0.5,则可以分类为 1 类或 0 类。

那么在什么情况下分类概率值 $S(z)>0.5$?又在什么情况下分类概率值 $S(z)<0.5$ 呢?由图 10-8 可知,当 $z>0$ 时,$S(z)>0.5$,当 $z<0$ 时,$S(z)<0.5$,即 $z=0$ 是划分 $S(z)$ 与 0.5 大小关系的界限,而 $z=w_0+w_1x_1+w_2x_2+w_3x_3+\cdots+w_{n-1}x_{n-1}+w_nx_n$,即 $w_0+w_1x_1+w_2x_2+w_3x_3+\cdots+w_{n-1}x_{n-1}+w_nx_n=0$ 是划分 $S(z)$ 与 0.5 大小关系的界限。为了更好地描述 $S(z)$ 与 0.5 的界限关系,不妨令 $n=2$,则界限关系可以描述为 $w_0+w_1x_1+w_2x_2=0$,以 x_1 为横轴、以 x_2 为纵轴可以绘制出通过界限关系 $w_0+w_1x_1+w_2x_2=0$ 进行分类的示例图像如图 10-9 所示。

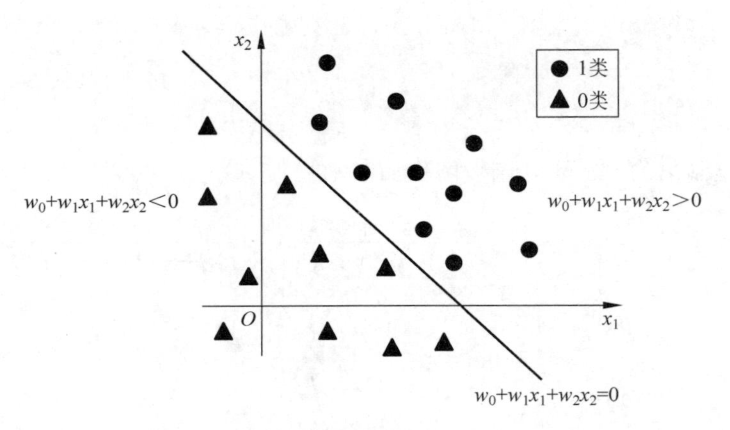

图 10-9 通过界限关系进行分类的示例图像

由图 10-9 可以看出，$w_0+w_1x_1+w_2x_2=0$ 将平面划分为两个区域，左下方代表 $w_0+w_1x_1+w_2x_2<0$，右上方代表 $w_0+w_1x_1+w_2x_2>0$。当 $w_0+w_1x_1+w_2x_2<0$ 时，分类概率 $S(x_1,x_2)<0.5$，具有数据特征 x_1、x_2 的三角形数据样本被分类为 0 类，当 $w_0+w_1x_1+w_2x_2>0$ 时，分类概率 $S(x_1,x_2)>0.5$，具有数据特征 x_1、x_2 的圆形数据样本被分类为 1 类，由此成功地将具有不同数据特征的样本分类为 1 类或 0 类。

2. 逻辑回归的实现与评价

使用 scikit-learn 库 linear_model 模块中的 LogisticRegression()函数能够帮助我们快速建立逻辑回归模型，该函数返回一个逻辑回归模型对象，LogisticRegression()函数原型的部分参数如下：

```
LogisticRegression(penalty = "l2", class_weight = None, solver = "liblinear", multi_class = "
ovr", max_iter = 100)
```

上述 LinearRegression()函数列举的各参数含义如表 10-10 所示。

表 10-10 LinearRegression()函数各参数含义

序号	参数名称	详细说明
1	penalty	正则化类型。用于防止模型过拟合，可以设置为"l1"或"l2"，默认为"l2"，"l1"正则化可以获得稀疏模型解，可用于特征选择，"l2"正则化可以获得非零稠密模型解，使得模型的抗扰动能力强
2	class_weight	类别权重。如定义 class_weight 为{0:0.7,1:0.3}，代表类 0 权重为 0.7，类 1 权重为 0.3
3	solver	优化算法类别。可以设置为"liblinear"或"newton-cg"或"lbfgs"或"sag"或"saga"5 种，默认为"liblinear"，"liblinear"适用于数据样本较少的数据集，"newton-cg"适用于特征维度较小的场景、"lbfgs"收敛速度快并且可以有效节省内存空间，"sag"和"saga"适用于大型数据集
4	multi_class	分类方式。可以设置为"ovr"或"multinomial"，默认为"ovr"，为"ovr"时分类效果不如"multinomial"精确，但是分类速度较快
5	max_iter	最大迭代次数，默认值为 100

逻辑回归建立的是一个二分类模型，二分类模型常用的评价指标有精度(accuracy)、查准率(precision)、查全率(recall)和 F_1 分数，这 4 个评价指标都可以通过混淆矩阵计算出来，混淆矩阵如图 10-10 所示。

	预测为正类(预测为1类)	预测为反类(预测为0类)
真实正类(真实1类)	TP	FN
真实反类(真实0类)	FP	TN

图 10-10 混淆矩阵

图 10-10 混淆矩阵中各元素含义如表 10-11 所示。

表 10-11 混淆矩阵各元素含义

序号	矩阵元素	详细说明
1	TP(True Positive)	将真实正类(1 类)正确预测为正类(1 类)，表明预测的分类结果正确
2	TN(True Negative)	将真实反类(0 类)正确预测为反类(0 类)，表明预测的分类结果正确
3	FP(False Positive)	将真实反类(0 类)错误预测为正类(1 类)，表明预测的分类结果错误
4	FN(False Negative)	将真实正类(1 类)错误预测为反类(0 类)，表明预测的分类结果错误

1) 精度

精度(或称准确率)是指预测正确的数据样本数占总样本数的比例，计算公式如式(10-11)所示。

$$\text{accuracy} = \frac{\text{预测正确的数据样本数}}{\text{总样本数}} = \frac{TP + TN}{TP + TN + FP + FN} \tag{10-11}$$

scikit-learn 库 metrics 模块中的 accuracy_score()函数可以计算出精度，accuracy_score()函数原型的部分参数如下：

```
accuracy_score(y_true,y_pred,normalize = True)
```

上述 accuracy_score()函数列举的各参数含义如表 10-12 所示。

表 10-12 accuracy_score()函数各参数含义

序号	参数名称	详细说明
1	y_true	数据样本真实标签
2	y_pred	模型的预测标签
3	normalize	默认值为 True，为 True 时返回精度值，参数值为 False 时返回分类正确的样本数量

2) 查准率

查准率是指算法模型预测为正类(1 类)的结果中有多少比例是预测正确的，计算公式如式(10-12)所示。

$$\text{precision} = \frac{\text{预测为正类(1 类)且预测正确的样本数}}{\text{预测为正类(1 类)的样本数}} = \frac{TP}{TP + FP} \tag{10-12}$$

3) 查全率

查全率是指算法模型预测为正类(1 类)的样本数占真实正类(1 类)样本数的比例，计算公式如式(10-13)所示。

$$\text{precision}=\frac{\text{预测为正类(1 类)且预测正确的样本数}}{\text{真实正类(1 类)的样本数}}=\frac{\text{TP}}{\text{TP}+\text{FN}} \tag{10-13}$$

4) F_1 分数

F_1 分数兼顾了查准率和查全率，F_1 分数值越高越好，计算公式如式(10-14)所示。

$$F_1=\frac{2\times \text{precision}\times \text{recall}}{\text{precision}+\text{recall}}=\frac{2\times \text{TP}}{\text{样本总数}+\text{TP}-\text{TN}} \tag{10-14}$$

scikit-learn 库 metrics 模块中的 precision_score()函数、recall_score()函数、f1_score()函数可以分别计算查准率、查全率、F_1 分数，以上 3 个函数原型的部分参数如下：

```
precision_score(y_true, y_pred, average = "binary")          #查准率
recall_score(y_true, y_pred, average = "binary")             #查全率
f1_score(y_true, y_pred, average = "binary")                 #F1 分数
```

上述 3 个函数列举的各参数含义如表 10-13 所示。

表 10-13 precision_score()函数、recall_score()函数、f1_score()函数各参数含义

序号	参数名称	详细说明
1	y_true	数据样本真实标签
2	y_pred	模型的预测标签
3	average	默认值为 binary，为 binary 时进行二分类问题效果评价；参数值为 macro 或 micro 时拓展至多分类问题效果评价，参数值为 macro 时先计算出不同类别的查准率、查全率和 F_1 分数，再将它们加起来求平均，参数值为 micro 时将每个类别的 TP、FP 和 FN 先相加，再根据二分类的查准率、查全率和 F1 分数式(10-12)、(10-13)、(10-14)计算

下面是一道逻辑回归任务的数据分析例题。

【例 10-5】 假设 D 盘下存放着一个名为 twoCategories. xlsx 的 Excel 文件，它是医学上关于是否有高血压及其影响因素的二分类数据集(代码文件与该数据集通过本书前言部分提供的二维码可以下载)，本数据集共有 800 条数据，在数据集"是否有高血压"这一列中，1 代表有高血压，0 代表没有高血压，有高血压类共 439 条数据，没有高血压类共 361 条。由于书中篇幅有限，故只展示 twoCategories. xlsx 文件中的前 15 条数据，如图 10-11 所示。注：本例提供的数据为作者编制，不具有真实性，仅供读者练习使用。

每天运动时间	平时压力指数	父母是否有高血压	食盐每天摄入量	是否有高血压
0.34	60	1	11	1
0.89	82	0	4	0
1.11	66	0	2	0
0	49	1	6	1
2.75	15	0	10	0
2.7	86	1	7	1
1.47	78	1	6	1
0.6	3	1	10	1
2.22	65	1	5	1
2.5	50	0	5	0
2.89	8	1	3	0
1.21	93	0	3	0
2.49	13	0	11	0
1.79	32	1	2	1
1.54	50	1	6	1

图 10-11 是否有高血压及其影响因素二分类数据集的前 15 条数据

为了帮助医生能快速筛选出高血压人群，以辅助医生更好地为病人提供诊治意见，现需要分析出每天运动时间、平时压力指数、父母是否有高血压、食盐每天摄入量与是否有高血压之间的关系。如果某个人每天运动时间为0.23、平时压力指数为62、父母不患有高血压、食盐每天摄入量为8，则这个人是否有可能患高血压？

分析：对于分类问题首先分析数据集中的数据样本是否需要预处理或样本均衡，经过分析可以发现，本例数据集中的样本类别较为均衡，有高血压类和没有高血压类数据样本数量分别为439和361，因此可以不需要使用10.1节所介绍的采样方法进行处理，数据样本也不具有缺失值，但由于数据特征取值范围不同，可以使用9.8.3节所介绍的线性归一化进行数据预处理。数据预处理完成后可以通过10.1节所介绍的留出法、K折交叉验证法或自助采样法将数据集划分成训练集和测试集，在训练集上训练逻辑回归模型，在测试集上可以使用精度、查准率、查全率和F_1分数进行模型评价，本例采用留出法进行训练集和测试集的划分，划分比例为8∶2。示例代码如下：

```
//Chapter10/10.2.2_test12/10.2.2_test12.py
输入：from sklearn.linear_model import LogisticRegression
      from sklearn.model_selection import train_test_split
      from sklearn.metrics import accuracy_score                    #导入精度函数
      from sklearn.metrics import precision_score                   #导入查准率
      from sklearn.metrics import recall_score                      #导入查全率
      from sklearn.metrics import f1_score                          #导入F1分数
      import pandas as pd
      import numpy as np
      df = pd.read_excel(r"D:\twoCategories.xlsx")
      #步骤1：数据归一化
      for i in df.columns:
          df[i] = (df[i] - df[i].min())/(df[i].max() - df[i].min())
      #步骤2：采用留出法划分训练集和测试集
      X = df[df.columns[0:4]]                                       #获取数据样本特征
      y = df[df.columns[4]]                                         #获取数据样本标签
      xTrain,xTest,yTrain,yTest = train_test_split(X,y,test_size = 0.2)  #该函数可参考10.1节
      #步骤3：训练逻辑回归模型
      model = LogisticRegression()                                  #获取逻辑回归模型
      model.fit(xTrain,yTrain)                                      #训练逻辑回归模型
      #步骤4：评价逻辑回归模型
      yPre = model.predict(xTest)
      acc = accuracy_score(y_true = yTest,y_pred = yPre)            #计算精度
      precision = precision_score(y_true = yTest,y_pred = yPre)     #计算查准率
      recall = recall_score(y_true = yTest,y_pred = yPre)           #计算查全率
      F1 = f1_score(y_true = yTest,y_pred = yPre)                   #计算F1分数
      print("精度为",acc)
      print("查准率为",precision)
      print("查全率为",recall)
      print("F1分数为",F1)
      #步骤5：对是否可能患有高血压进行预测
      xPre = [0.23,62,0,8]                                          #要进行预测的数据样本特征
      pre = model.predict([xPre])                                   #返回一个列表
```

```
    for i,j in zip(df.columns,xPre):
        print(f"{i}为{j},",end='')
    print(f"\n则是否患高血压的预测结果为{pre[0]}")
    #步骤6:测试集真实标签与测试集预测值标签对比(此步骤仅为了让读者看到模型效果,非必须)
    index = np.random.randint(low = 0,high = len(xTest),size = 5)
    df2 = pd.DataFrame()                          #创建一个空的DataFrame对象
    df2["测试集中是否患有高血压的真实值"] = yTest.iloc[index]      #保存5个真实值标签
    yPre2 = model.predict(xTest.iloc[index])
    df2["测试集中模型预测是否患有高血压"] = yPre2 #保存模型预测值
    print("测试集上5个真实标签与测试集模型的预测值对比:\n",df2)
    #注意,在df2的输出结果中,最左侧显示的行索引为测试集数据在未划分数据集中的序号位置

输出: 精度为 0.96875
    查准率为 0.9883720930232558
    查全率为 0.9550561797752809
    F1分数为 0.9714285714285714
    每天运动时间为 0.23,平时压力指数为 62,父母是否有高血压为 0,食盐每天摄入量为 8,
    则是否患高血压的预测结果为 1.0
    测试集上5个真实标签与测试集模型的预测值对比:
        测试集中是否患有高血压的真实值  测试集中模型预测是否患有高血压
    380                0.0                         0.0
    464                0.0                         0.0
    591                0.0                         0.0
    274                1.0                         1.0
    482                1.0                         1.0
```

3. 逻辑回归的多分类问题推广

前面介绍过,逻辑回归常用于处理二分类问题,那么它能够用于推广处理多分类问题吗?答案是可以的,对于一个多分类问题可以拆解成多个二分类问题来解决,这里介绍两种常见的拆解方法:一对一拆解法(One VS One,OvO法)和一对剩余拆解法(One VS Rest,OvR法)。

1)一对一拆解法

假设有 n 个类别,每两个类别训练一个二分类器,则共需要训练 $n(n-1)/2$ 个二分类器,对新数据样本进行多分类预测任务时,需要依次调用 k 个分类器分别对新数据样本进行预测,得到 k 个分类预测结果,选择分类预测结果相同数最多的类别作为最终预测结果。例如假设有A、B、C共3个类别,针对类别A和类别B、类别A和类别C、类别B和类别C训练出3个二分类器,依次调用3个二分类器对某个新数据样本进行预测得到的结果为A类、A类、C类,由于3个二分类器中有2个分类器预测新数据样本类别为A类,因此将A类作为最终新数据样本类别的预测结果。

2)一对剩余拆解法

假设有 n 个类别,对其中1个类别和剩余的 $n-1$ 个类别进行分类,则共需要训练 n 个二分类器。对新数据样本进行多分类预测任务时,依次调用这 n 个二分类器进行分类,得到数据样本属于当前类的预测概率,选择其中预测概率最大的一个类别作为最终新数据样本类别的预测结果。例如假设有A、B、C共3个类别,对A类和剩余类、B类和剩余类、C类

和剩余类训练出3个二分类器,依次调用这3个二分类器后得到是当前A类、B类、C类的预测概率分别为0.86、0.77、0.23,选择预测概率最高的A类作为最终新数据样本类别的预测结果。

10.2.3 *K*-NN算法

本节从概念、实现和优缺点3方面介绍*K*-NN算法。

1. *K*-NN算法的概念

*K*最近邻(*K*-Nearest Neighbor,*K*-NN)算法是简单且常用的分类算法,其分类原理为数据样本A的类别根据距离A最近的k个数据样本占比数量最多的类别来决定,用通俗语言来讲,就是近朱者赤,近墨者黑。*K*-NN算法的简单分类流程如图10-12所示。

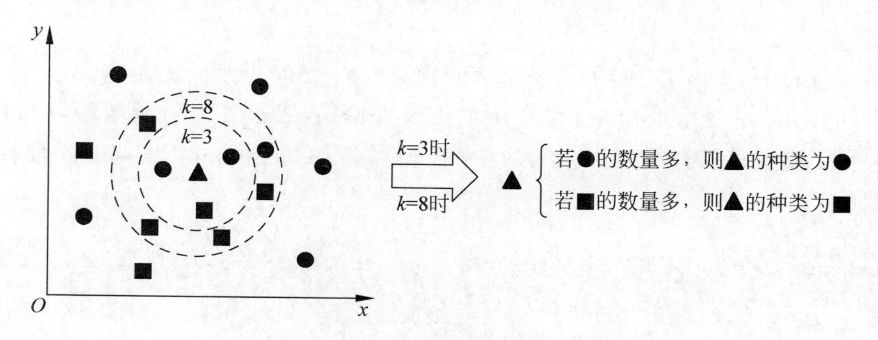

图10-12 *K*-NN算法的简单分类流程

图10-12中的三角形种类可能为圆形或矩形,使用*K*-NN算法预测图10-12中三角形的种类时,如果k为3,图10-12里层虚线圆中包含3个距离最近的样本,其中有2个圆形和1个矩形,由于圆形的占比数量多于矩形,则预测三角形的种类为圆形;如果k为8,图10-12外层虚线圆中包含8个距离最近的样本,其中有3个圆形和5个矩形,由于矩形的占比数量多于圆形,则预测三角形的种类为矩形。

2. *K*-NN算法的实现

由图10-12 *K*-NN算法的简单分类流程可以看出,样本间的距离计算(如何选择出距离最近的k个样本)及k的取值在很大程度上影响着*K*-NN算法的分类效果,因此若想要通过*K*-NN算法训练一个能够满足我们业务需求的模型,则必须先找到这两个问题的合理解决方法。

1) 样本间的距离计算

样本间的距离计算方法常用的有欧氏距离、曼哈顿距离和闵可夫基斯距离。

(1) 欧氏距离。

假设二维平面上存在两点$A(x_1,y_1)$、$B(x_2,y_2)$,它们之间的欧氏距离计算公式如式(10-15)所示。

$$d_{(A,B)}=\sqrt{(x_1-x_2)^2+(y_1-y_2)^2} \tag{10-15}$$

如果将点A和B的维度拓展至n维,那么点$A(x_1,x_2,x_3,\cdots,x_n)$、$B(y_1,y_2,y_3,\cdots,y_n)$之间的欧氏距离计算公式如式(10-16)所示。

$$d_{(A,B)}=\sqrt{(x_1-y_1)^2+(x_2-y_2)^2+(x_3-y_3)^2\cdots+(x_n-y_n)^2} \tag{10-16}$$

(2) 曼哈顿距离。

曼哈顿距离在二维平面上两点 $A(x_1, y_1)$、$B(x_2, y_2)$ 的计算公式如式(10-17)所示。

$$d_{(A,B)} = |x_1 - x_2| + |y_1 - y_2| \tag{10-17}$$

在 n 维空间上，点 $A(x_1, x_2, x_3, \cdots, x_n)$、$B(y_1, y_2, y_3, \cdots, y_n)$ 之间的曼哈顿距离计算公式如式(10-18)所示。

$$d_{(A,B)} = |x_1 - y_1| + |x_2 - y_2| + |x_3 - y_3| + \cdots + |x_n - y_n| \tag{10-18}$$

(3) 闵可夫斯基距离。

对于 n 维空间上两点 $A(x_1, x_2, x_3, \cdots, x_n)$、$B(y_1, y_2, y_3, \cdots, y_n)$，闵可夫斯基距离的公式如式(10-19)所示。

$$\text{minkowski}_{(A,B)} = \left(\sum_{i=1}^{n} |x_i - y_i|^p \right)^{\frac{1}{p}} \tag{10-19}$$

在式(10-19)中，当 $p=1$ 时表示曼哈顿距离，当 $p=2$ 时表示欧氏距离。

使用 scikit-learn 库 neighbors 模块中的 KNeighborsClassifier()函数能够帮助我们快速建立 K-NN 模型，该函数返回一个 K-NN 模型对象，KNeighborsClassifier()函数原型的部分参数如下：

```
KNeighborsClassifier (n _ neighbors = 5, algorithm = " auto", leaf _ size = 30, metric =
"minkowski", p = 2)
```

上述 KNeighborsClassifier()函数列举的各参数含义如表 10-14 所示。

表 10-14 KNeighborsClassifier()函数各参数含义

序号	参数名称	详细说明
1	n_neighbors	K-NN 算法的 k 值，默认值为 5
2	algorithm	寻找最近的 k 个点的算法，默认为 auto，为 auto 时会自动选择合适的算法，还可以设置为 ball_tree、kd_tree 或 brute
3	leaf_size	参数 algorithm 为 ball_tree 或 kd_tree 时停止拓展子树叶子节点的阈值，会影响树的构造和访问速度，默认值为 30
4	metric	数据样本间的距离计算方式，默认为 minkowski，即闵可夫斯基距离，当设置 p 为 1 时表示曼哈顿距离，当 p 为 2 时表示欧氏距离
5	p	闵可夫斯基距离式(10-19)中的 p

使用 scikit-learn 实现 K-NN 算法建模的示例代码如下：

```
//Chapter10/10.2.3_test13.py
输入: from sklearn.neighbors import KNeighborsClassifier #导入 K-NN 算法函数
      import pandas as pd
      #步骤 1: 获取数据
      dict = {"x1":[20,77,58,14,49,26,33,81],
              "x2":[15,88,64,25,81,10,19,41],
              "y":[0,1,1,0,1,0,0,1]}
      df = pd.DataFrame(data = dict)
      X = df[["x1","x2"]]                          #数据样本特征
```

```
    y = df["y"]                    #数据样本标签,1和0代表不同的两个类别
    #步骤2: 训练 KNN 模型
    knnModel = KNeighborsClassifier(n_neighbors = 3)   #获取 KNN 模型,此处将 KNN 的 k 值设置为 3
    knnModel.fit(X,y)              #训练模型
    #步骤3: 预测当(x1,x2)为(20,10),(74,33)时,y 的可能分类
    pre = knnModel.predict([[20,10],[74,33]])
    print("当(x1,x2)为(20,10)时,y 的类别可能为",pre[0])
    print("当(x1,x2)为(74,33)时,y 的类别可能为",pre[1])

输出: 当(x1,x2)为(20,10)时,y 的类别可能为 0
    当(x1,x2)为(74,33)时,y 的类别可能为 1
```

2) *k* 的取值

对于 *K*-NN 算法而言,*k* 的取值过程其实就是模型调参过程,不同的参数会导致模型的效果不同,那么怎么来寻找合适的 *k* 值呢?

凭借经验来讲,合适的 *k* 取值范围不会很大,此处介绍两种常用的寻找合适 *k* 值的方法:直接搜索法和 K 折交叉验证调参法。

(1) 直接搜索法。

直接搜索法是将 *k* 值从 1 到 *n*(*n* 不能超过数据样本的个数)或者预先设置的多个候选 *k* 值开始遍历,训练出多个 *K*-NN 模型,并从这些 *K*-NN 模型中选择出在测试集上评估效果最好的那个模型和该模型对应的 *k* 值,但是这种方法寻找出的 *k* 值虽然能使得 *K*-NN 模型在测试集上的评价效果不差,但仍然可能会导致训练出的模型泛化能力差,且仅适用于数据样本量较小的情况。

(2) K 折交叉验证调参法。

K 折交叉验证调参法需要预先设定一些 *K*-NN 算法的候选 *k* 值,以 10 折交叉验证调参法为例,首先不妨先使用 10.1 节所介绍的留出法将原始数据样本划分为训练集和测试集,再通过 10 折交叉验证法在训练集上划分出新训练集和验证集,并在验证集上以 10 折交叉验证法的模型平均评价结果作为依据,进行 *K*-NN 算法 *k* 值的调整,最后将寻找到的 *K*-NN 算法最优 *k* 值在测试集上进行模型效果测试。这种方法非常严谨,训练出的模型泛化能力足够满足业务需求,虽然计算量偏大,在大规模深度学习任务中不常用,但充分利用了所有数据样本,在数据分析任务中是可行且相当有效的方法。K 折交验证法若读者有遗忘可参考 10.1 节,*K*-NN 算法中的 *k* 值与 K 折交叉验证法的 *k* 值是不一样的,读者不要混淆。

下面用一道例题展示 *K*-NN 算法在多分类任务上的应用及使用 K 折交叉验证法在验证集上的调参过程。

【例 10-6】 假设 D 盘下存放着一个名为 psychologicalData.xlsx 的 Excel 文件,它是心理学上关于家庭类型及其分类依据的一个 3 分类数据集(代码文件与该数据集通过本书前言部分提供的二维码可以下载),本数据集共有 150 条数据,3 个家庭类型分别为 A 类家庭、B 类家庭和 C 类家庭,分别有 49、50、51 条数据样本。由于书中篇幅有限,故只展示 psychologicalData.xlsx 文件中的前 15 条数据,如图 10-13 所示。注:本例提供的数据为作者编制,不具有真实性,仅供读者练习使用。

陪伴指数	情感温度指数	保护指数	家庭和谐指数	家庭类型
77.7	69.4	82.9	75	C类家庭
80.4	76	79.9	71.4	C类家庭
82.2	71.6	82.9	60.6	C类家庭
69.6	78.2	28.9	13.8	A类家庭
71.4	93.6	28.9	17.4	A类家庭
87.6	78.2	82.9	89.4	C类家庭
75.9	65	64.9	46.2	B类家庭
72.3	84.8	27.4	13.8	A类家庭
83.1	80.4	73.9	60.6	B类家庭
84	76	84.4	78.6	C类家庭
75	62.8	61.9	42.6	B类家庭
74.1	84.8	28.9	21	A类家庭
66	60.6	25.9	17.4	A类家庭
87.6	78.2	79.9	60.6	B类家庭
77.7	69.4	64.9	49.8	B类家庭

图 10-13　psychologicalData.xlsx 文件内容中的前 15 条数据

分析：首先分析数据集是否需要预处理或进行数据样本类别的均衡处理，本例提供的数据样本类别均衡，A 类家庭、B 类家庭和 C 类家庭分别有 49、50、51 条数据样本，因此不需要使用 10.1 节所介绍的数据采样方法进行数据样本类别的均衡处理。在示例代码中，首先通过留出法将原始数据集划分出训练集和测试集，再通过 10 折交叉验证法将训练集划分为新训练集和验证集，并在验证集上以 10 折交叉验证法得到的模型平均精度(准确率)作为依据，进行 K-NN 模型参数 k 值的调整。

示例代码如下：

```
//Chapter10/10.2.3_test14.py
输入: from sklearn.neighbors import KNeighborsClassifier          #导入 K-NN 算法函数
      from sklearn.model_selection import KFold                  #导入 K 折交叉验证函数
      from sklearn.model_selection import train_test_split       #留出法
      from sklearn.metrics import accuracy_score                 #精度(准确率)
      import pandas as pd
      import numpy as np
      import matplotlib.pyplot as plt
      #步骤 1: 使用留出法按 8: 2 的比例划分训练集和测试集
      df = pd.read_excel(r"D:\psychologicalData.xlsx")
      X = df[df.columns[0:4]]                                    #数据样本特征
      y = df[df.columns[4]]                                      #数据样本标签
      xTrain,xTest,yTrain,yTest = train_test_split(X,y,test_size = 0.2,random_state = 0)
      #由于留出法划分的训练集和测试集行索引会被打乱顺序
      #而 K 折交叉验证法需要多次划分训练集和验证集,为了方便起见,接下来需先进行行索引的
      #重命名
      xTrain.index = pd.Series(list(range(xTrain.shape[0])))    #重命名 xTrain 的行索引
      yTrain.index = pd.Series(list(range(yTrain.shape[0])))    #重命名 yTrain 的行索引
      #步骤 2: K 折交叉验证法划分验证集并在验证集上调参,对 K-NN 算法建模
      #使用 K 折交叉验证法从步骤 1 划分的训练集上再划分出新训练集和验证集
      k = np.arange(1,11)          #K-NN 算法中的 k 值,定义 10 个候选 k 值,k 从 1 开始取值
      K = 10                       #K 折交叉验证法折数,以 10 折交叉验证法为例
      kfold = KFold(n_splits = K,shuffle = True,random_state = 0)      #K 折交叉验证
      bestK = k[0]                 #假设当前最优的 k 值为 bestK
      bestAcc = 0                  #假设当前模型最优准确率为 bestAcc
      accList = []                 #保存 K 折交叉验证过程中精度的平均值,用于绘图,作为纵轴
```

```
    for i in k:                          #遍历所有的候选 k 值
        accSum = 0
        for trainIdx,validationIdx in kfold.split(X = xTrain):
            #kfold.split(xTrain)表示从训练集上再划分出新的训练集和测试集
            #trainIdx 表示新划分的训练集行索引
            #validationIdx 表示新划分的验证集行索引
            newxTrain = xTrain.iloc[trainIdx]                #新划分的训练集数据特征
            newyTrain = yTrain.iloc[trainIdx]                #新划分的训练集数据标签
            xValidation = xTrain.iloc[validationIdx]         #划分的验证集数据特征
            yValidation = yTrain.iloc[validationIdx]         #划分的验证集数据标签
            knnModel = KNeighborsClassifier(n_neighbors = i)         #对 K-NN 算法建模
            knnModel.fit(newxTrain,newyTrain)                #训练 K-NN 模型
            pre = knnModel.predict(xValidation)              #在验证集上预测以便调参
            acc = accuracy_score(yValidation,pre)            #使用准确率评估预测结果
            accSum = accSum + acc                            #统计每一折交叉验证准确率之和
        averageAcc = accSum/K          #K 折交叉验证后以准确率的平均值作为模型效果的评估
        accList.append(averageAcc)     #保存当前 K 折交叉验证后的准确率,用于绘图
        if averageAcc > bestAcc:       #如果 K 折交叉验证后求出的平均准确率高于最优准确率
            bestAcc = averageAcc       #更新最优准确率
            bestK = i                  #更新最优 k 值
    print(f"最终选择出的最优 k 值为{bestK}")
    #步骤 3:在测试集上评价
    knnModel = KNeighborsClassifier(n_neighbors = bestK)
    knnModel.fit(xTrain,yTrain)      #需要先重新训练 K-NN 模型
    pre = knnModel.predict(xTest)
    acc = accuracy_score(yTest,pre)
    print("在测试集上的准确率为",acc)
    #步骤 4:绘制 K-NN 算法的 k 值与在 K 折交叉验证法中平均准确率的变化图
    plt.rcParams["font.family"] = ["SimHei"]
    plt.rcParams["axes.unicode_minus"] = False
    #要显示中文则需要加上上述两行代码
    plt.xlabel("K-NN 算法中的 k 值")
    plt.ylabel("经过 K 折交叉验证法后评估的平均准确率")
    plt.plot(k,accList)
    plt.show()

输出:最终选择出的最优 k 值为 9
    在测试集上的准确率为 0.9666666666666667
```

上述代码绘制出的 K-NN 算法中的 k 值与经过 K 折交叉验证法后评估的平均准确率关系变化如图 10-14 所示。

由图 10-14 可以看出,K-NN 算法中的 k 值为 9 时可以使得经过 K 折交叉验证后得到的平均准确率达到最优值。

3. *K*-NN 算法的优缺点

1) 优点

K-NN 算法优点在于理论成熟并好理解,且模型非常容易构建,通常情况下在许多分类任务中能取得不错的性能。在数据分析的多分类任务中,先尝试使用 K-NN 算法不失为一种很好的选择,并且可以将 K-NN 算法的测试结果作为基准,再去尝试使用其他的分类

算法(如 10.2.4 节将介绍的神经网络)。

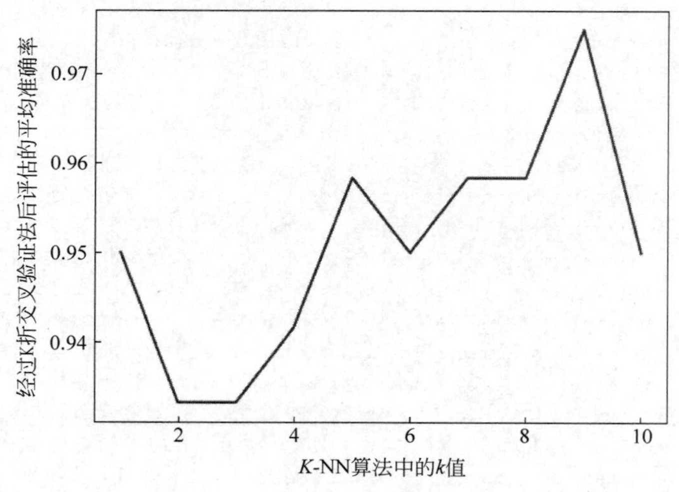

图 10-14　K-NN 算法中的 k 值与经过 K 折交叉验证法后评估的平均准确率关系变化图

2）缺点

当数据集的数据特征数非常多时,K-NN 算法的训练和预测速度较慢且预测准确率低,在数据集样本类别不平衡或大多数数据样本特征为 0 的情况下,K-NN 算法的预测效果非常不好,此时应该考虑使用 10.1 节介绍的过采样或欠采样方法使得数据集样本类别均衡或使用其他分类算法。

10.2.4　基于 PyTorch 搭建神经网络

本节首先从神经网络的概念出发,与读者一起深入理解神经网络的基本原理和训练流程,接着介绍 PyTorch 的相关信息与安装方式,最后将以 PyTorch 作为神经网络的实现框架带领读者学会快速搭建神经网络,并给出 PyTorch 实现二分类、多分类和回归任务的示例代码。由于本书偏向于实战,从读者的角度出发和思考,本节将尽可能地选择以神经网络模型处理本地数据集的任务作为代码示例,并提供详细的代码注释。

1. 神经网络的概念

神经网络是通过模仿生物神经网络工作机制进行信息处理的算法模型,既能用于解决回归问题,又能用于解决分类问题,是人工智能领域的研究热点,具有非常好的智能特性。

下面将从神经元、神经网络结构、激活函数、前向传播、权重更新和常用的损失函数 6 个方面内容来与读者一起深入认识最基础的神经网络。

1）神经元

神经元是组成神经网络的最基本单元,可以接收一个或多个输入,经过数学规则计算后产生一个输出,3 输入神经元的结构如图 10-15 所示。

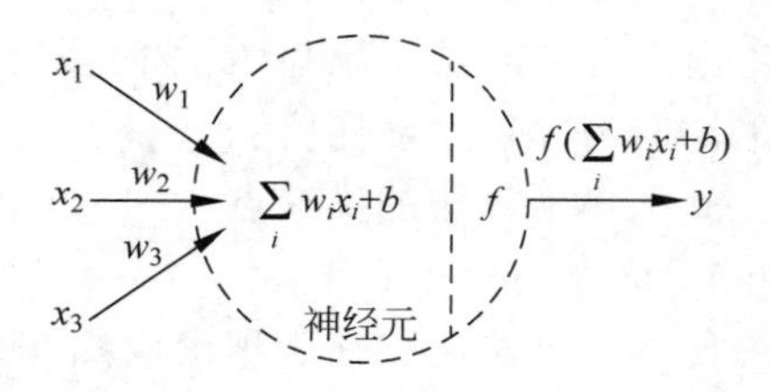

图 10-15　3 输入神经元的结构示例

图 10-15 所示的神经元接收 3 个输入 x_1、x_2、x_3,在神经元中经历了两步运算,第 1 步是求和运算,求和运算是将 3 个输入与对应权重相乘后再求

和并最后加上一个偏置值 b，用数学表达式表达即为 $x_1w_1+x_2w_2+x_3w_3+b$。第 2 步是激活函数处理，激活函数处理是将第 1 步中的求和运算结果作为激活函数的自变量代入计算，假设使用的激活函数为 $f(x)$，则用数学表达式即为 $f(x_1w_1+x_2w_2+x_3w_3+b)$，最后的输出结果 $y=f(x_1w_1+x_2w_2+x_3w_3+b)$。

2）神经网络结构

神经网络结构由输入层、一个或多个隐藏层和输出层组成，每层由若干神经元连接组成，包含两个隐藏层的神经网络结构示例如图 10-16 所示。

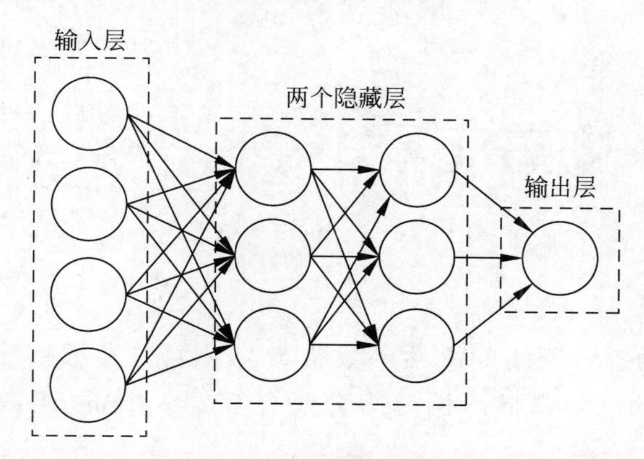

图 10-16　包含两个隐藏层的神经网络结构示例

3）激活函数

激活函数是一种非线性函数，能够带给数据非线性特征。如果在神经元中只进行求和运算，则无论神经网络的结构如何，输出值都是输入的线性组合，隐藏层会失去作用，进行激活函数处理后，神经网络表达的能力更加强大，输出变为可预测的形式，能够让预测值更好地逼近真实值。

下面介绍 4 种常用的激活函数：Sigmoid 函数、Softmax 函数、ReLU 函数和 Tanh 函数。

（1）Sigmoid 函数。

Sigmoid 函数作为神经网络的激活函数主要用于二分类任务。Sigmoid 函数在 10.2.2 节的逻辑回归内容中其实已经介绍过，为了不让读者颠来倒去阅读 Sigmoid 函数的知识内容，此处再对 Sigmoid 函数作简要介绍，其公式如式(10-20)所示。

$$S(z)=\frac{1}{1+e^{-z}} \tag{10-20}$$

式中：$S(z)$——因变量，为(0,1)范围的预测的概率值；

z——自变量；

e——自然底数，为一个常数，约为 2.718。

实现 Sigmoid 函数的示例代码可参考 10.2.2 节，Sigmoid 函数图像如图 10-17 所示。

当 z 为 0 时，Sigmoid 函数值为 0.5；当 $z>0$ 时，随着 z 的不断增大，Sigmoid 函数值趋近于 1；当 $z<0$ 时，随着 z 的不断减小，Sigmoid 函数值趋近于 0，因此 Sigmoid 函数的值域取值范围为(0,1)，但 Sigmoid 函数有一个很不好的缺点是在神经网络权重更新时梯度容易消失，造成模型难以收敛，因此几乎不用于隐藏层神经元的激活。

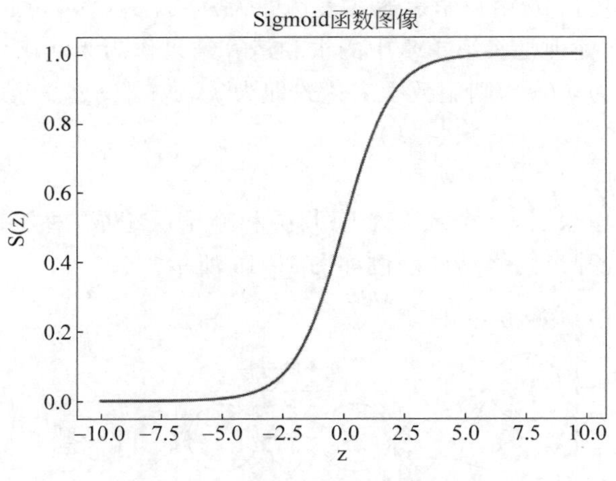

图 10-17 Sigmoid 函数图像

（2）Softmax 函数。

Softmax 函数作为神经网络的激活函数常与交叉熵损失函数(交叉熵损失函数将在后面的内容中进行介绍)一起搭配用于多分类任务。Softmax 函数的公式如式(10-21)所示。

$$S_i = \frac{e^{Z_i}}{\sum_{i=1}^{N} e^{Z_i}} \tag{10-21}$$

式中：i——类别对应的索引；

Z_i——第 i 个神经元结点的输出值；

N——总的类别数；

e——自然底数，为一个常数，约为 2.718。

假设利用神经网络解决 5 分类任务，未经过 Softmax 函数处理得到的神经网络模型最后输出为 $\boldsymbol{Z}=[-2,-6,3,7,-3]$，编程实现将 $\boldsymbol{Z}$ 代入 Softmax 函数式(10-21)处理的示例代码如下：

```
//Chapter10/10.2.4_test15.py
输入: import numpy as np
      Z = np.array([1, - 3,3,2,0])
      def Softmax(Z):                          # 定义 Softmax 函数
          eZ = np.exp(Z)                       # 式(10 - 21)中的分子计算
          Si = eZ/eZ.sum()                     # eZ.sum()为式(10 - 21)中的分母计算
          return Si                            # 返回结果
      Si = Softmax(Z)                          # 调用 Softmax 函数
      print(f"当模型最后的输出结果为{Z}时,\n经过 Softmax 函数再处理的结果为:{Si}")

输出: 当模型最后的输出结果为[ 1 -3 3 2 0]时,
      经过 Softmax 函数再处理的结果为:[0. 08700545 0. 00159356 0. 64288814 0. 23650533 0.03200752]
```

由于 Softmax 函数为指数运算，因此当神经网络最后的输出值 Z_i 很大或很小时很容易造成数值溢出。例如当 $\boldsymbol{Z}=[5000,6000,1000,900,1100]$时，上述代码的运行结果为[nan nan nan nan nan]，nan 在 Python 中表示相关数字无法计算。为了避免这种情况，在进行 Softmax 函数处理前需要先将神经网络模型最后输出的结果 $\boldsymbol{Z}$ 中的所有元素 Z_i 减去 $\boldsymbol{Z}$ 中的最大值，示例代码下：

```
//Chapter10/10.2.4_test16.py
输入: import numpy as np
      Z = np.array([1000,1002,999])
      def Softmax(Z):                          #定义 Softmax 函数
          Z = Z - Z.max()                      #将 Z 中的所有元素减去 Z 中的最大值
          eZ = np.exp(Z)                       #式(10-21)中的分子计算
          Si = eZ/eZ.sum()                     #eZ.sum()为式(10-21)中的分母计算
          return Si                            #返回结果
      Si = Softmax(Z)                          #调用 Softmax 函数
      print(f"当模型最后的输出结果为{Z}时,\n经过 Softmax 函数再处理的结果为:{Si}")

输出: 当模型最后的输出结果为[1000 1002 999]时,
      经过 Softmax 函数再处理的结果为:[0.1141952 0.84379473 0.04201007]
```

(3) ReLU 函数。

ReLU 函数作为神经网络的激活函数目前应用较为广泛且有效，其公式如式(10-22)所示。

$$f(x)=\max(0,x) \tag{10-22}$$

式中：x——来自上一层神经网络的输入向量。

使用 NumPy 结合 Matplotlib 绘制出 ReLU 函数的示例代码如下：

```
//Chapter10/10.2.4_test17.py
输入: import numpy as np
      import matplotlib.pyplot as plt
      x = np.arange(-5,5,0.2)
      def ReLU(x):                             #定义 ReLU 函数
          f = np.maximum(0,x)                  #按位让 0 与 x 相比较并返回比较结果
          #NumPy 中的 maximum()函数若读者有遗忘,则可参考 8.13 节
          return f
      f = ReLU(x)                              #调用 ReLU 函数
      plt.rcParams["font.family"] = ["SimHei"]
      plt.rcParams["axes.unicode_minus"] = False
      #要显示中文则需要加上上述两行代码
      plt.xlabel("x",fontsize = 16)
      plt.ylabel("y",fontsize = 16)
      plt.title("ReLU 函数图像",fontsize = 16)
      plt.plot(x,f)
      plt.show()
```

上述代码绘制出的 Softmax 函数图像如图 10-18 所示。

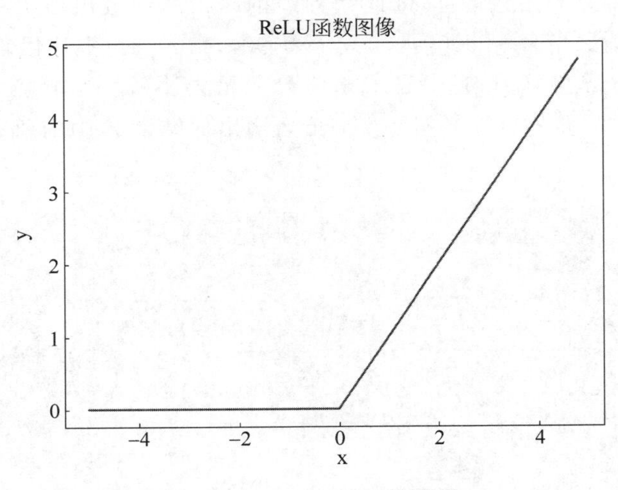

图 10-18 Softmax 函数图像

由图 10-18 的 ReLU 函数图像可以看出，ReLU 函数为分段函数，它能够将所有的负数值都变为 0，而正数值保持不变。这样的结构特性能够使网络变得稀疏，在神经网络的训练中很快收敛，不存在梯度饱和问题，且只有线性关系，因此计算效率很高。

(4) Tanh 函数。

Tanh 函数的公式如式(10-23)所示。

$$f(x)=\frac{e^{x}-e^{-x}}{e^{x}+e^{-x}} \tag{10-23}$$

式中：x——来自上一层神经网络的输入向量。

使用 NumPy 结合 Matplotlib 绘制出 ReLU 函数的示例代码如下：

```
//Chapter10/10.2.4_test18.py
输入: import numpy as np
      import matplotlib.pyplot as plt
      def Tanh(x):                              #定义 Tanh 函数
          f = (np.exp(x) - np.exp( - x))/(np.exp(x) + np.exp( - x))
          return f
      x = np.arange( - 10,10,0.2)               #定义横轴范围,步长为 0.2
      f = Tanh(x)                               #调用 Tanh 函数
      plt.figure()
      plt.rcParams["font.family"] = ["SimHei"]
      plt.rcParams["axes.unicode_minus"] = False
      #要显示中文则需要加上上述两行代码
      plt.plot(x,f)                             #绘图
      plt.xlabel("x")
      plt.ylabel("y")
      plt.title("Tanh 函数图像")
      plt.show()
```

上述代码绘制的 Tanh 函数图像如图 10-19 所示。

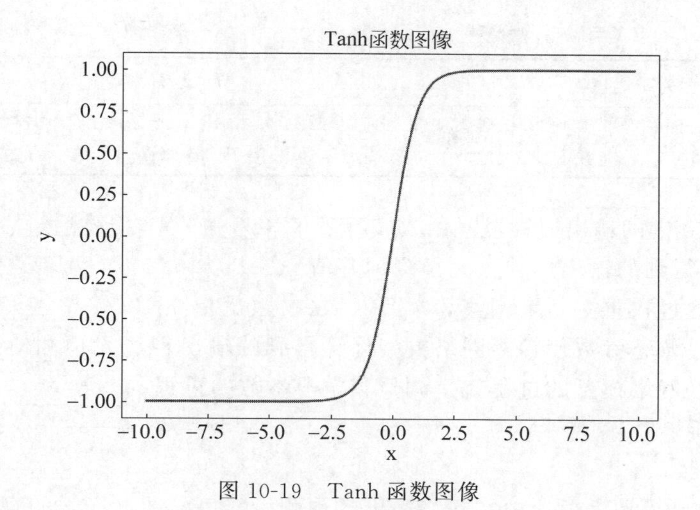

图 10-19 Tanh 函数图像

图 10-19 所示的 Tanh 函数与图 10-17 所示的 Sigmoid 函数图像有些相似，不同之处在于 Tanh 函数的输出区间为(−1,1)，而 Sigmoid 函数的输出区间为(0,1)，并且 Tanh 函数以 0 为中心。Tanh 函数与 Sigmoid 函数在神经网络权重更新时梯度都容易消失，但 Tanh 函数的梯度消失问题比 Sigmoid 函数更轻。

4）前向传播

前向传播是指神经元的输入向前传递经过计算获得输出的过程。开始时输入层神经元的数值作为输入被隐藏层中的神经元接收，进行求和及激活函数处理后产生新的输出，新的输出不断地以上述方式向前传播，最终传递给输出层神经元进行输出。假设包含 1 个隐藏层的神经网络结构示例如图 10-20 所示。

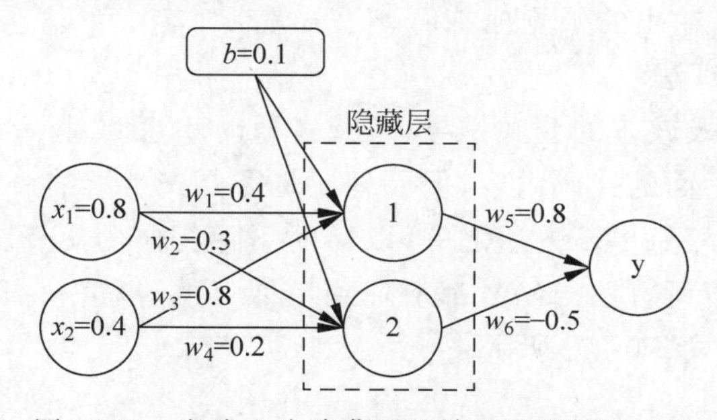

图 10-20 包含 1 个隐藏层的神经网络结构示例

假设作为图 10-20 所示的神经网络结构隐藏层的激活函数为 Sigmoid 函数，Sigmoid 函数公式见式(10-20)，根据图 10-20 进行前向传播的计算过程示例如表 10-15 所示。

表 10-15 前向传播的计算过程示例

序号	步骤	计算过程
1	计算隐藏层神经元的输出	对隐藏层序号 1 神经元：求和计算 $w_1x_1+w_3x_2+b=0.74$，Sigmoid 激活函数处理$(1/1+e^{-0.74})\approx 0.677$，则隐藏层序号 1 神经元的输出为 0.677； 对隐藏层序号 2 神经元：求和计算 $w_2x_1+w_4x_2+b=0.42$，Sigmoid 激活函数处理$(1/1+e^{-0.42})\approx 0.603$，则隐藏层序号 2 神经元的输出为 0.603

续表

序号	步　骤	计算过程
2	计算输出层神经元对应的值	对输出层神经元：将隐藏层序号1和2神经元的输出代入进行求和计算 $0.677\times w_5+0.603\times w_6=0.2401$，则最终输出层神经元的值 $y=0.2401$

假设图10-20中的输出层神经元的真实标签值 y_{true} 为0.5，但是通过表10-15的前向传播计算过程计算得到的输出层神经元预测标签值 y_{pre} 却为0.2401，两者之间存在较大的差距，因此还需要通过权重更新来调整和学习参数(参数是指图10-21中神经网络的 w_1、w_2、w_3 等权重)，通过调整参数使神经网络模型计算得到的输出神经元预测值能够逼近于真实标签值，训练神经网络模型的过程就是调整和学习参数的过程。

5）权重更新

(1) 损失函数。

权重更新的目的是为了让神经网络输出的预测标签值与数据样本的真实标签值尽可能相近，为了达到这个目的，我们通过损失函数(Loss Function)来衡量神经网络输出的预测标签值与数据样本真实标签值之间的差距，也就是说如果损失函数的值越小，则神经网络输出的预测标签值与数据样本真实标签值之间的差距也就越小。此处以均方误差损失函数(Mean Squared Error)为例，其他常用的损失函数在后面内容会继续介绍。均方误差损失函数公式如式(10-24)所示。

$$L=\frac{1}{n}\sum_{i=1}^{n}(y_{\text{true}}-y_{\text{pre}})^2 \tag{10-24}$$

式中：n——数据样本数量；

y_{true}——数据样本真实标签值；

y_{pre}——神经网络输出的预测标签值。

(2) 误差反向传播算法。

接下来的内容将涉及较多的公式推导，若读者暂时不感兴趣可以先跳过此处的公式推导和计算部分，先学习后面的代码内容，但原理还是需要先了解的。误差反向传播算法是目前应用最广的神经网络权重更新方法之一，以梯度下降法作为更新神经网络权重的优化手段，梯度下降是让梯度中所有偏导函数都下降到最低点的过程。梯度下降法进行神经网络权重更新的计算公式如式(10-25)所示。

$$w_i=w_i-\eta\frac{\partial L}{\partial w_i} \tag{10-25}$$

式中：w_i——神经网络参数；

η——学习率，为一个常数；

L——损失函数；

$\frac{\partial L}{\partial w_i}$——损失函数关于神经网络参数 w_i 的偏导(偏导在高等数学中有涉及)。

根据式(10-25)可知，学习率 η 为常数，若想更新神经网络参数 w_i 就需要求出损失函数关于神经网络参数 w_i 的偏导，求损失函数关于神经网络参数 w_i 的偏导是一个链式求导的过程(需要有高等数学的基础)。以更新参数 w_1 的计算过程为例，假设神经网络结构如图10-21所示，图10-21中的 h_1 和 h_2 表示隐藏层神经元的输出，y_{pre} 表示输出层神经元的输出。

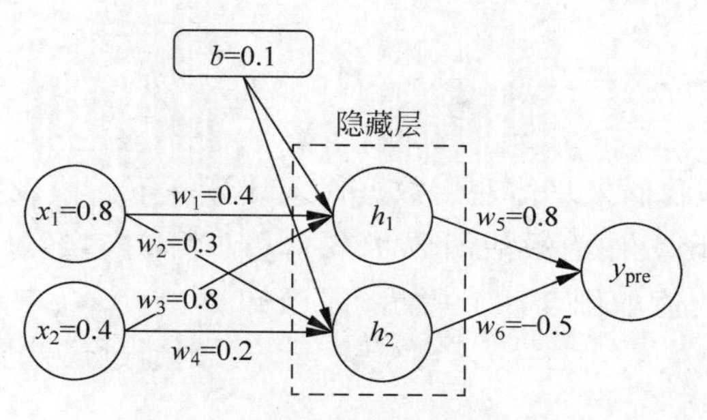

图 10-21　神经网络结构示例

为了方便读者理解，假设激活函数为 $f(x)$，损失函数采用式(10-24)的均方误差损失函数，将数据样本数 n 设为 1，则均方误差损失函数为 $L=(y_{\text{true}}-y_{\text{pre}})^2$，根据高等数学中的链式求导法则，更新参数 w_1 的具体求解步骤如下。

步骤 1：由于均方误差损失函数 $L=(y_{\text{true}}-y_{\text{pre}})^2$ 中包含变量 y_{pre}，y_{pre} 与神经网络中的参数 w_i 有关，因此根据链式求导法则有以下关系：

$$\frac{\partial L}{\partial w_1}=\frac{\partial L}{\partial y_{\text{pre}}}\times\frac{\partial y_{\text{pre}}}{\partial w_1}$$

步骤 2：又因为 $L=(y_{\text{true}}-y_{\text{pre}})^2$，所以可求得

$$\frac{\partial L}{\partial y_{\text{pre}}}=\frac{\partial(y_{\text{true}}-y_{\text{pre}})^2}{\partial y_{\text{pre}}}=-2(y_{\text{true}}-y_{\text{pre}})$$

步骤 3：为了再求出步骤 1 中 y_{pre} 关于 w_1 的偏导，就需要思考 w_1 与图 10-21 中的神经元存在哪些关系，结果发现 w_1 与 h_1、y_{pre} 有以下关系：

$$h_1=f(w_1x_1+w_3x_2+b)$$
$$y_{\text{pre}}=f(w_5h_1+w_6h_2)$$

步骤 4：根据步骤 3 找出的关系和链式求导法则，可以求得 y_{pre} 关于 w_1 的偏导关系如下：

$$\frac{\partial y_{\text{pre}}}{\partial w_1}=\frac{\partial y_{\text{pre}}}{\partial h_1}\times\frac{\partial h_1}{\partial w_1}$$

$$\frac{\partial y_{\text{pre}}}{\partial h_1}=f'(w_5h_1+w_6h_2)\times w_5$$

$$\frac{\partial h_1}{\partial w_1}=f'(w_1x_1+w_3x_2+b)\times x_1$$

步骤 5：综合上述 4 个步骤，可以得出：

$$\begin{aligned}\frac{\partial L}{\partial w_1}&=\frac{\partial L}{\partial y_{\text{pre}}}\times\frac{\partial y_{\text{pre}}}{\partial w_1}\\&=\frac{\partial L}{\partial y_{\text{pre}}}\times\frac{\partial y_{\text{pre}}}{\partial h_1}\times\frac{\partial h_1}{\partial w_1}\\&=-2(y_{\text{true}}-y_{\text{pre}})\times(f'(w_5h_1+w_6h_2)\times w_5)\times(f'(w_1x_1+\\&\quad w_3x_2+b)\times x_1)\end{aligned}$$

$$w_1 = w_1 - \eta \frac{\partial L}{\partial w_1}$$
$$= w_1 - \eta \times (-2(y_{\text{true}} - y_{\text{pre}})) \times (f'(w_5 h_1 + w_6 h_2) \times w_5) \times (f'(w_1 x_1 + w_3 x_2 + b) \times x_1)$$

根据上述5个步骤，我们来具体使用数据代入计算一下。假设数据样本数为1，学习率η为0.1，采用Sigmoid函数作为激活函数$f(x)$，y_{true}为0.5，经过前向传播得到的y_{pre}为0.2401，神经网络各参数值如图10-21所示，即已知$w_1=0.4$、$w_2=0.3$、$w_3=0.8$、$w_4=0.2$、$w_5=0.8$、$w_6=-0.5$、$b=0.1$、$x_1=0.8$、$x_2=0.4$，则通过误差反向传播更新权重w_1的具体计算过程如下：

① Sigmoid激活函数$f(x)=\frac{1}{1+e^{-x}}$，导数$f'(x)=\frac{e^{-x}}{(1+e^{-x})^2}$

② $h_1=f(w_1x_1+w_3x_2+b)=f(0.74)\approx 0.677$

③ $h_2=f(w_2x_1+w_4x_2+b)=f(0.42)\approx 0.603$

④ 损失函数$L=(y_{\text{true}}-y_{\text{pre}})^2$

⑤ $\frac{\partial L}{\partial y_{\text{pre}}}=-2(y_{\text{true}}-y_{\text{pre}})=-2\times(0.5-0.2401)=-0.5198$

⑥ $\frac{\partial y_{\text{pre}}}{\partial h_1}=f'(w_5h_1+w_6h_2)\times w_5=f'(0.2401)\times 0.8\approx 0.197$

⑦ $\frac{\partial h_1}{\partial w_1}=f'(w_1x_1+w_3x_2+b)\times x_1=f'(0.74)\times 0.8\approx 0.175$

⑧ $\frac{\partial L}{\partial w_1}=\frac{\partial L}{\partial y_{\text{pre}}}\times\frac{\partial y_{\text{pre}}}{\partial h_1}\times\frac{\partial h_1}{\partial w_1}=(-0.5198)\times 0.197\times 0.175\approx -0.018$

⑨ $w_1=w_1-\eta\frac{\partial L}{\partial w_1}=0.4-0.1\times(-0.018)=0.4018$

通过上述计算过程，成功地将参数w_1从0.4更新为0.4018。同理，可以对神经网络的其他参数进行更新，参数全部更新完成后误差反向传播过程就完成了，接着把更新后得到的权重重新代入计算并进行反向传播，不停地迭代，进而能够使得神经网络的预测标签值y_{pre}越来越接近于真实标签值y_{true}，损失函数的计算值也会越来越低。

6）常用的损失函数

除了前面介绍的均方误差损失函数外，其他常用的损失函数还有交叉熵损失函数(Cross Entropy Loss Function)、绝对值损失函数(Absolute Loss Function)、0-1损失函数(0-1 Loss Function)等。

(1) 交叉熵损失函数。

交叉熵损失函数公式如式(10-26)所示。

$$L=-\frac{1}{n}\sum[y_{\text{true}}\ln y_{\text{pre}}+(1-y_{\text{true}})\ln(1-y_{\text{pre}})] \tag{10-26}$$

式中：n——数据样本数量；

y_{true}——数据样本真实标签值；

y_{pre}——神经网络输出的预测标签值。

交叉熵损失函数常与Softmax激活函数搭配使用于多分类问题中。

（2）绝对值损失函数。

绝对值损失函数公式如式(10-27)所示。

$$L = | y_{\text{true}} - y_{\text{pre}} | \tag{10-27}$$

式中：y_{true}——数据样本真实标签值；

y_{pre}——神经网络输出的预测标签值。

绝对值损失函数表达的意思为神经网络模型的预测标签值与真实标签值差值的绝对值。

（3）0-1 损失函数。

0-1 损失函数公式如式(10-28)所示。

$$L = \begin{cases} 1, & y_{\text{true}} \neq y_{\text{pre}} \\ 0, & y_{\text{true}} = y_{\text{pre}} \end{cases} \tag{10-28}$$

式中：y_{true}——数据样本真实标签值；

y_{pre}——神经网络输出的预测标签值。

0-1 损失函数表达的意思为当神经网络模型的预测标签值和真实标签值不相等时为 1，否则为 0，因此 0-1 损失函数不会考虑预测标签值和真实标签值的误差程度。

2．PyTorch 简介及安装

1）PyTorch 简介

前面内容介绍的是神经网络的基本原理和训练过程，如果自己使用 Python 进行神经网络的编程实现会过于复杂且耗费大量时间，为了能够快速搭建并训练神经网络，目前主要有 PyTorch、TensorFlow、Keras、Caffe、Theano 等神经网络框架，其中 PyTorch 是一个以 Python 优先的深度学习框架，不仅能够实现强大的 GPU 加速，同时还支持动态神经网络，PyTorch 的代码相对于 TensorFlow 等神经网络框架而言更加简洁直观、易理解，在学术界非常受欢迎。

2）PyTorch 安装

首先进入 PyTorch 的官方网站（https://pytorch.org/），进入下载界面，根据自己计算机的配置选择合适的版本进行下载，选择好合适版本后会自动生成安装命令，如果读者的计算机没有显卡支持 GPU 加速，则在下载界面的 CUDA 选项选择 None，下载界面如图 10-22 所示。

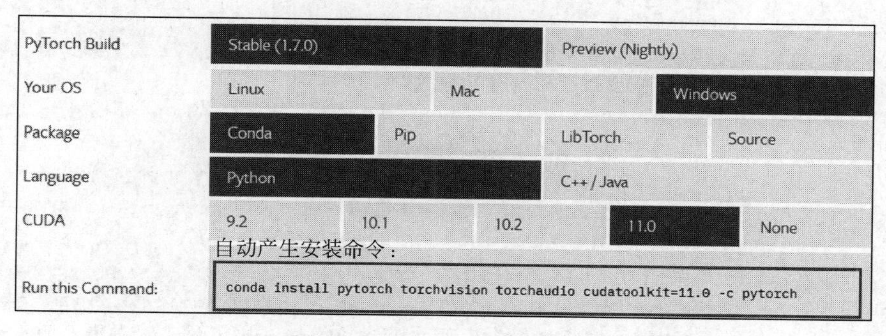

图 10-22　PyTorch 下载界面

接下来打开 2.2.1 节介绍的 Anaconda Prompt 应用程序，在 Anaconda Prompt 应用程序的命令行窗口输入选择好合适版本后自动生成的安装命令即可，示例安装命令如下：

```
conda install pytorch torchvision torchaudio cudatoolkit = 11.0  - c pytorch
```

安装完毕后进入 Python 环境，使用 import 语句检查 PyTorch 神经网络框架库是否成功安装，示例代码如下：

```
import torch
```

倘若上述导入 PyTorch 库的语句运行之后不报错，则说明 PyTorch 库安装成功。

3. PyTorch 搭建神经网络

PyTorch 库中有非常丰富的知识内容和技巧，如果展开介绍可能又需要单独一章的内容，为了让读者能够快速入门 PyTorch，本节不会对 PyTorch 的内容进行详细介绍，将直接通过代码结合注释的形式带领读者快速掌握使用 PyTorch 搭建神经网络的技巧。

本节需要搭建的神经网络结构如图 10-23 所示，输入层包括 4 个神经元，输出层包括 2 个神经元，两个隐藏层均包括 3 个神经元。

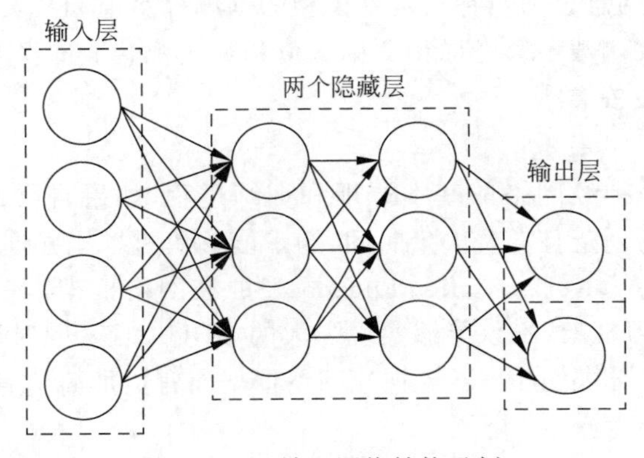

图 10-23　神经网络结构示例

PyTorch 搭建图 10-23 所示的神经网络结构需要采用面向对象的编程方式进行，示例代码如下：

```
//Chapter10/10.2.4_test19.py
输入: from torch import nn    # 导入 torch 中的 nn 模块, torch.nn 是专门为神经网络设计的模块化接口
      # 下面采用面向对象的编程方式搭建神经网络
      class Net(nn.Module):                          # 定义 Net 类, 继承 nn.Module 模块
          # nn.model 是所有网络层的父类, 如果要实现其他网络层, 需要继承该类
          def __init__(self, nInput, nHidden, nOutput):          # 初始化神经网络
          # nInput 指输出层神经元数量, nHidden 指隐藏层神经元数量, nOutput 指输出层神经元数量
              super(Net, self).__init__()            # 调用父类的初始化方法
              self.hidden1 = nn.Linear(nInput, nHidden)   # 定义输入层与第 1 个隐藏层的连接
              self.relu1 = nn.ReLU(inplace = True)    # 第 1 个隐藏层的神经元采用 ReLU 作为激活函数
              self.hidden2 = nn.Linear(nHidden, nHidden)     # 定义第 1 个隐藏层与第 2 个隐藏
                                                             # 层的连接
              self.relu2 = nn.ReLU(inplace = True)     # 第 2 个隐藏层的神经元采用 ReLU 作为
                                                       # 激活函数
```

```
        self.pre = nn.Linear(nHidden,nOutput)       #定义第 2 个隐藏层与输出层的连接
    def forward(self,x):                            #定义前向传播 forward 函数
        output = self.hidden1(x)                    #经过第 1 个隐藏层的输出为 output
        output = self.relu1(output)                 #对第 1 个隐藏层的输出进行 ReLU 函数激活
        output = self.hidden2(output)               #经过第 2 个隐藏层的输出为 output
        output = self.relu2(output)                 #对第 2 个隐藏层的输出进行 ReLU 函数激活
        output = self.pre(output)                   #获取输出层的输出
        return output                               #返回最终输出结果
net = Net(4,3,2)                                    #实例化神经网络 Net 类
print("本网络的输入层有 4 个神经元,输出层有 2 个神经元,两个隐藏层均有 3 个神经元\n",net)

输出：本网络的输入层有 4 个神经元,输出层有 2 个神经元,两个隐藏层均有 3 个神经元
    Net((hidden1): Linear(in_features = 4, out_features = 3, bias = True)
    (relu1): relu(inplace)
    (hidden2): Linear(in_features = 3, out_features = 3, bias = True)
    (relu2): relu(inplace)
    (predict): Linear(in_features = 3, out_features = 2, bias = True))
```

由上述代码可以发现,使用 PyTorch 搭建神经网络就像搭积木一样,一个网络层一个网络层地搭建即可。

4. PyTorch 的张量和自动求导机制

1）PyTorch 的张量

(1) PyTorch 张量的创建。

NumPy 中的数据结构为数组对象,Pandas 中的数据结构为 Series 和 DataFrame 对象,PyTorch 中的数据结构则为张量(Tensor)。PyTorch 张量与 NumPy 中的数组对象类似,能够表示一维或多维矩阵,但 PyTorch 中的张量能够在 GPU 上运行,运算速度大大快于数组对象。创建 PyTorch 张量示例代码如下：

```
//Chapter10/10.2.4_test20.py
输入：import torch
    a = torch.Tensor([2])               #默认为 float 类型,张量中的数据为数字 2
    b = torch.FloatTensor([3,4])        #数据为 float 类型,张量中的数据为数字 3 和 4
    c = torch.LongTensor([5])           #数据为 long 类型,张量中的数据为数字 5
    print("张量 a: ",a)
    print("张量 b: ",b)
    print("张量 c: ",c)

输出：张量 a: tensor([2.])
    张量 b: tensor([3., 4.])
    张量 c: tensor([5])
```

(2) PyTorch 张量与 NumPy 数组对象的相互转换。

PyTorch 张量与 NumPy 数组对象的相互转换的示例代码如下：

```
//Chapter10/10.2.4_test21.py
输入：import numpy as np
    import torch
```

```
        ndarray = np.array([1,2,3,4,5])           #创建 NumPy 数组对象 ndarray
        tensor = torch.from_numpy(ndarray)        #将 NumPy 数组对象 ndarray 转换成 PyTorch 张量
        newNdarray = tensor.numpy()          #将 PyTorch 张量再转换为 NumPy 数组对象 ndarray
        print("NumPy 数组对象：",ndarray,type(ndarray))
        print("NumPy 数组对象转换成 Tensor：",tensor)
        print("Tensor 再转换成 NumPy 数组对象：",newNdarray,type(newNdarray))

输出：NumPy 数组对象：[1 2 3 4 5] <class 'numpy.ndarray'>
      NumPy 数组对象转换成 Tensor: tensor([1, 2, 3, 4, 5], dtype = torch.int32)
      Tensor 再转换成 NumPy 数组对象：[1 2 3 4 5] <class 'numpy.ndarray'>
```

2）PyTorch 的自动求导机制

我们知道神经网络的权重更新过程中涉及大量的梯度求导，计算这些梯度是非常烦琐且复杂的过程，为了简化这些梯度求导计算过程，PyTorch 提供自动求导机制，示例代码如下：

```
//Chapter10/10.2.4_test22.py
输入：import torch
      from torch.autograd import Variable
      x = Variable(torch.FloatTensor([2]),requires_grad = True)
      #Variable 类型也是 PyTorch 中的一种数据结构，与张量 Tensor 没有太大区别
      #但是 Variable 类型多了 3 个属性，分别是"data"、"grad"、"grad_fn"
      #"data"表示访问 Variable 中的 Tensor,"grad"表示导数值,"grad_fn"表示获取梯度的方式
      y = (x + 6) ** 2 + 5                #函数表达式
      y.backward()                        #对函数 y 自动求导
      print(x.grad)              #以 Tensor 形式输出，将 x = 2 代入 y 的导函数 2(x + 6)的结果 16
      print(x.grad.item())                #以数值形式输出结果 16

输出：tensor([16.])
      16.0
```

5. 基于 PyTorch 搭建并训练简单的二分类网络

基于 PyTorch 搭建并训练简单二分类网络的示例代码如下：

```
//Chapter10/10.2.4_test23.py
输入：import torch
      from torch import nn
      import torch.nn.functional as F
      import numpy as np
      import pandas as pd
      #步骤 1：获取数据
      dict = {"x1":[20,77,58,14,49,26,33,81,76,99,50,9],
              "x2":[15,88,64,25,81,10,19,41,88,47,20,7],
              "y1":[0,1,1,0,1,0,0,1,1,1,0,0],
              "y2":[1,0,0,1,0,1,1,0,0,0,1,1]}
      df = pd.DataFrame(data = dict)
      X = df[["x1","x2"]]                          #数据样本的特征
      #由于数据样本具有 2 个特征 x1 和 x2，因此后续神经网络的输入层需要定义 2 个神经元
```

```
y = df[["y1","y2"]]             #数据样本标签,10 和 01 代表不同的两个类别
#本例为二分类问题,因此后续神经网络的输出层需要定义 2 个神经元
X = torch.from_numpy(np.array(X,dtype = "float32"))     #将 NumPy 数组转换成 Tensor
y = torch.from_numpy(np.array(y,dtype = "float32"))     #将 NumPy 数组转换成 Tensor
#步骤 2: 定义网络
class Net(nn.Module):
    def __init__(self,nInput,nHidden,nOutput):
        super(Net, self).__init__()
        self.hidden1 = nn.Linear(nInput,nHidden)        #隐藏层 1
        self.relu1 = nn.ReLU()                          #ReLU 激活函数
        self.hidden2 = nn.Linear(nHidden,nHidden)       #隐藏层 2
        self.relu2 = nn.ReLU()                          #ReLU 激活函数
        self.pre = nn.Linear(nHidden,nOutput)
    def forward(self,x):
        out = self.hidden1(x)
        out = self.relu1(out)
        out = self.hidden2(out)
        out = self.relu2(out)
        out = self.pre(out)
        return F.sigmoid(out)
net = Net(2,20,2)                                       #实例化神经网络
#本网络输入层包含 2 个神经元,输出层包含 2 个神经元,外加两个隐藏层,分别有 20 个神经元
#步骤 3: 定义优化器和损失函数
optimizer = torch.optim.SGD(net.parameters(),lr = 0.01)    #net.parameters()表示神经网络
                                                        #参数
#SGD 表示随机梯度下降法,是求解损失函数最小的一种优化方法,lr 表示学习率
loss = F.mse_loss               #将损失函数定义为均方误差损失函数
#当然损失函数也可以自己根据损失函数的计算公式进行定义
#步骤 4: 循环训练
epoch = 10000                                           #训练的次数
for i in range(epoch):
    yPre = net(X)                                       #前向传播
    lossValue = loss(yPre,y)                            #计算损失函数值
    optimizer.zero_grad()                     #参数梯度归零,这一步不可省略
    lossValue.backward()                                #反向传播
    optimizer.step()                                    #更新参数
    if (i + 1) % 1000 == 0:
        print(f"第{i + 1}次训练得到损失函数值: {lossValue}")
#步骤 5: 模型效果查看
#由于本例只是为了让读者熟悉训练神经网络的流程,没有训练集和测试集之分
#因此不妨直接看模型的预测效果,但在实际业务中不能这样对比预测标签值和真实标签值
yPre = net(X)                                           #获取预测标签值
yPre = torch.argmax(yPre.data,dim = 1)          #将预测的标签值转换成对应的类别
'''上行代码会按行返回 yPre 里数据最大值对应的索引,在代码中我们以索引来标识类别
假设神经网络的输出 yPre 为[[0.2,0.7],[0.8, 0.1]],
由于[0.2,0.7]的概率 0.7 大于 0.2,则返回 0.7 对应的索引 1;又由于[0.8, 0.1]的概率 0.8
大于 0.1,则会返回 0.8 对应的索引 0;torch.argmax(yPre.data,dim = 1)最终会按行返回 0.7
和 0.8 对应的索引 1 和 0,即[1,0],这种方式易于进行准确率计算等'''
y = torch.argmax(y.data,dim = 1)                #将真实标签值转换成对应的类别
```

```
    print("预测值的类为\n",yPre)
    print("真实值的类为\n",y)
    print("其中 1 对应的其实是 y1 = 0,y2 = 1 的类别情况")
    print("其中 0 对应的其实是 y1 = 1,y2 = 0 的类别情况")

输出：第 1000 次训练得到损失函数值：0.09638939797878265
    第 2000 次训练得到损失函数值：0.0333219505846500 4
    第 3000 次训练得到损失函数值：0.008747638203203678
    第 4000 次训练得到损失函数值：0.004656918346881866 5
    第 5000 次训练得到损失函数值：0.0029414889868348837
    第 6000 次训练得到损失函数值：0.002057743724435568
    第 7000 次训练得到损失函数值：0.0015412769280374 05
    第 8000 次训练得到损失函数值：0.0012114886194467545
    第 9000 次训练得到损失函数值：0.0009861215949058533
    第 10000 次训练得到损失函数值：0.0008247405057772994
    预测值的类为
    tensor([1, 0, 0, 1, 0, 1, 1, 0, 0, 0, 1, 1])
    真实值的类为
    tensor([1, 0, 0, 1, 0, 1, 1, 0, 0, 0, 1, 1])
    其中 1 对应的其实是 y1 = 0,y2 = 1 的类别情况
    其中 0 对应的其实是 y1 = 1,y2 = 0 的类别情况
```

由上述代码输出的损失函数在迭代过程中函数值的变化可以发现，损失函数值在不断地减小，也就意味着神经网络模型的预测标签值与数据样本真实标签值越来越接近。

6. 基于 PyTorch 搭建并训练多分类神经网络

下面是基于 PyTorch 搭建并训练多分类神经网络的例题，其实下面的例题要求与 10.2.3 节的例 10-6 基本是一样的。

【例 10-7】 本题以 10.2.3 节 K-NN 算法介绍过的例 10-6 中的心理学上关于家庭类型及其分类依据的 3 分类数据集 psychologicalData.xlsx 为例，使用 PyTorch 搭建神经网络实现 3 分类任务。假设 psychologicalData.xlsx 文件存放在 D 盘下，psychologicalData.xlsx 的前 15 条数据如图 10-24 所示。注：本例的数据为作者编制，不具有真实性，仅供读者练习使用。

陪伴指数	情感温度指数	保护指数	家庭和谐指数	家庭类型
77.7	69.4	82.9	75	C类家庭
80.4	76	79.9	71.4	C类家庭
82.2	71.6	82.9	60.6	C类家庭
69.6	78.2	28.9	13.8	A类家庭
71.4	93.6	28.9	17.4	A类家庭
87.6	78.2	82.9	89.4	C类家庭
75.9	65	64.9	46.2	B类家庭
72.3	84.8	27.4	13.8	A类家庭
83.1	80.4	73.9	60.6	B类家庭
84	76	84.4	78.6	C类家庭
75	62.8	61.9	42.6	B类家庭
74.1	84.8	28.9	21	A类家庭
66	60.6	25.9	17.4	A类家庭
87.6	78.2	79.9	60.6	B类家庭
77.7	69.4	64.9	49.8	B类家庭

图 10-24 psychologicalData.xlsx 文件内容中的前 15 条数据

分析：本例需要搭建神经网络来完成 3 分类任务，首先观察数据会发现，第 5 列数据样本标签为字符串类型，无法进行数学计算，因此需要先将第 5 列数据转换成数字标签（如用

0代表A类家庭,用1代表B类家庭,用2代表C类家庭,本例题的示例代码采用这种方式)或采用9.8.6节所介绍的独热码进行编码(如将A类家庭、B类家庭、C类家庭分别编码为100、010、001)。由于本例为3分类问题,数据样本有4个特征,因此神经网络的输入层神经元应该有4个,输出层神经元应该有3个,不妨设置两层隐藏层,每层隐藏层分别有20个神经元。值得注意的是,本例选择交叉熵损失函数作为损失函数,在PyTorch中使用交叉熵损失函数时,该函数会自动地将类别标签转换成独热码,不需要我们提前将数据转换成独热码代入计算,如果提前将数据转换成独热码,则程序反而可能会报错。

示例代码如下:

```
//Chapter10/10.2.4_test24/10.2.4_test24.py
输入: import pandas as pd
      import numpy as np
      from sklearn.model_selection import train_test_split
      import torch
      from torch import nn
      import torch.nn.functional as F
      #步骤1:整理数据
      df = pd.read_excel("D:\psychologicalData.xlsx")
      for i in df.columns[0:4]:        #归一化数据,若读者有遗忘则可参考9.8.3节
          df[i] = (df[i] - df[i].min())/(df[i].max() - df[i].min())
      X = df[df.columns[0:4]]          #数据样本特征
      y = df[df.columns[4]]            #数据样本标签
      for i in range(len(y)):          #将数据样本的字符串标签转换成数字标签,进行标签编码
          if y.iloc[i] == 'A类家庭':   #将类别"A类家庭"转换成类别0
              y.iloc[i] = 0
          elif y.iloc[i] == 'B类家庭':        #将类别"B类家庭"转换成类别1
              y.iloc[i] = 1
          else:
              y.iloc[i] = 2                   #将类别"C类家庭"转换成类别2
      #上述循环语句标签编码的代码实现也可以使用9.8.6节中介绍的factorize()函数
      #使用留出法按8:2的比例划分训练集和测试集
      xTrain, xTest, yTrain, yTest = train_test_split(X, y, test_size = 0.2, random_state = 0)
      #步骤2:使用DataLoader()加载数据
      xTrain = torch.from_numpy(np.array(xTrain, dtype = "float32"))   #将训练集数据特征转
                                                                       #换成Tensor
      yTrain = torch.from_numpy(np.array(yTrain, dtype = "float32"))   #将训练集数据标签转
                                                                       #换成Tensor
      xTest = torch.from_numpy(np.array(xTest, dtype = "float32"))     #将测试集数据特征转
                                                                       #换成Tensor
      yTest = torch.from_numpy(np.array(yTest, dtype = "float32"))     #将测试集数据标签转
                                                                       #换成Tensor
      #步骤3:定义神经网络
      class Net(nn.Module):
          def __init__(self, nInput, nHidden, nOutput):
              super(Net, self).__init__()
              self.hidden = nn.Linear(nInput, nHidden)                 #隐藏层1
              self.relu = nn.ReLU()                                    #激活函数ReLU
              self.pre = nn.Linear(nHidden, nOutput)                   #输出层
```

```
    def forward(self,x):
        out = self.hidden(x)
        out = self.relu(out)
        out = self.pre(out)
        return F.log_Softmax(out)
        #log_Softmax()函数表示在 Softmax()函数基础上再做 log 计算
net = Net(4,20,3)                                    #实例化神经网络
#本网络输入层包含 4 个神经元,输出层包含 3 个神经元,外加两个隐藏层,分别有 20 个神经元
#步骤 4: 定义优化器和损失函数
optimizer = torch.optim.SGD(params = net.parameters(),lr = 0.1)      #定义优化器
#常用的优化器除了 SGD,还有自适应矩估计优化器 torch.optim.Adam()等
crossLoss = nn.CrossEntropyLoss()                    #多分类任务采用交叉熵损失函数
#交叉熵损失函数会自动将数字标签类别 0、1、2 转换成独热码处理
#步骤 5: 循环训练
epoch = 20000
for i in range(epoch):
    yPre = net(xTrain)                               #前向传播
    loss = crossLoss(yPre,yTrain.long())             #计算损失函数
    optimizer.zero_grad()                            #参数梯度归零
    loss.backward()                                  #loss 反向传播
    optimizer.step()                                 #更新参数
    if (i + 1) % 2000 == 0:
        print(f"第{i + 1}次训练的损失函数值:{loss}")
#步骤 6: 在测试集上进行模型评价
print("-" * 20)      #打印 20 个"-",本行代码只是为了分隔显示结果,没有其他实际意义
yPre = net(xTest)                                    #获取模型在测试集上的预测值
yPre = torch.argmax(yPre.data,dim = 1).Numpy()     #将预测值的 3 个概率转换成对应的类
'''上行代码会按行返回最大值对应的索引,假设 yPre 为[[0.8,0.2,0.1],[0.2,0.7,0.1],
[0.4,0.2,0.9]...]
则上行代码按行返回最大值 0.8、0.7、0.9 对应的索引 0、1、2
索引 0、1、2 分别对应相应的类别'''
yTest = yTest.long().numpy()                         #真实标签转换成对应的类别
acc = sum(yPre == yTest)/len(yPre)                   #计算准确率
print("在测试集上将预测标签值转换成对应的类别:\n",yPre)
print("在测试集上将真实标签转换成对应的类别:\n",yTest)
print("在测试集上的准确率为",acc)
print(f"测试集共有{len(yPre)}个样本,神经网络模型错误了{sum(yPre!= yTest)}个")
```

```
输出: 第 2000 次训练的损失函数值: 0.0964716300368309
      第 4000 次训练的损失函数值: 0.06003491207957268
      第 6000 次训练的损失函数值: 0.0510411411523819
      第 8000 次训练的损失函数值: 0.04770543798804283
      第 10000 次训练的损失函数值: 0.04527370461821556
      第 12000 次训练的损失函数值: 0.044588962733745575
      第 14000 次训练的损失函数值: 0.04423179307579994
      第 16000 次训练的损失函数值: 0.04403970220685005
      第 18000 次训练的损失函数值: 0.043635356825590134
      第 20000 次训练的损失函数值: 0.043574634593725204
      --------------------
```

```
在测试集上将预测标签值转换成对应的类别:
[1 2 0 0 0 2 1 2 2 0 1 1 0 0 2 1 0 2 0 0 0 1 1 1 2 0 2 2 2 0]
在测试集上将真实标签转换成对应的类别:
[1 2 0 0 0 2 1 2 2 0 1 1 0 0 1 1 0 2 0 0 0 1 1 1 2 0 2 2 2 0]
在测试集上的准确率为 0.9666666666666667
测试集共有 30 个样本,神经网络模型错误了 1 个
```

由上述代码结果可知,神经网络模型在测试集 30 个标签数据类别的预测中只错误了 1 个,这样的结果是完全能够被接受的。至于为什么神经网络模型没能将 30 个标签数据类别都预测准确,原因其实有很多,如神经网络结构不合适、数据集样本数量太少、数据样本特征不明显、可能存在异常点需要进一步对数据预处理等,读者可以自行尝试着从这些原因出发进行实验,这对读者的工程能力会有很大帮助。

由于本例提供的数据集数据样本数只有 150 条,在更大规模的数据样本类别分类任务中,神经网络模型其实还能够展示更强大的性能,搭建神经网络和训练的方法(在后面内容还会介绍一种批量训练神经网络的方法)与本例是一样的。

7. PyTorch 批量训练神经网络的方法并将其用于回归任务

前面内容介绍的 PyTorch 训练神经网络的方法都是将数据集中的数据一条一条地放入神经网络中进行训练,如果数据规模很大,则一条一条地进行神经网络模型的训练非常耗时且占用资源,因此在 PyTorch 中还提供了批量训练神经网络的方法,一次性能够同时将多条数据放入神经网络中进行训练。

在 PyTorch 中批量训练神经网络需要使用 torch. utils. data 包中的 TensorDataset()函数,该函数能够将数据样本特征和标签打包成数据集,再使用 torch. utils. data 包中的 DataLoader()函数将打包好的数据集进行加载,加载过程中可以通过参数 batch_size 设置一次性训练数据的条数。

下面用一道回归任务例题来展示 PyTorch 批量训练神经网络的方法。

【例 10-8】 本题以 10.2.1 节线性回归算法介绍过的例 10-3 中的电影行业关于电影评分及其影响因素的数据集 LinearData. xlsx 为例,使用 PyTorch 搭建神经网络实现回归任务。假设 LinearData. xlsx 文件存放在 D 盘下,LinearData. xlsx 的前 15 条数据如图 10-25 所示。注:本例提供的数据为作者编制,不具有真实性,仅供读者练习使用。

电影预热指标	电影价格	电影时长	电影票房	电影评分
5.06	34	137	97887085	4.6
9.05	31	134	20281373	4
8.56	34	95	125393307	5.6
8.5	35	141	54401655	5.4
6.96	35	116	246576579	7.8
4.6	29	142	154278817	4.6
7.59	36	137	199028298	7.8
6.81	29	96	244226311	6.2
9.5	36	112	61408822	5.5
4.9	29	143	45686919	2.7
7.12	33	109	244005660	7.3
5.49	29	113	1734921	1.6
3.7	28	102	162930096	3.5
5.18	34	98	22735892	2.6
8.36	29	114	103586065	4.5

图 10-25 电影评分及其影响因素数据集的前 15 条数据

分析：本例需要搭建神经网络来完成回归任务，首先观察数据可以发现，数据样本特征之间的取值范围差距很大，因此需要先使用 9.8.3 节介绍的归一化方法进行处理，接着将数据集划分成训练集和测试集，由于 PyTorch 中支持的数据结构为张量，因此还需要将数据类型转换为 PyTorch 支持的张量，然后导入 torch. utils. data 包中的 TensorDataset()和 DataLoader()函数对数据进行打包和加载，最后搭建神经网络进行批量数据的训练并在测试集上进行模型的评价。

示例代码如下：

```
//Chapter10/10.2.4_test25.py
输入：import pandas as pd
      from sklearn.model_selection import train_test_split
      from torch.utils.data import TensorDataset,DataLoader
      import torch
      import numpy as np
      from torch import nn
      from sklearn import metrics
      #步骤 1:获取数据并加载成 DataLoader
      df = pd.read_excel("D:\LinearData.xlsx")              #读取数据
      for i in df.columns[0:4]:                              #归一化数据,可参考 9.8.3 节
          df[i] = (df[i] - df[i].min())/(df[i].max() - df[i].min())
      X = df[["电影预热指标","电影价格","电影时长","电影票房"]]     #获取数据样本特征
      y = df["电影评分"]                                      #获取数据样本标签(真实值)
      xTrain, xTest, yTrain, yTest = train_test_split(X, y, test_size = 0.2, random_state = 1)
      #留出法
      #xTrain 为训练集样本特征,yTrain 为训练集样本标签
      #xTest 为测试集样本特征,yTest 为测试集样本标签(真实值)
      xTrain = torch.from_numpy(np.array(xTrain, dtype = "float32"))   #把数据转换成 PyTorch
                                                                        #支持的 Tensor
      yTrain = torch.from_numpy(np.array(yTrain, dtype = "float32"))
      xTest = torch.from_numpy(np.array(xTest, dtype = "float32"))
      #注意,yTest 在此处并没有被转换成 Tensor
      trainDataSet = TensorDataset(xTrain, yTrain)          #将数据样本特征、标签封装成数据集
      trainLoader = DataLoader(dataset = trainDataSet, batch_size = 128, shuffle = True)
      #加载数据集
      #batch_size = 128 表示每批次训练 128 条数据
      #步骤 2: 定义神经网络
      class Net(nn.Module):
          def __init__(self, nInput, nHidden, nOutput):
              super(Net, self).__init__()
              self.fc1 = nn.Linear(nInput, nHidden)
              self.relu = nn.ReLU()
              self.fc2 = nn.Linear(nHidden, nOutput)
          def forward(self, input):
              out = self.fc1(input)
              out = self.relu(out)
              out = self.fc2(out)
              return out
      net = Net(4,30,1)                                       #实例化神经网络
```

```
#本网络结构输入层包含4个神经元,输出层包含1个神经元,一层隐藏层包含30个神经元
#步骤3: 定义优化器和损失函数
optimizer = torch.optim.Adam(params = net.parameters(),lr = 0.1)    #定义优化器
mseLoss = nn.MSELoss()                                              #定义损失函数
#步骤4: 循环训练
epoch = 1500
for i in range(epoch):
    for xTrain,yTrain in trainLoader:
        #trainLoader是封装好的训练集
        #xTrain、yTrain分别表示训练集数据样本特征、训练集数据样本标签
        yPre = net(xTrain)                       #前向传播
        yPre = torch.squeeze(yPre,dim = 1)       #保证yPre与yTrain维度统一
        #上行代码用于保证维度相同,yPre维度为二维[128,1],yTrain为一维[128]
        loss = mseLoss(yPre,yTrain)              #计算损失函数
        optimizer.zero_grad()                    #参数梯度归零
        loss.backward()                          #反向传播
        optimizer.step()                         #更新参数
#步骤5: 在测试集上进行模型评价
yPre = net(xTest)                                #在测试集上进行预测
#注意xTest在代码开头被转换成了PyTorch支持的Tensor类型
yPre = yPre.detach().numpy()                     #转换成NumPy数组对象
#yPre为PyTorch支持的Tensor张量,在后续skleran库中计算需要转换成NumPy数组对象
MSE = metrics.mean_squared_error(yTest, yPre)    #均方误差评价
#scikit-learn库中的metrics.mean_squared_error()函数,读者若有遗忘则可以参考
#10.2.1节
print("均方误差:", MSE)
#步骤6: 测试集真实标签与测试集预测值标签对比(此步骤仅为了让读者看到模型效果,
#是非必需的)
print("-"*20,"测试集真实标签与测试集预测值标签前5行结果对比","-"*6)
#上行代码仅为了使输出结果美观,没有其他实际意义
df2 = pd.DataFrame()                             #定义一个空的DataFrame对象
df2["测试集电影评分真实值"] = yTest[0:5]          #选择测试集真实标签的前5行数据
df2["测试集模型预测的电影评分"] = yPre[0:5]       #选择模型预测值的前5行数据
print(df2)

输出: 均方误差: 0.003634321651261851
      --------------测试集真实标签与测试集预测值标签前5行结果对比------------
      测试集上前5个真实标签与测试集上模型的预测值对比:
          测试集电影评分真实值 测试集模型预测的电影评分
      304        5.1        5.106764
      340        5.3        5.311840
      47         6.4        6.389247
      67         5.0        5.026415
      479        4.0        4.033741
```

8. PyTorch中防止过拟合的常用方法

如果模型在训练集上的误差很小,却在测试集上进行测试时模型的误差突然增大,这时模型可能出现了过拟合现象,PyTorch中防止过拟合的常用方法有DropOut和正则化。

1）DropOut

DropOut 的主要原理是在每一次的训练过程中按一定的概率让神经元不工作，不工作的神经元参数将不会得到更新，这样的机制可以减少神经网络模型对局部特征的依赖。

在 PyTorch 中为神经网络模型添加 DropOut 只需调用 nn 模块中的 DropOut()函数，示例代码如下：

```
//Chapter10/10.2.4_test26.py
输入：from torch import nn
      class Net(nn.Module):
          def __init__(self,nInput,nHidden,nOutput):
              super(Net,self).__init__()
              self.hidden = nn.Linear(nInput,nHidden)
              self.drop = nn.DropOut(0.8)                #以 0.8 的概率让神经元不工作
              self.relu = nn.ReLU()
              self.pre = nn.Linear(nHidden,nOutput)
          def forward(self,x):
              output = self.hidden(x)
              output = self.drop(output)
              output = self.relu(output)
              output = self.pre(output)
              return output
      net = Net(4,3,2)
      print(net)

输出：Net((hidden): Linear(in_features = 4, out_features = 3, bias = True)
          (drop): DropOut(p = 0.8)
          (relu): ReLU()
          (pre): Linear(in_features = 3, out_features = 2, bias = True))
```

2）正则化

正则化是对模型的权重参数进行惩罚，L2 范数较为常用，PyTorch 实现正则化 L2 范数只需对优化器中的参数 weight_decay 进行设置，示例代码如下：

```
//Chapter10/10.2.4_test27.py
输入：from torch import nn
      import torch
      class Net(nn.Module):
          def __init__(self,nInput,nHidden,nOutput):
              super(Net,self).__init__()
              self.hidden = nn.Linear(nInput,nHidden)
              self.relu = nn.ReLU()
              self.pre = nn.Linear(nHidden,nOutput)
          def forward(self,x):
              output = self.hidden(x)
              output = self.relu(output)
              output = self.pre(output)
              return output
```

```
net = Net(4,3,2)
optimizer = torch.optim.SGD(params = net.parameters(),lr = 0.1,weight_decay = 0.01)
```

9. PyTorch 神经网络模型的保存和加载

当神经网络模型被训练好后，如果在下一次还需要使用该训练好的神经网络模型，就需要先对神经网络模型进行保存，在下次需要使用时再对保存好的神经网络模型进行加载即可，这样一来就能避免重新训练模型。

PyTorch 中神经网络模型的保存和加载主要有两种方式，第一种，仅对模型参数进行保存和加载；第二种，对整个模型进行保存和加载。

1）仅对模型参数进行保存和加载

神经网络模型训练好后，如果仅对模型参数进行保存是一种高效且节省存储空间的方法，值得注意的是，在加载时由于只保存了模型参数，因此需要在代码中先新建好原神经网络模型的结构，这样才能成功将参数加载进建立好的神经网络模型中，示例代码如下：

```
//Chapter10/10.2.4_test28/10.2.4_test28.py
输入：from torch import nn
      import torch
      #步骤 1：定义神经网络结构
      class Net(nn.Module):
          def __init__(self,nInput,nHidden,nOutput):
              super(Net,self).__init__()
              self.hidden = nn.Linear(nInput,nHidden)
              self.relu = nn.ReLU()
              self.pre = nn.Linear(nHidden,nOutput)
          def forward(self,x):
              output = self.hidden(x)
              output = self.relu(output)
              output = self.pre(output)
              return output
      net = Net(4,3,2)                                          #实例化神经网络
      #步骤 2：训练神经网络，此步骤的代码省略
      #步骤 3：保存训练好的神经网络参数
      torch.save(net.state_dict(),"netParams.pkl")              #保存神经网络模型参数
      #netParams.pkl 为保存后神经网络模型的名称，默认保存在当前 Python 文件所在目录中
      #当然，读者也可以指定神经网络模型保存的路径，如传入"D:\\netParams.pkl"
      #步骤 4：保存好神经网络模型参数后进行加载
      net.load_state_dict(torch.load("netParams.pkl"))          #加载神经网络模型参数
      #注意如果只保存了神经网络模型参数，加载时需要先在代码中构建具有相同网络结构的神
      #经网络
      #加载完成后新神经网络就具有与原神经网络相同的功能了
```

2）对整个模型进行保存和加载

如果对整个神经网络模型进行保存，则会占用较大的存储空间，运行效率不如仅保存神经网络模型参数的方法。PyTorch 中对整个神经网络模型进行保存和加载的示例代码如下：

```
//Chapter10/10.2.4_test29/10.2.4_test29.py
输入: from torch import nn
      import torch
      # 步骤 1: 定义神经网络结构
      class Net(nn.Module):
          def __init__(self,nInput,nHidden,nOutput):
              super(Net,self).__init__()
              self.hidden = nn.Linear(nInput,nHidden)
              self.relu = nn.ReLU()
              self.pre = nn.Linear(nHidden,nOutput)
          def forward(self,x):
              output = self.hidden(x)
              output = self.relu(output)
              output = self.pre(output)
              return output
      net = Net(4,3,2)
      # 步骤 2: 训练神经网络,此步骤的代码省略
      # 步骤 3: 保存训练好的神经网络模型
      torch.save(net, "net.pkl")                    # 保存整个神经网络模型
      # 步骤 4: 保存好神经网络模型后可以进行加载
      newNet = torch.load('net.pkl')                # 加载整个神经网络模型
      print(newNet)                                 # 查看加载后的神经网络模型

输出: Net((hidden): Linear(in_features = 4, out_features = 3, bias = True)
          (relu): ReLU()
          (pre): Linear(in_features = 3, out_features = 2, bias = True))
```

10. 神经网络的简单拓展阅读

本节介绍的只是最基本的神经网络概念和 PyTorch 搭建神经网络的方法,由于本书篇幅有限,无法对神经网络的其他丰富有趣的内容进行一一介绍。神经网络是目前学术研究的热点,若读者感兴趣或有更深层次的应用需求可以查找阅读相关的前沿文献和图书资料。

除了本节介绍的最基本的神经网络外,神经网络家族中还包括卷积神经网络、循环神经网络、生成式对抗网络等众多分支。卷积神经网络(Convolutional Neural Networks, CNN)是通过仿造生物的视知觉机制来构建的,已经被成功应用于图像检测、分类、分割、物体识别等各个领域。循环神经网络(Recurrent Neural Network, RNN)具有记忆性,能够很好地学习序列的非线性特征,在语音识别、问答系统、机器翻译、时间序列处理等领域有着广泛应用。生成式对抗网络(Generative Adversarial Networks, GAN)通过生成模型和判别模型的相互博弈来学习并产生更好的输出,被广泛应用于图像风格迁移、图像修复、图像生成等领域。

10.2.5 线性判别分析

本节内容将介绍线性判别分析(Linear Discriminant Analysis,LDA)的算法原理、具体实现和公式推导。

1. 算法原理

1) 为什么要做线性判别分析

线性判别分析是一种有监督的分类方法,也可以用来给数据进行降维,但其主要还是应

用于分类任务，降维的作用是为了更好地完成分类任务。当数据维数偏多，而数据量较少时，很有可能产生过拟合的情况，因此为了更好地分类，应该对数据进行降维处理。10.3.2节将介绍的无监督PCA算法也是用于数据降维的方法，但线性判别分析的每个样本都有类别标签。

假设给定数据集 $D=\{(x_1,y_1),(x_2,y_2),(x_3,y_3),\cdots,(x_n,y_n)\}$，一共 n 个数据，其中每个数据的组织形式如下：$x_i=(x_{i1},x_{i2},x_{i3},\cdots,x_{id})$，即每个数据 x_i 都有 d 个属性特征，y_i 为数据样本标签。假如需要区别蘑菇是否有毒这样一个简单的二分类问题，在这个问题中，现有的每个蘑菇性状（如颜色、伞柄的长短、伞盖的图案等）用于作为数据 x_i 的属性特征，共 d 个属性特征，是否有毒作为数据样本标签 y_i。如果训练线性分类器 $y=w_1x_1+w_2x_2+\cdots+w_dx_d$ 来对蘑菇进行是否有毒的分类，该分类器需要对每个维属性都学习一个权重 w_i，共需要学习 d 个权重 w_i，如果 d 的值很大，要学习的参数就越多，则会导致模型复杂度和过拟合的可能性增加。线性判别分析（LDA）的目的就是指减少线性分类器的属性数量 d，减少要学习的参数数量，从而使分类更加简单。

2）线性判别分析的具体原理

假设数据只有2个属性特征（x_i 有2个取值），不妨把2个属性分别作为 x 轴和 y 轴，建立一个二维平面坐标系，我们称这样的坐标系为特征空间，二维特征空间如图10-26所示。

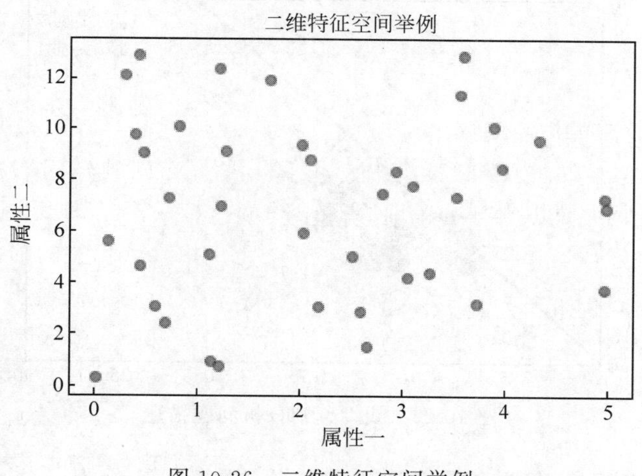

图10-26　二维特征空间举例

假设数据有3个属性特征（x_i 有3个取值），将3个属性特征分别作为 x 轴、y 轴和 z 轴，可以得到三维立体坐标系的属性空间，每个数据可以映射成三维属性空间上的一个点，三维特征空间如图10-27所示。

同理，如果数据有 d 个属性特征（x_i 有 d 个取值），可以得到 d 维立体坐标系的属性特征空间。特征空间上点与点之间的距离反映了两个数据的相似程度。读者可以这样理解相似程度：如果有两个数据在各属性维度上的取值都相近，则这两个点在特征空间上的距离也会很近，它们同属于同一个类别的概率也较高，如前面提到的蘑菇是否有毒的分类例子：蘑菇A有毒，而蘑菇B的伞柄长短、颜色、伞盖的图案等均与蘑菇A相似，那么蘑菇B可分类为有毒。反之，如果两个数据在各维属性上取值差别较大，那么它们在特征空间上的距离也会较远，同属于一个类别的概率较低。特征空间是分类、聚类等问题中较为重要的概念，可以将抽象的数据集可视化，便于读者更直观地理解分类和聚类的最终结果。

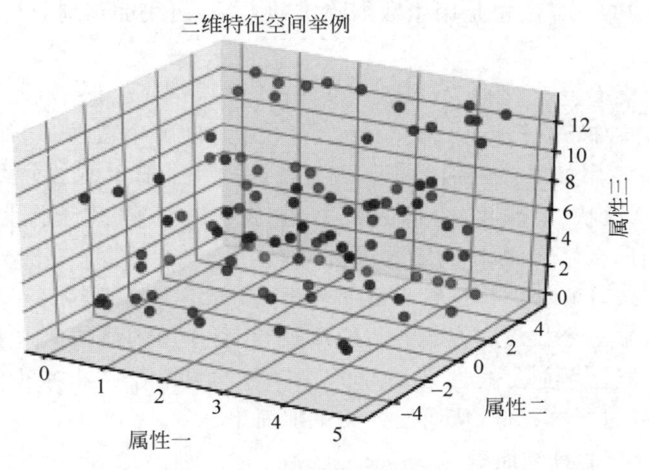

图 10-27 三维特征空间示例

线性判别分析问题的描述如图 10-28 所示。

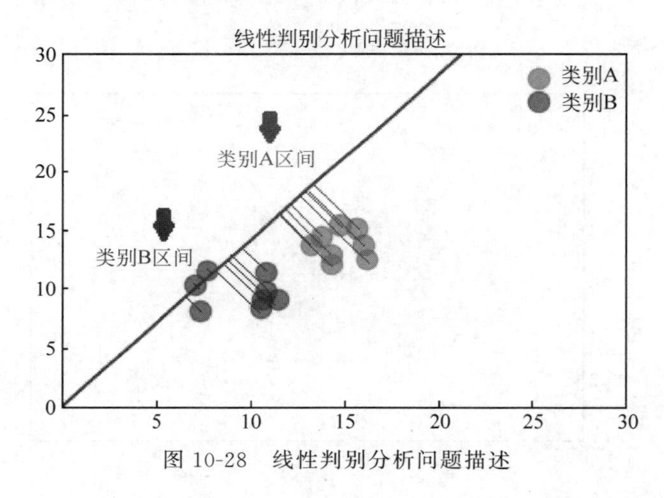

图 10-28 线性判别分析问题描述

在图 10-28 中，对于只有两个属性特征($d=2$)、样本标签分为 A 类和 B 类的数据集来讲，给定训练数据集，需要想办法将其在特征空间上表示的点映射到同一条直线上，使同类别样例的投影点尽可能近，异类别样例的投影点尽可能远，通过点的投影位置将数据划分为 A 类和 B 类。这样一来，在给定未知分类情况的新数据时，我们可以将其在特征空间上的点投影到经过训练得到的直线模型上，如果该点距离类别 A 区间比较近，则将其分类为 A 类，反之，分类成 B 类。

总之，线性判别分析的关键就是找到一条斜率及位置适中的直线，使训练集在上面的投影满足同类数据投影较近，异类数据投影较远。由图 10-29 可知，当线性判别分析中直线斜率及位置选择不当时，A 类和 B 类两种类别的数据在直线上的投影区间存在重合现象，即无法通过新数据点在该直线上的投影位置正确给出新数据的分类。

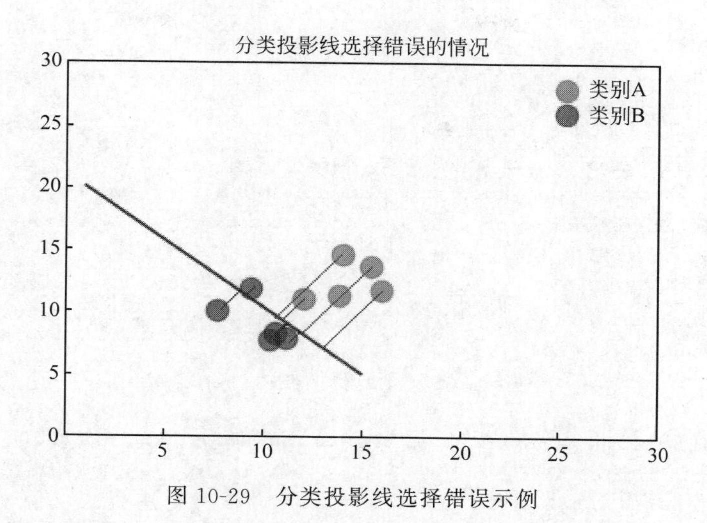

图 10-29　分类投影线选择错误示例

选择正确的分类投影线，对线性判别分析方法的分类结果影响很大，求解线性判别分析的目标就是找到这样一条直线，或者说找到确定该投影线的斜率向量 $\omega=(\omega_1,\omega_2,\omega_3,\cdots,\omega_n)$。

2. 具体实现

scikit-learn 库 discriminant_analysis 模块中的 LinearDiscriminantAnalysis()函数封装实现了线性判别分析 LDA 的实现。LinearDiscriminantAnalysis()函数原型的部分参数如下：

```
discriminant_analysis.LinearDiscriminantAnalysis(solver = 'svd', n_components = None, store_covariance = False, tol = 0.0001)
```

上述 discriminant_analysis. LinearDiscriminantAnalysis()函数列举的各参数含义如表 10-16 所示。

表 10-16　discriminant_analysis. LinearDiscriminantAnalysis()函数各参数含义

序号	参数名称	详细说明
1	solver	指定了求解最优化问题的算法，取值范围为{"svd","lsqr","eigen"}，分别表示奇异值分解法，最小平方差法及特征值分解法
2	n_components	指定了数组降维后的维度
3	store_covariance	接收一个布尔值，如果值为 True，则需要额外计算每个类别的协方差矩阵
4	tol	它指定了用于 SVD 算法中评判迭代收敛的阈值

本节以 scikit-learn 库提供的鸢尾花数据集为例，训练线性判别分析 LDA 分类器。可以通过 scikit-learn 库的 datasets 模块中的 load_iris()函数直接导入鸢尾花数据集，该数据集包括 4 个数据样本特征，分别是萼片长度、萼片宽度、花瓣长度和花瓣宽度，根据这 4 个特征将鸢尾花分为 3 个类别，分别是山鸢尾(Iris-setosa)、变色鸢尾(Iris-versicolor)和弗吉尼亚鸢尾(Iris-virginica)，每个类别分别有 50 条数据，共 150 条数据记录。

示例代码如下：

```
//Chapter10/10.2.5_test30.py
输入：from sklearn.datasets import load_iris
      from sklearn import discriminant_analysis
      from sklearn.model_selection import train_test_split
      from sklearn.metrics import classification_report              #用于分类模型评估
      #1. 获取数据并划分训练集和测试集
      iris = load_iris()                                             #导入鸢尾花数据集
      x_train,x_test,y_train,y_test = train_test_split(iris.data,iris.target,test_size =
      0.2,random_state = 33)
      #将数据划分成 80%的训练集和 20%的测试集
      #2. 训练 LDA 模型
      lda = discriminant_analysis.LinearDiscriminantAnalysis()       #获取 LDA 模型
      lda.fit(x_train,y_train)                                       #训练模型
      #3. 模型评估
      y_pred = lda.predict(x_test)                                   #在测试集上进行分类预测
      print("线性判别分析的精度为",lda.score(x_test,y_test))          #求解精度
      #读者也可尝试 10.2.2 节介绍的 scikit-learn 库 metrics 模块中的 accuracy_score()
      #函数求精度
      print("其他分类指标：\n",classification_report(y_test,y_pred))
      #classification_report()函数可以用于直接产生精度、查准率、查全率、F1 分数等分类评价结果

输出：线性判别分析的精度为 1.0
      其他分类指标：
                     precision   recall   f1-score   support

      0                 1.00       1.00      1.00        8
      1                 1.00       1.00      1.00        8
      2                 1.00       1.00      1.00       14
      accuracy                               1.00       30
      macro avg         1.00       1.00      1.00       30
      weighted avg      1.00       1.00      1.00       30
```

上述代码结果的最左侧列表示鸢尾花的类别 0、1、2(鸢尾花数据集分为 3 类，在实际代码中用数字表示类别)，macro avg 表示各类别的 precision、recall、f1-score 分别加和求平均，weighted avg 表示对每个类别的 precision、recall、f1-score 进行加权平均，加权权重为各类别数在真实标签中所占比例，最右侧的 support 列指该类别在整个数据集中的数量。

3. 线性判别分析的优化目标和投影线斜率向量 $\boldsymbol{\omega}$ 的公式推导

接下来的内容将涉及大量的公式推导，内容比较烦琐，完全理解需要一定的数学基础，有兴趣的读者可以挑战，若读者实在不感兴趣，则可以暂且跳过，但若想要更深入地了解机器学习领域，数学公式的推导和计算不可避免。

1) 线性判别分析的优化目标

以二分类问题为例，给定数据集 $D=\{(x_i,y_i)\}_{i=1}^{m}$，$y_i\in(0,1)$，以及 X_i、$\boldsymbol{\mu}_i$ 和 $\boldsymbol{\Sigma}_i$ 分别表示两种类别样本的样本集合、均值向量和协方差矩阵，其中类别的均值向量 $\boldsymbol{\mu}_i$ 表示同类别数据的平均位置，而协方差矩阵则表示类别内部的聚合程度，将数据投影到分类直线 w 上，那

么两类样本的中心点在直线上的投影分别可以表示为$\boldsymbol{\omega}^{\mathrm{T}}\boldsymbol{\mu}_0$ 和$\boldsymbol{\omega}^{\mathrm{T}}\boldsymbol{\mu}_1$，两类样本点投影后内部的协方差则可以表示为 $\boldsymbol{\omega}^{\mathrm{T}}\boldsymbol{\Sigma}_0\boldsymbol{\omega}$ 和$\boldsymbol{\omega}^{\mathrm{T}}\boldsymbol{\Sigma}_1\boldsymbol{\omega}$ 。

我们可以回顾一下前面所讲的二分类线性判别分析的目标：将特征空间上的样本点投影到一条直线上，使得同类样本点的投影较近，而异类样本点的投影较远。为了使同类样本点投影较近，我们可以令两个类别内部的协方差尽可能小，即令$\boldsymbol{\omega}^{\mathrm{T}}\boldsymbol{\Sigma}_0\boldsymbol{\omega}+\boldsymbol{\omega}^{\mathrm{T}}\boldsymbol{\Sigma}_1\boldsymbol{\omega}$ 尽可能小。如果想让异类之间样本点的投影较远，则可以使两类样本中心点在直线上的投影距离较大，即令 $\|\boldsymbol{\omega}^{\mathrm{T}}\boldsymbol{\mu}_0-\boldsymbol{\omega}^{\mathrm{T}}\boldsymbol{\mu}_1\|_2^2$ 尽可能大（该式代表两类样本中心点投影的欧氏距离的平方，用来表征二者之间的距离）。为了方便求解，我们把上述两个优化目标整合在一起，得到新的优化目标如式(10-29)：

$$J=\frac{\|\boldsymbol{\omega}^{\mathrm{T}}\boldsymbol{\mu}_0-\boldsymbol{\omega}^{\mathrm{T}}\boldsymbol{\mu}_1\|_2^2}{\boldsymbol{\omega}^{\mathrm{T}}\boldsymbol{\Sigma}_0\boldsymbol{\omega}+\boldsymbol{\omega}^{\mathrm{T}}\boldsymbol{\Sigma}_1\boldsymbol{\omega}}=\frac{\boldsymbol{\omega}^{\mathrm{T}}(\boldsymbol{\mu}_0-\boldsymbol{\mu}_1)(\boldsymbol{\mu}_0-\boldsymbol{\mu}_1)^{\mathrm{T}}\boldsymbol{\omega}}{\boldsymbol{\omega}^{\mathrm{T}}(\boldsymbol{\Sigma}_0+\boldsymbol{\Sigma}_1)\boldsymbol{\omega}} \tag{10-29}$$

令式(10-29)取最大值即可同时满足上述的两个优化目标要求。

另外，将$\boldsymbol{\Sigma}_1+\boldsymbol{\Sigma}_0$ 定义为“类内散度矩阵”$\boldsymbol{S}_\omega$，经过下述变换得到式(10-30)：

$$\boldsymbol{S}_\omega=\boldsymbol{\Sigma}_1+\boldsymbol{\Sigma}_0=\sum_{x\in X_0}(x-\boldsymbol{\mu}_0)(x-\boldsymbol{\mu}_0)^{\mathrm{T}}+\sum_{x\in X_1}(x-\boldsymbol{\mu}_1)(x-\boldsymbol{\mu}_1)^{\mathrm{T}} \tag{10-30}$$

同时定义“类间散度矩阵”$\boldsymbol{S}_b$ 计算公式如式(10-31)：

$$\boldsymbol{S}_b=(\boldsymbol{\mu}_0-\boldsymbol{\mu}_1)(\boldsymbol{\mu}_0-\boldsymbol{\mu}_1)^{\mathrm{T}} \tag{10-31}$$

则式(10-29)可以重写为式(10-32)：

$$J=\frac{\boldsymbol{\omega}^{\mathrm{T}}\boldsymbol{S}_b\boldsymbol{\omega}}{\boldsymbol{\omega}^{\mathrm{T}}\boldsymbol{S}_\omega\boldsymbol{\omega}} \tag{10-32}$$

这就是 LDA 问题求解时需要最大化的目标，一般称为“广义瑞利商”。求解 LDA 问题的过程可以总结为式(10-33)：

$$\underset{\omega}{\operatorname{argmax}}\frac{\boldsymbol{\omega}^{\mathrm{T}}\boldsymbol{S}_b\boldsymbol{\omega}}{\boldsymbol{\omega}^{\mathrm{T}}\boldsymbol{S}_\omega\boldsymbol{\omega}} \tag{10-33}$$

该式求解的是 argmax 后函数最大的 ω 的值，注意 $\operatorname{argmax}(f(x))$表示使得函数 $f(x)$ 取得最大值所对应的变量点 x 或 x 的集合。

2）投影线斜率向量$\boldsymbol{\omega}$的公式推导

下面通过公式推导具体讲解一下如何求解投影线参数 ω。

因为式(10-33)的分子分母都是关于$\boldsymbol{\omega}$ 的二次项，该式求解与$\boldsymbol{\omega}$ 长度无关，只与$\boldsymbol{\omega}$ 的方向有关，因此不妨令分母$\boldsymbol{\omega}^{\mathrm{T}}\boldsymbol{S}_\omega\boldsymbol{\omega}=1$，等价于求解分子的最大值。再为式(10-33)加上负号变为求解分子部分的最小值，式(10-33)变形后的结果如式(10-34)：

$$\begin{gathered}\min_{\omega}-\boldsymbol{\omega}^{\mathrm{T}}\boldsymbol{S}_b\boldsymbol{\omega}\\ \text{s.t. }\boldsymbol{\omega}^{\mathrm{T}}\boldsymbol{S}_\omega\boldsymbol{\omega}=1\end{gathered} \tag{10-34}$$

根据求解条件极值的拉格朗日乘子法，式(10-34)等价于式(10-35)：

$$\boldsymbol{S}_b\boldsymbol{\omega}=\lambda\boldsymbol{S}_\omega\boldsymbol{\omega} \tag{10-35}$$

其中 λ 是拉格朗日乘子，根据式(10-31)可知，$\boldsymbol{S}_b\boldsymbol{\omega}$ 的方向始终是$\boldsymbol{\mu}_0-\boldsymbol{\mu}_1$，设

$$\boldsymbol{S}_b\boldsymbol{\omega}=\lambda(\boldsymbol{\mu}_0-\boldsymbol{\mu}_1) \tag{10-36}$$

将式(10-36)代入式(10-35)可得式(10-37)：

$$\boldsymbol{\omega}=\boldsymbol{S}_\omega^{-1}(\boldsymbol{\mu}_0-\boldsymbol{\mu}_1) \tag{10-37}$$

上述求解的只是二分类问题示例，一般将求解 LDA 问题扩展到多分类任务中，则有下面的几项公式：

假设有 N 个类别，类内散度矩阵表示为式(10-38)：

$$\boldsymbol{S}_{\omega}=\sum_{i=1}^{N}\boldsymbol{S}_{\omega_i}$$

$$\boldsymbol{S}_{\omega_i}=\sum_{x\in X_i}(x-\boldsymbol{\mu}_i)(x-\boldsymbol{\mu}_i)^{\mathrm{T}} \tag{10-38}$$

类间散度矩阵表示为式(10-39)：

$$\boldsymbol{S}_b=\boldsymbol{S}_t-\boldsymbol{S}_{\omega}=\sum_{i=1}^{N}(\boldsymbol{\mu}_i-\boldsymbol{\mu})(\boldsymbol{\mu}_i-\boldsymbol{\mu})^{\mathrm{T}} \tag{10-39}$$

同样根据拉格朗日定理有 $\boldsymbol{S}_b\boldsymbol{\omega}=\lambda\boldsymbol{S}_{\omega}\boldsymbol{\omega}$ (10-40)

$\boldsymbol{\omega}$ 的解是 $\boldsymbol{S}_{\omega}^{-1}\boldsymbol{S}_b$ 的 $N-1$ 个最大特征值对应的特征向量组成的矩阵。

10.2.6 朴素贝叶斯分类器

本节内容将介绍朴素贝叶斯分类器的算法原理、计算例子和代码实现。

1. 算法原理

朴素贝叶斯分类器是一种方法简单且实用性强的分类器，朴素贝叶斯分类器考虑数据每个属性被分类为特定类别的概率，然后根据贝叶斯公式整合这些概率，根据所得概率最后对具有某些属性的数据进行分类。

1）贝叶斯决策理论

朴素贝叶斯分类器基于数学中的贝叶斯决策理论，因此在深入学习朴素贝叶斯分类器之前，需要先了解贝叶斯决策理论。

以二分类为例，假设数据在特征空间的分布如图 10-30 所示。

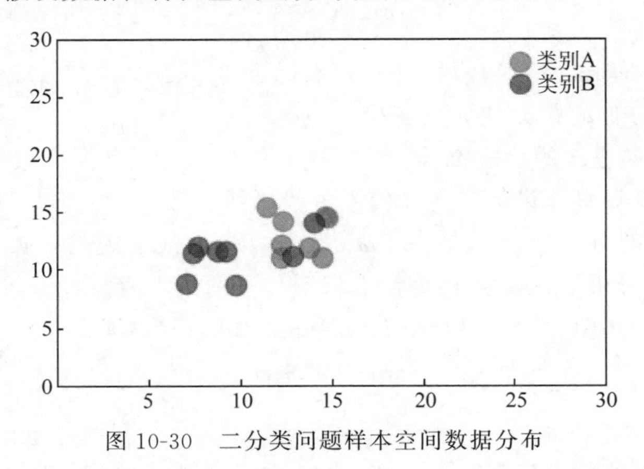

图 10-30　二分类问题样本空间数据分布

假设已知 $p_1(x,y)$ 和 $p_2(x,y)$，用 $p_1(x,y)$ 表示数据 (x,y) 属于类别 A 的概率，$p_2(x,y)$ 表示数据 (x,y) 属于类别 B 的概率。那么可以用这两个概率的相对大小来判断该点 (x,y) 属于哪种类别，有下列规则：

(1) 如果 $p_1(x,y)>p_2(x,y)$，则该点数据 (x,y) 属于类别 A。

(2) 如果 $p_1(x,y)<p_2(x,y)$，则该点数据 (x,y) 属于类别 B。

由此，可以总结出贝叶斯决策理论的核心：即通过比较概率的大小进行决策。

2）概率论基础知识

朴素贝叶斯决策理论也是基于概率来给出定义的，在讲解朴素贝叶斯理论之前，应先掌握概率论的基础知识。

将数据的形式定义为 $x=\{a_1,a_2,\cdots,a_m\}$，即每个数据 x 都有 m 个属性值，其中 a_i 对应数据 x 的一个属性，将类别集合定义为 $Y=\{y_1,y_2,\cdots,y_k\}$。

(1) 联合概率：假设存在事件 A 和事件 B，我们将事件 A、B 同时发生的概率称为 A、B 的联合概率，记为 $P(A,B)$。数学上联合概率的计算公式如式(10-41)。

$$P(A,B)=P(A\mid B)P(B)=P(B\mid A)P(A) \tag{10-41}$$

(2) 条件概率：假设存在事件 A 和事件 B，在事件 A 发生的条件下将事件 B 发生的概率定义为条件概率，记为 $P(B|A)$。应用在分类问题上理解就是某数据具有某种属性的前提下属于特定类别的概率，即 $P(Y|x)$。数学上条件概率计算公式如式(10-42)。

$$P(B\mid A)=\frac{P(A,B)}{P(A)} \tag{10-42}$$

在事件 A 发生的条件下事件 B 发生的概率等于事件 A、B 同时发生的概率（联合概率）除以 B 发生时的概率，将全概率公式代入可以得到贝叶斯公式如式(10-43)。

$$P(B\mid A)=\frac{P(A,B)}{P(A)}=\frac{P(A\mid B)P(B)}{P(A)} \tag{10-43}$$

(3) 条件独立假设如式(10-44)。

$$\begin{aligned}P(x\mid y_i)P(y_i)&=P(a_1,a_2,\cdots,a_m\mid y_i)P(y_i)\\&=P(a_1\mid y_i)\times P(a_2\mid y_i)\times\cdots\times P(a_m\mid y_i)P(y_i)\end{aligned} \tag{10-44}$$

式(10-44)可以理解为某个属于类别 y 的对象表现出属性 a_1、a_2、…、a_m 的概率等于类别 y 分别表现出 a_1、a_2、…、a_m 等属性的概率乘积，即每个属性之间是互相独立，互不影响的。

3）朴素贝叶斯决策理论

朴素贝叶斯决策理论：朴素贝叶斯决策理论应用于待分类的数据时，需要求解出在该数据全体属性出现的条件下各个类别分别出现的概率，哪个类别的概率值大就判定该数据属于哪个类别。可以总结为以下两个步骤：

(1) 计算 $P(y_1|x),P(y_2|x),\cdots,P(y_k|x)$。

(2) 取 $P(y_1|x),P(y_2|x),\cdots,P(y_k|x)$中的最大值，假设其为 y_d，则该数据 x 属于 y_d 类。

其中最重要的是(1)步骤的条件概率的计算过程，我们可以结合前面介绍的概率论基础知识中的条件概率和条件独立假设进行求解。具体求解过程如下：

(1) 给定一组数据集。

(2) 统计每种类别下各个属性的条件概率。

$$\begin{gathered}P(a_1\mid y_1),P(a_2\mid y_1),\cdots,P(a_m\mid y_1)\\P(a_1\mid y_2),P(a_2\mid y_2),\cdots,P(a_m\mid y_2)\\\vdots\\P(a_1\mid y_k),P(a_2\mid y_k),\cdots,P(a_m\mid y_k)\end{gathered}$$

(3) 根据贝叶斯公式得到式(10-45)：

$$P(y_i \mid x)=\frac{P(x \mid y_i)P(y_i)}{P(x)} \tag{10-45}$$

式(10-45)中的分母 $P(x)$ 是一个常数，我们最终要比较所有类别 y_i 对应的条件概率值 $P(y_i|x)$，选出值最大的作为最后的分类，因此去掉分母 $P(x)$ 不会改变最后的结果，还能简化计算过程，因此式(10-45)可以转变为式(10-46)。

$$P(y_i \mid x)=P(x \mid y_i)P(y_i) \tag{10-46}$$

再根据条件独立假设式(10-44)，将式(10-46)变换为式(10-47)：

$$\begin{aligned}P(y_i \mid x)&=P(x \mid y_i)P(y_i)\\&=P(a_1,a_2,\ldots,a_m \mid y_i)P(y_i)\\&=P(a_1 \mid y_i)\times P(a_2 \mid y_i)\times\ldots\times P(a_m \mid y_i)P(y_i)\end{aligned} \tag{10-47}$$

至此，式(10-47)等式右边的所有变量都可以计算出来，可以计算出数据分别属于每种类别的概率 $P(y_i|x)$，进而求出最大的分类概率，得出最终的分类结果。

2. 朴素贝叶斯计算的具体例子

假设我们从某个女生那里得到这样一份判断男生是否为其理想型的数据，如表 10-17 所示。

表 10-17 判断男生是否为理想型的数据

颜值	性格	学历	身高	理想型
高	好	硕士	高	是
高	不好	本科	中等	否
高	不好	博士	中等	是
中等	好	硕士	中等	否
中等	好	本科	高	是
中等	不好	本科	低	否
中等	好	博士	高	是
低	好	硕士	高	是
低	不好	本科	低	否
低	好	硕士	中等	否

给定这样的数据：现有一男生 x，属性条件为{颜值＝中等，性格＝好，学历＝硕士，身高＝中等}，该男生的各属性条件服从条件独立假设，即各个属性之间没有必然的联系(如身高的高低对颜值的高低没有任何影响)。请试着判断男生 x 是否是该女生的理想型。

分析：每条数据(对应每个男生)都有 4 个属性特征：颜值、性格、学历及身高。每个属性的取值可分别表示为颜值属性可取值{高，中等，低}，性格属性可取值{好，不好}，学历属性可取值{本科，硕士，博士}，身高属性可取值{高，中等，低}。数据样本标签为理想型，可取值{是，否}。这是一个二分类问题，分类结果即为判断题目所给男生数据是否为该女生的理想型，本题可以采用朴素贝叶斯分类器进行分类。

求解过程：该问题可以表示为分别求解概率 P(理想型＝是|颜值＝中等，性格＝好，学历＝硕士，身高＝中等)和概率 P(理想型＝否|颜值＝中等，性格＝好，学历＝硕士，身高＝中等)，然后将二者进行比较，若 P(理想型＝是|颜值＝中等，性格＝好，学历＝硕士，身高＝

中等)> P(理想型=否|颜值=中等,性格=好,学历=硕士,身高=中等),则男生 x 是该女生的理想型。反之,则不是该女生的理想型。

根据式(10-47)的朴素贝叶斯公式,可以得到以下两个关系式:

关系式①:P(理想型=是|颜值=中等,性格=好,学历=硕士,身高=中等)=P(颜值=中等|理想型=是)P(性格=好|理想型=是)P(学历=硕士|理想型=是)P(身高=中等|理想型=是)。

关系式②:P(理想型=否|颜值=中等,性格=好,学历=硕士,身高=中等)=P(颜值=中等|理想型=否)P(性格=好|理想型=否)P(学历=硕士|理想型=否)P(身高=中等|理想型=否)。

分别求出上述两个关系式等号右边的各条件概率项:

$P(\text{颜值}=\text{中等}|\text{理想型}=\text{是})=\frac{2}{5}$,$P(\text{性格}=\text{好}|\text{理想型}=\text{是})=\frac{4}{5}$

$P(\text{学历}=\text{硕士}|\text{理想型}=\text{是})=\frac{2}{5}$,$P(\text{身高}=\text{中等}|\text{理想型}=\text{是})=\frac{1}{5}$

$P(\text{颜值}=\text{中等}|\text{理想型}=\text{否})=\frac{2}{5}$,$P(\text{性格}=\text{好}|\text{理想型}=\text{否})=\frac{2}{5}$

$P(\text{学历}=\text{硕士}|\text{理想型}=\text{否})=\frac{2}{5}$,$P(\text{身高}=\text{中等}|\text{理想型}=\text{否})=\frac{3}{5}$

将上述条件概率项代入关系式①和②,得到如下结果:

$P(\text{理想型}=\text{是}|\text{颜值}=\text{中等},\text{性格}=\text{好},\text{学历}=\text{硕士},\text{身高}=\text{中等})=\frac{2}{5}\times\frac{4}{5}\times\frac{2}{5}\times\frac{1}{5}=\frac{16}{625}$

$P(\text{理想型}=\text{否}|\text{颜值}=\text{中等},\text{性格}=\text{好},\text{学历}=\text{硕士},\text{身高}=\text{中等})=\frac{2}{5}\times\frac{2}{5}\times\frac{2}{5}\times\frac{3}{5}=\frac{24}{625}$

由于 P(理想型=是|颜值=中等,性格=好,学历=硕士,身高=中等)< P(理想型=否|颜值=中等,性格=好,学历=硕士,身高=中等),因此男生 x 不是该女生的理想型。

3. 朴素贝叶斯的代码实现

文档分类是朴素贝叶斯分类器的一个重要应用。例如垃圾邮件分类、电子书所属类型分类(分为小说、漫画、专业书及科普读物)等。以垃圾邮件分类为例,在垃圾邮件分类任务中,数据是每条邮件,数据的属性可以是电子邮件中的某些元素。例如垃圾邮件中常见的词语"打折""抢购"等,我们可以将这些词语的出现次数作为每条数据的属性,或者只考虑这些词语有没有出现在邮件中,若有则属性值为1,若没有则为0。

1) 数据集介绍

本例使用的数据集是 scikit-learn 库中自带的新闻文本数据集,其中包括 18846 条新闻,标签为 0~19 个数字,一共 20 类。通过 scikit-learn 库的 datasets 模块中的 fetch_20newsgroups()函数能够获取该数据集,第一次使用代码获取该数据集时会经历数据集的下载过程,花费时间较长。下载数据集时也可能会因 NumPy 版本不兼容发生错误,这时可以试着在 2.2.1 节介绍的 Anaconda Prompt 应用程序的命令行窗口输入如下命令将 NumPy 版本修改为 1.17.0:

```
pip uninstall numpy
pip install numpy == 1.17.0
```

2）CountVectorizer()函数简介

scikit-learn 库的 feature_extraction. text 模块中的 CountVectorizer()函数用于特征数值计算，是一个文本特征提取方法。对于每个训练文本，它只考虑每种词汇在该训练文本中出现的频率。CountVectorizer()函数还会将文本中的词语转换为词频矩阵，通过其返回对象中的 fit_transform()函数计算各个词语出现的次数。为了使读者能更好地理解该函数的用途，请看下面的简单示例代码：

```
//Chapter10/10.2.6_test31.py
输入：from sklearn.feature_extraction.text import CountVectorizer    #导入CountVectorizer()函数
     texts = ["dog cat fish","dog cat cat","fish bird","bird"]  #定义文本数据
     #假设"dog cat fish"代表一篇文章的一个字符串
     cv = CountVectorizer()                                      #创建词典数据结构
     cv_fit = cv.fit_transform(texts)                     #计算词典中每个单词出现的次数
     print("词典列表：",cv.get_feature_names())           #用列表形式呈现由文章生成的词典
     #上行代码输出：['bird', 'cat', 'dog', 'fish']
     print("对应词带标号的词典：",cv.vocabulary_)
     #上行代码输出：{'dog':2,'cat':1,'fish':3,'bird':0}
     #例如单词"dog"在词典列表中的索引位置为2,"cat"在词典列表中的索引位置为1
     print("单词出现的次数：\n",cv_fit)
     #上行代码输出的结果包括"(0,2) 1"、"(0,1) 1"、"(0,3) 1"、"(1,2) 1"、...
     #如"(0,2) 1",(0,2)中的0表示texts列表索引为0对应的"dog cat fish"元素
     #(0,2)中的2表示词典索引位置2对应的"dog",1表示"dog"出现了1次
     print("将单词出现的次数结果转换成稀疏矩阵：\n",cv_fit.toarray())
     '''toarray()函数将结果转化为稀疏矩阵
     输出的第一行[0 1 1 1]表示texts第1个元素"dog cat fish"各单词在词典['bird', 'cat', 'dog',
     'fish']中出现的次数.即表示'bird'出现0次, 'cat'出现1次, 'dog'出现1次, 'fish'出现1次.'''

输出：词典列表：['bird', 'cat', 'dog', 'fish']
     对应词带标号的词典：{'dog': 2, 'cat': 1, 'fish': 3, 'bird': 0}
     单词出现的次数：
     (0, 2)  1
     (0, 1)  1
     (0, 3)  1
     (1, 2)  1
     (1, 1)  2
     (2, 3)  1
     (2, 0)  1
     (3, 0)   1
     将单词出现的次数结果转换成稀疏矩阵：
     [[0 1 1 1]
     [0 2 1 0]
     [1 0 0 1]
     [1 0 0 0]]
```

3）朴素贝叶斯的具体实现。

scikit-learn 库 naive_bayes 模块的 MultinomialNB()函数提供朴素贝叶斯的封装实现，示例代码如下：

```
//Chapter10/10.2.6_test32.py
输入：from sklearn.datasets import fetch_20newsgroups                          #数据集
     from sklearn.model_selection import train_test_split                    #用于划分训练集和测试集
     from sklearn.feature_extraction.text import CountVectorizer             #文本特征提取方法
     from sklearn.naive_bayes import MultinomialNB                           #导入朴素贝叶斯模型
     from sklearn.metrics import classification_report                       #用于模型评估
     #1. 导入数据并划分训练集和测试集
     news = fetch_20newsgroups(subset = 'all')                               #导入新闻数据集
     x_train,x_test,y_train,y_test = train_test_split(news.data,news.target,test_size =
     0.2,random_state = 33)
     #xTrain为训练集样本特征,yTrain为训练集样本标签
     #xTest为测试集样本特征,yTest为测试集样本标签(真实值)
     #将数据划分成80%的训练集和20%的测试集
     #2. 转换数据形式
     vec = CountVectorizer()                                        #用于将文本转化为向量的形式
     train_vec = vec.fit_transform(x_train)
     test_vec = vec.transform(x_test)
     print("训练集形状：",train_vec.shape)
     print("测试集形状：",test_vec.shape)
     #3. 使用朴素贝叶斯分类器对新闻文本数据进行预测
     bays = MultinomialNB()                                         #获取朴素贝叶斯模型
     bays.fit(train_vec,y_train)                                    #用训练集训练贝叶斯分类模型
     y_pred = bays.predict(test_vec)                                #对测试集进行预测
     #4. 模型性能评估
     print("朴素贝叶斯分类器的精度为",bays.score(test_vec,y_test))
     print("其他评价指标：\n",classification_report(y_test,y_pred,target_names = news.
     target_names))
     #classification_report()函数可以用于直接产生精度、查准率、查全率、F1分数等分类评价结果

输出：训练集形状：(15076, 155283)
     测试集形状：(3770, 155283)
     朴素贝叶斯分类器的精度为 0.8472148541114058
     其他评价指标：
                                  precision   recall   f1-score   support

     alt.atheism                      0.84      0.84      0.84       154
     comp.graphics                    0.62      0.87      0.73       205
     comp.os.ms-windows.misc          0.89      0.12      0.21       201
     comp.sys.ibm.pc.hardware         0.60      0.87      0.71       189
     comp.sys.mac.hardware            0.90      0.81      0.85       196
     comp.windows.x                   0.82      0.85      0.84       225
     misc.forsale                     0.91      0.72      0.80       198
     rec.autos                        0.90      0.90      0.90       187
     rec.motorcycles                  0.98      0.92      0.95       227
     rec.sport.baseball               0.97      0.90      0.94       206
     rec.sport.hockey                 0.94      0.98      0.96       196
     sci.crypt                        0.85      0.98      0.91       183
     sci.electronics                  0.87      0.89      0.88       188
     sci.med                          0.93      0.95      0.94       189
     sci.space                        0.89      0.96      0.93       183
```

```
soc.religion.christian        0.79      0.96      0.87       184
talk.politics.guns            0.88      0.97      0.93       197
talk.politics.mideast         0.93      0.98      0.95       189
talk.politics.misc            0.84      0.90      0.87       162
talk.religion.misc            0.90      0.42      0.58       111
accuracy                      0.85                          3770
macro avg                     0.86      0.84      0.83      3770
weighted avg                  0.86      0.85      0.83      3770
```

上述代码输出结果的最后一列 support 指该类别在整个数据集中的数量。可以看到，朴素贝叶斯分类器对 20 类新闻文本分类的正确率约为 84.721%。其实，之所以称为“朴素”贝叶斯分类器，是因为它所用到的条件独立性假设太过直接简单，假设所有属性之间没有任何联系，因此模型训练时无法将属性特征之间的关系考虑进去，使得朴素贝叶斯模型对于属性特征关联性比较强的数据分类效果较差。

10.2.7 SVM 支持向量机

本节内容将介绍 SVM 支持向量机的算法原理、优缺点和具体实现。

1. 算法原理

SVM 支持向量机是一种二分类线性分类器，但后面内容的代码会将其应用于手写数字识别数据集(Mnist)的 10 分类任务中。

在介绍 SVM 支持向量机之前，我们需要先复习和理解一些概念。10.2.5 节已经介绍过特征空间的概念：将数据点每一维的取值(每个属性的取值)作为一个坐标值，则可以将点映射到一个二维(每个样本有两个属性，对应平面坐标系)、三维(每个样本有 3 个属性，对应空间坐标系)或者维数更高难以可视化的空间，该空间称为样本的特征空间，可以在特征空间中大致直接观察出样本的分布及样本间关系等信息。

下面我们以二维特征空间为例介绍支持向量机的一些先导知识。

线性可分：如果在二维特征空间中，两种类别的样本点可以用一条直线划分开(如果在多维空间中，则样本点由一个超平面划分开)，划分后直线的两侧分别为不同类别样本点，则称该样本集合是线性可分的。

线性分类器：能够正确分类线性可分样本集合的直线模型，称为线性分类器。线性分类器的分类结果是通过属性特征的线性组合得到的，不能通过特征的非线性运算得到。例如表示分类直线的式子 $y=\omega_1x_1+\omega_2x_2+b$ 就是一个线性分类器，而式 $y=\omega_1\sqrt{x_1}+\omega_2x_2^2$ 则不是线性分类器，因为其分类结果是由样本特征的非线性组合得到的(内有样本特征的平方、开方等非线性操作)。线性分类器可以定义为式(10-48)：

$$\vec{\boldsymbol{\omega}}^{\mathrm{T}}\vec{\boldsymbol{x}}+b=0 \tag{10-48}$$

其中 $\vec{\boldsymbol{\omega}}$ 和 $\vec{\boldsymbol{x}}$ 都是向量形式，向量由多个数组成，如 $\vec{\boldsymbol{x}}=[x_1,x_2,\cdots,x_m]$。求解支持向量机的过程就可以理解为寻找线性分类器的过程。

以二维特征空间为例，简单来讲，支持向量机的思想就是：假设给定样本集合 $D=\{(x_1,y_1),(x_2,y_2),(x_3,y_3),\cdots,(x_n,y_n)\}$，$y_i\in\{+1,-1\}$，假设+1 表示类别 A，−1 表示类别 B。支持向量机是在这个二维特征空间中找出一条划分直线将两种类别区分开，但能够将类别区分开的直线可能有很多，如图 10-31 所示。

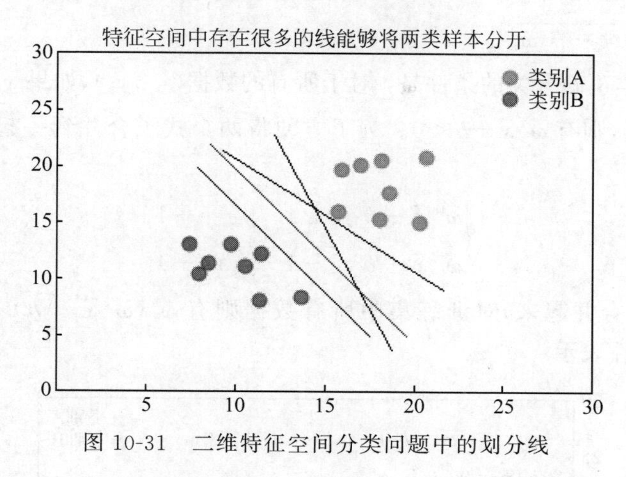

图 10-31　二维特征空间分类问题中的划分线

由图 10-31 可以看出，左数第 2 条划分线似乎是最好的选择，因为它对一些噪声点的扰动容忍性最好，也符合人类的直观分类标准。假设样本集合扩充，增加了一些样本点，如图 10-32 所示。

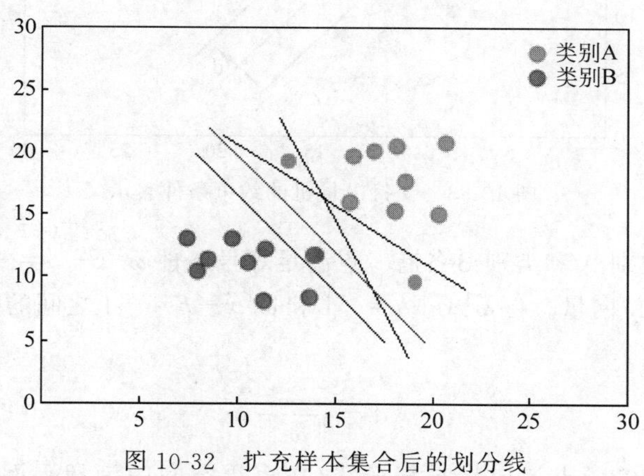

图 10-32　扩充样本集合后的划分线

由图 10-32 可以看出，当样本集合扩充后除未增加样本点时左数第 2 条划分线外，其他三条划分线已经无法对样本类别进行正确划分，只有左数第 2 条划分线仍然可以正确划分数据点的类别，对未知数据点的泛化能力最好。

那么支持向量机该怎样选择出上述最优的那条划分线（如果是多维空间则是寻找一个最优超平面）呢？

线性分类器定义为 $\vec{\boldsymbol{\omega}}^{\mathrm{T}}\vec{\boldsymbol{x}}+b=0$，其中 $\vec{\boldsymbol{\omega}}$ 是法向量，确定了直线的方向，而 b 是位移项，确定了直线的位置。可见，只要两个变量 $\vec{\boldsymbol{\omega}}$ 和 b 确定，直线就可以确定下来。

根据点到直线的距离公式，特征空间中任意一个点到划分线之间的距离如式(10-49)所示：

$$r=\frac{|\vec{\boldsymbol{\omega}}^{\mathrm{T}}\vec{\boldsymbol{x}}+b|}{\|\vec{\boldsymbol{\omega}}\|} \tag{10-49}$$

式(10-49)中的分母部分表示将 $\boldsymbol{\omega}$ 向量的各维取值的平方相加再开根号，即 $\|\vec{\boldsymbol{\omega}}\|=\sqrt{\omega_1^2+\omega_2^2+\cdots+\omega_m^2}$。

划分线能将样本正确分类的条件是：对于所有的数据(x_i,y_i)，如果 $y_i=+1$，则有 $\vec{\boldsymbol{\omega}}^{\mathrm{T}}\vec{\boldsymbol{x}}+b>0$。如果 $y_i=-1$，则有 $\vec{\boldsymbol{\omega}}^{\mathrm{T}}\vec{\boldsymbol{x}}+b<0$。为了方便将两个式子合并到一起，使约束条件严格，得到式(10-50)：

$$\begin{cases}\vec{\boldsymbol{\omega}}^{\mathrm{T}}\vec{\boldsymbol{x}}+b\geqslant+1 & y_i=+1\\ \vec{\boldsymbol{\omega}}^{\mathrm{T}}\vec{\boldsymbol{x}}+b\leqslant-1 & y_i=-1\end{cases}\tag{10-50}$$

再将式(10-50)合并起来，对训练集中所有数据则有 $y_i(\vec{\boldsymbol{\omega}}^{\mathrm{T}}\vec{\boldsymbol{x}}_i+b)\geqslant 1$。图 10-33 为支持向量机的约束条件表示。

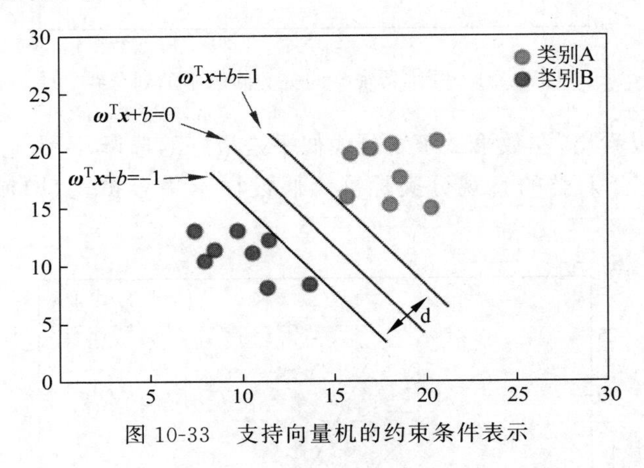

图 10-33　支持向量机的约束条件表示

在图 10-33 中，类别 A 和类别 B 各有一点满足等号条件 $\vec{\boldsymbol{\omega}}^{\mathrm{T}}\vec{\boldsymbol{x}}+b=+1$ 和 $\vec{\boldsymbol{\omega}}^{\mathrm{T}}\vec{\boldsymbol{x}}+b=-1$，我们称这样的点为支持向量。将 $\vec{\boldsymbol{\omega}}^{\mathrm{T}}\vec{\boldsymbol{x}}+b=+1$ 和 $\vec{\boldsymbol{\omega}}^{\mathrm{T}}\vec{\boldsymbol{x}}+b=-1$ 之间的距离记为 d，d 的计算公式如式(10-51)所示。

$$\mathrm{d}=\frac{2}{\|\omega\|}\tag{10-51}$$

支持向量机就是希望支持向量与划分线(在多维空间中为超平面)之间的间隔达到最大，即令 d 尽可能大，d 越大，对噪声点的包容性就越强。至此，我们得出支持向量机的求解目标为求解出决定直线的参数 ω 和 b，使得在满足约束条件的前提下，d 最大，如式(10-52)所示。

$$\begin{gathered}\max_{\omega,b}\frac{2}{\|\omega\|}\\ \text{s.t. } y_i(\vec{\boldsymbol{\omega}}^{\mathrm{T}}\vec{\boldsymbol{x}}_i+b)\geqslant 1\quad i=1,2,\cdots,n\end{gathered}\tag{10-52}$$

最大化$\frac{2}{\|\omega\|}$等价于最小化$\|\omega\|^2$，可得到支持向量机求解目标的一般形式如式(10-53)所示。

$$\begin{gathered}\min_{\omega,b}\frac{1}{2}\|\omega\|^2\\ \text{s.t. } y_i(\vec{\boldsymbol{\omega}}^{\mathrm{T}}\vec{\boldsymbol{x}}_i+b)\geqslant 1\quad i=1,2,\cdots,n\end{gathered}\tag{10-53}$$

2. 支持向量机的优缺点

虽然 SVM 是线性分类器，但是借助核函数可以实现低维空间向高维空间的映射，进而解决非线性问题，并且思想简单，就是令间隔最大化，分类效果较好，但是由于 SVM 是利用二次规划进行求解的，在求解过程中所需的存储空间较大，导致对于大规模的样本难以实施，这是 SVM 的主要缺点。

3. 具体实现

尽管上文介绍的 SVM 支持向量机的原理显得较为烦琐复杂，对于无基础的读者来讲较难以掌握，但 scikit-learn 库 SVM 模块中的 LinearSVC()函数提供了 SVM 支持向量机的封装，并且还支持多分类实现。

下面的示例代码以图像分类中的经典数据集手写数字识别(Mnist)为例，介绍使用 scikit-learn 库 SVM 模块中的 LinearSVC()函数实现 10 分类任务。手写数字识别数据集可以通过 scikit-learn 库 datasets 模块中的 load_digits()函数导入，为包含数字 0～9 的手写体图片数据集，每张图片大小为 28×28。与以往做多分类任务不同的是，图片的数据形式是二维矩阵，因此我们需先将二维图像像素矩阵逐行首尾拼接以便形成一维特征向量作为输入，然后才能再进行分类器的训练。

示例代码如下：

```
//Chapter10/10.2.7_test33.py
输入: from sklearn.datasets import load_digits                  #用于导入手写数字识别数据集
      from sklearn.model_selection import train_test_split      #用于划分训练集和测试集
      from sklearn.preprocessing import StandardScaler          #用于将数据标准化
      from sklearn.svm import LinearSVC                         #导入分类器
      from sklearn.metrics import classification_report         #用于模型评估
      #1. 获取数据集并归一化
      digits = load_digits()                                    #导入手写数字识别数据集
      #digits.data 表示数据样本特征,digits.target 表示数据样本标签
      x_train,x_test,y_train,y_test = train_test_split(digits.data,digits.target,test_size = 0.2,
      random_state = 33)
      #xTrain 为训练集样本特征,yTrain 为训练集样本标签
      #xTest 为测试集样本特征,yTest 为测试集样本标签(真实值)
      #将数据划分成 80% 的训练集和 20% 的测试集
      ss = StandardScaler()                                     #用于将数据快速标准化
      x_train = ss.fit_transform(x_train)                       #标准化数据
      x_test = ss.transform(x_test)                             #标准化数据
      #2. 训练模型
      svm = LinearSVC()                                         #获取模型
      svm.fit(x_train,y_train)                                  #训练模型
      #3. 模型评估
      y_pred = svm.predict(x_test)                              #对测试集进行分类预测
      print("支持向量机的精度为",svm.score(x_test,y_test))
      print("更多的评价指标:\n",classification_report(y_test,y_pred))
      #classification_report()函数可以用于直接产生精度、查准率、查全率、F1 分数等分类评价结果

输出: 支持向量机的精度为 0.9638888888888889
      更多的评价指标:
```

```
              precision    recall  f1-score   support

           0       1.00      1.00      1.00        29
           1       0.96      0.98      0.97        46
           2       1.00      1.00      1.00        37
           3       0.95      0.92      0.94        39
           4       1.00      1.00      1.00        25
           5       0.90      0.97      0.94        37
           6       0.98      1.00      0.99        41
           7       0.97      1.00      0.98        29
           8       0.97      0.86      0.92        44
           9       0.94      0.94      0.94        33
    accuracy                           0.96       360
   macro avg       0.97      0.97      0.97       360
weighted avg       0.96      0.96      0.96       360
```

上述代码结果的最左列表示手写数字的类别0～9，macro avg表示各类别的precision、recall、f1-score分别加和求平均，weighted avg表示对每个类别的precision、recall、f1-score进行加权平均，加权权重为各类别数在真实标签中所占比例，最右侧的support列指该类别在整个数据集中的数量，将二分类问题推广至多分类问题的具体实现方法可参考10.2.2节的末尾内容。

10.2.8 决策树

本节将介绍决策树的算法原理、决策树的3种算法(ID3、C4.5和CART)及决策树的可视化方法。

1. 决策树的算法原理

人做分类任务的过程可以看成根据目标特征进行逐步分类的过程。以鸢尾花的分类为例，鸢尾花共有4个属性特征：萼片长度、萼片宽度、花瓣长度和花瓣宽度，根据这4个属性特征的不同可以分为山鸢尾(Iris-setosa)、变色鸢尾(Iris-versicolor)和弗吉尼亚鸢尾(Iris-virginica)三类。如图10-34所示，人们在给鸢尾花分类时，往往先逐个观察待分类鸢尾花的属性特征，例如先观察萼片长短，如果萼片为长，再观察具有萼片为长的鸢尾花宽度情况，如果萼片宽度为宽，则在具有萼片为长和萼片为宽的情况下，考虑花瓣长度的情况，以此类推，直到决策出鸢尾花种类，这便是分类的决策过程，这些属性特征的取值组合决定了鸢尾花最终的分类。

将分类的决策过程以树状图的形式表现出来就形成了该分类问题的决策树。决策树的树状结构大都包括一个根节点(树生长的起源，如图10-34中对应判断萼片长度的节点)，若干个中间节点和若干个叶子节点(位于树枝末端的点，如图10-34的“弗吉尼亚鸢尾”)，其中根节点和内部节点用来对分类样本的每个属性进行判断，如图10-34中，首先对鸢尾花萼片长度这一属性进行判断，如萼片长度为长，则树向左下生成至下一层继续判断鸢尾花的萼片宽度属性，以此类推。我们也可将中间节点的判断看作对每个属性的测试过程，而末端的叶子节点对应于最终鸢尾花的类别。假设给定具有 4 种属性的鸢尾花样本，如弗吉尼亚鸢尾花={萼片长度=长，萼片宽度=宽，花瓣长度=长，花瓣宽度=宽}，对弗吉尼亚鸢尾花的分类过程可以看作从根节点到叶子节点的一条路径。只要给出一个合理的决策树，就可以对任意未知数据进行分类。

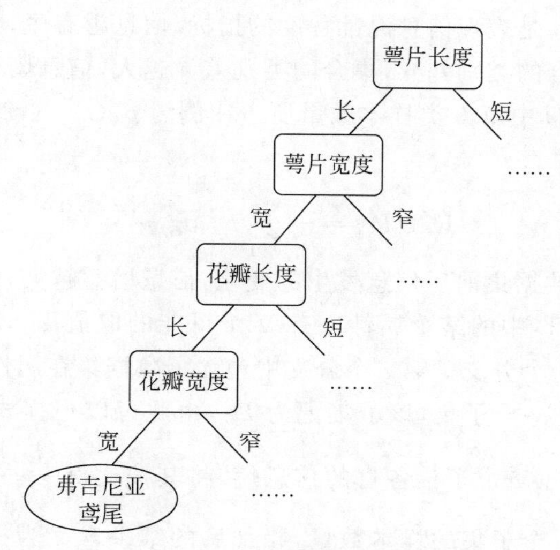

图 10-34　鸢尾花分类决策树示意图

那么应如何构建这样的一棵决策树呢？

决策树构建(决策树学习)的目标是生成一个泛化能力强的决策树，构建过程主要运用了编程算法中的分治思想(将规模为 N 的问题分解成若干个规模较小的子问题，这些子问题相互独立，求解出子问题的解后合并便可得到原问题的解)，具体构建决策树的示例伪代码如下：

```
输入: buildTree():
        检测数据集中的所有数据的分类标签是否相同
            if 标签相同则说明数据只有一个类别不需要划分
                return 唯一的类标签
            else:
                寻找划分数据集的最好特征(满足什么条件的特征可以称为最好特征，下文会详
                细讲述)
                创建分支节点：根据划分数据集最好的特征创建分支节点，根据该特征将数据
                集划分为不同子集
                for 每个划分的子集
                    调用函数 buildTree()(创建决策树分支)继续从特征中选取当前最佳特征
        return 分支节点
```

2. 3 种不同的决策树

决策树构建的好坏和所选择的特征息息相关，那么伪代码中提到的最好的特征该如何选择呢？什么样的特征才是最好的特征？根据特征划分选择方式的不同，可以将决策树算法分为三类：ID3、C4.5 及 CART 决策树算法，这 3 种算法的本质是相同的：为了使划分过程尽可能高效，随着划分过程的不断进行，每个分支节点包含的子集尽可能属于同种类别，

也就是使子集的“纯度”更高，从而使混乱程度更低。

1）ID3 决策树

（1）ID3 决策树的概念。

ID3 决策树以信息增益为准则划分属性，需要先了解信息熵和信息增益的概念。

信息熵，又称香农熵，是表现信息混乱程度的指标，信息越有序，则信息熵越低。信息熵在决策树分类中则指集合的类别差异，集合的类别差异越大，信息熵越高，信息的纯度越低。

假定当前样本集合 D 中第 k 类样本数量所占比例为 $p_k(k=1,2,\cdots,|y|)$，信息熵可定义为式(10-54)。

$$\mathrm{Ent}(D)=-\sum_{k=1}^{|y|}p_k\log_2 p_k \tag{10-54}$$

信息增益是指划分数据集前后信息发生的变化，信息增益越大，则确定性越强。

假设样本集合为 D，D 中的某个属性 a 有 V 个可能的取值$\{a_1,a_2,\cdots,a_v\}$，若以属性 a 为划分标准，则会产生 V 个分支。第 i 个分支中包含了数据集在属性 a 上取值为 a_i 的所有数据，这些数据为 D 中的一个子集，该子集记为 D_i，由此可以根据式(10-54)求出第 i 个子集的信息熵。分别计算出 V 个子集各自的信息熵，将其按比例$\frac{|D_i|}{|D|}$相加，$|D|$指数据集 D 的样本数量，$|D_i|$指第 i 个子集的样本数量，相加后的结果含义为样本数量越多的节点影响越大。经过上述计算后得到的最终结果可以表示划分后的信息熵。

根据信息增益的定义，划分前后的信息熵之差就是属性 a 的信息增益，则信息增益的具体计算公式如式(10-55)。

$$\mathrm{Gain}(D,a)=\mathrm{Ent}(D)-\sum_{i=1}^{V}\frac{|D_i|}{|D|}\mathrm{Ent}(D_i) \tag{10-55}$$

信息增益越大，说明划分后的信息纯度越高，使用该属性作为结点划分决策树的效果就越好，因此每次划分数据集时，应求出所有特征的信息增益，选取信息增益最大的特征作为当前划分的最优特征。

（2）ID3 决策树计算过程举例。

以某女生判断男生是否为理想型为例，已知的数据集如表 10-18 所示。

表 10-18　判断男生是否为理想型的数据集

样例序号	颜值	性格	学历	身高	理想型
1	高	好	硕士	高	是
2	高	不好	本科	中等	否
3	高	不好	博士	中等	是
4	中等	好	硕士	中等	否
5	中等	好	本科	高	是
6	中等	不好	本科	低	否
7	中等	好	博士	高	是
8	低	好	硕士	高	是
9	低	不好	本科	低	否
10	低	好	硕士	中等	否

表 10-18 的数据集有 4 个属性，分别为“颜值”“性格”“学历”和“身高”，数据样本标签为“理想型”。请问构造 ID3 决策树的根结点应该选择哪个属性？

解：解题步骤如下。

步骤 1：计算未划分属性时的信息熵。

由于表 10-18 的数据集有 10 个样例，其中正例：反例＝5：5，根据信息熵的计算式(10-54)，$p_1=\frac{5}{10}$，$p_2=\frac{5}{10}$，未划分时的信息熵 $\mathrm{Ent}(D)$ 为

$$\mathrm{Ent}(D)=-\sum_{k=1}^{|y|}p_k\log_2 p_k=-\left(\frac{5}{10}\log_2\frac{5}{10}+\frac{5}{10}\log_2\frac{5}{10}\right)=1$$

步骤 2：计算所有分支属性的信息熵和信息增益。

以计算“颜值”属性的信息熵和信息增益为例。“颜值”属性有高、中等、低 3 种取值。假设数据集 D 有下列子集：D_1(颜值＝高)、D_2(颜值＝中等)、D_3(颜值＝低)。D_1 中符合颜值为高的样例序号有{1,2,3}，其中正例：反例＝2：1(正例指理想型为是，反例指理想型为否)；D_2 中符合颜值为中等的样例序号有{4,5,6,7}，其中正例：反例＝2：2；D_3 中符合颜值为低的样例序号有{8,9,10}，其中正例：反例＝1：2。

根据信息熵的计算式(10-54)，当利用颜值属性进行划分时，颜值属性的 3 个分支各自的信息熵分别记为 $\mathrm{Ent}(D_1)$、$\mathrm{Ent}(D_2)$ 和 $\mathrm{Ent}(D_3)$，计算结果如下：

$$\mathrm{Ent}(D_1)=-\sum_{k=1}^{|y|}p_k\log_2 p_k=-\left(\frac{2}{3}\log_2\frac{2}{3}+\frac{1}{3}\log_2\frac{1}{3}\right)\approx 0.19829$$

$$\mathrm{Ent}(D_2)=-\sum_{k=1}^{|y|}p_k\log_2 p_k=-\left(\frac{2}{4}\log_2\frac{2}{4}+\frac{2}{4}\log_2\frac{2}{4}\right)=1$$

$$\mathrm{Ent}(D_3)=-\sum_{k=1}^{|y|}p_k\log_2 p_k=-\left(\frac{1}{3}\log_2\frac{1}{3}+\frac{2}{3}\log_2\frac{2}{3}\right)\approx 0.19829$$

根据信息增益计算式(10-55)，“颜值”属性的信息增益 Gain(D,颜值)计算结果如下：

$$\begin{aligned}\mathrm{Gain}(D,\text{颜值})&=\mathrm{Ent}(D)-\sum_{i=1}^{V}\frac{|D_i|}{|D|}\mathrm{Ent}(D_i)\\&=\mathrm{Ent}(D)-\frac{3}{10}\mathrm{Ent}(D_1)-\frac{4}{10}\mathrm{Ent}(D_2)-\frac{3}{10}\mathrm{Ent}(D_3)\approx 0.04903\end{aligned}$$

用上述同样的方式可以求出属性“性格”“学历”和“身高”的信息增益分别为

Gain(D,性格) $\approx$ 0.12452，Gain(D,学历) $\approx$ 0.27549，Gain(D,身高) $\approx$ 0.67549

由于 Gain(D,性格)< Gain(D,颜值)< Gain(D,学历)< Gain(D,身高)，因此“身高”属性的信息增益最大，应选择“身高”属性作为 ID3 决策树最初的划分结点，划分后得到第一层决策树如图 10-35 所示。

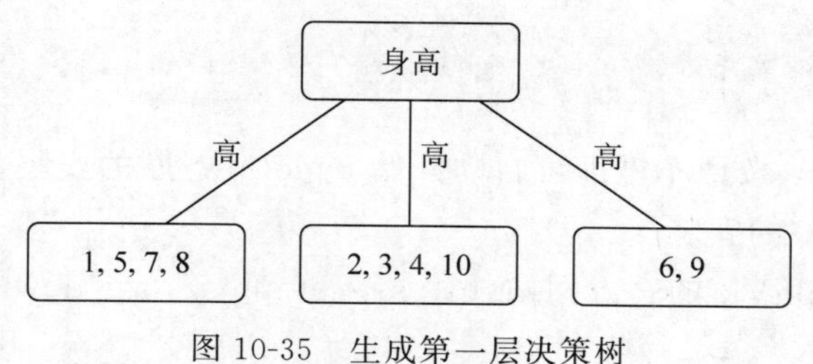

图 10-35　生成第一层决策树

图 10-35 中的{1,5,7,8}、{2,3,4,10}和{6,9}均指样本序号。接着 ID3 决策树算法分别以样本{1,5,7,8}、{2,3,4,10}和{6,9}作为新的数据集,运用上述相同策略进行进一步结点的划分。

2) C4.5 决策树

ID3 决策树算法可能会带来不好的结果,试想这样一种极端情况:如果选择唯一 ID 作为划分特征,则会得到 n 个类别,每个类别都只包含一个样本,每个节点的纯度都是最高的,纯度提升也是最大的,带来的信息增益也是最高的,但是这样利用 ID 号进行的划分是没有意义的,所以为了避免 ID3 算法的选择偏好可能带来的不利影响,C4.5 算法不直接使用信息增益为准则来选择划分属性,而是使用增益率来划分。增益率定义为

$$\text{Gain\_ratio}(D,a)=\frac{\text{Gain}(D,a)}{\text{IV}(a)} \tag{10-56}$$

其中 IV(a)为划分行为所带来的信息,计算公式如下:

$$\text{IV}(a)=-\sum_{i=1}^{V}\frac{|D^i|}{|D|}\log_2\frac{|D^i|}{|D|} \tag{10-57}$$

属性 a 的取值范围越大(V 越大),则 IV(a)越大,对于上述极端情况下取值很多的属性,增益率中分母的变大可以在一定程度上制约信息增益的变大。在划分过程中,我们同样要选择增益率最大的属性作为划分标准。

3) CART 决策树

CART 决策树算法使用基尼指数来选择划分属性,基尼指数是另一种可以度量数据集"纯度"的指标,其定义如下:

$$\text{Gini}(D)=\sum_{k=1}^{|y|}\sum_{k'\neq k}p_k p_{k'}=1-\sum_{k=1}^{|y|}p_k^2 \tag{10-58}$$

Gini(D)越小,则数据 D 的纯度越高。属性 a 的基尼指数可以表示为

$$\text{Gini\_index}(D,a)=\sum_{i=1}^{V}\frac{|D^i|}{|D|}\text{Gini}(D^i) \tag{10-59}$$

在划分过程中,要选择基尼指数最小的属性值作为划分标准。

3. 决策树的具体实现

1) 决策树的可视化

利用 Python 的 pydotplus、scikit-learn 库和 GraphViz 软件可以实现决策树的可视化,生成决策树的 PDF 文件,便于用户理解。

(1) pydotplus 库的安装。

打开 2.2.1 节所介绍的 Anaconda Prompt 应用程序,只需要在 Anaconda Prompt 应用程序的命令行窗口输入如下命令

```
pip install pydotplus 或 conda install pydotplus
```

上述命令输入完毕,按回车键即可自动开始 pydotplus 库的安装。

(2) GraphViz 软件的安装。

步骤 1:访问 GraphViz 的官方网站(https://graphviz.org/download/),官方网站界面如图 10-36 所示。

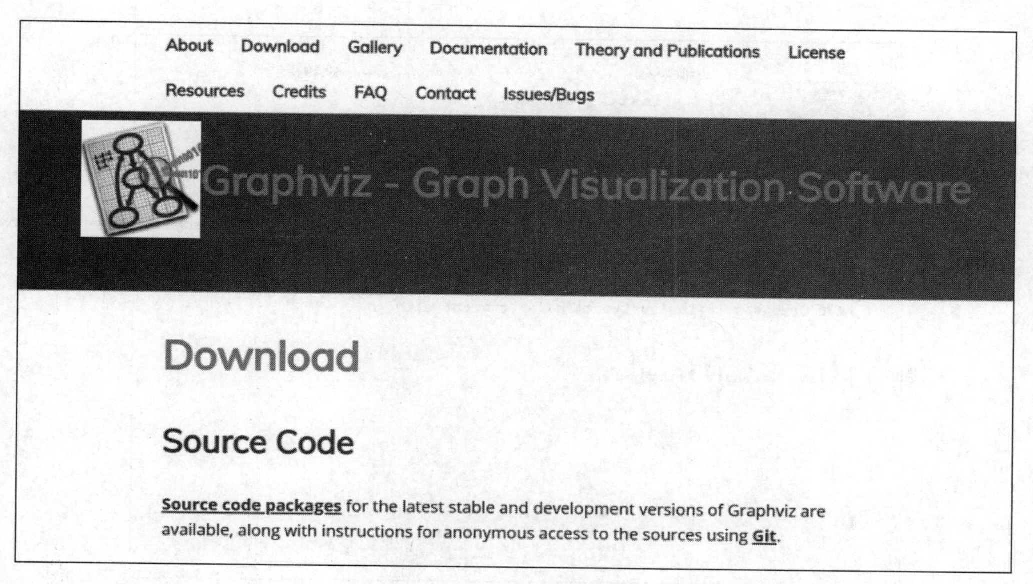

图 10-36 GraphViz 软件官网

步骤 2：鼠标滑动下拉官网页面，找到对应的软件版本安装包进行下载，Windows 版本 64 位的软件下载位置如图 10-37 所示。

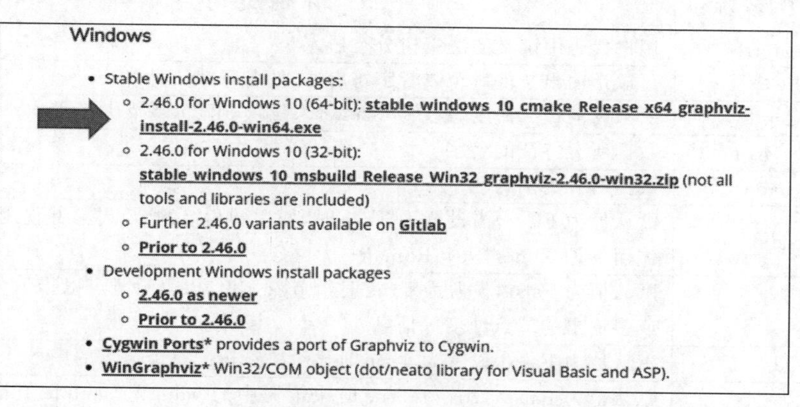

图 10-37 Windows 版本 64 位的软件下载位置

步骤 3：根据软件页面的提示单击“下一步”按钮安装软件即可，但需要注意的是：当进入图 10-38 所示的安装页面时，应先选择第 2 个或第 3 个选项后再单击“下一步”按钮，可以省去手动添加环境变量的麻烦。

(3) 决策树可视化需要使用的主要函数介绍。

scikit-learn 库 tree 模块中的 export_graphviz()函数可以以 Graphviz 软件的格式导出决策树。tree.export_graphviz()函数原型的部分参数如下：

```
tree.export_graphviz(decision_tree, out_file, max_depth, feature_names, class_names,
rounded, filled, node_ids, proportion, rotate)
```

上述 tree.export_graphviz()函数列举的各参数含义如表 10-19 所示。

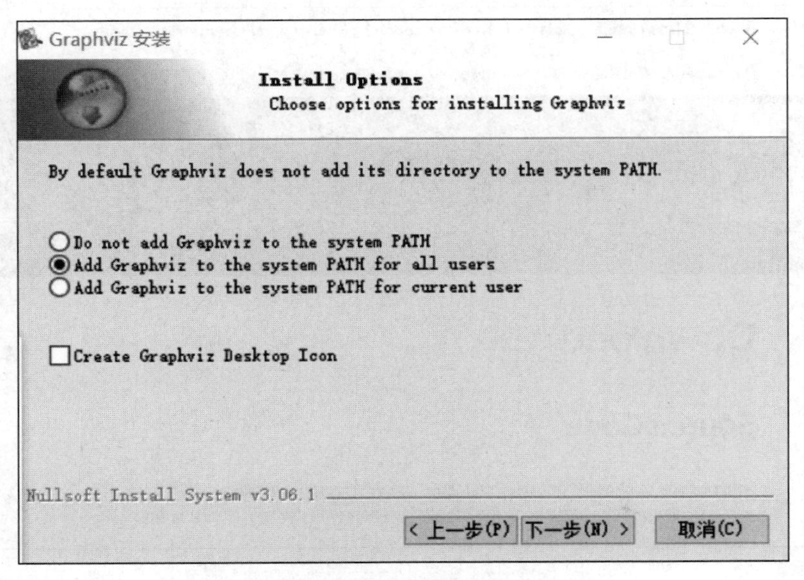

图 10-38 选择自动添加环境变量的安装界面

表 10-19 tree.export_graphviz()函数各参数含义

序号	参数名称	详细说明
1	decision_tree	用户代码中定义的决策树分类器
2	out_file	可以是输出文件对象或者字符串(文件名),默认为 None
3	max_depth	决策树的最大深度,默认为 None,未设置则显示整个决策树
4	feature_names	数据所有特征的名字
5	class_names	数据所有类别的名字
6	rounded	默认值为 False,当设置为 True 时,使用圆角绘制节点框,并使用 Helvetica 字体而不是 Times New Roman
7	filled	默认值为 False,设置为 True 时给节点上色,以表示节点以指示分类的多数类或多输出的节点纯度等信息
8	node_ids	默认值为 False,设置为 True 时显示决策树中每个节点的序号
9	proportion	默认值为 False,设置为 True 时决策树中的 value 和 sample 值被设置为百分数的形式
10	rotate	默认值为 False,设置为 True 时将纵向的决策树变为横向

另外还有 scikit-learn 库 externals.six 模块中的 StringIO()函数,该函数用于在内存中读写字符串。StringIO()函数返回对象中的 getvalue()函数,该函数用于获取写入的字符串。pydotplus 库中的 graph_from_dot_data()函数将由 Graphviz 软件导出的决策树绘制出来。

2) 决策树可视化代码详细讲解

(1) 决策树构造函数。

scikit-learn 库 tree 模块中的 DecisionTreeClassifier()函数可以方便地构造一棵决策树,tree.DecisionTreeClassifier()函数原型的部分参数如下:

```
tree.DecisionTreeClassifier(criterion = "gini", splitter = "best", max_depth = None, min_
samples_split = 2, min_samples_leaf = 1, max_leaf_nodes = None, min_impurity_decrease = 0.0,
class_weight = None)
```

上述 tree.DecisionTreeClassifier()函数列举的各参数含义如表 10-20 所示。

表 10-20 tree.DecisionTreeClassifier()函数各参数含义

序号	参数名称	详细说明
1	criterion	特征选择标准,取值为 gini 或 entropy(default="gini"),前者是基尼系数,后者是信息熵。信息熵运算效率低一点,因为它有对数运算
2	splitter	特征划分标准,取值为 best 或 random(default="best"),前者在特征的所有划分点中找出最优的划分点。后者随机地在部分划分点中找局部最优的划分点。默认的 best 适合样本量不大的时候,而如果样本数据量非常大,此时决策树构建推荐 random
3	max_depth	决策树最大深度。取值为 int 类型或 None,(default=None)。如果模型样本量多,并且特征也多的情况下,则限制这个最大深度可以在一定程度上防止过拟合
4	min_samples_split	内部节点再划分所需最小样本数。取值为 int 或 float 类型。(default=2),如果传入的是 float 类型数值,则用该数向上取整后的结果
5	min_samples_leaf	限制了叶子节点所包含的最少的样本数。如果叶子节点所包含的样本数小于这个值,则会和兄弟节点一起被剪枝。取值为 int 或 float 类型。同样地,如果传入的是 float 类型数值,则用该数向上取整后的结果
6	max_leaf_nodes	取值为 int 类型数据或者 None,(default=None),限制最大叶子节点总数来防止过拟合。默认为"None",即不限制最大的叶子节点数。如果加了限制,算法会建立在最大叶子节点数内最优的决策树
7	min_impurity_decrease	节点的最小不纯度,即节点的最大纯度。这个值限制了决策树的生长,如果某节点的不纯度(用基尼系数,信息增益等表示)小于这个阈值,则该节点不再生成子节点。取值为 float 类型,(default=0)
8	class_weight	取值为字典类型、列表类型数据或者关键字 balanced 和 None,default=None 指定样本各类别的权重,主要为了防止训练集某些类别的样本过多,导致训练的决策树过于偏向这些类别。这里可以自己指定各个样本的权重,或者用 balanced,如果使用 balanced,则算法会自己计算权重,样本量少的类别所对应的样本权重会高。当然,如果样本类别分布没有明显的偏倚,则可以不管这个参数,选择默认的 None

(2) 决策树可视化代码实现。

本节以 scikit-learn 库提供的鸢尾花数据集为例,构建决策树并将其可视化。scikit-learn 库的 datasets 模块中的 load_iris()函数可以直接导入鸢尾花数据集,该数据集在 10.2.5 节已经介绍过,包括 4 个数据样本特征,分别是萼片长度、萼片宽度、花瓣长度和花瓣宽度,根据这 4 个特征将鸢尾花分为 3 个类别,分别是山鸢尾(Iris-setosa)、变色鸢尾(Iris-versicolor)和弗吉尼亚鸢尾(Iris-virginica),每个类别分别有 50 条数据,共 150 条数据。

构建决策树并将其可视化的示例代码如下：

```
//Chapter10/10.2.8_test34/10.2.8_test34.py
输入：from sklearn.datasets import load_iris
      import pydotplus
      from sklearn.externals.six import StringIO
      from sklearn import tree
      from sklearn.model_selection import train_test_split          #用于划分训练集和测试集
      from sklearn.metrics import classification_report             #模型评估
      #classification_report()可以一次性计算出用于10.2.2节介绍的精度、查准率、查全率和
      #F1分数
      iris = load_iris()                                            #加载鸢尾花数据集
      xTrain, xTest, yTrain, yTest = train_test_split(iris.data, iris.target, test_size = 0.25,
      random_state = 33)
      #将鸢尾花数据集划分成75%训练集和25%测试集，决策树将以75%的训练集构建，共112
      #条数据
      #xTrain为训练集样本特征，yTrain为训练集样本标签
      #xTest为测试集样本特征，yTest为测试集样本标签(真实值)
      dct = tree.DecisionTreeClassifier()                           #构建决策树
      #决策树模型的训练，本例中选择默认的特征选择方法，即使用基尼指数的CART算法
      dct.fit(xTrain, yTrain)                                       #训练决策树
      yPred = dct.predict(xTest)                                    #对测试集进行分类预测
      print("在测试集上决策树模型的分类精度为", dct.score(xTest, yTest))
      print("其他评价指标:\n", classification_report(yTest, yPred))
      dot_data = StringIO()                    #将导出的决策树用StringIO()写入
      tree.export_graphviz(dct, out_file = dot_data, feature_names = iris.feature_names, \
                  class_names = (iris.target_names), rounded = True)
      #tree.export_graphviz()函数以Graphviz格式导出决策树
      graph = pydotplus.graph_from_dot_data(dot_data.getvalue())
      #使用getvalue()函数将StringIO()函数写入的决策树放至绘图函数中绘制决策树
      graph.write_pdf("irisTree.pdf")          #保存绘制好的决策树，以PDF的形式存储

输出：在测试集上决策树模型的分类精度为 0.8947368421052632
      其他评价指标：
                        precision    recall  f1-score   support

      0                      1.00      1.00      1.00         8
      1                      0.73      1.00      0.85        11
      2                      1.00      0.79      0.88        19
      accuracy                                   0.89        38
      macro avg              0.91      0.93      0.91        38
      weighted avg           0.92      0.89      0.90        38
```

上述代码结果的最左列表示鸢尾花的类别0、1、2，macro avg表示各类别的precision、recall、f1-score分别加和求平均，weighted avg表示对每个类别的precision、recall、f1-score进行加权平均，加权权重为各类别数在真实标签中所占比例，最右侧的support列指该类别在整个数据集中的数量。决策树可视化保存的文件irisTree.pdf与上述代码文件存储的目录路径相同，打开该PDF文件，生成的决策树如图10-39所示。

图10-39所示的决策树根结点第一行内容代表该节点的划分标准，该节点中包含的所

有数据都满足这个标准；第二行内容 gini 代表每个节点的基尼指数值，因为图 10-39 所绘制的是 CART 决策树；第三行内容 samples 代表该节点共包含多少条数据；第四行内容 value 代表该节点所包含的数据在各种类别中的分布，例如根节点的 value=[42,39,31]代表所有数据中（根节点还未划分，包含数据集中所有数据）有 42 个 Iris Setosa 类别的鸢尾花数据，39 个 Iris Versicolour 类别数据及 31 个 Iris Virhinica 类别数据；最后一行内容 class 表示分类的结果，例如根结点的分类结果为 Iris Setosa。

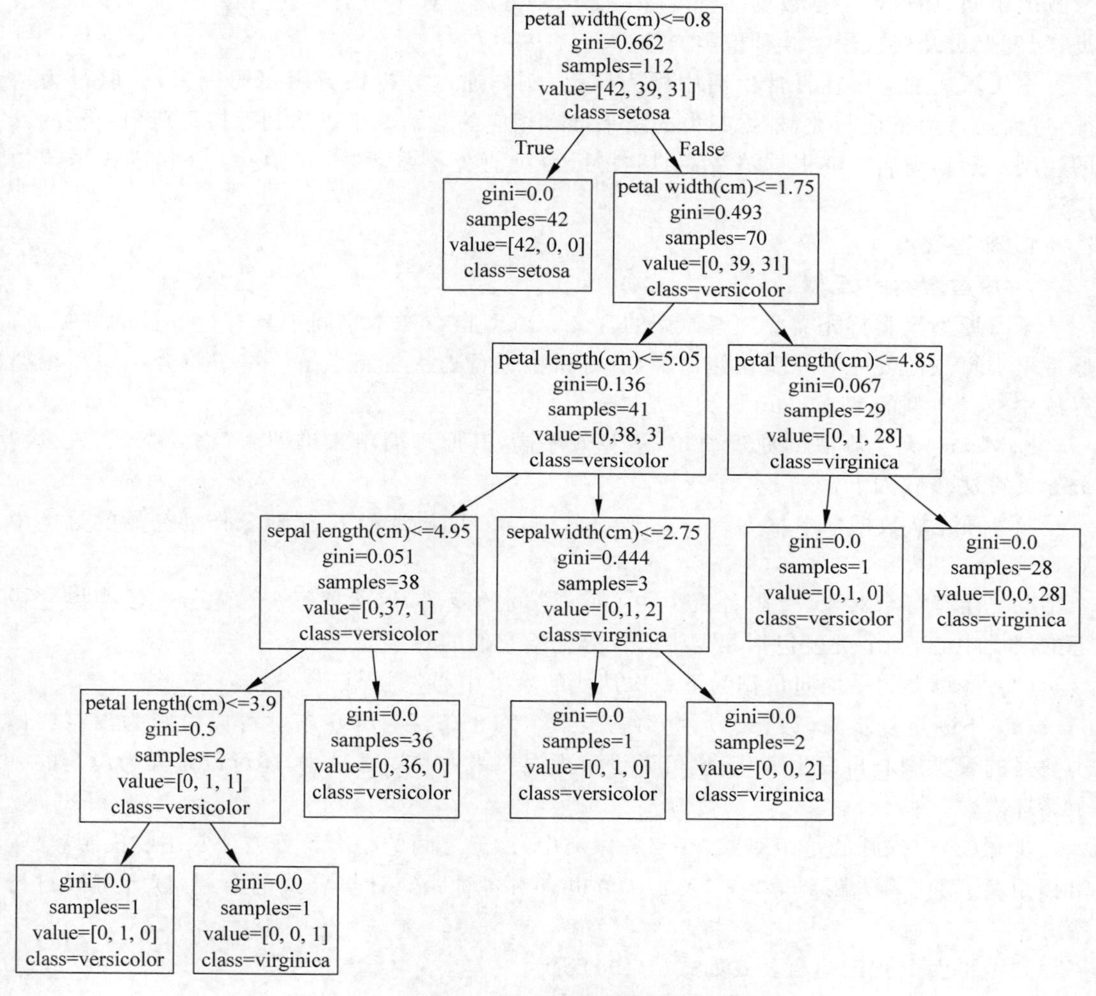

图 10-39 决策树可视化结果

10.3 无监督学习算法

10.2 节介绍了监督学习算法，监督学习算法需要依赖带有标签的数据样本集，但实际应用场景中的数据常常不含有数据样本标签或者数据样本标签都一样，这种情况下监督学习算法虽然功能强大却派不上用场，需要使用无监督学习算法。接下来的内容将对聚类和 PCA 数据降维两种常用的无监督学习算法进行介绍。

6min

10.3.1 聚类

聚类算法能够通过大量未标注的数据集特征信息，寻找信息主体之间的相似关系，按数据间的相似性将数据集划分为多个类别，使划分成同一类别的数据相似度较大，不同类别间的数据相似度较小。聚类划分出的类别一般称为对象簇，而簇又有多种划分方式，譬如可以根据数据特征的明显程度来划分簇，也可以根据数据到簇的中心距离来划分，同时由于数据形式的不同，还可以根据数据的密度等特征来划分簇。在本节后面的内容中，将介绍原型聚类、密度聚类及层次聚类3种聚类方法。

聚类算法的应用在日常生活中极为广泛，例如通过分析银行用户的行为，提取行为特征，进而对行为特征归类，根据归类的结果推送相应的营销策略以达到保持活跃用户量的目的。网上购物商店能够根据消费者的购物行为对消费者类型进行归类，进而精准投送购物广告。

1. 原型聚类

1）原型聚类的概念

学习原型聚类首先需要理解原型的含义。原型指在样本空间中具有代表性的数据点，原型聚类算法需要先对原型初始化，然后对原型进行迭代更新求解。本节将介绍原型聚类算法中极具典型的K-Means聚类算法。

K-Means聚类算法的原理简单，运算效率高，其原理简单来讲即为“物以类聚、人以群分”，其算法步骤如下：

(1) 预先从数据样本集 $D=\{x_1,x_2,x_3,\cdots,x_m\}$ 随机选取 K 个对象作为初始的聚类中心，分为 K 组 $C=\{C_1,C_2,C_3,\cdots,C_{k-1},C_k\}$。

(2) 计算每个对象 x_i 与各聚类中心 C_i 之间的距离，然后把每个对象分配给距离它最近的聚类中心，一个类就包括聚类中心及分配给它们的对象。

(3) 将每类的平均向量作为下一次迭代的聚类中心，更新 C_i。

(4) 不断重复步骤(2)和(3)，直到满足某个终止条件。终止条件可以设定为没有或最小数目的聚类中心再发生变化，也可以设定为误差平方和局部最小，还可以是人为设定的一个循环次数。

步骤(3)中提到的每个对象 x_i 与各聚类中心 C_i 之间的距离计算方法常用欧氏距离、曼哈顿距离、切比雪夫距离等，在10.2.3节也有对各种距离计算公式的介绍，读者可以自行参考。

二维平面上欧氏距离公式如式(10-60)所示。

$$d=\sqrt{(x_1-x_2)^2+(y_1-y_2)^2} \tag{10-60}$$

二维平面上曼哈顿距离公式如式(10-61)所示。

$$d=|x_1-x_2|+|y_1-y_2| \tag{10-61}$$

二维平面上切比雪夫距离公式如式(10-62)所示。

$$d=\max(|x_1-x_2|,|y_1-y_2|) \tag{10-62}$$

上述3个公式中：d——距离的计算结果；

x_1、y_1——分别为第一个数据点的横、纵坐标；

x_2、y_2——分别为第二个数据点的横、纵坐标。

步骤(4)提到的误差平方和(Sum of the Squared Error,SSE)函数如式(10-63)所示。

$$\mathrm{SSE}=\sum_{i=1}^{K}\sum_{x\in C_i}\mathrm{dist}(C_i,x)^2 \tag{10-63}$$

式中：SSE——误差平方和计算结果；

K——K 个聚类中心；

C_i——第 i 个聚类的中心点；

dist——欧氏距离公式,见式(10-60)。

2）K-Means 聚类的实现

scikit-learn 库通过 cluster 模块中的 KMeans()函数提供 K-Means 聚类算法的模型实现,其函数原型如下：

```
KMeans(n_clusters = 8, init = 'k - means++', n_init = 10, max_iter = 300, tol = 0.0001, precompute_
distances = 'auto', verbose = 0, random_state = None, copy_x = True, n_jobs = 1, algorithm = 'auto')
```

KMeans()函数原型的部分参数含义如表 10-21 所示。

表 10-21　KMeans ()函数部分参数含义

序号	参数名称	详细说明
1	n_clusters	给定一个整数,指定分类簇的数量,默认值为 8
2	init	设置初始簇中心的获取方法,默认为 k-means++,还可设置为 random 等
3	n_init	获取初始簇中心的迭代次数
4	max_iter	设置最大迭代次数
5	tol	用于与 inertia 结合确定收敛条件
6	precompute_distances	设置是否需要提前计算距离
7	n_jobs	并行工作的数量

下面用一个简单的例子展示如何利用 K-Means 对二维数据进行聚类,示例代码如下：

```
//Chapter10/10.3.1_test35.py
输入: import numpy as np
      import matplotlib.pyplot as plt
      from sklearn.cluster import KMeans                          #导入 KMeans 模型
      #1. 使用 KMeans 聚类模型
      Data = np.array([[1,15],[12,5],[3,12],[2,11],[11,3],[8,2],[5,9],[4,10],[9,4],[10,4]])
                                                                  #创建待聚类数据
      model = KMeans(n_clusters = 2, random_state = 0)            #获取 KMeans 模型,n_clusters 为 2 时
                                                                  #表示聚类为 2 个簇
      pre = model.fit_predict(Data)                               #训练并返回聚类结果
      print(pre)     #查看聚类结果,pre 保存的为 0 和 1 的值,0 表示一个簇,1 表示另一个簇
      #2. 用形状表示不同的簇并绘制数据分布散点图
      shape = ("s","o")      #定义两种形状以标识不同的聚类簇,形状表示可参考表 7-8
      #shape 元组中的"s"为正方形,表示 0 簇;"o"为圆形,表示 1 簇
      shapes = np.array(shape)[pre]                               #根据不同簇生成形状序列
      print(shapes)
      for x,y,s in zip(Data[:,0],Data[:,1],shapes):
          #根据形状绘制散点图,Data[:,0]为横坐标,Data[:,1]为纵坐标
```

```
        plt.scatter(x = x, y = y, marker = s, color = 'r')
    plt.xlabel("x")
    plt.ylabel("y")
    plt.show()

输出：[1 0 1 1 0 0 1 1 0 0]
    ['green' 'red' 'green' 'green' 'red' 'red' 'green' 'green' 'red' 'red']
```

上述代码绘制的数据分布散点图结果如图 10-40 所示。

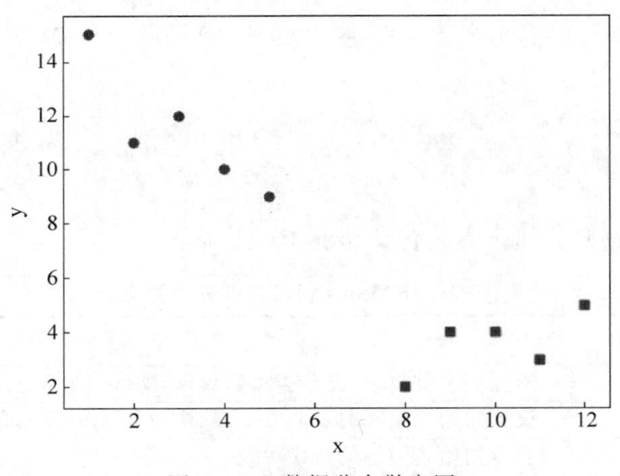

图 10-40 数据分布散点图

由图 10-40 可以看出圆形点与正方形点明显分布在坐标图的两个不同位置，上述代码的聚类结果也成功将圆形点分为 1 簇，将正方形点分为 0 簇。

不妨再添加几个新的数据点，通过 KMeans 模型的 predict()函数查看模型对新数据点预测的聚类结果，示例代码如下：

```
//Chapter10/10.3.1_test36.py
输入：import numpy as np
    import matplotlib.pyplot as plt
    from sklearn.cluster import KMeans                    #导入 KMeans 模型
    #1. 使用 KMeans 聚类模型
    Data = np.array([[1,15],[12,5],[3,12],[2,11],[11,3],[8,2],[5,9],[4,10],[9,4],[10,4]])
                                                          #创建待聚类数据
    model = KMeans(n_clusters = 2, random_state = 0)      #聚类为 2 个簇
    model = model.fit(Data)                               #训练聚类模型
    newData = np.array([(3,8),(13,2),(1,13),(8,4)])
    preResult = model.predict(newData)                    #使用 predict()函数对新数据进行预测
    print("新数据坐标：",end = "")
    for i in newData:
        print(i,end = " ")
    print("\n 预测的聚类簇类别：",preResult)
    #2. 用颜色表示不同的簇
    color = ("red","green")                               #定义两种颜色以标识不同的聚类簇
```

```
    #red 表示 0 簇,green 表示 1 簇
    colors = np.array(color)[preResult]            #根据不同簇生成颜色序列
    print("用颜色区分聚类结果：",colors)

输出：新数据坐标：[3 8] [13 2] [1 13] [8 4]
    预测的聚类簇类别：[1 0 1 0]
    用颜色区分聚类结果：['green' 'red' 'green' 'red']
```

3）K-Means 聚类的在鸢尾花数据集上的应用

为让读者加深对 K-Means 聚类的理解，此处将 K-Means 聚类算法应用在 scikit-learn 库提供的鸢尾花数据集上。该数据集在 10.2.5 节曾经介绍过，包括 4 个数据样本特征，分别是萼片长度、萼片宽度、花瓣长度和花瓣宽度。根据这 4 个特征将鸢尾花分为 3 个类别，分别是山鸢尾（Iris-setosa）、变色鸢尾（Iris-versicolor）和弗吉尼亚鸢尾（Iris-virginica），每个类别分别有 50 条数据，共 150 条数据。

利用 K-Means 聚类对鸢尾花进行分类的示例代码如下：

```
//Chapter10/10.3.1_test37.py
输入：from sklearn.datasets import load_iris             #导入鸢尾花数据集的加载器
    from sklearn.cluster import KMeans                  #导入 KMeans 模型
    import matplotlib.pyplot as plt
    #1. 获取数据
    irisData = load_iris()                              #导入鸢尾花数据集
    X = irisData.data                                   #获取鸢尾花数据样本特征,包含 4 列
    y = irisData.target                                 #获取鸢尾花数据样本标签,数据形如 0、1、2
    #2. 模型训练
    model = KMeans(n_clusters = 3)                      #定义 KMeans 模型以便将数据分为 3 个簇
    model.fit(X)                                        #训练 KMeans 模型
    yPre = model.predict(X)                             #预测结果
    #3. 绘图查看聚类效果
    plt.rcParams["font.family"] = ["SimHei"]
    plt.rcParams["axes.unicode_minus"] = False
    #要显示中文需要加上上述两行代码
    plt.figure(1)                    #第 1 张图：绘制原始数据真实标签对应的散点图
    #鸢尾花数据集有 4 个特征,暂且使用前两个特征来绘制二维平面散点图查看效果
    plt.scatter(X[:,0],X[:,1],c = y,cmap = 'Set1')
    plt.xlabel("特征 1")
    plt.ylabel("特征 2")
    plt.title("真实标签的散点图")
    plt.figure(2)
    plt.scatter(X[:,0],X[:,1],c = yPre,cmap = 'Set1')
    plt.xlabel("特征 1")
    plt.ylabel("特征 2")
    plt.title("KMeans 聚类预测标签的散点图")
    plt.show()
```

上述代码运行后生成的两张散点图如图 10-41 所示。

4）K-Means 聚类的优缺点

K-Means 原理较为简单，并且具有实现容易、收敛速度快的优点，但其往往需要指定聚

类的簇个数，即 K 值，使得应用范围受限。同时存在着可能收敛到局部最小值的情况，易受到异常点的影响。另外 K-Means 聚类的实现原理决定了其对于凸面形状的簇聚类效果较好，但不适用于非凸面形状或大小差别很大的簇。凸面形状的簇即指数据点在数据域上的分布倾向于圆形。为了解决无法对非球状的数据进行聚类的问题，可以采用其他聚类方法，如密度聚类。

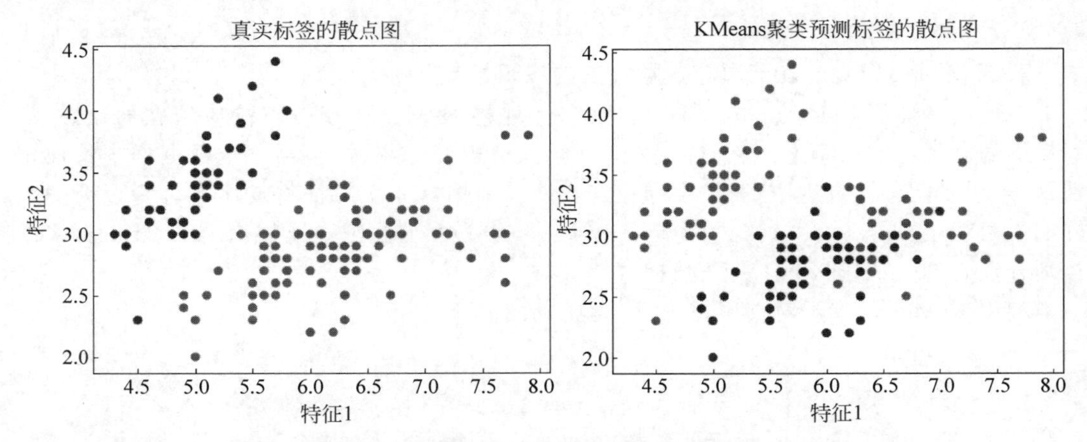

图 10-41 鸢尾花卉数据真实标签与聚类结果的对比示例图

2. 密度聚类

1）密度聚类的概念

密度聚类顾名思义即为基于数据点密度属性的聚类，其假设数据能够通过样本分布的紧密程度来确定分类簇，本节将对密度聚类中常用的 DBSCAN 算法进行详细介绍。

DBSCAN 算法的聚类过程如下：

（1）首先设定半径 eps 及密度阈值 MinPts 两个参数。对每个数据点在特征维度上以 eps 为半径划定范围，该范围称为对应点的邻域。

（2）对邻域中包含的点进行计数，当计数值超过密度阈值 MinPts 时，将对应数据点标记为核心点，当邻域中点的个数小于密度阈值时则该数据点被标记为低密度点。同时，若核心点的邻域内包含低密度点，则其也被称为边界点。

（3）对数据点进行（1）和（2）操作之后，若出现一个核心点在另一个核心点邻域中，则连接这两个核心点，同时将边界点与对应的核心点相连接。在进行点的连接时，对核心点进行遍历，对每个核心点连接所有在邻域内可连的点，对每个连接的点重复该操作，直到所有的核心点都属于一个簇，则连接完成。完成所有连接后，连接到一起的点即自动成为一个簇。

与 K-Means 算法相比，DBSCAN 算法最大的不同即为不用预设簇的个数。基于 DBSCAN 算法的原理，该算法可以得出任意形状的聚类簇。另外，在所有连接操作完成后，不属于任何簇的低密度点并不会被归类到簇中，也不会影响簇的分类情况，这些点在一般情况下都是异常点，这也是 DBSCAN 区别于 K-Means 算法的一个地方，可以区分出数据集中的异常点，且聚类情况不会受到异常点影响。

2）密度聚类的实现

scikit-learn 库通过 cluster 模块中的 DBSCAN()函数提供 DBSCAN 聚类算法的模型实现，其函数原型如下：

```
DBSCAN(eps = 0.5, min_samples = 5, metric = 'euclidean', algorithm = 'auto', leaf_size = 30, p =
None, n_jobs = 1)
```

DBSCAN()函数原型的部分参数含义如表 10-22 所示。

表 10-22 DBSCAN()函数部分参数含义

序号	参数名称	详细说明
1	eps	每个样本的邻域半径
2	min_samples	核心点领域中的最小样本数量
3	metric	距离度量方式,默认为欧氏距离,还可以设置为 precomputed
4	algorithm	近邻算法求解方式,可以设置为 auto、ball_tree、kd_tree、brute
5	leaf_size	近邻算法设置为 ball_tree 或 kd_tree 时用于设置叶的大小
6	n_jobs	使用 cpu 的格式

下面用一个简单的例子对比观察 K-Means 算法和 DBSCAN 算法对非凸数据集的聚类效果,示例代码如下:

```
//Chapter10/10.3.1_test38.py
输入: import matplotlib.pyplot as plt
      from sklearn.datasets import make_moons, make_circles
      from sklearn.cluster import KMeans,DBSCAN
      #1. 分别生成月牙形及环形数据集
      #make_moons()函数用于生成在二维平面上形如月牙的数据,n_samples 为数据点数,noise 为
      #噪声程度
      #make_circles()函数用于生成在二维平面上形如环状的数据,参数 factor 为环形数据内外
      #圈数据点个数比
      X1,y1 = make_moons(n_samples = 500,noise = 0.05)
      X2,y2 = make_circles(n_samples = 500,noise = 0.05,factor = 0.5)
      #2. 采用 K-Means 聚类对月牙形数据建模
      estimator = KMeans(init = 'random',n_clusters = 2)              #获取 K-Means 算法模型
      y_pred = estimator.fit_predict(X1)
      #3. 绘图,画布中有 4 幅图
      #下面是第 1 幅图
      plt.rcParams["font.family"] = ["SimHei"]
      plt.rcParams["axes.unicode_minus"] = False
      #要显示中文则需要加上上述两行代码
      plt.figure(figsize = (10,10))
      plt.subplot(221)                    #绘制的图为 2×2 排列,221 表示画布中的第 1 幅图
      plt.scatter(X1[:, 0], X1[:, 1], s = 20, c = y_pred, marker = 'o')
      plt.title("k-Means 聚类对月牙形数据的建模结果")
      #4. 采用 DBSCAN 聚类对月牙形数据建模
      db = DBSCAN(eps = 0.2).fit(X1)      #获取并训练 DBSCAN 算法模型
      labels = db.labels_
      #下面是第 2 幅图
      plt.subplot(222)                    #绘制的图为 2×2 排列,222 表示画布中的第 2 幅图
      plt.scatter(X1[:, 0], X1[:, 1], s = 20, c = labels, marker = 'o')
      plt.title("DBSCAN 聚类对月牙形数据的建模结果")
      #5. K-Means 对环形数据聚类
```

```
estimator = KMeans(init = 'random',n_clusters = 2)
y_pred = estimator.fit_predict(X2)
#下面是第 3 幅图
plt.subplot(223)            #绘制的图为 2×2 排列,223 表示画布中的第 3 幅图
plt.scatter(X2[:, 0], X2[:, 1], s = 20, c = y_pred, marker = 'o')
plt.title("k - Means 聚类对环形数据的建模结果")
#6. DBSCAN 对环形数据聚类
db = DBSCAN(eps = 0.2).fit(X2)
labels = db.labels_
#下面是第 4 幅图
plt.subplot(224)            #绘制的图为 2×2 排列,224 表示画布中的第 4 幅图
plt.scatter(X2[:, 0], X2[:, 1], s = 20, c = labels, marker = 'o')
plt.title("DBSCAN 聚类对环形数据的建模结果")
plt.show()
```

上述代码绘制出的图形如图 10-42 所示。

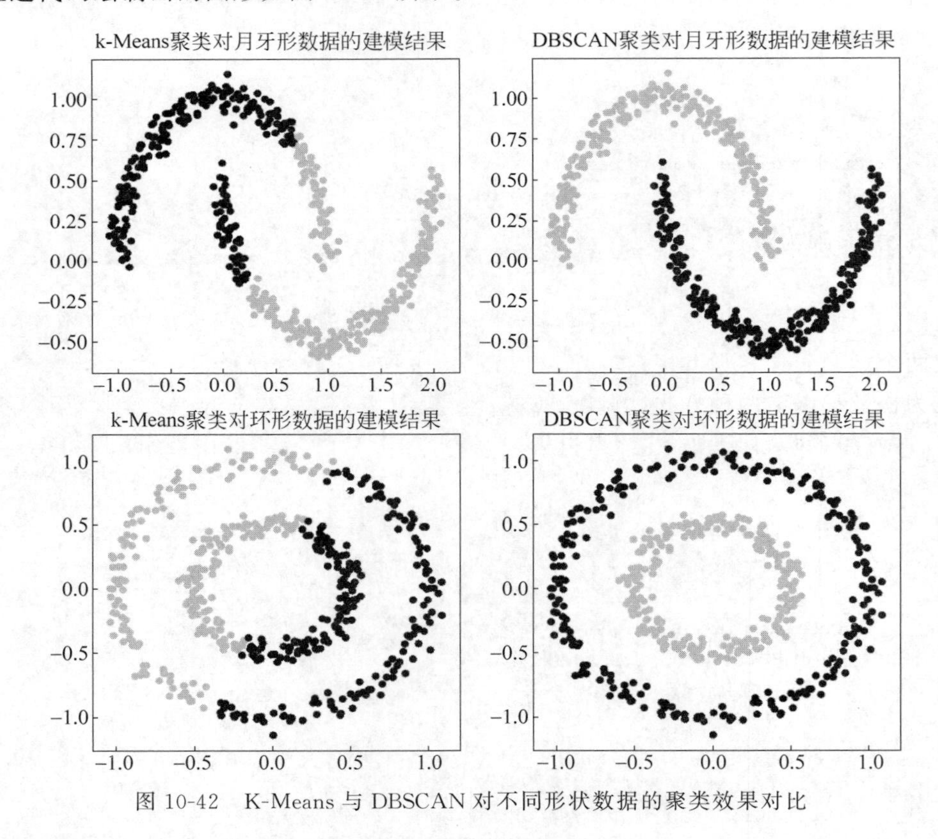

图 10-42 K-Means 与 DBSCAN 对不同形状数据的聚类效果对比

月牙形数据和环形数据都是非凸数据(凸数据集是指数据集内两点连线在数据集内,比较常见的就是一个实心圆)。由 10-42 的左上角第 1 幅图和左下角第 3 幅图可以看出,K-Means 聚类算法对非凸数据集的效果比较不好,不太容易让人们接受,人们通常情况下能够接受如图 10-42 所示的右上角第 2 幅图和右下角第 4 幅图 DBSCAN 算法的聚类结果。由此可见,密度聚类(如 DBSCAN 聚类算法)在非凸数据集上的结果比原型聚类(如

K-Means 聚类算法)的结果更合乎人工判断。

3）密度聚类的优缺点

与 K-Means 相比，DBSCAN 存在一些长处，例如无须事先给定聚类个数、可以发现任意形状的簇及能够找出数据中的异常样本并且聚类效果不受噪声较大影响。另外聚类结果不会受到数据点遍历顺序的影响。

同样地，DBSCAN 由于其原理的限制也存在着一些短处。首先当数据集的密度不均匀时，利用 DBSCAN 进行聚类的效果较差，其次当数据集较大时，用该算法聚类收敛的时间相对较长，往往需要对数据集进行一定处理以缩短处理时间。最后，虽然 DBSCAN 算法不用预设聚类个数，但其需要对 eps 和 MinPts 参数进行联合调参，感兴趣的读者可以尝试对 eps 进行改变或添加 MinPts 参数，观察聚类效果的变化。

3. 层次聚类

1）层次聚类的概念

层次聚类对给定的数据集按层次进行分解，直到满足某种条件。层次聚类主要分为凝聚法(也可称为自顶向下法)和分裂法(也可称为自底向上法)两种。

凝聚法首先将数据集中的所有对象放置于同一个簇中，再根据数据对象的距离进行细分，划分为越来越小的簇，直到达到了设定的某种终止条件。

分裂法则是将数据集中的所有对象作为一个簇，然后根据簇间距离等特征计算各簇的相似度，将相似度最高的簇合并，直到达到某个终止条件。其中簇与簇之间的距离计算主要有 3 种方法，分别为最远距离法、最短距离法及平均距离法。

最远距离法取两个簇中距离最远的两个数据点距离作为两个簇之间的距离。类似地，最短距离法取两个簇中距离最近的两个数据点距离作为两个簇之间的距离，最短距离法可能导致两个簇明明在客观上相距较远，却由于簇中个别点距离较近而被合并，最终导致得到的簇较为松散。以上两种方法都过度重视特殊点，忽略了簇内数据整体，而平均距离法则对两个集合中的点两两计算距离并求均值，较之前两种方法更重视簇内数据整体，但还是容易受到异常点的影响。

2）层次聚类凝聚法中的 AGNES 算法

上述提到的凝聚法和分裂法中，凝聚法更为常用。本节内容将介绍凝聚法中的 AGNES 算法。

scikit-learn 库通过 cluster 模块中的 AgglomerativeClustering()函数提供 AGNES 聚类算法的模型实现，其函数原型如下：

```
AgglomerativeClustering(n_clusters = 2, affinity = 'euclidean', memory = None, connectivity =
None, compute_full_tree = 'auto', linkage = 'ward', pooling_func = < function mean >)
```

AgglomerativeClustering()函数原型的部分参数含义如表 10-23 所示。

表 10-23 AgglomerativeClustering()函数部分参数含义

序号	参数名称	详细说明
1	n_clusters	给定一个整数，指定分类簇的数量
2	affinity	一个字符串或可调用对象，用于距离的计算

续表

序号	参数名称	详细说明
3	memory	默认值为 None,用于缓存输出的结果,默认状态为不缓存
4	connectivity	给定一个数组、可调用对象或者 None,用于指定连接矩阵
5	compute_full_tree	当训练至指定簇数量后,训练停止。若该项为 True,则会训练至生成完整的树
6	linkage	指定连接算法,分别为 ward(单链接)、complete(全链接)及 average(平均链接)

此处采用前面原型聚类内容介绍过的鸢尾花数据集来展示 AGNES 算法的建模流程和应用效果,示例代码如下:

```
//Chapter10/10.3.1_test39.py
输入: import matplotlib.pyplot as plt
      from sklearn.datasets import load_iris
      from sklearn.cluster import AgglomerativeClustering          #导入 AGNES 算法
      #1. 获取数据
      irisData = load_iris()                                       #导入鸢尾花数据集
      info = irisData.data                       #获取鸢尾花数据样本特征,共 4 列
      #2. 使用 AGNES 算法建模
      clustering_min = AgglomerativeClustering(linkage = 'ward', n_clusters = 3)   #AGNES 算法建模
      clustering_min.fit(info)                                     #训练 AGNES 算法
      #3. 绘图展示聚类结果
      d0 = info[clustering_min.labels_ == 0]
      plt.plot(d0[:, 0], d0[:, 1], '.')                            #聚类结果为 0 类,绘制为"."
      d1 = info[clustering_min.labels_ == 1]
      plt.plot(d1[:, 0], d1[:, 1], 'o')                            #聚类结果为 1 类,绘制为"o"
      d2 = info[clustering_min.labels_ == 2]
      plt.plot(d2[:, 0], d2[:, 1], '*')                            #聚类结果为 2 类,绘制为"*"
      plt.show()
```

上述代码绘制出的 DBSCAN 聚类效果如图 10-43 所示。

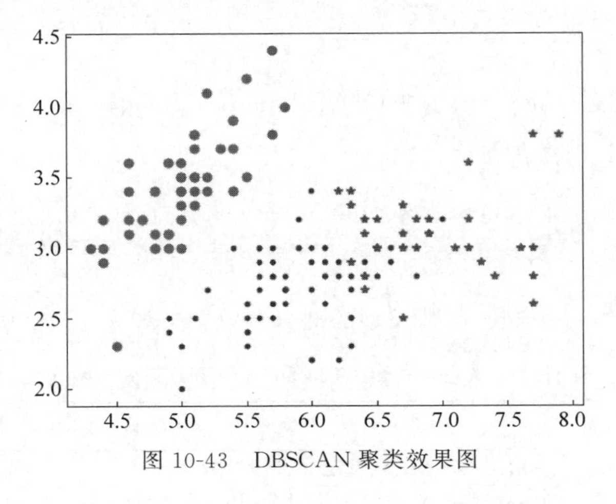

图 10-43 DBSCAN 聚类效果图

10.3.2　PCA 数据降维

PCA 数据降维技术(主成分分析技术),是目前使用最广泛的降维技术之一,可以在高维数据集映射到低维特征空间的同时,尽量地保留其更多有效特征,从而减少有用信息的损失。

在对数据进行处理的过程中,有时可能遇到数据主体具有较多维度的特征,此时直接根据这些特征对数据进行分类或聚类等处理,往往比较困难,会造成高额的时间代价,如 10.2.3 节介绍的 K-NN 算法就不适用于特征维度高的数据样本分类任务。为了避免面对高维特征数据陷入维度灾难的困境,需要使用数据降维技术,将高维度特征转化为低纬度特征。

降维主要是为了缓解维度灾难问题,维度越多的数据越抽象,而维度较低的数据可以直接通过数据可视化等方法直观方便地理解数据之间关系。降维的思想在生活中其实随处可见,例如在网络购物过程中,对于一个商品进行不同角度拍摄,实际上就是将一个三维物体的信息转化为二维图片。

1）降维操作的基本原理

下面举一个简单的例子来说明降维操作的基本原理,假设二维平面上有一些数据点,数据点位置如图 10-44 所示。

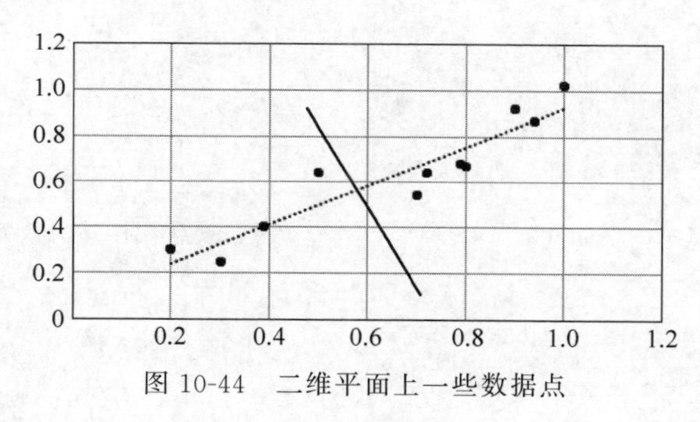

图 10-44　二维平面上一些数据点

若要对图 10-44 所示的二维数据点进行降维处理,即将其从二维降低至一维,为了尽量保持其数据特征,可将二维数据点映射至同一条直线上,但是直线有无数条,该如何选择要映射的直线呢?

以图 10-44 所示的实线和虚线为例,显然将数据点映射到虚线上比映射到实线上效果更好。若垂直映射在实线上,则映射的点非常密集,映射的点密集表明该维度上特征较不重要,不会对分类或聚类结果造成太大的影响,因此在进行降维操作时可以将其舍弃。再举个简单的例子,在对班级学生的特征聚类分析时,同一班级的学生显然年龄相近,密集地集中在一起,因此在该聚类任务中可以将年龄视为无效特征舍弃。以上即为降维操作的基本原理,同时也可以知道,对于在不同维度上分布不均匀、部分维度稠密部分维度稀疏的数据集,PCA 降维的效果较好。

2）PCA 降维技术的实现

PCA 降维技术实现的基本步骤如下:

(1) 利用样本数据减去样本均值。

(2) 通过计算数据的协方差矩阵或利用数据矩阵的奇异值分解寻找主成分。

(3) 最后通过转化矩阵将数据矩阵映射到主成分上，从而降低数据的维度。

若读者对于PCA实现的详细原理感兴趣，则可以自行去学习，此处不作过多的介绍。

scikit-learn库通过decomposition模块中的PCA()函数提供PCA数据降维算法的模型实现，其函数原型的部分参数如下：

```
PCA(n_components,whiten = False,svd_solver = ''auto'')
```

PCA()函数原型的部分参数含义如表10-24所示。

表10-24 PCA()函数部分参数含义

序号	参数名称	详细说明
1	n_components	期望通过PCA降维后数据的特征维度
2	whiten	是否进行白化，即对数据降维后的特征进行归一化，默认值为False
3	svd_solver	指定奇异值分解SVD的方法，默认值为auto，还可以选择full、arpack或randomized

采用10.3.1节介绍过的鸢尾花数据集进行PCA数据降维效果的演示，示例代码如下：

```
//Chapter10/10.3.2_test40.py
输入：import matplotlib.pyplot as plt
     from sklearn.decomposition import PCA
     from sklearn.datasets import load_iris
     #1. 获取数据
     irisData = load_iris()                      #导入鸢尾花数据集，共150行4列
     label = irisData.target                     #获取数据样本标签，共3个类0、1、2
     info = irisData.data                        #获取数据样本特征，共4个特征
     #2. PCA降维
     pca = PCA(n_components = 2)                 #进行PCA降维，保留数据样本的2个特征
     #n_components为降维后的特征数目
     reduction = pca.fit_transform(info)         #训练PCA模型，reduction为降维后含有2
                                                 #个特征的数据
     #reduction的数据为150行2列
     #3. 对降维后的数据可视化
     class0_x,class0_y = [],[]
     class1_x,class1_y = [],[]
     class2_x,class2_y = [],[]
     for i in range(len(reduction)):             #len(reduction)的值为150
         if label[i] == 0:                       #如果是0类
             class0_x.append(reduction[i][0])    #保留0类对应的一个降维后的特征作为横轴
             class0_y.append(reduction[i][1])    #保留0类对应的另一个降维后的特征作为纵轴
         elif label[i] == 1:                     #如果是1类
             class1_x.append(reduction[i][0])
             class1_y.append(reduction[i][1])
         else:                                   #如果是其他类
             class2_x.append(reduction[i][0])
             class2_y.append(reduction[i][1])
     plt.rcParams["font.family"] = ["SimHei"]
     plt.rcParams["axes.unicode_minus"] = False
```

```
#要显示中文则需要加上上述两行代码
plt.scatter(class0_x, class0_y, marker = 'x')              #绘制 0 类数据
plt.scatter(class1_x, class1_y, marker = 'D')              #绘制 1 类数据
plt.scatter(class2_x, class2_y, marker = '.')              #绘制 2 类数据
plt.title("降维后的数据样本分布情况")
plt.xlabel("降维后的特征 1")
plt.ylabel("降维后的特征 2")
plt.show()
#读者需要注意的是：PCA 只是将数据样本的特征数减少了，样本标签的类别数没变
```

上述代码绘制的降维后数据样本分布情况如图 10-45 所示。

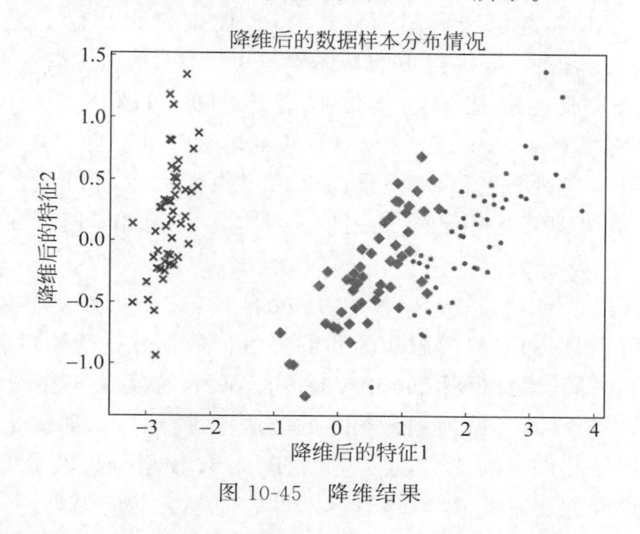

图 10-45 降维结果

通过图 10-45 可以看出，将 4 个特征维度降至二维后，3 个类别中有一个类别（该类别在图 10-45 左侧用“×”标识）明显地与其他两个类分离开，这非常有利于提升之后聚类或其他分类算法的应用效果。

3）PCA 降维技术的优缺点

PCA 降维作为非监督学习的降维方法，仅仅通过数据本身提供的方差等来度量数据之间的关联程度，并不会受到数据集外其余信息的影响，同时计算方法也较为简单，主要操作为特征值的分解，易于实现。当然也存在一些缺点，譬如通过方差等对数据进行降维，划分出的特征维度不一定是明确且有意义的，换言之就是难以解释为什么要这样降维。另外，在某些特殊的数据集中，虽然有些特征的方差较小，但该特征也可能包含对反映样本差异具有重要意义的信息，不能被降维弃用，但 PCA 会将其直接弃用。为了克服 PCA 降维方法的一些缺点，目前也出现了基于 PCA 的各种变化算法，譬如 KPCA，读者若感兴趣则可以根据自身需求进行进一步的学习。

10.4 编程算法在数据分析中的应用

10.4.1 编程算法与数据分析

尽管我们能够通过 10.2 节和 10.3 节介绍的机器学习监督和无监督算法挖掘数据变化

规律并能够对数据进行预测，但能够使用机器学习算法建模是基于已有的且整理好的数据集的情况下，在真实业务场景中不会存在这么多已经整理好的、能够直接用来机器学习建模的数据集。

数据集可以使用第8章所介绍的NumPy库和第9章所介绍的Pandas库进行整理，并且NumPy库和Pandas库在大多数数据分析任务、数据集的整理和数据规律的寻找上有着极佳的表现，但它们也不是万能的，在一些场景下也无法直接找出数据规律。

假设有这样一个场景：小明定投了一支基金，现有1月、2月和3月份该支基金的每天收益变化数据，为了辅助分析这支基金的前景，请分别找出这支基金1月、2月和3月份分别的最大连续收益之和(假设7天的收益变化数据为[2,1,−5,8,−1,7,−6]，则最大连续收益之和指8−1+7=14)，并以条形图的形式展现，较高的最大连续收益之和在一定程度上能够给予购买基金者信心。该场景下的具体例题可参考10.4.4节例10-13。

仔细思考会发现，上述寻找最大连续收益之和的问题无论是使用NumPy库还是Pandas库都无法直接解决，NumPy库和Pandas库在简单统计上效率非常高，例如可以快速按行或按列求出所有利润之和，那么该怎么来寻找最大连续利润之和呢？这个数据分析任务对应的其实是编程算法中动态规划的最大连续子序和问题，在10.4.3节将详细介绍。

其实读者也不用过于依赖NumPy库和Pandas库，它们的功能也都是通过编程实现的，只不过使用了函数和面向对象的思想为我们将各种数据分析功能封装好了，省去了我们从头开始编写代码的时间，因此既然NumPy库和Pandas库无法直接帮助我们找到最大连续利润之和这样的数据规律，不妨回到最根本的方法上进行思考，那就是自己编程实现。编程能力是需要不断积累和训练的能力，也是贯穿Python数据分析的最基本能力，本节介绍的编程算法是对编程能力要求的升华，编程算法非常有趣且功能强大。

本书第2～6章介绍了Python语言的语法和用法，如果只需完成基本的编程题和大多数数据分析的编程任务，这些内容是完全足够用的，只要我们理清编程思路就能够编写出代码，但就像数学题一样，数学题有一题多解的情况，有的解法非常巧妙且精练，有些解法显得笨拙且冗余，有时在解数学难题时甚至可能连最笨拙的解法都写不出来。编程也和解数学题一样，对本书第2章至第6章的学习使我们掌握了最基本的解题方法，通过这些基本方法能够编写出巧妙且精练的代码，也可能编写出笨拙且冗余的代码，甚至可能由于没有解题思路编写不出代码，因此，编写出什么样的代码完全取决于自己对这道题的解题思路和理解，而解题思路需要依靠编程算法来拓展、训练和升华。

那什么是编程算法呢？编程算法简单理解就是编程的思路、技巧和模板，主要包括贪心法、分治法、递归法、动态规划法、回溯法、分支界限法等，编程算法在各大高校中都作为计算机类专业的一门必修课而存在，可以说是计算机类专业最难学习和最难练习却非常有趣和神奇的课程之一。有大量专门的书籍介绍编程算法，要想把编程算法学通学精是需要花费大量时间和精力练习的，无法一蹴而就。

本章只能介绍编程算法在数据分析中的应用方法和场景，因此无法详细地介绍所有编程算法的内容，同时本章也是为了提醒读者要注重基础编程能力的提升，Python第三方库无法解决所有场景下的问题。另外，由于编程算法中的动态规划在数据分析、自然语言处理等领域应用非常广泛且有效，因此本节内容选择以动态规划算法为例，为读者提供实现动态规划算法的解题技巧和模板，与读者一起学习如何快速实现动态规划算法的编程并使读者能够将动态规划算法应用在数据分析任务中。若读者想要更深入地提高自己编程能力和解题技巧，建议读者一定要阅读介绍编程算法的相关专业书籍，并投入时间进行专门的编程练习。

10.4.2 动态规划算法概念

动态规划是运筹学里的一种最优化方法，一般用来求解问题的最值，如10.4.1节提到的最大连续子序和问题。动态规划问题通常存在多个可行解，动态规划采用一张能够动态变化的表格（表格可以使用Python列表、NumPy数组等方式定义）记录求解过程中的所有可行解，并从这些可行解中找到最优解。

能够使用动态规划求解的问题通常具备3个性质，如表10-25所示。

表10-25 动态规划问题通常具备的3个性质

序号	性 质	详细说明
1	最优子结构	问题的最优解包含子问题的最优解
2	子问题重叠	一个问题的子问题非常多，但是不同的子问题不一定多，因此同样的子问题可能被重复解决多次
3	无后效性	当某个阶段状态被确定，那么这个阶段以后的变化过程就不会再受前面阶段的影响

10.4.3 动态规划算法编程示例

由动态规划算法的概念我们可以知道，实现动态规划算法的关键在于如何从记录可行解的表格中找到最优解，动态规划算法的通用编程技巧如表10-26所示。

表10-26 动态规划算法的通用编程技巧

序号	技巧步骤	详细说明
1	定义表格及表格元素含义	表格通常为一维或二维，通常情况下题目要求我们求什么，则将表格的含义定义为什么。例如题目要求我们求出名为data的序列2、1、－5、8、－1、7、－6的最大连续子序和，不妨将表格定义为一个名为dp的一维Python列表，表格元素dp[i]表示以data[i]对应元素结尾的当前序列最大连续子序和，即dp[i]表示序列data[0]、data[1]、...、data[i－1]、data[i]的最大连续子序和。表格定义为一维或二维需要具体情况具体分析
2	确定状态转移方程	这一步是动态规划最关键的一步，假设data为保存原始数据的序列，dp为表格。若dp为一维，则状态转移方程通常情况下考虑dp[i]是否与dp[i－1]、dp[i－2]、dp[i－3]、...、data[i]存在关系，状态转移方程就是找到dp[i]与从前状态的关系并写出它们之间存在的递推关系式；若dp为二维，则状态转移方程通常情况下考虑dp[i][j]是否与dp[i－1][j]、dp[i][j－1]、dp[i－1][j－1]、...、data[i]存在关系，写出它们之间存在的递推关系式。当然，上述只是凭借经验归纳出的确定状态转移方程技巧，具体问题需要具体分析，若当表格定义为一维且无法写出状态转移方程，则可以考虑将表格重新定义为二维，甚至更高维

续表

序号	技巧步骤	详细说明
3	初始化表格	从问题中找出表格 dp 能够直接填入的数据元素
4	循环填表	根据状态转移方程将计算出的可行解填入表格 dp 中
5	考虑最优值	返回表格中的最优值。根据表格定义的不同，最优值在表格中存在的位置也不同，例如最优值可能为表格的最大元素值，也可能为表格的末尾元素值

动态规划问题灵活多变，表 10-26 总结的动态规划算法的编程技巧也无法涵盖并解决所有的动态规划问题，只是为了方便读者解题而总结的通用方法。

下面用 4 道例题带领读者熟悉表 10-26 总结的动态规划算法编程技巧，在 10.4.4 节将介绍如何将这些技巧应用在数据分析中。

【例 10-9】 最大连续子序和。

假设有一个整数序列 data，请你找出 data 的最大连续子序和。例如 data 为[2,1,−5,8,−1,7,−6]，连续子序列[8,−1,7]的和最大，则 data 的最大连续子序和为 8−1+7=14。

分析：根据表 10-26 的 5 个步骤，由于题目要求为求出 data 的最大连续子序和，因此第 1 步定义一个一维表格 dp，dp[*i*]含义为以 data[*i*]对应元素结尾的当前序列最大连续子序和。第 2 步考虑 dp[*i*]与 dp[*i*−1]、data[*i*]间的关系，发现如果具有最大和的连续子序列只有一个元素 data[*i*]，则最大连续子序和 dp[*i*]=data[*i*]，如果具有最大和的连续子序列有多个元素，则最大连续子序和 dp[*i*]=dp[*i*−1]+data[*i*]，因此 dp[*i*]为 data[*i*]与 dp[*i*−1]+data[*i*]中的最大值，状态转移方程最终可以表示为 dp[*i*]=max{data[*i*],dp[*i*−1]+data[*i*]}。第 3 步初始化表格时易知，表格 dp 能直接填入的元素只有第 1 个元素 dp[0]，dp[0]=data[0]，表格 dp 的其余元素可以先暂时初始化为 0。第 4 步根据第 2 步找到的状态转移方程通过循环将递推结果填入表格 dp 中。第 5 步考虑最优值，本题表格 dp 的最大值即为最优值。

示例代码如下：

```
//Chapter10/10.4.3_test41.py
输入: def dynamicProgram(data):                          #动态规划求解最大连续子序和
          dp = [0] * len(data)                          #定义表格
          dp[0] = data[0]                               #初始化表格
          for i in range(1,len(data)):                  #循环填表
              #由于 dp[0]已经填好了,因此此处从索引 1 开始循环
              dp[i] = max(data[i],dp[i-1] + data[i])    #根据状态转移方程填表
          return max(dp)
      data = [2,1,-5,8,-1,7,-6]
      result = dynamicProgram(data)                     #求解 data 的最大连续子序和
      print(f"{data}的最大连续子序和为{result}")

输出: [2, 1, -5, 8, -1, 7, -6]的最大连续子序和为 14
```

上述代码对表格 dp 的填表过程如表 10-27 所示。

表 10-27　表格 dp 的填表过程

序号	dp 的值	详细说明(注意此处 data=[2,1,-5,8,-1,7,-6])
1	[2,0,0,0,0,0,0]	初始时,dp[0]=data[0]=2,其余元素为 0
2	[2,3,0,0,0,0,0]	i=1 时,data[i]=1,dp[i-1]+data[i]=2+1=3,因此 dp[i]=max{1,3}=3,dp=[2,3]
3	[2,3,-2,0,0,0,0]	i=2 时,data[i]=-5,dp[i-1]+data[i]=3-5=-2,因此 dp[i]=max{-5,-2}=-2,dp=[2,3,-2]
4	[2,3,-2,8,0,0,0]	i=3 时,data[i]=8,dp[i-1]+data[i]=(-2)+8=6,因此 dp[i]=max{8,6}=8,dp=[2,3,-2,8]
5	[2,3,-2,8,7,0,0]	i=4 时,data[i]=-1,dp[i-1]+data[i]=8-1=7,因此 dp[i]=max{-1,7},dp=[2,3,-2,8,7]
6	[2,3,-2,8,7,14,0]	i=5 时,data[i]=7,dp[i-1]+data[i]=7+7=14,因此 dp[i]=max{7,14},dp=[2,3,-2,8,7,14]
7	[2,3,-2,8,7,14,8]	i=6 时,data[i]=-6,dp[i-1]+data[i]=14-6=8,因此 dp[i]=max{-6,8},dp=[2,3,-2,8,7,14,8]

【例 10-10】 最长连续递增子序列长度。

假设有一个整数序列 data,请你找出 data 的最长连续递增子序列长度。例如 data 为[-2,1,-5,3,4,7,-6],最长连续递增子序列为[-5,3,4,7],其长度为 4。

分析:根据表 10-26 的 5 个步骤,由于题目要求为求出 data 的最长连续递增子序列长度,因此第 1 步定义一个一维表格 dp,dp[*i*]含义为以 data[*i*]对应元素结尾的当前序列最长连续递增子序列长度。第 2 步确定状态转移方程时,发现如果 data[*i*]> data[*i*-1],则说明子序列仍然处于连续且递增的状态,因此 dp[*i*]=dp[*i*-1]+1,如果 data[*i*]≤data[*i*-1],则说明不再具有连续且递增的状态,因此 dp[*i*]要重新从 1 开始统计,dp[*i*]=1。第 3 步初始化表格时易知,最长连续递增子序列长度最起码为 1,因此表格 dp 中的所有元素可以初始化为 1。第 4 步根据第 2 步找到的状态转移方程通过循环将递推结果填入表格 dp 中。第 5 步考虑最优值,本题表格 dp 的最大值即为最优值。

示例代码如下:

```
//Chapter10/10.4.3_test42.py
输入: def dynamicProgram(data):                        # 动态规划求解最长连续递增子序列长度
          dp = [1] * len(data)                          # 定义表格并初始化
          for i in range(1,len(data)):                  # 循环填表
              # 由于 dp[0]默认为 1,已经填好了,因此此处从索引 1 开始循环
              if data[i]> data[i - 1]:                  # 状态转移条件
                  dp[i] = dp[i - 1] + 1                 # 状态转移方程
          return max(dp)
      data = [ - 2,1, - 5,3,4,7, - 6]
      result = dynamicProgram(data)                     # 求解 data 的最长连续递增子序列长度
      print(f"{data}的最长连续递增子序列长度为:{result}")

输出: [ - 2, 1,  - 5, 3, 4, 7,  - 6]的最长连续递增子序列长度为:4
```

上述代码对表格 dp 的填表过程如表 10-28 所示。

表 10-28 表格 dp 的填表过程

序号	dp 的值	详细说明(注意此处 data=[−2,1,−5,3,4,7,−6])
1	[1,1,1,1,1,1,1]	初始时,dp 中的所有元素为 1
2	[1,2,1,1,1,1,1]	i=1 时,data[i]=1,data[i−1]=−2,因为 data[i]> data[i−1],所以 dp[i]=dp[i−1]+1=1+1=2
3	[1,2,1,1,1,1,1]	i=2 时,data[i]=−5,data[i−1]=1,因为 data[i]≤data[i−1],所以 dp[i]=1
4	[1,2,1,2,1,1,1]	i=3 时,data[i]=3,data[i−1]=−5,因为 data[i]> data[i−1],所以 dp[i]=dp[i−1]+1=1+1=2
5	[1,2,1,2,3,1,1]	i=4 时,data[i]=4,data[i−1]=3,因为 data[i]> data[i−1],所以 dp[i]=dp[i−1]+1=2+1=3
6	[1,2,1,2,3,4,1]	i=5 时,data[i]=7,data[i−1]=4,因为 data[i]>data[i−1],所以 dp[i]=dp[i−1]+1=3+1=4
7	[1,2,1,2,3,4,1]	i=6 时,data[i]=−6,data[i−1]=7,因为 data[i]≤data[i−1],所以 dp[i]=1

如果想要在找到 data 的最长连续递增子序列长度的同时找到对应的连续递增子序列,由于 dp[i]表示以 data[i]对应元素结尾的当前序列最长连续递增子序列长度,因此表格 dp 中的最大值对应的索引减去 dp 中的最大值再加 1,即为该连续递增子序列的初始位置索引。

示例代码如下:

```
//Chapter10/10.4.3_test43.py
输入: import numpy as np
      def dynamicProgram(data):                        #动态规划求解最长连续递增子序列长度
          dp = [1] * len(data)                         #定义表格并初始化
          for i in range(1,len(data)):                 #循环填表
              #由于 dp[0]默认为 1,已经填好了,因此此处从索引 1 开始循环
              if data[i]> data[i-1]:                   #状态转移条件
                  dp[i] = dp[i-1] + 1                  #状态转移方程
          startIndex = np.argmax(dp) - max(dp) + 1     #连续递增子序列的初始位置索引
          #np.argmax(dp)返回 dp 中最大值对应的索引
          return max(dp),startIndex
      data = [-2,1,-5,3,4,7,-6]
      maxResult,startIndex = dynamicProgram(data)      #求解 data 的最长连续递增子序列长度
      print(f"{data}的最长连续递增子序列长度为:{maxResult}")
      print(f"最长连续递增子序列为:{data[startIndex:startIndex + maxResult]}")

输出: [-2, 1, -5, 3, 4, 7, -6]的最长连续递增子序列长度为:4
      最长连续递增子序列为:[-5, 3, 4, 7]
```

【例 10-11】 最长递增子序列长度。

假设有一个整数序列 data,请你找出 data 的最长递增子序列长度,注意本题与例 10-10 的区别在于本题要求的子序列可以不连续。例如 data 为[−2,1,−5,3,4,7,−6],最长递增子序列为[−2,1,3,4,7],其长度为 5。

分析：根据表 10-26 的 5 个步骤，由于题目要求为求出 data 的最长递增子序列长度，因此第 1 步定义一个一维表格 dp，dp[i]含义为以 data[i]对应元素结尾的当前序列最长递增子序列长度。第 2 步确定状态转移方程时，发现如果以 data[i]对应元素结尾的序列仍然处于递增状态，则在 data[i]前面的状态中必然存在一个 data[j]，使得 data[i]> data[j]($0\leqslant j<i$)，dp[i]=dp[j]+1，如果以 data[i]对应元素结尾的序列不处于递增状态，则 dp[i]为本身，即 dp[i]=dp[i]，因此状态转移方程最终可以表示为 dp[i]=max{dp[j]+1,dp[i]}。第 3 步初始化表格时易知最长递增子序列长度最起码为 1，因此表格 dp 中的所有元素可以初始化为 1。第 4 步根据第 2 步找到的状态转移方程通过循环将递推结果填入表格 dp 中。第 5 步考虑最优值，本题表格 dp 的最大值即为最优值。

示例代码如下：

```
//Chapter10/10.4.3_test44.py
输入：def dynamicProgram(data):                              #动态规划求解最长递增子序列长度
          dp = [1] * len(data)                               #定义表格并初始化
          for i in range(1,len(data)):                       #循环填表
              #由于 dp[0]默认为 1,已经填好了,因此此处从索引 1 开始循环
              for j in range(i):                             #遍历从前的状态,判断是否有比 data[i]小的值
                  if data[i]> data[j]:                           #状态转移条件
                      dp[i] = max(dp[j] + 1,dp[i])               #状态转移方程
          return max(dp)
      data = [ - 2,1, - 5,3,4,7, - 6]
      maxResult = dynamicProgram(data)                       #求解 data 的最长递增子序列长度
      print(f"{data}的最长递增子序列长度为:{maxResult}")

输出：[ - 2, 1, - 5, 3, 4, 7, - 6]的最长递增子序列长度为:5
```

【例 10-12】 路径的最小权重之和。

假设给定一个名为 data 的 $m\times n$ 的网格地图，网格地图上有权重数字，一个人从左上角走到右下角，每次只能向下或向右移动 1 步，请计算出从左上角到达右下角路径上的最小权重之和。例如一个 3×3 的网络如图 10-46 所示，图 10-46 中的有色路径部分为权重之和最小的路径，该路径的权重之和为 4+2+0+1+1=8。

4	2	1
3	0	2
5	1	1

图 10-46 名为 data 的 3×3 的网络地图

分析：根据表 10-26 的 5 个步骤，由于题目要求为找出一条从左上角到达右下角路径上的最小权重之和，因此第 1 步不妨定义一个二维数组 dp，dp[i][j]的含义为从左上角到达网格位置(i,j)时的路径最小权重之和。第 2 步确定状态转移方程，由于路径每一次只能向下或向右移动 1 步，因此网格(i,j)这个位置只能通过网格($i-1$,j)位置向下移动 1 步到达(此时 dp[i][j]=dp[$i-1$][j]+data[i][j])或者通过网格(i,$j-1$)位置向右移动 1 步到达(此时 dp[i][j]=dp[i][$j-1$]+data[i][j])，最终状态转移方程为 dp[i][j]=min{dp[$i-1$][j],dp[i][$j-1$]}+data[i][j]。第 3 步初始化表格，当 $i=0$ 且 $j=0$ 时，初始化

dp[0][0]=data[0][0]，当 $i=0$ 时，最优路径只能向右寻找，因此初始化 dp[0][j]=dp[0][$j-1$]+data[0][j]($1\leqslant j\leqslant n$)，当 $j=0$ 时，最优路径只能向下寻找，因此初始化 dp[i][0]=dp[$i-1$][0]+data[i][0]($1\leqslant i\leqslant m$)，表格其余元素不妨先初始化为 0。第 4 步根据第 2 步找到的状态转移方程通过循环将递推结果填入表格 dp 中，由于表格 dp 为二维，因此通常情况下使用双层循环进行填表。第 5 步考虑最优值，从 $m\times n$ 网格地图的左上角走到右下角的路径最小权重之和为二维表格 dp 的最右下角值，即 dp[$m-1$][$n-1$]。

示例代码如下：

```
//Chapter10/10.4.3_test45.py
输入：def dynamicProgram(data):                    #动态规划求解路径的最小权重之和
        m = len(data)                              #获取 m
        n = len(data[0])                           #获取 n
        dp = [[0] * n] * m                         #定义二维表格并暂时先全部初始化为 0
        #[0] * n 表示产生 1 个含有 n 个 0 的一维列表,[[0] * n] * m 表示产生 m 个含有 n 个 0 的
          一维列表
        dp[0][0] = data[0][0]                      #当 i = 0 且 j = 0 时,初始化 dp[0][0]
        for j in range(1,n):
            #由于 dp[0][0]已经初始化,因此从 1 开始循环
            dp[0][j] = dp[0][j - 1] + data[0][j]   #当 i = 0 时,初始化 dp 的第 1 行数据
        for i in range(1,m):
            dp[i][0] = dp[i - 1][0] + data[i][0]   #当 j = 0 时,初始化 dp 的第 1 列数据
        for i in range(1,m):                       #循环填表,dp 为二维,通常需要双层循环填表
            for j in range(1,n):
                dp[i][j] = min(dp[i - 1][j],dp[i][j - 1]) + data[i][j]     #状态转移方程
        return dp[m - 1][n - 1]                    #返回最小权重之和
    data = [[4,2,1],[3,0,2],[5,1,1]]               #定义网格
    minResult = dynamicProgram(data)               #求解从左上角到右下角的路径最小权重之和
    print("网格为",data)
    print(f"从左上角走到右下角的路径最小权重之和为{minResult}")

输出：网格为 [[4, 2, 1], [3, 0, 2], [5, 1, 1]]
    从左上角走到右下角的路径最小权重之和为 8
```

10.4.4 动态规划算法在数据分析中的应用示例

本节以两道例题展示动态规划算法在数据分析中的应用，下面这道例题在 10.4.1 节有简单提到过，本质为求解最大连续子序和问题。

【例 10-13】 假设 D 盘下的文件 profitsData.xlsx 为某只基金以 2000 元买入后每天的收益变化数据（数据并非真实），profitsData.xlsx 的数据内容如图 10-47 所示。为了辅助分析这支基金的前景，请找出这支基金每个月的最大连续收益之和，并以条形图的形式展现最大连续收益之和的变化，若基金的最大连续收益之和很高，在一定程度上能够给予消费者购买的信心。代码文件与该数据集可通过本书前言部分提供的二维码下载。

分析：本题数据每一列的数据长度不一致，可以认为存在缺失值，因此通过 Pandas 读取 Excel 文件后可以先进行缺失值的填充，填充完缺失值后再对每列数据进行动态规划以便求解最大连续收益之和（本质为 10.4.3 节例 10-9 所介绍的最大连续子序和问题），最后

进行绘图显示即可。

	A	B	C	D	E	F	G	H	I	J	K	L
1	1月	2月	3月	4月	5月	6月	7月	8月	9月	10月	11月	12月
2	9.18	25.59	-11.57	-22.87	24.85	29.39	24.34	0.79	19.2	2.59	6.83	-18.48
3	27.56	-17.77	30.01	-3.09	8.81	32.43	4.61	0.43	4.56	-47.76	-9.49	-15.17
4	17.17	16.55	-6.41	-2.76	24.77	9.27	38.24	2.4	-2.42	-25.07	5.28	5.12
5	-16.53	-3.89	14.85	-24.86	-10.99	55.1	-8.6	3.74	16.23	-28.35	4.92	-8.66
6	4.65	3.98	3.46	24.72	25.01	4.52	16.53	8.34	27.82	1.74	10.59	34.67
7	-9.38	-4.47	35.61	1.06	4.6	41.78	14.29	-2.15	10.53	-25.31	10.47	9.68
8	22.05	2.82	39.32	18.72	13.74	33.18	1.78	-5.06	8.48	-36.5	10.31	20.6
9	34.86	28.42	39.71	20.59	21.68	29.95	11.81	4.9	13.41	4.37	-6.44	26.32
10	-4.77	10.66	-2.92	-16.3	11.44	24.01	19	-5.04	-11.85	-20.01	11.97	34.76
11	1.76	-10.57	19.58	26.7	-13.26	-24.96	26.29	-5.54	-3.76	11.54	-8.43	-5.58
12	0.35	-5.31	-19.25	-28.06	23.8	22.21	21.2	9.42	35.76	-18.75	-5.19	-24.9
13	-17.21	39.86	33.67	13.93	-41.88	15.92	32.93	5.08	-13.17	-3.82	-2.37	9.21
14	6.02	22.13	-16.94	22.14	13.9	-3.23	11.65	-3.56	-14.73	-22.71	2.47	20.33
15	27.54	11.49	-8.18	13.08	23.82	-16.99	30	-5.64	11.66	-3.42	-8.14	-10.58
16	6.94	25.97	-11.05	-14.23	12.75	41.88	10.03	4.05	-10.18	5.4	7.88	-1.79
17	-11.41	36.54	-8.63	-13.22	-24.63	41	26.07	-3.33	22.98	-46.7	-8.64	23.96
18	4.22	-5.65	-19.26	-0.83	-23.2	-25.67	-4.28	5.65	24.62	-43.94	-4.14	7.57
19	-1.85	7.58	19.52	24.8	38.31	35.88	17.23	9.53	-0.66	-37.73	-6.19	6.25
20	-17.23	33.54	-0.53	11.01	13.71	18.16	5.26	5.18	2.2	-18.46	9.52	14.17
21	2.28	33.13	36.27	26.52	-2.4	-5.51	34.08	-4.11	19.86	13.96	11.64	34.54
22	5.21	6.43	9.52	-12.16	34.09	38.53	1.72	-1.68	3.89	-19.93	-11.26	4.71
23	30.28	-19.16	-8.31	24.41	-49.68	-11.49	21.54	-0.76	3.8	-1.17	-7.71	-15.78
24	19.42	-2.34	18.14	-26.01	-37.47	46.98	34.23	-0.01	-2.94	14.66	-9.36	-2.41
25	49.31	25.79	-5.67	18.58	5	24.11	39.88	-2.79	13.97	-20.04	-11.31	-22.96
26	36.38	36.63	11.13	-25.31	-15.69	0.48	-4.44	9.69	10.38	-7.38	-11.27	-5.87
27	9.5	34.47	10.61	-24.5	-9.73	-27.3	39.05	1.43	-2.92	11.17	-8.22	18.79
28	-16.62	-4.96	24.71	2.33	-19.28	25.84	35.67	-1.63	33.94	17.51	-1.01	-19.79
29	48.59	39.29	15.75	-28.26	-14.22	19.45	-12.38	0.55	13.91	-27.13	-4.57	-5.64
30	-17.08		29.23	-27.83	23.08	-24.54	-11.02	-3.3	22.39	1.85	7.7	29.68
31	-11.95		39.47	24.84	29.77	54.26	-4.52	6.99	29.59	-39.44	6.58	34.73
32	-6.27		-12.64		-18.38		12.22	-2.09		1.81		1.66

图 10-47　基金每天的收益变化情况

示例代码如下：

```
//Chapter10/10.4.4_test46/10.4.4_test46.py
输入：import pandas as pd
      import matplotlib.pyplot as plt
      #步骤 1：读取数据
      df = pd.read_excel("D:\profitsData.xlsx")
      #步骤 2：缺失值填充
      df = df.fillna(0)
      #步骤 3：定义动态规划求解最大连续收益之和的函数(本质为最大连续子序和问题)
      def dynamicProgram(data):                          #动态规划求解最大连续子序和
          dp = [0] * len(data)                           #定义表格
          dp[0] = data[0]                                #初始化表格
          for i in range(1,len(data)):                   #循环填表
              #由于 dp[0]已经填好了,因此此处从索引 1 开始循环
              dp[i] = max(data[i],dp[i - 1] + data[i])   #根据状态转移方程填表
          return max(dp)
      #步骤 4：对 profitsData.xlsx 内容的每一列应用动态规划并保存结果
      maxSubPro = []                                     #保存每一列的最大连续收益之和
      for i in df.columns:
          maxSubPro.append(dynamicProgram(df[i]))
      #步骤 5：绘制条形图
      x = [str(i) + "月" for i in range(1,13)]           #产生条形图的横轴
```

```
plt.rcParams["font.family"] = ["SimHei"]
plt.rcParams["axes.unicode_minus"] = False
#要在图形上显示中文则需要加上上述两行代码
plt.xlabel("月份")
plt.ylabel("最大连续收益之和")
plt.bar(x,maxSubPro) #绘制条形图
plt.show()
```

上述代码绘制出的条形图如图 10-48 所示。

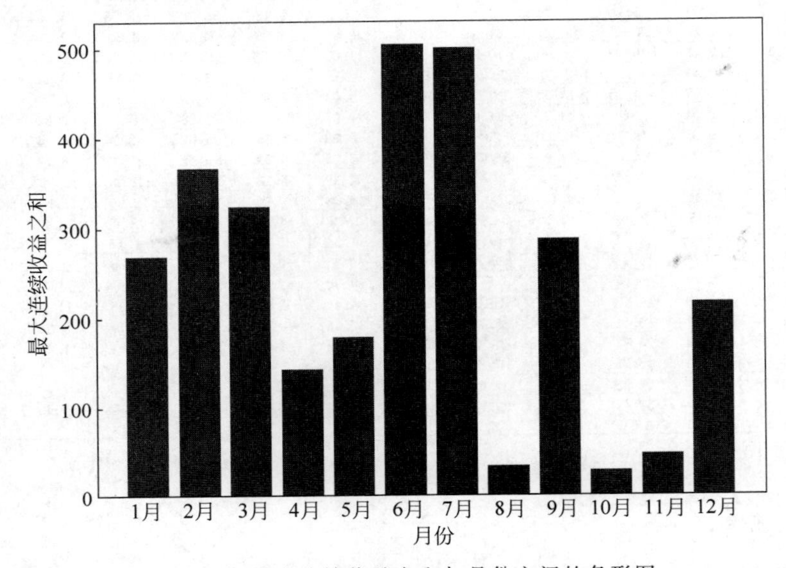

图 10-48　最大连续收益之和与月份之间的条形图

图 10-48 展示的是以 2000 元作为本金买入这支基金的收益变化情况，由图 10-48 可以分析出：

(1) 这支基金 12 个月中有 7 个月的最大连续收益之和保持在 200 以上，超过了本金的 10%以上，在 6 月和 7 月如果买入和抛出时机得当，最大连续收益之和甚至能达到 500 左右，收益非常可观。

(2) 在 8 月、10 月和 11 月的最大连续收益之和非常低，因此这 3 个月的风险很大，获取的收益可能很低甚至亏损很大，建议专门寻找一下这支基金在这 3 个月收益不好的原因。

(3) 总体上看这支基金最大连续收益之和在大多数的月份能够带来较丰厚的利润，建议可以长期购买，但在 8 月、10 月和 11 月需要特别注意是否需要将基金抛出，以便基金购买者减小收益亏损风险。

(4) 当然，最大连续收益之和在本例题中只是评价基金收益好坏的一个参考指标，在实际业务处理中，可以进行更多指标的统计分析，如统计每月收益增长的天数、每月正负收益的天数、每月收益之和等。

【例 10-14】 假设 D 盘下文件 stock.xlsx 为某只股票 6 周共 42 天按周次顺序排列的价格数据(数据并非真实)，stock.xlsx 文件内容如图 10-49 所示。如果最多只能买入和卖出股票 1 次，卖出股票前必须先进行买入，请求出这 42 天里所能获得的最大收益。例如某

只股票5天的价格为[3,5,7,6,1],在第1天买入花费为3,第3天卖出获得7,最大收益为7−3=4。

分析:图10-49所示的数据为6×7的结构,因此考虑先将数据转换成一维1×42以便处理,转换过程中必须保证数据的顺序不变。求出42天里的最大收益本质上是动态规划问题,如果在最合适的时间点买入和卖出就能获得最大收益。

	A	B	C	D	E	F	G
1	周一	周二	周三	周四	周五	周六	周天
2	60.53	65.48	43.43	52.39	43.89	46.31	28.28
3	71.52	94.97	32.12	104.61	40.88	61.36	84.97
4	30.38	105.75	105.53	21.64	140.64	43.16	62.9
5	78.8	86.75	59.9	92.93	44.8	108.03	28.73
6	79.3	71.44	133.13	82.9	74.05	68.9	57.35
7	55.36	61.74	26.34	140.88	88.23	151.02	45.32

图10-49 某只股票6周按周次顺序排列的价格数据

如何使用动态规划求解最大收益呢?假设data为保存42天股票价格的一维序列,根据10.4.3节表10-26所示的5个求解动态规划的步骤来求解最大收益:

第1步:定义一个一维表格dp,dp[i]含义为前i天买入并卖出股票后所能获取的最大收益。

第2步:确定状态转移方程,发现第i天卖出股票的最大收益为第i天的股票价格减去前i天的最低股票价格,假设前i天最低股票价格为minStock,则dp[i]=data[i]−minStock,但是第i天卖出股票的最大收益不一定会比前i−1天买入并卖出股票获取的最大收益dp[i−1]大,因此dp[i]=max{data[i]−minStock,dp[i−1]}。

第3步:初始化表格,刚开始时无论在第几天买入股票,由于没有卖出,因此收益均为0,因此将表格dp所有元素初始化为0。

第4步:根据第2步找到的状态转移方程通过循环将递推结果填入表格dp中。

第5步:考虑最优值,本题表格dp的最后一个元素为最优值。

示例代码如下:

```
//Chapter10/10.4.4_test47/10.4.4_test47.py
输入: import pandas as pd
      import numpy as np
      import matplotlib.pyplot as plt
      #步骤1: 读取stockData.xlsx文件并整理成一维
      df = pd.read_excel("D:\stockData.xlsx")          #读取股票价格数据
      data = []                                        #用来保存整理后得到的一维数据
      for row,value in df.iterrows():      #按行迭代取值,读者若遗忘则可以参考9.4.3节
          for i in value:
          #value为行数据
              data.append(i)                           #整理成一维数据
      #步骤2: 定义动态规划求解最大收益的函数
      def dynamicProgram(data):                        #动态规划求解最大收益
          dp = [0] * len(data)                         #定义表格并初始化
          for i in range(1,len(data)):                 #循环填表
              #由于dp[0]已经填好了,因此此处从索引1开始循环
              minStock = min(data[0:i])                #前i天最低股票价格
```

```
        dp[i] = max(data[i] - minStock,dp[i-1])        #根据状态转移方程填表
    return dp[-1]
#步骤4：调用动态规划函数
result = dynamicProgram(data)                          #求解data的最大连续子序和
print(f"{len(data)}天股票所能获得的最大收益为{result}")

输出：42天股票所能获得的最大收益为129.38
```

分析股票在一段时间内能获得的最大收益可以为股票购买者提供一定的参考价值。对于本例题读者可能还会产生一个这样的疑惑：为什么不能直接将股票价格的最大值减去最小值呢，这不就可以得到最大收益了吗？如果读者这样思考就太片面了，假设5天里股票价格为[5,6,4,2,1]，以第1天的价格5买入，最大值为第2天的价格6，最小值为最后一天的价格1，由于股票从第2天价格就开始跌，因此股票的最大收益应该是第2天的价格减去第1天的价格，即股票的最大收益为6－5＝1。另外股票收益只能先买入再卖出，而最小值出现在最大值之后，因此股票的最大收益根本不能通过最大值减去最小值来计算。

10.5 本章小结

由于不同读者的专业基础不一样，而机器学习算法是人工智能的重要分支之一，对于初学者来讲可能具有一些难度，因此本章首先对机器学习的基础知识进行了介绍，以帮助读者快速入门，接着由浅入深地介绍了机器学习中监督学习（如线性回归）和无监督学习（如聚类）算法的相关知识内容，对每个算法都列举了许多了数据分析相关的应用示例，最后着重介绍了编程算法中的动态规划算法的原理、编程技巧及在数据分析中的应用示例，以期更大程度地提高读者的编程水平。

第 11 章 数据分析实战

在之前的几章中，我们已经介绍了 Python 数据分析所需要的基本能力和各类核心知识点，本书在介绍这些核心知识点的同时也提供了大量的数据分析实战小例子。为了帮助读者对一些重点内容进行复习和巩固，对 Python 数据分析的各类工具能够更加熟练地运用并且具有更深刻的印象，本章将会利用一个 Python 二手房房价数据分析的实战例子将全书的内容串联起来，并对本书的内容进行总结。

11min

11.1 数据集介绍

本章使用的数据集是作者团队通过爬虫从链家二手房交易网（https://xm.lianjia.com/）爬取并整理的，具有非常强的现实意义和数据分析价值，并且不会特别复杂，适合读者进行本章内容的学习（包括数据预处理、统计分析和机器学习建模）、编程能力练习及其他数据分析任务的练习。该数据集与后续内容中的代码文件可以一起通过本书前言部分提供的二维码下载。

本数据集为厦门某个时期 5 个地区（思明区、海沧区、湖里区、集美区和翔安区）的二手房房价信息，分别存放在 5 个 Excel 文件中，各区的房价数据信息如表 11-1 所示。

表 11-1 厦门某个时期 5 个地区的房价数据信息

序号	区名称	数据条数	存放位置
1	思明区	1469	housePrice 文件夹下的名为 SimingHousePrice.xlsx 的 Excel 文件
2	海沧区	2659	housePrice 文件夹下的名为 HaicangHousePrice.xlsx 的 Excel 文件
3	湖里区	2673	housePrice 文件夹下的名为 HuliHousePrice.xlsx 的 Excel 文件
4	集美区	2673	housePrice 文件夹下的名为 JimeiHousePrice.xlsx 的 Excel 文件
5	翔安区	2472	housePrice 文件夹下的名为 XianganHousePrice.xlsx 的 Excel 文件

表 11-1 中存放各区房价数据的 Excel 文件的内容结构相同，均包括 3 列，每列的名称分别为 location、price、information，其中 location 代表的是具体地点，price 代表的是价格，information 代表的是房屋的详细信息。值得注意的是，每列数据均是以字符串形式存储的，因此在对本数据集进行分析时，需要进行大量的数据预处理工作。

以 SimingHousePrice.xlsx Excel 文件为例，该文件的前 30 条内容如图 11-1 所示。

<table>
<tr><td>1</td><td>location</td><td>price</td><td>information</td></tr>
<tr><td>2</td><td>屿后里小区二区 - 松柏</td><td>348万</td><td>2室1厅 |58.11平方米| 西南 | 简装 | 中楼层(共7层) | 1994年建 | 板楼</td></tr>
<tr><td>3</td><td>浦南花园 - 火车站</td><td>490万</td><td>3室2厅 |104.37平方米| 南 北 | 精装 | 中楼层(共33层) | 2010年建 | 板塔结合</td></tr>
<tr><td>4</td><td>土地局宿舍 - 禾祥西路</td><td>328万</td><td>2室1厅 |63.42平方米| 南 北 | 精装 | 高楼层(共6层) | 暂无数据</td></tr>
<tr><td>5</td><td>仙阁里花园 - SM</td><td>290万</td><td>2室1厅 |66.5平方米| 东 西 | 简装 | 中楼层(共7层) | 1996年建 | 板楼</td></tr>
<tr><td>6</td><td>阳光花园 - 松柏</td><td>390万</td><td>2室1厅 |73.87平方米| 南 | 简装 | 中楼层(共7层) | 1998年建 | 板楼</td></tr>
<tr><td>7</td><td>嘉盛豪园 - 瑞景</td><td>685万</td><td>3室2厅 |152.08平方米| 南 北 | 精装 | 中楼层(共11层) | 2006年建 | 板楼</td></tr>
<tr><td>8</td><td>富山美迪斯 - 富山</td><td>255万</td><td>1室1厅 |45.61平方米| 西 | 精装 | 高楼层(共18层) | 2004年建 | 板楼</td></tr>
<tr><td>9</td><td>百源双玺 - 火车站</td><td>395万</td><td>2室1厅 |65.66平方米| 南 | 简装 | 中楼层(共30层) | 2006年建 | 塔楼</td></tr>
<tr><td>10</td><td>龙山山庄 - 莲前</td><td>365万</td><td>2室2厅 |80.35平方米| 南 | 简装 | 中楼层(共8层) | 1994年建 | 板楼</td></tr>
<tr><td>11</td><td>医药站宿舍 - 富山</td><td>530万</td><td>4室2厅 |108平方米| 东南 北 | 精装 | 中楼层(共7层) | 1993年建 | 板楼</td></tr>
<tr><td>12</td><td>映碧里 - 莲花一村</td><td>398万</td><td>2室2厅 |66.82平方米| 东南 | 精装 | 高楼层(共6层) | 1986年建 | 板楼</td></tr>
<tr><td>13</td><td>前埔北区二里 - 前埔</td><td>447万</td><td>3室1厅 |102.41平方米| 东南 | 简装 | 高楼层(共18层) | 塔楼</td></tr>
<tr><td>14</td><td>湖滨南路 - 斗西路</td><td>368万</td><td>2室2厅 |61.98平方米| 南 | 简装 | 中楼层(共7层) | 平房</td></tr>
<tr><td>15</td><td>东方巴黎 - 火车站</td><td>788万</td><td>3室2厅 |122.14平方米| 南 北 | 简装 | 高楼层(共16层) | 板楼</td></tr>
<tr><td>16</td><td>槟榔东里双号区 - 槟榔</td><td>328万</td><td>2室1厅 |51.98平方米| 南 北 | 精装 | 低楼层(共6层) | 1988年建 | 板楼</td></tr>
<tr><td>17</td><td>新华路 - 实验小学及周边</td><td>439万</td><td>3室2厅 |70.59平方米| 南 北 | 精装 | 中楼层(共7层) | 板楼</td></tr>
<tr><td>18</td><td>建发花园 - 火车站</td><td>418万</td><td>3室2厅 |81.6平方米| 东 南 北 | 精装 | 中楼层(共8层) | 1997年建 | 板楼</td></tr>
<tr><td>19</td><td>天伦花园 - 莲花</td><td>390万</td><td>2室2厅 |87.45平方米| 南 北 | 简装 | 高楼层(共7层) | 2000年建 | 板楼</td></tr>
<tr><td>20</td><td>天伦花园 - 莲花</td><td>438万</td><td>2室2厅 |94.1平方米| 南 北 | 精装 | 低楼层(共7层) | 2000年建 | 板楼</td></tr>
<tr><td>21</td><td>浦南新村 - 火车站</td><td>315万</td><td>3室2厅 |81.08平方米| 东 西 北 | 毛坯 | 低楼层(共7层) | 1998年建 | 板楼</td></tr>
<tr><td>22</td><td>摩登时代 - 松柏</td><td>280万</td><td>1室1厅 |50.92平方米| 西 | 精装 | 中楼层(共30层) | 2006年建 | 塔楼</td></tr>
<tr><td>23</td><td>仙岳里小区二区 - 体育中心</td><td>368万</td><td>3室1厅 |61.53平方米| 南 北 | 精装 | 低楼层(共6层) | 2007年建 | 板楼</td></tr>
<tr><td>24</td><td>轮船宿舍 - 斗西路</td><td>340万</td><td>3室1厅 |62.19平方米| 东南 北 | 精装 | 低楼层(共8层) | 1990年建 | 塔楼</td></tr>
<tr><td>25</td><td>万禾广场 - 莲坂</td><td>485万</td><td>3室2厅 |82.37平方米| 西北 | 精装 | 低楼层(共20层) | 塔楼</td></tr>
<tr><td>26</td><td>厦航洪文小区 - 瑞景</td><td>680万</td><td>3室2厅 |124.89平方米| 南 北 | 简装 | 低楼层(共7层) | 2000年建 | 板楼</td></tr>
<tr><td>27</td><td>机关宿舍小区 - 文园路</td><td>343万</td><td>2室1厅 |54.51平方米| 南 北 | 精装 | 低楼层(共7层) | 1990年建 | 板楼</td></tr>
<tr><td>28</td><td>前埔北区二里 - 前埔</td><td>349万</td><td>2室2厅 |77.1平方米| 南 北 | 简装 | 低楼层(共7层) | 2001年建 | 板楼</td></tr>
<tr><td>29</td><td>阳台山路 - 文园路</td><td>468万</td><td>3室2厅 |70平方米| 南 北 | 精装 | 低楼层(共8层) | 1997年建 | 板楼</td></tr>
<tr><td>30</td><td>万寿万景公寓 - 文园路</td><td>448万</td><td>2室2厅 |76.76平方米| 南 北 | 简装 | 低楼层(共7层) | 1994年建 | 板楼</td></tr>
<tr><td>31</td><td>禾丰新景 - 莲花</td><td>465万</td><td>2室1厅 |67.96平方米| 南 北 | 精装 | 中楼层(共18层) | 2012年建 | 塔楼</td></tr>
</table>

图 11-1 SimingHousePrice.xlsx 文件的前 30 条数据内容

11.2 实战演练

11.2.1 数据预处理

为了方便本章内容的讲解和练习，假设存放 5 个区房价数据的 housePrice 文件夹存储在本地计算机的 D 盘下。数据存储位置结构如图 11-2 所示。

由于数据集里的 Excel 文件数据都是以字符串的形式存储的，因此不利于进行数据分析任务，现有以下任务需求。

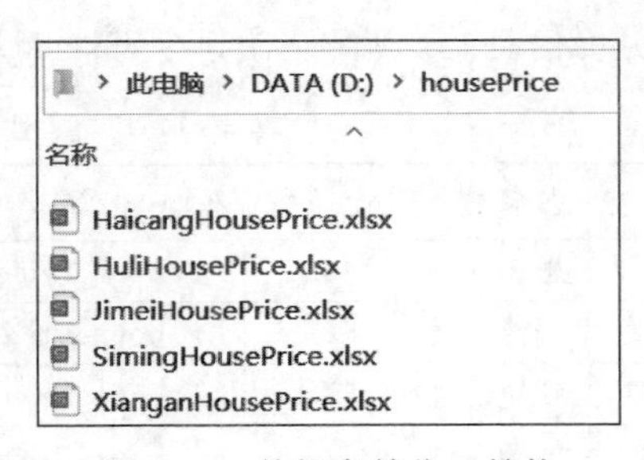

图 11-2 数据存储位置结构

任务 1：厦门 5 个区的房价数据分别放在 5 个 Excel 文件中，不利于我们进行数据分析，因此需要将 5 个区的房价数据放入同一张 Excel 表中，该 Excel 表包括 4 列，前 3 列为原表中的 location、price 和 information，最后一列命名为 place，该列存储的信息为地区名，形如 Siming、Haicang、Xiangan。

任务 2：由图 11-1 可以看出，location 对应列的字符串数据中，每个字符串内都存在空格，如“屿后里小区—松柏”，空格会造成数据的不雅观，可读性和可操作性差，因此需要将 location 对应列的字符串数据中的空格都删除，如将“屿后里小区 — 松柏”修改为“屿后里小区—松柏”。

任务 3：price 代表的是房屋价格，由于原始数据以字符串形式存储，因此不利于后续相关价格的各种计算，现需要将 price 对应列的字符串数据修改成数字形式，如将“348 万”修改为 348，去掉字符串中的“万”字并进行数据类型的转换。

任务 4：information 对应列的字符串数据信息量丰富，不同信息之间以“|”分隔开，如“2 室 1 厅 |58.11 平方米 | 西南 | 简装 | 中楼层(共 7 层) | 1994 年建 | 板楼”。现需要将 information 对应列的字符串数据以“|”分隔的不同信息分别提取出来，并且只需保留提取出的前 5 条信息，如从“2 室 1 厅 |58.11 平方米 | 西南 | 简装 | 中楼层(共 7 层) | 1994 年建 | 板楼”字符串数据中提取并保留“2 室 1 厅”“58.11”“西南”“简装”“中楼层(共 7 层)”。

然而少量 information 列的信息中还包括“车位”，“车位”信息暂时不在我们房屋价格的考虑范围内，因此对包含“车位”的信息需要全部删除，包含“车位”信息的示例数据如图 11-3 所示。

国贸阳光　- 祥店	66万	车位 |28.01平方米 | 东南 | 2006年建 | 塔楼
特房山水尚座湖里　- 万达广场	48万	车位 |42.41平方米 | 南 | 2013年建 | 板楼
联发欣悦园　- 枋湖	50万	车位 |34.86平方米 | 南 | 板楼

图 11-3　需要删除的包含“车位”的信息示例

注意：由于 Excel 数据表中的 information 列包括的建设年份(如“1994 年建”)和楼类型(如“板楼”)信息存在一定的缺失，出现“暂无数据”情况，如“2 室 1 厅 | 63.42 平方米 | 南 北 | 精装 | 高楼层(共 6 层) | 暂无数据”，故数据预处理的任务 4 为方便起见暂时没有将这两条信息考虑在内。若读者感兴趣，则可以自己思考如何处理“暂无数据”的情况，并动手尝试编写代码进行数据整理。

任务 5：将完成上述 4 个任务后得到的数据存储到 D 盘下一张新的 Excel 表 xmHousePrice.xlsx 中，以便后续的统计分析与绘图、机器学习建模等分析工作的进行。新的 xmHousePrice.xlsx Excel 文件包含 8 列，分别为 location(内容形如“屿后里小区二区—松柏”)、price(内容形如 348)、place(内容形如 Siming)、structure(内容形如 2 室 1 厅)、area(内容形如 58.11)、toward(内容形如西南)、decorate(内容形如简装)、floor(内容形如中楼层(共 7 层))。

完成上述 5 个任务后，最终期望得到的数据预处理示例效果如图 11-4 所示。

原始的Excel文件部分内容：

location	price	information
屿后里小区二区　-　松柏	348万	2室1厅 |58.11平方米 | 西南 | 简装 | 中楼层(共7层) | 1994年建 | 板楼
浦南花园　-　火车站	490万	3室2厅 |104.37平方米 | 南 北 | 精装 | 中楼层(共33层) | 2010年建 | 板塔结合
土地局宿舍　-　禾祥西路	328万	2室1厅 |63.42平方米 | 南 北 | 精装 | 高楼层(共6层) | 暂无数据

⇩

预处理后得到的xmHousePrice.xlsx文件部分内容

location	price	place	structure	area	toward	decorate	floor
屿后里小区二区-松柏	348	Siming	2室1厅	58.11	西南	简装	中楼层(共7层)
浦南花园-火车站	490	Siming	3室2厅	104.37	南 北	精装	中楼层(共33层)
土地局宿舍-禾祥西路	328	Siming	2室1厅	63.42	南 北	精装	高楼层(共6层)

图 11-4　数据预处理示例效果

完成上述 5 个任务的示例代码如下：

```
//Chapter11/11.2.1_test1/11.2.1_test1.py
输入：import pandas as pd
      import os
```

```
    import numpy as np
    #任务 1: 合并各 Excel 文件
    df = pd.DataFrame()                #创建一个空 DataFrame 表 df,以便保存合并后的数据
    for name in os.listdir("D:\housePrice"):     #读取各 Excel 文件名称
        df2 = pd.read_excel(os.path.join("D:\housePrice",name))   #打开 Excel 文件
        df2["place"] = name.replace("HousePrice.xlsx","")
        #由于各 Excel 文件名称后都带有字符串"HousePrice.xlsx",因此将其删除就获得了
        #"place"列
        df = pd.concat([df,df2],axis = 0,sort = True)              #竖直拼接各 Excel 表
        #对于 pd.concat()函数,读者若有遗忘则可参考 9.4.4 节
    df.index = np.arange(df.shape[0])          #修改 df 的行索引,使行索引从 0 开始递增
    #任务 2: 将 df 里"location"列字符串数据的空格去掉
    newDf = pd.DataFrame()                     #newDf 用来保存预处理后的数据
    newDf["location"] = df["location"].str.replace(" ","")        #将空格替换
    #对于 df.str.replace()函数,读者若有遗忘则可参考 9.3.7 节
    #任务 3: 去掉 housePrice.xlsx 文件里"price"列的"万"字并进行数据类型转换
    newDf["price"] = df["price"].str.replace("万","").astype("float")
    #任务 4: 将 housePrice.xlsx 文件里"information"列的不同信息分隔开
    df["information"] = df["information"].str.replace("平方米","")  #删除字符串"平方米"
    inf = list(df["information"].str.split("|"))         #获取"information"列不同的信息
    #对于 df.str.split()函数,读者若有遗忘则可参考 9.3.7 节
    for i in range(len(inf)):
        del inf[i][5:]                              #保留信息提取后的前 5 列数据
    #任务 5: 将数据输出至 D 盘 housePrice 文件夹下 xmHousePrice.xlsx 文件中
    columns = ['structure','area','toward','decorate','floor']
    inf = pd.DataFrame(inf,columns = columns)
    newDf["place"] = df["place"]                    #保存"place"列
    newDf = pd.concat([newDf,inf],axis = 1)         #将 newDf 与 inf 表按水平方向拼接
    newDf = newDf[~newDf["structure"].str.contains("车位")]     #保留不含'车位'的信
                                                                #息,'~'表示取反
    newDf.to_excel(r"D:\xmHousePrice.xlsx",index = False)      #输出新文件
    print("成功保存新文件!请前往对应位置查看文件内容.")

输出: 成功保存新文件!请前往对应位置查看文件内容.
```

上述代码运行后,进入本地计算机的 D 盘查看输出的 xmHousePrice.xlsx 文件,共有 11660 条数据,每行数据有 8 列,其前 30 条数据内容如图 11-5 所示。

11.2.2 统计分析与绘图

本节的统计分析与绘图均是在 11.2.1 节数据预处理后得到的 xmHousePrice.xlsx 数据集基础上进行的,xmHousePrice.xlsx 数据集假设存放在本地计算机的 D 盘下。

1. 绘制单位面积房价直方图

绘制单位面积房价直方图的示例代码如下:

```
//Chapter11/11.2.2_test2.py
输入: import pandas as pd
      import matplotlib.pyplot as plt
```

1	location	price	place	structure	area	toward	decorate	floor
2	沧一小区-海沧生活区	199	Haicang	2室2厅	71	南 北	简装	中楼层(共6层)
3	长欣花园-海沧生活区	220	Haicang	2室2厅	73.31	东 南	简装	高楼层(共6层)
4	未来海岸蓝水郡-海沧体育中心	255	Haicang	2室1厅	82.29	东南	简装	低楼层(共18层)
5	未来海岸浪琴湾-未来海岸北师大	369	Haicang	3室2厅	116.65	南	精装	低楼层(共17层)
6	未来海岸蓝月湾一期-未来海岸北师大	393	Haicang	3室1厅	125.62	南	简装	低楼层(共19层)
7	旭日海湾三期-滨海社区	118	Haicang	1室1厅	26	东南	精装	中楼层(共10层)
8	天源-海沧体育中心	528	Haicang	3室2厅	118	东南	精装	中楼层(共30层)
9	禹洲领海-海沧体育中心	298	Haicang	3室1厅	85.71	西	简装	高楼层(共33层)
10	天湖城天湖-海沧区政府	332	Haicang	3室2厅	92.2	南	精装	中楼层(共26层)
11	金茂花园-海沧生活区	268	Haicang	3室2厅	107.87	南 北	精装	低楼层(共7层)
12	禹洲尊海-海沧体育中心	596	Haicang	4室2厅	141.43	东 南 西	精装	中楼层(共31层)
13	万科城一期-马銮湾东	230	Haicang	2室1厅	80.4	西南	精装	中楼层(共9层)
14	未来海岸浪琴湾-未来海岸北师大	398	Haicang	3室2厅	115.59	南 北	简装	中楼层(共10层)
15	天心岛-滨海社区	500	Haicang	4室2厅	143.07	东南	精装	低楼层(共30层)
16	泉舜滨海上城-滨海社区	485	Haicang	3室2厅	125.84	东 西北	简装	中楼层(共18层)
17	西雅图-海沧外国语片区	370	Haicang	3室2厅	121.79	南	精装	中楼层(共45层)
18	禹洲尊海-海沧体育中心	375	Haicang	3室2厅	82.75	东南	毛坯	中楼层(共32层)
19	海晟维多利亚-滨海社区	408	Haicang	2室2厅	89.49	南	精装	中楼层(共30层)
20	海投青春海岸-马銮湾中心片区	259	Haicang	3室1厅	88.92	南 北	精装	高楼层(共33层)
21	未来海岸蓝月湾一期-未来海岸北师大	390	Haicang	3室2厅	127.3	南	简装	中楼层(共31层)
22	绿苑小区三期-滨海社区	395	Haicang	3室2厅	111.34	南 北	精装	中楼层(共11层)
23	东方高尔夫国际公寓-马銮湾东	577	Haicang	4室3厅	206.73	南	精装	高楼层(共9层)
24	未来海岸浪琴湾-未来海岸北师大	474	Haicang	5室2厅	178.8	南 北	简装	高楼层(共6层)
25	中骏蓝湾半岛-滨海社区	663.8	Haicang	3室2厅	145.58	南 北	毛坯	中楼层(共20层)
26	未来海岸蓝月湾一期-未来海岸北师大	339	Haicang	3室2厅	109.56	南 北	精装	中楼层(共20层)
27	天湖城天湖-海沧区政府	317	Haicang	3室1厅	91.32	西南	精装	低楼层(共26层)
28	富佳苑-海沧生活区	248	Haicang	2室2厅	91.68	南 北	简装	中楼层(共7层)
29	海投青春海岸-马銮湾中心片区	247	Haicang	3室1厅	92.12	南 北	精装	低楼层(共19层)
30	水岸名筑-海沧体育中心	368	Haicang	3室2厅	121.27	南 北	精装	高楼层(共18层)
31	未来海岸水云湾-未来海岸北师大	379	Haicang	4室2厅	131.57	南	精装	高楼层(共33层)

图 11-5 xmHousePrice.xlsx 文件内容的前 30 条数据

```
df = pd.read_excel(r"D:\xmHousePrice.xlsx")
df["averagePrice"] = df["price"]/df["area"]                #计算单位面积房价
plt.rcParams['font.sans-serif'] = ['SimHei']
plt.rcParams['axes.unicode_minus'] = False
#如果要显示中文,则需要加上上面两行代码
df["averagePrice"].plot.hist(bins = 25)                    #绘制直方图
#对于 df["averagePrice"].plot.hist()函数,读者若有遗忘,则可参考 9.10 节
plt.title('单位面积房价直方图',fontsize = 13)
plt.xlabel('单位面积房价(万/平方米)',fontsize = 13)
plt.ylabel('频数',fontsize = 13)
plt.show()
```

上述代码绘制出的单位面积房价直方图如图 11-6 所示。

由图 11-6 可以分析出,房屋的单位面积房价主要集中在 2.5 万～4 万/平方米。

2. 分析房屋面积大小区间分布情况

房屋面积为连续型的数值数据,因此如果想要分析房屋面积大小区间分布情况不妨使用 9.8.5 节所介绍的连续值离散化技术,示例代码如下:

```
//Chapter11/11.2.2_test3.py
输入: import pandas as pd
      import matplotlib.pyplot as plt
      #1. 读取数据
      df = pd.read_excel(r"D:\xmHousePrice.xlsx")
      #2. 连续值离散化
      bins = [i for i in range(0,750,50)]              #产生 bins
```

```
labels = []                                  #用于保存 labels
s = ""
for i in range(0,700,50):
    s = s + "(" + str(i) + "," + str(i + 50) + "]"
    #s 产生的字符串,形如"(0,50]"、"(50,100]"
    labels.append(s)
    s = ""
cutDf = pd.cut(df["area"],bins = bins,labels = labels,right = True)
#对于 pd.cut()函数,若读者有遗忘则可参考 9.8.5 节
#3. 保存离散化后的结果,并对该结果进行分组,分组后统计各组数量
df["areaInterval"] = cutDf                   #保存离散化的结果
group = df.groupby(by = "areaInterval")      #分组
Name = []                                    #用于保存纵坐标信息,以方便绘图
Value = []                                   #用于保存横坐标信息,以方便绘图
for name,value in group:
    Name.append(name)                        #name 形如"(0,50]"
    Value.append(value.shape[0])             #value.shape[0]表示该面积区间的房屋数量
#4. 绘制条形图展示结果
plt.rcParams['font.sans-serif'] = ['SimHei']
plt.rcParams['axes.unicode_minus'] = False
#如果要显示中文,则需要加上上述两行代码
plt.title('房屋面积大小区间分布情况')
plt.xlabel('房屋数量')
plt.ylabel('房屋面积区间')
plt.barh(y = Name,width = Value)             #绘制水平条形图
for y,x in enumerate(Value):
    #在水平条形图上添加数据,若读者有遗忘则可参考 7.1.4 节
    plt.text(x + 50,y - 0.2,"%s" % x)
plt.show()
```

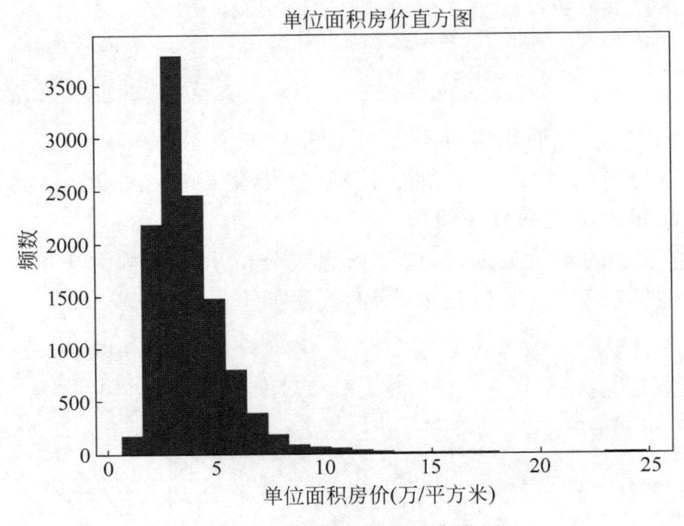

图 11-6 单位面积房价直方图

上述代码绘制出的房屋面积大小区间分布情况水平条形图如图 11-7 所示。

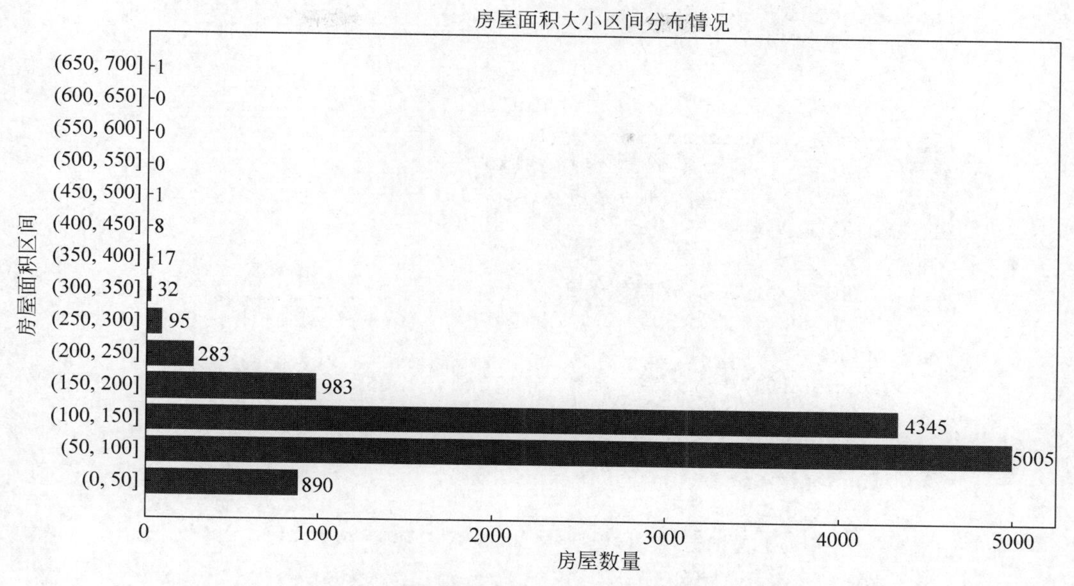

图 11-7　房屋面积大小区间分布情况水平条形图

由图 11-7 可以分析出，这个时期内厦门 5 个区的二手房房屋面积主要集中在区间(50,100]和(100,150]，分别有 5005 套和 4345 套房屋，房屋面积在区间(50,100]的数量最多，其次集中在区间(150,200]和(0,50]，分别有 983 套和 890 套房屋，超过 200 平方米的房屋数量很少，也因此可以确定厦门这 5 个区的二手房房屋户型以中小型为主，大型房屋极少。

3. 不同地点房屋的平均价格分析

以条形图的形式展示房屋均价从高到低排在前 5 的地点(地点指的是数据集中的 location 列数据)，示例代码如下：

```
//Chapter11/11.2.2_test4.py
输入: import pandas as pd
      import matplotlib.pyplot as plt
      #1. 对数据按"location"列排序
      df = pd.read_excel(r"D:\xmHousePrice.xlsx")
      groupLocation = df.groupby(by = "location")      #分组
      #2. 保存分组后的数据以方便绘图
      l = []                                           #创建一个空列表用于保存数据,以方便绘图
      for name,value in groupLocation:
          l.append((name,value["price"].mean()))       #列表 l 里的每个元素以元组形式保存
          #name 表示具体地点名称
          #value["price"].mean()表示该地点的房屋平均值
      #3. 对列表 l 排序(这是一个 Python 列表排序小技巧)
      def sortFunc(x):
          #该函数用于指示按列表 l 里元组中的第 2 个元素进行排序,返回 x[0]则表示按第 1 个
          #元素排序
          return x[1]
      l.sort(key = sortFunc,reverse = True)            #从高到低排序
```

```
print("前 5 名房屋均价从高到低排序结果为")
for i in range(5):
    print(l[i])
#4. 绘图
plt.rcParams['font.sans-serif'] = ['SimHei']
plt.rcParams['axes.unicode_minus'] = False
#如果要显示中文,则需要加上上述两行代码
plt.title('各地点从高到低前 5 名的房屋均价')
plt.xlabel('地点名')
plt.ylabel('房屋价格均值(万)')
x = [] #用于保存地点名,以方便绘图
height = [] #用于保存房屋均价,以方便绘图
for i in l:
    x.append(i[0])
    height.append(i[1])
plt.bar(x = x[0:5],height = height[0:5]) #绘制竖直条形图
for i,j in zip(range(5),height):
    #在条形图上显示数据
    plt.text(i,j,j,ha = "center",va = "bottom",fontsize = 12)
plt.show()

输出: 前 5 名房屋均价从高到低排序结果为
    ('国贸天琴湾三期—五缘湾', 9500.0)
    ('敦睦山庄—保税区', 3680.0)
    ('中铁元湾—五缘湾', 3216.0)
    ('国贸天琴湾一期—五缘湾', 3066.777777777778)
    ('玉滨城三期—实验小学及周边', 2980.0)
```

上述代码绘制出的房屋均价从高到低的前 5 名地点排序结果如图 11-8 所示。

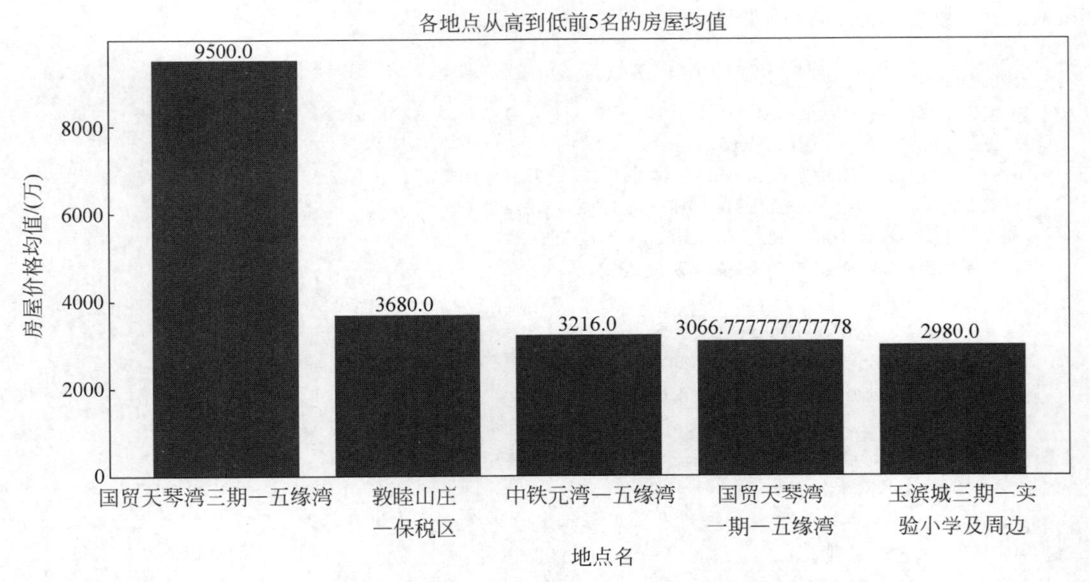

图 11-8 房屋均价从高到低的前 5 名地点排序结果

4. 直观数据统计分析

统计出所有地区(地区指的是 place 对应列的数据)房屋价格的最高值、最低值、平均值、中位数、标准差及不同地区房屋的平均价格,示例代码如下:

```
//Chapter11/11.2.2_test5.py
输入: import pandas as pd
      df = pd.read_excel(r"D:\xmHousePrice.xlsx")
      #1. 统计所有地区房屋单位面积价格的最高值、最低值、平均值、中位数、标准差
      result = df["price"].agg(['min','max','mean','median','std'])       #聚合操作
      #对于 df.agg()函数,若读者有遗忘则可参考 9.6.2 节
      print("1. 所有地区房屋的直观数据统计:\n",result)
      #2. 统计不同地区房屋的平均价格
      print("2. 统计不同地区房屋的平均价格:")
      groupPlace = df.groupby(by = "place")                   #以"place"作为依据分组
      #对于 df.groupby()函数,若读者有遗忘则可参考 9.6.1 节
      for name,value in groupPlace:                           #迭代获取分组数据
          mean = value["price"].mean()
          print(f"{name}区的房屋平均价格为{mean}万")

输出: 1. 所有地区房屋的直观数据统计:
      min        22.000000
      max        9500.000000
      mean       439.562856
      median     345.000000
      std        376.343000
      Name: price, dtype: float64
      2. 统计不同地区房屋的平均价格:
      Haicang 区的房屋平均价格为 363.4128619781878 万
      Huli 区的房屋平均价格为 629.37051523129 万
      Jimei 区的房屋平均价格为 354.78256640478946 万
      Siming 区的房屋平均价格为 656.7272974812798 万
      Xiangan 区的房屋平均价格为 260.19350000000003 万
```

由上述代码结果可以分析出,思明区和湖里区在该时期内的二手房房屋价格远高于其他区,翔安区二手房屋价格最低。

5. 房屋条件筛选

如果一位购房者有 200 万元的预算,想要买 100 平方米以上的房子,请问有哪些房屋符合条件?请按面积从高到低输出前 5 个符合条件的房屋信息,示例代码如下:

```
//Chapter11/11.2.2_test6.py
输入: import pandas as pd
      df = pd.read_excel(r"D:\xmHousePrice.xlsx")
      df = df[(df["area"]> 100)&(df["price"]< = 200)]        #条件筛选方法,若读者有遗忘则可
                                                             #参考 9.4.3 节
      df = df.sort_values(by = "area",ascending = True)
      #对于 df.sort_values()函数,若读者有遗忘则可参考 9.4.8 节
      print(df.head(n = 5))                                  #输出前 5 条信息
```

```
输出:          location            price   place    structure   area   toward  decorate      floor
11554     中澳城—翔安其他            145.0  Xiangan   3室2厅    100.47   南北     毛坯          18层
10688     中澳城—翔安其他            168.0  Xiangan   3室2厅    101.59   南北     精装          33层
11428     中澳城—翔安其他            158.0  Xiangan   3室2厅    101.63   南北     毛坯          18层
7724   杏林湾商务运营中心—集美新城    150.0  Jimei     1室1厅    101.78   南       精装    中楼层(共29层)
10693     中澳城—翔安其他            180.0  Xiangan   3室2厅    101.79   南北     精装          18层
```

由上述代码结果可以分析出,符合该购房者要求的房屋,按面积从高到低排在前5名的房屋有4个位于翔安区,有1个位于集美区。

11.2.3 机器学习建模

在11.2.1节数据预处理得到的xmHousePrice.xlsx数据集的基础上,可以探究房屋面积与房价之间的关系,计算房屋面积与房价之间相关性与绘制它们之间散点图的示例代码如下:

```
//Chapter11/11.2.3_test7.py
输入: import pandas as pd
      import matplotlib.pyplot as plt
      #1. 获取数据
      df = pd.read_excel(r"D:\xmHousePrice.xlsx")
      df = df[["price","area"]]
      print("相关性如下所示,越接近1说明越相关\n",df.corr())
      #2. 绘制散点图
      plt.rcParams["font.family"] = ["SimHei"]
      plt.rcParams["axes.unicode_minus"] = False
      #要显示中文则需要加上上述两行代码
      plt.scatter(x = df["area"],y = df["price"])
      plt.xlabel("面积")
      plt.ylabel("价格")
      plt.title("面积 - 价格散点图")
      plt.show()

输出: 相关性如下所示,越接近1说明越相关
                 price      area
      price   1.000000   0.746996
      area    0.746996   1.000000
```

上述代码的相关性计算结果表明面积与价格之间相关性较强,绘制出的散点图如图11-9所示。

由图11-9可以发现,由于面积与价格之间的取值范围差距过大,不妨为面积与价格均取个对数,再计算相关性并绘制散点图,示例代码如下:

```
//Chapter11/11.2.3_test8.py
输入: import pandas as pd
      import matplotlib.pyplot as plt
      import numpy as np
```

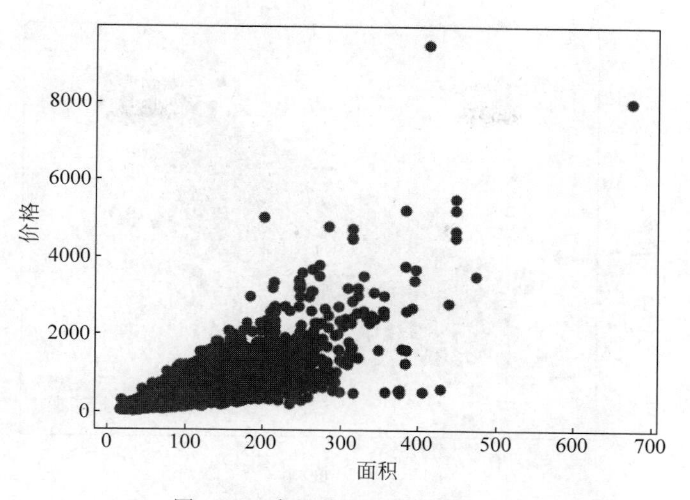

图 11-9　房屋价格与面积散点图

```
#1. 获取数据
df = pd.read_excel(r"D:\xmHousePrice.xlsx")
df = df[["price","area"]]
df["price"] = np.log2(df["price"])                          #取对数
df["area"] = np.log2(df["area"])                            #取对数
print("相关性如下所示,越接近 1 说明越相关\n",df.corr())
#2. 绘制散点图
plt.rcParams["font.family"] = ["SimHei"]
plt.rcParams["axes.unicode_minus"] = False
#要显示中文则需要加上上述两行代码
plt.scatter(x = df["area"],y = df["price"])
plt.xlabel("面积")
plt.ylabel("价格")
plt.title("面积 - 价格散点图")
plt.show()

输出: 相关性如下所示,越接近 1 说明越相关
           price      area
    price  1.000000   0.803828
    area   0.803828   1.000000
```

上述代码的相关性计算结果表明取对数后，面积与价格之间相关性达到了 0.8 以上，属于强相关，对面积和价格取对数后绘制出的散点图如图 11-10 所示。

由于取对数后房屋价格与面积之间的相关性达到了 0.8 以上，因此可以建立一元线性回归模型，模型公式如式(11-1)所示。

$$\log_2 \mathrm{price} = w_0 \log_2 \mathrm{area} + b \tag{11-1}$$

式中：price——房屋价格；

area——房屋面积；

w_0——待求参数；

b——待求参数。

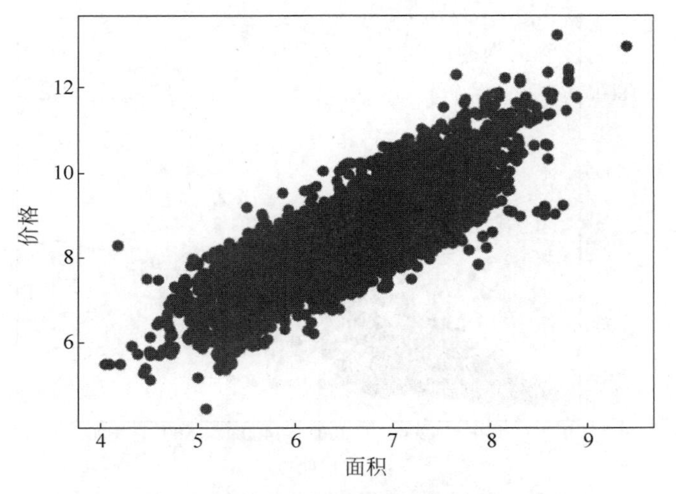

图 11-10　取对数后房屋价格与面积散点图

建立上述一元线性回归模型的示例代码如下：

```
//Chapter11/11.2.3_test9.py
输入: import numpy as np
      import pandas as pd
      from sklearn import metrics
      from sklearn.linear_model import LinearRegression         #导入线性回归模型
      from sklearn.model_selection import train_test_split
      #1. 数据准备
      df = pd.read_excel(r"D:\xmHousePrice.xlsx")
      df["price"] = np.log2(df["price"])                        #取对数
      df["area"] = np.log2(df["area"])                          #取对数
      #2. 划分训练集和测试集
      X = df["area"].values.reshape(df.shape[0], - 1)           #自变量数据需转成二维
      y = df["price"]                                           #因变量数据不需转成二维
      xTrain,xTest,yTrain,yTest = train_test_split(X,y,test_size = 0.2,random_state = 1)
      #xTrain 为训练集样本特征,yTrain 为训练集样本标签
      #xTest 为测试集样本特征,yTest 为测试集样本标签(真实值)
      #3. 建立一元线性回归模型
      model = LinearRegression()      #调用 LinearRegression()函数获取线性回归模型对象
      model.fit(xTrain,yTrain)                         #训练模型
      w1 = model.coef_                                 #获取一元线性模型的 w1 值,w1 为列表形式
      w0 = model.intercept_                            #获取一元线性模型的 w0 值
      print(f"得到的模型为\nlog2(price) = {w1[0]} * log2(area) + {w0}")
      #4. 模型评价
      rSquare = model.score(xTest,yTest)               #决定系数评价,越接近 1 模型效果越好
      yPre = model.predict(xTest)                      #获取模型在测试集上的预测值
      MSE = metrics.mean_squared_error(yTest,yPre)     #均方误差评价,越接近 0 模型效果越好
      print("决定系数: ",rSquare)
      print("均方误差: ",MSE)
```

```
输出：得到的模型为
      log2(price) = 1.2175153045409175 * log2(area) + 0.403108705220097
      决定系数：0.6429151299355692
      均方误差：0.2958467359979246
```

11.3　本章小结

本章以一个Python二手房房价数据分析的实战例子将全书的内容串联起来，带领读者进行全书内容的复习、巩固和总结，提高读者对数据的敏感性。首先对本章使用的二手房房价数据集进行了介绍，接着进行了数据分析的实战演练，实战演练过程中涉及数据预处理、统计分析与绘图和机器学习建模的相关内容，在代码中还对相关知识点在本书出现的位置进行了标注，以方便读者学习和练习，最后进行了本章的总结。

到本章为止本书的内容也就全部结束了，非常感谢读者的陪伴和支持。由于不同的读者对Python代码的接受程度不一样，知识基础也不一样，因此为了让读者尽可能地轻松理解全书内容，没有专业知识障碍地学习本书内容，笔者尽量地站在读者的角度进行全书的写作。本书以通俗语言为读者进行内容的阐释，对于书中所举的数据分析任务提供分析说明和示例代码，在代码中也有着极为详细的注释，如果书中后面内容的代码使用了前面内容介绍的知识，还会细心地为读者标注相关内容在书中出现的具体位置，以希望减轻读者的代码阅读负担，提高读者的工作效率，从而节省读者的时间。

不可否认的是，一本书无法介绍完所有Python数据分析的应用场景，但读者在掌握了本书知识的情况下，无论是继续学习数据分析相关知识，还是想拓展学习更多的Python应用内容（如人工智能方向），都能够有扎实的基础。

最后，祝愿读者能够在Python数据分析的海洋里乘风破浪，未来可期！

参 考 文 献

[1] 周志华.机器学习[M].北京：清华大学出版社,2016.
[2] 刘顺祥.从零开始学 Python 数据分析与挖掘[M].北京：清华大学出版社,2018.
[3] 魏溪含,涂铭,张修鹏.深度学习与图像识别原理与实践[M].北京：机械工业出版社,2019.
[4] 吕云翔,李伊琳,王肇一,等.Python 数据分析实战[M].北京：清华大学出版社,2019.
[5] 柳毅,毛峰,李艺.Python 数据分析与实践[M].北京：清华大学出版社,2019.
[6] 曹洁,崔霄,等.Python 数据分析[M].北京：清华大学出版社,2020.
[7] 江雪松,邹静.Python 数据分析[M].北京：清华大学出版社,2020.
[8] 魏伟一,李晓红.Python 数据分析与可视化[M].北京：清华大学出版社,2020.

图书推荐

书名	作者
鸿蒙应用程序开发	董昱
鸿蒙操作系统开发入门经典	徐礼文
鸿蒙操作系统应用开发实践	陈美汝、郑森文、武延军、吴敬征
华为方舟编译器之美——基于开源代码的架构分析与实现	史宁宁
鲲鹏架构入门与实战	张磊
华为 HCIA 路由与交换技术实战	江礼教
Flutter 组件精讲与实战	赵龙
Flutter 实战指南	李楠
Dart 语言实战——基于 Flutter 框架的程序开发(第 2 版)	亢少军
Dart 语言实战——基于 Angular 框架的 Web 开发	刘仕文
IntelliJ IDEA 软件开发与应用	乔国辉
Vue+Spring Boot 前后端分离开发实战	贾志杰
Vue.js 企业开发实战	千锋教育高教产品研发部
Python 人工智能——原理、实践及应用	杨博雄主编，于营、肖衡、潘玉霞、高华玲、梁志勇副主编
Python 深度学习	王志立
Python 异步编程实战——基于 AIO 的全栈开发技术	陈少佳
物联网——嵌入式开发实战	连志安
智慧建造——物联网在建筑设计与管理中的实践	[美]周晨光(Timothy Chou)著，段晨东、柯吉译
TensorFlow 计算机视觉原理与实战	欧阳鹏程、任浩然
分布式机器学习实战	陈敬雷
计算机视觉——基于 OpenCV 与 TensorFlow 的深度学习方法	余海林、翟中华
深度学习——理论、方法与 PyTorch 实践	翟中华、孟翔宇
深度学习原理与 PyTorch 实战	张伟振
ARKit 原生开发入门精粹——RealityKit+Swift+SwiftUI	汪祥春
Altium Designer 20 PCB 设计实战(视频微课版)	白军杰
Cadence 高速 PCB 设计——基于手机高阶板的案例分析与实现	李卫国、张彬、林超文
SolidWorks 2020 快速入门与深入实战	邵为龙
UG NX 1926 快速入门与深入实战	邵为龙
西门子 S7-200 SMART PLC 编程及应用(视频微课版)	徐宁、赵丽君
三菱 FX3U PLC 编程及应用(视频微课版)	吴文灵
全栈 UI 自动化测试实战	胡胜强、单镜石、李睿
pytest 框架与自动化测试应用	房荔枝、梁丽丽
软件测试与面试通识	于晶、张丹
深入理解微电子电路设计——电子元器件原理及应用(原书第 5 版)	[美]理查德·C. 耶格(Richard C. Jaeger)、[美]特拉维斯·N. 布莱洛克(Travis N. Blalock)著，宋廷强 译
深入理解微电子电路设计——数字电子技术及应用(原书第 5 版)	[美]理查德·C. 耶格(Richard C. Jaeger)、[美]特拉维斯·N. 布莱洛克(Travis N. Blalock)著，宋廷强 译
深入理解微电子电路设计——模拟电子技术及应用(原书第 5 版)	[美]理查德·C. 耶格(Richard C. Jaeger)、[美]特拉维斯·N. 布莱洛克(Travis N. Blalock)著，宋廷强 译

图书资源支持

感谢您一直以来对清华版图书的支持和爱护。为了配合本书的使用，本书提供配套的资源，有需求的读者请扫描下方的“书圈”微信公众号二维码，在图书专区下载，也可以拨打电话或发送电子邮件咨询。

如果您在使用本书的过程中遇到了什么问题，或者有相关图书出版计划，也请您发邮件告诉我们，以便我们更好地为您服务。

我们的联系方式：

地　　址：北京市海淀区双清路学研大厦 A 座 714

邮　　编：100084

电　　话：010-83470236　010-83470237

客服邮箱：2301891038@qq.com

QQ：2301891038（请写明您的单位和姓名）

资源下载：关注公众号“书圈”下载配套资源。

资源下载、样书申请

书圈

获取最新书目

观看课程直播